# DICTIONNAIRE

## DES

## SCIENCES NATURELLES.

*TOME XXIV.*

---

## ISA — KYV.

# DICTIONNAIRE

## DES

## SCIENCES NATURELLES,

DANS LEQUEL

ON TRAITE MÉTHODIQUEMENT DES DIFFÉRENS ÊTRES DE LA NATURE, CONSIDÉRÉS SOIT EN EUX-MÊMES, D'APRÈS L'ÉTAT ACTUEL DE NOS CONNOISSANCES, SOIT RELATIVEMENT A L'UTILITÉ QU'EN PEUVENT RETIRER LA MÉDECINE, L'AGRICULTURE, LE COMMERCE ET LES ARTS.

## SUIVI D'UNE BIOGRAPHIE DES PLUS CÉLÈBRES NATURALISTES.

Ouvrage destiné aux médecins, aux agriculteurs, aux commerçans, aux artistes, aux manufacturiers, et à tous ceux qui ont intérêt à connoître les productions de la nature, leurs caractères génériques et spécifiques, leur lieu natal, leurs propriétés et leurs usages.

### PAR

Plusieurs Professeurs du Jardin du Roi, et des principales Écoles de Paris.

## TOME VINGT-QUATRIÈME.

F. G. Levrault, Éditeur, à STRASBOURG, et rue des Fossés M. le Prince, N.º 31, à PARIS.

Le Normant, rue de Seine, N.º 8, à PARIS.

1822.

## Liste des Auteurs par ordre de Matières.

### Physique générale.

M. LACROIX, membre de l'Académie des Sciences et professeur au Collége de France. ( L. )

### Chimie.

M. CHEVREUL, professeur au Collége royal de Charlemagne. ( Ch. )

### Minéralogie et Géologie.

M. BRONGNIART, membre de l'Académie des Sciences, professeur à la Faculté des Sciences. ( B. )

M. BROCHANT DE VILLIERS, membre de l'Académie des Sciences. ( B. de V. )

M. DEFRANCE, membre de plusieurs Sociétés savantes. ( D. F. )

### Botanique.

M. DESFONTAINES, membre de l'Académie des Sciences. ( Desf. )

M. DE JUSSIEU, membre de l'Académie des Sciences, prof. au Jardin du Roi. ( J. )

M. MIRBEL, membre de l'Académie des Sciences, professeur à la Faculté des Sciences. ( B. M. )

M. HENRI CASSINI, membre de la Société philomatique de Paris. ( H. Cass. )

M. LEMAN, membre de la Société philomatique de Paris. ( Lem. )

M. LOISELEUR DESLONGCHAMPS, Docteur en médecine, membre de plusieurs Sociétés savantes. ( L. D. )

M. MASSEY. ( Mass. )

M. POIRET, membre de plusieurs Sociétés savantes et littéraires, continuateur de l'Encyclopédie botanique. ( Poir. )

M. DE TUSSAC, membre de plusieurs Sociétés savantes, auteur de la Flore des Antilles. ( De T. )

### Zoologie générale, Anatomie et Physiologie.

M. G. CUVIER, membre et secrétaire perpétuel de l'Académie des Sciences, prof. au Jardin du Roi, etc. ( G. C. ou CV. ou C. )

### Mammifères.

M. GEOFFROY, membre de l'Académie des Sciences, professeur au Jardin du Roi. ( G. )

### Oiseaux.

M. DUMONT, membre de plusieurs Sociétés savantes. ( Ch. D. )

### Reptiles et Poissons.

M. DE LACÉPÈDE, membre de l'Académie des Sciences, professeur au Jardin du Roi. ( L. L. )

M. DUMERIL, membre de l'Académie des Sciences, professeur à l'École de médecine. ( C. D. )

M. CLOQUET, Docteur en médecine. ( H. C. )

### Insectes.

M. DUMERIL, membre de l'Académie des Sciences, professeur à l'École de médecine. ( C. D. )

### Crustacés.

M. W. E. LEACH, membre de la Société royale de Londres, Correspondant du Muséum d'histoire naturelle de France. ( W. E. L. )

### Mollusques, Vers et Zoophytes.

M. DE BLAINVILLE, professeur à la Faculté des Sciences. ( De B. )

------

M. TURPIN, naturaliste, est chargé de l'exécution des dessins et de la direction de la gravure.

MM. DE HUMBOLDT et RAMOND donneront quelques articles sur les objets nouveaux qu'ils ont observés dans leurs voyages, ou sur les sujets dont ils se sont plus particulièrement occupés. M. DE CANDOLLE nous a fait la même promesse.

M. F. CUVIER est chargé de la direction générale de l'ouvrage, et il coopérera aux articles généraux de zoologie et à l'histoire des mammifères. ( F. C. )

# DICTIONNAIRE

## DES

## SCIENCES NATURELLES.

### ISA

**I**SABELLE. (*Conchyl.*) C'est le nom vulgaire d'une espèce de coquille du genre Porcelaine, *Cypræa isabella*, Linn., de couleur fauve ou isabelle. ( De B. )

ISABELLE (*Entom.*), nom d'une espèce de petite demoiselle du genre Agrion : c'est la variété *C*, dite la vierge. ( C. D. )

ISABELLE (*Ichthyol.*), nom d'un squale de l'Océan pacifique : c'est le *Squalus Isabella* de Gmelin. Voyez Squale. (H. C.)

ISABELLE. ( *Ornith.* ) M. Levaillant a nommé isabelle un oiseau ayant du rapport avec la gorge-bleue, qui est figuré tom. 3, pl. 121, n.° 2, de son Ornithologie d'Afrique. (Ch. D.)

ISACHNE. (*Bot.*) Genre de plantes monocotylédones, à fleurs glumacées, de la famille des *graminées*, de la *triandrie digynie* de Linnæus, offrant pour caractère essentiel : Un calice biflore, à deux valves égales; une fleur mâle, une autre femelle, à deux valves; deux petites écailles à la base de l'ovaire; trois étamines; deux styles; une semence renfermée dans les valves durcies et persistantes.

Isachne austral : *Isachne australis*, Rob. Brown., *Nov. Holl.*, 1, pag. 196. Cette plante a le port du *panicum coloratum*. Ses chaumes sont droits, cylindriques ; les feuilles planes, barbues à l'orifice de leur gaine ; les fleurs disposées

"

en une panicule simple, terminale, lancéolée ; les rameaux et les pédicelles flexueux ; les deux valves calicinales d'égale grandeur, membraneuses, obtuses ; celles de la corolle égales ; les stigmates plumeux ; les semences adhérentes aux valves de la corolle. Cette plante a été découverte sur les côtes de la Nouvelle-Hollande.

Isachne meneri : *Isachne meneritana*, Rob. Brown, *loc. cit.*; *Gramen paniculatum*, etc., Burm., *Zeyl.*, tab. 47, fig. 5; Pluken., *Phyt.*, tab. 500, fig. 2. Ses tiges sont droites, grêles, presque entièrement recouvertes par les gaines des feuilles ; celles-ci sont planes, alongées, acuminées, striées, hérissées à l'orifice de leur gaine : la panicule droite, alongée, un peu resserrée ; les ramifications très-menues ; les pédicelles courts, simples ou divisés, soutenant un très-petit épillet ovale ; toutes les valves mutiques, un peu obtuses. Cette espèce croît à l'île de Ceilan. (Poir.)

ISÆA (*Bot.*), nom donné par les Égyptiens à l'hellébore noir, suivant Ruellius et Mentzel. (J.)

ISAIRE. (*Bot.*) Voyez Isaria. (Lem.)

ISANA. (*Ornith.*) L'oiseau dont le nom a été ainsi écrit par Buffon, est l'*izanatl* de Fernandez, chap. 32, qu'on appelle aussi *yxtlaoltzanatl* au Mexique, et qui tient de l'étourneau et de la pie. Brisson regarde cet oiseau comme identique avec la pie de la Jamaïque, de Catesby ; mais ce rapprochement a été contesté. (Ch. D.)

ISANTHE, *Isanthus*. (*Bot.*) Genre de plantes dicotylédones, à fleurs complètes, monopétalées, irrégulières, de la famille des *labiées*, dont le caractère essentiel consiste dans un calice campanulé, à cinq divisions presque égales ; une corolle à peine labiée, à cinq lobes presque égaux ; quatre étamines courtes, didynames ; un ovaire supérieur, à quatre lobes ; le style terminé par deux stigmates inégaux ; quatre noix remplissant le tube agrandi du calice.

Isanthe a fleurs bleues : *Isanthus cœruleus*, Mich., *Fl. bor. Amer.*, 2, pag. 5, tab. 30. Plante herbacée, découverte dans la Caroline et la Virginie par Michaux. Ses tiges sont pubescentes, un peu visqueuses ; ses rameaux ouverts, opposés ; ses feuilles à peine pétiolées, ovales-lancéolées, presque glabres, un peu ciliées à leur contour, traversées par trois nervures longitudinales. Les fleurs sont opposées, axillaires, pédonculées; le pédoncule un peu glutineux, à une ou deux fleurs d'un bleu clair : les divisions du calice lancéolées; les deux inférieures plus rapprochées : la corolle presque régulière, à peine plus longue que le calice; son tube étroit, cylindrique : le limbe à cinq lobes plans, presque égaux, ovales, un peu arrondis, deux supérieurs, trois inférieurs, celui du milieu un peu plus long : les filamens des étamines presque égaux; les anthères ovales, échancrées à leur base; le style courbé vers son sommet; les stigmates écartés, linéaires, réfléchis; les noix globuleuses, un peu ovales, ridées, réticulées, réunies par leur base, occupant la capacité du tube agrandi du calice. (Poir.)

ISANTHUS. (*Bot.*) M. Kunth suppose, dans ses *Nova genera et species plantarum*, tom. IV, pag. 12 et 14 (édit. in-4.°), que M. De Candolle a fait du *chœtanthera multiflora* de Bonpland un genre nommé *Isanthus* : c'est sans doute une erreur; car nous n'avons pu trouver nulle part ce prétendu genre, attribué par M. Kunth à M. De Candolle. (H. Cass.)

ISARD (*Mamm.*), nom que l'on donne au chamois dans les Pyrénées. Voyez Antilope. (F. C.)

ISARIA. (*Bot.*) Hill, dans sa Classification des champignons, nomme ainsi le *puccinia* de Micheli. Il ne faut pas le confondre avec l'*isaria* de M. Persoon, que les botanistes ont adopté. Ce genre comprend de très-petits champignons mous, qui ont l'aspect de byssus ou de moisissures ; ils sont simples ou rameux, cylindriques ou en forme de massue, et recouverts d'une poussière farineuse, composée d'un nombre infini de séminules, imperceptibles à l'œil nu, qui adhèrent à des filamens simples ou rameux.

Ces champignons, assez nombreux en espèces, dont la plupart même n'ont pas encore été bien étudiées, croissent sur les feuilles mortes, les branches et les bois pourris, les agarics et les bolets décomposés, sur les racines des mousses et même sur les chrysalides mortes.

Ce genre est placé par M. Persoon, dans son *Synopsis fungorum*, entre les genres *Periconia* et *Stemonitis ;* mais, dans sa Mycologie d'Europe, qui paroît à l'instant, il le place loin de ces genres, et entre le *ceratium* et le *ceratonema* (dans ses champignons exospores bissoïdes), qui même en ont fait partie. Selon cet auteur, l'*aleurisma saccharina*, Link (voyez FARINELLE), doit y être rapporté. Le petit groupe des *cephalotriches* de Nées et de Fries comprend les genres *Isaria*, *Ceratium*, *Coremium* et *Cephalotrichum*.

Une vingtaine d'espèces composent ce genre. Nous ferons remarquer les suivantes :

1.° ISARIA ÉPAIS ; *Isaria crassa*. Pers. Simple, épais, presque conique, muni d'un stipe distinct, glabre. Il croît le long des chemins sur les chrysalides recouvertes de terre. Il est le plus souvent solitaire : sa hauteur est de trois lignes et son épaisseur de deux. Il est rare.

2.° ISARIA A PIED VELU : *Isaria velutipes*, Link, *Berl. Mag.*, 5, pag. 20, fig. 32. Simple, en forme de massue, d'un blanc de neige, à stipe distinct, floconneux. Il croît dans les mêmes circonstances que l'espèce précédente.

3.° ISARIA MONILIOÏDES : *Isaria monilioides*, Alb. et Schw., *Nisk.*, n.° 1077, tab. 12, fig. 2. Simple, droit, ferme, en forme de massue oblongue, blanc ou jaunâtre. Il croît sur le bois, les écorces de pin, d'aune, de chêne, etc. Il n'a guère plus d'une demi ligne de hauteur, et forme de petites touffes qui, vues au microscope, semblent de petites forêts.

4.° ISARIA ÉPIPHYLLE ; *Isaria epiphylla*, Pers. En forme de massues alongées, simples, réunies plusieurs par leur base en touffes blanches. Il a trois lignes de hauteur et croît sur les feuilles, particulièrement sur celles du peuplier. On le trouve encore sur les agarics demi-putrifiés et sur les cuirs gâtés.

5.° ISARIA COULEUR DE CHAIR ; *Isaria carnea*, Pers., *Obs. myc.*, 1, tab. 2, fig. 6, 7. Étalé, fugace, d'abord blanc, puis couleur de chair, ensuite roussâtre ; stipe droit, simple, rarement divisé, grêle, cylindrique, flasque, terminé en tête oblongue, composée de petits filamens déliés, chargés de poussière. Il a une ligne de hauteur et croît en automne sur les mousses et les feuilles seches. (LEM.)

ISAROKITSOK (*Ornith.*), nom groenlandois du grand pingoin, *alca impennis*, Linn. (CH. D.)

ISARON. (*Bot.*) Ce nom grec est cité par Cordus pour le *dracunculus* des Latins, *arum dracunculus* des botanistes. Il est aussi nommé *iaron* par le même. (J.)

ISATIS. (*Bot.*) Ce nom latin du pastel a été aussi donné par quelques anciens à la plante de l'indigo, dont on retire une couleur bleue comme celle du pastel. Il est cité par Lobel et Daléchamps pour une saponaire, *saponaria vaccaria*. (J.)

ISATIS (*Mamm.*), nom d'une espèce de renard. Voyez Chien. (F. C.)

ISAURE, *Isaura*. (*Bot.*) Genre de plantes dicotylédones, à fleurs complètes, monopétalées, régulières, de la famille des *apocinées*, de la *pentandrie digynie* de Linnæus, dont le caractère essentiel consiste dans un calice court, à cinq folioles étalées; une corolle tubulée, ventrue à sa base; cinq étamines, comme dans les asclépiades, soudées avec le pistil; des corpuscules à deux cornes; les lobes ascendans; deux ovaires; les styles courts; deux follicules horizontaux.

Isaure de Madagascar : *Isaura allicia*, Commers., *Mss.*; Poir., Encycl., Suppl.; *Stephanotis*, Pet. Thou., *Nov. gen. Madag.*, 11, n.° 35. Arbrisseau découvert par Commerson à l'île de Madagascar, d'un aspect très-agréable par le nombre de ses grandes et belles fleurs. Ses tiges sont grimpantes; ses feuilles pétiolées, ovales, coriaces, très-entières, bordées à leur contour, glabres, d'un vert jaunâtre; les fleurs nombreuses, axillaires; les pédoncules simples, chargés d'une à trois fleurs; le calice court, très-glabre, à cinq découpures profondes, lancéolées, aiguës; la corolle d'un jaune pâle, tubulée, longue d'un pouce et demi; le tube cylindrique, un peu ventru à sa base; le limbe de moitié plus court que le tube, à cinq lobes droits, ovales, aigus. Le fruit consiste en deux follicules épais, acuminés, ouverts horizontalement; les semences aigrettées. (Poir.)

ISCA. (*Bot.*) Voyez Esca. (Lem.)

ISCHÆMON. (*Bot.*) La plupart des anciens donnoient ce nom au chiendent des boutiques, *panicum dactylum* de Linnæus, *cynodon* de M. Richard; et il paroit même que l'application de ce nom remonte jusqu'à Pline, suivant Clusius et Daléchamps. Il a encore été employé pour le *panicum sanguinale* de Linnæus, et Tabernæmontanus le donnoit aussi à l'*andropogon ischæmum*. Maintenant il est appliqué par Linnæus à un autre genre de graminées. Voyez Ischème. (J.)

ISCHAS. (*Bot.*) Ce nom de Théophraste, qui signifie, selon Gaza, son interprète, une figue ou une poire, est appliqué, suivant lui, à un tithymale dont la racine tubéreuse a la forme d'une poire, et on le trouve ainsi mentionné par Clusius. Il existe un autre *ischas*, ou *ischias*, rapporté par Ruellius et Mentzel au *leucacantha* de Dioscoride, ou *spina alba* de Dodoens, lequel est, selon C. Bauhin, le chardon-marie, *carduus marianus* de Linnæus, *silybum* de Vaillant et des modernes. Voyez Ischias. (J.)

ISCHÈME, *Ischæmum.* (*Bot.*) Genre de plantes monocoty-lédones, à fleurs glumacées, de la famille des *graminées*, de la *polygamie monoécie* de Linnæus, offrant pour caractère essentiel : Des fleurs polygames ; les balles calicinales bivalves, à deux ou trois fleurs, l'une mâle, l'autre hermaphrodite ; la balle corollaire à deux valves ; trois étamines ; les anthères oblongues ; deux styles ; les stigmates plumeux ; une semence oblongue, linéaire, enveloppée par la balle florale.

Ischème mutique : *Ischæmum muticum*, Linn.; Lamk., *Ill. gen.*, tab. 839 ; Gærtn. fils, *Carp.*, tab. 181 ; *Tagadi*, Rheed., *Hort. Malab.*, 12, tab. 49. Cette graminée a des tiges menues, cylindriques, articulées ; ses feuilles sont striées, assez sem-blables à celles des roseaux, garnies de longs poils blancs ; leur gaine enveloppe les tiges dans toute leur longueur jus-qu'à la naissance des fleurs ; celles-ci sont disposées en un épi terminal, médiocre, simple ou partagé en deux ; les se-mences renfermées dans les valves de la corolle dépourvues d'arêtes. Cette plante croît aux lieux bas et enfoncés dans les Indes et à la côte du Malabar.

Ischème barbue : *Ischæmum aristatum*, Linn., *Spec. pl.*; Retz. *Obs. bot.*, 6, pag. 55. Autre espèce des Indes, assez sem-blable, par son port, à la précédente ; mais dont les feuilles sont ciliées, rudes à leurs bords ; deux épis terminaux, plus longs, pédonculés. Le calice renferme deux fleurs sessiles, barbues à leur base, ciliées à leurs bords ; une troisième sté-rile, pédicellée ; dans les fleurs hermaphrodites les semences sont surmontées d'une arête torse. L'*Ischæmum barbatum*, Retz, *l. c.*, se distingue de la précédente par ses fleurs mu-nies de deux ou trois nœuds au bord de leur valve extérieure.

Ischème hispide : *Ischæmum hispidum*, Kunth. *in* Humb. et

Bonpl., *Ill. gen.*, 1, pag. 184; *Andropogon hispidus*, Willd. Cette plante, de l'Amérique méridionale, s'élève à la hauteur de trois pieds sur une tige simple, glabre, pubescente à ses nœuds; ses feuilles sont planes, linéaires, rudes et pileuses à leurs deux faces; les fleurs disposées en une panicule roide, serrée, verticillée; les rameaux fasciculés; les valves à trois nervures; la fleur hermaphrodite pourvue d'une arête.

Ischème fausse-mélique : *Ischœmum melicoides*, Willd., *Spec.*, 4, pag. 741. Ses tiges sont rameuses à leur base, hautes d'un pied et demi; les feuilles étroites; les gaines striées, barbues à leur orifice; l'épi simple, grêle, solitaire, terminal, les fleurs nombreuses, sessiles, unilatérales; les valves calicinales traversées par une nervure verte, renfermant trois fleurs, deux mâles, une hermaphrodite; la valve extérieure bifide au sommet, avec une arête droite. Cette plante croît dans les Indes orientales.

M. Rob. Brown a décrit plusieurs autres espèces d'*ischœmum*, originaires de la Nouvelle-Hollande. Il pense qu'il faut réunir à ce genre le *colladoa* de Cavanilles, et le *sehima* de Forskal. Il les distingue : 1.° en épis simples, solitaires, aristés; 2.° en épis simples, fasciculés et mutiques; 3.° en épis conjugués ou deux à deux. (Poir.)

ISCHIAS (*Bot.*), un des anciens noms de l'*echinops*. Voyez Ischas. (H. Cass.)

ISCHYS (*Bot.*), un des noms grecs de la conyse, suivant Ruellius et Mentzel. (J.)

ISCUMNIM, NUPCHUCRI. (*Bot.*) Noms péruviens du *gardenia longiflora*, qui croît dans les forêts des Andes du Pérou, et cités dans la Flore de ce pays. Les Indiens aiment à sucer son fruit, qui contient une pulpe douce. (J.)

ISERINE. (*Min.*) M. Jameson a donné ce nom au minérai de fer qu'on nomme aussi fer titané, menakanite, et qui est spécialement composé, d'après Klaproth, de fer oxidé, 72, et de titane oxidé, 28. Son nom lui vient de celui de la rivière d'Iser, en Silésie, parce qu'il se trouve dans le sable de cette rivière. (B.)

ISERTIA. (*Bot.*) Genre de plantes dicotylédones, à fleurs complètes, monopétalées, régulières, de la famille des *rubiacées*, de l'*hexandrie monogynie* de Linnæus, offrant pour caractère essentiel : Un calice supérieur, à cinq ou six dents, une corolle infundibuliforme; le tube alongé, un peu courbé le limbe à six découpures; six étamines non saillantes; un ovaire inférieur; un style; un stigmate en tête, à six lobes. Le fruit est un drupe presque globuleux, à six noyaux osseux, uniloculaires, polyspermes.

Ce genre, qu'Aublet avoit réuni aux *guettarda*, en diffère évidemment par la disposition de ses fleurs, surtout par le caractère de ses fruits, à six noyaux uniloculaires et polyspermes.

Isertia a fleurs rouges : *Isertia coccinea*, Vahl, *Egl.*, 2, pag. 27; Lamk., *Ill. gen.*, tab. 259; *Guettarda coccinea*, Aubl., *Guian.*, 1, tab. 123. Arbre de médiocre grandeur, dont le bois est blanc, peu compacte; son écorce roussâtre et gercée; ses rameaux anguleux, opposés, couverts d'un duvet roussâtre; les feuilles opposées, pétiolées, ovales-oblongues, cendrées et pubescentes en-dessous; les stipules lancéolées, caduques; les fleurs d'un beau rouge, disposées en une panicule rameuse et terminale, munie, dans chacune de ses divisions, de deux petites bractées opposées, aiguës; chaque fleur sessile; le calice court, persistant; la corolle velue, longue de deux pouces; le limbe petit, peu ouvert, à six divisions aiguës; les anthères oblongues; le style de la longueur du tube. Le fruit est un drupe globuleux, rouge à sa maturité.

Cet arbre croit dans les bois, à la Guiane. Il fleurit et fructifie pendant presque tous les mois de l'année; son bois est amer; ses fruits doux et bons à manger. D'après le rapport d'Aublet, la décoction de ses feuilles est employée, par les Créoles, en fomentations, en bains et en douches pour guérir les enflures.

Vahl ajoute à ce genre une autre espèce, sous le nom d'*isertia parviflora*, *Egl.*, 2, pag. 28, tab. 15. Ses feuilles sont oblongues, très-ordinairement glabres, quelquefois un peu velues à leur face inférieure; les feuilles inférieures légèrement échancrées en cœur à leur base; les fleurs petites, disposées en un thyrse ovale. Cette espèce a été découverte à l'île de la Trinité. (Poir.)

ISGARUM (*Bot.*), nom vulgaire d'une espèce de soude dans la Toscane, suivant Césalpin. (J.)

ISICUS. (*Ichthyol.*) Alexandre de Tralles a désigné par le

nom d'*ἴσικος*, un animal aquatique dont on ignore la na-
ture, et qui est probablement le même que l'*ilicus* de La
Chesnaye des Bois, qui paroit avoir défiguré ce mot. Voyez
Ilicus. (H. C.)

ISIDÉES, *Isidea*. (*Zoophyt.*) M. Lamouroux, ayant cru devoir subdiviser en plusieurs petites sections génériques les
isis de Linnæus et même des auteurs plus modernes, a été
nécessairement conduit à considérer comme formant une
famille ces genres ainsi démembrés, et il lui a donné le nom
d'Isidées. Elle a du reste pour caractères ceux du genre Isis,
tel qu'il étoit établi, c'est-à-dire que la partie solide, la
seule connue dans nos collections, ou le polypier, est composée
d'articulations alternativement calcaires et cornées ou subéreuses, et qu'elle est entourée d'une espèce d'écorce, comme
dans le corail et les gorgones. Les genres que M. Lamouroux
met dans cette famille, sont les suivans : Mélitée, Mopsée, Isis
et Adéona (Supplément du tome I.ᵉʳ, p. 60). Voyez chacun
de ces mots. (De B.)

ISIDIS LAPIS. (*Foss.*) Quelques anciens oryctographes ont
donné ce nom à des cidarites fossiles, couverts de mamelons,
parce qu'on a représenté la déesse Isis avec un grand nombre
de mamelles. (D. F.)

ISIDIUM. (*Bot.*) Genre de plantes de la famille des lichens,
établi par Acharius, et qui comprend un petit nombre d'espèces crustacées formées de très-petits rameaux extrêmement serrés par le bas, et formant une croûte plane, étendue
et uniforme. Ces rameaux (*podetia*, Ach.) sont solides; ils
supportent des conceptacles sessiles, orbiculaires, convexes
d'abord, puis presque globuleux et solides.

1.º Isidium corallin : *Isidium corallinum*, Ach. ; *Lichen coral-
linus*, Linn., *Engl. Bot.*, pl. 1541; Jacq., *Coll.*, 2, pl. 13,
fig. 2; Hoffm., *Enum.*, tab. 4, fig. 2. Croûte dure, épaisse,
grenue, gercée ou crevassée, d'un blanc grisâtre; rameaux
cylindriques, simples ou divisés; conceptacles d'un roux
cendré. Cette espèce croit sur les pierres et les rochers partout en Europe. Elle présente des tubercules globuleux,
blancs et proéminens, qui sont formés par la réunion de
plusieurs rameaux plus élevés et plus divisés que les autres.

2.º Isidium en stalactite : *Isidium stalactiticum*, Clém. Ach. ;

*Isidium melanochlorum*, Decand., Flor. fr., n.° 883. Croûte épaisse, rugueuse et verruqueuse, un peu fendillée, d'un vert glauque; rameaux agrégés, solides, simples ou divisés, droits, épais, cylindriques, obtus, d'un gris obscur, un peu farineux. Cette espèce se trouve, en Espagne et en France, sur les rochers de grès, et particulièrement à Fontainebleau. Elle présente les mêmes tubercules que l'espèce précédente. On n'a pas encore bien examiné ses conceptacles.

3.° ISIDIUM DE WESTRING : *Isidium Westringii*, Ach., Decand.; *Lichen Westringii*, Ach., Prodr., 88, tab. 2, fig. 2. Croûte grisâtre, un peu épaisse, fendillée en nombreuses aréoles, petites et anguleuses; rameaux d'abord presque globuleux, puis alongés, cylindriques, simples ou subdivisés; conceptacles bruns. Cette espèce a été observée sur les rochers en France, en Suisse, en Suède et en Angleterre.

4.° ISIDIUM TUBERCULEUX ; *Isidium phymatodes*, Ach. Croûte d'une couleur de soufre pâle, fendillée, aréolée, verruqueuse et un peu pulvérulente; rameaux cylindriques, simples ou rameux; conceptacles d'un brun jaunâtre. Il croît sur les écorces des arbres, du hêtre, du pin, etc. Il offre une variété pulvérulente, plus verte, à rameaux presque globuleux et à conceptacles jaunâtres, qui croît sur les troncs d'arbre.

5.° ISIDIUM INDISTINCT ; *Isidium coccodes*, Ach. ; *Lepra obscura*, Ehrh. Croûte d'un gris sâle ou jaunâtre, étalée, grenue, presque pulvérulente; rameaux tuberculiformes, presque globuleux ou papilliformes, extrêmement resserrés; conceptacles d'un brun grisâtre et comme givreux. On rencontre cette espèce sur les vieilles poutres et sur le tronc des vieux arbres.

Il y a encore l'*isidium Bassiæ*, qui croit, au Malabar, sur l'écorce de l'illipé, *Bassia longifolia*. ( LEM. )

ISIDROGALVIA. (*Bot.*) Genre de la Flore du Pérou, qui paroît devoir être réuni au *narthecium*, de la famille des joncaginées, dont il ne diffère que par trois divisions du calice plus étroites. (J.)

ISIKA. (*Bot.*) Adanson distingue sous ce nom les espèces de camerisier, *chamæcerasus* de Tournefort, dont les deux fruits sont entièrement réunis en un seul, au sommet duquel subsistent deux ombilics distincts, qui sont le vestige du sommet des deux calices. (J.)

**ISINGAK.** (*Ornith.*) Le nom que Fabricius, *Fauna groenlandica*, écrit ainsi, et que Muller, *Zoolog. danic. prodromus*,
écrit *esungak*, désigne, au Groënland, le labbe à longue
queue de Buffon, *larus parasiticus*, Linn. Le même oiseau,
suivant ces deux auteurs, est aussi appelé *meriarsair;ok*. (Ch. D.)

**ISIS,** *Isis.* (*Zoophyt.*) Linnæus est le premier qui ait employé cette dénomination dans son *Hortus Cliffortianus* et,
peu de temps après, dans la dixième édition du *Systema
naturæ*, pour désigner un certain nombre d'animaux zoophytes
réunis artificiellement, et parmi lesquels même ne se trouvoit pas le corail, dont il faisoit une espèce de madrépore,
et que Royen y avoit déjà placé. Pallas caractérisa ce genre
d'une manière beaucoup plus nette dans son *Elenchus zoophy-
torum*, toujours en y mettant le corail sous le nom d'*isis
nobilis.* Il fut imité par Linnæus et par Gmelin dans les
éditions subséquentes du *Systema naturæ*, et par tous les
zoologistes, jusqu'à ce que M. de Lamarck retirât le corail du
genre Isis pour en former un genre à part. Depuis ce temps,
M. Lamouroux a séparé des isis de Pallas un petit nombre d'espèces dont il a fait les genres Melitée et Mopsée (voyez ces
mots), ensorte que la phrase caractéristique du genre Isis est
maintenant celle-ci : Polypes à huit tentacules, du reste à peu
près inconnus, mais qui paroissent devoir ressembler beaucoup à ceux du corail, contenus dans des espèces de loges
ou cellules répandues d'une manière irrégulière à la surface
d'un polypier arborescent, composé de deux parties, l'une
externe, plus ou moins pulpeuse dans l'état frais, crétacée
dans l'état sec, dans laquelle se terminent les polypes, et
l'autre interne, solide et alternativement composée d'espèces
d'articulations calcaires, sillonnées à la surface et de matière
cornée. Les espèces qui ont l'écorce épaisse, friable, peu
adhérente à l'axe, sont les véritables isis ; les autres, qui l'ont
fort mince et persistante dans l'état de dessiccation, se partagent dans les genres Melitée et Mopsée, par des caractères
encore moins importans : aussi M. de Lamarck n'a-t-il pas
cru devoir les adopter.

J'ai déjà dit que les animaux des isis nous sont à peu près
inconnus : si Pallas et d'autres auteurs en ont parlé, c'est parce
qu'ils rangeoient dans ce genre le corail, dont on connoît

beaucoup mieux l'organisation. Il est, en effet, extrêmement probable que, la structure de l'axe des isis étant si rapprochée de ce qui a lieu dans le corail et dans les gorgones, il doit en être de même des animaux qui en font la partie principale. Cet axe est réellement, jusqu'à un certain point, intermédiaire à celui de ces deux derniers genres, en ce qu'il n'est pas entièrement pierreux comme dans le corail, ni entièrement corné comme dans les gorgones : il est formé alternativement d'espèces d'articulations, ou de petits morceaux de substance calcaire, sillonnés à leur superficie et composés de couches concentriques, réunis par des intervalles de matière entièrement cornée. La forme, la proportion de ces parties, de différente nature, varient extrêmement dans la longueur du polypier, et celui-ci forme, par la réunion de ses branches plus ou moins ramifiées et qui sont fort pointues à l'extrémité, une sorte d'arbrisseau qui a quelque chose de la prêle, *equisetum vulgare*. D'après l'analogie qu'il y a entre les isis, le corail et les gorgones, il faut admettre que la partie essentielle de l'axe des premiers est la substance cornée, et qu'elle est seulement entrecoupée par des dépôts de matière calcaire, qui tendent peut-être à augmenter avec l'âge, de manière à ce que les entre-nœuds cornés peuvent diminuer proportionnellement. Du reste, la théorie de l'accroissement doit être absolument la même que pour les gorgones et le corail. Quant à l'enveloppe de cet axe, on suppose, par la même analogie, qu'elle est molle et plus ou moins pulpeuse dans l'état frais ; mais on n'a rien de certain à ce sujet : on sait seulement que, dans certaines espèces, cette écorce desséchée est plus ou moins épaisse et friable, et qu'elle se conserve plus ou moins adhérente à l'axe.

Les isis, un peu diversement colorées, existent, à ce qu'il paroît, dans toutes les mers, probablement à d'assez grandes profondeurs : les plus grandes ont de cinq à six décimètres. Elles s'attachent sur les corps solides sous-marins au moyen d'un empâtement, comme le corail et les gorgones. Elles ne sont absolument d'aucun usage, et sont en général fort communes dans les collections. Nous diviserons les espèces de nos cabinets en deux sections, d'après l'épaisseur et la persistance de l'écorce.

**A.** *Espèces dont l'écorce est très-mince* (G. Melitée et Mopsée, Lamx.).

Isis ochracée : *Isis ochracca*, Pallas, Linn. et Gmel.; Rumph., *Amboin.*, VI, pag. 234, tab. 85, fig. 1. Espèce très-rameuse, dichotome, paniculée, de couleur rouge, à articulations cornées, comme spongieuses et fauves; les cellules en étoiles. De la mer des Indes.

Isis écarlate : *Isis coccinea*, Linn., Gmel., d'après Ellis et Soland., pag. 107, n.° 3, tab. 12, fig. 5. Espèce beaucoup plus petite que la précédente, mais de couleur encore plus rouge, et dont les rameaux, couverts de cellules verruqueuses, sont divergens et s'anastomosent souvent ensemble. De l'océan indien.

Isis orangée : *Isis aurantia*, Esp., *Suppl.*, 2, tab. 9. Espèce très-variable pour la forme générale et pour la couleur, qui peut être rouge, pourpre ou tachetée; mais en général rameuse, un peu dichotome : ses rameaux sont flexueux, subréticulés ou anastomosés, couverts de verrues nombreuses; ses articulations beaucoup plus rares dans les ramuscules que dans les rameaux et sur la tige, où elles sont très-rapprochées. Mers de l'Australasie.

Isis textiforme : *Isis textiformis*, Lamk.; Lamouroux, *Polyp. flex.*, pl. 19, fig. 1. Cette espèce, qui vient des mêmes mers, a sa tige très-courte, noueuse, s'élargissant de suite en rameaux nombreux, filiformes, qui s'anastomosent de manière à former un réseau. Couleur variable, du blanc-jaune à l'orangé.

Isis encrinule : *Isis encrinula*, Lamk.; *Mops. verticillata*, Lamx., *Polyp. flex.*, pl. 1, fig. 2. Rameuse; les rameaux étant pinnés, filiformes, couverts de papilles éparses et recourbées en crochets dans la dessiccation. Mers de l'Australasie.

Isis dichotome : *Isis dichotoma*, Linn., Gmel., d'après Pall.; Petiv., *Gaz.*, tab. 3, fig. 10. Dichotome avec les rameaux grêles ou filiformes, couverts de papilles ou de verrues; l'écorce souvent unie sur la tige. Océan indien.

**B.** *Espèces dont l'écorce est fort épaisse et très-peu adhérente* (G. Isis, Lamx.).

Isis queue-de-cheval : *Isis hippuris*, Linn., Gmel., Ell. et

Soland., pag. 105, n. 2, tab. 13, fig. 1 — 5. Espèce la plus commune, se trouvant, à ce qu'il paroît, dans toutes les mers, même dans celles du Nord, et qui est aisée à reconnoître, parce que ses articulations sont alongées, striées fortement en long, d'un blanc de marbre et comprimées à l'extrémité des rameaux. L'écorce, dans l'état frais, est blanche, poreuse, épaisse, et contient des polypes à huit tentacules, dont les loges sont disposées en quinconces.

Isis alongée : *Isis elongata*, Lamk.; Esper, 1, tab. 6. Dans cette espèce, que l'on croit venir de l'océan indien, les rameaux sont moins nombreux, et les articulations calcaires sont plus alongées, cylindriques, et par conséquent les parties cornées plus courtes.

Isis grêle : *Isis gracilis*, Lmx., *l. c.*, pl. 18, fig. 1. Espèce rapprochée de la précédente par le petit nombre de ses rameaux et l'alongement des articulations pierreuses des rameaux surtout, mais en différant parce qu'elles sont lisses. De la mer des Antilles. (De B.)

ISIS. (*Foss.*) On trouve en Italie de belles articulations cylindriques d'une espèce d'isis fossile, à laquelle nous avons donné le nom d'*isis scillana*. Quelques-unes de ces articulations ont plus de deux pouces de longueur sur sept à huit lignes de diamètre. Elles sont couvertes de légères stries longitudinales, un peu évasées et coniques à leurs bouts; quelques-unes sont simples, et d'autres sont bifurquées. Dans son ouvrage *De corp. marin.*, Scilla annonce qu'on trouve très-abondamment cette espèce dans les rochers et les collines de Messine. Il donne à ce polypier le nom de *corallium articulatum*, et il l'a représenté avec sa base, tab. 21 de son ouvrage.

Il paroît que la grandeur de ce polypier n'est pas connue; car Scilla annonce que la figure qu'il en a donnée, et qui se trouve répétée dans Scheuchzer, *Herb. diluv.*, tab. 14, fig. 1.re, a été faite d'après des morceaux trouvés dans le tuf à différens endroits éloignés les uns des autres. Cette figure ne paroît pas exacte, en ce que l'auteur, ayant ignoré sans doute qu'entre chaque articulation il y avoit eu des entre-nœuds de matière cornée qui n'avoient pas été conservés par la pétrification, et ne sachant comment auroient pu être jointes ensemble des articulations coniques à chaque bout, comme elles paroissent toutes l'être effectivement, a imaginé de représenter en creux l'un des bouts de chaque articulation, dans lequel s'adapte le bout conique de celle qui la touche.

On voit encore des figures d'articulations d'isis qui paroissent se rapporter à l'espèce ci-dessus, dans l'ouvrage de Knorr sur les Pétrifications, suppl., tab. VI, fig. 6 et 7, et dans celui de Parkinson, *Organ. rem.*, tom. 2, pl. 8, fig. 4, 7.

On ne connoît à l'état vivant aucune espèce qui puisse se rapporter à l'*isis scillana*.

Dans les Mémoires pour servir à l'histoire naturelle de l'Italie, Fortis annonce, tom. 1.ᵉʳ, pag. 45 et 47, que, dans la vallée de Brendola, située dans le Vicentin, on trouve avec le sable que le ruisseau amène dans la plaine, des osselets d'une nouvelle espèce d'isis mêlés avec de petits madrépores, des encrines et des pointes d'oursins ; mais il ne donne pas la description de cette espèce. (D. F.)

ISKA. (*Bot.*) Ce mot, évidemment corrompu du latin *esca* (amadou), désigne, dans Paul d'Égine, un champignon qui croît sur le chêne, et dont les barbares de son temps se servoient pour cautériser l'estomac. Il paroîtroit, d'après cela, qu'il s'agit d'un bolet astringent, analogue à notre bolet amadouvier, l'*esca* des Latins. (Lem.)

ISMERLUS. (*Ornith.*) Rzaczynski, dans son *Auct. hist. nat. Pol.*, pag. 420, cite ce nom comme étant donné par Crescentius à l'émerillon, *falco Æsalon*, Linn. (Ch. D.)

ISNARDE ; *Isnardia*, Linn. (*Bot.*) Genre de plantes dicotylédones, de la famille des *lythraires*, Juss., et de la *tétrandrie monogynie*, Linn., qui a pour caractères : Un calice monophylle, campanulé, à quatre divisions ; point de corolle ; quatre étamines à filamens attachés sur le calice ; un ovaire supérieur à style simple, terminé par un stigmate un peu épais ; une capsule à quatre loges polyspermes, enveloppée par le calice persistant.

Les isnardes sont des plantes herbacées, qui croissent dans les eaux ou dans les marais. On en connoît six espèces, dont une est indigène ; des cinq autres quatre appartiennent à l'Amérique et une aux îles de l'Asie méridionale : aucune de ces espèces exotiques n'offre assez d'intérêt pour que nous en parlions d'une manière particulière.

Isnarde des marais : *Isnardia palustris*, Linn., *Spec.*, 175 ; Lamk., *Illustr.*, t. 77. Sa racine est fibreuse, vivace plutôt qu'annuelle, comme l'indiquent plusieurs auteurs : elle produit une tige cylindrique, glabre comme toute la plante, souvent rougeâtre, longue de six pouces à un pied, un peu rameuse, couchée et étalée sur la terre, ou flottant à la surface de l'eau, produisant quelques racines à chacun de ses nœuds, et garnie de feuilles ovales, rétrécies à leur base, opposées. Les fleurs sont petites, verdâtres, sessiles et solitaires dans les aisselles des feuilles. Cette plante croît naturellement en France, en Europe et dans l'Amérique septentrionale, sur les bords des étangs, dans les ruisseaux et les lieux marécageux. ( L. D. )

ISOCARDE. *Isocardia*. ( *Conchyl.* ) Démembrement du genre Came de Linnæus, commencé par Bruguières dans l'Encyclopédie méthodique, mais récemment établi par M. de Lamarck. En effet, les coquilles que l'on range maintenant dans le genre Isocarde, étoient des cardites pour Bruguières. Poli, en n'étudiant que l'animal, avoit aussi établi cette coupe générique sous la dénomination de glossoderme, et Klein, avant ces différens auteurs, l'avoit encore proposée avec le nom même d'isocarde. Ainsi ce genre devra très-probablement rester ; en voici les caractères : Corps fort épais ; le pied très-petit ; le manteau prolongé en arrière par deux tubes fort courts ; les branchies en partie réunies ; contenu dans une coquille très-épaisse, cordiforme, équivalve, inéquilatérale, à sommets recourbés en avant en spirale divergente ; charnière dorsale similaire, formée de deux dents cardinales aplaties, et d'une autre lamelleuse écartée de la cardinale postérieure ; ligament extérieur dorsal et postérieur ; trois impressions musculaires, l'antérieure beaucoup plus petite que les autres.

On ne connoît guère les mœurs et l'organisation de cette espèce de mollusque que d'après ce qu'en a dit Poli, Test. des deux Siciles, où elle est figurée, pl. 15, n.ᵒˢ 34, 35, 36, et pl. 55, n.ᵒˢ 1 et 2. On voit qu'elle diffère réellement assez des cardium et autres genres voisins : les bords de son manteau sont presque lisses, ou ne sont garnis que d'une frange très-finement denticulée ; les deux lobes sont réunis en arrière par une large bande transverse, dans laquelle sont percés deux trous, plutôt que deux tubes, dont la circonférence est garnie de petits tentacules papilliformes radiés ; le pied est excessivement mince ; les tentacules labiaux sont également fort grêles.

Les conchyliologistes ne caractérisent encore que deux espèces d'isocarde.

L'Isocarde globuleuse : *Isocardia globosa*, Lamk. ; *Chama Cor.*, Linn., Gmel., Poli, *l. c.*, et Encycl. méth., tab. 232 ; vulgairement le Bonnet-de-fou, le Cœur-de-bœuf. Coquille commune dans la Méditerranée, et qui se trouve aussi, dit-on, dans l'Océan. Elle est lisse, très-bombée, d'un brun fauve et couverte d'un épiderme olivâtre.

L'Isocarde de Moltke : *Isocardia Moltkiana*, Lamk.; *Cardita Moltkiana*, Brug., Encycl. méth., tab. 233, fig. 1. Coquille aussi rare que l'autre est commune, puisqu'on n'en connoît, dans les collections, que deux ou trois individus, dont l'un faisoit partie de la riche collection de M. de Moltke, célèbre amateur danois, dont elle porte le nom. C'est une coquille d'un pouce de long sur huit lignes de largeur et d'épaisseur ; elle est presque rhomboïdale d'un côté, et est pliée en travers : le corselet est aplati, lisse et anguleux de chaque côté ; la couleur générale est blanche, variée en dehors de brun jaunâtre. Elle vient des mers des grandes Indes et de la Chine. (De B.)

ISOCARDE, *Isocardia*. (*Foss.*) Dans le beau dépôt de fossiles qui existe vers les confins du Plaisantin et du Parmesan, et dans lequel se trouve le plus grand nombre d'espèces que l'on puisse rapporter à des analogues vivant aujourd'hui dans les mers, on rencontre une isocarde fossile qui paroît ne différer en rien de l'isocarde globuleuse (Lamk.), *isocardia cor* (Linn.), qui vit dans la mer Adriatique, principalement vers les côtes de la Dalmatie, et dont on voit des figures dans l'Encycl. méthod., pl. 232, fig. 1.re, *a, b, c, d*. On rencontre aussi cette espèce fossile dans la Calabre, et Scilla en a donné la figure dans son ouvrage *De corp. marin.*, tab. XVI, *AA*.

On trouve encore dans le Plaisantin une espèce d'isocarde plus petite que la précédente, et à laquelle M. de Lamarck a donné le nom d'*isocardia arietina*, Anim. sans vert., tom. VI, pag. 51. M. Brocchi l'avoit nommée *chama? arietina*, et il en a donné une figure dans la *Conch. sub.pp.*, pl. XVI. fig. 13 : elle est couverte de stries longitudinales ; ses crochets sont très-grands, et font un tour et demi sur eux-mêmes. Il paroit que cette espèce est rare, puisque M. Brocchi n'en a trouvé qu'une seule coquille mal conservée.

On rencontre à Gâprée, près de Séez, dans des couches qui paroissent plus anciennes que la craie, des moules intérieurs de coquilles bivalves dont les sommets étoient contournés comme ceux des isocardes. Les caractères de la charnière ne pouvant être aperçus, on ne peut être très-certain que les coquilles dans lesquelles ces moules ont été pétrifiés, dépendoient de ce genre : mais on n'en voit aucun autre auquel ses formes puissent mieux convenir. Je l'y ai rangée provisoirement, et je l'ai nommée *Isocardia Basochiana*. Des restes du test ou peut-être d'une cristallisation qui le remplace, et qu'on trouve sur quelques moules, prouvent, ainsi que des stries transverses et régulières qui les couvrent, que les coquilles de cette espèce étoient minces et fragiles. Elles ont environ deux pouces de longueur, et souvent on trouve le moule des deux valves réunies. (D. F.)

ISOCARPHE, *Isocarpha*. (*Bot.*) [*Corymbifères*, Juss. = *Syngénésie polygamie égale*, Linn.] Ce genre de plantes, établi par M. Robert Brown, en 1817, dans ses Observations sur les Composées, appartient à l'ordre des synanthérées, à notre tribu naturelle des hélianthées, et probablement à la section des hélianthées-prototypes, dans laquelle nous le plaçons auprès du genre *Melananthera*. Voici les caractères génériques de l'*isocarpha*, que nous n'avons point observés, mais que nous empruntons à M. Brown, à Swartz et à M. Kunth.

Calathide ovoïde, incouronnée, équaliflore, multiflore, régulariflore, androgyniflore. Péricline formé de squames uni-bisériées, appliquées, lancéolées. Clinanthe conique, garni de squamelles analogues aux squames du péricline. Fruits oblongs, comprimés, prismatiques ; aigrette ordinairement nulle, rarement composée de trois ou quatre squamellules filiformes, très-petites. Anthères dépourvues d'ap-

pendices basilaires. Stigmatophores surmontés d'un appendice alongé, aigu, hispidule.

Les isocarphes sont des plantes de l'Amérique équinoxiale,
à tige herbacée; à feuilles opposées ou alternes, indivises;
à calathides terminales, ternées ou solitaires, composées de
fleurs blanchâtres. On en connoît trois espèces.

ISOCARPHE A FEUILLES OPPOSÉES : *Isocarpha oppositifolia; Calea
oppositifolia,* Linn., *Spec. plant.;* Swartz, *Observ. botan., Flor.
Ind. occid.* La tige de cette plante est herbacée, un peu ligneuse à la base, haute de deux pieds, dressée, rameuse,
cylindrique, pubescente ; ses rameaux sont opposés, très-
longs, étalés, dressés, simples ou partagés en trois, pubescens et blanchâtres; les feuilles sont opposées, presque sessiles, lancéolées, aiguës, à peine dentées, nervées, molles,
pubescentes; la tige se divise au sommet en trois rameaux
très-longs, pédonculiformes, souvent partagés en trois, terminés chacun par trois calathides presque sessiles, coniques;
les corolles sont blanches et très-petites; les squamelles intérieures du clinanthe sont plus longues que les extérieures.
Cette plante habite les montagnes de la Jamaïque. Swartz
attribue à ses fruits une aigrette composée de trois ou quatre
arêtes très-petites; mais M. Brown n'a trouvé cette aigrette
dans aucun des échantillons qu'il a examinés.

ISOCARPHE A FEUILLES ALTERNES : *Isocarpha alternifolia; Spilanthus atriplicifolius,* Linn., *Syst. veget.; Bidens atriplicifolia,*
Linn., *Spec. plant.;* Lamk., Encycl. C'est une plante herbacée, à tige lisse et paniculée: ses feuilles sont alternes, del-
toïdes comme celles de l'arroche, minces, glabres, dentées,
rétrécies en pétiole vers la base, qui porte deux stipules ou
oreillettes réniformes; les calathides sont terminales, solitaires, ovales-oblongues; leur clinanthe est conique, pointu,
et garni de squamelles velues à leur sommet; les fruits sont
oblongs, tétragones, inaigrettés. Cette espèce habite l'Amérique méridionale.

ISOCARPHE DE KUNTH : *Isocarpha Kunthii; Spilanthus leucantha,* Kunth, *Nov. gen. et sp. pl.,* tom. 4, pag. 210 (édit. in-4.°),
tab. 570. Cette plante herbacée, annuelle, probablement
volubile, se divise en rameaux sexangulaires, glabres ; ses
feuilles, longues de plus de deux pouces, larges d'un pouce,

sont opposées, courtement pétiolées, ovales - oblongues, arrondies à la base, presque acuminées au sommet, dentées ou très-entières, quinquénervées, un peu rudes en-dessus, glabres en-dessous : les calathides sont solitaires au sommet de rameaux pédonculiformes, longs de deux à trois pouces ; elles sont grandes comme celles de la *matricaria chamomilla*, et composées de fleurs très-nombreuses, blanchâtres ; leur péricline est formé d'une quinzaine de squames bisériées, presque égales, lancéolées, foliacées : le clinanthe est conique, garni de squamelles oblongues, tronquées, diaphanes, glabres, embrassantes et un peu plus courtes que les fleurs ; les fruits sont très-petits, obovoïdes, comprimés, glabres et lisses, dépourvus d'aigrette ; les corolles ont cinq divisions ; les anthères sont noirâtres. MM. de Humboldt et Bonpland ont trouvé cette plante sur des collines sèches près Alausi, dans la province de Quito, où elle fleurissoit en Juillet. M. Kunth l'attribue au genre *Spilanthus* ; mais la description et la figure nous persuadent que c'est une troisième espèce d'*isocarpha*, que nous pouvons ajouter avec confiance aux deux espèces précédentes, indiquées par M. R. Brown.

Nous serions bien tenté d'admettre encore dans le genre *Isocarpha*, comme une quatrième espèce, la *pyrethraria dichotoma* de M. Persoon, considérée par ce botaniste comme un sous-genre du *Cotula*. Quoique nous ne connoissions pas cette plante, nous ne craignons point d'affirmer que c'est une hélianthée, et qu'elle n'a point d'affinité naturelle avec le genre *Cotula*, qui est de la tribu des anthémidées. Si, comme nous le présumons, la calathide du *pyrethraria* est incouronnée, cette plante sera sans doute une *isocarpha*.

Nous n'avons point vu les isocarphes : c'est pourquoi il nous reste quelques doutes sur certains caractères de ce genre, et sur la place qu'il doit occuper dans la tribu des hélianthées. La première espèce avait été attribuée par Patrice Browne et par Gærtner au genre *Santolina*, et par Linnæus au genre *Calea* ; la seconde était d'abord pour Linnæus un *bidens*, puis un *spilanthus*. M. Robert Brown, qui a fait une analyse complète de l'ancien genre *Calea*, réunit ces deux plantes en un genre particulier ; mais il a malheureusement négligé d'indiquer les affinités naturelles de ce nouveau genre. ( H. Cass. )

ISOCHILE, *Isochilus*. (*Bot.*) Genre de plantes monocotylédones, à fleurs incomplètes, irrégulières, de la famille des
*orchidées*, de la *gynandrie diandrie* de Linnæus, dont le caractère essentiel consiste dans une corolle à cinq pétales
connivens, presque égaux; un sixième pétale peu différent,
concave et en carène à sa base, point éperonné; la colonne
des organes sexuels non ailée; une anthère terminale, operculée; le pollen distribué en quatre paquets.

Ce genre comprend des plantes parasites, la plupart originaires des contrées méridionales de l'Amérique, dont les tiges
herbacées sont pourvues de feuilles souvent linéaires, placées
sur deux rangs opposés; les fleurs réunies en épis solitaires,
terminaux. Il a été établi par Rob. Brown pour quelques
espèces de *cymbidium* de Swartz ou d'*epidendrum* de Linnæus.

Isochile à feuilles de gramen : *Isochilus graminifolius*, Kunth,
*in* Humb. et Bonpl., *Nov. gen.*, 1, pag. 340, tab. 78. Plante
découverte dans les épaisses forêts qui couvrent le revers
des Andes du Pérou, proche Popayan. Ses racines sont simples, blanchâtres et cylindriques; ses tiges droites, rameuses,
presque longues d'un pied; les feuilles planes, linéaires,
acuminées, finement striées, longues d'un pouce et demi, à
peine larges de deux lignes, vaginales à leur base; les fleurs
disposées en épis; la corolle blanche : les trois pétales extérieurs lancéolés, striés, acuminés; le supérieur concave; les
deux pétales intérieurs lancéolés, aigus, plus courts que les
extérieurs; le sixième pétale, ou la lèvre, oblongue, plane,
en ovale renversé, canaliculée vers sa base, marquée en dedans d'une tache violette : la colonne des organes sexuels re-
dressée, quatre fois plus courte que la corolle; une anthère
terminale, operculée; le pollen divisé en quatre paquets
sessiles; l'ovaire glabre; une capsule longue de sept à huit
lignes.

Isochile linéaire : *Isochilus lineare*, Rob. Brown *in* Ait.,
*Hort. Kew.*, *edit. nov.*; *Epidendrum lineare*, Linn., *Spec.*;
Jacq., *Amer.*, tab. 131, fig. 1 : *Cymbidium lineare*, Swartz,
*Nov. Act. Ups.*, 6, pag. 72; *Helleborine tenuifolia*, *etc.*, Plum.,
*Spec.*, 9; *Icon.*, 182, fig. 1. Cette plante, qui croît sur les
arbres dans les forêts épaisses de la Martinique, est pourvue
d'une racine rampante, très-fibreuse : il s'en élève plusieurs

tiges simples, cylindriques, hautes de deux pieds, garnies presque dans toute leur longueur de feuilles éparses, linéaires, obtuses, échancrées à leur sommet, lisses, planes, un peu coriaces. Les fleurs sont petites, purpurines, réunies environ quatre ensemble, disposées en un épi lâche, terminal : il leur succède des capsules ovales-oblongues, obtusément trigones, s'ouvrant par trois battans.

Isochile prolifère : *Isochilus proliferus*, Rob. Brown, *l. c.*; *Cymbidium proliferum*, Swartz, *Nov. Act. Ups.*, 6, pag. 71. Espèce découverte sur les arbres des hautes montagnes de la Jamaïque. Ses tiges sont couchées, puis ascendantes, radicantes à leur partie inférieure, prolifères par les bulbes situées dans l'aisselle des feuilles : celles-ci sont alternes, très-rapprochées, disposées sur deux rangs, ovales-lancéolées, obtuses, glabres, striées, échancrées obliquement à leur sommet, avec une soie très-fine dans l'échancrure ; leur gaine comprimée, contenant, dans leur aisselle, des bulbes qui donnent naissance à deux feuilles sessiles ; les fleurs petites, sessiles, solitaires dans les gaines, purpurines ; les cinq pétales supérieurs à demi ouverts, lancéolés, obtus ; l'inférieur concave, redressé ; les capsules alongées, cylindriques, un peu anguleuses, s'ouvrant longitudinalement par six battans qui restent adhérens à leur sommet et à leur base.

Plusieurs autres espèces de *cymbidium*, Swartz, ou d'*epidendrum*, Linn., doivent être rapportées à ce genre, telles que la plupart de celles renfermées dans la première subdivision des *cymbidium* de Willdenow. (Poir.)

ISODACTYLE. (*Ornith.*) Ce terme, tiré du grec, est employé pour désigner les oiseaux dont les doigts, fendus, sont distribués deux devant et deux derrière, comme chez les pics, les barbus, les coucous. (Ch. D.)

ISOETES, *Isoète.* (*Bot.*) Les botanistes ne sont pas d'accord sur la famille naturelle dans laquelle on doit ranger ce genre que Linnæus place dans la cryptogamie. L'isoetes présente une fructification double, située à la base des frondes et entre leurs deux membranes, dans des espèces d'involucres oblongs et obtus. Les involucres, qui sont à la base des frondes intérieures, contiennent de petits corps cylindriques transversaux, et une poussière abondante et blanche ; c'est

ce que Smith, Adanson, etc., considèrent comme l'anthère.
L'autre fructification est située à la base interne des frondes
extérieures, et consiste en des capsules ou involucres comme
ceux ci-dessus, membraneux, indéhiscens, uniloculaires,
selon Willdenow, biloculaires, selon Smith, qui contiennent
un grand nombre de petites séminules (selon Adanson)
blanches, arrondies, chagrinées à la surface, marquées de
trois côtes divergentes qui partent de leur point d'insertion
et leur donnent inférieurement une forme de pyramide
triangulaire : elles tiennent à plusieurs filamens. Cette seconde fructification seroit l'organe femelle, selon Linnæus,
Smith et Adanson.

D'après cette structure de la fructification de l'*isoetes*,
Smith se demande s'il ne seroit pas convenable de le placer
dans la monoécie monandrie, en le faisant sortir de la cryptogamie; c'est à peu près ce qu'Adanson avoit déjà fait, en
rejetant l'*isoetes* dans sa famille des *arum*, près du *ruppia*,
du *zostera*, du *calla*, etc. M. De Candolle juge que l'*isoetes*
appartient à la famille des lycopodiacées, 1.° par ses fructifications axillaires, et non pas proprement radicales; 2.° par
l'existence des deux genres de coques, que l'on retrouve dans
plusieurs lycopodes, savoir, les coques à poussière, et les
coques qui portent les globules chagrinés, munies de trois
côtes rayonnantes à leur base. D'une autre part, l'*isoetes* a
beaucoup de rapport, par sa manière de croître et par son
port, avec les genres *Pilularia*, *Marsilea*, *Salvinia*, lesquels
forment la famille des rhizospermes, qui, comme l'*isoetes*,
avoit été placée dans la famille des fougères. Linnæus même
l'avoit d'abord réuni au *marsilea* (*Flor. Suec.*). Enfin Richard
pensoit qu'il doit constituer une famille, celle des *cala-
mariées*.

1.° Isoetes des lacs : *Isoe'es lacustris*, Linn.; Lamk., *Illust.*,
pl. 862; Bolt., *Fil.*, tab. 41; *Flor. Dan.*, tab. 191; *Engl. Bot.*,
tab. 1084; Schkuhr, *Crypt.*, tab. 173; Spreng., *Anleit.*, 3,
tab. 5, fig. 41; *Calamaria*, Dill., *Musc.*, tab. 80; *Subularia
seu Calamistrum*, Rai, *Synops.*, éd. 1. pag. 210, tab. 2. Tubercule radical vivace, épais, charnu, compacte, radicifère
en-dessous, portant une touffe de sept à vingt frondes et plus,
droites, en forme d'alène, demi-cylindriques, articulées,

quadriloculaires, glabres, à base dilatée et contenant les fructifications cachées d'abord par l'épiderme : l'organe mâle, ou présumé tel, à la base interne des frondes du centre de la touffe, et l'organe femelle à la base interne des frondes extérieures.

On trouve cette plante au fond et sur les bords des lacs, en France, en Allemagne, en Suède, en Norwége, en Écosse, en Angleterre, etc. On en distingue plusieurs variétés, que quelques botanistes considèrent, et peut-être avec raison, comme des espèces distinctes.

La première variété, que l'on pourroit nommer l'*isoetes crassa*, a son bulbe plus gros, ses frondes plus larges, longues de trois pouces, droites, arquées, et les séminules contenues dans des capsules ou involucres biloculaires, de la grosseur d'un pois. Cette variété est figurée dans Dillenius, *Hist. musc.*, tab. 80, fig. 1. Elle croit particulièrement en Écosse.

La seconde, qu'on peut nommer *isoetes setacea*, se distingue par son tubercule plus petit ; ses radicules plus fines et plus courtes ; ses frondes nombreuses (quinze à vingt-cinq), très-longues (de cinq à six pouces), sétacées, droites, molles, un peu arquées seulement à l'extrémité, et les capsules seminifères, uniloculaires, plus petites qu'un pois. Cette variété est représentée dans Dillenius, *Hist. musc.*, pl. 80, fig. 2. Elle se trouve partout, et particulièrement dans le midi de la France.

Une troisième variété, l'*isoetes tenella*, croit en Danemarck : elle offre un très-petit tubercule, d'où partent six ou huit frondes sétacées, molles, longues de trois pouces environ. Elle est figurée, planche 191 de la Flore danoise.

2.° ISOETES DU COROMANDEL ; *Isoetes Coromandelina*, Linn., *Suppl.* Frondes filiformes, cylindriques. Cette espèce ressemble beaucoup à la variété *setacea* de l'*isoetes* des lacs ; ses capsules sont également uniloculaires. Elle croit sur la côte de Coromandel, dans les endroits humides et dans les temps de pluie. (LEM.)

ISO-FISAKAKI. (*Bot.*) Arbrisseau du Japon, que Kæmpfer nomme *fisakaki littoralis*, probablement à cause de son rapport avec le *fisakaki* vrai, dont M. Thunberg a fait son *eurya japonica*. (J.)

ISO-KUROGGI. (*Bot.*) Nom japonois, signifiant *kuroggi*
des rivages, d'un arbre rapporté par M. Thunberg à son
*evonymus japonicus.* Voyez Kuroggi. (J.)

ISOLEPIS. (*Bot.*) Voyez Scirpe. (Poir.)

ISONÈME, *Isonema.* (*Bot.*) [*Corymbifères*, Juss. = *Syngénésie polygamie égale*, Linn.] Ce genre de plantes, que nous
avons proposé dans le Bulletin des sciences de Septembre
1817, appartient à l'ordre des synanthérées, à notre tribu
naturelle des vernoniées, et à la section des vernoniées-éthu-
liées. Il présente les caractères suivans :

Calathide incouronnée, équaliflore, multiflore, subrégulariflore, androgyniflore. Péricline à peu près égal aux fleurs,
hémisphérique ; formé de squames imbriquées, appliquées,
lancéolées, foliacées, membraneuses sur les bords, spinescentes au sommet. Clinanthe plan, profondément alvéolé;
les cloisons des alvéoles membraneuses, laciniées, ou prolongées en fimbrilles courtes, subulées, membraneuses. Ovaires
obpyramidaux, pentagones, glabres, parsemés de glandes,
munis d'un petit bourrelet basilaire, et d'un gros bourrelet
apicilaire calleux; aigrette longue, blanche, caduque, composée de squamellules égales, unisériées, filiformes-laminées,
barbellulées. Corolles à divisions longues, linéaires, et à incisions inégales. Styles de vernoniée.

Isonème a feuilles ovales : *Isonema ovata*, H. Cass., Bull.
des sciences de Septembre 1817 ; *Conyza chinensis?* Linn.,
Lamk. C'est une plante herbacée, haute d'un pied dans l'é-
chantillon incomplet que nous décrivons : sa tige est rameuse,
cylindrique, striée, pubescente ; les feuilles sont alternes,
pétiolées, longues d'un pouce huit lignes, y compris le pétiole, larges de neuf ou dix lignes, ovales, glabriuscules
en-dessus, pubescentes, tomenteuses ou soyeuses en-dessous,
irrégulièrement dentées ; chaque dent terminée par un
appendice roide, pointu, spinuliforme; les calathides, hautes
de trois lignes, larges de quatre lignes, et composées de
fleurs jaunâtres, sont disposées en panicule corymbiforme,
terminale. Nous avons observé les caractères génériques et
spécifiques de cette plante dans l'herbier de M. Desfontaines, où elle est nommée *conyza chinensis*, d'après l'herbier
de M. de Lamarck. (H. Cass.)

ISOPHLIS. ( *Bot.* ) Substance gélatineuse, contenant dans une partie des séminules régulièrement disposées. L'*isophlis concentrica*, seule espèce de ce genre, établie par Rafinesque-Schmaltz ( *Carac. Gen. et Sp.*, tab. 20, fig. 3, *A*, *B* ), est gélatineuse, transparente. plane, presque arrondie : garnie sur presque toute sa partie supérieure de séminules en partie enchâssées, rondes. situées en lignes circulaires et concentriques. Elle croit sur les côtes de Sicile, et a été observée sur l'*orimanthis vesiculata*, Rafinesq. Elle adhéroit fortement par sa base.

Rafinesque place ce genre entre son *perisperma* et son *phlyctis*, qu'il range dans la famille des algues. L'*isophlis* paroit avoir de l'analogie avec le genre *Alcyonidium* de Lamouroux. ( LEM. )

ISOPHYLLUM. ( *Bot.* ) On trouve sous ce nom dans Cordus le *buplevrum falcatum* de Linnæus. ( J. )

ISOPODES. ( *Crust.* ) M. Latreille donne ce nom aux crustacés qui entrent dans le cinquième ordre de sa méthode. Il comprend le plus grand nombre des polygonates de Fabricius, et notamment les cloportes ou *oniscus* de Linnæus. Voyez l'article MALACOSTRACÉS. ( DESM. )

ISOPOGONE, *Isopogone*. ( *Bot.* ) Genre de plantes dicotylédones, à fleurs incomplètes, de la famille des *protéacées*, de la *tétrandrie monogynie* de Linnæus, offrant pour caractère essentiel : Une corolle profondément partagée en quatre, formant un tube grêle, long-temps persistant; quatre étamines; point d'écailles autour de l'ovaire; un style caduc; le stigmate fusiforme ou cylindrique; une capsule sessile, ventrue, très-velue.

Ce genre a été établi par M. Rob. Brown pour plusieurs espèces placées parmi les *protea*, et auxquelles il en a ajouté un grand nombre d'autres, découvertes sur les côtes de la Nouvelle-Hollande. Il renferme des arbrisseaux à tige roide, chargés de feuilles glabres, planes ou filiformes, entières ou divisées : les fleurs réunies en une tête terminale, rarement axillaires : elles sont fortement imbriquées en un cône globuleux. quelquefois alongé, sur un réceptacle commun, un peu aplati, couvert d'écailles caduques, serrées, avec une sorte d'involucre. Les principales espèces à réunir à ce genre sont :

Isopogone a feuilles d'aneth : *Isopogon anethifolius*, Rob. Brown, *Nov. Holl.*, 1, pag. 365 ; *Protea acufera*, Cavan., *Icon. rar.*, 6, tab. 549. Arbrisseau du port Jackson, dont les tiges s'élèvent à la hauteur de six à sept pieds, et se divisent en rameaux glabres, garnis de feuilles alternes, pinnatifides ou deux fois ailées, à pinnules étroites, opposées, presque cylindriques, un peu mucronées au sommet, d'un vert glauque, longues d'un pouce et demi. Les fleurs sont réunies en une petite tête solitaire, presque sessile ; garnies d'écailles rougeâtres, tomenteuses, subulées : la corolle jaune, velue ; ses découpures profondes et linéaires. Dans l'*Isopogon formosus*, Brown, *l. c.*, les feuilles sont deux fois pinnatifides, presque trois fois ternées ; les folioles filiformes, canaliculées en-dessus ; les rameaux cotonneux ; la corolle glabre, un peu pileuse au sommet.

Isopogone a feuilles d'anémone : *Isopogon anemonifolius*, Brown, *l. c.* ; *Protea tridactylites*, Cavan., *Icon. rar.*, 6, tab. 548. Arbrisseau qui s'élève à la hauteur de six à sept pieds, et se divise en rameaux droits, glabres, alternes, d'un brun rougeâtre, garnis de feuilles deux ou trois fois ailées, à folioles planes, linéaires, lisses en-dessous. Les fleurs sont ramassées en une tête globuleuse, terminale, solitaire, munies d'écailles imbriquées, concaves, tomenteuses ; la corolle jaune, velue, très-courte ; le style à peine plus long que la corolle ; le stigmate en massue ; les fruits très-petits, triangulaires, velus. Cette plante croît au port Jackson.

Isopogone cératophylle : *Isopogon ceratophyllus*, Brown, *l. c.* Ses feuilles sont deux et trois fois pinnatifides ; les découpures planes, linéaires, étalées, striées à leurs deux faces, mucronées au sommet ; celles qui accompagnent les fleurs, dilatées à la base ; les fleurs réunies en un cône globuleux, garni d'écailles glabres, imbriquées. Dans l'*Isopogon trilobus*, Brown, *l. c.*, les feuilles sont planes, pétiolées, cunéiformes, divisées en trois lobes entiers ; les rameaux tomenteux. L'*Isopogon longifolius*, Brown, *l. c.*, se distingue par la longueur de ses feuilles planes, linéaires ; les supérieures entières, les inférieures souvent trifides ; la corolle soyeuse ; le stigmate glabre.

Isopogone a feuilles cunéiformes : *Isopogon cuneatus*, Br., *l. c.*

Arbrisseau dont les tiges sont droites , divisées en rameaux garnis de feuilles oblongues, en forme de coin . très-obtuses ; les fleurs sont réunies sur un réceptacle commun, un peu convexe, chargé de paillettes caduques : l'involucre composé d'écailles tomenteuses ; la corolle glabre : le stigmate en fuseau. Dans l'*Isopogon attenuatus*, Brown , *l. c.*, les rameaux sont glabres, les feuilles entières, étroites, alongées, retrécies à leur base, un peu mucronées au sommet : les fleurs disposées en petites têtes solitaires ; l'involucre glabre ; la corolle barbue au sommet : le stigmate cylindrique. L'*Isopogon polycephalus*, Brown , *l. c.*, se distingue par ses feuilles linéaires-oblongues, un peu mucronées ; ses rameaux sont tomenteux ; les têtes de fleurs presque agrégées ; les écailles de l'involucre lanugineuses. Toutes ces plantes , et plusieurs autres espèces du même genre , croissent sur les côtes de la Nouvelle-Hollande. ( Poir. )

ISOPYRE ; *Isopyrum*, Linn. ( *Bot.* ) Genre de plantes de la famille des *renonculacées*, Juss.. et de la *polyandrie polygynie* Linn., ayant pour principaux caractères : Un calice de cinq folioles colorées, pétaloïdes, caduques ; une corolle de cinq pétales tubuleux à leur partie inférieure , évasés dans la supérieure ; des étamines nombreuses, hypogynes ; un à vingt ovaires supérieurs ; autant de capsules comprimées, acuminées par le style persistant, à une seule loge polysperme.

Les isopyres sont de petites plantes herbacées, à feuilles découpées ou composées, et à fleurs axillaires ou terminales assez petites. On n'en connoit que trois espèces, dont une croît naturellement en France.

On fait dériver le nom de ce genre d'ισος, semblable, et de πῦρ, feu. Les Grecs appeloient ainsi une plante qui ressembloit à la nielle, et dont les graines laissoient de même dans la bouche une saveur brûlante. Les plantes auxquelles les botanistes modernes ont appliqué le nom d'*isopyrum*, ne sont pas sans rapports avec les nielles ; mais elles se rapprochent surtout des hellébores, parmi lesquels quelques auteurs les ont rangées.

Si , comme le suppose Sprengel ( *Hist. rei herb..* 1 , p. 178), l'*isopyrum* des anciens est l'un des nôtres, pourquoi le voir dans une espèce originaire de la Sibérie (*isopyrum fumarioides*) plutôt que dans l'isopyre pigamier, jolie plante, remarquable par le blanc de lait et l'odeur suave de ses fleurs, et assez commune dans l'Europe méridionale, où l'autre ne paroît pas se trouver ?

Isopyre pigamier : *Isopyrum thalictroides*, Linn., *Spec.*, 783 ; Jacq., *Flor. Austr.*, t. 105. Sa racine est composée de plusieurs petits tubercules fusiformes, réunis en faisceau : elle produit une tige menue, glabre comme toute la plante, haute de six à dix pouces, nue dans sa partie inférieure, garnie dans la supérieure de quelques feuilles, pour la plupart sessiles, deux fois ternées, à folioles ovales-cunéiformes, plus ou moins profondément incisées en trois lobes obtus. Outre les feuilles portées par la tige, sa racine en produit quelques autres un peu plus grandes et pétiolées. Les fleurs sont blanches, larges de cinq à six lignes, portées sur de longs pédoncules solitaires dans les aisselles des feuilles. Les étamines sont au nombre de trente à trente-six, et il y a un à trois ovaires. Cette plante croît en France, dans les Pyrénées, dans les montagnes du Dauphiné, de l'Auvergne, et dans plusieurs autres montagnes de l'Europe. Elle fleurit en mars et avril. ( L. D.)

Isopyre a feuilles de fumeterre : *Isopyrum fumarioides*, Linn., *Spec.*; Ammani, *Rutt.*, tab. 12 ; Schkuhr, *Handb.*, 2, tab. 153; *Helleborus fumarisides*, Lamk., Encycl. Cette petite plante a le feuillage et le port d'une fumeterre. Sa racine est grêle, simple, à peine fibreuse; les feuilles radicales longuement pétiolées; les pétioles partiels chargés de petites folioles ovales-cunéiformes, entières ou lobées, tendres, molles, d'un vert glauque; les stipules petites, membraneuses; la tige grêle, nue à sa partie inférieure, puis rameuse, garnie de feuilles plus petites, presque verticillées, à folioles un peu aiguës; les pédoncules presque capillaires, uniflores; les fleurs blanches, fort petites; les folioles du calice ovales-lancéolées, aiguës; les capsules oblongues, petites, au nombre de douze ou quinze, mucronées, réunies en tête, renfermant des semences très-petites, nombreuses. Cette espèce croît dans la Sibérie. (Poir.)

ISOPYRON. (*Bot.*) La plante que Dioscoride désignoit sous ce nom, est, selon Columna et C. Bauhin, l'ancolie ordinaire, *aquilegia vulgaris*. Adanson croit que c'est plutôt l'hépatique des jardins, *anemone hepatica*, dont il fait son genre sous cet ancien nom, en nommant *olfa* le genre *Isopyrum* de Linnæus. (J.)

ISORA. (*Bot.*) Nom américain, employé par Plumier pour désigner un genre de plantes qui est l'*helicteres* de Linnæus, de la famille des malvacées. La gaine des étamines se prolonge dans plusieurs espèces en cinq languettes, entre lesquelles sont des étamines fertiles en nombre égal ou double. Dans d'autres, cette gaine ne porte que des filets d'étamines fertiles. Necker fait de celle-ci un genre distinct sous le nom de *alicteres*. (J.)

ISOTE. (*Bot.*) Voyez Isoetes. (LEM.)

ISOTRIA. (*Bot.*) Genre de plantes monocotylédones, à fleurs incomplètes, irrégulières, de la famille des *orchidées*, de la *gynandrie digynie* de Linnæus, offrant pour caractère essentiel : Une corolle à six pétales; les trois extérieurs égaux, linéaires; les trois intérieurs plus courts, oblongs, presque égaux ; deux anthères; un style ; une capsule filiforme.

Ce genre ne renferme qu'une seule espèce, jusqu'à présent médiocrement connue, indiquée sous le nom de *isotria verticillata*, Schmaltz, *Journ. botan.*, 1, pag. 220. Ses feuilles sont verticillées, oblongues, acuminées; ses tiges simples, terminées par une fleur sessile, solitaire. Cette plante a été observée dans l'Amérique septentrionale. (POIR.)

ISOTYPE, *Isotypus*. (*Bot.*) [*Cinarocéphales?* Juss. = *Syngénésie polygamie égale*, Linn.] Ce genre de plantes, proposé par Willdenow, en 1807, sous le nom de *seris*, et reproduit par M. Kunth, en 1820, sous le nom d'*isotypus*, appartient à l'ordre des synanthérées, et à notre tribu naturelle des mutisiées, dans laquelle il est immédiatement voisin du genre *Onoseris*. Voici les caractères génériques de l'*isotypus*, que nous n'avons point observés, mais que nous empruntons à M. Kunth, en les présentant toutefois sous une autre forme, et en y faisant quelques changemens qui nous paroissent bien fondés.

Calathide incouronnée, équaliflore, pluriflore, subrégulariflore, androgyniflore. Péricline inférieur aux fleurs, subcylindracé; formé de squames régulièrement imbriquées,

linéaires-lancéolées, trinervées, presque membraneuses,
ayant leur partie inférieure appliquée et leur partie supérieure inappliquée. Clinanthe planiuscule, hérissé de courtes
fimbrilles piliformes. Fruits oblongs, pentagones, hispidules,
pourvus d'un bourrelet apicilaire ; aigrette composée de
squamellules nombreuses, filiformes, barbellulées. Corolles
presque régulières ou à peine labiées. Anthères munies d'un
appendice apicilaire très-long, linéaire, aigu, greffé avec
les appendices des anthères voisines, et de deux appendices
basilaires longs, filiformes. Styles des mutisiées.

On ne connoit jusqu'à présent qu'une seule espèce d'isotype.

Isotype fausse-onoséride : *Isotypus onoseroides*, Kunth, *Nov.
gen. et spec. plant.*, tom. IV, pag. 12 (édit. in-4.°), tab. 307.
C'est une plante herbacée, probablement vivace ; ses feuilles
sont pétiolées, longues d'un pied et demi, y compris le pétiole, minces, glabres et vertes en-dessus, laineuses et blanches en-dessous, très-profondément lyrées-pinnatifides, ou divisées presque jusqu'à la nervure médiaire en trois parties :
la division terminale très-grande, subcordiforme, sinuée-
dentée, quinquénervée ; les deux latérales beaucoup plus
petites, éloignées de la terminale, presque opposées, sessiles,
oblongues, aiguës, sinuées-dentées. Les calathides, composées chacune d'environ dix fleurs à corolle rose, sont grandes
comme celles de la *stæhelina dubia*, et disposées en corymbes,
dont les ramifications sont laineuses, blanches, très-garnies
de bractées subulées, glabres, appliquées ; les squames du
péricline sont un peu laineuses extérieurement, et un peu
colorées au sommet. Cette plante a été découverte par MM.
de Humboldt et Bonpland, dans la province de Vénézuéla,
sur les bords de la rivière Tuy, où elle fleurissoit au mois
de Mai : les habitans de ce pays la nomment *tavita contra-
spasmo*.

Willdenow avoit publié le genre dont il s'agit, treize ans
avant M. Kunth, dans les Mémoires de la Société des naturalistes de Berlin ; mais la description de Willdenow, faite
en très-peu de mots, suivant son usage, pourroit s'appliquer
aussi bien au *chrysocoma*, à l'*eupatorium* et à beaucoup d'autres genres de Synanthérées : la description de M. Kunth est,

au contraire, excellente, comme il a coutume de faire.
C'est pourquoi nous n'hésitons pas à considérer ce dernier
comme le véritable auteur du genre, malgré les dates, et,
en conséquence, nous préférons le nom d'*isotypus* à celui de
*seris*.

Willdenow pensoit que ce genre avoit de l'affinité avec
le *cacalia* et le *stœhelina*. M. Kunth dit qu'il est intermédiaire entre l'*onoseris* et le *stœhelina*, et il ajoute que la *stœhelina dubia* de Linnæus, qui diffère, suivant lui, de toutes
les autres espèces de *stœhelina* par l'aigrette pileuse, appartient probablement au genre *Isotypus*. Nous avons déjà réfuté cette erreur, que M. Kunth s'obstine encore à soutenir
contre l'évidence. (Voyez le Journal de physique de Juillet
1819, pag. 23, et d'Octobre 1819, pag. 283.)

Selon nous, l'*isotypus* et le *stœhelina* ne sont pas de la
même tribu naturelle, l'un étant une mutisiée et l'autre une
carlinée. Mais, en supposant, comme le prétend M. Kunth,
que notre classification des synanthérées soit pitoyable, et
qu'on ne doive y avoir aucun égard, il n'en seroit pas moins
évident que la *stœhelina dubia* ne pourroit pas être congénère
de l'*isotypus*, alors même que les appendices du clinanthe
seroient absolument semblables dans les deux plantes. En
effet, quoi qu'en dise M. Kunth, l'aigrette de la *stœhelina
dubia*, qu'il n'a sans doute jamais observée, est très-différente
de celle de l'*isotypus*, bien que ni l'une ni l'autre ne soit une
aigrette plumeuse; et comme M. Kunth n'a aucune confiance
dans l'exactitude de nos propres observations, nous nous bornerons ici à lui citer celles de M. De Candolle, consignées
dans le second Mémoire de ce botaniste sur les composées,
page 36, et accompagnées de figures où la structure de l'aigrette des *stœhelina* est bien représentée. Il y apprendra aussi
que cette singulière structure est commune au moins à quatre
espèces de *stœhelina*, et qu'ainsi la *stœhelina dubia* ne diffère
pas, comme il le dit, de toutes les autres espèces de *stœhelina* par son aigrette.

Quoique nous n'ayons point vu l'*isotypus*, nous sommes
persuadé que ses corolles ne sont pas parfaitement régulières,
et qu'au moins quelques-unes offrent un léger indice de la-
biation, c'est-à-dire qu'il doit y avoir, à peu près comme

dans notre genre *Cherina*, deux incisions un peu plus profondes que les autres et formant deux lèvres, l'une extérieure à trois divisions, l'autre intérieure à deux divisions. Cette conjecture, fondée sur l'analogie, semble confirmée par une figure de la planche qui représente l'*isotypus*.

Il est vraisemblable que M. Kunth ne possède que des fragmens d'un échantillon, et que c'est pour cela qu'il n'a pas donné une description complète des caractères spécifiques et une figure entière de la plante. Nous présumons, par voie d'analogie, que les feuilles sont toutes radicales, et qu'il n'y a point de tiges proprement dites, mais une ou plusieurs hampes rameuses et polycalathides.

C'est avec doute que nous avons attribué l'*isotypus* aux cinarocéphales de M. de Jussieu, parce que nous ignorons la place que ce botaniste lui assigne dans sa classification.

Le nom d'*isotypus* est composé de deux mots grecs, qui signifient forme égale; celui de *seris*, donné précédemment au même genre par Willdenow, étoit appliqué par les anciens botanistes à plusieurs lactucées. (H. CASS.)

ISOX. (*Ichthyol.*) On a quelquefois écrit ce mot pour *esox*. Voyez ÉSOCE. (H. C.)

ISPIDA. (*Ornith.*) Ce mot, que par erreur quelques naturalistes ont écrit *ipsida*, est chez Brisson le nom générique du martin-pêcheur ou alcyon, *alcedo* de Linnæus. Le même terme est employé par divers auteurs pour désigner le guêpier, *apiaster* de Brisson, et *merops* de Linnæus. (CH. D.)

ISQUIERDA A FLEURS AGRÉGÉES (*Bot.*) : *Isquierdia aggregata.* Ruiz. et Pav., *Syst. Flor. Per.*, 1, pag. 278; *Izquierdia*, Encycl., Suppl. Arbre peu connu, qui croît dans les grandes forêts du Pérou. Il s'élève à la hauteur d'environ trente pieds. Ses feuilles sont ovales, acuminées; ses pédoncules agrégés, uniflores.

Les auteurs de la Flore du Pérou en ont fait un genre particulier, à fleurs complètes, polypétalées, régulières, de la *tétrandrie monogynie* de Linnæus, dont le caractère essentiel consiste dans des fleurs hermaphrodites ou dioïques, pourvues d'un calice d'une seule pièce, à quatre dents; une corolle composée de quatre pétales; quatre étamines; un ovaire surmonté d'un stigmate sessile : point de style apparent. Le fruit, vu très-jeune, paroit être un drupe à une seule semence. Il existe aussi quelques fleurs mâles, dans lesquelles on n'aperçoit que le rudiment d'un ovaire avorté. (Poir.)

ISSE, *Issus*. (*Entom.*) Genre d'insectes hémiptères, de la famille des collirostres, voisin des cicadelles et des fulgores. Ce genre, établi par Fabricius pour y ranger quelques espèces de *cercopes*, n'a pas été adopté par M. Latreille, qui les a réunies aux fulgores. La cigale bossue de Geoffroy, figurée par Panzer, l'aune, 2.ᵉ cahier, planche 11, est le type de ce genre. C'étoit la *cercope coléoptérée* de l'Entomologie systématique de Fabricius. C'est une des espèces les plus communes; elle est grise : les élytres, de même couleur, sont en outre opaques et portent un point brun au milieu; elles sont dilatées vers la base. Voyez Cicadelle. (C. D.)

ISSER, ISSELE. (*Bot.*) Voyez Caju-lessi. (J.)

ISSOULOUS (*Bot.*) : synonyme de *nissoulous*, qui dérive lui-même de *siallous* et *souillous*. Tous ces noms servent à désigner, dans le midi de la France, la plupart des bolets comestibles, qui sont les *suilli* des anciens. Il est évident que ce dernier nom est le radical des dénominations citées plus haut. (Lem.)

ISSPIAERNA. (*Ornith.*) Les habitans de la Sudermanie appellent ainsi la lavandière, *motacilla alba*, Linn. (Ch. D.)

ISTIOPHORE. (*Ichthyol.*) M. de Lacépède a établi sous ce nom, dans la famille des atractosomes, un genre de poissons qu'on avoit souvent confondus ou avec les scombres ou avec les xiphias. Ce genre est reconnoissable aux caractères suivans :

*Catopes composés de deux rayons très-grêles et très-longs; deux nageoires dorsales, dont la première arrondie, très-longue et d'une hauteur supérieure à celle du corps; opercules lisses; deux nageoires anales.*

Ce genre ne renferme encore qu'une espèce. On le distingue facilement des Xiphias, qui n'ont point de catopes; des Scombres, qui ont des fausses-nageoires derrière celles du dos et de l'anus; des Caranx, qui n'ont qu'une nageoire anale. (Voyez ces mots et Atractosomes.)

Le Voilier ou Porte-glaive: *Istiophorus gladifer*, Lacépède; *Scomber gladius*, Bloch, 345 : *Xiphias velifer*, Schneider. Mâchoire supérieure prolongée en forme de lame d'épée; première nageoire dorsale formant sur le dos une voile verticale; dos noir; ventre argenté; nageoires bleuâtres, avec de petites taches d'un rouge brun; mâchoires et palais garnis de dents très-petites; écailles peu visibles; ligne latérale courbe, et terminée par une saillie longue et dure: taille de neuf à dix pieds.

Marcgrave, Pison, Willughby, Ray, Johnston, Ruysch, Broussonnet, Bloch, ont décrit ou figuré ce poisson, aussi remarquable par sa forme et sa grandeur que par ses habitudes, et qu'on a observé dans les mers des deux Indes, à Madagascar, à Surate, à l'Isle-de-France, sur les côtes du Brésil, etc. Les matelots le connoissent sous les noms de *brochet-volant* et de *bécasse de mer*; c'est Broussonnet qui lui a donné celui de *voilier*, que M. de Lacépède a rendu en grec par le mot *istiophore*.

Le poisson dont il s'agit nage souvent à la surface des flots, prenant le vent avec la voile verticale que représente sa première nageoire dorsale. Doué d'une grande force, d'une grande agilité, d'une grande audace, il attaque avec avantage ses ennemis les plus dangereux. Dans sa natation rapide, jamais il ne recule: il se précipite même contre les vaisseaux, dans le bordage desquels il laisse quelquefois des tronçons du glaive qui arme son museau. Pendant les tourmentes il se joue au milieu des vagues agitées, et sa présence, comme celle des marsouins, est pour les navigateurs le présage des tempêtes.

Il se nourrit de poissons longs de douze à quinze pouces, qu'il avale tout entiers.

Sa chair, qui est sans arêtes, est assez bonne tant qu'il est jeune. Lorsqu'il vieillit, elle devient dure, indigeste, et trop grasse, ce qui fait, dit Pison, qu'on l'abandonne aux matelots et aux porte-faix. (H. C.)

ISTONGUE. (*Ornith.*) L'oiseau auquel ce terme est appliqué dans Catesby, se rapporte, suivant Sonnini, à l'oiseau-mouche-rubis, *trochilus colubris*, Lath. (Ch. D.)

ISURUS. (*Ichthyol.*) M. Rafinesque-Schmalz a formé sous ce nom un genre de poissons qui appartient à la famille des plagiostomes. Il se rapporte au sous-genre des raies de M.

Cuvier et à la première division du genre Dasybatus de M. de Blainville. Voyez Raie et Dasybate. (H. C.)

ISWOSCHIKI. (*Ornith.*) L'oiseau du Groënland auquel, d'après Krascheninnikow, ce nom, qu'on écrit aussi *ivoskik*, est donné par les Cosaques, à cause de son sifflement imitant celui des conducteurs de chevaux, est, à ce qu'il paroit, de la même espèce que le *kaïover* ou *kaïor*, rapporté à la famille des *starikis*, c'est-à-dire, aux alques ou macareux, et plus particulièrement à l'alque perroquet, *alca psittacula*, Pall., Gmel. et Lath., que Steller a désigné par cette phrase, *mergulus marinus niger, ventre albo, plumis angustis albis, auritus*, et dont le bec et les pieds sont rouges. Cependant le kaïover est placé par Latham, *Ind. Ornith.*, p. 797, parmi les synonymes du *colymbus grylle*, petit guillemot, ou colombe du Groënland. (Ch. D.)

ITABU (*Bot.*), nom japonois d'un figuier que M. Thunberg croit être une variété du *ficus pumila*. (J.)

ITAIBA (*Bot.*), nom brésilien du courbaril, *hymenæa*, suivant Pison. (J.)

ITAINSBA. (*Bot.*) Voyez Tataiba. (Lem.)

ITAM (*Bot.*), nom d'une espèce peu connue de citronnier qui croit à Amboine. (Lem.)

ITANA. (*Bot.*) Voyez Idadhu. (J.)

ITAOCA. (*Ichthyol.*) A la Jamaïque on donne ce nom au coffre à quatre piquans. Voyez Coffre. (H. C.)

ITASISA (*Bot.*), nom donné par les Égyptiens au fénugrec, *trigonella*, suivant Ruellius. (J.)

ITCHIXPALON. (*Bot.*) Palmier d'Amérique qui nous est inconnu, dont les naturels emploient les feuilles à faire des paniers si serrés qu'ils servent à contenir de l'eau. (Lem.)

ITEA. (*Bot.*) Ce nom grec ancien du saule a été appliqué par Linnæus à un genre très-différent, faisant partie de la nouvelle famille des cunoniacées de M. Robert Brown. Voyez Itée. (J.)

ITÉE, *Itea*. (*Bot.*) Genre de plantes dicotylédones, à fleurs complètes, polypétalées, régulières, de la famille des cunoniacées, de la *pentandrie monogynie* de Linnæus, offrant pour caractère essentiel : Un calice court, persistant, à cinq divisions ; cinq pétales insérés sur le réceptacle, ainsi que les cinq étamines ; les anthères à deux lobes ; un ovaire supérieur ; un style à un stigmate épais. Le fruit consiste en une capsule pyramidale, mucronée, à deux loges, à deux valves, contenant des semences petites et nombreuses.

On a retranché de ce genre l'*itea cyrilla*, de l'Héritier, ou *itea Caroliniana*, Lamk., Encycl., qui étoit le *cyrilla racemiflora* de Linnæus, genre qui devoit être conservé (voyez Cyrille) : d'où il suit que l'*itea* ne comprend qu'une seule espèce, à moins qu'on ne veuille y réunir le *cedrela* de Loureiro ; mais cet auteur cite, pour sa plante, des feuilles opposées et des capsules à trois loges.

Itée de Virginie : *Itea Virginiana*, Linn. ; Lamk., *Ill. gen.*, tab. 147 ; Pluken., *Mant.*, tab. 339, fig. 5. Arbrisseau fort élégant, qui offre le port d'un *clethra*, et qui s'élève à la hauteur de quatre ou cinq pieds, sur une tige droite, rameuse. Ses rameaux sont glabres, cylindriques, garnis de feuilles alternes, pétiolées, presque glabres, ovales-aiguës, vertes à leurs deux faces. Les fleurs sont blanches, petites, pédicellées, disposées en grappes droites, solitaires, terminales, accompagnées de bractées étroites, très-caduques, de la longueur des pédicelles ; les divisions du calice aiguës ; les pétales linéaires-lancéolés, un peu plus longs que le calice ; le stigmate épais, marqué d'un sillon, ou à deux lobes ; les capsules petites, pyramidales. Cette plante croît dans la Virginie, la Caroline, etc., en touffes nombreuses, dans les taillis frais et ombragés, même dans des lieux inondés pendant l'hiver.

Les fleurs de cet arbrisseau, qui paroissent au mois de juillet, lui donnent un aspect très-agréable, et le rendent propre à décorer les bosquets d'été. On le cultive dans les jardins d'ornement : il perd ses feuilles tous les hivers ; mais il ne craint pas les plus fortes gelées. On peut le placer au nord, dans des plates-bandes de terre de bruyère, contre un mur, derrière un rocher, à une petite distance des massifs, ou sur le bord des eaux. Plus ses touffes sont épaisses, moins elles sont élevées, plus il produit d'effet par l'abondance de ses fleurs : on lui donne cette disposition, en coupant ses tiges rez terre, tous les trois ou quatre ans. On le multiplie de graines, ou mieux de boutures prises sur les vieux pieds, ou de marcottes enlevées au printemps sur les jeunes pousses. (Poir.)

ITEKIVDLEK. (*Ichthyol.*) Nom que l'on donne, au Groënland, au chabot. *cottus gobio.* Voyez Cotte. (H. C.)

ITHYTHERION. (*Bot.*) Voyez Hedera. (J.)

ITIANDENDROS. (*Bot.*) Un des noms grecs anciens de la prêle, *equisetum*, suivant Ruellius. (Lem.)

ITICA. (*Bot.*) Voyez Chatheth. (J.)

ITING. (*Ornith.*) Un des noms que le martin-chauve porte aux Philippines, où on l'appelle aussi *iting*, *illing* et *tabaduru*. (Ch. D.)

ITIPALI. (*Bot.*) L'arbre des Antilles que Surian cite sous ce nom et sous celui de *kimti*, est aussi nommé dans ces îles, selon lui, bois gris, bois de savonnette, et il a les feuilles du fresne, les fruits en forme de silique. Il paroîtroit que c'est une espèce d'*inga*, puisque la description des feuilles et des fruits peut se rapporter à ce genre, dont d'ailleurs deux espèces sont nommées bois gris. Il a moins de rapport avec le vrai bois de savonnette, *sapindus*, dont les fruits sont sphériques. (J.)

ITIRANA. (*Ornith.*) Playcard Rai, qui cite ce nom dans sa Zoologie universelle, se borne à l'indiquer comme un rouge-gorge du Brésil. (Ch. D.)

ITOBOU. (*Bot.*) Ce nom caraïbe est cité, d'après Surian, dans l'herbier de Vaillant, pour quatre fougères très-différentes, qui sont l'*acrostichum calomelanos* de Linnæus, l'*aspidium exaltatum* de Swartz, le *mohria thurifera* du même, et un *adiantum* figuré dans les Fougères de Plumier, t. 55, sous le nom de *lonchitis*. Le *pothos cordata* est encore un *itobou* de Surian, ainsi qu'une autre plante rangée par lui parmi les *hedysarum*. On ne confondra pas ces plantes avec l'Itoubou. Voyez ce mot. (J.)

ITO-SAKIRA. (*Bot.*) Nom japonois d'une variété du cerisier, citée par Kæmpfer. M. Thunberg nomme *ito-sugi* un cyprès, qui est son *cupressus pendula*; et *ito-jige*, une espèce de souchet non déterminée. (J.)

ITOUBOU. (*Bot.*) La plante qui porte ce nom dans la Guiane, est une violette, *viola itoubou* d'Aublet, qui, par ses caractères, paroit devoir être réunie au genre *Ionidium* de Ventenat, détaché du *viola*. Sa racine est employée dans le pays aux mêmes usages que l'ipécacuanha au Brésil, dont même on lui donne le nom. Il faut bien distinguer cette plante de l'*itubu* de Surinam, qui est un panicaut, *eryngium fœtidum*. (J.)

ITSIO. (*Bot.*) Voyez GINGKO. (J.)

ITTA, ITTAWÆL. (*Bot.*) Dans l'île de Ceilan on nomme ainsi un lierre, *hedera terebinthinacea* de Vahl, qui, suivant Hermann, fournit une résine semblable à la térébenthine. (J.)

ITTI-CANNI (*Bot.*), nom malabare, suivant Rhéede, d'une espèce de loranthe, *loranthus loniceroides*. (J.)

ITTNERA. (*Bot.*) Gmelin, dans sa Flore de Bade, décrit sous ce nom le genre Nayas de Linnæus, dont il a cru devoir corriger le caractère donné par le botaniste suédois, et qu'il rétablit ainsi :

Monoïque. *Fleur mâle :* anthère sessile, ventrue, s'ouvrant au sommet ; *fleur femelle :* ovaire surmonté d'un style à un stigmate, bifide ou trifide. Fruit constitué par une capsule évalve, uniloculaire, monosperme. Gmelin a représenté, pl. 3 de sa Flore, les caractères et les deux espèces de ce genre, qu'il décrit. ( LEM.)

ITTY-ALU (*Bot.*), nom malabare, cité par Rhéede, d'un figuier, *ficus benjamina*. (J.)

ITTY-AREALOU (*Bot.*), nom malabare du *ficus nitida* de Swartz. (J.)

ITUBU. (*Bot.*) A Surinam on nomme ainsi le panicaut fétide, *eryngium fœtidum*, différent de l'*itoubou* de Cayenne, espèce de violette, et des *itobou*, qui sont des fougères. (J.)

ITZCEUINLEPORZOTLI. (*Mamm.*) Nom que rapporte Nieremberg, comme étant celui d'une sorte de chien domestique de la Nouvelle-Espagne, dont le pelage est varié de blanc, de fauve et de noir, et qui a une élévation assez forte sur les épaules. Il ne paroit pas que, depuis Nieremberg, les naturalistes aient pu observer ce singulier animal. (F. C.)

ITZ-FATZ (*Bot.*), nom japonois d'un petit iris, suivant Kæmpfer. (J.)

ITZINGO. (*Bot.*) Voyez Foo. (J.)

ITZQUAUHTLI. (*Ornith.*) L'oiseau dont le nom est ainsi

écrit dans Jonston, est le même que l'Yzorataui de Fernandez, chap. 100. Voyez ce dernier mot. (Ch. D.)

IUCA. (*Bot.*) Voyez Yucca. (Lem.)

IUFA (*Bot.*), un des noms arabes de l'hysope, selon Daléchamps. (J.)

IULE, *Iulus.* (*Entom.*) Nom d'un genre d'insectes sans ailes, à mâchoires, à abdomen confondu avec le reste du corps, dont tous les segmens portent au moins une paire de pattes, et par conséquent de la famille des millepieds ou myriapodes.

Les caractères des espèces de ce genre peuvent être ainsi exprimés :

Aptères à corps alongé, cylindrique, composé d'un grand nombre d'articulations dont chacune porte deux paires de pattes, et à antennes courtes en massue.

D'après ces caractères il est facile de distinguer ces espèces de toutes celles qu'on pourroit rapporter à la même famille : ainsi les *scutigères* et les *scolopendres* n'ont qu'une paire de pattes à chaque anneau du corps: la forme générale du corps distingue ensuite les iules du genre *Gloméride*, dont les espèces l'ont de forme ovale, se roulant en boule, et des *polyxènes* et des *polydesmes*, dont les segmens du corps sont anguleux et non cylindriques.

Ce nom d'iule est très-ancien dans la science. Il est d'origine grecque, ἴελος. On le trouve dans Lycophron, au moins d'après Athénée, pour indiquer un animal à beaucoup de pattes, qui grimpe sur les murailles : *vermis multipes, parietibus arrepens.* Gesner, Mouffet, Jonston, Aldrovande, ont ensuite employé ce nom pour indiquer les scolopendres et les iules, ou, comme le dit Mouffet, pour désigner les insectes que les Italiens nomment *centogambi*, les Espagnols *centopeas*, les Anglois *gablyworms.* Au reste, cette étymologie du mot ἴελος est fort obscure ; car elle indique ce qui tient à la laine.

Les iules, comme nous l'avons déjà dit, ont le corps alongé, cylindrique, arrondi, lisse, formé d'anneaux crustacés, polis, durs et calcaires, munis chacun de deux paires de pattes courtes, à compter du cinquième; les deux derniers en sont également privés, et, chez les mâles, le septième n'en a

qu'une seule paire. Chacune de ces pattes, quoique très-
courte, est composée de six ou sept articles, dont le dernier
se termine en pointe.

La tête des iules est arrondie, munie de deux yeux à
réseaux, ou à facettes à six pans irréguliers. Les antennes
courtes, un peu en masse, sont à peu près de la longueur
de la tête et formées de sept articles.

Les iules se trouvent en général dans les lieux humides,
dans la terre sablonneuse, sous les pierres, sous la mousse et
les écorces; ils cherchent l'obscurité : quand ils marchent,
toutes leurs pattes, souvent au nombre de plus de cent de
chaque côté, agissent toutes à la fois, et de la manière la
plus admirable, sans aucune confusion. Il semble que l'insecte
glisse plutôt qu'il ne marche ; les antennes sont alors portées
à droite et à gauche, comme pour sonder le terrain et reconnoître les obstacles. Quand l'insecte se repose ou qu'il
est inquiété, il se roule en cercle comme les serpens, avec
lesquels il a en petit quelque analogie de forme et de mouvement.

La plupart des iules se nourrissentde débris de végétaux.
On dit aussi qu'ils attaquent les substances animales : ce qu'il
y a de certain, c'est que quelques espèces attaquent les
fraises, les grains de raisins et les autres fruits qui tombent
sur la terre.

Degéer, qui a étudié l'histoire de ces insectes, dit qu'ils
sont ovipares, et que les petits, au moment où ils éclosent,
n'ont que six pattes vers les trois premiers anneaux du corps,
dont le nombre total ne seroit donc que de sept à huit, les
autres se développant successivement par la suite. Il sembleroit, en ce cas, que ces insectes subiroient une sorte de trans-
formation.

Les espèces de ce genre n'ont pas encore été étudiées avec
tout le soin nécessaire. Il est probable que plusieurs ont été
confondues. Celles qu'on trouve dans les environs de Paris
le plus communément, sont les suivantes.

1.° L'IULE DES SABLES, *Iulus sabulosus*, figuré par Schæffer
dans ses Élémens, planche 75, et par Geoffroy sous le nom
d'iule à deux cent quarante pattes, planche 22, fig. 5, o, p.

Car. *Cendré avec deux lignes longitudinales fauves sur le dos.*

*Chaque anneau semble être composé de deux portions, une lisse, polie, et l'autre striée.*

On trouve cet insecte dans les sablonnières : il se roule en cercle; il reste immobile dans le danger, et il exhale alors une forte odeur acide. C'est la plus grosse des espèces de France.

2.° L'IULE TERRESTRE, *Iulus terrestris*. C'est l'iule à deux cents pattes de Geoffroy. Degéer l'a décrit. tom. VII, page 578, n.° 2, et l'a figuré, sous le nom de *fasciatus*, planche 36. fig. 9 et 10.

Car. *D'un gris noirâtre, lisse, entre-coupé de jaune plus clair.* On trouve cette espèce sous les pierres.

Il y a beaucoup d'autres espèces qu'on a négligé de décrire.

Ainsi il en est une très-grosse, voisine de celle des sables, dont les segmens du corps sont jaunes, bordés de noir en arrière, avec un petit point noir très-régulier dans le milieu de chaque anneau sur les parties latérales. Nous l'avons appelé dans notre collection *nigro punctatus*, tandis que nous avions désigné sous le nom de *rubro punctatus* la petite espèce qui ronge les fraises. laquelle est très-alongée. d'un rose transparent, avec deux séries de petits points rouges très-réguliérement disposés sur le dos, un sur chaque anneau. Enfin, il y a de grandes espèces d'iules d'Afrique et d'Amérique. Telles sont : l'IULE DES INDES, *Iulus Indus*, décrit par Linnæus d'après les exemplaires du Musée du prince Adolphe-Fréderic, figuré par Séba, tom. I, pl. 81. fig. 5 : il est couleur de rouille, avec cent quinze pattes de chaque côté, d'un jaune pâle, et le dernier segment de son corps est prolongé en pointe aiguë : et l'IULE TRÈS-GRAND, *Iulus maximus*, qui a cent-trente-quatre paires de pattes; les anneaux ont près d'un pouce de diamètre. Mouffet, en décrivant cet insecte, ne peut pas, dit-il, laisser retenir son admiration, en voyant un insecte avec une tête si petite jouir d'une mémoire et d'une force de raisonnement si remarquables que, quoique ses pattes soient innombrables et fort distantes de son petit cerveau, chacune d'elles remplit son office, et se transporte ici ou là, d'après la volonté émanée de la tête. *Novit tamen quisque officium suum, et pro imperantis capitis mandato in hanc vel illam partem se conferunt !* ( C. D. )

IULIS. (*Ichthyol.*) Voyez Girelle. (H. C.)

IUMBARUM. (*Bot.*) Voyez Limonion. (J.)

IVA. (*Bot.*) Ce nom, avec l'épithète *moschata*, a été donné par Lobel à l'yvette, *teucrium iva*; par Tabernæmontanus, à l'*ambrosie* du Mexique, *chenopodium ambrosioides*. Gesner le cite pour un *tanacetum alpinum* de Daléchamps. On trouve dans Marcgrave un *iva frutex* (*iva buba* de Pison), qui paroit être un *solanum*. On ne peut déterminer le genre de son *iva umbu*, arbre dont le fruit, semblable à une pomme, renferme une noix monosperme à coque fragile. L'*iva pecanga* de la Guiane, mentionné par Barrère, est. selon lui, un *smilax*, employé comme la salseparcille. L'*iva catinga* du même pays est le *catinga moschata* d'Aublet. Linnæus a donné à un genre de plantes composées ou synanthérées le nom de *iva*, maintenant adopté. Voyez Ive. (J.)

IVE, *Iva*. (*Bot.*) [*Corymbifères anomales*, Juss. = *Monoécie pentandrie*, Linn.] Ce genre de plantes, établi par Linnæus, appartient à l'ordre des synanthérées, à notre tribu naturelle des ambrosiées et à la section des ambrosiées douteuses. Voici les caractères génériques que nous avons observés sur des individus vivans d'*iva frutescens*.

Calathide subglobuleuse, discoïde : disque multiflore, régulariflore, masculiflore ; couronne unisériée, pauciflore. tubuliflore, féminiflore. Péricline hémisphérique, formé de quatre, cinq ou six squames inégales, subunisériées, appliquées, larges, arrondies, foliacées. Clinanthe petit, plan. pourvu de squamelles longues, étroites, linéaires, membraneuses-foliacées. Fleurs de la couronne composées, 1.° d'un ovaire inaigretté, obovoïde, subcordiforme, pointu à la base, arrondi au sommet, obcomprimé, convexe sur la face extérieure, plan sur la face intérieure, glabre, lisse, parsemé de glandules résineuses pédicellées; 2.° d'un style articulé sur l'ovaire, très-court, portant deux stigmatophores assez longs, laminés, liguliformes, bordés de deux gros bourrelets stigmatiques, cylindriques, papillés ; 3.° d'une corolle articulée sur l'ovaire, tubuleuse, courte, comme tronquée au sommet. Fleurs du disque composées, 1.° d'un faux-ovaire très-petit. presque entièrement avorté, continu avec la base de la corolle ; 2.° d'un style articulé sur le faux-ovaire, cylindrique, tronqué au sommet, à troncature plane, garnie de papilles dont les extérieures sont plus longues et filiformes: la partie supérieure du style est souvent fendue, sur ses deux côtés ou sur un seul, par un sillon bordé de bourrelets stigmatiques, ce qui prouve que cette partie est formée de deux stigmatophores entregreffés plus ou moins complétement; 3.° d'une corolle régulière, transparente, incolore ou blanchâtre, parsemée de petits tubercules, à limbe en forme de figue et peu distinct du tube, à divisions courtes, à nervures bifurquées dès la base du limbe et paroissant ensuite se ramifier irrégulièrement; 4.° de cinq étamines à filets courts, larges, épais, libres entre eux, greffés à la moitié inférieure du tube de la corolle: l'article anthérifère très-court, peu distinct du filet, très-étréci de bas en haut: les anthères parfaitement libres, très-épaisses, prismatiques, à quatre pans; l'appendice apicilaire court, subcordiforme-aigu, membraneux; les appendices basilaires très-petits, pointus; le pollen jaune-paille.

Ive arbrisseau; *Iva frutescens*, Linn. Cet arbuste, indigène dans l'Amérique septentrionale et au Pérou, est très-rameux et a trois pieds de haut dans l'individu que nous décrivons: ses rameaux sont striés, un peu pubescens; ses feuilles sont les unes verticillées-ternées, les autres opposées, d'autres alternes, les plus grandes longues de quatre pouces, larges de seize lignes; elles sont pétiolées, lancéolées, dentées en scie, trinervées, presque glabres, subcoriaces, d'un vert grisâtre; les calathides sont très-petites, courtement pédonculées, pendantes, solitaires ou réunies par couples à l'aisselle des feuilles supérieures des rameaux, lesquelles feuilles sont petites, presque linéaires, entières; l'ensemble de l'inflorescence forme une sorte de grappe terminale. Nous avons fait cette description sur un individu vivant, cultivé au Jardin du Roi, où il fleurit en septembre.

Linnæus n'a connu que deux espèces d'*iva*, dont l'une est l'arbrisseau que nous venons de décrire, l'autre est une plante annuelle de l'Amérique méridionale: c'est pourquoi il les a nommées *iva frutescens* et *iva annua*; mais ces noms spécifiques, fort bons alors, sont devenus insignifians depuis que Michaux a découvert, dans l'Amérique septentrionale, l'*iva imbricata*, qui est ligneuse comme l'*iva frutescens*, et l'*iva ci-liata*, qui est annuelle comme l'*iva annua*. C'est un inconvé-nient inévitable dans le système de nomenclature adopté par les botanistes. M. Kunth a fait connoître nouvellement une cinquième espèce d'*iva*, trouvée dans l'île de Cuba, et nom-mée *iva cheiranthifolia* : c'est un arbuste qui ne diffère de l'*iva frutescens* que parce que ses feuilles sont très-entières et pubescentes. L'*iva imbricata* a aussi les feuilles très-en-tières, mais glabres.

Tournefort attribuoit l'*iva* et le *tarchonanthus* au genre *Conyza*. Vaillant les en retira; mais il les réunit mal à pro-pos en un seul genre, nommé *Tarchonanthos*. Linnæus, qui avoit d'abord placé l'*iva* dans le genre *Parthenium*, en fit en-suite un genre particulier, qui auroit dû conserver le nom de *Tarchonanthus*, parce que c'étoit la première espèce du *tarchonanthos* de Vaillant, et parce que ce nom, qui signifie fleur d'estragon, s'applique beaucoup mieux à cette pre-mière espèce qu'à la seconde, laissée seule par Linnæus dans le genre *Tarchonanthus*. Adanson a voulu changer le nom générique d'*iva*, en lui substituant celui de *denira*.

La classification du genre *Iva* est assez difficile, et elle a beaucoup varié. Tournefort le rangeoit, avec les *conyza*, dans sa classe des herbes et sous-arbrisseaux à fleur floscu-leuse. Vaillant le plaçoit, avec le *tarchonanthus*, entre l'*ele-phantopus* et le *santolina*, parmi ses corymbifères. Linnæus, dans ses ordres naturels, a classé l'*iva* entre le *parthenium* et le *micropus*, dans l'ordre ou le sous-ordre des nucamentacées, qui comprend aussi le *xanthium*, l'*ambrosia*, l'*artemisia* et quelques autres genres. Le même botaniste, dans son sys-tème sexuel, rapporte l'*iva* à la monoécie pentandrie, et non à la syngénésie, parce qu'en effet les anthères sont libres. Adanson place l'*iva* dans sa section des immortelles, à la suite du *micropus*, et immédiatement avant sa section des ambro-sies, composée des deux genres *Ambrosia* et *Xanthium*. M. de Jussieu, dans le *Genera plantarum*, a formé de l'*iva*, du *clibadium* et du *parthenium* une section des corymbifères ano-males, voisine de celle où il met l'*ambrosia* et le *xanthium*. Mais, dans les Annales du Muséum d'histoire naturelle, il dit que l'*iva* et le *clibadium* sont voisins des *milleria* et *siges-*

*beckia*, que le *parthenium* est voisin du *baillieria*, et que les *ambrosia* et *xanthium* sont probablement des urticées, comme il l'avoit annoncé dans le *Genera plantarum*. Cependant, sur une liste manuscrite que cet illustre botaniste a bien voulu nous communiquer en 1816, nous retrouvons l'*iva* dans les corymbifères anomales, avec le *clibadium*, l'*ambrosia*, le *franseria* et le *xanthium*. Gærtner, dans sa Classification des synanthérées, place l'*iva* entre l'*evax* et le *clibadium*. Mœnch le rapproche du *micropus*. MM. Ventenat, Lamarck, De Candolle ont laissé l'*iva* dans les corymbifères, et ils ont relégué l'*ambrosia* et le *xanthium* parmi les urticées. M. Desfontaines a été plus loin; car il a classé l'*iva*, aussi bien que l'*ambrosia* et le *xanthium*, dans l'ordre des urticées. L. C. Richard croyoit que l'*ambrosia* et le *xanthium* devoient former un ordre distinct, voisin de l'ordre des synanthérées. Nous ignorons quelle place il assignoit à l'*iva* dans la classification naturelle; mais, dans le système sexuel modifié par lui, il rangeoit le *xanthium*, l'*ambrosia* et l'*iva* dans la monoécie monadelphie : cependant nous avons observé que les étamines de l'*iva* ne sont point monadelphes. MM. Willdenow, Persoon et Kunth attribuent l'*iva* à la syngénésie nécessaire de Linnæus, ce qui est encore inexact, puisque les anthères sont libres. Enfin, M. Kunth place les trois genres *Xanthium*, *Ambrosia*, *Iva*, dans la tribu naturelle des hélianthées, entre le *melampodium* et le *jægeria*.

Nous avons depuis long-temps remarqué dans l'*iva* trois affinités différentes : 1.° une affinité avec les genres *Ambrosia* et *Xanthium*; 2.° une affinité avec nos hélianthées-millériées; 3.° une affinité avec quelques-unes de nos anthémidées, telles que l'*artemisia*. La combinaison de ces trois affinités nous a décidé à placer l'*iva* dans notre tribu naturelle des ambrosiées, qui est intermédiaire entre celle des hélianthées et celle des anthémidées. Pour éviter les répétitions, nous renvoyons à nos articles AMBROSIACÉES, tom. II, Supplém., pag. 9; CLIBADION, tom. IX, pag. 595; FRANSÉRIE, tom. XVII, pag. 561; AMBROSIÉES, tom. XX, pag. 571. On y trouvera presque tous les élémens de la discussion sur la classification naturelle de l'*iva* et des genres analogues. (H. CASS.)

IVETTE, IVE MUSQUÉE. (*Bot.*) Voyez IVA. (J.)

IVIRA. (*Bot.*) Genre d'Aublet, qui est une espèce de *sterculia* de Linnæus, et auquel il faut encore rapporter le *covalam* de Rhéede et d'Adanson, et le *theodoria* de Necker. (J.)

IVOIL. (*Ichthyol.*) Voyez Yvoil. (H. C.)

IVOIRE. (*Chim.*) Voyez Os. (CH.)

IVOIRE. (*Conchyl.*) Coquille du genre Buccin de Linnæus, *Buccium eburna*, ainsi nommée à cause de sa blancheur et de son poli, et dont M. de Lamarck a fait le type de son genre ÉBURNE (voyez ce mot). M. Denys de Montfort en fait le nom françois du genre Éburna. (DE B.)

IVOIRE. (*Zool.*) On donne plus particulièrement ce nom à la substance dont se compose la défense des éléphans. (F. C.)

IVOSKIK (*Ornith.*), voyez Iswoschiki. (CH. D.)

IVOUIRA. (*Bot.*) Les Garipous de la Guiane nomment ainsi l'*apeiba glabra* d'Aublet, genre de la famille des tiliacées. (J.)

IVRAIE ou YVRAIE; *Lolium*, Linn. (*Bot.*) Genre de plantes monocotylédones, de la famille des *graminées*, Juss., et de la *triandrie digynie*, Linn., qui a pour principaux caractères : Un calice multiflore, à une glume parallèle à l'axe de l'épi; une corolle de deux balles lancéolées, l'extérieure mutique ou aristée au-dessous de son sommet; trois étamines; un ovaire supérieur, surmonté de deux stigmates plumeux; une graine oblongue, convexe d'un côté, aplatie et sillonnée de l'autre.

Les ivraies sont des plantes herbacées, annuelles ou vivaces, à feuilles linéaires, et à fleurs disposées en épi composé d'épillets distiques, solitaires sur chaque dent de l'axe. On en connoît sept à huit espèces. Les suivantes croissent naturellement en Europe.

IVRAIE VIVACE : *Lolium perenne*, Linn., *Spec.* 122; Host, *Gram. Aust.*, 1, t. 25. Sa racine est rampante; elle produit plusieurs tiges redressées, simples ou rameuses, glabres, ainsi que les feuilles, terminées par un épi très-alongé, formé de douze à quinze épillets dépourvus de barbes, disposés alternativement, assez écartés les uns des autres, composés de sept à neuf fleurs, et quelquefois de trois à cinq seulement dans la plante que Linnæus a nommée *lolium tenue* et qui ne paroit être qu'une simple variété. Les épillets sont plus longs que la glume calicinale. Dans une variété les épillets sont vivipares; dans une autre ils sont rapprochés, étalés et disposés en manière de crête. Cette plante croit sur les bords des chemins et dans les lieux incultes.

Cette espèce est connue des cultivateurs sous le nom de *raygrass*. C'est un fourrage très-nourrissant dans la jeunesse de la plante, mais qui fournit alors très-peu, et si l'on attend après la floraison pour le couper, il a l'inconvénient de devenir dur et d'être peu du goût des bestiaux. Cette graminée présente d'ailleurs l'avantage d'être très-précoce, de repousser facilement sous la dent des bestiaux, de taller et de se fortifier d'autant plus qu'elle est plus broutée; d'après cela on voit qu'elle est plus avantageuse dans les pâturages que cultivée pour être fauchée. Sous le nom de gazon anglois elle est très en usage pour former des tapis de verdure dans les jardins paysagers. Employée de cette manière, il faut avoir soin de la tondre souvent.

IVRAIE MULTIFLORE; *Lolium multiflorum*, Lam., Flor. fr., 3, p. 621. Cette espèce diffère de la précédente par ses épillets plus nombreux, composés de quinze à vingt-cinq fleurs. Le *lolium compositum*, Thuil., Flor. Paris., 62, n'en est probablement qu'une variété remarquable par ses fleurs munies de barbes. C'est à cette plante qu'il faut rapporter le *gramen loliaceum, angustiore folio et spica, aristis donatum*, Vaill., *Bot. Par.*, t. 17, fig. 5. L'ivraie multiflore croît dans les lieux cultivés.

IVRAIE ENIVRANTE; vulgairement ZIZANIE, HERBE D'IVROGNE; *Lolium temulentum*, Linn., *Spec.* 122; Bull., Herb., tab. 107, *Flor. Dan.*, tab. 160. Cette espèce est annuelle; ses tiges sont roides, hautes de deux à trois pieds; l'épi est droit, composé d'épillets écartés, formés de cinq à sept fleurs munies de barbes et plus courtes que la glume calicinale. Le *lolium arvense* de quelques auteurs n'en diffère que parce que ses fleurs sont dépourvues de barbes, et il n'est peut-être qu'une variété de l'ivraie enivrante. Cette plante croit dans les champs, surtout parmi ceux ensemencés en froment, en orge ou en avoine. Dans les étés humides elle se multiplie beaucoup dans les moissons, ce qui a fait croire faussement que le blé dégénéré se changeoit en ivraie. Virgile paroit avoir voulu faire allusion à ces fâcheuses métamorphoses dans les vers suivans :

*Grandia sæpe quibus mandavimus hordea sulcis,*
*Infelix lolium, et steriles dominantur avenæ.*
Eclog. V, v. 36.

Les graines de l'ivraie ont un goût àcre, acide et désagréable ; elles rougissent les couleurs bleues végétales. Lorsqu'elles se trouvent mélangées dans le blé en certaine quantité, elles donnent à la farine et au pain de mauvaises qualités, qui peuvent produire divers accidens, comme des nausées, des vomissemens, l'ivresse, la perte momentanée de la vue, des vertiges, un tremblement général de tout le corps, suivi d'un assoupissement plus ou moins considérable. Il paroît que les propriétés mal-faisantes de l'ivraie sont d'autant plus fortes que ses graines retiennent plus de leur eau de végétation ; car on a remarqué que les accidens qu'elles produisent, ont toujours été plus graves, lorsqu'elles avoient été cueillies avant leur parfaite maturité que lorsqu'elles y étoient parvenues. Parmentier assure même qu'on peut en faire du pain qui ne sera nullement mal-faisant, en les faisant sécher au four avant de les réduire en farine, en faisant ensuite bien cuire le pain qu'on en préparera, et enfin en ne mangeant celui-ci que lorsqu'il sera tout-à-fait refroidi.

On a reconnu que les graines d'ivraie étoient également nuisibles à plusieurs animaux, tels que les chiens, les chevaux et les oiseaux de basse-cour. ( L. D.)

IVROIE. (*Bot.*) Voyez Ivraie. ( L. D.)

IX. (*Entom.*) C'est le nom sous lequel Geoffroy a désigné une noctuelle qui porte sur les ailes supérieures une sorte de double ligne brune en sautoir semblable à la lettre X, qui a servi à désigner ce lépidoptère, inscrit sous le n.° 103, page 162 du tome II de son ouvrage. (C. D.)

IXCUTIQUE. (*Orn.*) C'est, selon l'auteur du Dictionnaire de chasse et de pêche, l'art de prendre les oiseaux à la glu. (Ch. D.)

IXÉRIDE, *Ixeris*. (*Bot.*) [ *Chicoracées*, Juss. = *Syngénésie polygamie égale*, Linn.] C'est un sous-genre, que nous proposons d'établir dans le genre *Taraxacum ;* il appartient par conséquent à l'ordre des synanthérées et à la tribu naturelle des lactucées. Voici ses caractères.

Calathide incouronnée, radiatiforme, multiflore, fissiflore, androgyniflore. Péricline formé de squames unisériées, égales, oblongues-lancéolées, foliacées, membraneuses sur les bords; la base du péricline entourée d'environ cinq squamules surnuméraires très-petites, unisériées, irrégulièrement disposées, inappliquées, ovales, presque membraneuses. Clinanthe plan, absolument inappendiculé. Fruits uniformes, oblongs, glabres, très-lisses, pourvus d'environ dix côtes longitudinales, excessivement saillantes en forme d'ailes linéaires, un peu épaisses, subéreuses; le sommet du fruit prolongé en un col grêle, beaucoup plus court que lui; aigrette blanche, composée de squamellules nombreuses, inégales, filiformes, presque capillaires, barbellulées. Corolles glabres. Anthères et stigmatophores noirâtres.

IXÉRIDE POLYCÉPHALE; *Ixeris polycephala*, H. Cass. Cette plante herbacée, presque entièrement glabre, a environ deux pouces et demi de hauteur. Elle offre un tronc épais, très-court, dressé, enraciné par sa base, ramifié au sommet, couvert de feuilles très-rapprochées, alternes, sessiles, semi-amplexicaules, longues de plus de trois pouces, larges d'environ deux lignes, linéaires-subulées, uninervées; leur base est élargie, membraneuse, multinervée; leur partie inférieure est parsemée en-dessus de poils frisés, et munie sur les bords de quelques dents longues, subulées ou lancéolées, souvent un peu arquées en arrière. Le tronc se divise au sommet en quelques branches striées, portant des feuilles analogues à celles du tronc, mais plus courtes, sagittées à leur base, très-peu nombreuses et très-éloignées les unes des autres. Chaque branche se ramifie à son sommet en une sorte de corymbe très-irrégulier, peu rameux, pourvu de bractées subulées, membraneuses, situées à la base de la plupart des ramifications, qui sont grêles et pédonculiformes. Le corymbe est formé d'environ huit calathides pédonculées par ses dernières divisions; chaque calathide haute d'environ trois lignes et composée d'une vingtaine de fleurs à corolle jaune.

Nous avons étudié les caractères génériques et spécifiques de l'*ixeris* sur un échantillon sec innommé, faisant partie d'une collection de plantes du Napaul, donnée a M. Desfontaines par M. De Candolle, qui l'avoit reçue, en 1821, de M. Wallich.

Nous avions d'abord attribué cette plante au genre *Taraxacum*, en la nommant *taraxacum polycephalum*; mais elle s'éloigne tellement des vrais *taraxacum* par son port, que nous croyons devoir la distinguer au moins comme sous-genre. Les différences génériques ou sous-génériques que nous remarquons entre le *taraxacum* et l'*ixeris*, sont au nombre de quatre : 1.° Dans le *taraxacum*, les côtes du fruit ne sont jamais saillantes en forme d'ailes, et elles sont toujours pourvues, au moins en haut, d'excroissances spiniformes, tandis que le fruit de l'*ixeris* a dix ailes, sans aucune aspérité; 2.° le col est beaucoup plus long que le fruit dans le *taraxacum*, et beaucoup plus court que le fruit dans l'*ixeris*; 3.° le *taraxacum* a un péricline extérieur formé d'une douzaine de squames foliacées, bisériées, dont les plus longues surpassent ordinairement la moitié de la hauteur du péricline intérieur : l'*ixeris* n'a que cinq squamules surnuméraires, membraneuses, très-petites, atteignant à peine la base des squames du péricline; 4.° le *taraxacum* a une hampe dépourvue de feuilles, simple et monocalathide : l'*ixeris* a une vraie tige, garnie de feuilles, rameuse, corymbée, polycalathide.

Les botanistes qui admettent des sous-genres, ont coutume d'attacher le nom spécifique au nom du genre principal, et de passer sous silence le nom du genre secondaire, qui devient ainsi presque inutile. Cette méthode nous paroît contraire à l'ordre naturel des idées, qui exige, selon nous, que le nom spécifique soit attaché à celui du sous-genre : c'est pourquoi nous nommons la plante dont il s'agit *ixeris polycephala*. Ceux qui n'adoptent pas notre système de nomenclature, la nommeront *taraxacum polycephalum*. (H. Cass.)

IXIE; *Ixia*, Linn. (*Bot.*) Genre de plantes monocotylédones, de la famille des *iridées*, Juss., et de la *triandrie monogynie*, Linn., dont les principaux caractères sont les suivans : Spathe bivalve, uniflore; corolle monopétale, tubuleuse, à limbe campanulé, partagé en six découpures ovales-oblongues, régulières; trois étamines à filamens plus courts que la corolle, insérés sur son tube, et portant des anthères oblongues; un ovaire inférieur, surmonté d'un style filiforme, terminé par trois stigmates simples; une capsule ovale, trigone, à trois valves, à trois loges polyspermes.

Les ixies sont des plantes herbacées, à racines presque toujours bulbeuses, à feuilles ordinairement ensiformes, distiques, engainantes à leur base, et à fleurs terminales, le plus souvent disposées en épis élégans, remarquables par la beauté de leurs couleurs. Ce mérite leur a donné beaucoup d'intérêt, et un grand nombre d'espèces sont cultivées pour l'ornement des jardins. Presque toutes ces plantes sont originaires du cap de Bonne-Espérance; une seule est indigène de l'Europe méridionale.

Ce genre, dans son principe, avoit été établi par Linnæus pour deux espèces dont la corolle, plane et très-ouverte, imitoit en quelque sorte la forme d'une roue, et c'étoit d'après l'allusion faite à la roue d'Ixion que ces plantes avoient reçu le nom d'*ixia*. Mais ce genre a reçu par la suite de grands accroissemens; Linnæus lui-même y réunit neuf nouvelles espèces, et, depuis lui, celles-ci se sont accrues jusqu'à surpasser aujourd'hui le nombre de quatre-vingts, parmi lesquelles il y en a qui s'éloignent plus ou moins des caractères propres aux autres. Cette considération a porté divers botanistes à partager ce genre en plusieurs autres, et ils ont formé à ses dépens les genres *Belamcanda*, *Galaxia*, *Geissorrhiza*, *Hesperantha*, *Lapeyrousia*, *Marica*, *Romulea*, *Sparaxis*, *Trichonema*, *Tritonia*, *Watsonia* et *Wilsenia*; mais, la plupart de ces genres ne se trouvant établis que sur des caractères minutieux et peu importans, cette division rend souvent difficile de déterminer à quel genre telle espèce peut appartenir, et comme la nature de cet ouvrage ne nous permet pas d'entrer dans de plus grands détails, nous ne ferons mention ici que de quelques espèces, parce qu'on pourra en trouver plusieurs décrites aux articles consacrés aux autres genres dont nous venons de parler.

## * *Hampe plus courte que les feuilles.*

Ixie bulbocode : *Ixia bulbocodium*, Linn., *Spec.*, 51; Jacq., *Icon. rar.*, 2, t. 271. Sa racine est une petite bulbe ovale, à peine plus grosse qu'un noyau de cerise; elle pousse des feuilles linéaires, canaliculées, glabres, longues de deux à six pouces, du milieu desquelles s'élève une hampe moitié plus courte, souvent uniflore, quelquefois chargée de deux à trois fleurs portées sur des pédoncules très-inégaux. Ces fleurs sont plus grandes ou plus petites , selon les variétés , et blanches ou violettes , bleuâtres ou purpurines , ordinairement jaunes dans le fond : elles paroissent de très-bonne heure au commencement du printemps. Cette plante est commune sur les bords de la mer, en Corse , en Provence , en Languedoc , en Bretagne , dans les landes de Bordeaux ; elle se trouve aussi dans le midi de l'Europe , dans le Levant et en Barbarie.

Ixie en croix ; *Ixia cruciata* , Jacq. , *Icon. rar.* , 2 , tab. 290. Sa racine est une bulbe de la grosseur d'une noisette ; elle produit plusieurs feuilles linéaires , rétrécies à leur base , à quatre angles saillans , et une hampe longue de deux à trois pouces , terminée par une seule fleur rouge en dedans , et rayée de jaune et de bleu. Cette espèce croît au cap de Bonne - Espérance.

## ** *Hampe plus longue que les feuilles.*

Ixie a fleurs d'anémone : *Ixia anemonæflora* , Jacq. , *Icon. rar.* , tab. 273 ; Redouté , Lil. , 2 , tab. 84. Sa bulbe est arrondie , de la grosseur d'une noisette ; elle produit plusieurs feuilles radicales , linéaires , ensiformes , glabres , longues de dix pouces , égalant en hauteur la hampe , qui est grêle , et porte à son sommet une fleur blanche , lavée de jaune , dont la spathe est courte , une de ses valves à deux dents et l'autre à trois. Cette plante est originaire du cap de Bonne-Espérance.

Ixie maculée : *Ixia maculata* , Linn. , *Mant.* , 320 ; Redouté , Lil. , 3 , tab. 137 ; Andrew , *Bot. Repos.* , tab. 196. Sa tige est droite , cylindrique , simple ou un peu rameuse , haute d'environ un pied, garnie dans sa partie inférieure de feuilles linéaires , ensiformes , glabres , nerveuses , droites , plus courtes que la tige , qui se termine par plusieurs fleurs sessiles , alternes , rapprochées en un épi serré. Ces fleurs ont un à deux pouces de large , et sont , selon les variétés , blanches , jaunes , violettes , bleues , rouges ou purpurines , avec une tache d'une couleur plus obscure à la base de chacune de leurs divisions. Cette espèce est originaire du cap de Bonne-Espérance.

Ixie a fleurs vertes : *Ixia viridiflora*, **Lam.**, **Dict. enc.**, 3. pag. 340 ; Redouté, Lil., 8, tab. 476. Sa tige est simple, glabre, haute de deux pieds, garnie, dans sa partie inférieure, de plusieurs feuilles linéaires, striées, longues d'un pied, très-étroites. Les fleurs sont larges de près de deux pouces, d'un beau vert clair, avec une tache noirâtre à leur base, et disposées plusieurs ensemble en un long épi terminal. Les spathes sont membraneuses, blanchâtres, plus courtes que le tube de la corolle, et leur valve extérieure est entière. Cette belle espèce est originaire du cap de Bonne-Espérance.

Ixie orangée : *Ixia crocata*, Linn., *Spec.*, 52 ; Curt., *Bot. Mag.*, tab. 184. Sa racine, qui est une bulbe un peu plus grosse qu'une noisette, produit une tige un peu comprimée, glabre, simple ou divisée en deux à trois rameaux, haute de huit à douze pouces, et garnie dans sa partie inférieure de plusieurs feuilles ensiformes, nerveuses, plus courtes que la tige elle-même. Les fleurs sont grandes, belles, d'une couleur orangée très-éclatante, et disposées en épi terminal. La spathe est membraneuse, blanchâtre, à valves un peu échancrées. Cette espèce croit naturellement au cap de Bonne-Espérance, et elle a été transportée en Europe il y a plus de soixante ans.

Ixie fleur-de-lis ; *Ixia liliago*, Redouté, Lil., 2, tab. 109. Sa racine est une bulbe arrondie, grosse à peu près comme une cerise : elle produit une tige simple, droite, plus longue que les feuilles, qui sont linéaires, ensiformes, glabres. Les fleurs sont grandes, campanulées, à tube très-court, d'un blanc mêlé de rouge en dehors et de jaune en dedans ; les divisions de leur limbe sont ovales-oblongues, un peu obtuses, marquées à leur base d'une tache d'un violet foncé. Comme les précédentes, cette espèce est originaire du cap de Bonne-Espérance.

Les ixies, étant originaires d'un pays chaud, ne peuvent être mises en pleine terre dans nos jardins ; les froids que nous éprouvons chaque hiver, les feroient périr : il faut les planter dans des pots et dans de la terre de bruyère. Comme leurs bulbes sont en général assez petites on en met cinq à six, ou même davantage, dans chaque vase, selon leur grandeur. Ces plantes n'ont d'ailleurs pas besoin d'une forte chaleur ;

il leur suffit d'être pendant l'hiver à l'abri de la gelée et de l'humidité. C'est au mois d'Octobre qu'on plante les bulbes des ixies, et on les rentre dans l'orangerie, où on les place près des croisées, dès que les gelées sont à craindre. En Avril, Mai ou Juin, selon les espèces, elles donnent leurs fleurs, et un mois ou six semaines après, lorsque leurs tiges et leurs feuilles sont sèches, on peut les retirer de terre, pour séparer les caïeux qui se sont formés, et on les replante à l'époque que nous avons déjà dite. On peut aussi les laisser deux à trois ans sans les relever; c'est le moyen d'avoir des caïeux plus nombreux et plus gros. Quelques amateurs cultivent leurs ixies en pleine terre de bruyère, dans des baches fermées de châssis, qu'ils ont soin de couvrir et d'entourer de paillassons et de litière, lorsqu'il gèle fort, et qu'ils découvrent au contraire et exposent à l'air toutes les fois que le temps est doux et beau. Plusieurs ixies donnent de bonnes graines, et celles-ci présentent un nouveau moyen de propagation : les bulbes qui en proviennent, lorsqu'on les sème, ne donnent des fleurs qu'au bout de trois ans. (L. D.)

IXINE. (*Bot.*) Anguillara, cité par C. Bauhin, regarde cette plante de Théophraste comme la même que le *chamæleon albus* des anciens, qui est notre *carlina acaulis*. Le même auteur dit que c'est encore le *helxine* de Pline. (J.)

IXION. (*Entom.*) Noms spécifiques de deux espèces de lépidoptères, l'un dans le genre Sphinx, l'autre parmi les papillons. (C. D.)

IXOCARPEIA (*Bot.*), synonyme de Schizolœna. (Lem.)

IXOCAULOS. (*Bot.*) Thalius, au rapport de C. Bauhin, donnoit ce nom au *lychnis flos cuculi*, nommé improprement véronique des jardiniers, au *lychnis viscaria*, et au *silene nutans*. (J.)

IXODE, *Ixodes*. (*Entom.*) M. Latreille, et par suite Fabricius, ont désigné, sous ce nom de genre, les *tiques*, insectes aptères parasites, qui sucent les animaux, et que Hermann, dans son Mémoire aptérologique, avoit appelées *cynorrhaestes*. Le véritable nom de ce genre auroit dû être *ricin*, qu'on a appliqué, d'après Degéer, aux poux des oiseaux; car on trouve dans Varron (*de Re rusticâ, cap.* 9), que le ricin est une sorte de ver qui s'attache fortement aux oreilles des chiens et des bœufs; et il en cite le synonyme grec, qui est *κροτων*. Le nom de *κυνοραϊστης* n'est qu'une expression poétique d'Homère; elle signifie *qui gâte les chiens, corrupteur des chiens;* tandis que le nom d'ixode, *ιξωδης*, donné comme synonyme de tenace, ne signifie que visqueux, qui tient à la manière de la glue, de *ιξος, viscum,* le gui. Quoi qu'il en soit de cette étymologie et de ce nom, que nous ne croyons pas devoir adopter, il faut cependant dire ici que les ixodes sont des insectes sans ailes et sans mâchoires, à huit pattes, sans autres articulations distinctes, au tronc, qu'une tête formant un bec ou suçoir; une sorte de corselet, portant des pattes très-courtes, dont les antérieures sont terminées par des crochets qui servent à l'insecte pour se cramponner sur la peau des animaux. Nous décrirons ces insectes au mot TIQUE, en latin *Crotonus.* (C. D.)

IXODIE, *Ixodia.* (*Bot.*) [*Corymbifères*, Juss. = *Syngénésie polygamie égale.* Linn.] Ce genre de plantes, établi, en 1812, par M. Robert Brown, dans la seconde édition de l'*Hortus kewensis* d'Aiton, appartient à l'ordre des synanthérées, à notre tribu naturelle des inulées, et à la section des inulées-gnaphaliées, dans laquelle nous l'avons placé entre les deux genres *Cassinia* et *Lepiscline.* Voici les caractères génériques de l'*ixodia*, tels que nous les avons observés sur un individu vivant.

Calathide incouronnée, équaliflore, multiflore, régulariflore, androgyniflore. Péricline très-supérieur aux fleurs, cylindracéo-campanulé; formé de squames régulièrement imbriquées, appliquées, oblongues : les extérieures coriaces, vertes, arrondies au sommet, qui est muni sur sa face externe d'une bosse charnue; les intérieures coriaces-membraneuses, surmontées d'un grand appendice étalé, radiant, pétaloïde, scarieux, très-blanc, ferme et roide, obovale, ondulé sur les bords, hygrométrique. Clinanthe conique, peu élevé, garni de squamelles un peu supérieures aux fleurs et analogues aux squames intérieures du péricline, ayant leur partie inférieure large, enveloppante, coriace-membraneuse, irrégulièrement denticulée, et leur partie supérieure étroite, oblongue, appendiciforme, scarieuse, blanche. Ovaires inaigrettés, oblongs, cylindracés, hérissés de poils papilliformes.

Corolles à cinq divisions munies sur leur face extérieure de glandes stipitées. Étamines composées d'un filet greffé à la moitié inférieure du tube de la corolle, d'un article anthérifère long et grêle, et d'une anthère pourvue de longs appendices basilaires subulés, membraneux. Styles d'inulée-gnaphaliée, à stigmatophores tronqués et papillés au sommet.

On ne connoît jusqu'à présent qu'une seule espèce d'ixodie.

IXODIE FAUSSE-ACHILLÉE : *Ixodia achilleoides*, Rob. Brown, *Hort. kew.*, 2.ᵉ édit., vol. 4, pag. 517; Sims, *Botan. Magaz.*, vol. 37, n.º 1534. C'est un arbuste très-rameux et haut d'environ deux pieds dans l'individu que nous décrivons ; il est entièrement glabre, et toutes ses parties vertes sont enduites d'une sorte de vernis gluant; ses branches sont anguleuses par l'effet de la décurrence des feuilles : celles-ci sont alternes, éparses, étalées, sessiles, comme décurrentes, les deux bords de leur base se prolongeant sur la branche en saillies arrondies qui imitent des côtes; ces feuilles, longues de cinq lignes, larges d'une ligne, sont épaisses, charnues, uninervées, linéaires, un peu élargies de bas en haut, arrondies vers le sommet, qui se termine par une pointe conique; leurs bords sont arrondis, entiers ou munis de quelques dents très-peu saillantes; leur nervure unique forme sillon et non saillie sur les deux faces : les calathides sont disposées en corymbes au sommet des rameaux; elles ont trois lignes de longueur et autant de largeur; leurs corolles ont le tube verdâtre et le limbe rougeâtre inférieurement, jaunâtre supérieurement. Nous avons fait cette description spécifique et celle des caractères génériques sur un individu vivant cultivé à Paris dans le jardin de M. Noisette, où il fleurissoit au mois d'Août.

L'ixodie a été découverte par M. Brown sur la côte australe de la Nouvelle-Hollande, et elle a été introduite, en 1803, dans le jardin de Kew, en Angleterre. Le nom d'*ixodia*, dérivé sans doute du mot grec ἰξός, qui signifie glu, peut convenir à toutes les plantes visqueuses, et paroît avoir été donné autrefois par Solander à un genre publié depuis par Michaux sous le nom d'*Hydropeltis*, qui est adopté, parce que l'*ixodia* de Solander étoit resté manuscrit. M. Brown, trouvant ce nom sans emploi, en a fait une nouvelle application. La description publiée par ce botaniste, en 1812, est exacte, mais très-incomplète, excessivement courte et réduite à l'énonciation de quelques caractères génériques, sans aucun caractère spécifique. M. Sims publia, l'année suivante, une figure de l'*ixodia*, accompagnée d'une description assez complète de ses caractères génériques et spécifiques; mais il a prétendu, mal à propos, rectifier la description de M. Brown, en considérant les squames intérieures du péricline comme des squamelles extérieures du clinanthe. Nous avons déjà réfuté, dans plusieurs de nos articles, cette méthode de description; c'est pourquoi nous nous abstiendrons de reproduire ici les motifs qui nous la font rejeter. (Voyez les articles Héliophthalme et Ifloge.) Les descriptions de MM. Brown et Sims ne nous paroissant pas entièrement satisfaisantes, nous avons cru faire une chose utile, en donnant ici, d'après nos propres observations, une description nouvelle, exacte, complète et détaillée, de l'*ixodia*.

Ce genre est placé, dans l'*Hortus kewensis*, entre le *cœsulia* et le *santolina*. M. de Jussieu, dans une liste manuscrite qu'il nous a communiquée, classe l'*ixodia* entre le *diotis* et le *santolina*, dans sa section des corymbifères à clinanthe squamellé, à fruits inaigrettés et à calathide ordinairement radiée. Selon nous, l'*ixodia* n'a point d'affinité naturelle avec les *santolina*, *diotis*, *achillea*, qui sont des anthémidées, ni surtout avec le *cœsulia*, qui est une hélianthée-millériée; mais c'est indubitablement une inulée-gnaphaliée, immédiatement voisine du genre *Cassinia*, et n'en différant essentiellement que par l'absence de l'aigrette.

Si l'ixodie peut s'acclimater en France, ce sera une acquisition intéressante pour l'ornement de nos jardins; car cet arbuste est fort agréable par sa jolie verdure luisante, ainsi que par la blancheur éclatante et durable de ses nombreuses calathides, qui ressemblent extérieurement à celles de certaines achillées. (H. Cass.)

IXOPUS. (*Bot.*) La plante à laquelle Cordus donne ce nom, est regardée par C. Bauhin comme une espèce de chondrille, que nous pouvons rapporter au genre *Prenanthes*, près du *prenanthes saligna*. (J.)

IXORE. *Ixora*. (*Bot.*) Genre de plantes dicotylédones, à

fleurs complètes, monopétalées, régulières, de la famille des *rubiacées*, de la *tétrandrie monogynie* de Linnæus, offrant pour caractère essentiel : Un calice fort petit, à quatre découpures ; une corolle monopétale, infundibuliforme ; le tube grêle, très-long ; le limbe à quatre divisions ; quatre anthères presque sessiles, insérées à l'orifice du tube ; un ovaire inférieur ; un style saillant ; un stigmate épais, un peu bifide. Le fruit est une baie ombiliquée à son sommet, à deux loges, une semence dans chaque loge.

Ce genre comprend des arbrisseaux dont quelques-uns sont cultivés comme plantes d'ornement, offrant, par le nombre de leurs fleurs et la vivacité de leurs couleurs, un aspect très-agréable. L'ixore écarlate a eu la préférence, à cause du rouge éclatant de ses corolles. On le multiplie de marcottes et de boutures : ces dernières se font au printemps sur couches et sous châssis, mais ne réussissent pas toujours. Elles exigent une grande chaleur, beaucoup d'humidité et de l'ombre. Il leur faut la serre chaude, une terre consistante, et des arrosemens modérés en hiver. On ne sauroit leur procurer trop de chaleur, lorsqu'on veut les voir pousser vigoureusement et donner beaucoup de fleurs ; il est bon de ne changer la terre que tous les deux ans, pour en obtenir des fleurs plus abondantes.

Ixore écarlate : *Ixora coccinea*, Linn. ; Lamk., *Ill. gen.*, tab. 66, fig. 1 ; *Schetti*, Rheed., *Hort. Malab.*, 2, tab. 13. Ce bel arbrisseau croît dans l'Inde, au Malabar : les habitans du pays le trouvent si élégant, qu'ils en ornent le temple de leur divinité qu'ils nomment *Ixora* : ils l'appellent encore *sinara*, qui signifie en leur langue *buisson ardent*. Sa tige s'élève à la hauteur de quatre à cinq pieds ; elle est glabre, rameuse, revêtue d'une écorce d'un gris roussàtre : les jeunes rameaux un peu comprimés vers leur sommet, garnis de feuilles opposées, à peine pétiolées, ovales, en cœur, aiguës, entières, longues de trois pouces. Les fleurs sont nombreuses, terminales, fasciculées en une sorte d'ombelle presque sessile, d'un rouge écarlate très-éclatant : le tube de leur corolle grêle, presque long d'un pouce et demi ; les divisions du limbe lancéolées : les baies, d'abord rouges, deviennent noires dans leur parfaite maturité.

Ixore a fleurs blanches : *Ixora alba*, Linn.; *Bem-Schetti*, Rheed., *Hort. Malab.*, 2, tab. 14; Pluken., *Alm.*, tab. 109, fig. 2. Cet arbrisseau a le port du précédent : il s'en distingue par ses feuilles rétrécies en pointe à leur base, obtuses à leur sommet, ovales, à peine pétiolées. Les fleurs sont réunies en une cime ombelliforme : il ne paroît pas qu'elles soient constamment blanches, mais elles varient de la couleur rouge au jaune, et même au jaune blanchâtre. Le tube de leur corolle est long et grêle; les divisions de leur limbe lancéolées; les baies globuleuses, de la grosseur d'un pois, biloculaires, une semence dans chaque loge. Cette plante croît dans les Indes orientales : on la cultive au Jardin du Roi.

Ixore a petites fleurs : *Ixora parviflora*, Vahl, *Symb.*, 2, tab. 53; Lamk., *Ill. gen.*, tab. 66, fig. 2. Cette espèce est distinguée par la petitesse de ses fleurs, presque deux fois plus petites que celles de l'*ixora coccinea*, avec lequel d'ailleurs elle a beaucoup de rapports, surtout dans la forme de ses feuilles, qui sont sessiles, ovales-lancéolées, en cœur à leur base, glabres, coriaces, longues de deux ou trois pouces. Les fleurs sont disposées en une cime terminale, paniculée; les pédoncules grêles, filiformes, ainsi que les pédicelles, accompagnées de petites bractées lancéolées; le calice très-court, campanulé, à quatre petites dents aiguës; le tube de la corolle court et grêle; les divisions du limbe étroites, lancéolées, un peu plus longues que le tube. Cette plante croît dans les Indes.

Ixore pavette : *Ixora pavetta*, Andr., *Bot. rep.*, tab. 78. Cet arbrisseau, originaire des Indes orientales, forme un très-joli buisson de la hauteur d'un pied environ. Ses rameaux sont verts, rayés de brun, garnis de feuilles opposées, ovales-lancéolées, obtuses, ondulées, inclinées et d'un beau vert. Ses fleurs se montrent depuis le commencement d'Août jusqu'à la fin d'Octobre : elles sont nombreuses, jaunâtres, petites, mais très-odorantes, disposées en corymbe. On cultive cet arbrisseau dans quelques jardins; mais il est très-délicat, et doit être tenu dans la serre chaude.

Ixore a fleurs nombreuses : *Ixora multiflora*, Swartz, *Flor. Ind. occid.*, 1, pag. 240. Arbrisseau de la Jamaïque, dont les rameaux sont opposés, striés; les feuilles rapprochées par

fascicules, ovales-lancéolées, glabres, entières, luisantes;
les pétioles courts; les fleurs un peu pédonculées, sortant
des mêmes bourgeons avec les feuilles; le calice à quatre
dents aiguës; la corolle blanche; le tube alongé; le limbe à
quatre découpures ovales, aiguës; les filamens des étamines
velus. Le fruit est une petite baie blanchâtre, charnue, comprimée, couronnée par les dents du calice, renfermant une
seule semence dure et comprimée. D'après la description que
Swartz a donnée de cette plante, je doute qu'elle appartienne aux *ixora*. Les feuilles sont-elles alternes, comme il
le dit, et les filamens connivens et insérés sur le réceptacle,
dans une corolle monopétale?

Ixore a fleurs violettes : *Ixora violacea*, Lour., *Flor. Cochin.*,
1, pag. 76. Arbrisseau très-rameux, fort élevé, garni de
feuilles presque sessiles, lancéolées, à nervures, entières,
pileuses; les fleurs violettes, disposées en cimes axillaires;
le calice et la corolle à quatre divisions. Le fruit est une baie
à deux loges monospermes; les semences rudes et ovales. Cette
plante croît aux lieux incultes à la Cochinchine.

Ixore fasciculée : *Ixora fasciculata*, Swartz, *Prodr.*, pag.
30; *Chomelia fasciculata*, Swartz, *Fl. Ind. occid.*, 1, pag. 238.
Arbrisseau d'environ douze pieds de haut, très-rameux; les
rameaux revêtus d'une écorce blanche; les feuilles réunies
par fascicules opposées, petites, glabres, ovales-aiguës, un
peu luisantes; les pétioles courts; les pédoncules solitaires,
géminés ou ternés, un peu plus longs que les feuilles, souvent munis de trois fleurs; les quatre découpures du calice
un peu inégales; le tube de la corolle filiforme; le limbe à
quatre découpures étalées, beaucoup plus courtes que le
tube; les filamens très-courts, insérés à l'orifice de la corolle;
le stigmate bifide; le fruit à deux loges. Cette plante croît
à l'île de la Grenade, dans l'Amérique méridionale.

Il existe encore d'autres espèces d'*ixora*, parmi lesquelles
plusieurs ont été placées parmi les Pavetta, d'autres parmi
les Chomelia. (Voyez ces mots.) (Poir.)

IYNAOA. (*Bot.*) Nom caraïbe, suivant Surian, du *randia
aculeata*, qui est aussi nommé bois de gaulette, bois de
lance. (J.)

IYNX. (*Ornith.*) Gesner, Mœhring, Brunnich, Illiger, écrivent ainsi le nom générique du torcol, *yunx* de Linnæus et de Latham. (Ch. D.)

IZANATL (*Ornith.*), voyez Isana. (Ch. D.)

IZARATE. (*Ornith.*) L'oiseau qu'on appelle ainsi au Mexique, est le quiscale versicolor de M. Vieillot, *gracula quiscula*, Lath. (Ch. D.)

IZARI (*Bot.*), un des noms de la garance dans la Turquie asiatique, où elle est cultivée. (J.)

IZQUIEPOTL ou IZQUIEPATL (*Mamm.*) : nom mexicain d'une espèce de moufette que les naturalistes ne peuvent encore rapporter à aucune des espèces connues. (F. C.)

IZQUIERDIA. (*Bot.*) Voyez Isquierda. (Poir.)

IZTAC-COANENE-PILLI. (*Bot.*) Nom mexicain de la pareire, *cissampelos pareira*, suivant Hernandez. (Lem.)

IZTAG. (*Erpétol.*) Nom d'un serpent du Brésil décrit par J. Fab. Lynceus, dans l'ouvrage d'Hernandez, et figuré par Seba, *Thes.* II, tab. 57, n.° 2. L'espèce à laquelle on doit le rapporter est fort douteuse. (H. C.)


# J

JAATZEDE. (*Bot.*) Arbrisseau du Japon, que Kæmpfer cite comme ayant le port du ricin, et que M. Thunberg nomme *aralia japonica*. (J.)

JABÉBINETTE. (*Ichthyol.*) Voyez Jabébirète. (H. C.)

JABÉBIRÈTE. (*Ichthyol.*) Nom d'une raie des côtes du Brésil, encore mal déterminée, et confondue à tort par Barrère avec la raie bouclée. Marcgrave, dans la description qu'il fait de ce poisson, n'indique aucunement les piquans que présente celle-ci. Voyez Raie. (H. C.)

JABES, JUFA (*Bot.*) : noms arabes de l'hysope, cités par Daléchamps. (J.)

JABET. (*Conchyl.*) Nom vulgaire donné par Adanson, Sénég., tab. 18, fig. 8, à une très-petite espèce d'arche, *arca afra*, Gmel. (De B.)

JABIK. (*Conchyl.*) Adanson, Sénég., pag. 121, pl. 8, désigne ainsi le *murex scrobilator* de Linnæus. (De B.)

JABIRU. (*Ornith.*) Pallas, Illiger et M. Temminck ne regardent pas cet oiseau comme devant former un genre distinct de celui de la cigogne, *ciconia*, et le second de ces auteurs n'attribue qu'à des figures fautives le caractère particulier du jabiru, c'est-à-dire le redressement du bec, qui, suivant lui, est aussi droit qu'aux autres cigognes. Cependant Marcgrave, le premier naturaliste qui ait fait mention de cet oiseau, a lui-même reconnu, dans sa description, qu'il avoit le bec arqué en haut, puisqu'il dit du *jabiru brasiliensis*, le vrai jabiru de Buffon, *rostrum directe extensum, et superius versus extremitatem paulum incurvatum*, ce qui est d'accord avec la figure donnée par le même auteur, qui met cette circonstance en opposition avec la forme du bec du *nhandu apoa*, ou *cangui* de M. d'Azara, *ibis nandapoa*, Vieill., lequel est courbé en-dessous, *rostrum inferius incurvatum*. Aussi Linnæus, Latham, Lacépède, et les autres ornithologistes, n'ont-ils pas hésité à en former un genre sous le nom de *mycteria*, en lui donnant pour caractère principal la légère courbure du bec vers le haut : ce retroussement n'est bien sensible, surtout chez les jeunes, qu'à la mandibule inférieure plus épaisse que l'autre, qui est triangulaire ; mais, à mesure que l'oiseau vieillit, le bec prend plus de courbure. Les caractères du jabiru ressemblent, d'ailleurs, à ceux des cigognes. Les narines ne présentent qu'une fente longitudinale et étroite ; la langue, enfermée dans le gosier, est si courte que Marcgrave a dit que ces oiseaux n'en avoient pas ; et l'on a lieu d'être surpris que Linnæus ait adopté une pareille supposition. La tête et le cou sont plus ou moins dénués de plumes. Les jambes sont réticulées ; les trois doigts antérieurs sont unis à leur base par une membrane, celui de derrière porte à terre sur toute sa longueur.

Jabiru proprement dit, ou Jabiru d'Amérique ; *Mycteria americana*, Linn. et Lath., pl. enl. 817 de Buffon. Cet oiseau, que M. d'Azara décrit, n.° 343, sous le nom de *collier rouge*, et qu'on appelle aussi au Paraguay *aiaiai*, habite également au Brésil, où il se nomme *jabiru guacu*, grand jabiru, et dans d'autres contrées de l'Amérique méridionale ; c'est le *negro* des Hollandois et le *touyouyou* des naturels de la Guiane françoise. Mauduyt se trompe lorsqu'il contredit Bajon sur ce point. Cet oiseau, dont le corps, monté sur de très-hautes échasses, est presque aussi gros et plus alongé que celui du cygne, a environ quatre pieds et demi de hauteur verticale, et dix-huit pouces de plus du bout du bec à celui des pieds. C'est le plus grand et le plus fort des oiseaux de rivage. Son bec a treize pouces de longueur sur trois de largeur à la base : formé d'une corne dure, il est aigu et tranchant ; la large tête dans laquelle il s'implante, est couverte d'une peau nue, avec quelques petits poils gris sur la nuque et sur l'occiput, près duquel il y a une petite tache rouge ; le cou est épais et nerveux, et la peau, ridée, est si flasque qu'elle pend comme le fanon des vaches : circonstance qui, selon M. d'Azara, aura pu contribuer à lui faire donner le nom de jabiru ou *jyabirou*, lequel, dans la langue des Guaranis, signifie une chose enflée par le vent. Les jambes, robustes, sont couvertes de grandes écailles, et dénuées de plumes dans l'espace de cinq à six pouces. Les douze pennes de la queue sont égales, et excèdent peu les ailes. Tout le plumage de l'oiseau est d'un blanc sans reflets ; la peau nue de la tête et du cou, dans une étendue de six pouces, est d'un noir de jais. On remarque ensuite un collier d'un rouge vif, qui est large de quatre pouces, et dont la peau blanchit en se desséchant. La portion inférieure de la jambe, le tarse et le bec sont noirs. Dans le jeune âge il n'y a que la moitié supérieure du cou qui soit dégarnie de plumes ; mais elles tombent successivement, et la peau devient jaunâtre avant d'être noire. Le plumage, d'abord d'un gris pâle, prend ensuite une teinte rose, et, à la troisième année, il est tout blanc.

Quoique déjà Buffon, et d'autres auteurs après lui, aient signalé deux erreurs dans la figure que Marcgrave a donnée du jabiru, on croit devoir les rappeler ici, pour éviter des méprises à ceux qui voudroient consulter cet auteur. La première consiste en ce que, dans le chapitre VI du cinquième livre, pag. 200 et 201, où se trouvent les figures du jabiru et du *nhandu apoa*, il y a une transposition ; et la seconde existe dans le cou étroit du jabiru, tandis que celui du nhandu apoa, qui est très-gros, lui auroit bien mieux convenu. La seule figure du jabiru a été répétée dans Pison, *De Indiæ utriusque re naturali et medica*, liv. 3, pag. 87, et l'inscription **Jabiru-quaçu** ( avec une cédille ) lève toute incerlitude sur son application ; mais, comme c'est évidemment la même planche, la faute relative au peu d'épaisseur du cou y subsiste.

Les jabirus habitent constamment les terres inondées de l'Amérique méridionale, et il y en a beaucoup dans les savanes noyées de la Guiane, qu'ils ne quittent que pour s'élever lentement jusqu'au haut des airs, où ils se soutiennent très-long-temps. Ces oiseaux voraces ne vivent que de poissons et de reptiles. Ils construisent sur de grands arbres, avec de longs rameaux soigneusement entrelacés, un nid spacieux, dans lequel la femelle ne pond qu'un ou deux œufs, et où les petits, élevés avec des poissons jusqu'à ce qu'ils soient assez forts pour en descendre, sont défendus avec courage par le père et la mère. On prétend que ce nid sert pour plusieurs couvées. Les jabirus paroissent être moins farouches à la Guiane qu'au Paraguay, et Bajon raconte qu'en 1773 un petit nègre est parvenu, en se cachant seulement le visage avec une branche d'arbre, à approcher assez un jeune, qui avoit acquis presque toute sa croissance, pour lui saisir les jambes et s'en rendre maitre. La chair des vieux est dure et huileuse ; mais celle des jeunes, encore tendre, est assez bonne à manger.

Les autres oiseaux qui ont été placés avec les jabirus, ne paroissent pas tous en être véritablement des espèces. Le plus grand, l'*Ardea argala*, Lath., *Ardea dubia*, Gmel., et *Mycteria argala*, Vieill., est considéré par M. Cuvier comme une véritable cigogne ; c'est l'oiseau qu'on nomme *cigogne à sac*, à cause de l'appendice, gros comme un saucisson, qui lui pend au milieu du cou. (Voyez-en la description dans ce Dictionnaire sous le mot Cigogne.)

M. Vieillot lui-même trouve encore que le Jabiru des Indes, *Mycteria asiatica*, Lath., s'éloigne du genre par plusieurs traits particuliers de conformation. La mandibule inférieure est renflée comme celle du vrai jabiru ; mais il y a une protubérance cornée sur la mandibule supérieure. Les différences, quant au plumage, consistent dans un trait noir sur chaque côté de la tête, dans la couleur rouge des pieds, et dans la couleur noire du bas du dos, des ailes et de la queue.

Les deux individus que Latham a décrits dans le Supplé-

24.                                           5

ment de l'*Index ornithologicus*, offrent des caractéres moins équivoques.

Le premier, c'est-à-dire le JABIRU DE LA NOUVELLE-HOLLANDE, *Mycteria australis*, figuré pl. 138, au second Supplément du *General synopsis*, est de la taille du jabiru d'Amérique. Son cou et sa tête sont revêtus de plumes d'un vert noirâtre, mais sa gorge est à demi nue et rouge chez l'adulte. Les plumes scapulaires, et les couvertures des ailes et de la queue sont noires ; les autres plumes sont blanches ; le bec est noir, et les pieds sont rouges. Il y a du brun, du gris et du blanc dans la livrée du jeune, qui a la gorge emplumée comme le reste du corps.

Le second, le JABIRU DU SÉNÉGAL ou D'AFRIQUE, *Mycteria senegalensis*, a d'abord été décrit par le docteur Shaw. Il paroît être d'une taille un peu supérieure à celle du jabiru d'Amérique, et, d'après la planche E. 20, fig. 3, du Nouveau Dictionnaire d'histoire naturelle, son bec présente bien les caractères génériques : rouge vers sa pointe, blanchâtre dans le reste, ce bec a une tache noire à sa base, et de chaque côté une bande de la même couleur. Le corps de l'oiseau est blanc, à l'exception des plumes scapulaires, des pieds et du cou, qui sont noirs. (CH. D.)

JABOKOSI. (*Bot.*) Voyez KUAITZ. (J.)

JABORANDI. (*Bot.*) Nom brésilien, cité par Marcgrave, de différens poivres, et particulièrement du *piper reticulatum*. Dans le Recueil des voyages il est nommé *jaburandiba*, et regardé comme une espèce de bétel. (J.)

JABOROSE, *Jaborosa*. (*Bot.*) Genre de plantes dicotylédones, à fleurs complètes, monopétalées, régulières, de la famille des *solanées*, de la *pentandrie monogynie* de Linnæus, offrant pour caractère essentiel : Un calice court, à cinq découpures ; une corolle tubuleuse, campanulée ; le limbe à cinq lobes aigus ; cinq étamines attachées au sommet du tube de la corolle ; les anthères courtes ; l'ovaire supérieur ; le style simple ; le stigmate en tête ; le fruit inconnu.

Les deux espèces qui composent ce genre, ont été découvertes par Commerson à Buenos-Ayres : leur tige est herbacée ; les feuilles toutes radicales ; les hampes chargées d'une seule fleur terminale. On a appliqué à ce genre le nom arabe de la mandragore, à cause de son port.

Jaborose a feuilles entières ; *Jaborosa integrifolia*, Lamk. , Encycl. et *Ill. gen.*, tab. 114. Il sort de la racine de cette plante des feuilles toutes radicales, pétiolées, ovales, un peu obtuses, entières ou munies à leurs bords de quelques dents rares, glabres à leurs deux faces, longues de trois à six pouces, larges de deux pouces et plus, retrécies à leur base et un peu décurrentes sur le pétiole. Les hampes sont courtes, droites, simples, un peu plus longues que les pétioles, terminées par une seule fleur droite, longue de deux pouces ; le limbe de la corolle partagé en cinq lobes aigus ; les étamines courtes, non saillantes ; les filamens aplatis ; les anthères attachées un peu au-dessous du sommet des filamens ; le style simple, de la longueur du tube de la corolle.

Jaborose a feuilles sinuées ; *Jaborosa runcinata*, Lamk., Encycl., n.° 2. Cette plante, moins grande que la précédente dans toutes ses parties, s'en distingue encore par la forme de ses feuilles et de ses fleurs. Ses feuilles sont toutes radicales, pétiolées, oblongues, roncinées, dentées, sinuées comme celles du pissenlit, à peine larges d'un pouce et demi, longues de deux à quatre pouces ; les pétioles courts ; les hampes un peu plus courtes que les feuilles, terminées par une fleur solitaire, à peine longue d'un pouce ; les divisions du limbe très-ouvertes ou réfléchies. Elle croît à Monte-Video et aux environs de Buenos-Ayres. ( Poir.)

JABOROSE-YABROHAC. (*Bot.*) On a emprunté la première partie de ce nom arabe de la mandragore, pour désigner le genre *Jaborosa*, qui en est voisin, dans la famille des solanées. Mentzel nomme la mandragore *jahora*, et sa racine *jabral*. (J.)

JABOT, *Ingluvies*. (*Ornith.*) A l'instar des mammifères herbivores ruminans, qui ont un estomac quadruple, les oiseaux qui se nourrissent de végétaux et de graines, comme les gallinacés et les passereaux, ont aussi plusieurs estomacs, le *jabot* et le *gésier*. Celui-là forme deux poches, dont l'une est membraneuse et l'autre musculeuse. Les graines sont reçues dans la première, qui est dilatable, et où elles se ramollissent et s'humectent ; la seconde est parsemée intérieurement de glandes muqueuses, lesquelles produisent des sucs propres à faire subir une première digestion aux alimens qui, de là, passent dans le gésier, muni de muscles assez puissans pour opérer une prompte trituration. Les pigeons et les gallinacés correspondent, chez les oiseaux, aux ruminans parmi les mammifères. Les rapaces n'ayant pas besoin de macération préliminaire pour leurs alimens, le jabot est presque nul chez eux : celui des oiseaux de fauconnerie se nomme mulette. (Ch. D.)

JABOTAPITA. (*Bot.*) Nom américain, employé primitivement par Plumier, pour désigner le genre qui est devenu l'*ochna* de Linnæus. (J.)

JABOTEUR. (*Ornith.*) M. Levaillant a donné ce nom à un merle par lui décrit dans ses *Oiseaux d'Afrique*, pag. 39, et figuré pl. 112 : Sonnini le regarde comme de la même espèce que le merle brun du Sénégal, *Turdus Senegalensis*, Lath., qui est figuré dans la 563.ᵉ pl. de Buffon. (Ch. D.)

JABOTI. (*Erpétol.*) Selon Marcgrave, les habitans du Brésil donnoient ce nom à une tortue terrestre, qui nous paroit être la tortue à marqueterie de Daudin, *testudo tabulata* de Schœpff. Voyez Tortue. (H. C.)

JABOTIÈRE. (*Ornith.*) Ce nom a été donné à l'oie de Guinée, *anas cygnoides*, Lath., à cause de sa gorge enflée et pendante. (Ch. D.)

JABOURETICA. (*Bot.*) Surian cite sous ce nom caraïbe un arbre épineux des Antilles, à petites fleurs rouges, dont l'odeur des feuilles approche de celle de la rue, et il ajoute qu'on le nomme aussi Bois a fian (voyez ce mot). On a cru que ce pourroit être un fagarier. (J.)

JABOUTRA. (*Ornith.*) Nom donné par les naturels de l'Amérique à une espèce de héron crabier décrite par Buffon sous celui de cracra, *ardea cracra*, Linn. (Ch. D.)

JABRAL. (*Bot.*) Voyez Jaborose. (J.)

JABU. (*Ornith.*) Voyez Japu. (Ch. D.)

JABU-NINSIN, NISJI, KOFUK (*Bot.*) : noms japonois de la carotte, suivant Kæmpfer et M. Thunberg. Ce dernier cite pour le *glycine monoica* le nom de *jabu-mane*. (J.)

JABUTICABA. (*Bot.*) L'arbre du Brésil mentionné sous ce nom par Pison est très-élevé et d'une belle forme. Son tronc, depuis le bas jusqu'au sommet, est couvert de fruits de la grosseur d'un limon, recouverts d'une pellicule mince, et remplis d'une pulpe douce. L'auteur ne dit rien des fleurs, et ajoute même qu'il n'a pas vu l'arbre. Il seroit difficile d'en déterminer le genre d'après la seule indication qui est donnée ici. Cette disposition des fruits se retrouve la même dans le *cynometra cauliflora*; mais celui-ci habite les Indes orientales, et d'ailleurs son fruit est différent. (J.)

JAC. (*Ornith.*) Ce nom, et ceux de *jacu*, *jacubu* ou *yacubu*, sont donnés par les natuels. en Amérique, aux différentes espèces de pénélopes ou guans, *penelope*, Linn. (Ch. D.)

JACA, JACCA. (*Bot.*) Nom indien de l'arbre nommé pour cette raison jaquier, *artocarpus jacca*. Ce nom est diversement prononcé en divers lieux de l'Inde, ou dans les récits des divers voyageurs. Au Malabar, suivant Rhéede, c'est le *tsjaka*. Dans les Philippines, suivant Carnalli, c'est le *nanca* ou *camangsi*. Le voyageur Linscot le nomme *jaqua*: c'est le *jaqueiro* des Portugais. Au Calicut, c'est le *jaceros*, suivant Ludovicus Romanus. On peut voir dans Rumph tout l'historique de cet arbre sous le nom de *soccus*. (J.)

JACABANNA, MOULEY (*Bot.*): noms caraïbes, cités dans l'herbier de Surian, du *morus tinctoria*, nommé aussi *bois à pian*. (J.)

JACACINTLI. (*Ornith.*) La Chesnaye des Bois écrit ainsi le mot *yacacintli*, employé par Nieremberg, liv. X, ch. 43, pour désigner l'oiseau dont on a déjà parlé sous le nom abrégé d'*acintli*. (Ch. D.)

JACAMACIRI. (*Ornith.*) Voyez Jacamar. (Ch. D.)

JACAMAR. (*Ornith.*) Brisson et Latham ont donné à ce genre le nom de *galbula*, qui paroît avoir originairement désigné le loriot chez les Latins, mais que Mœhring a transporté le premier aux jacamars. Ces oiseaux que, suivant Marcgrave, les Brésiliens appellent *jacamaciri*, et que les sauvages de la Guiane nomment *venetou*, ont été placés, par Willughby et par Klein, avec les pics, à cause de la distribution de leurs doigts, dont deux sont dirigés en devant et deux en arrière; mais ils n'ont pas le bec taillé en coin, ni la langue extensible, ni les pennes caudales à tiges roides et élastiques; et, s'ils se rapprochent davantage des martins-pêcheurs ou alcyons par leur bec alongé et aigu, par la brièveté de leurs pieds et la réunion de leurs doigts antérieurs dans une assez grande étendue, l'arrangement de ces doigts n'est pas le même, puisque les alcyons en ont trois en devant, et qu'il n'y a de vrais rapports que dans une espèce tridactyle de chaque genre.

Au reste, dans l'état actuel de nos connoissances, les caractères particuliers des jacamars consistent en un bec long, droit ou légèrement arqué vers la pointe, dont chaque mandibule est triangulaire ; des narines latérales, ovoïdes et couvertes en partie par une membrane ; une langue plate et collée au fond du gosier ; des tarses courts, robustes ; des doigts distribués par paires, dont les antérieurs sont unis jusqu'à la troisième articulation, ou seulement un doigt postérieur ; des ailes moyennes, dont les trois premières rémiges sont étagées et moins longues que les quatrième et cinquième, et une queue composée de douze rectrices, dont l'extérieure de chaque côté est très-petite. Un caractère secondaire, qui se remarque chez les mâles de toutes les espèces connues, lorsqu'ils sont parvenus à leur état parfait, est d'avoir une plaque blanche à la gorge.

Comme M. Lalande, aide-naturaliste au Muséum d'histoire naturelle de Paris, a rapporté du Brésil un jacamar qui n'a que trois doigts, dont deux devant et un derrière, cette circonstance a fourni à M. Vieillot la base d'une division en jacamars à quatre et à trois doigts, et les plus grands individus de la première division ayant le bec plus court, plus gros, un peu arqué, ce qui les rapproche des guêpiers, M. Levaillant en a formé une sous-division sous le nom de *jacamerops*. Ces derniers existent dans l'Archipel des Indes, tandis que les autres appartiennent à l'Amérique méridionale. Le même naturaliste, en comparant, sous les rapports physiques et d'après leurs habitudes, les diverses espèces de jacamars actuellement connues avec les tamatias, les alcyons et les guêpiers, trouve que les quatre familles doivent être réunies dans un même cadre.

Les jacamars se tiennent isolés dans les bois humides, sur les branches basses ; ils volent légèrement, quoiqu'à de petites distances, et sont silencieux hors le temps des amours, pendant lequel ils font entendre assez loin des cris précipités. Ils sont exclusivement entomophages, et ils nichent dans des trous d'arbres sur le bois vermoulu.

Buffon n'a décrit que deux espèces de jacamars, qui sont figurées sous les n.^os 238 et 271, dans ses planches enluminées, avec la dénomination de *jacamar du Brésil* et *jacamar à longue queue de Surinam*. M. Vieillot en a figuré cinq dans les Oiseaux dorés, sous les noms de *jacamar* proprement dit, *jacamar à gorge rousse*, *jacamar vénetou*, *jacamar à longue queue* et *jacamaciri*; et M. Levaillant, qui regarde le jacamar à gorge rousse, pl. 48 de sa Monographie, tome deuxième des Oiseaux de paradis, comme la femelle du jacamar proprement dit, ne fait aucune mention du jacamar vénetou aux planches 4 et 5, qui paroissent, en effet, n'avoir été peintes que sur de jeunes individus de la même espèce; mais il a lui-même commis une erreur, en décrivant et figurant, pl. 50 et 51, le jacamar à queue rousse et le jacamar à bec jaune comme deux espèces distinctes, puisqu'il a reconnu dans un supplément au tome 3 de ses Oiseaux de paradis, que ce n'étoient que deux femelles. D'un autre côté, le jacamar vert et le jacamar proprement dit n'étant pas des oiseaux différens, le nombre des espèces d'Amérique se trouveroit réduit à deux, si l'on n'y ajoutoit le jacamar à ventre blanc, *alcedo leucogastra*, Vieill., que M. Levaillant a figuré pl. *H*. de son troisième volume, et son jacamar alcyon ou alcyon tridactyle, pl. *L*. du même volume. A l'égard de ses *jacamerops* ou jacamars à bec courbé, dont la taille est plus forte et qui ne paroissent pas appartenir à l'Amérique, mais aux climats les plus chauds de l'Indostan, on s'en occupera plus loin.

Section 1.^re Jacamars a quatre doigts.

§. 1. *Bec droit.*

Jacamar proprement dit ou Jacamar vert : *Alcedo galbula*, Linn.; *Galbula viridis*, Lath.: *Cupreous jacamar*, Gen. of birds, pag. 60, tab. 3; pl. enl. de Buffon, n.° 238; de M. Vieillot, n.° 1, et de M. Levaillant, n.^os 1, 2, 3. Cet oiseau, de sept à huit pouces de long, qu'on trouve au Brésil, à la Guiane, à Cayenne, est, sur la plus grande partie du corps, d'un vert doré, qui se détériore promptement dans les cabinets, au point de devenir entièrement d'un rouge de cuivre de rosette. Cet effet, produit en partie par les ingrédiens qui s'emploient pour préserver les dépouilles d'oiseaux des attaques des insectes, a influé sur les couleurs dont s'est servi le peintre de la planche de Buffon, où le vert est trop peu sensible. Le jacamar mâle, dans son état parfait, a la gorge d'un blanc pur. Les plumes du dessus de la tête et celles qui couvrent les joues, les côtés et le derrière du cou, le manteau, le dos, et enfin toutes les parties supérieures, sont d'un vert doré très-brillant et offrent des reflets divers selon les incidences de la lumière : on voit sur la poitrine une large bande de la même couleur, et le surplus des parties inférieures est, ainsi que le dessous de la queue et des ailes, d'un roux couleur de rouille ; les pennes caudales paroissent, sous certains aspects, barrées par des lignes transversales. La plus latérale de ces pennes n'atteint pas l'extrémité des couvertures ; la suivante la dépasse de quinze à seize lignes ; la troisième est de quatre lignes plus longue, et il y a si peu de différence entre la longueur des quatrième, cinquième et sixième, que la queue s'arrondit au milieu. Les yeux sont d'un brun foncé ; le bec, les ongles et les barbes sont noirs, et les pieds jaunâtres.

La gorge, qui est d'un roux clair dans le premier âge des deux sexes, conserve la couleur rousse chez la femelle, qui, dans l'âge adulte, ne se distingue du mâle que par ce seul signe. C'est elle qui est figurée pl. 2 d'Audebert, et pl. 48 et 50 de M. Levaillant. On prétend avoir remarqué que le bec des jeunes individus, même lorsqu'ils ont pris tout leur accroissement, est plus court que celui des vieux ; le vert du dessus de leur corps est moins doré que chez ces derniers ; le bord de leurs pennes alaires et caudales est roussâtre, et la plaque blanche de leur gorge est moins étendue.

Cette espèce, fort commune à Cayenne, ne fréquente pas les lieux découverts, et ne vole pas en troupe ; les endroits les plus fourrés des bois humides sont ceux qu'elle préfère : presque toujours perchée sur la même branche, c'est de là qu'elle s'élance sur les insectes et les saisit à leur passage. Un habitant de Cayenne a assuré à M. Levaillant que la ponte du jacamar étoit de quatre à cinq œufs d'un blanc verdâtre.

Le jacamar à queue rousse, *galbula ruficauda*, pl. 50 de la

Monographie de M. Levaillant, avoit été regardé par M. Cuvier comme une espèce distincte; mais M. Levaillant déclare lui-même, pag. 48 du Supplément au troisième volume de ses Oiseaux de paradis, que l'individu dont il s'agit n'est qu'une femelle, et il dit la même chose de son petit jacamar, pl. 51, autrement nommé jacamar à bec jaune, ou jacamar à bec blanc, sans désigner le mâle de ce jacamar, qui, présenté comme plus petit de moitié que le précédent, est peut-être le vénetou de M. Vieillot, pl. 4 et 5, mais dont on ne pourroit risquer de donner ici une description sans s'exposer à commettre des erreurs.

Jacamar a longue queue : *Galbula paradisea*, Lath., et *Alcedo paradisea*, Linn., pl. enlum. de Buffon, n.° 271, de Vieillot, n.° 5, et de Levaillant, tom. 2, n.° 52. Cette espèce, qui se trouve au Brésil et à la Guiane, et dont la longueur totale est de onze pouces, se distingue encore du jacamar vert en ce que sa queue, étagée, a les deux pennes intermédiaires beaucoup plus longues que les autres. Son plumage est d'ailleurs fort différent. Le dessus de la tête est d'un brun terreux, nuancé de bleu; le derrière de la tête, les joues et toutes les parties supérieures du corps sont d'un vert sombre avec des reflets bleus, rouges et d'un vert luisant; la poitrine est d'un beau blanc, et les parties inférieures, même les plumes anales, sont d'un vert sombre, qui paroît noir dans les lieux peu éclairés; le bec, les pieds et les ongles sont noirs. La femelle, plus petite que le mâle, a la queue moins longue, et les couleurs en général plus foibles. Une forte teinte brune domine sur toutes les parties vertes chez les jeunes individus.

On prétend que cet oiseau, qui vole mieux que le jacamar proprement dit, se perche plus haut sur les arbres, qu'il a un sifflement doux, et qu'il est plus sociable. Les Créoles l'appellent grand colibri des bois. On le mange au Brésil, suivant Pison, quoique sa chair soit assez dure.

M. Levaillant a, d'après un individu venant du Brésil, figuré pl. .H, pag. 46 du Supplément à son troisième volume des Oiseaux de paradis, etc., une nouvelle espèce de jacamar, qu'il appelle jacamar à ventre blanc, et qui a reçu de M. Vieillot la dénomination latine de *galbula leucogastra*. Ce

naturaliste lui a trouvé tant de rapports avec le jacamar vert
et avec le jacamar à longue queue, que, s'il étoit possible
de croire au mélange des espèces dans l'état de nature, il
le regarderoit comme un produit de ce mélange. La queue
de cet oiseau est fortement étagée, mais les deux pennes
intermédiaires se prolongent moins que celles de l'espèce
précédente. Le devant de la tête et les joues sont d'un bleu
tirant sur le vert, avec des nuances brunes; le derrière du
cou et tout le dessus du corps sont d'un vert doré très-riche
et d'un or rougeâtre; la poitrine offre un large plastron de
la même couleur; la gorge, le ventre et toutes les parties
inférieures du corps sont d'un blanc pur, ainsi que les couvertures du dessous des ailes et l'origine des pennes. Le
bec, très-long, est noir, ainsi que les ongles; les pieds sont
gris.

§. 2. *Bec courbe.*

M. Levaillant regarde les jacamars dont le bec, épais, large
à la base, se courbe insensiblement dans toute sa longueur,
comme étant étrangers à l'Amérique, et il se fonde en cela
sur ce que les individus qu'il a figurés avoient été tués aux
Moluques par M. Boers, d'Amsterdam, dans le cabinet duquel ils se trouvoient, et d'où l'un est passé dans le muséum
du prince d'Orange, et ensuite dans celui de Paris. C'est là
que se trouve maintenant l'individu qui a servi de modèle
à la figure donnée par M. Vieillot, pl. 6. Ce naturaliste lui
a appliqué le nom brésilien de *jacamaciri*, qui, dans son
acception particulière, n'avoit, jusqu'à lui, été présenté que
comme synonyme du jacamar proprement dit, auquel il auroit peut-être mieux convenu que l'épithète *viridis*, puisque
la couleur verte est trop dominante chez les diverses espèces
pour servir à en désigner proprement aucune.

M. Levaillant a senti que cette fausse application d'un
nom brésilien à un oiseau de l'Archipel des Indes ne pouvoit qu'occasioner des erreurs; mais, au lieu de l'écarter
entièrement, il s'est borné à l'altérer par la transposition de
deux lettres, et à transformer le mot *jacamaciri* en *jacamarici*, c'est-à-dire à substituer un nom idéal à un nom réel
qui n'étoit que déplacé. Au reste, l'inconvénient seroit

moindre, si, malgré la séparation par lui faite du grand jacamar et du jacamarici, on croyoit ne pas devoir, jusqu'à présent, les regarder comme formant absolument deux espèces, et si l'on trouvoit prudent de ne pas se contenter de la seule inspection de deux individus pour considérer les deux espèces comme définitivement et irrévocablement constituées. M. Levaillant, qui, après avoir fait valoir avec force les nombreux motifs sur lesquels il s'appuyoit pour voir des espèces réelles dans ses jacamars à queue rousse et à bec jaune, figurés pl. 5o et 51 du tome 2 de ses Oiseaux de paradis, n'a pas hésité, comme on l'a vu, à reconnoitre depuis qu'il s'étoit trompé, ne sauroit s'offenser d'un doute sur la réalité d'une autre assertion, qu'il n'a pu étayer sur des observations aussi multipliées que dans le premier cas ; puisque, au contraire, il avoue n'avoir établi chacune de ses deux espèces que sur un seul individu. Il est vrai que son principal argument est tiré de l'examen d'une partie solide et par conséquent peu susceptible d'altération ; d'un caractère même plutôt générique que spécifique ; enfin, de la conformation particulière du bec de son grand jacamar, dont la *mandibule supérieure ne présente pas l'arête saillante qui semble partager en deux celle de son jacamarici :* mais cette circonstance, que les deux planches rendent fort sensible, ne l'étoit peut-être pas autant sur l'original, conservé dans l'esprit de vin, qu'elle l'est dans la figure, et l'aplatissement de la mandibule pourroit d'autant plus naturellement être attribué au peintre, que l'auteur a peu insisté sur ce point dans la description du grand jacamar, faite probablement, du moins en partie, sur des notes que lui-même avoit prises en Hollande dans un voyage antérieur au travail de l'artiste : ce n'aura été qu'en décrivant le jacamarici, avec les deux figures sous les yeux, qu'il aura été frappé de la différence dans les deux becs. Si, au lieu de présenter une vive-arête, comme on la voit généralement à la mandibule supérieure des jacamars, le bec de l'individu existant dans le bocal avoit offert une mandibule arrondie, ce caractère auroit fait plus d'impression sur un naturaliste aussi exercé que M. Levaillant, qui, peut-être, a ensuite attaché trop d'importance à ce qui n'auroit été qu'une faute du peintre.

Cette supposition étant admise, les autres différences qui résultent des descriptions rapprochées des deux oiseaux sont trop peu considérables pour établir entre eux une différence spécifique. Le jacamarici (toujours en employant l'orthographe de M. Levaillant), lequel correspond au jacamaciri de M. Vieillot, au *galbula grandis* de Latham et à l'*alcedo grandis* de Linnæus, est un peu plus petit que l'autre, et sa queue est plus étagée. Suivant M. Vieillot, sa taille est celle du pic vert, ses proportions celles du guêpier : il a dix pouces de longueur totale, et son bec est long de vingt-deux lignes. Mais le plumage des deux oiseaux, tués dans la même contrée, offre peu de dissemblances, et la distribution du rouge doré sur le dos, en forme d'écailles, semble annoncer un jeune individu dont les couleurs et les proportions ne seroient point encore parvenues à leur état parfait. D'ailleurs, les variations observées par M. Levaillant, sous ces divers rapports, dans ceux des jacamars d'Amérique, qu'il a cessé de considérer comme espèces particulières, après les avoir d'abord regardés comme telles, étoient bien plus saillantes et plus considérables.

Au reste, cet auteur décrit son grand jacamar, celui dont le bec est plus aplati, comme ayant une queue à peu près de la longueur du corps, laquelle, quoique étagée, s'arrondit en se déployant. La tête, les joues et le bas du dos sont d'un vert bleu à reflets d'or ; les grandes pennes latérales des ailes et de la queue sont blanches, ainsi que la gorge ; le derrière du cou forme un capuchon d'un roux mordoré, comme la poitrine, les flancs, le ventre et les couvertures inférieures de la queue. Le bec, d'un gris plombé, blanchit à la base, et les pieds sont brunâtres.

### Section 2.ᵉ Jacamars a trois doigts.

On ne connoît qu'une espèce de jacamar, trouvée au Brésil, qui présente ce caractère, et forme, peut-être, une exception dans son genre, comme l'alcyon à trois doigts dans le sien. Ce jacamar tridactyle, *galbula tridactyla*, Vieill., est gravé dans le nouveau Dictionnaire d'histoire naturelle, pl. E 52, fig. 2, et M. Levaillant en a donné une figure coloriée à la fin du Supplément à son troisième volume des Oiseaux de paradis, lettre L. Ce naturaliste, qui lui attribue trois doigts en avant et un en arrière, comme aux alcyons, l'a nommé *jacamaralcion*; mais l'oiseau dont il s'agit n'a effectivement que trois doigts, dont les deux de devant sont collés ensemble, et, s'il a ainsi des rapports avec les alcyons, c'est avec l'espèce tridactyle. Cet oiseau, de la taille du jacamar ordinaire, a les plumes du sommet de la tête assez longues pour qu'il puisse les relever lorsqu'il est agité : ces plumes sont d'un blanc roussâtre plus foncé sur l'occiput, et bordées de noir. La gorge et les joues sont d'un noir lavé ; le derrière du cou, les scapulaires, le croupion et les autres parties supérieures du corps sont d'un vert sombre, qui paroît noir sous certains aspects ; le dessous du corps est d'un blanc roussâtre jusqu'au bas-ventre, qui est noir ; les couvertures du dessous des ailes et les barbes intérieures de leurs pennes sont blanches ; le bec et les pieds sont noirs. (Ch. D.)

JACAMÉROPS. (*Ornith.*) Dénomination d'une section des Jacamars. Voyez ce mot. (Ch. D.)

JACANA ; *Parra*, Linn., Lath. (*Ornith.*) Les oiseaux de ce genre, qui vivent dans les marais des pays chauds, appartiennent, par la longueur des doigts, à la famille des *macrodactyles*, et, par la longueur des ongles, à celle que M. Vieillot a créée sous la dénomination de *macronyches*. Ils sont, en effet, aussi remarquables par l'excessive étendue de leurs ongles et surtout de celui du pouce, que par celle de leurs doigts, grêles, très-séparés les uns des autres et sans aucun appendice. Le bec, de longueur médiocre et assez semblable à celui des vanneaux, est comprimé latéralement et un peu renflé vers le bout. Les narines, étroites et elliptiques, traversent le sillon de la mandibule supérieure. Les ailes sont armées d'éperons qui servent probablement de défense à l'oiseau, et qui, comparés à une lancette, l'ont fait appeler *chirurgien*. La partie inférieure des jambes est dénuée de plumes. Les ongles, ronds, effilés, aigus et presque droits, auxquels on a aussi attribué cette dénomination, sont canaliculés en-dessous.

Les jacanas, ainsi nommés au Brésil, et qu'on appelle au Paraguay *aguapeazos*, parce qu'ils marchent avec légèreté sur les *aguapès*, ou plantes aquatiques à larges feuilles, telles que le nénuphar, et particulièrement le *nymphea nelumbo*, Linn., ont beaucoup de rapports avec les poules d'eau ou hydrogallines, par la forme raccourcie de leur corps, la petitesse de leur tête, et diverses habitudes : leurs ailes sont moins courtes; aussi leur vol, droit et horizontal, est-il plus fréquent. Ces oiseaux, criards et querelleurs, ne se cachent jamais, et marchent plus le jour que le soir et le matin. Ils s'enfoncent dans l'eau jusqu'au genou, mais ils ne nagent point. Leur nourriture consiste en insectes aquatiques. On les trouve en Asie, en Afrique et dans les diverses contrées de l'Amérique situées entre les tropiques : ils sont monogames et font à terre, sur l'herbe, un nid, dans lequel la femelle pond quatre à cinq œufs. Les petits suivent les père et mère aussitôt après leur naissance.

Marcgrave a fait mention, pag. 190 et 191, de quatre espèces de jacanas. Brisson a rapporté la première, *jacana Brasiliensibus prima*, à son jacana proprement dit, tome 5, pag. 121; la seconde, *aguapecaca*, à son jacana armé ou chirurgien; la troisième, à son chirurgien noir, et la quatrième, c'est-à-dire l'*yohualquachili, seu caput chilli nocturnum* de Fernandez, Rai et Jonston, l'*avis cornuta* de Nieremberg, l'*anser chilensis* de Charleton, à son chirurgien brun, qui est le jacana commun des naturalistes modernes. M. Cuvier révoque en doute l'existence des seconde et troisième espèces de Marcgrave, et la première, *parra viridis* de Linnæus et de Latham, lui paroît être une talève, dont le *parra africana* de ces derniers auteurs diffère à peine.

L'espèce la plus connue, la quatrième de Marcgrave, le JACANA COMMUN, *Parra jacana*, Linn. et Lath., pl. 322 de Buffon, a sous le bec, qui est de couleur jaune, ainsi que les éperons, deux barbillons charnus, et la membrane couchée sur le front se divise en trois lambeaux : la tête, la gorge, le cou et tout le dessous du corps, sont d'un noir violet; les parties supérieures sont de couleur marron; les grandes pennes des ailes sont vertes; la queue, courte et arrondie, a les deux pennes intermédiaires mélangées de brun, de marron, et terminées de noir; les pieds sont d'un cendré verdâtre. La grosseur de cet oiseau, mal à propos comparée par Marcgrave à celle du pigeon, n'excède pas celle d'un râle d'eau ou d'une caille, et sa longueur est d'environ dix pouces.

Lefebvre des Haies, qui a étudié les mœurs de ces oiseaux à Saint-Domingue, où ils se trouvent, ainsi qu'à Cayenne et au Brésil, a fourni à Buffon des notes dont il résulte qu'ils vont ordinairement par couples, et que, lorsqu'ils sont séparés par quelque accident, ils se rappellent par un cri de réclame ; mais que, vu leur caractère sauvage, les chasseurs ne parviennent à les approcher qu'en se couvrant de feuillages, ou en se coulant derrière les buissons et les roseaux. C'est pendant et après la saison des pluies qu'on les voit dans les lagunes, les marais et au bord des étangs : leur vol, peu élevé, est rapide, et ils jettent, en partant, un cri aigu qu'on entend de loin et qui ressemble assez à celui de l'effraie pour épouvanter les volailles. Le même observateur ajoute qu'on ne connoit pas l'ennemi contre lequel le jacana exerce ses armes. Il paroît, en effet, que les combats ont lieu le plus souvent entre des individus de la même espèce, que leur humeur guerrière porte vraisemblablement à se disputer, comme les chevaliers combattans, la nourriture, le terrain, et surtout la possession des femelles avant l'époque à laquelle ils sont appariés.

Les auteurs ont décrit, sous le nom de JACANA VARIÉ, *Parra variabilis*, Linn. et Lath., un oiseau de l'Amérique méridionale, qui est figuré dans la 846.ᵉ pl. enluminée de Buffon, et auquel d'Azara, n.° 385, donne le nom d'*aguapeazo blanc en-dessous*. On retrouve dans cet oiseau les couleurs dominantes du jacana commun, dont il a la taille, l'éperon aux épaules, et la membrane qui garnit la base du bec et le front ; mais il offre en général du blanc à la tête et au-dessous du corps, et les teintes de noir, de marron et de vert, sont moins foncées : aussi n'est-il que la même espèce dans son jeune âge ; et si l'auteur des articles d'ornithologie dans le nouveau Dictionnaire d'histoire naturelle fait, à celui du jacana commun, la remarque que le ventre est varié de blanc dans quelques individus, c'est que les individus par lui observés n'étoient pas encore tout-à-fait adultes et n'avoient pas leur plumage dans un état parfait.

On a déjà exposé l'opinion de M. Cuvier sur les *parra*

*brasiliensis, nigra, viridis, africana,* et l'on se bornera en conséquence à indiquer brièvement les descriptions qu'on en trouve dans quelques auteurs.

Le *Parra brasiliensis,* appelé par les Brésiliens *agua-pecaca,* et par les naturels de la Guiane *kapoua,* a un éperon à chaque aile, mais sa tête est dépourvue de coiffe membraneuse ; son corps est d'un noir verdâtre ; ses ailes sont brunes : c'est le chirurgien armé de Brisson, dont la taille est comparée à celle d'un pigeon.

Le *Parra nigra* ou jacana noir, de la même taille, a la tête, la gorge, le cou, le dos et la queue noirs, et le reste du corps brun.

Le *Parra viridis,* aussi de même grosseur et longueur, a la membrane du dessus de la tête d'un bleu clair et de forme ronde, ce qui s'écarte de celle des jacanas. Le plumage est d'un vert noirâtre, qui présente des reflets éclatans sur la tête, la gorge, le cou, la poitrine, et les pennes alaires et caudales. Le bec est rouge dans une moitié et jaune dans l'autre ; les pieds sont verdâtres. C'est cet oiseau que M. Cuvier regarde comme une talève : il se trouve, ainsi que les deux précédens, au Brésil.

Jacana thégel ; *Parra Chilensis,* Gmel. et Lath. Cet oiseau a d'abord été décrit par Molina, Histoire naturelle du Chili, pag. 239, comme étant de la grosseur d'une pie, et ayant les éperons de six lignes de longueur sur trois de largeur et d'une couleur jaunâtre ; le bec long d'environ deux pouces, et garni sur le front d'une membrane à deux lobes ; la tête noire, avec une petite huppe occipitale ; le cou, le dos et la partie antérieure des ailes violets ; la gorge et la poitrine noires ; le ventre blanc ; les pennes alaires et caudales d'un brun foncé ; la pupille brune et l'iris jaune.

Ces oiseaux, dit Molina, vivent dans les plaines, où ils se nourrissent d'insectes et de vers. On les rencontre presque toujours par couples et rarement en bandes ; mais on ne les voit jamais dans les endroits élevés ni sur les arbres. Silencieux pendant le jour, ils ne crient que dans la nuit, lorsqu'ils entendent passer quelqu'un ; aussi les Arauques s'en servent-ils en temps de guerre comme de sentinelles. Ils construisent, au milieu des herbes, un nid dans lequel la femelle pond régulièrement quatre œufs de couleur fauve, avec des points noirs, et qui sont plus gros que ceux des perdrix. Lorsqu'ils aperçoivent quelqu'un qui cherche à découvrir leur nid. ils se cachent d'abord dans l'herbe; mais, quand la personne s'approche de l'endroit où est le nid, ils s'élancent sur elle avec fureur. C'est. selon le même auteur, un gibier qui ne le cède en rien aux bécasses.

Sonnini rapporte ce jacana a l'*aguapeazo* proprement dit de M. d'Azara, n.° 384, dont ce dernier annonce, dans une description un peu différente de celle de Molina, que les parties supérieures du corps, les flancs, le dos et la queue sont rouges, les dix-huit premières pennes des ailes d'un beau jaune nuancé de vert. et que tout le plumage, à l'exception des ailes et de la queue, est à barbes désunies. A l'égard des habitudes. l'auteur espagnol le donne comme un oiseau qui n'est ni farouche ni querelleur, et qui dépose sur des feuilles de plantes aquatiques, et sans les cacher, quatre œufs veinés de noir sur un fond de couleur paille, un peu plus pointus à un bout qu'à l'autre, et ayant leurs diamètres de quatorze et de dix lignes.

Jacana cannelle; *Parra africana*, Gmel. et Lath. Cet oiseau d'Afrique, qui est figuré, tom. 3, part. 1.ʳᵉ, du *Synopsis* de Latham, pl. 87, a environ neuf pouces de longueur. Son front est recouvert d'une plaque nue, de couleur bleue, que le peintre a mal à propos représentée comme étant d'un rouge vif. L'éperon des ailes est très-court. Le dessus de la tête et du corps est d'une teinte cannelle, plus claire que sous le ventre; le cou, noir par derrière, ainsi que la nuque, est blanc en devant; la poitrine est tachetée de noir sur un fond jaune, les pieds et les ongles, très-longs, sont d'un noir verdâtre.

Jacana coudey; *Parra indica*, Lath. Les Indous donnent le nom de *coudey* à cet oiseau, qu'on appelle au Bengale *peepe*, *mowa* et *dulpée*, et qui a le bec jaune et d'un bleu sombre à la base de la mandibule supérieure, avec une tache rouge près de son ouverture, et un trait blanc au-dessus des yeux. La tête et le cou sont d'un noir bleuâtre, le dos et les ailes d'un brun cendré, et les pieds d'un brun jaunâtre. Cet oiseau, de la taille d'une poule d'eau, vit solitaire dans les marais de l'Inde, où il place son nid dans les herbes.

JACANA A LONGUE QUEUE OU VUPPI-PI; *Parra sinensis*, Gmel. et Lath. Cette espéce, qui porte dans l'Inde le nom sous lequel elle est ici désignée, et que l'on appelle aussi, dans certains cantons, *sohna*, est figurée dans la partie ornithologique de l'Encyclopédie méthodique, pl. 61, n.° 1, et dans le premier supplément du *Synopsis* de Latham, pag. 256, pl. 117. Ce jacana, long d'environ vingt pouces, est de la grosseur du faisan de la Chine. Une collerette blanche, lisérée de noir, lui couvre le dessus, les côtés de la tête et le devant du cou, dont le derrière est garni de plumes soyeuses d'un jaune doré : le reste du plumage est de couleur marron avec des nuances d'un rouge vineux, à l'exception d'une grande plaque blanche qui occupe le haut des ailes et le bord des pennes secondaires. Il y a un petit appendice pédiculé au bas de quelques-unes des pennes alaires : quatre de celles de la queue sont noires, plus longues que le corps, et présentent l'élégante courbure de la queue des veuves. M. Labillardière a vu fréquemment le vuppi-pi dans les marécages de l'île de Java.

Le *Parra luzoniensis*, Lath., que Sonnerat a fait figurer, sous le nom de Chirurgien de l'île de Luçon, pl. 45 de son Voyage à la Nouvelle-Guinée, et qu'il a décrit, p. 82, comme ayant une portion des ailes, la gorge et le ventre blancs, avec une tache brune au haut de la poitrine, et les appendices ou filets cartilagineux terminés par des barbes en fer de lance à plusieurs pennes alaires, est un jeune de l'espéce ci-dessus, qui ne porte pas encore la longue queue dont l'adulte est orné.

M. Temminck a décrit dans le Catalogue systématique de son cabinet, imprimé en 1807, sous la dénomination de *grand jacana vert à crête* ou *jacana brillant*, une espéce de douze pouces de longueur, dont la tête, à l'exception d'une raie blanche sur les yeux, le cou, la poitrine et le ventre, étoit d'un vert de bouteille foncé, et le manteau de couleur de cuivre bronzé à reflets verts; le croupion, la queue et les flancs d'un roux pourpré; et qui portoit sur la base de la mandibule supérieure une sorte de crête lisse et charnue d'un rouge cramoisi vif. Cette espéce, *parra cristata*, Linn., dont M. Temminck n'indique pas le pays, mais que M. Vieillot dit habiter l'île de Ceilan, paroit être la même que le jacana bronzé, *parra ænea* de M. Cuvier, dont le corps est changeant en bleu et violet, dont les pennes alaires antérieures sont vertes, derrière l'œil duquel est une tache blanche , et qui a été envoyé de Pondichéri et du Bengale au Muséum d'histoire naturelle de Paris.

JACANA HAUSSE-COL DORÉ; *Parra cinnamomea*, Cuv. Cet oiseau du Sénégal, qui existe aussi au Muséum de Paris, a le bas du cou blanc, la poitrine roussâtre ; le dessus du corps, le dessous des ailes et le ventre de couleur marron ; la tête noire, et la membrane frontale plombée. Sa taille excède celle du jacana commun.

Pour le *parra chavaria* voyez CHAÏA. (CH. D.)

JACAPA. (*Ornith.*) M. Vieillot a formé sous ce nom un genre correspondant à la division des tangaras que M. Desmarest nomme *ramphocèles*, et il l'a désigné en latin par le mot *ramphocelus*. Ce dernier ne fait mention dans son Histoire naturelle des tangaras que de deux espèces de ramphocèles, savoir, le bec-d'argent, *tanagra jacapa*, Linn., et le scarlate, *tanagra brasilia*, Linn., et il donne, pl. 30 et 31, la figure du ramphocèle bec-d'argent, mâle et femelle, et, pl. 28 et 29, celle du ramphocèle scarlate mâle adulte et dans son jeune âge.

Les caractères assignés par M. Vieillot à son genre *Jacapa* consistent dans un bec épais, robuste, comprimé latéralement, convexe en-dessus ; la mandibule supérieure entaillée, inclinée vers le bout, et recouvrant les bords de l'inférieure, qui se prolonge jusqu'au-dessous des yeux et dont les côtés sont dilatés transversalement ; des narines arrondies, à demi couvertes par les plumes du front ; les deux extérieurs des doigts de devant unis à leur base, et les deuxième, troisième et quatrième rémiges les plus longues.

La première espèce est le JACAPA BEC-D'ARGENT : *Tanagra jacapa*, Gmel. et Lath., pl. enl. de Buffon, n.° 128 ; *Ramphocelus purpureus*. Vieill. Ce passereau a environ six pouces et demi de longueur ; le mâle a la tête, la gorge, la poitrine pourprées, le reste du plumage noir, et, de chaque côté de la mandibule inférieure, à sa base, des plaques de couleur argentée, lesquelles n'existent pas chez la femelle, qui est en général d'un brun rougeâtre. Les auteurs sont d'accord sur cette espèce, qui est commune à la Guiane, à Cayenne, et se trouve aussi au Brésil et au Mexique, où elle se nourrit de petits fruits, et construit un nid de forme cylindrique, ouvert par en-bas, dans lequel la femelle pond deux œufs blancs, de forme elliptique, et tachetés au gros bout d'un roux peu foncé.

La seconde espèce est le JACAPA SCARLATE: *Tanagra brasilia*, Gmel., pl. de Buffon, n.° 127; *Ramphocelus coccineus*, Vieill. Latham considère cet oiseau comme une simple variété de son *tanagra rubra*, ou tangara du Canada, qui habite dans cette contrée, ainsi qu'à la Louisiane et aux États-Unis, tandis que le scarlate a pour patrie le Mexique, le Brésil et les contrées chaudes de l'Amérique septentrionale. Cet oiseau, d'environ sept pouces de longueur, a le bec noirâtre en-dessus, et blanc en-dessous. Le plumage du mâle adulte est d'un rouge brillant, avec les ailes d'un noir brunâtre et la queue noire; celui du jeune mâle est d'un rouge brunâtre en-dessus; la femelle, verdâtre sur le corps, est inférieurement d'un vert jaunâtre. Voyez TANGARA. (CH. D.)

JACAPANI. (*Ornith.*) Daudin, tom. 2, pag. 543, de son Traité d'ornithologie, a ainsi altéré le mot *japacani*, sous lequel Marcgrave parle, à la page 212 de son Histoire naturelle du Brésil, d'un oiseau que les naturalistes modernes ont rangé parmi les troupiales, *icterus brasiliensis*, Briss., tom. 2, pag. 93. C'est donc une dénomination à rayer des ouvrages ornithologiques. Voyez JAPACANI. (CH. D.)

JACAPE. (*Bot.*) Espèce de chiendent du Brésil, dont parle Marcgrave. Elle a, selon lui, la racine genouillée, le port d'un jonc, et elle s'élève à environ trois pieds; les feuilles qu'elle porte au sommet ont une nervure moyenne blanche. Sa fleur n'est pas connue. Nicolson l'indique à Saint-Domingue comme un roseau. (J.)

JACAPU. (*Ornith.*) Marcgrave, *Hist. nat. Bras.*, pag. 192, décrit cet oiseau comme étant de la taille d'une alouette, et ayant le bec un peu recourbé et le plumage d'un noir brillant, avec des taches de couleur de cinnabre sous la gorge. Brisson, tom. 2, pag. 326, le rapporte à son grand gobe-mouche noir de Cayenne, quoiqu'il annonce celui-ci comme beaucoup plus gros que le merle; et il a été rangé par Linnæus au nombre des synonymes du bec-d'argent, *tanagra jacapa*. (CH. D.)

JACAPUCAYA. (*Bot.*) Marcgrave cite ce nom brésilien pour un arbre nommé par Pison *zabucaio;* c'est une espéce du genre *Lecythis* de Lœfling et de Linnæus, dont le fruit, semblable à un vase fermé supérieurement par un couvercle, a été nommé vulgairement pour cette raison marmite de singe. Il est intérieurement à quatre loges, dont chacune contient une coque de la grosseur d'une prune, laquelle, brisée, laisse apercevoir une amande blanche et de bon goût, que l'on mange crue ou cuite. (J.)

JACAQUE. (*Ichthyol.*) Voyez IAGAQUE. (H. C.)

JACARA (*Erpét.*), nom brésilien du CAÏMAN. Voyez ce dernier mot. (H. C.)

JACARANDA, *Jacaranda.* (*Bot.*) Genre de plantes dicotylédones, à fleurs complètes, monopétalées, de la famille des *bignoniées,* de la *didynamie angiospermie* de Linnæus, offrant pour caractère essentiel : Un calice campanulé, à cinq dents ; une corolle tubulée à sa base, campanulée à son orifice ; le limbe presque à deux lèvres, à cinq lobes inégaux ; quatre étamines didynames ; un cinquième filament stérile ; un ovaire supérieur ; le stigmate à deux lames. Le fruit est une capsule ligneuse, comprimée, presque orbiculaire, à deux loges, à deux valves ; une cloison charnue opposée aux valves ; les semences nombreuses, imbriquées, munies d'une aile membraneuse.

Ce genre a été séparé des *bignonia* par M. de Jussieu, fondé particulièrement sur le caractère de ses étamines, qui offrent un cinquième filament stérile, plus long que les autres, velu à son sommet, et, sur le fruit, ligneux, comprimé, orbiculaire. Les espèces qui le composent sont originaires de l'Amérique méridionale : elles forment des arbres assez élevés, à feuilles opposées, ailées avec ou sans impaire ; les fleurs axillaires, terminales, disposées en panicule.

JACARANDA A FLEURS BLEUES : *Jacaranda cærulea*, Juss.; *Bignonia cærulea*, Linn., *Spec.*; Catesb., *Carol.*, 1, tab. 41. Arbre d'une grandeur médiocre, dont les feuilles sont opposées, deux fois ailées, composées d'un grand nombre de folioles opposées ou alternes, petites, lancéolées, aiguës. Les fleurs sont bleues, disposées au sommet des rameaux en belles panicules, munies de quatre étamines fertiles et d'un cinquième filament sans anthère, velu et plus long que les autres. Le fruit consiste en une capsule presque ronde, dure, coriace, aplatie, de deux pouces de diamètre, à deux valves, contenant des semences planes, bordées d'une aile membraneuse. Cette plante croit dans les îles de Bahama.

M. de Lamarck ajoute à cette espèce, comme variété, le *bignonia copaia*, Aubl., *Guian.*, tab. 265, qui pourroit bien être une espèce distincte : elle en diffère par sa grandeur, par la forme des folioles de ses feuilles, ovales et un peu émoussées à leur sommet. Cet arbre s'élève à la hauteur de soixante ou quatre-vingts pieds sur deux à trois de diamètre ; son bois est blanc, peu compacte : son écorce épaisse, cendrée : elle passe pour purgative. Les feuilles sont amples, deux fois ailées ; les fleurs bleues, disposées en panicules amples et terminales ; les capsules roussâtres, ovales-arrondies. Cet arbre croit dans les forêts de la Guiane.

Jacaranda du Brésil : *Jacaranda Brasiliana*, Juss. ; *Bignonia Brasiliana*, Lamk., *Encycl.*, n.° 56 ; *Jacaranda secunda*, Pis., *Bras.*, 165. Arbre du Brésil, dont le bois est dur, marbré, propre à être employé dans la marqueterie. Les feuilles sont deux fois ailées, composées de folioles ovales-aiguës, entières ; les fleurs sont jaunes, et les capsules courtes, ligneuses, comprimées, sinuées à leurs bords, bivalves, partagées en deux loges par une cloison opposée aux valves, contenant des semences aplaties et ailées.

Jacaranda a feuilles aigues : *Jacaranda acutifolia*, Humb. et Bonpl., Pl. équin., 1, pag. 59, tab. 17 ; Kunth *in* Humb., *Nov. gen.*, 3, pag. 145. Arbre d'environ dix pieds, chargé de rameaux étalés, revêtu d'une écorce crevassée et cendrée ; les rameaux glabres, cylindriques, garnis de feuilles deux fois ailées, sans impaire, composées de folioles nombreuses, glabres, sessiles, lancéolées, acuminées, entières : le pétiole commun canaliculé ; les partiels presque ailés à leurs bords : les fleurs paniculées, très-étalées ; de petites bractées à la base des pédicelles ; le calice glabre, à cinq dents ; la corolle violette, d'un blanc soyeux en dehors ; le tube court, ventru à son orifice. Le fruit est une capsule ligneuse, ovale, bordée, aiguë à ses deux extrémités. Cette plante croit au Pérou.

Jacaranda a feuilles obtuses ; *Jacaranda obtusifolia*, Humb.

et Bonpl., *l. c.*, tab. 18. Arbre de vingt à vingt-cinq pieds,
revêtu d'une écorce cendrée, divisé en rameaux cylindriques,
garnis de feuilles longues d'un pied, deux fois ailées; les
folioles nombreuses, presque opposées, presque sessiles, pubescentes, oblongues, obtuses, très-entières, roulées à leurs
bords; les pédicelles ailés; les fleurs disposées en panicules
axillaires et terminales; les ramifications opposées, étalées et
trichotomes; le calice coloré; la corolle glabre, violette; son
tube court et arqué; son orifice ventru; le limbe à cinq lobes
arrondis, presque égaux. Cette plante croît au Pérou. (Poir.)

JACARATIA. (*Bot.*) Plante épineuse du Brésil, rapportée
par Pison au même genre que le *jamacaru*, espèce de cacte.
Sa tige est grêle et s'élève à la hauteur d'un arbre; elle jette,
à son sommet, quelques rameaux qui se détachent ensuite.
Le tronc est rempli d'une moelle qui tombe bientôt en poussière; si alors on enlève l'écorce, il ne reste qu'un tube
fort léger et sec, qui s'enflamme aisément, et dont on se sert
dans le pays comme de torche lorsqu'on voyage de nuit.
Pison dit que ces tubes sont très-longs et qu'il en a envoyé
un au jardin botanique de Leyde, qui avoit environ vingt
pieds. Il ne faut pas confondre ce *jacaratia* avec le JARACATIA
de Marcgrave. Voyez ce mot. (J.)

JACARD. (*Mamm.*) Quelques auteurs, et Belon entre
autres, nomment ainsi le chacal. Voyez CHIEN. (F. C.)

JACARÉ. (*Erpétol.*) Au Bengale, on nomme ainsi le gavial, suivant quelques auteurs. Voyez GAVIAL. (H. C.)

JACARÉABSOU. (*Erpétol.*) Nom que certaines peuplades
sauvages de l'Amérique septentrionale donnent aux CROCO-
DILES. Voyez ce mot. (H. C.)

JACARECATINGA. (*Bot.*) Voyez CAPICATINGA. (J.)

JACARINI. (*Ornith.*) Cet oiseau, dont Marcgrave parle
pag. 210 de son Histoire naturelle du Brésil, est représenté
dans les planches enluminées de Buffon, n.° 224, sous le nom
de moineau de Cayenne; c'est le *tanagra jacarina* de Linnæus.
M. Desmarest le regarde comme un bruant, et, attendu
l'absence du tubercule au palais, M. Vieillot, qui a figuré
cet oiseau pl. 33 des Oiseaux chanteurs de la zône torride,
en a fait sa passerine jacarini. Le mâle est sur tout le corps
d'un noir luisant, et la femelle entièrement grise. Dans le

temps de la mue, cette dernière couleur est également celle du mâle. Ces oiseaux, qui fréquentent les terrains défrichés de la Guiane, et qu'on ne voit pas dans les grands bois, ont l'habitude de s'élever verticalement à un pied ou deux de la branche sur laquelle ils sont perchés, pour retomber au même endroit, en accompagnant ces sauts réitérés d'un petit cri de plaisir. Cet exercice, auquel le mâle seul se livre en présence de sa femelle, est accompagné d'un épanouissement de sa queue. La femelle pond dans un nid hémisphérique, composé d'herbes sèches, deux œufs d'un blanc verdâtre semé de petites taches rouges.

Le jacarini est le même oiseau que le *volatin* ou sauteur de M. d'Azara. Ornithologie du Paraguay, n.° 138, tom. 1, pag. 515 de l'original, et pag. 501 du 1.<sup>er</sup> volume de la traduction françoise. L'auteur espagnol pense que le nom brésilien doit se lire *yacamiri*, c'est-à-dire petite tête. ( Cu. **D.** )

JACBERYA. ( *Bot.* ) Deux crotalaires, *crotolaria verrucosa et laburnifolia*, portent ce nom à Ceilan, suivant Burmann et Linnæus. On y donne encore à la première ceux de *jakwanossa* et *kiligilippe*. ( **J.** )

JACCA. ( *Bot.* ) Voyez JACA. ( **J.** )

JACEA. ( *Bot* ) Les plantes nommées ainsi par les anciens étoient prises par quelques-uns pour des scabieuses, et maintenant encore une espèce est nommée vulgairement scabieuse de montagne. Anguillara pensoit que l'*hyosiris* de Pline étoit une jacée. Ce genre est très-nombreux en espèces dans les *Institutiones* de Tournefort. Linnæus l'a supprimé entièrement, en reportant à son *centaurea* toutes les espèces dont les fleurons de la circonférence sont neutres, et rejetant celles à fleurons tous hermaphrodites dans les genres *Serratula* et *Stæhelina*. Comme son *centaurea*, très-nombreux en espèces, se subdivise naturellement en plusieurs sections, caractérisées par la forme des écailles du périanthe, on a cru devoir changer ces sections en autant de genres, et réunir les espèces à écailles ciliées sous le genre *Jacea*, qui est ainsi rétabli, mais plus circonscrit. ( **J.** )

JACÉE, *Jacea*. ( *Bot.* ) [ *Cinarocéphales*, Juss. == *Syngénésie polygamie frustranée*, Linn. ] Ce genre de plantes appartient à l'ordre des synanthérées, à la tribu naturelle des centauriées, et à la section des centauriées-prototypes. Voici les caractères que nous lui attribuons.

Calathide presque toujours couronnée, ordinairement radiée, quelquefois quasiradiée, rarement discoïde ; disque multiflore, subrégulariflore, androgyniflore ; couronne unisériée, anomaliflore, neutriflore, ordinairement radiante, très-rarement nulle. Péricline inférieur aux fleurs du disque, ovoïde, formé de squames régulièrement imbriquées, appliquées, interdilatées, coriaces ; les intermédiaires ovales, surmontées d'un appendice inappliqué, non décurrent, arrondi ou ovale, concave, scarieux, roussâtre, brun ou noirâtre, découpé sur les bords en lanières longues, inégales, subulées, courtement ciliées, roides, non spinescentes. Clinanthe épais, charnu, planiuscule, hérissé de fimbrilles nombreuses, libres, longues, inégales, laminées, membraneuses, linéaires-subulées. Ovaires du disque pubescens, souvent inaigrettés, quelquefois portant une aigrette de centauriée-prototype, courte et semi-avortée. Faux-ovaires de la couronne glabres et inaigrettés. Corolles du disque un peu obringentes. Corolles de la couronne anomales, ordinairement pinnatifides, c'est-à-dire, à limbe fendu jusqu'à sa base sur la face intérieure et divisé en cinq lanières, dont trois supérieures plus longues et deux inférieures plus courtes. Stigmatophores entregreffés.

Nous avons observé les caractères génériques qu'on vient de lire sur une douzaine d'espèces de jacées ; mais il suffira de décrire ici les deux espèces qu'on rencontre le plus souvent.

Jacée des prés, *Jacea pratensis ; Centaurea jacea*, Linn. C'est une plante herbacée, à racine vivace, dont la tige, haute de douze à dix-huit pouces, est dressée ou ascendante, simple ou rameuse, anguleuse, ordinairement pubescente et un peu rude ; ses feuilles sont éparses, lancéolées, très-rudes sur les deux faces, à peine pubescentes, et variables, les inférieures découpées sur les bords, les supérieures entières ; les calathides solitaires et terminales ont une couronne très-manifestement radiante, et sont composées de fleurs purpurines, ou quelquefois blanches ; les appendices des squames du péricline sont roussâtres ou bruns ; les fruits sont absolument dépourvus d'aigrette. Cette plante est commune dans toute la France, où on la trouve dans les prés et au bord des bois ;

elle fleurit presque tout l'été. Les bestiaux la mangent volontiers; elle peut fournir, comme la sarrette, une belle teinture jaune.

JACÉE NOIRE : *Jacea nigra*, Mœnch ; *Centaurea nigra*, Linn. Cette espèce, encore plus commune que la précédente, a une racine ligneuse, un peu rampante ; la tige dressée, peu rameuse, haute d'un à deux pieds, anguleuse, dure, roide et scabre, presque glabre, ainsi que les feuilles, dont les inférieures sont dentées, les supérieures sessiles, ovales-lancéolées et ordinairement entières ; les calathides terminales, solitaires, composées de fleurs purpurines, toutes égales, régulières, hermaphrodites et fertiles ; les appendices du péricline sont presque noirs ; les fruits ont une petite aigrette très-courte, semi-avortée. Smith et M. De Candolle mentionnent une variété très-remarquable par la présence d'une couronne radiante, anomaliflore, neutriflore ; une autre variété se distingue par ses fleurs blanches. Ray a observé des individus monstrueux, ayant toutes les fleurs de la calathide neutres et amplifiées, comme celles de la couronne des autres espèces : ce qui est fort extraordinaire dans celle-ci, dont la calathide est presque toujours dépourvue de couronne.

Les anciens botanistes avoient réuni, sous le nom générique de *jacea*, beaucoup de synanthérées appartenant à divers genres de la tribu des centauriées, et même de quelques autres tribus. Tournefort peut être considéré comme le fondateur du genre *Jacea*. Cependant il le composa d'espèces qui ne sont pas toutes congénères, et il le caractérisa fort mal, en ne le distinguant du genre *Carduus* que par le péricline non épineux, du genre *Cirsium* par les feuilles non épineuses, et du genre *Cyanus* par la calathide non radiée. Mais il reconnut l'affinité des *cyanus* et des *jacea*, et se montra disposé à les réunir en un seul genre. Vaillant adopta les deux genres *Jacea* et *Cyanus*, et les distingua, comme Tournefort, par la calathide radiée dans le *cyanus*, non radiée dans le *jacea*. Linnæus confondit les *jacea* et *cyanus* dans son grand genre *Centaurea*, qui comprend presque toute la tribu des centauriées ; mais, il divisa ce genre en plusieurs sections, dont les deux premières, intitulées *jaceæ* et *cyani*, sont tout autrement caractérisées que les *jacea* et *cyanus* de

Tournefort et de Vaillant, en sorte que la *jacea pratensis* se trouve dans la section des *rhapontica* de Linnæus, et la *jacea nigra* dans la section des *cyani*. Adanson a un genre *Acosta* et un genre *Cyanus*, qui paroissent correspondre assez bien aux genres *Jacea* et *Cyanus* de Tournefort et Vaillant : mais il les distingue principalement par la présence de l'aigrette dans le *cyanus*, et son absence dans l'*acosta*. M. de Jussieu a rétabli les deux genres *Jacea* et *Cyanus* de Tournefort et de Vaillant, en leur conservant les mêmes noms et les mêmes caractères distinctifs ; mais il sépare, comme Linnæus, les *jacea pratensis* et *nigra*, en attribuant la première au genre *Rhaponticum*, et la seconde au genre *Jacea*. Gærtner a réuni, sous le titre de *cyanus*, la *jacea nigra* et sept autres espèces de centauriées, qui ne sont assurément pas congénères. Necker a un genre *Jacea* et un genre *Cyanus*, distingués par le péricline, dont les squames sont scarieuses et lisses dans le *jacea*, dentées et ciliées sur les bords dans le *cyanus*. Mœnch distingue autrement ses deux genres *Jacea* et *Cyanus* : il attribue au *jacea* des calathides composées de fleurs toutes hermaphrodites et fertiles, ce qui réduit ce genre à une seule espèce, la *jacea nigra* ; son *cyanus* a une couronne de fleurs neutres, radiantes ou non radiantes, et les squames du péricline tantôt simples, tantôt scarieuses et ciliées au sommet : mais il place, comme M. de Jussieu, la *jacea pratensis* dans un autre genre, nommé *rhaponticum*, caractérisé par une couronne neutriflore, et les squames du péricline scarieuses, déchirées au sommet. Ventenat croyoit que la *jacea nigra* devoit être rapportée au genre *Serratula*. M. Persoon, qui a divisé le genre *Centaurea* de Linnæus en dix sections, classe la *jacea pratensis* parmi ses *jacea*, caractérisées par les squames du péricline sèches, scarieuses, très-entières ou déchirées ; et la *jacea nigra* parmi ses *phrygia*, caractérisées par les squames ciliées : les *cyanus* de ce botaniste ont les squames dentées en scie. M. De Candolle, qui, dans la Flore françoise, avoit déjà réuni en une même section les *cyanus* et *jacea* de M. de Jussieu, a proposé depuis un genre *Cyanus*, caractérisé par les squames du péricline non épineuses, mais pinnatifides-ciliées, et comprenant les *jacea* et *cyanus* de M. de Jussieu, le *lepteranthus* de Necker et le *zoegea* de Linnæus.

Les observations que nous avons faites sur un très-grand nombre d'espèces de la tribu des centauriées, nous ont appris que la plupart des genres ou sous-genres admis jusqu'à présent dans cette tribu étoient fort mal caractérisés et encore plus mal composés. Nous ne tarderons pas à publier une révision générale de ce groupe naturel, avec toutes les réformes et les innovations que nous avons cru devoir y faire. Mais, comme il ne s'agit ici que du genre *Jacea*, nous nous bornons, quant à présent, à remarquer, 1.° que les caractères essentiellement distinctifs de ce genre résident principalement dans la structure de l'appendice des squames intermédiaires du péricline; 2.° que cet appendice n'est point spinescent au sommet, ni décurrent sur les bords de la squame proprement dite, ce qui distingue le *Jacea* de quelques genres voisins avec lesquels on le confond; 3.° que ces sortes de caractères doivent être observés sur les squames intermédiaires du péricline, et non sur les squames extérieures ni intérieures : 4.° que les *jacea pratensis* et *nigra* se ressemblent parfaitement par les caractères du péricline, et qu'elles appartiennent évidemment au même genre ou sousgenre, quoique la plupart des botanistes aient attribué ces deux espèces à deux groupes différens : 5.° que les deux genres *Jacea* et *Cyanus* diffèrent l'un de l'autre, non point par la radiation de la calathide, mais par plusieurs caractères trésexacts et négligés jusqu'ici : tel est celui fourni par le style, dont les deux stigmatophores sont complétement libres jusqu'à la base dans les vrais *cyanus*, tandis qu'ils sont entregreffés d'un bout à l'autre, ou au moins en leur partie inférieure, dans les *jacea*. ( H. Cass.)

JACÉE DE PRINTEMPS. (*Bot.*) Dans quelques cantons on donne ce nom à la violette odorante. ( L. D.)

JACÉE DES JARDINIERS. (*Bot.*) Nom vulgaire de la lychnide sauvage. ( L. D.)

JACERABUDU. (*Bot.*) A Ceilan on nomme ainsi, suivant Burmann, une érythrine à épines et graines noires, mentionnée par Tournefort et omise par les auteurs plus modernes; elle pourroit être nommée *erythrina melanosperma*. (J.)

JACEROS. (*Bot.*) Voyez Jaca. (J.)

JACINTHE ou HYACINTHE ; *Hyacinthus*, Linn. (*Bot.*)

Genre de plantes monocotylédones, de la famille des *aspho-déllées*, Juss., et de l'*hexandrie monogynie*, Linn., dont les principaux caractères consistent en : Une corolle monopétale, tubuleuse, partagée en six divisions étalées ou même réfléchies à leur extrémité; six étamines attachées vers le milieu de la partie tubulée et plus courtes que la corolle; un ovaire supérieur, ayant vers son sommet trois pores nectarifères, peu apparens, et surmonté d'un style court, terminé par un stigmate presque à trois lobes; une capsule à trois angles arrondis, à trois loges, contenant chacune plusieurs graines.

L'hyacinthe est une de ces plantes consacrées par la mythologie des anciens, et dont les poëtes se sont plu à rendre l'origine extraordinaire. Apollon, selon la fable, aimoit tendrement le jeune Hyacinthe; en jouant au palet avec lui, il eut le malheur de le frapper à la tête d'un coup mortel, et le Dieu, au désespoir de la mort de son jeune ami, changea son sang répandu sur la terre en une fleur qui fut nommée hyacinthe. Nicandre, grammairien et poëte grec, est le plus ancien auteur qui, dans l'ouvrage intitulé *Theriaca*, nous ait laissé le récit de cette fable, et Ovide nous la retrace ainsi :

> *Ecce cruor, qui fusus humi signaverat herbas,*
> *Desinit esse cruor; Tyrioque nitentior ostro*
> *Flos oritur, formamque capit, quam lilia : si non*
> *Purpureus color his, argenteus esset in illis.*
> *Non satis hoc Phœbo est ( is enim fuit auctor honoris):*
> *Ipse suos gemitus foliis inscribit, et ai ai*
> *Flos habet inscriptum ; funestaque littera ducta est.*
>
> *METAMORPH., lib. X, vers.* 210 *et seq.*

Une autre fable, dont le récit nous a aussi été conservé par le même auteur, fait encore changer en cette fleur Ajax, héros grec, qui, après le siége de Troie, se tua de désespoir de n'avoir pu obtenir les armes d'Achille, et la fleur, dit le poëte, est chargée de caractères qui retracent et le nom du héros et l'expression des soupirs du Dieu. (Voy. *Ovid. Metam., lib. XIII.*)

Pline remarque que l'hyacinthe étoit déjà en honneur du temps du siége de Troie, et qu'Homère en parle comme d'une des plus belles fleurs : effectivement, lorsque le prince des poëtes nous raconte l'entrevue de Jupiter et de Junon sur le sommet du mont Ida, il dit que, pendant que le maître des dieux prend son épouse dans ses bras, un nuage d'or les dérobe à tous les yeux, et que la terre fait naître autour d'eux un gazon verdoyant embelli des fleurs de lotos, de safran et d'hyacinthe (Iliad., liv. XIV, vers 345 à 348).

Ce que les anciens nous ont d'ailleurs laissé de positif touchant leur hyacinthe, est vraiment trop peu de chose pour qu'on puisse prononcer avec un certain degré de certitude sur cette plante, et dire à quelle espèce plutôt qu'à telle autre elle peut être rapportée.

Théophraste (liv. VI, ch. 7) ne dit que quelques mots de l'hyacinthe : selon lui, il y en a une espèce sauvage et une cultivée.

Dioscoride (liv. IV, chap. 58), en parlant de la même plante, lui donne une racine bulbeuse, une tige plus mince que le petit doigt, haute d'une palme, et des fleurs, de couleur pourpre, disposées en grappe inclinée.

Pline (liv. XXI, chap. 26) ne décrit pas du tout l'hyacinthe : elle croit, selon lui, principalement dans la Gaule, où elle est employée à teindre en fausse pourpre. Les autres propriétés qu'il lui attribue ne peuvent servir à la faire reconnoître.

Après ces auteurs, Ovide est peut-être celui qui nous a laissé les notions les plus exactes, puisqu'il nous apprend, ainsi qu'on peut le voir dans les vers cités plus haut, que l'hyacinthe ressembloit au lis, avec cette différence seulement, que celui-ci étoit de couleur blanche, tandis qu'elle étoit pourpre. Il faudroit donc, en s'en rapportant au poëte latin, chercher l'hyacinthe dans une espèce qui eût avec le lis les rapports de forme et les différences de couleur qu'il indique, et quoique la jacinthe orientale soit assez loin de présenter tous ces caractères, un grand nombre de botanistes modernes, Matthiole, Gesner, Clusius, Dodonæus, Camerarius, Césalpin, etc., se sont accordés à lui donner le nom d'*hyacinthus*, et Linnæus a consacré ce nom pour un genre de plantes dont cette espèce fait partie. Mais plusieurs autres ont regardé comme fort incertain que la jacinthe orientale pût être l'hyacinthe des anciens. Quelques auteurs ont même pensé, peut-être avec raison, que l'ὑάξινθος des Grecs n'étoit pas le même que l'*hyacinthus* des Latins, et que les uns et les autres donnoient le nom d'hyacinthe à plusieurs plantes différentes. Sans entrer ici dans des détails qui nous conduiroient trop loin, surtout si nous voulions exposer les motifs qui ont déterminé l'opinion de chaque auteur, nous dirons que les espèces, autres que la jacinthe orientale, auxquelles on a rapporté l'hyacinthe des anciens, sont l'*hyacinthus comosus* et l'*hyacinthus racemosus* ; les *iris germanica* et *xiphium* ; le *scilla bifolia*, le *delphinium Ajacis*, le *lilium martagon* et le *gladiolus communis*. De toutes ces opinions les plus vraisemblables nous paroissent être les deux dernières, puisque le lis martagon, du même genre que le lis blanc, n'en diffère que par la couleur et par quelques dissemblances qui ne s'opposent point à ce qu'on les compare l'un à l'autre comme plantes qui se ressemblent ; et que le glaïeul commun se rapproche aussi beaucoup, pour la forme de la fleur, de celle du lis ; que sa fleur est d'une couleur purpurine, comme Ovide le dit de l'hyacinthe, et que les divisions supérieures de sa corolle offrent des taches et des linéamens qui sont assez loin sans doute de retracer des lettres quelconques, mais où il n'est pas impossible que l'imagination des anciens ait pu se complaire à voir les caractères *ai, ai*.

Quoi qu'il en soit, le genre Jacinthe, tel que la plupart des botanistes le circonscrivent aujourd'hui, et en en séparant le genre *Muscari* de Tournefort, est composé de plantes herbacées, à racines bulbeuses, à feuilles linéaires, toutes radicales, et à fleurs disposées en grappe terminale sur une hampe nue, sortant du milieu des feuilles. On en connoit une quinzaine d'espèces, parmi lesquelles nous citerons seulement les suivantes.

Jacinthe étalée : *Hyacinthus patulus*, Desf., *Hort. Par.; Hyacinthus amethystinus*, Lamk., Dict. encycl., 3, pag. 190 (*non Linnæi*). Sa racine est une bulbe ovoïde, solide, tout au plus de la grosseur du pouce ; elle produit quatre à six feuilles linéaires-lancéolées, lisses, d'un vert assez foncé, légèrement pliées en gouttière, étalées sur la terre. Du milieu d'elles s'élève une hampe cylindrique, haute de huit à douze pouces, chargée, dans sa partie supérieure, de huit à quinze fleurs d'une belle couleur bleue, disposées en grappe droite, et accompagnées de bractées fendues jusqu'à leur base en deux lanières inégales, dont l'une est plus longue que le pédoncule, lequel est lui-même plus long que la corolle, qui est campanulée, à divisions profondes. un peu ouvertes, à peine roulées en dehors. Cette plante croît naturèllement dans le midi de la France et de l'Europe : ses fleurs, qui paroissent en avril et en mai, font un joli effet. On peut la cultiver en pleine terre, où elle ne demande que fort peu de soins; elle ne craint que les très-fortes gelées.

Jacinthe des bois : *Hyacinthus non scriptus*, Linn., *Spec.*, 455; Bull. herb., t. 555. Cette plante a les plus grands rapports avec l'espèce précédente; mais elle paroit en différer par ses feuilles plus étroites, redressées, et surtout par ses corolles moins ouvertes, un peu cylindriques, dont les divisions sont roulées en dehors. Ses fleurs sont légèrement odorantes, ordinairement bleues, quelquefois blanches. Cette plante est commune dans les bois et les forêts. Ses racines contiennent abondamment une substance gommeuse qui paroît jouir de toutes les propriétés physiques et chimiques de la gomme arabique.

Jacinthe tardive : *Hyacinthus serotinus*, Linn., *Spec.*, 453, Cavan., *Icon.*, pag. 18, tab. 50; *Hyacinthus obsoleti coloris, Hispanicus serotinus*, Clus., *Hist.*, 177. 178. Ses feuilles sont linéaires, étroites, un peu canaliculées. Ses fleurs sont roussâtres, cylindriques, accompagnées de bractées simples, disposées en une longue grappe, le plus souvent tournée d'un seul côté, et elles ont leurs trois divisions extérieures plus ouvertes. Cette espèce croît naturellement dans le midi de la France, en Espagne et en Barbarie; on la cultive en pleine terre au Jardin du Roi, où elle fleurit en juillet et août.

Jacinthe romaine; *Hyacinthus romanus*, Linn., *Mant.*, 224; *Bellevalia operculata*, Lapeyr., Journ. phys., 67, pag. 425 — 427, *cum fig*. Ses feuilles sont très-longues, canaliculées, d'un vert un peu glauque. Ses fleurs sont d'un blanc sale, campanulées. divisées jusqu'à moitié en six découpures évasées, et accompagnées à la base du pédoncule de bractées très-courtes : les filamens des étamines sont élargis dans leur partie inférieure, insérés à la base des sinus formés par les divisions de la corolle, et ils portent à leur sommet des anthères d'un bleu foncé. Cette espèce croît dans les Pyrénées, en Languedoc, en Provence, en Italie, etc.

Jacinthe orientale ou Jacinthe des jardins; *Hyacinthus orientalis*, Linn., *Spec.*, 454; Curt., *Bot. Mag.*, 937. Sa racine est une bulbe arrondie, formée de plusieurs tuniques écailleuses, qui s'enveloppent exactement les unes les autres, et que l'on nomme vulgairement oignon. Cette bulbe ou cet oignon produit quatre à six feuilles linéaires-lancéolées, canaliculées, glabres, d'un vert assez foncé et luisant, du milieu desquelles s'élève une hampe cylindrique, haute de huit à dix pouces, portant dans sa partie supérieure six à dix fleurs bleues ou blanches dans la plante sauvage, mais dont les couleurs et les nuances varient à l'infini dans les nombreuses variétés cultivées : ces fleurs sont munies, chacune à leur base, d'une bractée membraneuse, tronquée, beaucoup plus courte que leur pédoncule. La corolle est tubulée et renflée dans sa partie inférieure, et ses divisions sont très-ouvertes ou même réfléchies en dehors. Cette plante croît naturellement en Asie, dans le Levant et en Provence : elle fleurit ordinairement, dans le climat de Paris, à la fin de mars ou au commencement d'avril ; mais ses belles variétés à fleurs bien doubles se développent un peu plus tard.

La jacinthe d'Orient ou des fleuristes, qu'à l'avenir nous nommerons seulement la jacinthe, déjà douée par la nature d'une jolie forme et d'un parfum agréable, a encore gagné par la culture une richesse et une diversité de couleurs vraiment étonnantes; et aucune autre plante peut-être n'a été plus modifiée, ne s'est plus embellie entre les mains des jardiniers, et n'a mieux dédommagé des soins qu'elle a coûté. C'est aux fleuristes hollandois, et particulièrement à ceux de Harlem, qu'on doit une multitude prodigieuse de variétés, qui diffèrent toutes les unes des autres par la longueur et la largeur de leurs feuilles, par la hauteur de leurs tiges, par la grandeur, le nombre et les proportions de leurs fleurs, par leurs corolles simples, semi-doubles, tout-à-fait doubles ou entièrement pleines, et surtout par les nuances infinies de leurs couleurs. On a des jacinthes bleues depuis la teinte la plus foncée et approchant un peu du noir, jusqu'au bleu le plus tendre ; on en a de rouges, de pourpres, de couleur

de feu, d'incarnates, de roses, de blanches de diverses
nuances, de jaunes : dans les unes les couleurs sont uniformes,
dans les autres elles sont mélangées.

Les fleuristes hollandois distinguent aujourd'hui bien au-
delà de deux mille variétés, à chacune desquelles ils affec-
tent un nom particulier. Ces noms, donnés par les fleuristes,
n'ont presque jamais aucun rapport avec les dénominations
dont les botanistes se servent quelquefois pour caractériser
les variétés des plantes, et qui sont empruntées aux différences que la variété présente, comparée au type de l'espèce :
ils sont uniquement de fantaisie. Le plus souvent ces noms
sont ceux de divinités et de héros de la fable ; de rois, de
princes, d'hommes ou de femmes célèbres. Ainsi, des jacinthes ont été nommées Apollon, Saturne, Minerve, Belléro-
phon, Ulysse, roi Salomon, Pompée le Grand, Germanicus,
François I.er, Louis le Grand, prince d'Orange, Dauphin de
France, prince Eugène, belle Hélène, belle Gabrielle, etc.
D'autres fois, pour faire valoir la beauté de ces fleurs au-
dessus de toutes les autres, elles ont reçu des noms empha-
tiques, comme Gloire des jacinthes, *Gloria mundi*, Beauté
incomparable, Nompareille, Grande magnificence, Triomphe
de Flore, Roi des fleurs, Comble de gloire, Rien ne sur-
passe, Astre du monde. Quelquefois, enfin, les dénominations qu'elles portent sont empruntées à leurs couleurs, mais
presque toujours avec une épithète qui leur ajoute plus
d'éclat, par exemple : Grandeur rouge, Roi des rouges,
Rose sans pareille, Pourpre impériale, Bleu céleste, Roi
des bleues, Reine des blancs, Aimable blanche, Étendard
jaune, etc.

C'est en semant chaque année les graines de leurs plus
belles variétés simples et semi-doubles que les fleuristes continuent d'obtenir de nouvelles variétés; car, sur dix mille et
plus de graines de jacinthes semées, presque toutes les fleurs
nouvelles diffèrent plus ou moins de couleur avec la fleur
dont on a tiré la graine. Les jacinthes doubles et pleines
qui n'ont point conservé d'étamines, et dont l'ovaire est
avorté ou changé en pétales, ne donnent point de graines.

Les fleuristes nomment *conquêtes* toutes les jacinthes
qu'ils obtiennent de semence. Chaque année ceux de Harlem

dressent des listes de toutes les conquêtes qu'ils ont obtenues, avec les noms qu'ils leur ont donnés. Souvent ils partagent entre eux l'espérance des caïeux que la nouvelle variété doit produire un jour : ils se vendent un quart, un tiers, un demi de la production de l'oignon, qui ne doit être partagée que quand elle montera à un certain nombre de caïeux. Ces prix, auxquels ils vendent entre eux ces portions d'espérance, paroîtront excessifs, puisqu'ils peuvent porter la valeur de l'oignon jusqu'à plus de mille florins ; il en est même dont cette somme ne paieroit pas la moitié. La beauté d'une nouvelle variété contribue sans doute beaucoup à lui donner du prix ; mais très-communément on en paie encore bien plus la nouveauté : la rareté en soutient ensuite le prix. Les fleuristes ont encore présentes à leur mémoire l'origine et la date des plus belles variétés.

Les jacinthes doubles ne paroissent pas être très-anciennes. Il y a deux cents ans, elles étoient rares et très-peu estimées. Swertius, dans son *Florilegium*, imprimé en 1612, donne la figure de huit jacinthes simples et d'une seule double. On rapporte que Pierre Voorhelm, qui, un peu plus tard, s'appliquoit à cultiver avec intelligence les jacinthes et autres fleurs qu'on venoit dès-lors de toutes parts chercher à Harlem, semoit déjà des graines de jacinthe, et qu'il avoit grand soin de détruire toutes les jacinthes doubles à mesure qu'il en venoit dans ses semis, parce qu'on les regardoit alors comme des monstres. On faisoit, dans ce temps, consister la beauté des jacinthes dans la régularité et l'égalité des planches et dans l'uniformité des couleurs. Pierre Voorhelm s'attachoit à conserver toutes les variétés dont les fleurs présentoient une belle couleur et une disposition heureuse pour porter graines ; mais, ayant été malade et n'ayant pu donner aucun soin à ses plantes, ni les visiter que lorsque les fleurs commençoient à passer, il vit une jacinthe double qu'on avoit négligé d'arracher et de jeter suivant l'usage. Il la cultiva, la multiplia par caïeux, et trouva des amateurs qui l'estimèrent et la payèrent assez cher. Dès-lors il prit le parti de cultiver toutes ses conquêtes à fleurs doubles avec autant de soin qu'il en avoit mis à les détruire. La préférence qu'on donna par la suite aux jacinthes doubles, réveilla le zèle des

autres fleuristes, qui à l'envi les recherchèrent et les culti-
vèrent. Une des plus anciennes jacinthes doubles, qu'on
nomma le Roi de la Grande-Bretagne, fut infiniment plus
recherchée que les autres, et son prix fut excessif; il passa
de beaucoup mille florins.

Aujourd'hui les jacinthes pleines sont les plus estimées;
mais, aux yeux du fleuriste, il ne suffit pas, pour faire une
belle fleur, qu'elle soit complétement double : ils exigent
qu'elle ait une disposition régulière dans l'ordre des divisions extérieures de la corolle, et surtout dans celles qui
forment le cœur, et qu'outre cette disposition elles se développent avec grâce en repliant leur extrémité régulièrement.
Une jacinthe a bien plus de charmes quand les divisions de
sa corolle sont d'une belle couleur nette et décidée, tandis
que les pétales du cœur sont d'une autre couleur, aussi parfaite, qui se marie agréablement à la première. Les tiges des
belles jacinthes doubles portent quinze à vingt et même
vingt-cinq fleurs, au moins douze, si elles sont très-larges :
on a vu des fleurs très-doubles avoir vingt lignes de diamètre
et même davantage; il y en a de simples dont la grappe se
compose de trente à cinquante fleurs.

Ce que nous voyons de jacinthes dans les jardins de quelques amateurs à Paris ou dans nos départemens, ne nous
donne qu'une idée bien imparfaite des beautés de ces plantes.
Les cultures des Hollandois surpassent tellement les nôtres,
qu'on ne peut s'en faire une juste idée qu'en les voyant. Ce
qui existe dans ce genre à Harlem et dans ses environs est
si brillant et si magnifique, qu'un amateur même en est
ébloui au premier coup d'œil. On y voit des aprens entiers
couverts de jacinthes doubles et simples, sans nul intervalle
que celui des sentiers nécessaires pour leur culture. L'imagination ne se forme qu'un tableau très-imparfait des grâces
et de la variété de ce brillant émail : les variétés les plus
rares et les plus belles sont mises à part, dans des places
choisies, et disposées avec symétrie et beaucoup de goût. On
peut dire des fleuristes d'Harlem qu'ils asservissent la nature, et que l'art et une expérience raisonnée leur donnent
le moyen de l'élever au-dessus d'elle-même : en effet, les
fleurs qu'ils cultivent se développent tout autrement qu'ail-

leurs; la beauté des tiges, la disposition des fleurs et l'éclat des couleurs, surpassent infiniment tout ce que peut atteindre ailleurs l'industrieuse activité des amateurs les plus entendus.

Il faut à la jacinthe une terre légère et en même temps un peu substantielle; quoique le terrain de Harlem soit naturellement de cette nature et par conséquent très-avantageux pour la culture de cette plante, les fleuristes composent pour leurs plus belles variétés un terreau particulier, dont ils forment des espèces de couches sur lesquelles ils plantent leurs oignons dans un ordre régulier, en distribuant les couleurs de manière à produire le coup d'œil le plus agréable possible. Ce terreau, qu'on emploie pour les belles jacinthes, est formé de trois parties de fumier de vache, de deux parties d'un sable particulier au pays, et d'une partie de fumier de feuilles ramassées assez long-temps d'avance pour qu'elles soient bien consommées. On fait avec ces trois matières de gros tas de six à sept pieds de hauteur, en mettant les différentes substances par lits de quatre à dix pouces d'épaisseur. Après que ce terreau a fermenté six mois et plus, on le mêle bien, on en refait un nouveau tas, qu'on mêle encore au bout de quelques mois avant de s'en servir.

Ces couches, sur lesquelles sont plantées les plus belles jacinthes, sont défendues par des châssis, et quand le froid devient trop vif, on les couvre avec de la paille, des feuilles ou du fumier, pour empêcher la gelée de pénétrer. Lorsque les grands froids sont passés, on enlève cette couverture de dessus les châssis, on soulève un peu ceux-ci pour donner de l'air à la couche pendant quelques heures du jour, avec l'attention de les refermer la nuit.

L'art du fleuriste, quand les fleurs commencent à se montrer, est de les garantir non-seulement de la gelée, mais encore des mauvais vents et de l'humidité, ce qui se fait en refermant les châssis toutes les fois que cela est nécessaire; de même que, lorsque le soleil est trop ardent, on en garantit les fleurs et l'on prolonge leur durée par des toiles étendues au-dessus des couches. Un autre soin que demandent encore beaucoup de jacinthes, surtout celles dont les tiges sont trop foibles pour porter leurs fleurs trop pesantes ou trop nombreuses sans se renverser sur la terre, c'est qu'il faut les soutenir, et la meilleure manière de le faire est de leur donner pour soutien, du côté où elles s'inclinent naturellement, un petit bout de baguette qu'on enfonce d'un à deux pouces dans la terre, à trois ou quatre du bas de la tige, et, le haut du petit bâton étant fait en fourche, la tige s'y trouve facilement retenue et appuyée sans avoir besoin d'aucun lien.

A Harlem, quand les jacinthes simples commencent à s'épanouir, les fleuristes ouvrent au public leurs jardins, qui dès-lors se remplissent chaque jour de curieux, d'amateurs et de gens oisifs. Le spectacle de ces jardins est aussi couru que celui des théâtres d'Italie en carnaval; il dure tout le mois d'avril et pendant les premiers jours de mai. Les fleuristes ont presque tous le soin de faire des perspectives qu'on voit du chemin et qu'ils prolongent aussi loin que le terrain le permet. De la porte d'entrée on ne voit qu'une allée de fleurs variées de toutes les espèces et de toutes les couleurs, coupée par des plates-bandes qui ne contiennent chacune qu'une espèce de fleurs. Les jacinthes y sont en plus grand nombre; les tulipes hâtives, les narcisses, les anémones et quelques autres fleurs y sont successivement rangées par planches. Chaque fleuriste a un ordre régulier dans la disposition de ses fleurs, et ils cherchent tous à frapper le public par une harmonie bien entendue, autant dans la variété des couleurs que dans le choix et la gradation des fleurs.

Tous les fleuristes sont d'accord que l'oignon de la jacinthe réussit infiniment mieux quand on le lève de terre tous les ans, ce qui sembleroit au premier coup d'œil contraire aux vues de la nature, qui ne produit point les oignons pour les rejeter hors du sein de la terre; mais l'expérience a prouvé l'avantage de cette méthode, et d'ailleurs toute espèce de végétation paroît entièrement suspendue dans l'oignon de la jacinthe, soit qu'il soit dans la terre, soit qu'il soit au dehors, pendant trois à quatre mois. On croit ensuite avoir observé que les oignons qu'on a laissés en terre plusieurs années sans les relever, prennent une maladie qui devient épidémique, et qui se communique à tous ceux qui sont à peu de distance : il est alors trop tard pour y remédier; on a beau les relever, ils pourrissent sur les tablettes comme dans la terre. La méthode de relever les oignons a aussi l'avantage de les empêcher de s'épuiser en produisant un trop grand nombre de caïeux. Lors donc que les feuilles que l'on nomme vulgairement fanes commencent à se dessécher, les fleuristes arrachent les oignons de terre, avec la main, autant qu'il est possible, de peur que la bêche n'offense les oignons ou les caïeux ; ils coupent totalement les fanes ; ils remettent l'oignon en terre sur le côté, le recouvrant de deux ou trois doigts de terre, qui est très-légère, comme il a été dit, et ils le laissent un mois ou environ dans cet état.

Lorsqu'on veut achever de relever les oignons, on choisit un beau jour, bien sec ; on met les oignons à l'air et on les y laisse quelques heures, en évitant de les exposer à un soleil trop ardent, qui les feroit bouillir (comme disent les fleuristes) et les feroit périr aussi certainement que la gelée. On les pose ensuite sur des tamis, où on les secoue légèrement pour en détacher la terre ; on achève de les dépouiller de leur chevelu en ménageant les caïeux, et, enfin, on les place sur les planches des serres. C'est vers la fin de juin ou dans les premiers jours de juillet que ce travail s'exécute. Les serres doivent être très-sèches, car l'humidité fait un grand tort aux oignons ; l'air doit y circuler librement. Lorsqu'on a une grande quantité d'oignons de jacinthes et d'autres fleurs, on a des serres uniquement pour cet usage. Les espèces y sont rangées à part sur des tablettes de trois à quatre pieds de large, et à deux pieds et demi ou trois pieds de hauteur l'une de l'autre. Les plus belles variétés, celles dont on fait des planches d'apparat, se placent dans des espèces de tiroirs divisés par cases, de manière que chaque oignon ait la sienne, et qu'il occupe une place correspondante à celle qu'il a eue et qu'il aura encore dans la plate-bande. Pour qu'il n'y ait point d'erreur, chaque case est étiquetée de l'oignon qu'elle doit contenir. Dans tous les cas l'oignon est toujours mis sur les tablettes sa base tournée en haut.

Lorsque les oignons ont été quelque temps sur les planches, on les nettoie, et on regarde s'ils sont sains, pour en séparer ceux qui paroissent malades. Tous ceux qui sont dans ce cas sont mis à part, et on enlève avec un canif ou petit couteau bien tranchant toutes les parties qui sont gâtées et pourries, ce qui est le remède le plus certain, et l'expérience a prouvé que les amputations les plus profondes ne détruisent jamais l'oignon, mais qu'il se refait avec le temps ou donne lieu à la formation de plusieurs caïeux, qui le multiplient. Plus on coupe les oignons de bonne heure, mieux cette opération réussit, et plus sûrement on les conserve, parce que les plaies ont le temps de se sécher avant le moment de la plantation.

Lorsque les fleuristes sont prêts a replanter leurs oignons, ils les nettoient de nouveau, enlèvent les premières peaux rouges ou tuniques qui se sont desséchées, en ayant soin de conserver celles qui sont collées sur l'oignon et qui lui feroient grand tort si on les enlevoit. Ils mettent à part tous les caïeux qui sont assez forts pour être séparés de l'oignon.

C'est à la fin de septembre et dans le courant d'octobre qu'on plante les jacinthes. Quand on en a beaucoup, il est essentiel de ne pas trop retarder, parce qu'il ne faut pas se laisser gagner par le mauvais temps, qui est si commun dans l'arrière-saison. Vers le temps où l'on doit planter les oignons, ils indiquent eux-mêmes le besoin qu'ils ont de l'être, par des points blancs, un peu gonflés, qui paroissent à la place où doivent sortir les racines. On enfonce les jacinthes à trois ou quatre pouces en terre, et on les met à cinq ou six pouces les unes des autres, en les disposant par rangées que l'on multiplie selon la largeur des plates-bandes, et en plaçant alternativement les oignons dans chaque ligne, de manière à former le quinconce.

Les jacinthes n'aiment point à être à l'ombre : il faut éviter de les mettre trop près des arbres, dont l'ombrage leur est nuisible ; mais il est bon que des arbres placés à quelque distance rompent les vents, qui leur font autant de tort que l'ombre.

En plantant des oignons de jacinthes dans des pots, on peut se procurer leurs fleurs pendant plusieurs mois de l'année. Les premières jacinthes plantées en septembre et placées dans la serre chaude, fleuriront dès la fin de décembre et en janvier, et les autres suivront en février et mars, selon qu'ils auront été plus ou moins exposés à la chaleur, jusqu'à ce qu'enfin viennent naturellement les fleurs des oignons de la pleine terre. Les jacinthes simples fleurissent toujours avant les doubles, ordinairement quinze à vingt jours plus tôt.

On fait encore porter des fleurs aux oignons de jacinthes en les mettant sur la partie supérieure de carafes qu'on tient toujours remplies d'eau et qu'on place sur les cheminées des appartemens. L'eau dont on remplit les carafes doit être de rivière ou de pluie, et il faut que les oignons soient placés de manière à ce que leur base seule soit submergée d'une ou deux lignes. Dans les commencemens ils absorbent beaucoup, et les carafes ont besoin d'être remplies au moins tous les deux jours. Les fleurs que produisent ces oignons, selon la chaleur qu'elles éprouvent, précèdent d'un ou deux mois celles qui viennent à l'air libre. Le plus souvent on jette ces oignons après que leurs fleurs sont passées; mais, en ayant le soin de les mettre sécher au soleil pendant une demi-journée, en les plaçant ensuite en terre ou dans du sable sur le côté, en les recouvrant légèrement et en les laissant jusqu'à ce que les fanes soient sèches, on peut les relever comme les autres, sans qu'ils paroissent avoir beaucoup souffert, et en les plantant à l'automne qui suivra en pleine terre, on pourra, la troisième année, les remettre de nouveau en carafes.

Les amateurs ordinaires se contentent de multiplier leurs jacinthes par les caïeux qui naissent autour des oignons, et de cette manière ils conservent et propagent constamment les mêmes variétés sans altération; mais les plus curieux, surtout les fleuristes de Harlem, outre la multiplication par les caïeux, enrichissent chaque année leurs collections de nouvelles variétés, qu'ils obtiennent en semant les graines des variétés simples ou semi-doubles qui en produisent. Une expérience constante a fait voir aux cultivateurs que les nouvelles fleurs venues de semis ne ressembloient point à celles dont on avoit semé la graine, et il est, dit-on, sans exemple à Harlem, que la graine d'une jacinthe ait jamais produit une fleur semblable à celle dont elle étoit sortie. Les nouvelles variétés qui en proviennent sont toujours plus ou moins différentes des plantes-mères, et souvent elles en diffèrent tout à la fois par la forme, la taille et la couleur.

Les graines que l'on destine à semer doivent être laissées sur pied jusqu'à ce que les capsules soient jaunes, et qu'en commençant à s'ouvrir elles montrent la graine déjà noire. Alors on coupe les sommités des tiges avec les capsules qui y tiennent; on les met à l'abri du soleil et de la pluie jusqu'à ce que leur dessiccation soit parfaite : quand cela est arrivé, on en retire la graine, que l'on conserve jusqu'au temps convenable pour la semer, c'est-à-dire, jusque vers le milieu d'octobre. A cette époque on sème la graine sur des planches de terre préparées comme il a été dit plus haut, en la répandant à la volée, et en la recouvrant de deux doigts de semblable terreau. Lorsque les froids commencent à se faire sentir et qu'on craint les gelées, on a soin de couvrir le semis avec de la paille, des feuilles, ou de vieux tan, de manière à l'en garantir. Au printemps la graine germe et donne naissance à une seule feuille, qui est le cotylédon; la petite plante n'en pousse point d'autre la première année, et l'oignon qui s'est formé, est si petit que les fleuristes ne se donnent pas la peine de le relever ni la première ni la seconde année : ils se contentent de faire sarcler avec précaution les plates-bandes de leurs semis, afin qu'ils ne soient pas étouffés par les mauvaises herbes. Il faut au moins quatre années à l'oignon avant qu'il donne une tige fleurie; et la première qu'il produit est grêle et foible, et ne porte qu'une, deux à trois fleurs, qui marquent quelle sera leur nature. Si ces fleurs sont simples, elles resteront toujours simples; leur couleur aussi ne variera plus : mais la plante se perfectionnera dans sa taille, dans ses proportions et dans ses couleurs, jusqu'à la septième année, où l'oignon a acquis toute la perfection possible. Alors la plante est fixée pour toujours : ordinairement elle ne varie plus jamais et elle ne tarde pas à donner des caïeux, qui produiront des oignons qui lui ressembleront parfaitement, à très-peu d'exceptions près, quelques caïeux produisant des fleurs qui diffèrent de celles de l'oignon-mère. On a vu aussi certaines variétés être quinze ans et plus sans donner de caïeux.

Presque tout ce que nous avons dit jusqu'à présent de la culture de la jacinthe, n'a rapport qu'à la manière de faire des jardiniers hollandois; mais, en France, peu de fleuristes et peu d'amateurs se donnent autant de peine : ils se contentent pour la plupart de planter leurs oignons en pleine terre, dans un sol convenable, dans le courant de septembre ou d'octobre, de les relever vers la fin de juin; et il est assez rare qu'ils les couvrent pendant l'hiver, à moins que le froid ne devienne très-violent. A quatre ou cinq degrés de froid, les jacinthes ne souffrent pas du tout, et nous avons même vu à ce degré des oignons rester hors de terre sans être gelés; et si la terre est couverte de neige, ils peuvent supporter un froid bien plus considérable selon l'épaisseur de la neige, ainsi que cela arriva en 1788, où dix-sept degrés ne firent pas périr les jacinthes; tandis qu'au mois de janvier 1820, le thermomètre de Réaumur étant descendu à onze degrés, sans qu'il fût du tout tombé de neige, presque toutes les jacinthes qui n'étoient pas couvertes furent perdues. Sur plus de cinq cents que nous avions à cette époque, et qui depuis trente ans avoient bravé tous les hivers, à peine nous en est-il resté cinquante. (L. D.)

JACINTHE. (*Bot.*) Les cultivateurs donnent ce nom à une variété de prune dont le fruit est un peu gros, violet, très-ferme et assez fade. (L. D.)

JACINTHE ÉTOILÉE. (*Bot.*) On donnoit autrefois ce nom aux scilles à fleurs bleues, dont la corolle, à six divisions profondes, s'ouvre en étoile. (L. D.)

JACINTHE DES INDES. (*Bot.*) Nom vulgaire de la tubéreuse. (L. D.)

JACINTHE DE MAI. (*Bot.*) C'est la scille agréable. (L. D.)

JACINTHE MONSTRUEUSE ou DE SIENNE. (*Bot.*) C'est le muscari monstrueux. (L. D.)

JACINTHE MUSQUÉE. (*Bot.*) C'est le muscari odorant. (L. D.)

JACINTHE DU PÉROU. (*Bot.*) Nom vulgaire de la scille du Pérou. (L. D.)

JACINTHE DES PYRÉNÉES. (*Bot.*) Le *scilla lilio-hyacinthus* a été désigné sous ce nom. (L. D.)

JACINTHE DE SIENNE. (*Bot.*) Voyez JACINTHE MONSTRUEUSE. (L. D.)

JACINTHE A TOUPET. (*Bot.*) Nom vulgaire du muscari chevelu. (L. D.)

JACK. (*Ornith.*) On appelle ainsi, en Écosse, le mâle de l'émérillon, *falco œsalon*, Linn. Les Allemands donnent aussi ce nom au geai, *corvus glandarius*, Linn. (Ch. D.)

JACKAASHAPUCK. (*Bot.*) Bomare dit que les sauvages de l'Amérique septentrionale nomment ainsi l'airelle, *vaccinium*, dont on mêle les feuilles au tabac à fumer pour diminuer l'abondance de la salive. (J.)

JACKAL. (*Mamm.*) C'est le même nom que Chacal. Voyez ce mot. (F. C.)

JACKASH. (*Mamm.*) Erxleben dit que ce nom est, à la baie d'Hudson, celui du Mink. Voyez ce mot. (F. C.)

JACK-DAW. (*Ornith.*) Nom anglois du choucas, *corvus monedula*, Linn. (Ch. D.)

JACKIA et JACKIE. (*Erpétol.*) On donne ces noms à une espèce de grenouille de Surinam, que nous avons décrite dans ce Dictionnaire, tome XIX, p. 415 : c'est la *rana paradoxa* de Linnæus. (H. C.)

JACKOU. (*Ornith.*) Dampier, tome 4, page 65 de ses Voyages, désigne sous ce nom un oiseau qu'on appelle aussi *macaw* au Brésil : c'est l'ara rouge de Buffon, *psittacus macao*, Linn. (Ch. D.)

JACKSONE, *Jacksonia.* (*Bot.*) Genre de plantes dicotylédones, à fleurs complètes, papillonacées, très-voisin des *gompholobium*, de la famille des *légumineuses*, de la *décandrie monogynie* de Linnæus, offrant pour caractère essentiel : Un calice à cinq divisions presque égales; une corolle papillonacée; dix étamines libres et caduques: un ovaire supérieur, à deux ovules; un style subulé; le stigmate simple. Le fruit est une gousse médiocrement ventrue, ovale ou alongée, à deux valves; les valves pubescentes en dedans: point d'appendice fongeux aux semences.

Jacksone épineuse : *Jacksonia spinosa*, Rob. Brown, *in* Ait., *Hort. Kew.*, ed. nov., 3, page 12; *Gompholobium spinosum*, Labill., *Nov. Holl.*, 1, page 107, tab. 156. Arbrisseau découvert par M. de Labillardière dans la terre de Van-Leuwin, à la Nouvelle-Hollande. Il est facile à distinguer par ses rameaux dépourvus de feuilles, et par ses pédoncules dichotomes, persistans, courbés, avec une pointe en forme d'épine. Les tiges s'élèvent à la hauteur de trois ou quatre pieds:

elles sont droites, dures, glabres, cylindriques, chargées de rameaux diffus, alternes, très-nombreux, roides, striés, épineux à leur sommet, médiocrement ramifiés. Les pédoncules sont simples ou plus souvent dichotomes, fermes, divergens, subulés, à cinq stries, droits ou courbés.

Les fleurs sont ou solitaires ou réunies ensemble, portées sur un pédicelle court, cylindrique et soyeux, ainsi que le calice, dont les découpures sont linéaires-lancéolées. acuminées; la corolle papillonacée; l'étendard échancré, un peu plus court que les ailes; la carène bifide ou à deux pétales, point frangés; les filamens des étamines libres, inégaux, subulés, soutenant des anthères ovales, à deux loges; l'ovaire pileux, ovale-oblong; le style comprimé et subulé; le stigmate aigu. Le fruit est une gousse un peu ventrue, ovale-oblongue, pileuse tant en dedans qu'en dehors, uniloculaire, à deux valves, renfermant deux, quelquefois quatre semences réniformes.

M. Rob. Brown cite une autre espèce de jacksone, sous le nom de *jacksonia scoparia*, Rob. Brown, *in* Ait., *nov. ed.*, *l. c.*, qui présente la forme d'un grand arbrisseau dont les tiges sont chargées de rameaux élancés, point épineux, anguleux; les fleurs disposées en grappes terminales. Cette plante croît également sur les côtes de la Nouvelle-Hollande. ( Poir. )

JACKWANASSA. (*Bot.*) Nom donné dans l'île de Ceilan, suivant Burmann, à son *monarda zeylanica*, plante labiée. On y trouve aussi sous celui de jakwanossa une crotalaire, *crotalaria verrucosa*. ( J. )

JACNAH. (*Ornith.*) Voyez Jacuah. (Ch. D.)

JACO. (*Ornith.*) On appelle ainsi vulgairement le perroquet cendré, *psittacus erythacus*, Linn., qui semble prononcer ordinairement ce nom, qu'on applique aussi au geai commun, *corvus glandarius*, Linn. (Ch. D.)

JACOB EVERTZEN. (*Ichthyol.*) Pendant long-temps, on a désigné un poisson du genre Bodian par ces noms, qui sont ceux d'un matelot hollandois, fort gravé de petite vérole, et auquel on compara sur le vaisseau l'animal qu'on venoit de pêcher. Ce poisson est le *bodianus Jacob-Evertzen* de quelques auteurs; il a été figuré par Bloch, pl. 224, sous le nom de *bodianus guttatus*. Il paroît être le même que le *cephalopholis argus* de M. Schneider. Voyez BODIAN et CEPHA-LOPHOLIS. (H. C.)

JACOBÆA. (*Bot.*) Tournefort distinguoit ce genre du *senecio* par ses demi-fleurons débordant beaucoup le calice commun, pendant que ceux du *senecio* sont très-courts, non apparens et se confondent avec des fleurons. On ne peut blâmer Linnæus de les avoir réunis. Cependant Necker les a de nouveau séparés, en donnant au *jacobæa* le nom de *unecio*. M. Thunberg, en les distinguant aussi, a changé les anciens noms, nommant *jacobæa* le *senecio* de Tournefort, et *senecio* son *jacobæa*; d'où résulte une véritable confusion. Vaillant avoit fondé ses divisions sur d'autres caractères : il nommoit *solidago* les espèces à feuilles entières, et *jacobæa* celles à feuilles pinnatifides. (J.)

JACOBÆÆ AFFINIS. (*Bot.*) Breynius et Morison nommoient ainsi l'*othonna bulbosa*, Linn. (H. Cass.)

JACOBÆASTRUM. (*Bot.*) Vaillant, le premier, reconnoissant que le genre *Jacobæa* de Tournefort pouvoit être subdivisé en plusieurs, sépara les espèces à périanthe simple et monophylle, à fleurons mâles et à demi-fleurons femelles, sous le nom de *jacobæastrum*, auquel Linnæus substitua ensuite celui de *othonna*, en admettant le genre. Vaillant avoit encore nommé *jacobæoides*, celles dont le périanthe est simple, mais polyphylle, et dont les fleurs sont hermaphrodites, et Linnæus a encore changé ce nom en celui de *cineraria*. Le *jacobæastrum* d'Ammann est le même que le *jacobæoides* de Vaillant, et on le retrouve dans Linnæus sous le nom de *cineraria sibirica*. (J.)

JACOBÆOIDES. (*Bot.*) Voyez JACOBÆASTRUM. (J.)

JACOBÉE, *Jacobæa*. (*Bot.*) [*Corymbifères*, Juss. = *Syngénésie polygamie superflue*, Linn.] C'est un sous-genre, faisant partie du genre *Senecio*, qui appartient à l'ordre des synanthérées et à notre tribu naturelle des sénécionées. Voici ses caractères, que nous avons observés sur un grand nombre d'espèces.

Calathide radiée : disque multiflore, régulariflore, androgyniflore; couronne unisériée, liguliflore, féminiflore. Péricline ordinairement inférieur aux fleurs du disque, cylindracé ; formé de squames unisériées, égales, libres, contiguës, appliquées, oblongues-aiguës, coriaces-charnues, ordinairement pourvues d'une bordure membraneuse, et presque toujours noirâtres au sommet; la base du péricline entourée de quelques squamules surnuméraires. Clinanthe plan, souvent fovéolé ou alvéolé. Ovaires oblongs, cylindriques, striés, pourvus d'un bourrelet apiciliaire, et ordinairement garnis de poils papilliformes ; aigrette longue, blanche, composée de squamellules nombreuses, inégales, filiformes, capillaires, peu barbellulées, quelquefois entregreffées à la base. Corolles de la couronne égales, uniformes, à languette large, notablement plus longue que le tube, étalée horizontalement durant tout le cours de la fleuraison, roulée en-dessous après cette époque. Corolles du disque à limbe élargi, à peu près aussi long que le tube.

Les espèces de jacobées étant très-nombreuses, nous allons décrire seulement· celle qui est la plus commune, et celle qu'on cultive dans les jardins.

Jacobée vulgaire : *Jacobæa vulgaris*, Gærtn. ; *Senecio jacobæa*, Linn. Cette plante herbacée, presque entièrement glabre, a une racine vivace, fibreuse ; la tige, haute d'environ deux pieds, est dressée, rameuse, cylindrique, striée, souvent rougeâtre inférieurement; ses feuilles sont alternes, amplexicaules, comme pétiolées, lyrées, pinnatifides ou bipinnatifides, d'un vert foncé, multifides à la base, étrécies inférieurement, à divisions planes, obtuses, dentées, un peu cunéiformes, divergentes ; les calathides, composées de fleurs jaunes, sont nombreuses et disposées en un corymbe terminal, dont les ramifications portent de petites bractées; leur péricline est court; les fruits sont garnis de poils, ce qui distingue principalement cette espèce de la *jacobæa aquatica*, qui lui ressemble beaucoup. La jacobée, ou l'herbe de Saint-Jacques, est très-commune en France, dans les prés, les bois et les champs; elle fleurit en juin, juillet et août. Les botanistes font mention d'une variété remarquable par la calathide dépourvue de couronne; cette variété, produite sans doute par un avortement accidentel, se trouve, dit-on, dans les lieux sablonneux.

Jacobée élégante : *Jacobæa elegans* ; *Senecio elegans*, Linn. Sa tige est très-rameuse, en forme de buisson, et d'un beau vert, ainsi que les feuilles : celles-ci sont étalées, pinnatifides, étrécies inférieurement, glabres ou garnies de poils visqueux, à divisions égales et courtes, à bords épaissis et recourbés en-dessous ; les calathides sont nombreuses, assez grandes, et disposées en corymbes au sommet de la tige et des rameaux ; leur disque est jaune, et leur couronne pourpre ; les squames du péricline sont un peu ciliées. Cette plante annuelle est originaire du cap de Bonne-Espérance, et cultivée dans nos jardins, qu'elle décore agréablement, et où elle est connue sous le nom de séneçon d'Afrique. On sème ses fruits, en mars ou avril, sur couche, ou au moins sur une bonne terre ; on transplante ensuite les jeunes élèves, qui s'enracinent facilement, et qui prospèrent, si on leur procure un terrain frais, de l'eau et du soleil. Ils fleurissent depuis le mois d'août jusqu'aux gelées. Les botanistes modernes attribuent à cette espèce une pubescence visqueuse : cependant tous les individus que nous avons observés étoient parfaitement glabres ; cela nous persuade qu'il y a deux variétés, l'une glabre, l'autre garnie de poils visqueux. La culture a produit une autre variété, ou plutôt une monstruosité, dont toutes ou presque toutes les fleurs de la calathide sont ligulées, unicolores et ordinairement stériles. La tige devient alors un peu ligneuse, et dure plus d'un an. Cette variété, qui porte presque toute l'année de très-nombreuses calathides cramoisies, roses ou blanches, se conserve et se multiplie par le moyen des boutures ; mais elle est sensible au froid, et doit être abritée durant l'hiver.

Tournefort est considéré comme l'auteur du genre *Jacobæa*, quoiqu'il y ait confondu les *jacobæa*, les *cineraria* et les *othonna*. Vaillant divisa les *jacobæa* de Tournefort en quatre genres, nommés *Solidago*, *Jacobæa*, *Jacobæoides* et *Jacobæastrum*. Le *jacobæastrum* correspond exactement à l'*othonna* de Linnæus. Le *jacobæoides*, caractérisé par des feuilles pétiolées, échancrées en cœur à la base, correspond à une grande partie du genre *Cineraria* de Linnæus. Les *jacobæa* et *solidago* de Vaillant, distingués seulement par les feuilles, laciniées dans l'un de ces genres, entières et sessiles dans l'autre, doivent être réunis pour former le genre ou sous-genre *Jacobæa*, auquel ils se rapportent assez bien tous les deux. Tournefort et Vaillant avoient en outre un genre *Senecio*, que Linnæus parut adopter, mais en réunissant sous ce nom générique les *senecio*, les *jacobæa* et les *solidago* de Vaillant. Cependant Linnæus divisa son grand genre *Senecio* en quatre sections, dont la première correspond au *senecio* de Tournefort et de Vaillant, la seconde et la troisième au *jacobæa* de Vaillant, la quatrième au *solidago* du même botaniste. Adanson a un genre *Senecio*, dans lequel il réunit les *senecio* de Tournefort et la plupart des *cacalia* de Linnæus, et un genre *Jacobæa*, dans lequel il réunit les *jacobæa*, *jacobæoides* et *solidago* de Vaillant. Gærtner a aussi un genre *Senecio* et un genre *Jacobæa*; mais il s'éloigne d'Adanson, en ce qu'il conserve les genres *Cacalia* et *Cineraria* : il remarque même que le *cacalia* a plus d'affinité avec le *cineraria*, et le *senecio* avec le *jacobæa*. Ce botaniste distingue les genres *Jacobæa* et *Cineraria* à peu près comme Vaillant, en attribuant au premier des feuilles découpées, et au second des feuilles indivises, ce qui changeroit beaucoup la composition du genre *Cineraria* de Linnæus. Necker a un genre *Senecio* correspondant à celui de Tournefort, et un genre *Anecio*, paroissant correspondre au *jacobæa* de Gærtner, mais qu'il distingue autrement du *cineraria*. Mœnch admet un genre *Senecio* et un genre *Jacobæa*, distingués par la calathide incouronnée dans le premier, radiée dans le second; il a fait en outre un genre *Crassocephalum* pour le *senecio cernuus*. Presque tous les autres botanistes réunissent, à l'exemple de Linnæus, les *senecio* et les *jacobæa*.

Nous divisons le genre *Senecio* de Linnæus en plusieurs sous-genres, dont nous présenterons le tableau dans l'article Sénécionées. Il suffit ici de faire connoître celui auquel nous conservons le nom de *jacobæa*, et de noter les différences qui le distinguent d'un autre sous-genre, que nous nommons *obæiaca*. Celui-ci, qui correspond à la seconde section du genre *Senecio* de Linnæus, nous a offert les caractères distinctifs suivans : 1.º les corolles de la couronne sont souvent inégales et dissemblables, et il nous a paru qu'elles s'épanouissoient quelquefois plus tard que les corolles du disque, ce qui a pu faire croire que la couronne manquoit quelquefois; 2.° la longueur de la languette n'excède pas celle du tube qui la porte; 3.° la languette est ordinairement étroite, oblongue-lancéolée, très-entière; 4.° elle est d'abord dressée verticalement, puis courbée en dehors au sommet, enfin roulée en spirale, durant le cours de la fleuraison, jamais étalée horizontalement; 5.° les corolles du disque ont le limbe ordinairement étroit et plus court que le tube; 6.° les ovaires s'alongent beaucoup après la fécondation; 7.° le péricline est égal aux fleurs du disque au commencement de la fleuraison, et beaucoup plus court que ces mêmes fleurs à la fin de la fleuraison. (H. Cass.)

JACOBÉE MARITIME. (*Bot.*) Nom vulgaire de la *cineraria maritima*, Linn. Caspar Bauhin, Tournefort, Vaillant, Gærtner, Mœnch, rapportent aussi cette plante au genre Jacobée. Linnæus l'avoit d'abord attribuée au genre *Othonna*. (H. Cass.)

JACOBÉES. (*Bot.*) Adanson a divisé l'ordre des synanthérées en dix sections, dont la huitième porte le nom de jacobées. Cette section, placée entre celle des conises et celle des soucis, est caractérisée par la calathide plus ou moins manifestement radiée, les fruits surmontés d'une longue aigrette, le clinanthe nu ou presque nu, et toutes les feuilles alternes. L'auteur y rapporte treize genres, dont trois seulement (*Jacobæa*, *Aristotela*, *Doronicum*) appartiennent à notre tribu naturelle des sénécionées. Les autres sont des Astérées, des Tagétinées, des Tussilaginées, des Inulées, des Mutisiées, des Nassauviées. Remarquons aussi qu'Adanson, qui rapporte les genres *Jacobæa* et *Tussilago* à sa section des jacobées, attribue les genres *Senecio* et *Petasites* à une autre section, celle des conises.

Dans notre premier Mémoire sur les synanthérées, nous avions confondu ensemble la tribu naturelle des anthémidées et celle des sénécionées, en les réunissant sous le titre commun de section des chrysanthèmes, parce que la structure du style est la même dans ces deux tribus. Dans notre second Mémoire, nous avons divisé la section des chrysanthèmes en deux tribus, nommées alors tribu des chrysanthèmes et tribu des sénéçons. Dans notre troisième Mémoire, nous avons abandonné la section des chrysanthèmes, et conservé ses deux tribus, en les nommant tribu des anthémidées et tribu des sénécionées, et en les éloignant l'une de l'autre par l'interposition de la tribu des inulées et de celle des astérées. Enfin, dans notre quatrième Mémoire, nous avons fixé la place des sénécionées entre les astérées et les nassauviées. Les caractères de notre tribu naturelle des sénécionées, et l'indication des principaux genres qui la composent se trouvent dans nos quatre Mémoires sur le style, les étamines, la corolle et l'ovaire des synanthérées : ces quatre Mémoires, lus à l'Institut en 1812, 1813, 1814 et 1816, ont été publiés successivement dans le Journal de physique, depuis Février 1813 jusqu'à Juillet 1817.

M. Kunth a publié, en 1820, le tome quatrième des *Nova genera et species plantarum*, dont l'impression auroit été, selon lui, commencée en Septembre 1817 et terminée en Septembre 1818. Les synanthérées décrites dans ce volume y sont distribuées en six sections principales, dont la quatrième porte le nom de jacobées. Cette section est placée entre celle des eupatorées et celle des hélianthées ; elle est, comme toutes les autres, absolument dépourvue de caractères distinctifs ; et elle se compose des dix genres : *Perdicium, Dumerilia, Kleinia, Cacalia, Culcitium, Senecio, Cineraria, Werneria, Tagetes, Bœbera.* Nous reconnoissons pour de vraies sénécionées les cinq genres *Cacalia, Culcitium, Senecio, Cineraria, Werneria* ; mais les cinq autres genres appartiennent, selon nous, les uns à la tribu des nassauviées, les autres à celle des tagétinées. Il n'est pas inutile de faire remarquer ici que le genre *Werneria* de M. Kunth, publié en 1820, est le même que notre genre *Euryops*, publié dans le Bulletin des sciences de Septembre 1818. Voyez, dans le Journal de physique de Juillet 1819, notre Analyse critique et raisonnée du quatrième volume de l'ouvrage de M. Kunth. ( H. Cass. )

JACOBIN. ( *Bot.* ) Paulet donne ce nom et celui de *ventre brun* et *blanc*, à l'*agaricus jacobinus* de Scopoli. Ce champignon est brun et large de trois à quatre pouces. Il paroît être une variété de l'agaric figuré dans Micheli, *Nov. gen.*, tab. 74, fig. 9, et qui croit sous la neige dans les bois de Valombreuse dans les Apennins. C'est un champignon printanier qu'on mange sans inconvénient. Son chapeau est

brun en-dessus et blanc en-dessous, de même que le stipe.
C'est le *fungo marzuolo* ou *dormiente* des Florentins. ( LÉM.)

JACOBIN. (*Ornith.*) Ce nom est donné, 1.° dans la Brie,
faisant partie du département de Seine-et-Marne, au canard
morillon, *anas glaucion*, Linn.; 2.° en Savoie, au martinet
noir, *hirundo apus*, Linn.; 3.° à une espèce de gros-bec, représentée dans les planches enluminées de Buffon, n.° 139,
fig. 5, et dans la pl. 52 des Oiseaux chanteurs de M. Vieillot,
*loxia malacca*, Linn. et Lath.; 4.° au coucou huppé de la
côte de Coromandel, pl. 872 de Buffon; 5.° au vanneau
commun, *tringa vanellus*, Linn., suivant Salerne, page 543.
( CH. D.)

JACOBINE. (*Ornith.*) Ce nom, vulgairement donné à la
corneille mantelée, *corvus cornix*, Linn., a aussi été appliqué
à l'oiseau-mouche à collier, *trochilus mellivorus*, pl. enlum.
de Buffon, n.° 640, fig. 2. ( CH. D.)

JACODE. (*Ornith.*) L'oiseau auquel on donne ce nom et
celui de *jocasse*, dans quelques départemens, est la grive
draine, *turdus viscivorus*, Linn. ( CH. D.)

JACOS. (*Ichthyol.*) Dans l'Histoire générale des voyages,
il est fait mention, sous ce nom, de poissons gros comme
des veaux, et que l'on prend sur la Côte-d'or, en Afrique.
Il est impossible de déterminer à quelle espèce ces détails se
rapportent. (H. C.)

JACOU. (*Ornith.*) Ce nom et ceux de *guan* et *jacou*, sont
donnés, dans la Guiane, à des gallinacés dont Merrem a fait
un genre sous la dénomination latine de *penelope*, et dont les
différentes espèces ont été placées, par M. Vieillot, dans son
genre YACOU. Voyez ce mot. ( CH. D.)

JACOUCOUATIM, JATIFARA (*Bot.*) : noms caraïbes
d'un cadelari des Antilles, *achyranthes*, cités dans les herbiers de Surian et de Vaillant. (J.)

JACOUPENS. (*Ornith.*) Parmi les oiseaux sauvages du Brésil
qui sont bons à manger, Léry donne le premier rang aux
*jacoupens*, aux *jacoutins* et aux *jacouanassous*, oiseaux qu'il
dit avoir reconnus, à l'excellent goût de leur chair, pour
être des faisans, et qui semblent en effet devoir appartenir à
la même famille que les jacous, les gouans, les marails,
*penelope*. ( CH. D.)

JACQUES. (*Ornith.*) Voyez JAQUES. (CH. D.)

JACQUINIA. (*Bot.*) Ce nom a été donné par Linnæus à un genre de la famille des sapotées, qui l'a conservé. Mutis, ignorant probablement, au centre de l'Amérique, cet emploi de nom, avoit imposé le même au genre *Trilix* de Linnæus, dont la place dans l'ordre naturel n'est pas encore connue. (J.)

JACQUINIER, *Jacquinia*. (*Bo.*) Genre de plantes dicotylédones, à fleurs complètes, monopétalées, de la famille des *sapotées*, de la *pentandrie monogynie* de Linnæus, offrant pour caractère essentiel : Un calice persistant, à cinq divisions; une corolle presque campanulée; le limbe étalé, à dix découpures, les cinq intérieures et alternes plus petites; cinq étamines insérées à la base de la corolle; un ovaire supérieur; le style très-court; le sigmate obtus. Le fruit est une baie globuleuse, renfermant six semences, ou une seule par avortement.

Ce genre comprend des arbrisseaux ou arbustes originaires de l'Amérique, à feuilles simples, très-entières, éparses, opposées ou verticillées; les fleurs petites, terminales, en grappes ou solitaires. On en cultive quelques espèces dans les serres chaudes de l'Europe, mais sans qu'on puisse en obtenir de fleurs : elles veulent une terre à demi consistante, et peu d'arrosemens ; elles ne peuvent se multiplier que par des semences tirées de leur pays natal.

JACQUINIER EN ARBRE : *Jacquinia arborea*, Kunth *in* Humb. et Bonpl., *Nov. gen.*, 3, pag. 250; *Jacquinia arborea*, Vahl. *Egl.*, 1, pag. 26 ? Arbre de l'Amérique méridionale, qui s'élève à la hauteur de vingt pieds et plus; ses rameaux sont dichotomes, lisses, blanchâtres, cylindriques; les plus jeunes à cinq angles : les feuilles pétiolées, presque opposées ou quaternées, ovales-oblongues, obtuses, cunéiformes à leur base, un peu roulées à leurs bords, glabres, longues d'environ un pouce et demi; les fleurs disposées en grappes courtes, terminales, peu garnies; les divisions du calice arrondies et ciliées; la corolle blanche; les lobes extérieurs du limbe presque orbiculaires; les intérieurs très-courts, en forme d'écailles; les filamens dilatés à leur base. Le fruit est une baie lisse, rougeâtre, monosperme.

JACQUINIER A BRACELETS : *Jacquinia armillaris*, Linn., Lamk., *Ill. gen.*, tab. 121, fig. 1; Jacq., *Amer.*, 53, tab. 39, et *Icon. pict.*, tab. 56; vulgairement BOIS A BRACELETS. Arbrisseau de la Martinique, dont les fleurs répandent une odeur approchant de celle du jasmin. Sa tige est droite, haute de cinq pieds; ses branches noueuses, garnies de rameaux presque verticillés; les feuilles pétiolées, ovales, cunéiformes, obtuses, longues de deux pouces, réunies quatre à six ensemble presque en verticille; les fleurs sont petites, blanches, odorantes, réunies en une grappe lâche, courte, pendante; les baies d'un rouge orangé, de la grosseur d'un pois; la semence cartilagineuse, d'un brun jaune. Les Caraïbes les percent, les enfilent comme des perles, et en font une sorte de bracelets dont ils s'ornent les bras.

JACQUINIER DE CARACAS; *Jacquinia Caracasana*, Kunth, *l. c.* Arbrisseau très-rameux, haut de sept à huit pieds; les rameaux glabres, anguleux dans leur jeunesse; les feuilles éparses, médiocrement pétiolées, oblongues-lancéolées, aiguës, terminées par une pointe épineuse, glabres, longues d'un pouce et demi; les divisions du calice arrondies; les baies globuleuses, bonnes à manger, renfermant de quatre à six semences dans une pulpe douce charnue. Cette espèce croit à Caracas.

JACQUINIER A GROS FRUITS; *Jacquinia macrocarpa*, Cavan., *Icon. rar.*, 5, tab. 483. Arbrisseau de huit à dix pieds, dont l'écorce est de couleur violette; les feuilles glabres, éparses, presque sessiles, roides, d'un vert gai, lancéolées, longues de deux ou trois pouces, terminées par une pointe épineuse; les fleurs disposées en grappes terminales; le calice globuleux, à cinq divisions coriaces, concaves, arrondies; la corolle ventrue, d'un jaune orangé; les cinq lobes intérieurs du limbe très-petits; les anthères saillantes hors du tube, sagittées; le style conique; le stigmate en tête noirâtre; une baie de la grosseur d'une cerise, mucronée par le style, d'un rouge orangé, à une loge; une semence cartilagineuse. Cette plante croit au détroit de Panama.

JACQUINIER PUBESCENT; *Jacquinia pubescens*, Kunth *in* Humb., *l. c.*, tab. 246. Espèce très-rapprochée de la précédente, dont elle diffère par ses feuilles ovales-oblongues, pubescentes à leur face inférieure ; ses rameaux sont glabres, presque verticillés, anguleux et un peu hérissés dans leur jeunesse; les feuilles supérieures, réunies trois ou quatre, presque en verticille : les pédoncules terminaux, solitaires, chargés d'environ six fleurs; les pédicelles hérissés, munis à leur base d'une petite bractée linéaire-lancéolée. Cette plante croît sur les bords de la rivière des Amazones.

JACQUINIER A FEUILLES DE FRAGON ; *Jacquinia ruscifolia*. Jacq. *Amer.*, 54, et *Icon. pict.*, 57. Ses tiges se divisent en rameaux glabres, cylindriques, blanchâtres, divisés en nœuds épais, garnis de feuilles verticillées sur les nœuds, au nombre de cinq à huit, médiocrement pétiolées, roides, piquantes, lancéolées, rétrécies à leur base, un peu roulées à leurs bords, longues d'un pouce, larges de deux ou trois lignes; les pétioles très-courts, dilatés; les pédoncules uniflores, pendans, plus courts que les feuilles. Cette plante croît à la Havane, dans les bois montagneux.

JACQUINIER LINÉAIRE : *Jacquinia linearis*, Jacq., *Amer.*, tab. 40, fig. 1, et *Icon. pict.*, tab. 58; Lamk.. *Ill. gen.*, tab. 121, fig. 2. Il est assez probable que cette plante n'est qu'une variété de l'espèce précédente, distinguée par ses feuilles plus étroites, moins nombreuses à chaque nœud : ses rameaux sont quelquefois trichotomes, noueux et grisâtres; les pédoncules solitaires, uniflores et pendans ; les baies jaunes. Cette espèce croît à l'île de Saint-Domingue. ( POIR. )

JACUA ACANGA. (*Erpétol.*) Voyez JAUCA ACANGA. (H.C.)

JACUAGANGA. (*Bot.*) C'est, selon Pison, la même plante que le *paco-caatinga*, décrit par les botanistes sous le nom de *costus*. ( J. )

JACUAH. (*Ornith.*) Nom hébreu de l'autruche, *struthio camelus*, Linn., qui, dans plusieurs auteurs, est mal à propos écrit *jacnah*. (CH. D.)

JACUAN. (*Bot.*) Rochon cite sous ce nom un arbre de Madagascar, sans feuilles, qui donne de la gomme et fournit une amande. Cette indication ne peut suffire pour déterminer son genre. (J.)

JACULA LAPIDEA. (*Foss.*) Nom que l'on a autrefois donné aux bélemnites, aux pointes d'oursins, aux dentales et à d'autres corps fossiles, ayant la forme de dards. (D.F.)

JACULATEUR. (*Ichthyol.*) Voyez ARCHER, dans le Supplément du second volume de ce Dictionnaire. (H. C.)

JACULATOR. (*Ornith.*) Klein donne cette dénomination, pag. 127 de son *Ordo aviam*, à son vingtième genre, composé d'oiseaux qui attaquent les poissons avec leur bec. On en a rapporté les espèces aux hérons crabiers. Voyez HARPONNIER. (CH. D.)

JACULUS. (*Erpétol.*) Les anciens naturalistes ont très-souvent mis en usage ce mot latin, au sujet duquel nous ne pourrions que répéter ce que nous avons déjà dit du mot grec ACONTIAS. Voyez ce dernier article dans le Supplément du premier volume de ce Dictionnaire. (H. C.)

JACUPEMA. (*Ornith.*) Cette espèce de jacou ou yacou, dont le nom s'écrit aussi *jacu-pema*, est un oiseau du Brésil, qui est décrit et figuré par Marcgrave, pag. 198, et, d'après lui, par Pison, pag. 81 : c'est le *penelope jacupema* de Merrem, fasc. 2, pag. 39. (CH. D.)

JACURUTU. (*Ornith.*) L'oiseau qui porte ce nom au Brésil, et dont Marcgrave donne la description et la figure, page 199, est le grand duc, *strix bubo*, Linn. (CH. D.)

JACUTA. (*Ornith.*) Ce nom désigne, en vieux françois, le geai, *corvus glandarius*, Linn. Voyez GEAI. (CH. D.)

JADE. (*Min.*) Le jade n'appartient à aucune espèce proprement dite, et il ne peut en former une à lui seul, puisqu'il ne s'est jamais présenté sous forme cristalline, et qu'il faut nécessairement le concours de l'analyse et de la forme pour constituer une espèce dans l'acception rigoureuse de cette expression.

Le jade le plus pur, le plus homogène, et qui peut faire type dans cette espèce arbitraire, nous est apporté de l'Orient en cailloux roulés peu volumineux, ou en objets travaillés avec plus ou moins d'art. Cette substance n'est point composée de lames agrégées, superposées ou entrelacées; elle ne se casse pas plus facilement dans un sens que dans l'autre : c'est un tout homogène, qui résiste au choc avec une ténacité sans exemple, et qui fait bondir le marteau cent fois sans rompre. La cassure du jade répond à son extrême compacité; elle est unie, droite, et présente à peine quelques légères esquilles et quelques foibles ondulations, analogues à celles que l'on

remarque dans la rupture d'un pain de cire : ce n'est pas
au reste le seul point de ressemblance du jade avec cette
matière ; car sa teinte la plus ordinaire. son aspect, sa demi-
transparence, sont celles de la cire blanche ou de l'huile
figée. J'ai dit ailleurs, et je le répète ici, que je serois tenté
de voir dans le jade et dans plusieurs autres substances compactes, le résultat d'une solidification analogue à celle de
certaines dissolutions sursaturées, qui deviennent d'abord
gélatineuses et qui se durcissent sans jamais cristalliser.

La dureté du jade n'est point aussi grande que sa ténacité ;
cependant elle lui permet presque de résister à l'action du
quarz, et de recevoir non pas un poli brillant, mais un parfait uni, joint à un aspect onctueux qui plaît à l'œil sans
jamais l'éblouir. La pesanteur spécifique du jade est de 2,95
à 5,07. Il s'électrise vitreusement, suivant M. Haüy, lorsqu'on
le scelle à l'extrémité d'un corps idioélectrique : quant à sa
fusibilité, Saussure père a trouvé qu'il faut une chaleur de
20° pyrométriques au-dessus de celle des fours à porcelaine
pour le faire entrer en fusion : degré que l'on atteint facilement à l'aide du simple chalumeau. On verra bientôt que
ce caractère seul suffit pour le distinguer d'avec une autre
substance que l'on a été tenté de lui associer.

M. Théodore de Saussure, qui a analysé le jade oriental
vert, l'a trouvé composé des principes suivans, sur 100
parties :

| | | Analyse du felspath limpide, par M. Vauquelin. | |
|---|---|---|---|
| Silice....... | 53,75 | | |
| Chaux...... | 12,75 | | |
| Alumine.... | 1,05 | Silice......... | 64 |
| Fer oxidé... | 5,00 | Alumine...... | 20 |
| Manganèse.. | 2,00 | Chaux........ | 2 |
| Soude...... | 10,75 | Potasse........ | 14 |
| Potasse..... | 8,50 | | 100 |
| Eau........ | 2,25 | | |
| Perte... | 3,95 | | |
| | 100,00 | | |

Cette analyse du jade le plus pur, comparée à celle du
felspath le plus pur aussi, n'est pas très-favorable à la réunion ; et tout en convenant cependant qu'il y a de l'analogie,

on ne peut non plus admettre le jade au nombre des variétés de felspath, du moins dans l'état actuel de nos connoissances.

Nous reconnoissons trois variétés de jade assez bien tranchées.

1.° JADE NÉPHRIT OU ORIENTAL. C'est à cette première variété que nous avons emprunté les caractéres spécifiques indiqués ci-dessus; mais nous ajouterons que les teintes douées du blanc de cire passant au vert glauque et au vert poireau, se trouvent plus particuliérement dans celle-ci que dans toute autre. Le jade néphrit nous est apporté de l'Inde, et surtout de la Chine, soit en cailloux roulés, soit en amulettes, en plaques, en vases, etc. Cette variété est la fameuse pierre de *ju* des Chinois, celle qui est presque exclusivement réservée pour le souverain, et à la recherche de laquelle le prince ne dédaigne pas d'assister lui-même: elle est l'emblème de toutes les vertus humaines et sociales, donne son nom à plusieurs fleuves, et paroît enfin avoir captivé l'attention du plus ancien peuple du monde. On lira avec le plus grand intérêt, sous le rapport de l'identité du jade et du *ju* chinois, l'excellente dissertation de M. Abel Remusat, qui fait suite à son Histoire de la ville de Khotan[1], aux environs de laquelle on trouve le plus beau *ju*. Les monts *Himalaya* et le lit de plusieurs grands fleuves sont aussi les lieux où on le trouve en plus grande abondance; mais, à l'égard de son gisement primordial, nous l'ignorons absolument, et nous en sommes réduits à des analogies qui font présumer que ce jade entre dans la composition de certaines roches serpentineuses, qu'il les traverse en filets ou s'y trouve disséminé en petites masses. Ce qu'il y a de plus certain, c'est qu'on ne le rencontre point en blocs volumineux, puisque l'on rapporte que l'empereur régnant eut beaucoup de peine à s'en procurer un morceau de treize pouces de long, qui étoit nécessaire à un ornement particulier.

C'est avec le *ju* que l'on exécute à la Chine ces plaques sonores et ouvragées que l'on nomme *kings*, et cette substance est tellement estimée, que l'on a dû nécessairement

---

[1] Page 117.

chercher à la remplacer par d'autres substances naturelles ou factices choisies parmi celles qui lui ressemblent le plus. Telle est entre autres cette prétendue *pâte de riz*, qui est un émail, et telles sont parmi les substances naturelles la *stéatite verte* et la *prehnite compacte*. La stéatite, vue à une certaine distance, imite assez bien l'aspect du jade vert, et la *prehnite blanche* et compacte ressemble aussi fort bien au jade blanc.

C'est cette ressemblance extérieure qui avoit fait penser à M. le comte de Bournon que le jade pourroit bien n'être qu'une prehnite compacte ; l'on a donné ensuite à cette simple présomption beaucoup plus d'importance que l'auteur lui-même n'y en avoit attaché, et l'on a été jusqu'à affirmer positivement que le jade oriental n'étoit qu'une prehnite compacte. Or, j'ai vu, soit chez MM. Cordier et Remusat, soit dans le cabinet particulier du Roi, toutes les pièces à l'appui de cette contestation, et je suis resté convaincu que les Chinois ont effectivement travaillé des morceaux de prehnite compacte qui imitent assez bien l'extérieur du *ju* blanc ; mais qu'ils conservent, d'une manière très-évidente, la contexture radiée ou entrelacée qui est propre à cette substance. La différence de fusibilité est si tranchée, que ce seul caractère suffit pour décider la question. En effet, nous avons vu ci-dessus que le feu du four à porcelaine, 161 degrés pyrométriques, ne peut fondre le jade ; tandis que 51 degrés du même pyromètre de Wedgewood suffisent pour fondre complétement la prehnite : c'est ce dont M. Cordier s'est assuré en exposant dans des creusets des fragmens de jade et des fragmens de prehnite. Les premiers, qui provenoient d'une amulette orientale, n'ont pas même perdu leur poli ; ils ont simplement changé de couleur : de verts qu'ils étoient, ils sont devenus blancs. J'ai insisté sur ce fait, à raison de l'intérêt minéralogique et historique de cette singulière substance, qui fait l'admiration du peuple chinois. Les Européens, frappés de la dureté excessive du jade et de la délicatesse des objets fais avec cette substance que l'on nous apporte de la Chine, imaginèrent de lever la difficulté en supposant qu'il devot être tendre au moment où il sortoit du sein de la terre ; qu'on le travailloit alors comme on grave aujourd'hui la stéatite, et qu'on lui donnoit ensuite sa grande dureté au moyen du feu : conjecture qui est démentie par les écrits des lettrés chinois, qui ne cessent d'insister sur l'extrême dureté du *ju*, et mieux encore par la dureté de nos jades alpins.

Parmi les présens que l'empereur de la Chine envoya dernièrement au roi d'Angleterre, on remarquoit un sceptre de *ju*. Le surnom de *néphrit* ou de *pierre néphrétique* dérive du préjugé où l'on étoit, que cette substance calmoit ou guérissoit les coliques néphrétiques.

2.° JADE DE SAUSSURE. Nous trouvons en Europe une substance qui a les plus grands rapports avec le *jade néphrit*; nous la désignons par le nom du savant distingué qui en fit la découverte. Ce jade est d'un vert plus vif que celui de la variété précédente ; il passe au vert-grisâtre, au gris-bleuâtre, et, enfin, à la couleur lilas clair : son poli est plus brillant et moins onctueux que celui du néphrit; mais sa ténacité est au moins égale. Sa pesanteur spécifique est d'environ 3.34, et il se fond au chalumeau absolument de la même manière. M. de Saussure fils l'a trouvé composé des principes suivans.

| | | |
|---|---|---|
| Silice..................... | 44,0 | |
| Chaux..................... | 4,0 | |
| Alumine................... | 30,0 | 96,5 |
| Fer....................... | 12,5 | |
| Soude..................... | 6,0 | |
| Potasse et manganèse, un atome. | | |

Saussure père découvrit cette variété de jade, premièrement sur les bords du lac de Genève en cailloux roulés, et ensuite au mont Mussinet, près Turin, dont il fait partie constituante. Dans l'une et l'autre localité ce jade n'est point pur; il forme la base d'une roche particulière qui est pénétrée de diallage verte ou bronzée, ce qui explique suffisamment la différence entre son analyse et celle du jade oriental, qui est parfaitement homogène.

Un jade analogue à celui du lac Léman a été reconnu près d'Aschaffenbourg par M. Galitzin, et la roche connue dans le commerce sous le nom de *vert de Corse* ou de *Gênes* appartient aussi à cette variété de jade. Voyez EUPHOTIDE et GABBRO.)

3.º **Jade axinien**. Cette variété, connue aussi sous le nom de pierre des Amazones, est d'un vert sombre, assez uniforme, d'une foible translucidité sur les bords, et reçoit un poli imparfait. Sa ténacité est moins forte que celle des deux variétés précédentes ; il se fond plus difficilement encore, et sa pesanteur spécifique est de 3,00 environ.

Le jade axinien nous fut apporté, lors des voyages de Cook, par Forster son compagnon ; il provenoit alors des iles de la mer du Sud : depuis on l'a reçu d'Amérique sous la forme de casse-tête, c'est-à-dire de ces haches qui servoient d'armes aux anciens naturels du nouveau monde. Nous lui conservons le surnom d'*axinien* (pierre de hache), pour rappeler la forme sous laquelle nous le reçûmes dans les premiers temps. Il porte aussi le nom de pierre des Amazones, parce qu'il s'est trouvé dans les atterrissemens qui bordent ce grand fleuve. Suivant M. de Humboldt, il y est transporté de l'intérieur des terres et de lieux qui nous sont encore inconnus. (Brard.)

JADREKA. (*Ornith.*) Nom islandois d'un oiseau appartenant au genre *Scolopax* de Linnæus, et que cet auteur range parmi les synonymes de son *scolopax limosa*, barge commune ; mais dont Müller forme, dans son *Prodromus zoologiæ danicæ*, n.º 190, une espèce particulière, qu'Olafsen et Povelsen disent, dans leur Voyage en Norwége, tom. 5, pag. 269 de la traduction françoise, en différer par la couleur d'un jaune rougeâtre qui se remarque sur la tête, le cou, le dos et la poitrine ; par les taches noires et carrées dont les couvertures supérieures des ailes et le haut du ventre sont parsemés, et par la distribution du blanc et du noir sur les rémiges, dont les deux premières sont blanches intérieurement, la troisième blanche et tachetée sur les deux côtés, et les autres traversées au milieu par une large bande blanche, avec l'extrémité de la même couleur, ainsi que le dessous des ailes, le bas du ventre et la queue. (Ch. D.)

JAECK. (*Ornith.*) Nom du geai, *corvus glandarius*, Linn., en Souabe. (Ch. D.)

JAEE. (*Bot.*) Nom brésilien, cité par Marcgrave, du melon d'eau ou pastique, *cucumis anguria*. (J.)

JÆGÉRIE, *Jægeria*. (*Bot.*) [*Corymbifères, Juss. = Syngé-*

*nésie polygamie superflue*, Lim.] Ce genre de plantes, publié, en 1820, par M. Kunth, dans ses *Nova genera et species plantarum*, appartient à l'ordre ces synanthérées, à notre tribu naturelle des hélianthées, et à la section des hélianthées-millériées, dans laquelle il est immédiatement voisin du genre *Unxia*, dont il diffère très-peu. Voici les caractères génériques du *jœgeria*, que nous n'avons point observés, mais que nous empruntons à M. Kunth.

Calathide radiée : disque multiflore, régulariflore, androgyniflore ; couronne unisériée, quinquéflore, liguliflore, féminiflore. Péricline formé de cinq squames unisériées, égales, ovales-lancéolées, foliacées, enveloppant les ovaires des fleurs femelles. Clinanthe conique, garni de squamelles lancéolées, embrassantes, diaphanes, uninervées, glabres, ciliées, persistantes. Fruits oblongs, obovoïdes, glabres, lisses, inaigrettés.

On ne connoît jusqu'à présent qu'une seule espèce de ce genre.

Jægérie mnioïde : *Jœgeria mnioides*, Kunth, *Nov. gen. et sp. pl.*, tom. IV, pag. 278 (édit. in-4.°), tab. 400. C'est une très-petite plante, herbacée, annuelle, haute d'un ou deux pouces, à racine fibreuse, à tige simple, un peu pubescente ; à feuilles opposées, presque sessiles, longues de deux à trois lignes, larges d'une ligne et demie ou deux lignes, ovales, aiguës aux deux bouts, un peu dentées en scie, trinervées, munies de quelques poils. Chaque tige porte rarement plus d'une ou deux calathides fort petites, terminales et axillaires, solitaires, élevées sur des pédoncules longs d'une ligne et demie ou deux lignes, et un peu poilus ; leur péricline est hispide ; les corolles sont jaunes. MM. de Humboldt et Bonpland ont trouvé cette plante près Ario, dans une région tempérée du Mexique : elle y fleurissoit en Septembre.

M. Kunth place le genre *Jœgeria* entre l'*Iva* et l'*Unxia*. Il dit que le *jœgeria* est voisin de l'*unxia*, dont il diffère par le clinanthe conique et squamellifère, et du *galinsoga*, dont il diffère par les fruits inaigrettés. Nous admettons l'affinité des genres *Unxia* et *Jœgeria*, qui sont pour nous des hélianthées-millériées ; mais nous attribuons le *galinsoga* aux hélianthées-héléniées, et l'*iva* aux ambrosiées. (H. Cass.)

**JÆGGELOSKO.** (*Ornith.*) Nom que porte en Laponie le harfang, *strix nyctea*, Linn. (Ch. D.)

**JAERF, JERF, JÆRV** (*Mamm.*) : noms suédois et norvégiens du glouton. (F. C.)

**JAGACUAGARE.** (*Ichthyol.*) Voyez Jaguacaguara. (H. C.)

**JAGALBAI.** (*Ornith.*) Les Baschkirs donnent ce nom et celui de *kuigunak* à un faucon, qui est le kober, *falco vespertinus*, Linn., ou le falk, *falco vespertinoides*, Gmel. (Ch. D.)

**JAGAQUE.** (*Ichthyol.*) Voyez Jaguacaguara. (H. C.)

**JAGARA, JAGARE, JAGRA.** (*Bot.*) Voyez Jaggrée. (J.)

**JAGGONG.** (*Bot.*) Nom du maïs dans l'île de Sumatra, suivant M. Marsden. Les naturels du pays en font rôtir légèrement les épis encore verts, et les mangent comme un morceau délicat. (J.)

**JAGGRÉE.** (*Bot.*) C'est un sucre extrait du suc fourni par le palmier *anou* de l'île de Sumatra, suivant M. Marsden. On boit ce suc nouvellement extrait, nommé alors *neero* ou *toddy*, et c'est une boisson agréable. Rumph parle du *jagara* ou *jagare*, sucre extrait de divers palmiers de l'Inde, et particulièrement du lontar; dans quelques autres lieux il est nommé jagra et extrait du cocotier. (J.)

**JAGO.** (*Ornith.*) Il est fait mention, dans l'Histoire naturelle de Sumatra, tom. 1, pag. 188 de la traduction françoise, d'un grand gallinacé ainsi nommé, et qui est vraisemblablement le Jacou. Voyez ce mot. (Ch. D.)

**JAGORACUCU.** (*Mamm.*) On trouve ce nom, sans autre indication, dans Lachesnaye des Bois, comme étant, en brésilien, celui d'un animal qui aboie comme un chien, vit de fruits et de proie, a la queue fort velue, et est recouvert d'un pelage mélangé de brun et de blanc. (F. C.)

**JAGUACAGUARA.** (*Ichthyol.*) Dans Marcgrave, ce nom brésilien désigne le moucharra. Voyez Glyphisodon. (H. C.)

**JAGUACATI.** (*Ornith.*) L'oiseau décrit sous ce nom, avec l'addition de *guacu*, par Marcgrave. pag. 594, est rapporté aux martins-pêcheurs huppés de Saint-Domingue et de la Louisiane, planches enluminées de Buffon, n.os 593 et 715, ou au martin-pêcheur huppé du Brésil, Br., tome 4, page

511, lesquels sont rangés par Gmelin au **nombre des syno-** nymes de *l'alcedo alcyon*, Linn. (Ch. D.)

JAGUACINI. (*Mamm.*) On trouve encore ce nom dans Lachesnaye des Bois, comme étant un nom brésilien que les naturels donnent à une espèce de renard qui a la couleur de notre renard commun, qui est d'un naturel très-dormeur, et qui se nourrit d'écrevisses et de cannes à sucre. (F. C.)

JAGUACINI. (*Ornith.*) Sonnini donne, dans le Nouveau Dictionnaire d'histoire naturelle, ce nom comme désignant au Brésil, un héron de la section des crabiers. (Ch. D.)

JAGUAR. (*Ichthyol.*) Nom spécifique d'un poisson que M. de Lacépède a rapporté au genre Bodian, sous le nom de *bodianus jaguar*. C'est le *bodianus pentacanthus* de Bloch, et le Jaguaraga de Marcgrave. Voyez ce dernier mot et Holo- centre. (H. C.)

JAGUAR, JAGUARA. (*Mamm.*) Nom brésilien d'une grande espèce de chat tacheté qui a été décrite sous ce même nom à l'article Chat. Voyez ce mot. (F. C.)

JAGUARACA. (*Ichthyol.*) Le poisson que l'on trouve sous ce nom dans Marcgrave (147), a été désigné par Bloch sous la dénomination de *bodianus pentacanthus*, pl. 225. Il paroit n'être que le sogo défiguré dans une ancienne peinture des premiers voyageurs. Voyez Holocentre. (H. C.)

JAGUARAKA. (*Ichthyol.*) Voyez Jaguaraca. (H. C.)

JAGUARÈTE. (*Mamm.*) Nom américain d'un grand chat dont le pelage est noir, et varié de taches plus noires en- core, qui ont les formes de celles du jaguar. Les naturalistes ne savent point s'ils doivent regarder cet animal comme une espèce distincte des autres, ou comme une variété du jaguar. Marcgrave, Pison, d'Azara parlent de cet animal. (F. C.)

JAGUILMA. (*Ornith.*) Ce nom est donné en Amérique, suivant Molina, Histoire naturelle du Chili, page 237 de la traduction françoise, à une perriche à longue queue, *psit- tacus jaguilma*, Gmel. (Ch. D.)

JAHADE. (*Bot.*) Voyez Cahade. (J.)

JAHANA. (*Ornith.*) M. Cuvier donne ce nom comme synonyme de jacana, mot par lequel les Brésiliens désignent proprement les poules d'eau. (Ch. D.)

JAHUQUÈRE et ALOUMÈRES. (*Bot.*) Dans les Landes on donne ces noms, suivant M. Thore, à l'AGARIC PAILLET (*Ag. albo-rufus*, Pers., Ch. comm., pag. 191). Ce champignon croit en automne et au printemps, par groupes nombreux, au pied du sureau. Il répand une odeur fort agréable ; son goût est douceâtre. Il est très-recherché à Dax. Son chapeau, mamelonné, lisse, d'un blanc roux, large de trois pouces, est garni en-dessous de feuillets décurrens, blanchâtres, qui roussissent avec l'âge. Son stipe est cylindrique, grêle, lisse, blanc et un peu courbé à sa base. (LEM.)

JAIFOL. (*Bot.*) Voyez JAPATRI. (J.)

JAIRAN. (*Mamm.*) L'on a quelquefois écrit de cette manière le nom du tzeïran. (F. C.)

JAIS (*Min.*), synonyme de jaïet. Voyez LIGNITE. (B.)

JAISSO (*Bot.*), nom provençal de la gesse, *lathyrus*, suivant Garidel. (J.)

JAJAMA. (*Bot.*) Dans l'ancien Recueil des voyages de Th. de Bry on lit que ce nom est donné à l'ananas par les anciens habitans de l'île de Cuba. Au Brésil il est nommé *nana*. C'est le jayama de Saint-Domingue, suivant Nicolson. C. Bauhin ajoute, d'après Oviédo, qu'on en distingue trois espèces ou variétés, qui sont nommées *jujuma, bonjama, jajagua*. (J.)

JAJAUQUITOTOTL. (*Ornith.*) Voyez YAYAUHQUITOTOTL. (CH. D.)

JAJENARI-SASAGI (*Bot.*), espèce de haricot du Japon, suivant Kæmpfer. (J.)

JAJON. (*Conchyl.*) Adanson, Sénég., pag. 245, pl. 18. C'est une espèce de pétoncle du Sénégal que Gmelin nomme à tort *venus eburnea*. (DE B.)

JAKAIAK (*Bot.*), un des noms arabes de l'anémone, suivant Daléchamps. (J.)

JAKALS-VOGEL. (*Ornith.*) Ce nom, qui signifie *oiseau jakal*, a été, suivant M. Levaillant, Ornithologie d'Afrique, tome 1, page 47, donné à sa buse rounoir, *falco jakal*, Lath., à cause de la ressemblance de son cri avec celui du mammifère du même nom. On l'appelle aussi *rotte-vanger*, c'est-à-dire preneur de rats. (CH. D.)

JAKAMAR. (*Ornith.*) Voyez JACAMAR. (CH. D.)

JAKAN (*Bot.*), nom japonois d'une iridée que M. Thunberg nomme *morœa chinensis*. (J.)

JAKANA. (*Erpétol.*) D'après Seba. La Chesnaye des Bois donne ce nom à une vipère du Brésil, qui nous paroit encore indéterminée. (H. C.)

JAKESEKE. (*Ichthyol.*) Nom hongrois de l'orphe, poisson nommé par Linnæus *cyprinus orfus*, et qui appartient à la division des ABLE-. Voyez ABLE, dans le Supplément du premier volume de ce Dictionnaire. (H. C.)

JAKHAN-SCHONBLOO. (*Ornith.*) Les Kalmoucks appellent ainsi la chouette harfang, *strix nyctea*, Linn. (CH. D.)

JAKIE. (*Erpétol.*) Voyez JACKIA et GRENOUILLE. (H. C.)

JAKSAN. (*Bot.*) Voyez JOKSAN. (J.)

JAKUAWA (*Bot.*) : nom, cité par Burmann, d'un limonellier acide, *limonia acidissima*. (J.)

JALA. (*Ornith.*) Voyez FOUDI-JALA, au mot FOUDI. (CH. D.)

JALABRE. (*Ornith.*) Un des noms donnés au lagopède, *tetrao lagopus*, Linn. (CH. D.)

JALAP BLANC. (*Bot.*) On donne ce nom au méchoacan. (L. D.)

JALAPA, JALAP. (*Bot.*) Tournefort, et d'autres avant lui, n'ont point connu la véritable plante qui fournissoit la racine de jalap employée en médecine. De son temps on croyoit que c'étoit la plante connue dans les jardins sous le nom de belle-de-nuit, et qui est l'*alzoyatl* des Mexicains, *mirabilis mexicana* de Hernandez. Tournefort la nomma *jalapa*, et Martyn la figura sous ce nom. Il fut bientôt reconnu que ce n'étoit pas le vrai jalap, et qu'aucun autre du même genre ne méritoit ce nom. Linnæus la nomma, comme Hernandez, *mirabilis*; mais, comme un nom adjectif ne convient pas pour désigner un genre et doit être réservé pour les espèces, Royen donna à ce genre celui de *nyctage*, qui répond au nom françois, et que nous avons adopté en changeant la lettre finale : c'est pour nous le *nyctago*, qui est le type de la famille des nyctaginées. Le vrai jalap, *jalapium officinarum*, est la racine d'une espèce de liseron, connu maintenant sous le nom de *convolvulus jalapa*, qui croît abondamment dans le Mexique, et surtout aux environs de Xalapa, d'où lui est venu son nom. Il a été trouvé aux environs de Veracruz par Thierry de Menonville, qui l'a fait connoître aux habitans de ce canton, habitués auparavant à le tirer de Xalapa. Les propriétés du jalap sont assez connues, et ce n'est pas ici le lieu de les rappeler. Voyez Liseron-jalap. (J.)

JALAPIUM. (*Bot.*) Voyez Jalapa. (J.)

JALOUSIE. (*Bot.*) Voyez Fleur de jalousie. (J.)

JALOUSIE. (*Bot.*) Nom d'une variété de poire d'automne, assez grosse, dont la peau est fauve, et la chair fondante, sucrée et très-agréable. (L. D.)

JAMAC. (*Ornith.*) Cet oiseau, le même que le *jamacaii* de Marcgrave, page 198, est l'*oriolus jamacaii* de Linnæus, le carouge jamacai de Daudin, le petit cul-jaune de Cayenne ou carouge du Mexique, planche enluminée de Buffon, n.° 5. (Ch. D.)

JAMACARU. (*Bot.*) Nom brésilien d'une espèce de cacte, cité par Pison et Marcgrave. Il est de la section des cierges. (J.)

JAMAHEN. (*Bot.*) Nom caraïbe d'un médicinier des Antilles, *jatropha multifida*, cité, d'après Surian, dans l'herbier de Vaillant. (J.)

JAMAÏQUE. (*Conchyl.*) Nom que les marchands donnent assez souvent à la vénus de Pensylvanie. Voyez Vénus. (De B.)

JAMAR. (*Conchyl.*) Adanson, Sénég., pag. 83, pl. 6. C'est le *conus litteratus* de Linnæus. (De B.)

JAMARALCION. (*Ornith.*) Nom donné par M. Levaillant au jacamar tridactyle. (Ch. D.)

JAMARICI. (*Ornith.*) Voyez, pour cette dénomination, employée par M. Levaillant, le mot Jacamar. (Ch. D.)

JAMBE, *Tibia.* (*Entom.*) On nomme ainsi dans les insectes la pièce unique de la patte qui suit la cuisse et qui précède le tarse. Ordinairement sa longueur égale celle du fémur. Elle indique le plus souvent, par sa forme, les usages auxquels les pattes sont destinées : ainsi elle est aplatie et ses bords sont dentelés dans les insectes fouisseurs : elle est garnie de cils roides dans les insectes nageurs ; de brosses ou de poils roides, dans les abeilles dites à manchettes ; d'épines ou de soies plus ou moins mobiles, dans les lépidoptères, en particulier chez les ptérophores, les teignes ; de crochets aigus, dans les hydrophiles, qui s'en servent comme d'avirons pour se mouvoir au fond ou sur le bord des eaux. La jambe des pattes antérieures et celle des postérieures présentent souvent d'autres formes et d'autres dimensions que celles des autres paires, l'insecte s'en servant, soit pour fouir la terre ou percer les corps durs et très-solides, soit pour le rapprochement plus intime des sexes, soit enfin pour communiquer à son corps un mouvement plus rapide. Voyez l'article INSECTES. ( C. D. )

JAMBE. (*Ornith.*) Ce que chez les oiseaux on appelle ordinairement la *cuisse*, est composé de deux parties qu'on est dans l'usage de diviser en haut et bas de la cuisse. Le haut, ou fémur, est caché sous la peau et ne se montre point à l'extérieur. Le bas est la *jambe*, qui est formée du tibia, avec un rudiment plus ou moins considérable du péroné, et articulée par le haut avec le fémur et par le bas avec le *tarse*. Ce dernier os, qui ne pose point à terre comme le talon des hommes, et qui souvent est plus long que la jambe, se prend vulgairement pour elle-même sous le nom de patte. Le tarse est tendineux et presque toujours nu ; mais la jambe, musculeuse, surtout dans la portion qui se joint à la cuisse, est couverte de plumes, sur une certaine étendue, chez la plupart des échassiers et des nageurs, et en totalité chez les rapaces, les gallinacés et les passereaux. Les phalanges des doigts constituent seules la plante des pieds, et, vu l'absence du métatarse qui se trouve dans l'homme, l'extrémité inférieure du tarse présente seulement autant de demi-poulies qu'il y a de doigts.

Chez les oiseaux qui ont les jambes courtes, situées à l'arrière du ventre, près de l'anus, et dont la fonction ordinaire est de nager, comme les grèbes, les plongeons, les pingouins, les manchots, les macareux, elles sont, ainsi que les cuisses, placées dans l'abdomen, ce qui oblige ces oiseaux à tenir leur corps dans une position verticale lorsqu'ils marchent. Le flammant et les autres échassiers, qui ne nagent point, mais qui, avec leur long cou, cherchent la nourriture au fond des eaux, ont, au contraire, les jambes très-longues. Voyez ARMILLA, au Supplément du 5.ᵉ volume, et TARSE. ( CH. D. )

JAMBIER BLANC. (*Bot.*) C'est un agaric de la famille des

Jambiers, d'environ trois pouces et demi de hauteur sur autant de diamètre : il est tout blanc, mais avec l'âge il prend une couleur noisette. Son chapeau est peu charnu, bombé dans le centre, et garni en-dessous de feuillets inégaux qui conservent leur blancheur. La chair de ce champignon est assez ferme, d'une saveur fade et déplaisante ; cependant, donnée à des animaux, elle ne les incommode pas. Cette espèce croît en automne dans le bois de Vincennes, etc. Voyez Paulet, Traité, 2, page 210, planche 96, fig. 1 — 2. (Lem.)

JAMBIERS. (*Bot.*) Cette petite famille, qui ne comprend que deux espèces de champignons du genre Agaric (voyez l'onge), savoir, le Champignon réglisse et le Jambier blanc (voyez ces noms), a été établie par Paulet. Elle est caractérisée par la hauteur du stipe, les couleurs qui ont de l'éclat, et la chair du champignon, teinte de la couleur externe et sans mauvaise qualité. (Lem.)

JAMBOA. (*Bot.*) Selon Bomare, le citron est ainsi nommé aux Philippines. (J.)

JAMBOE-MASSOU. (*Bot.*) L'acajou, *cassuvium*, est ainsi nommé à Java, suivant Burmann fils. (J.)

JAMBOLANA. (*Bot.*) L'arbrisseau désigné sous ce nom par Rumph, et sous celui de *jambolones* par Acosta, est le *jambolifera* de Linnæus. Adanson a adopté pour ce genre le nom de Rumph. D'après les descriptions il paroîtroit avoir l'ovaire adhérent au calice, et ne différer de l'*eugenia* que par le nombre défini d'étamines, qui peut-être même n'a pas été bien déterminé, surtout dans le *jambolana* de Rumph, que quelques-uns croient être un véritable *eugenia*. Quant au *jambolifera* de Linnæus, il reste très-incertain. Un échantillon qui m'a été envoyé anciennement par M. le chevalier Banks, sous ce nom, et certifié par lui, présente un ovaire libre, au support duquel sont insérées les huit étamines. Le même est décrit et figuré, avec la même dénomination, par Vahl, dans ses *Symbola*, t. 61. Ses caractères l'éloignent de l'*eugenia* et des myrtées, et le rapprochent du *dictamnus* et du *calodendrum* dans l'ordre des rutacées ; mais le *jambolana* paroît bien, d'après la description et la figure de Rumph, être une véritable myrtée. On le nomme *boham-jamboulan* à

Java, suivant Burmann fils. C'est encore le *jamboloins* d'A-costa, le *jambolin* de Linscot. (J.)

JAMBOLONES. (*Bot.*) Voyez JAMBOLANA. (J.)

JAMBON. (*Bot.*) En Alsace on nomme ainsi l'onagre ordinaire, *œnothera biennis*, dont on mange les racines. (J.)

JAMBON. (*Conchyl.*) Nom marchand d'une espèce de jambonneau, *pinna saccata*. (DE B.)

JAMBON DE SAINT-ANTOINE. (*Bot.*) Nom vulgaire de l'onagre bisannuelle, dont les racines se mangent dans quelques cantons. (L. D.)

JAMBONNEAU. (*Malacoz.*) Adanson. Sénég., pag. 207, établit sous ce nom un genre de mollusques bivalves, qui comprend non-seulement les véritables jambonneaux, mais encore les moules et les modioles. C'est aussi le nom vulgaire que l'on emploie pour désigner les coquilles du genre Pinne, à cause de leur ressemblance grossière avec un jambon. (DE B.)

JAMBOO. (*Ornith.*) Marsden, tome 1, page 188, cite, parmi les pigeons de l'île de Sumatra, le *poooi jamboo*, dont Latham a fait son *columba jambos*, et M. Temminck sa colombe *jamboo*. Le mâle et la femelle sont figurés dans l'Histoire naturelle des pigeons, planches 27 et 28 de l'édition in-folio. (CH. D.)

JAMBOS. (*Bot.*) Ce nom d'une espèce appartenant à un genre voisin du myrte, *eugenia*, est devenu son nom générique françois, jambosier. Rumph nomme cette espèce et d'autres congénères, *jambosa*. C'est l'*eugenia jambos* des botanistes, le *jamboe tjeroyoe* de quelques lieux de l'Inde, où une autre espèce, *eugenia uniflora*, est nommée *jambou-oudang*. (J.)

JAMBOSIER. (*Bot.*) Voyez EUGENIA. (POIR.)

JAMBU. (*Ornith.*) Voyez YAMBU. (CH. D.)

JAMESONITE. (*Min.*) C'est le minéral connu et décrit sous les noms d'*andalousite* et de *felspath apyre*. Si, comme on peut le présumer, ce n'est pas un felspath, le second nom ne peut lui rester, car il suppose une association tout-à-fait fausse; on pouvoit donc lui laisser le nom d'*andalousite*, sous lequel il étoit déjà connu. Nous convenons qu'il y a quelques inconvéniens à donner à un minéral un nom de lieu, et que les avantages qui résultent de cette dénomination pour son histoire, ne sont pas assez notables pour compenser ces inconvéniens ; mais, quand il l'a reçu, qu'il a été adopté et employé par des minéralogistes dont l'opinion et les travaux sont aussi recommandables que ceux de Werner, de Bournon, etc., il y a peut-être aussi quelque inconvénient à le changer, surtout avant que l'espèce soit parfaitement établie et généralement admise. Voyons ce qui a été ajouté à ce qu'on savoit de cette pierre en 1804.

Sa forme primitive, caractère de première valeur dans les pierres, n'est encore que présumée : ce seroit un prisme rectangulaire, à base carrée, suivant M. de Bournon, divisible dans le sens d'une de ses diagonales.

On y admet quelques variétés de formes résultant, l'une, l'*émoussée*, du remplacement des angles solides par des facettes triangulaires inclinées sur la base d'environ 146° ; l'autre, le *périoctaèdre*, produit par des facettes linéaires, remplaçant les arêtes longitudinales du prisme et également inclinées sur les pans adjacens ; enfin, une troisième, le *péridodécaèdre*, provenant de deux facettes linéaires, remplaçant les arêtes longitudinales du prisme, et inclinées d'environ 160° sur les pans adjacens. Ces variétés et ces mesures ont été indiquées par M. de Bournon. Il ne les donne que comme approximatives ; il donne aussi pour tels les rapports de 17 à 24 d'un côté de la base à la hauteur : par conséquent le caractère géométrique propre à déterminer l'espèce est toujours incertain. Mais, comme l'observe encore M. de Bournon, ces mesures même approximatives, et surtout cette disposition symétrique de facettes, paroissent incompatibles avec le felspath, et les caractères de cristallisation s'accorderoient alors avec les caractères chimiques et physiques pour faire séparer ces deux minéraux.

M. Haüy n'en convient pas, et dans un Mémoire inséré au tome 6, page 251, des Mémoires du Muséum d'histoire naturelle, en rejetant les analogies qu'on a cru trouver entre la mâcle et l'andalousite, il revient sur l'analogie des propriétés cristallographiques qu'on peut remarquer entre cette pierre et le felspath, dans l'incidence de $M$ sur $P$, qui

est sensiblement de 90°. M. Haüy dit avoir observé plusieurs
formes secondaires de l'andalousite qui présentent des faces
dont les unes avoient leurs analogues dans des variétés de
felspath, et les autres pouvoient être ramenées à son système
de cristallisation. Le doute d'un homme tel que M. Haüy
est d'un grand poids, et ne doit pas être rejeté sans être
scrupuleusement examiné.

Voyons maintenant ce que nous apprend l'analyse chimi-
que. Nous prenons les trois analyses les plus modernes.

| | Andalousite d'Espagne par Vauquelin. | | Andalousite du Tyrol par Fuchs. | | Andalousite du Tyrol par Brandes. |
|---|---|---|---|---|---|
| Silice......... | 52 | ...... | 50 | ...... | 34 |
| Alumine...... | 52 | ...... | 25 | ...... | 56 |
| Chaux........ | ″ | ...... | 55 | ...... | 2 |
| Potasse........ | 8 | ...... | ″ | ...... | 2 |
| Fer oxidé..... | 2 | ...... | 6 | ...... | 3 |
| Eau et perte... | 6 | ...... | 4 | ...... | 1,5 |
| Manganèse..... | ″ | ...... | ″ | ...... | 4 |

Ces analyses présentent une telle divergence qu'il n'est
pas possible d'en tirer aucun résultat pour la détermination
de l'espèce. Néanmoins, comme celle de Fuchs paroit se
rapporter à la gehlenite, minéral tout-à-fait différent de
l'andalousite, on doit le mettre hors de comparaison.

Par conséquent nos connoissances sur la spécification de la
pierre généralement nommée andalousite, sont à peu près
aussi imparfaites actuellement qu'il y a douze ans. Il faut
donc chercher à les préciser par des observations géométriques, physiques et chimiques ; et ces dernières ne peuvent
avoir d'importance que lorsqu'on sera sûr qu'elles auront été
faites sur la même espèce de minéral, ce qui est assez douteux pour celles que nous venons de rapporter.

L'histoire de l'andalousite a pris beaucoup d'extension
sous le rapport de la géographie minéralogique ; mais nous
craignons encore cette extension sans critique qui lie à une
même espèce des minéraux mal connus. Nous ne citerons

donc que celles qui nous paroissent s'appliquer réellement à des minéraux analogues à l'andalousite d'Espagne et du Forez, qui ont généralement une couleur d'un rouge sale, tirant sur le violet. Tels sont les minéraux semblables par la couleur et les autres propriétés observées à Herzogau dans le Haut-Palatinat ; à Bodenmaïs, en Bavière ; à Killeny, dans les environs de Dublin, etc. Voyez Andalousite et Macle. (B.)

JAMMA. (*Bot.*) Ce nom japonois, employé fréquemment par Kæmpfer, est un adjectif préposé à d'autres noms, et désignant une espèce sauvage ou montagnarde, ou plus petite, ou enfin inférieure en quelque point à l'espèce principale à laquelle on la compare. Ainsi, parmi les sauvages sont le *jamma budu*, espèce de vigne ; le *jamma buki* ou *corchorus japonicus*, le *jamma sarsio* ou *fagara piperita*, le *jamma gobo* ou *phytolacca octandra*; le *jamma momu*, qui est un pêcher ; le *jamma ninsin* ou *chœrophyllum scabrum* ; le *jamma osjiroi*, qui approche du lis blanc ; le *jamma tsubakki*, variété du *camellia japonica*. Les plantes des montagnes sont le *jamma imo* ou *dioscorea japonica*, le *jamma toosini* ou *sambucus montana* de Kæmpfer. Parmi les plantes qui aiment l'eau, sont le *jamma simira* ou *cornus japonica*, le *jamma bofu* ou *peucedanum japonicum*. Ces exemples, extraits des ouvrages de Kæmpfer et de M. Thunberg, qui en contiennent beaucoup d'autres, suffisent pour donner une idée de l'emploi et de la valeur de ce prénom. (J.)

JAMMA-JURI. (*Bot.*) Voyez Juri. (J.)

JAMMA-SAKUSO. (*Bot.*) Nom japonois de l'*hemerocallis cordata*, suivant M. Thunberg ; mais Gærtner doute, d'après son fruit, que ce soit un *hemerocallis*. (J.)

JAMMANA. (*Bot.*) Nom brame du mail-ombi des Malabares, *antidesma sylvestris* de M. de Lamarck. (J.)

JAMMANI. (*Bot.*) Nom de la pomme d'acajou, *cassuvium*, dans le Cachemire, suivant Cossigny. (J.)

JAMOGI. (*Bot.*) Voyez Gaï, Koo. (J.)

JAMONE. (*Bot.*) Voyez Bois de jamone. (J.)

JAMROSADE (*Bot.*), un des noms du jambosier, *eugenia*. (J.)

JAN. (*Bot.*) Voyez Ajonc. (J.)

JAN JAN MARAP (*Bot.*), nom d'une graminée, *stipa arguens*, à Java, suivant Burmann. (J.)

JANACA. (*Mamm.*) Dapper parle sous ce nom d'un animal de la grosseur d'un cheval, qui a des cornes, et qui appartient sans doute au groupe des antilopes; il est roussâtre et tacheté de blanc. (F. C.)

JANAGI. (*Bot.*) Nom japonois du saule, selon Kæmpfer et M. Thunberg. Le cerisier est nommé *janangi*. (J.)

JANDIROBE. (*Bot.*) La plante du Brésil citée sous ce nom par Bomare, paroît être la même que le NANDIROBA. Voyez ce mot. (J.)

JANDOU. (*Ornith.*) Pour l'oiseau dont La Chesnaye des Bois parle sous ce nom, d'après Laet, pages 492 et 554, en citant Ruysch, *de Avibus*, page 125, voyez YANDOU. (CH. D.)

JANFREDRIC. (*Ornith.*) Le merle, ainsi nommé au cap de Bonne-Espérance, d'après son chant, a été décrit par M. Levaillant, page 56 du troisième volume de l'Ornithologie d'Afrique, où cet auteur en a fait figurer, planche 111, le mâle adulte et dans son jeune âge. C'est le *turdus phœnicurus* de Latham. (CH. D.)

JANFRU. (*Ichthyol.*) A Malte, on appelle ainsi le rason, *coryphœna novacula*, Linnæus. Voyez RASON. (H. C.)

JANG. (*Mamm.*) Animal fabuleux des Chinois, qui ressembleroit à un bouc, seroit privé de bouche et se nourriroit de l'air qu'il respire. C'est le père Navarette qui, dans sa Description de la Chine, rapporte ces détails. (F. C.)

JANGOMAS. (*Bot.*) L'arbre de ce nom décrit et figuré par Bontius parmi les productions naturelles du Brésil, publiées par Pison, paroît être absolument le même qui est mentionné dans les Plantes d'Égypte de Prosper Alpin, sous le nom de *paliurus Athenæi*, et qui est un jujubier, *ziziphus spina Christi* de Willdenow. (J.)

JANIE. *Jania.* (*Corall.*) Subdivision générique, établie par M. Lamouroux, dans son Histoire des polypes flexibles, pour quelques espèces de véritables corallines qui n'en diffèrent réellement qu'en ce que les divisions des rameaux se font toujours par dichotomie, tandis que dans les corallines c'est par trichotomie, et que les articulations, au lieu d'être comprimées comme dans celles-ci, sont presque toujours cylindriques; du reste ce sont absolument la même organisation et les mêmes usages. puisque ce qu'on nomme la coralline de Corse est quelquefois presque entièrement composé de janies.

M. Lamouroux en compte six espèces : la JANIE BOSSUE, *Jania gibbosa*, qui a ses articulations renflées dans le milieu et qui vient de la mer Rouge; la JANIE PYGMÉE, *Jania pygmea*. du cap de Bonne-Espérance, dont les rameaux, divergens. sont composés d'articulations inégales, flexueuses et rugueuses, et qui est d'un violet rougeâtre; la JANIE PETITE, *Jania pumila*, dont les rameaux subulés ont les articulations supérieures très-longues, et qui vient de la mer Rouge et de l'Inde; la JANIE PÉDONCULÉE, *Jania pedonculata*, de l'Australasie, qui a ses pédoncules courts, ses rameaux tronqués. ses ovaires pyriformes et comme pédonculés; la JANIE VERRUQUEUSE, *Jania verrucosa*, de l'Amérique méridionale, et dont les rameaux roides, peu nombreux, ont les articulations alongées, couvertes de pustules verruqueuses. La JANIE ROUGE (*Jania rubens*, Ell., *Corall.*, tab. 24, *e, E*), espèce commune dans nos mers, et qui est reconnoissable à sa couleur et à ses articulations en forme de massue; la JANIE CORNICULÉE, *Jania corniculata*, Linn., Gmel., qui est aussi de nos mers, et dont les articulations, un peu comprimées, se terminent de chaque côté par des appendices sétacés plus ou moins longs. (DE B.)

JANIPABA. (*Bot.*) Marcgrave désigne sous ce nom brésilien le génipayer, *genipa* de Plumier : il est dit dans le Recueil des voyages, que son fruit, de la forme d'une orange, a le goût du coing, et qu'on l'emploie avec succès contre la dyssenterie. Son suc, d'abord assez blanc, noircit bientôt et peut servir pour faire de l'encre. (J.)

JANIPARANDIBA. (*Bot.*) Voyez JAPARANDIBA. (J.)

JANIPHA, *Janipha*. (*Bot.*) Genre de plantes dicotylédones. à fleurs incomplètes, monoïques, de la famille des *euphorbiacées*, de la *monoécie décandrie* de Linnæus, offrant pour caractère essentiel : Des fleurs monoïques; un calice simple, campanulé, à cinq divisions; point de corolle : dans les fleurs mâles, dix étamines libres, insérées sur les bords d'un

disque charnu ; cinq alternes plus courtes, dans les fleurs
femelles : un ovaire supérieur, à trois sillons, chargé de
trois styles bifides. Le fruit est une capsule à trois coques
monospermes.

Ce genre a été séparé des *jatropha*, dont il faisoit partie :
on l'en distingue particulièrement par ses fleurs pourvues
d'un seul calice, par les étamines libres ; il renferme quelques espèces très-importantes, tel que le *manihot* ou *manioc*,
que l'on cultive dans les serres de quelques jardins de botanique.

Janipha manihot : *Janipha manihot*, Linn., *Spec.*, Pluken.,
*Almag.*, tab. 2o5, fig. 1 ; J. Bauh., *Hist.*, 2, pag. 79/4 ; *Icon.*,
Merian, *Surin.*, 4, fig. 4, 5 ; Sloan., *Jam. Hist.*, 1, tab. 85 ;
vulgairement Manioc, Manioque, Magnoc. Arbrisseau originaire des contrées chaudes de l'Amérique, extrêmement
intéressant par ses racines alimentaires, lorsqu'elles ont été
convenablement préparées ; elles sont charnues, tubéreuses,
au moins de la grosseur du bras, remplies d'un suc laiteux,
poison mortel, très-violent. Sa tige est ligneuse, tortueuse,
glabre, pleine de moelle, haute de six à sept pieds ; les rameaux garnis de feuilles alternes, pétiolées, profondément
palmées, de trois à sept lobes lancéolés, aigus, entiers,
longs de cinq à six pouces ; les fleurs disposées en grappes
lâches, composées, pédonculées ; le calice de la corolle
rougeâtre ou d'un jaune pâle ; l'ovaire presque globuleux ;
trois stigmates presque sessiles et bifides. Le fruit est une
capsule sphérique, un peu trigone, à six angles ou crête
un peu saillantes, glabre, un peu ridée, à trois coques,
renfermant chacune une semence luisante, de la grosseur de
celles du ricin.

Cet arbrisseau, originaire de l'Amérique, est aujourd'hui
répandu, par la culture, depuis la Floride jusqu'à la Terre
Magellanique, dans plusieurs contrées de l'Asie et de l'Afrique. On en distingue un grand nombre de variétés relatives
à la grosseur des racines, à la couleur des tiges et des fleurs,
à la qualité de la fécule qu'on en obtient. On paroît préférer les variétés qui ont une teinte de rouge ou de violet,
et qui sont aussi les plus communes. L'intérieur des racines
est toujours d'une grande blancheur ; il est rempli d'un suc

laiteux très-abondant, poison très-subtil, mais qui disparoît entièrement par la cuisson. La multiplication du manioc est facile, sa croissance rapide, son produit abondant. On le multiplie plutôt de boutures que de graines, en les plaçant à trois ou quatre pieds les unes des autres, dans une terre très-meuble et profonde, afin d'en obtenir de plus grosses racines. Il faut au moins un an pour qu'elles soient parvenues à toute leur perfection : on ne peut guères les conserver en terre plus de deux ans ; alors elles deviennent dures ou se pourrissent. Elles acquièrent la grosseur et la longueur de la cuisse, quand la terre est bonne, la saison favorable et la culture convenable. Au reste, le manioc s'accommode assez bien de tous les terrains, pourvu qu'ils soient bien aérés ; il est bien moins sujet que le blé, le maïs, le riz, etc., aux variations de l'atmosphère et aux ravages des animaux : cependant les fourmis et quelques autres insectes lui sont souvent nuisibles.

Le poison dangereux dont les racines du manioc sont pénétrées, auroit dû éloigner toute idée de l'employer comme substance alimentaire ; mais l'industrie humaine a su convertir ces racines en une production précieuse, en préparant avec elles une nourriture abondante et salubre, après avoir trouvé le moyen de les dépouiller du suc vénéneux qu'elles renferment.

Dès que le temps de faire la récolte du manioc est arrivé, on ébranche sa tige, on donne quelques coups de pioche autour des racines, et, sans beaucoup d'efforts, on les enlève avec la main et on les sépare de leurs tiges ; on les racle d'abord avec un couteau, puis on les lave et on les râpe. Dans les premiers temps, avant l'usage du fer, les indigènes de l'Amérique méridionale râpoient le manioc sur des pierres hérissées d'aspérités, le plus souvent sur des laves volcaniques ; depuis on a substitué à ces pierres des râpes de fer. Aujourd'hui on fait usage d'un moulin de bois, allant à bras d'homme ou par le moyen d'un cheval. Les meules sont garnies de clous à tête pointue et quadrangulaire ; quelquefois ce sont deux ou trois cylindres de bois, tournant en sens contraire par un mouvement commun : leur surface est également garnie de clous, ou d'une feuille de tôle disposée en râpe. L'essentiel, dans cette opération, est que le manioc soit promptement réduit en parcelles très-petites. On met l'espèce de pâte qui en résulte dans des sacs faits avec des nattes ou de la toile, et on la soumet, pendant plusieurs heures, à l'action d'une forte presse, qui en exprime presque tout le suc. Ce qui reste se nomme *cassave*, laquelle, séchée convenablement, peut se conserver long-temps, mais à laquelle on fait ordinairement subir de suite une des deux préparations suivantes.

La première, et en même temps la plus simple, tend à former ce qu'on appelle *farine de cassave*, *farine de manioc*, *couaque*. Pour la fabriquer, on met dans une bassine plate de cuivre, de quatre pieds de large et de sept à huit pouces de profondeur, placée sur un feu un peu vif et égal, de la râpure de manioc, et on la remue continuellement. Cette râpure se réduit en grumeaux, perd toute son humidité, cuit et se colore. L'odeur savoureuse qui s'en exhale, et sa couleur un peu roussâtre, annoncent la fin de l'opération. Alors on diminue le feu; on enlève rapidement la farine de cassave avec une pelle, et on l'étend sur des toiles, où elle se refroidit; puis on la renferme dans des barils, et on la conserve pour l'usage. Elle est encore bonne au bout de quinze ou vingt ans, quand on la tient à l'abri de l'humidité. On la mange en la faisant bouillir un instant dans du bouillon de viande ou de poisson, dans du lait, ou simplement, comme le font les Nègres, en la délayant dans de l'eau chaude et en y ajoutant quelques grains de sel : elle gonfle prodigieusement. Il en faut au plus une demi-livre pour nourrir l'homme le plus vigoureux pendant une journée.

Mais la préparation la plus usitée du manioc est celle qui consiste à former le *pain de cassave*, ou la *cassave* proprement dite. Cette préparation s'exécute en couvrant de deux doigts d'épaisseur de cassave fraîche un disque de fer monté sur trois pieds, et en la comprimant avec une spatule de bois, puis en mettant ce disque sur un feu doux. Les grains de râpure, qu'il ne faut pas remuer, s'attachent les uns aux autres en cuisant; leur épaisseur diminue de plus de moitié; ils prennent la forme d'une galette ou d'un large croquet, qu'il faut avoir soin de retourner, afin de donner aux deux surfaces un égal degré de cuisson. Lorsque la galette est suffisamment cuite, on l'enlève de dessus le disque au moyen d'une lame de couteau, et on la laisse refroidir à l'air, où elle achève de prendre une consistance sèche, ferme, aisée à rompre par morceaux : elle se mange sans sel, comme le pain, avec les viandes, le poisson, les fruits, etc.

Plus la cassave est mince, plus elle est délicate et devient croquante : elle est plus savoureuse lorsqu'on lui laisse prendre une couleur rouge. Les femmes créoles la mangent de préférence au pain de froment, lorsqu'elle est sèche, mince et bien unie. La farine de cassave, mêlée par égale portion avec celle de froment, donne un pain plus blanc, plus savoureux que celui qui est de froment pur : le même mélange est également propre à faire un biscuit très-bon à embarquer. On apprête encore avec la cassave un mets nommé *langon* : on le trempe un peu dans l'eau froide, et on le jette ensuite dans de l'eau bouillante. On remue le tout, et il en résulte une sorte de pâte ou de bouillie, qui est la nourriture la plus ordinaire des esclaves noirs : elle est saine et légère. On nomme *matelé* du langon dans lequel on mêle du sucre ou du sirop ; on en donne aux Nègres quand ils sont malades. La préparation connue plus particulièrement sous le nom de *galette de manioc*, est mauvaise, et devroit être tout-à-fait abandonnée : ce n'est autre chose qu'une espèce de cassave épaisse et mal cuite, susceptible de se moisir promptement, et de contracter un goût désagréable.

On donne le nom de *cipipa* à une sorte de fécule très-fine que fournit le manioc, et qui est entrainée avec le suc des racines lorsqu'on les presse ; elle est de la plus grande finesse, d'un très-beau blanc : on l'emploie pour empeser le linge. On la nomme aussi *moussache*. Pour l'obtenir, il ne s'agit que de décanter l'eau, après l'avoir laissée reposer quelque temps, et de laver à plusieurs eaux la substance amilacée qui en occupe le fond. On en compose des espèces d'échaudés et des massepains, en y mêlant du sucre.

Quelques personnes font encore, avec le *cipipa* récent et mouillé, des galettes très-minces : elles y mêlent un peu de sel, puis les font cuire au four, enveloppées de feuilles de bananier ou de balisier : ces galettes sont d'un goût très-délicat, aussi blanches que la neige. On en fabrique aussi de la poudre à poudrer : pour cela on le laisse sécher à l'ombre en espèces de pains, comme l'amidon ; on l'écrase ensuite, et on le passe à travers un tamis fin : mais cette poudre, dit-on, brûle les cheveux à la longue. Il s'emploie encore, en guise de farine, à frire le poisson, à donner de la liaison aux sauces, et à faire de bonne colle à coller le papier.

On a encore trouvé moyen d'obtenir de la racine du manioc la base de plusieurs boissons que les Galibis nomment *vicou, cachivi, paya, vouapaya*. Le *vicou* est une liqueur acide, agréable à boire, et même nourrissante, qu'on fait en mélant de l'eau avec une pâte en état de fermentation, composée de cassaves et de patates râpées : on ajoute du sucre à cette boisson. Le *cachivi* est enivrant, et a presque le goût du poiré. On prépare cette liqueur en faisant bouillir ensemble, dans de l'eau, la râpure fraîche d'une variété de manioc nommée *cachivi*, quelques patates, et souvent un peu de jus de canne à sucre, puis en laissant fermenter ce mélange environ quarante-huit heures. Cette boisson, prise avec modération, passe pour apéritive et diurétique. Le *paya* est une boisson fermentée, que son goût rapproche du vin blanc. On la compose avec des cassaves récemment cuites, qu'on amoncèle pour qu'elles se moisissent, qu'on pétrit ensuite avec quelques patates, et auxquelles on ajoute une quantité d'eau suffisante : ce mélange doit fermenter au moins pendant deux jours.

Enfin, le *vouapaya* est une autre espèce de liqueur analogue aux précédentes. Pour la faire, on prépare la cassave plus épaisse qu'à l'ordinaire, et quand cette cassave est cuite à moitié, l'on en forme des mottes qu'on empile les unes sur les autres, et qu'on laisse ainsi entassées jusqu'à ce qu'elles acquièrent un moisi de couleur purpurine : on pétrit quelques-unes de ces mottes avec des patates ; puis on délaye la pâte dans de l'eau, et on laisse fermenter ce mélange pendant vingt-quatre heures. La liqueur qui en résulte, est piquante comme le cidre, et provoque des nausées ; plus elle vieillit, plus elle devient violente et plus elle enivre.

Souvent on se contente, ainsi que pour le vicou, de préparer la pâte, de la délayer dans de l'eau, quand on a besoin
de se désaltérer. On peut faire provision de cette pâte pour
un voyage de trois semaines.

On compose encore, avec le suc de manioc, un condiment
pour l'assaisonnement des mets. On le nomme *cabiou* ou *ca-
piou*. On le prépare de la manière suivante. Après avoir
retiré la fécule et le parenchyme, on prend l'eau, on la
fait bouillir et réduire à moitié, en l'écumant continuellement; lorsqu'elle ne rend plus d'écume, on la retire du feu,
et on la passe à travers un linge, en y ajoutant une cueil-
lerée de cipipa. On fait rebouillir le tout jusqu'à ce qu'il
ait acquis la consistance de sirop épais; on y ajoute du sel
et quelques baies de piment : dès-lors il a perdu toute sa
faculté vénéneuse. On le verse dans des bouteilles, où il se
conserve long-temps. Ce cabiou est excellent pour assaison-
ner les ragoûts, le rôti, et surtout les oies et les canards :
il aiguise l'appétit.

Cet exposé est plus que suffisant pour faire apprécier
l'importance de la culture du manioc, et toutes les ressources
qu'il fournit aux habitans de l'Amérique. Rochefort assure
qu'un arpent de terre planté en manioc peut nourrir un
plus grand nombre de personnes que six arpens qui seroient
ensemencés du meilleur froment. Les feuilles de manioc,
hachées et cuites dans l'huile, se mangent, dit-on, en manière d'épinards, dans les Indes et en Amérique. La râpure
de la racine, toute fraîche, passe pour résolutive et propre
à guérir les ulcères.

Le suc exprimé de la racine râpée du manioc est un
poison des plus violens : il ne faut que quelques minutes
pour qu'il agisse et donne la mort. On rapporte que les
Indiens, persécutés par les Espagnols, s'en servoient pour se
faire mourir. M. Fermin a présenté, en 1764, à l'académie
de Berlin, des expériences faites à Surinam sur le lait exprimé des racines de manioc. Ce médecin a fait périr, dans
l'intervalle de vingt-quatre minutes, des chiens et des chats
auxquels il a donné ce suc en une dose médiocre, telle que
celle d'une once et demie. Les symptômes qui précédoient
une mort si prompte, étoient des envies de vomir, des

anxiétés, des mouvemens convulsifs, la salivation, et une évacuation abondante d'urine et d'excrémens. Ayant ouvert l'estomac de ces animaux, M. Fermin y trouva la même quantité de suc qu'ils avoient avalée, sans aucun symptôme d'inflammation, d'altération dans les viscères, ni de coagulation dans le sang : d'où il conclut que ce poison n'est ni àcre ni corrosif, et qu'il n'agit que sur le genre nerveux ; ce qui fut encore confirmé par une expérience faite sur un esclave empoisonneur, auquel il fit prendre trente-cinq gouttes de ce suc, qui furent à peine descendues dans son estomac, qu'il poussa des hurlemens affreux, et donna le spectacle des contorsions les plus violentes, suivies d'évacuations et de mouvemens convulsifs, dans lesquels il expira au bout de six minutes. Trois heures après, le cadavre fut ouvert : on n'y trouva aucune partie offensée ni enflammée ; mais l'estomac s'étoit rétréci de plus de la moitié : d'où il paroît que son principe vénéneux réside essentiellement dans une matière volatile, qui disparoît lorsque cette racine a subi l'action du feu.

Le *Janipha Læflingii*, Kunth *in* Humb. et Bonpl., *Nov. gen.*, 2, pag. 107 ; *Jatropha janipha*, Linn., Lœfl., *Itin. ed. germ.*, 397 ; Jacq., *Amer.*, tab. 162, fig. 1, est très-rapproché du *janipha manioc*. Cet arbrisseau contient un suc glutineux qui a l'odeur des feuilles du noyer. Ses feuilles sont remarquables par les sinuosités dont sont creusés leurs lobes latéralement. Cette plante croît dans les environs de Carthagène. Sa racine est tubéreuse comme celle des asphodèles.

Janipha fétide : *Janipha fœtida*, Kunth, *l. c.* ; vulgairement Mercymarona. Grand arbre du Mexique, dont le bois est blanc, l'écorce cendrée ; les rameaux pourpres, garnis de feuilles glabres, membraneuses, en cœur, à trois découpures oblongues, aiguës, entières ; les grappes mâles sessiles, presque simples, terminales, chargées de fleurs pédicellées, exhalant une odeur fétide. Les capsules sont ovales, longues d'un pouce, à trois coques monospermes ; les semences brunes.

Janipha a feuilles de marronier ; *Janipha æsculifolia*, Kunth, *l. c.*, tab. 109. Arbre de la baie de Campêche, dont les rameaux sont glabres, presque cylindriques ; les feuilles longuement pétiolées, palmées, divisées en sept lobes ovales-oblongs, très-glabres, entiers : les deux extérieurs très-petits ; les fleurs verdâtres, pendantes, pédicellées, unilatérales, de la grandeur de celles de la perce-neige, disposées en épis axillaires, solitaires, longs d'environ deux pouces. Les fruits sont ovales-globuleux et pendans.

Janipha piquant : *Janipha urens*, Poir. ; *Jatropha urens*, Linn. ; Jacq., *Hort.*, tab. 21 ; Pluken., *Phyt.*, tab. 220, fig. 5. Espèce remarquable par les poils roides et piquans dont toutes ses parties sont hérissées. Sa tige est droite, médiocrement ligneuse, haute de deux à quatre pieds ; les feuilles en cœur, partagées en cinq lobes ovales, acuminés, dentés en scie : les fleurs blanches, médiocrement pédicellées, disposées en cimes assez lâches vers l'extrémité des rameaux. Cette espèce croît dans l'Amérique méridionale.

Il existe encore plusieurs autres espèces de janipha, mentionnées dans les auteurs sous le nom de *jatropha* : elles sont ou moins connues, ou moins importantes sous le rapport de leur emploi. (Poir.)

JANIRE, *Janira*. (*Arachnoïd.*) Genre voisin des béroës, établi par M. Ocken, tom. 1, pag. 133, de son Système de zoologie, pour quelques espèces de ce genre qui ont les nageoires longitudinales, la bouche pédiculée et deux tentacules branchiaux : il rapporte à ce genre les *beroe priscus* et *hexagona* de Linnæus. (De B.)

JANOGI, KAWA-JANOGI (*Bot.*) : noms japonois du saule blanc, suivant Kæmpfer. M. Thunberg le nomme *janagi*. (J.)

JANOUARE. (*Mamm.*) C'est le même nom que jaguar. (F. C.)

JANQUETI. (*Ichthyol.*) Sur la côte de la Ligurie, du temps de Gesner, on nommoit ainsi les petites sardines. Voyez Clupée. (H. C.)

JANRAIA. (*Bot.*) Plumier avoit établi ce genre en mémoire de Jean Rai, célèbre botaniste anglois. Linnæus, en faisant une inversion, l'a nommé *rajania*. (J.)

JANSCHUF. (*Ornith.*) Les Septante traduisent par *ibis* ce nom hébreu, qui s'écrit aussi *janschup*, tant dans les livres de Moyse que dans les prophéties d'Isaïe, XXXIV, 2 ; mais Buffon prétend que cette traduction est fautive, parce qu'il s'agit d'un oiseau de nuit dans l'endroit où l'on trouve ce terme. (Ch. D.)

JANSIBAND. (*Bot.*) Voyez Japatri. (J.)

JANSOUNA (*Bot.*), nom languedocien de la grande gentiane, selon M. Gouan. (J.)

JANTHINE, *Janthina*. (*Malacoz.*) Genre bien distinct, établi par M. de Lamarck pour un animal mollusque dont la jolie coquille, d'une teinte violette plus ou moins foncée, avoit été placée par Linnæus dans son genre *Helix*, sous le nom spécifique de *janthina*, qui indique sa couleur, et qui a été adopté par la très-grande partie des zoologistes modernes. M. G. Cuvier, dans son Règne animal, a cependant cru devoir n'en former qu'un sous-genre du genre qu'il a nommé Conchylie, et dans lequel il a réuni les ampullaires et les phasianelles. Cela prouve que, quoique cette coquille, et même son animal, se soient présentés assez souvent aux observateurs, celui-ci n'est pas encore assez complétement connu pour qu'on puisse assigner à ce genre une place dans le Système; et, en effet, on trouve beaucoup de vacillations à son sujet dans les auteurs, les uns en faisant presque un ordre distinct, tandis que les autres n'en font pas même un genre, comme nous venons de le dire de M. Cuvier, qui, il est vrai, n'a encore été imité par personne.

Le corps de la janthine est assez globuleux, comme l'indique la forme de la coquille, et la partie viscérale est fort petite comparativement à celles de la tête, de la poitrine et du pied. Il est enveloppé, comme à l'ordinaire, par une membrane ou manteau fort peu épais, et dont le bord libre fait le tour du pédicule du pied; mais il est excessivement mince et peu saillant en arrière : en avant et en-dessus il forme une avance assez considérable, à peu près arrondie, dont le bord est un peu épaissi en bourrelet, mais sans qu'il y ait aucune trace d'une saillie plus grande à droite qu'à gauche, ou d'un commencement de canal. C'est sous cette partie antérieure du manteau que se trouve la cavité branchiale, dont nous parlerons plus loin. Le corps se continue en avant sans aucun rétrécissement sensible pour former la tête : cette tête paroit considérable à cause du grand développement de la masse buccale, située entre le bord antérieur du manteau et celui du pied, qu'elle déborde fortement. On la voit terminée un peu en-dessus par un orifice arrondi, dont les bords sont plissés circulairement, comme le reste de la tête ou de la racine de la trompe; à sa base sont des tentacules fort distans, assez gros, coniques, et qui offrent cette singularité que chacun est véritablement double ou bifurqué jusqu'à la base : ces divisions sont assez incomplétement contractiles; et, en effet, elles laissent à leur surface de gros plis transversaux. Toutes deux sont sur la même ligne : l'externe est la plus grosse et la plus longue; mais elle ne montre pas plus de trace d'yeux que l'interne, et cependant, si cette division étoit l'analogue du pédoncule oculaire de certains genres plus ou moins voisins, ce seroit elle qui devroit porter l'œil. Je n'ai pu cependant apercevoir de traces de cet organe à la base des tentacules, et aucun auteur n'en fait mention. Le corps, à la partie inférieure, se prolonge pour former le pied; son pédoncule, ou la réunion avec la masse supérieure, est fort considérable, trèsépais et très-musculeux : sur ses parties latérales, au-dessous du bord du manteau, existe de chaque côté une lame musculo-cutanée, arrondie, assez grande, et dont le bord est lacinié par des papilles tentaculiformes; entre la masse buccale et le pied est un gros pli transverse comme bulleux. Le pied lui-même n'est pas grand, mais il est fort épais et très-musculeux : il a un peu la forme d'une ventouse, en ce que, convexe en-dessus, il est fortement excavé en-dessous, et ses bords un peu sinueux sont presque tranchans. C'est de la face supérieure et postérieure de ce pied que paroît sortir la masse vésiculeuse qui fait le principal caractère de ce joli mollusque; c'est, dit-on, une sorte d'écume subcartilagineuse, composée de cellules ou d'utricules qui peuvent se gonfler ou se contracter à la volonté de l'animal. D'après ce que j'ai vu, il est vrai, sur un individu conservé depuis assez longtemps dans l'esprit de vin, cette masse ressembleroit beaucoup à du tissu cellulaire un peu gélatineux, et n'offriroit aucun indice d'être le moins du monde cartilagineuse. Quant à son point d'attache, ce qui serviroit à en faire connoître l'analogue, les observateurs me paroissent varier, et je n'ai pu, par accident, voir rien de bien certain à cet égard sur le seul individu que j'ai observé. Forskal dit qu'elle est attachée au manteau de l'animal; M. Bosc semble annoncer que c'est de la partie antérieure du pied, qu'il dit plate, que sort la vésicule, pour se prolonger ensuite bien au-delà du pied; tandis que M. Cuvier décrit cette vésicule comme située sous le pied, et la regarde comme l'analogue de l'opercule des autres mollusques pectinibranches. S'il en étoit ainsi, ce seroit à la partie supérieure du pied que devroit être l'attache de la vésicule; et, en effet, il me semble l'avoir vue au-dessus et en arrière du pied, à la face postérieure de son pédoncule; mais c'est ce que je ne voudrois pas assurer.

Toute cette masse du corps de la janthine peut être contenue dans une coquille globuleuse fort mince, dont le dernier tour est beaucoup plus grand que tous les autres réunis, et qui se termine par une ouverture très-grande, un peu modifiée par l'avant-dernier tour, subanguleuse, souvent échancrée au milieu du bord droit, et dont la columelle, prolongée et saillante au-delà de l'ouverture, forme à elle seule tout le bord gauche.

L'organisation de la janthine, que nous venons de considérer extérieurement, a du reste beaucoup de rapports avec celle des mollusques céphalés asiphobranches operculés. Nous n'avons rien à ajouter à ce que nous avons dit de l'enveloppe extérieure et des organes des sens; nous nous bornerons à dire, de l'appareil de la locomotion, que les muscles rétracteurs du pied ou de la columelle sont fort considérables : il en est de même de ceux de la masse buccale, car leur disposition est tout-à-fait celle des autres gastropodes. La préhension des alimens est exécutée au moyen d'une sorte de trompe extensible, fort grosse et fort longue, à l'entrée de laquelle sont deux lèvres subcartilagineuses, verticales, presque tranchantes. Entre elles en existent deux autres un peu plus grosses, et qui sont hérissées de petits crochets recourbés en dedans. A la face inférieure de la cavité buccale est un petit renflement lingual. Tout cet appareil forme une masse pourvue des muscles extrinsèques et intrinsèques ordinaires, et qui égale presque la masse des viscères proprement dits.

Il y a deux paires de glandes salivaires. L'une, libre et

flottante, quoique assez longue, est blanche ; elle se termine
par un canal excréteur excessivement fin au bord antérieur
de la trompe : l'autre, qui accompagne l'œsophage, est brune ;
elle se termine au-dessus de la cavité et presque à l'endroit
où il prend son origine.

L'œsophage commence, comme de coutume, à la partie
supérieure de la masse buccale ; après un premier petit renflement, il se rétrécit jusqu'à ce qu'il soit arrivé sous le cœur
et au commencement de la masse hépatique, dans laquelle
il pénètre. Là il se renfle en un premier petit estomac globuleux, membraneux, puis en un second à parois un peu plus
épaisses ; c'est de celui-ci que naît l'intestin, qui est très-court,
et qui se recourbe presque de suite, se porte en avant et de
gauche à droite, pour se terminer dans la cavité branchiale
à droite de la branchie.

Le foie, qui enveloppe dans sa partie antérieure l'estomac
et le canal intestinal, se prolonge en arrière, de manière à
occuper entièrement les tours de spire, si ce n'est l'avant-
dernier et le dernier.

L'organe de la respiration est contenu dans une grande
cavité, située, comme à l'ordinaire, au-dessus de la masse
viscérale, et s'ouvrant à l'extérieur par une large fente
transversale sans trace de siphon supérieur ni inférieur. Il
consiste en une seule branchie longue, étroite, dirigée obliquement de gauche à droite et d'arrière en avant, attachée
au plancher de la cavité branchiale : elle est composée de
deux rangs de denticules appliqués l'un sur l'autre.

Le sang, qui y est arrivé, comme dans les mollusques de
cet ordre, par une grosse artère branchiale et ses subdivisions, en sort par une veine qui se porte en arrière et s'ouvre
dans l'oreillette. Celle-ci est placée en avant du ventricule,
qui lui-même est situé à gauche en arrière de la cavité branchiale. Il est assez gros et globuleux. L'artère aorte, qui en
sort, se distribue comme de coutume.

On trouve un organe, dit de la viscosité, que je regarde
comme appartenant à l'appareil urinaire, et situé, comme
chez tous les pectinibranches, dans la cavité branchiale : il
est cependant plus développé que dans la plupart des autres
genres, et il produit une grande quantité de liqueur violette,

qui non-seulement teint presque toute la peau extérieure de l'animal, ainsi que sa coquille, mais qui peut encore être rejetée en assez grande abondance pour former autour du petit animal, au moment du danger, un nuage qui le cache, comme la sèche le fait avec son encre.

L'appareil de la génération paroit être partagé sur deux individus et être fort rapproché de ce qui a lieu dans les buccins ; la verge est cependant beaucoup moins développée.

Le système nerveux ne paroit non plus rien offrir de bien remarquable. Le cerveau consiste en deux assez gros ganglions sus-œsophagiens, réunis par une commissure transverse, et communiquant avec deux autres plus petits, placés presque en-dessous, d'où naissent les nerfs du pied.

Les janthines habitent la haute mer dans tous les pays chauds ; lorsqu'elle est calme, on les voit voguant à sa surface, la coquille en bas, le pied et sa bulle en haut, et formant quelquefois des bandes assez étendues. Il est probable qu'elles n'ont besoin d'aucun effort musculaire pour se maintenir ainsi à la surface de l'eau, et que les vésicules de leur pied font l'effet d'une vessie hydrostatique ; mais alors elles doivent être nécessairement le jouet du vent le plus léger et du moindre courant, ce qui n'a pas lieu pour les autres mollusques qui peuvent ainsi nager à la surface de l'eau, à moins que d'admettre que le pied a aussi quelque action, ce qui me sembleroit probable, ou mieux, que les appendices latéraux de ce pied servent de nageoires. Quoi qu'il en soit, au moindre danger, ou lorsque le calme cesse, le petit animal rentre sa tête dans sa coquille, contracte ses vésicules, soit en les forçant de rentrer dans le test avec le pied, si elles sont attachées à la partie postérieure, soit en agissant directement sur elles, si leur attache est sous le pied lui-même et dans le creux qu'il forme ; mais, de quelque manière que ce soit, l'air de ces vésicules ne peut être ni absorbé ni rejeté. Par la diminution de volume, sa pesanteur augmente ; il tombe plus ou moins au fond de l'eau. Mais peut-il ramper sur le sol, ou au moins s'y fixer ? La première supposition n'est pas probable ; mais je ne serois pas éloigné de croire que la seconde fût vraie, tant le pied a la forme de ventouse : c'est un sujet d'observations pour les personnes qui seront à portée d'en faire sur ces animaux. Les janthines se nourrissent très-probablement de substances animales ; mais c'est encore un point de leurs mœurs sur lequel nous n'avons pas de renseignemens. Nous ne connoissons pas non plus grand'chose sur leur mode de propagation. D'après ce que dit Forskal, il paroitroit que la femelle conserve ses œufs dans une sorte de matrice ou de partie renflée de l'oviducte ; du moins il en a vu plusieurs fois faire sortir de leur corps de jeunes individus, gros comme des grains de sable, et qui au microscope lui ont paru pourvus d'une coquille semblable à celle de la mère, si ce n'est pour la couleur. D'après le même observateur, il paroitroit que le jeune animal offriroit des différences plus considérables, en ce que, vers l'ouverture de la coquille, il y auroit deux lames transverses, arrondies et ciliées dans leur circonférence, dont il se serviroit comme de nageoires pour sa locomotion ; mais ces organes ne sont probablement que ces appendices que nous avons dit exister dans l'individu adulte de chaque côté du pédicule du pied, et dont Forskal ne parle pas : en ce cas son observation sur les jeunes individus confirmeroit l'idée que ces organes servent à l'adulte pour la locomotion.

Malgré la probabilité de ce que nous venons de dire du mode de propagation de la janthine, qui seroit ainsi ovovivipare, comme les paludines, M. Everard Home a publié une observation contraire, en montrant autour d'une coquille de janthine une bande glaireuse et ovifère qu'il supposoit venir de l'animal ; il s'en est servi pour prouver que cet animal ne touche pour ainsi dire jamais le sol, et que la nature lui a donné la faculté d'enrouler ainsi ses œufs autour de sa coquille.

D'après les observations de M. Bosc, qui a eu l'occasion d'en voir un grand nombre, les janthines sont éminemment phosphoriques ; elles servent de nourriture aux poissons et aux oiseaux. La liqueur violette qu'elles produisent, pourroit très-bien être employée comme celle de la pourpre, avec laquelle elle a sans doute beaucoup d'analogie.

Ce que l'on connoit de l'organisation et des mœurs de la janthine, suffit pour montrer qu'elle doit former un genre bien distinct de tous les genres connus jusqu'ici, sous le double rapport de l'animal et de la coquille : quant à la famille à laquelle ce genre doit appartenir, cela est peut-être un peu plus difficile à décider ; cependant il me semble que c'est avec les trochus qu'il a le plus de rapports.

Les caractères de ce genre pourront donc être exprimés ainsi : corps globuleux, peu gibbeux, pourvu d'un pied en forme de ventouse, accompagné d'une masse vésiculeuse, et sur les côtés d'une paire d'appendices ciliés et natatoires; tête fort grosse, avec une longue trompe et deux tentacules doubles, inégaux, coniques et subcontractiles; cavité branchiale s'ouvrant à l'extérieur par une très-large fente sans trace de canal supérieur ou inférieur ; sexes séparés.

Coquille globuleuse ou ventrue, fort mince, dont l'ouverture très-grande, un peu modifiée par l'avant-dernier tour, est subanguleuse, entière, à bords tranchans, et dont la columelle, prolongée et saillante au-delà de l'ouverture, forme à elle seule tout le bord gauche.

Je connois déjà, grâce à la complaisance de M. le colonel Mathieu, qui a eu la bonté de me les envoyer, quatre espèces dans ce genre ; toutes quatre ont été recueillies par lui sur les côtes de l'île de France, où elles ne paroissent qu'à une certaine époque de l'année, et où il les a observées pendant long-temps en les mettant dans des baquets pleins d'eau de mer. Il s'est assuré, par exemple, qu'il est impossible aux janthines de se submerger, et qu'elles sont forcées de rester suspendues à leur vésicule cloisonnée. M. Mathieu parle cependant d'un mouvement régulier et isochrone du pied de l'animal, qui s'étale à la surface de l'eau, et qui porteroit à penser que la locomotion de celui-ci s'exécute par l'action de ce pied, un peu comme dans les limnées. Malheureusement les notes fort intéressantes que M. Mathieu a remises au Jardin du Roi, avec un grand nombre d'animaux curieux observés à l'île de France, n'ont pas encore été publiées.

La JANTHINE FRAGILE; *Janthina fragilis*, Lamk., Enc. méth., pl. 456, fig. 1 a et b. Cette espèce, qui est la plus commune dans les collections, est assez grosse, lisse, déprimée, subcarenée; le bord droit est sans échancrure, ou elle est à peine indiquée; la columelle est médiocrement prolongée, et l'ouverture a ses deux diamètres égaux.

C'est cette espèce qui a servi à ma description.

La JANTHINE PROLONGÉE; *Janthina prolongata*, Blainv. Je sépare de la précédente une coquille évidemment distincte, qui est plus mince, plus fragile, moins surbaissée et dont la columelle est beaucoup plus prolongée, ce qui donne à l'ouverture en général plus grande, plus de hauteur que de largeur; le bord droit est en outre sensiblement échancré dans son milieu, et les tours de spire sont séparés par un sillon très-profond.

La JANTHINE PETITE; *Janthina exigua*, Lamk., Enc. méth., pl. 456, fig. 2 *a* et *b*. Espèce beaucoup plus petite, à spire plus élevée, terminée par un petit bouton vitreux, couverte de côtes fines, bien régulières, transverses et formant des chevrons décroissant de la base au sommet; ouverture un peu plus longue que large, fortement entaillée au milieu du bord droit, qui semble ainsi être partagé en deux lobes.

La JANTHINE GLOBULEUSE; *Janthina globosa*, Blainv. Espèce encore plus petite que la précédente, dont elle est rapprochée, mais dont la spire est moins élevée, quoique également terminée par un petit bouton vitreux et entièrement lisse. L'ouverture, qui a ses deux diamètres égaux, est aussi fortement entaillée au bord droit.

Les deux premières espèces me paroissent bien distinctes. J'en ai vu plusieurs individus de grandeur différente avec les mêmes caractères.

Les deux dernières, quoique plus rapprochées, le sont également; j'en ai vu aussi deux individus très-différens par la grandeur et qui offroient cependant les mêmes caractères. (DE B.)

JANUS (*Entom.*), nom d'une espèce de bombyce de Surinam, figurée par Cramer, pap. VI, pl. 64, *A* et *B*. (C. D.)

JAN-VAN-GENT. (*Ornith.*) L'oiseau qui porte ce nom en Norwége, est le fou de Bassan, *pelecanus bassanus*, Linn. Voyez HAVE-SULE. (CH. D.)

JAOUBERT. (*Bot.*) Nom languedocien du persil, suivant M. Gouan. (J.)

JAOUBERTASSE. (*Bot.*) La ciguë commune ou grande ciguë porte ce nom en Languedoc. (L. D.)

JAPACANI. (*Ornith.*) Ce troupiale est l'*icterus brasiliensis* de Brisson, et l'*oriolus japacani* de Gmelin et de Latham. (Ch. D.)

JAPALU (*Bot.*), nom brame du *cadel-avanacu* des Malabares, qui est le *croton tiglium* de Linnæus. (J.)

JAPANSE ORANJE-VISCH. (*Ichthyol.*) Beaucoup de navigateurs hollandois, dans leurs relations, ont ainsi nommé le coryphénoïde d'Houttuyn, que plusieurs ichthyologistes ont rangé dans le genre Coryphène, sous les noms de *coryphæna branchiostega* et *coryphæna japonica*. Voy. Coryphénoïde. (H. C.)

JAPARANDIBA. (*Bot.*) L'arbre du Brésil cité sous ce nom par Marcgrave et Adanson, et nommé *teichmeyera* par Scopoli, est, suivant Aublet, le même que son *pirigara*, genre de la famille des myrtées. Pison le nomme *janiparandiba*. (J.)

JAPATRI. (*Bot.*) Dans le royaume de Decan, faisant partie de la presqu'île de l'Inde, on donne, suivant Clusius, ce nom à la noix muscade, et celui de *jaifol* au macis qui l'enveloppe. Cet auteur ajoute qu'Avicenne, médecin arabe, nommoit la noix *jausiband* (ou *jansiband*), c'est-à-dire noix de Banda (ile où croit le muscadier), et le macis, *bef base*. La noix est encore nommée par Sérapion *jenzbave* ou *jusbague*, et par les Grecs modernes *moschocarion*. (J.)

JAPON. (*Ichthyol.*) Quelques voyageurs ont décrit sous ce nom un poisson des mers du Japon, qui nous paroit être le Lépisacanthe ou une espèce de Perche. Voyez ces mots. (H. C.)

JAPU. (*Ornith.*) L'oiseau d'Amérique qui porte ce nom et celui de *jupujuba*, est le cassique yapou, *oriolus persicus*, Linn. (Ch. D.)

JAQUA. (*Bot.*) Nom portugais de l'arbre jaqueiro, qui est le Jaca de l'Indoustan (voyez ce mot), *artocarpus jaca* des botanistes. Il ne faut pas le confondre avec le *jaqua falsa* des Portugais du Malabar, qui est le *nauclea orientalis*. (J.)

JAQUEIRO. (*Bot.*) Voyez Jaca, Jaqua. (J.)

JAQUEPAREL (*Mamm.*), un des noms du chacal au Bengale suivant quelques auteurs. (F. C.)

JAQUERI (*Bot.*), nom brésilien de deux espèces de sensitive mentionnées par Pison. (J.)

JAQUEROTE. (*Bot.*) Dans quelques cantons, et particulièrement dans l'Anjou, on donne ce nom à la gesse tubéreuse. (L. D.)

JAQUES. (*Ornith.*) Un des noms vulgaires du geai, *corvus glandarius*, Linn. (Ch. D.)

JAQUET. (*Ornith.*) Magné de Marolles cite, page 508 de la Chasse au fusil, ce nom comme donné, dans le département de la Somme, à la bécassine sourde ou petite bécassine, *scolopax gallinula*, Linn. (Ch. D.)

JAQUETA. (*Ichthyol.*) Les Portugais du Brésil appellent ainsi le moucharra. Voyez Glyphisodon. (H. C.)

JAQUETTE. (*Ornith.*) Ancien nom de la pie commune, *corvus pica*, Linn. Suivant Salerne, page 29, on appelle aussi *jaquette-dame* la pie-grièche grise, *lanius excubitor*, L. (Ch. D.)

JAQUIER, *Artocarpus*. (*Bot.*) Genre de plantes dicotylédones, à fleurs incomplètes, monoïques, de la famille des urticées, de la *monoécie monandrie*, offrant pour caractère essentiel : Des fleurs monoïques, disposées en un chaton alongé, cylindrique ou en massue pour les fleurs mâles ; elles sont sessiles, nombreuses, très-serrées, composées chacune d'un calice à deux valves et d'une étamine; point de corolle ; les chatons femelles courts, épais, ovales ou arrondis, composés de fleurs privées de calice et de corolle ; des ovaires très-nombreux, connivens, enfoncés dans une substance fongueuse, surmontés chacun d'un style à peine sensible, d'un ou de deux stigmates. Le fruit est une très-grosse baie globuleuse, hérissée ou raboteuse à l'extérieur, composée d'autant de petites baies particulières et conniventes qu'il y avoit d'ovaires, renfermant chacune une semence entourée d'une pulpe épaisse.

Ce genre comprend des arbres très-précieux sous beaucoup de rapports, mais principalement par les ressources que trouvent dans leurs fruits les habitans des contrées où croissent ces arbres, qui leur procurent une nourriture saine et abondante pendant presque toute l'année. On a essayé de transporter quelques espèces de jaquier dans nos serres d'Europe, et de conserver dans la serre chaude, surtout le jaquier à feuilles entières ; ils y croissent lentement : il est difficile d'en espérer des fleurs et des fruits. Au reste, les différentes espèces de jaquier peuvent toutes se multiplier de graines, de rejetons et de marcottes.

JAQUIER A FEUILLES DÉCOUPÉES : *Artocarpus incisa*, Linn. fils, *Suppl.*, Lamk., Encycl., et *Ill. gen.*, tab. 744; *Soccus granosus*, Rumph., *Amb.*, 1, tab. 33; la RIMA ou FRUIT A PAIN, Sonn., Voyage à la Nouvelle-Guinée, tab. 57 — 60; *Iridaps rima*, Commers., *Icon.*; *Rademachia incisa*, Thunb., Ait., Holm., tab. 36, pag. 250. Vulgairement ARBRE A PAIN. *Jaca seu barca*, Clus., *Exot.*, pag. 281, var. β; *Artocarpus fructu apyreno*, Lamk., *l. c.*; *Soccus lanosus*, Rumph., *l. c.*, tab. 32. Cet arbre intéressant parvient à la hauteur de quarante pieds et plus, sur un tronc de l'épaisseur du corps de l'homme : il est revêtu d'une écorce grisàtre, crevassée, parsemée de tubercules : le bois est mou, léger, de couleur jaunàtre. Ses branches forment une cime ample, arrondie; les inférieures plus longues, étalées horizontalement; les rameaux cylindriques, redressés, chargés de feuilles, de fleurs et de fruits, dans leur partie supérieure. Les feuilles sont fort grandes, alternes, pétiolées, ovales, fortement incisées ou lobées, longues d'un pied et demi, larges de huit à dix pouces, glabres, d'un beau vert.

Les pédoncules sont solitaires, velus, longs de deux pouces, situés dans les aisselles des feuilles supérieures : les chatons enfermés, avant leur entier développement, entre deux grandes écailles, en forme des tipules ou de spathes, ovales-lancéolées, caduques, semblables à celles du bourgeon des rameaux; les chatons mâles cylindriques, longs d'environ six pouces, inclinés, offrant l'aspect des épis du *typha*; les chatons femelles ovales, arrondis, presque globuleux, hérissés de toutes parts de pointes molles, nombreuses, que M. de Lamarck soupçonne appartenir au calice des fleurs femelles, quoiqu'on les regarde comme en étant dépourvues : les ovaires petits, oblongs, nombreux, surmontés d'un style simple.

Le fruit est presque globuleux, de la grosseur d'une tète humaine, verdàtre, raboteux, avec des aréoles pentagones ou hexagones à leur surface. Sous une peau épaisse est contenue une pulpe d'abord très-blanche, comme farineuse, un peu fibreuse; par la maturité elle devient jaunàtre, succulente, d'une consistance gélatineuse. Cette pulpe est épaisse et couvre de toutes parts un axe alongé et fongueux, qui n'est qu'un prolongement du pédoncule. On trouve, dans la pulpe de ces fruits, des graines ovales-oblongues, légèrement anguleuses, un peu aiguës à leurs deux extrémités, presque de la grosseur d'une châtaigne, recouvertes de plusieurs membranes. Ce fruit, avant sa maturité, contient, ainsi que les autres parties de l'arbre, un suc laiteux d'une grande viscosité, qui découle en abondance par incision.

Cet arbre a été d'abord observé dans l'Inde, sur la côte du Malabar, puis dans les Moluques, aux îles Marianes, à Batavia, dans les mers du Sud, particulièrement à Otahiti; puis transporté à l'Isle-de-France pour y être cultivé, et où il a très-bien réussi : de là il a passé en Amérique; on le cultive avec avantage à Cayenne, à la Martinique, à la Jamaïque, et dans la plupart des terres que les Européens possèdent entre les tropiques. Les avantages nombreux que les hommes en retirent pour leur nourriture, et ses autres usages économiques, sont un motif puissant pour en multiplier la culture.

L'Écluse est le premier auteur qui ait fait mention avec quelques détails de l'arbre à pain, sous le nom de *jaca* ou de *barca* (*Exot.*, pag. 281). Il en donne une description assez exacte pour toutes les parties dont il parle; mais, tout en louant la délicatesse de la pulpe des fruits, qu'il compare à celle de nos meilleurs melons, et la saveur agréable de ses graines rôties comme les châtaignes, il ajoute que l'usage de cet aliment donne des flatuosités, d'après le rapport des médecins du pays, et produit à la longue une sorte de maladie pestilentielle que l'on nomme *morxi* ou *mordexin* (*passio cholerica*). Je soupçonne que L'Écluse a voulu parler de l'espèce suivante, surtout d'après ce qu'il dit de ses fruits couverts de tubercules taillés en pointe de diamant. Rumph, qui depuis a donné une description très-étendue de plusieurs espèces d'*artocarpus*, qu'il a figurées, ne fait pas de l'usage de leurs fruits un éloge plus avantageux; mais, comme les fruits des diverses espèces de jaquier varient, à ce qu'il paroît, dans leurs qualités, il est possible que ce qu'en ont dit les auteurs que je viens de citer ne soit pas sans fondement.

Il n'est pas moins constant, d'après le voyage du capitaine Cook, à l'île d'*Otahiti*, d'après les observations du docteur Solander, et surtout d'après celles de Forster, qui nous a

donné, sur l'espéce dont il est ici question, les renseignemens les plus étendus ; il n'est pas moins constant, que les
habitans d'Otahiti, ainsi que ceux des îles voisines, ne vivent
presque, pendant une grande partie de l'année, qu'avec le
fruit du jaquier : il est vrai que l'arbre qui le fournit, et
qui est presque le seul qu'on y laisse subsister, est une variété dont les fruits sont privés de noyau.

Quand ce fruit est parfaitement mûr, sa pulpe est fondante, succulente, d'une saveur douceâtre : il est alors très-
laxatif, et se corrompt facilement ; mais, avant sa maturité,
sa chair est ferme, blanche, comme farineuse, et c'est dans
cet état qu'on le choisit pour l'usage ordinaire. Toute la préparation qu'on lui donne, consiste à le couper en quelques
tranches, à le faire rôtir ou griller sur les charbons ardens,
ou bien à le faire cuire en entier dans un four jusqu'à ce
que l'écorce soit noire. Alors on le râtisse, et on en mange le
dedans, qui est blanc et tendre comme la mie d'un pain frais,
et qui constitue un aliment sain et agréable. La saveur de
cet aliment approche de celle du pain de froment, avec un
léger mélange de goût d'artichaut ou de topinambour.

Les habitans jouissent de ce fruit pendant huit mois de
l'année ; mais, comme ils en sont privés pendant quatre
mois, depuis le commencement de septembre jusqu'à la fin
de décembre, temps que l'arbre emploie à produire de nouvelles fleurs et de nouveaux fruits, ils savent y suppléer en
préparant, avec la pulpe de ce fruit, une pâte fermentée
et acide, qu'ils conservent, et dont ils font une sorte de pain,
à mesure qu'ils en ont besoin, en la faisant cuire au four.
Le capitaine Cook fait le plus grand éloge de ces fruits, qui
lui servirent de principale nourriture lors de ses relàches
dans l'île d'Otahiti, et qui rétablirent promptement ses malades. Les amandes des fruits du jaquier sont également alimentaires, cuites sous la cendre ou dans l'eau, comme les
châtaignes, dont elles ont la grosseur et le goût : on les dit
excellentes. L'usage qu'on en fait dans les îles des Moluques,
des Célèbes, est très-étendu. On assure que deux ou trois
de ces arbres suffisent pour nourrir un homme pendant une
année entière.

Dans le pays où croît cet arbre, les habitans se forment

des vêtemens avec sa seconde écorce, ou avec la partie qu'on nomme le *liber*: le bois leur sert à bâtir des maisons, et à faire des bateaux : les chatons des fleurs mâles leur tiennent lieu d'amadou : ils enveloppent leurs alimens avec les feuilles : enfin, ils font avec le suc laiteux épaissi, une excellente glu pour prendre les oiseaux. On assure qu'il est des fruits de jaquier qui pèsent de quatre-vingts à cent livres.

Jaquier des Indes; *Artocarpus jaca*, Lamk., Encycl. et *Ill. gen.*, tab. 75.

Var. *CC. Artocarpus integrifolia*, Linn., *Suppl.*; Roxb., *Corom.*, tab. 250; *Jaca indica*, J. Bauh., *Hist.*, 1, pag. 115; Zanon., *Hist.*, tab. 90 — 91; *Tsjaca-maram et pelan*, Rheed., *Malab.*, 3, tab. 26 — 28; *Nanca*, Camell., *Icon.*, 168; *Iridapa jaca*, Commers., *Herb.* et *Icon.*; *Rademachia integra*, Thunb., *Act. Holm.*, vol. 56, pag. 252. Vulgairement le Jaquier, le Jaque, le Jar, *Jaquiera*, Hist. des voyages, vol. 11, pag. 651, *Icon. Sitodium cauliflorum*, Gærtn., de *Fruct.*, tab. 71 — 72.

Var. *β. Soccus arboreus minor*, Rumph., *Amb.*, 1, tab. 31; Lamk., Encycl., *l. c.*

Var. *γ. Soccus arboreus major*, Rumph., *l. c.*, tab. 30; *Artocarpus heterophylla*, Lamk., Encycl.

Nous réunissons ici, comme variétés, quelques plantes que plusieurs auteurs ont considérées comme autant d'espèces distinctes. Des voyageurs modernes ont reconnu depuis que ces variétés appartenoient à la même espèce ; qu'assez ordinairement les feuilles, dans les jeunes individus, étoient divisées en deux ou trois lobes; qu'elles étoient entières dans la plante adulte : quoique glabres assez généralement, ces feuilles sont quelquefois un peu pileuses en-dessous, ainsi que les pétioles, les pédoncules et les rameaux, d'après l'observation de M. de Lamarck. Quoi qu'il en soit, ce jaquier est un grand arbre, dont la cime est très-rameuse; l'écorce épaisse, pleine d'un suc laiteux, qui en découle lorsqu'on l'entame ; les feuilles alternes, pétiolées, glabres, coriaces, ovales, nerveuses en-dessous, longues de trois à cinq pouces et plus, larges de deux pouces et demi.

Les chatons mâles sont droits, solitaires, pédonculés, ovales-cylindriques, longs d'environ deux pouces, situés sur les rameaux, dans les aisselles des feuilles supérieures. Les fruits sont très-gros, fort pesans, plus gros et obtus vers leur sommet, hérissés partout de tubercules courts, comme taillés en pointe de diamant : leur chair est jaunâtre dans sa maturité, et renferme un grand nombre de noyaux oblongs en prisme pentagone. Leur chair, au rapport de Rhéede, a une saveur douce, agréable, une bonne odeur : quelques voyageurs assurent le contraire, ce qui feroit soupçonner des variétés dans les qualités de ces fruits. On fait rôtir ses amandes comme les châtaignes ; elles ont une saveur très-agréable. Cette plante croît dans les Indes orientales : elle a été transportée et cultivée à l'Isle-de-France.

JAQUIER VELU : *Artocarpus hirsuta*, Lamk., Encycl., n.° 5 ; *Ansjeli*, Rheed., *Malab.*, 3, tab. 32 ; *Castanea malabarica angelina dicta*, Rai, *Hist.*, 1384 ; *Artocarpus pubescens*, Willd., *Spec.*, 4, pag. 189. Cet arbre s'élève fort haut : son tronc est épais et soutient une cime très-rameuse. Ses rameaux sont cylindriques, velus, remarquables par des cicatrices annulaires ; les feuilles alternes, ovales, entières, au moins de la largeur de la main, glabres en-dessus, chargées en-dessous de poils roides, très-courts ; les pétioles courts et velus : ces feuilles sont incisées ou à trois lobes quand l'arbre est encore jeune, puis entières ; le bourgeon terminal velu, d'un vert teint de rouge-brun. Les chatons mâles sont pendans, longs, cylindriques ; les chatons femelles ovales-arrondis, très-velus, comme lanugineux et chevelus : ils produisent des fruits au moins de la grosseur du poing, hérissés à l'extérieur, d'un vert jaunâtre dans leur maturité, renfermant des noyaux ovales, sillonnés, enfoncés dans une substance pulpeuse.

Ce jaquier croît sur la côte de Malabar, aux lieux pierreux et sablonneux. Il vit fort long-temps, et donne des fruits tous les ans vers le mois de décembre : il coule de toutes ses parties, lorsqu'elles sont entamées, un suc laiteux assez abondant. Ses fruits, mangés avec trop d'avidité ou en trop grande quantité, lorsqu'ils sont mûrs, produisent une diarrhée que l'on apaise facilement en buvant une décoction des racines et de l'écorce de cet arbre, d'une qualité astringente. Son bois sert à différens usages de menuiserie : on en fait de grandes planches pour des coffres et pour les vaisseaux ; c'est de son tronc creusé que les Indiens font ces longues pirogues appelées *mansjou*, dont quelques-unes ont jusqu'à quatre-vingts pieds de longueur, sur une largeur de neuf pieds; mais ce bois, quoique dur, est sujet à la pourriture et aux vers, surtout lorsqu'on en fait usage dans les eaux douces des rivières.

M. de Lamarck a mentionné, dans l'Encyclopédie, une autre espèce de jaquier, sous le nom d'*artocarpus philippensis*. Ses rameaux sont garnis de feuilles alternes, pétiolées, ovoïdes ou presque rondes, très-obtuses, avec une pointe courte, à peine de la largeur de la main, glabres à leurs deux faces, veinées, finement réticulées en-dessous entre les nervures. Les chatons mâles sont droits, cylindriques, pédonculés, épaissis et obtus à leur sommet, munis à leur base d'un petit anneau en forme d'involucre, situés dans les aisselles des feuilles supérieures. Cette espèce croît dans les îles Philippines. Le genre *Polyphema*, établi par Loureiro dans sa Flore de la Cochinchine, paroît devoir être rapporté à la variété β du jaquier à feuilles entières. L'*atipolo*, grand arbre des Philippines, cité par Camelli, appartient encore au jaquier. (Poir.)

JAR. (*Ornith.*) Suivant le Nouveau Dictionnaire d'histoire naturelle, ce nom est donné à la poule dans quelques cantons de la Basse-Bretagne. Voyez Jars. (Ch. D.)

JARACATIA. (*Bot.*) Nous avons parlé précédemment d'un arbre nommé *jacaratia* par Pison, qui le regardoit comme congénère du *jamacaru*, espèce de cacte. Celui-ci, indiqué par Marcgrave, a le même port et se charge aussi d'épines mais il est différent de l'autre : il a des feuilles qui paroissent digitées. Ses fruits sont pendus à l'extrémité des branches ; ils sont de forme ovale alongée, remplis de graines de la grosseur d'un grain d'orge. Cet arbre a les deux sexes séparés sur des pieds différens. Cette dernière circonstance et celle des graines non entourées de duvet empêchent de le placer dans le genre *Bombax*, et il aura plus d'affinité avec le papayer, *carica*. (J.)

JARAGARA (*Bot.*), un des noms japonois de la commeline ordinaire, suivant M. Thunberg. (J.)

JARAK. (*Bot.*) Le ricin ou palma-christi est ainsi nommé à Sumatra, suivant M. Marsden. (J.)

JARALNARE. (*Bot.*) Selon Clusius, l'arabe Rhasès donnoit au cocotier ce nom, qui signifie arbre portant noix. Le fruit est nommé *narel* par les Persans et les Arabes. (J.)

JARARA CAPEBA. (*Erpétol.*) Ruysch nomme ainsi un serpent de l'île de Ceilan, lequel nous paroît être ou un Boa ou un Python. Voyez ces mots. (H. C.)

JARARA-COAYPITIUPA. (*Erpét.*) Une espèce de vipère est indiquée sous ce nom par Rai. Il est impossible de la rapporter d'une manière certaine à aucune vipère décrite par les erpétologistes modernes. (H. C.)

JARARA EPEBA. (*Erpétol.*) On trouve, sous ce nom, indiqué dans Rai, le serpent que Ruysch appelle Jarara capeba. Voyez ces mots. (H. C.)

JARARAKA. (*Erpétol.*) Les habitans de l'île de Java donnent ce nom à la vipère javanoise de Daudin. Voyez Vipère. (H. C.)

JARARAKUKU. (*Erpét.*) Laet, Pison, Rai et Ruysch paroissent avoir confondu sous ce nom plusieurs espèces de vipères de l'Amérique méridionale en général, et du Brésil en particulier. Voyez Vipère. (H. C.)

JARAVA, *Jarava.* (*Bot.*) Genre de plantes monocotylédones, à fleurs glumacées, de la famille des *graminées*, de la *monandrie diandrie* de Linnæus, offrant pour caractère essentiel : Des fleurs disposées en un épi paniculé; un calice uniflore, à deux valves; une seule valve corollaire, munie d'une arête; une étamine; un ovaire supérieur; deux styles courts; les stigmates plumeux; une semence enveloppée par la valve corollaire.

Ce genre est réuni, selon moi avec raison, aux *stipa* par M. Palisot de Beauvois : il ne renferme qu'une seule espèce.

Jarava usuel; *Jarava usitata, Flor. Per.*, 1, tab. 6, fig. *b.* Les racines de cette plante produisent plusieurs tiges réunies en gazon, droites, cylindriques, purpurines à leurs articulations, hautes d'environ deux pieds, garnies de feuilles alternes, subulées, roulées à leurs bords, rudes, légèrement striées. Les fleurs sont disposées en plusieurs épis alternes, terminaux, serrés, presque sessiles, alongés, cylindriques; les valves du calice linéaires-subulées, inégales, scarieuses, persistantes; la valve corollaire, roulée, chargée à son sommet de poils en forme d'aigrette, plus courte que les valves du calice, surmontée d'une arête une fois plus longue, torse à sa partie inférieure, ne renfermant qu'une seule étamine, dont le filament est capillaire, de la longueur des stigmates; l'anthère oblongue, fourchue à ses deux extrémités; l'ovaire alongé, fort petit, surmonté de deux styles très-courts et de deux stigmates plumeux, un peu inégaux; la semence oblongue, enveloppée par la valve persistante de la corolle. Cette plante a été découverte sur les hautes montagnes du Pérou. (Poir.)

JARAVÆA. (*Bot.*) Scopoli et Necker séparent du *melastoma*, sous ce nom, les espèces qui ont le fruit en baie à deux ou trois loges, suivant la remarque d'Aublet, pour les distinguer de celles qui ont le fruit capsulaire, s'ouvrant en plusieurs valves. (J.)

JARBUA (*Ichthyol.*), nom spécifique d'un poisson dont nous avons donné l'histoire à l'article Esclave. (H. C.)

JARDIN DE BOTANIQUE. (*Bot.*) On désigne sous ce nom un espace destiné à la culture d'un grand nombre de végétaux d'espèces diverses, rassemblés dans le but de favoriser, ou l'enseignement de la science, ou la connoissance et la naturalisation des plantes. En introduisant dans ce Dictionnaire un article sur les jardins de botanique, notre but n'est pas d'exposer les principes de culture et d'établissement qui leur sont plus ou moins communs avec tous les jardins, mais nous désirons indiquer rapidement : 1.º l'histoire de ces institutions si utiles aux progrès de la botanique; 2.º les principes d'administration qui leur sont particuliers et dont l'observation peut influer sur leur utilité.

Les jardins, quelque populaires qu'ils soient aujourd'hui, étoient, comme on sait, de peu d'importance chez les anciens, qui désignoient sous ce nom ou des promenades ombragées ou de simples potagers, et rien n'indique qu'ils aient tenté, au moins avec quelque succès, d'y cultiver des plantes d'ornement; c'étoit dans les champs qu'ils alloient presque toujours recueillir les fleurs dont ils tressoient leurs couronnes, et c'est des nations orientales et dans le moyen âge seulement que nous avons appris à cultiver, près de nos demeures, les fleurs d'agrément. Les croisades en particulier

ont commencé à répandre en Europe le goût des jardins.
Lorsque, dans le quinzième et surtout dans le seizième siècle,
les botanistes ont tenté d'abandonner les traces de Dioscoride, et d'observer les végétaux, ils ont aussi commencé à
sentir combien il seroit commode de cultiver, près de leurs
demeures, les plantes des pays étrangers, ou même celles
de leur propre pays, afin de suivre toutes les phases de leur
végétation.

Au nombre de ces plus anciens amateurs de la culture
des plantes, on cite Alphonse d'Est, duc de Ferrare, qui,
par le conseil de Musa Brassavolus, institua plusieurs jardins,
dont le principal étoit connu sous le nom de *Belvedere*. Son
exemple fut imité par Acciajuoli, noble Ferrarois; Jean
Falconer, Anglois; Micheli et Cornaro, nobles Vénitiens;
Gaspard de Gabrichis, Priceli, Pasqualigi et Bernard Travi-
sini, de Padoue; le prince Doria, de Gênes; Bernardin Rota,
à Naples; les Cesi, les Borghèse et les Barberini, à Rome, etc.
En France, l'évêque du Mans, du Bellay, établit un jardin
que Belon enrichit de plantes d'Orient, et qu'il dit le plus
beau de son temps, après celui de Padoue. En Allemagne,
l'empereur Maximilien II fit établir, à Vienne, un jardin
dont le célèbre botaniste L'Écluse eut la direction.

Mais ces essais particuliers, qui périssoient avec leur pro-
priétaire, qui ne servoient qu'à un petit nombre d'individus,
et où le but n'étoit point l'enseignement de la science, ne
peuvent être considérés que comme les préludes de l'établissement des jardins d'instruction : c'est à cette Italie, à laquelle l'Europe doit presque toutes ses meilleures institutions,
qu'elle doit aussi les jardins de botanique.

Le plus ancien des jardins consacrés à l'enseignement de
la botanique, dit M. Deleuze, dans une Notice très-intéres-
sante et dont nous tirerons la plupart des faits que nous
citerons sur l'histoire des jardins, est celui de Pise. Cosme
de Médicis, premier grand-duc de Florence, ayant fondé
l'université de cette ville, en 1543, y établit une chaire d'histoire naturelle; il appela, pour la remplir, Luc Ghini, qui,
depuis seize ans, professoit la même science à Bologne, et le
chargea de construire un jardin dont il lui confia la direction. Il donna, dans ce but, en 1544, un terrain sur le bord

de l'Arno, et dès 1545 le jardin étoit en ordre et peuplé d'un grand nombre d'espèces. Cet établissement existe encore, et aucun botaniste ne peut le voir sans cette espèce de respect qu'inspirent les lieux où les hommes ont commencé à s'élever à des idées d'utilité générale.

L'exemple donné par la Toscane fut bientôt imité dans plusieurs parties de l'Italie : en 1546, le sénat de Venise fit établir un jardin à Padoue, et en confia la direction à Louis Anguillara; l'université de Bologne en eut un, en 1568, sous la surveillance d'Ulysse Aldrovande. A peu près à la même époque, le pape Pie V en fit établir un à Rome sous la direction de Michel Mercati, et ce fut en 1638 que celui de Messine fut institué par les soins de Pierre Castelli.

La Hollande, qui se faisoit alors remarquer par cette activité d'esprit que donnent les grandes secousses politiques, fut la première des nations à imiter l'exemple de l'Italie. L'université de Leyde ayant été fondée en 1575, les recteurs demandèrent aux magistrats d'y joindre un jardin de botanique; le terrain fut acquis en 1577, et la direction du nouvel établissement fut confiée à Théod. Auger Cluyt, botaniste passionné pour la culture, qui transporta dans le jardin de l'université un grand nombre de plantes qu'il cultivoit déjà chez lui. On sait que dès-lors le goût de la culture des fleurs a fait de grands progrès dans les Provinces-Unies. Ce ne fut qu'en 1641 que le jardin de l'université de Groningue fut institué et confié à Muntingius, et en 1684 que, par l'influence de Nicolas Witsen, le jardin d'Amsterdam fut établi et mis sous la direction de Jean Commelin.

L'Allemagne suivit de près l'exemple de l'Italie et de la Hollande, et ce fut en 1580 que l'électeur de Saxe, ayant entrepris la réforme de l'instruction publique, fit établir un jardin à Leipsic. Peu de temps après, savoir en 1605, le botaniste Jungermann en obtint un pour l'université que le landgrave venoit de fonder à Giessen, et, en 1625, il obtint la même faveur du sénat de Nuremberg pour l'université d'Altorf. Celle de Jéna en établit un en 1629, et Ernest de Schawenburg en fonda un à Rinteln en 1621. On sait que dès-lors toutes les universités germaniques ont suivi le même exemple, et que plusieurs princes de l'Empire ont eu aussi des jardins plus ou moins remarquables.

Le premier jardin public qui ait été établi en France, **est** celui de Montpellier. Pierre Richer de Belleval, né à Châlons-sur-Marne, obtint, par ses relations avec le connétable de Montmorenci, un édit du Roi Henri IV pour la création d'une chaire et d'un jardin de botanique : l'édit est de 1593 ; il fut enregistré en 1595, et le premier catalogue du jardin est de 1598. Ce jardin ayant été ravagé lors du siége de Montpellier, en 1622, Belleval consacra non-seulement son zèle, mais encore une partie de sa fortune, à le rétablir. A peu près à la même époque la faculté de médecine de Paris avoit fondé un petit jardin d'étude sous la direction de Jean Robin, jardinier qui possédoit lui-même un jardin plus étendu, dont il a publié le catalogue en 1601. Mais ce ne fut que sous le règne de Louis XIII que le Jardin royal fut fondé par l'influence de Guy de la Brosse, l'un des médecins ordinaires du roi, et de Hérouard et Bouvard, qui furent successivement ses premiers médecins. Les lettres patentes qui ordonnent cette fondation, sont de 1626 ; mais la mort d'Hérouard en retarda l'exécution : le terrain ne fut acquis qu'en 1633, et la ratification de l'achat n'eut lieu qu'en 1635. Les autres villes de France n'ont commencé que dans le dernier siècle à établir chez elles quelques jardins de botanique.

L'Angleterre ne commença qu'après la plupart des autres nations à s'occuper de ce genre d'institution : le jardin de l'université d'Oxford ne fut fondé qu'en 1640 : dès-lors un grand nombre d'établissemens particuliers ont contribué à répandre beaucoup dans ce pays le goût de la culture des plantes ; mais le nombre des institutions publiques consacrées à la botanique y est à proportion peu considérable.

Ce fut aussi à peu près en 1640 que fut établi le jardin de Copenhague ; celui d'Upsal en 1657. Celui de Madrid ne le fut qu'en 1753, celui de Coïmbre en 1773, etc.

Cette indication rapide peut suffire pour donner une idée de la progression de la botanique dans les divers pays de l'Europe.

Il faut cependant, pour s'en faire un tableau complet, joindre à cette première liste celle des jardins particuliers : ceux-ci, il est vrai, indiquent beaucoup moins que les précédens l'opinion générale ; mais ils contribuent, soit comme

auxiliaires, soit comme préliminaires, aux services que les
jardins publics rendent à l'enseignement et à l'étude de la
science. Les jardins particuliers qui ont rendu le plus de
service et acquis le plus de célébrité, furent, dans les premiers temps de ces institutions, ceux d'Italie et d'Autriche,
que j'ai déjà cités. Plus tard on remarqua en Italie le jardin
du cardinal Farnése, à Rome, dont Aldini a fait connoître
les plantes rares; celui de Nicolas Gaddi à Florence, de Mau-
roceni à Padoue, et du prince de la Catholica, prés Palerme :
en Allemagne, le jardin d'Aichstett, fondé par l'évêque Con-
rad de Gemmingen, et dont Besler a publié une magnifique
Iconographie; celui de Gaspard Bose, à Leipsic; celui du
prince de Bade-Dourlach, à Carlsruhe, etc.; et plus tard le
magnifique jardin de Schœnbrunn, fondé, en 1753, par l'empereur François I.er, poussa au plus haut degré le luxe et
l'art de la culture des plantes étrangères. La plupart des
princes allemands ont aussi établi dans leurs résidences des
jardins distingués, parmi lesquels celui de Berlin tient aujourd'hui l'un des premiers rangs. Les Pays-Bas, au milieu
de plusieurs autres jardins consacrés aux plantes exotiques,
peuvent citer celui de Cliffort à Hartecamp, près Harlem,
jardin dont Linnæus a publié une description très-remarquable. La France a offert, outre le jardin de Robin, que j'ai
mentionné, celui que Gaston d'Orléans établit à Blois et
dont Morison a publié le catalogue, et plus tard ceux de
Lemonnier à Versailles, du duc d'Ayen à Saint-Germain,
le jardin de Malmaison, etc. En Angleterre, le botaniste
J. Gerard avoit un jardin remarquable, dont il a publié
le catalogue en 1596; J. Tradescant avoit aussi, vers 1630,
un jardin célèbre; Compton, évêque de Londres, et Collinson se distinguèrent de même, dans le dix-septième siècle,
par leur goût pour les jardins; les frères Sherard en établi-
rent un qui fut, dans la suite, réuni à l'université d'Oxford,
et que Dillenius a rendu célèbre par la publication de son
*Hortus Elthamensis;* le jardin de Chelsea, qui appartenoit à
la compagnie des apothicaires de Londres, a été illustré
par les travaux de Miller; celui de Kew, fondé comme jardin
particulier du roi, en 1760, a acquis un développement
remarquable, et deux catalogues raisonnés de ce beau jar-

din ont été publiés par MM. Aiton, père et fils. Dès-lors un grand nombre de particuliers ont imité cet exemple, et il est peu de pays où l'on trouve autant de jardins d'amateurs remarquables par le choix de leurs plantes : les journaux botaniques qui se publient en Angleterre sous les titres de *Botanical Magazin*, *Botanical Register*, *Botanical Cabinet*, aussi bien que les ouvrages un peu moins récens du *Paradisus Londinensis* et du *Botanist Repository*, sont à la fois et les heureux résultats de cette direction de la mode, et la preuve de l'extension donnée à la culture des jardins.

J'évite à dessein, dans cette liste abrégée, de mentionner les établissemens tout-à-fait modernes, vu que leur nombre est trop grand pour qu'il soit possible d'en faire l'énumération : aujourd'hui, dans presque toutes les villes d'Europe où la culture des sciences et le luxe de la civilisation se sont répandus, on trouve des jardins soit publics, soit particuliers, qui propagent partout, et la connoissance de la botanique, et les jouissances que donnent la culture et la naturalisation des plantes. Cette extension des jardins a fait même établir des pépiniéristes marchands qui, par leur active industrie, ont singulièrement contribué à perfectionner les moyens de multiplication, à accroître le nombre des espèces cultivées, et qui presque tous, animés de l'amour de la botanique, ont fourni aux savans des matériaux précieux pour leurs travaux. Les pépinières de MM. Lee et Loddiges à Londres, Cels et Noisette à Paris, Baumann à Bollwiller, etc., sont connus de tous les amis de Flore, et ont beaucoup contribué aux progrès que la botanique a faits de nos jours. Ce qui peut encore, dans ces derniers temps, être remarqué relativement au développement des jardins, c'est que ce n'est plus seulement dans l'Europe qu'on en trouve, mais il s'en est établi jusque dans les parties du monde qu'on regardoit comme les plus retardées : ainsi, sans parler des beaux jardins fondés, près de Moscou, par MM. Demidow et Razoumowski, ni de la pépinière impériale de Nikita en Crimée, nous pouvons noter qu'on trouve aujourd'hui des jardins dispersés dans toutes les parties du monde ; dans plusieurs villes des États-Unis d'Amérique, à Mexico, à Santa-Fé de Bogota, à Cayenne, à la Jamaïque, à Saint-Vincent, à Ténériffe, au cap de Bonne-

Espérance, à l'Isle-de-France, à Calcutta, etc. On conçoit combien ces jardins, dispersés sur la surface entière du globe, doivent faciliter les moyens d'obtenir de toutes parts des végétaux nouveaux.

On pourra facilement se faire une idée des progrès de ces établissemens, si l'on compare le nombre des espèces cultivées dans les jardins à diverses époques. Ainsi le jardin de Padoue, célèbre dans son temps, ne possédoit que quatre cents espèces en 1581; celui de Leyde en avoit huit cents en 1691; celui de Montpellier, environ treize cents en 1598 : aujourd'hui les jardins de Paris, de Kew, de Copenhague, de Berlin, de Gorenki, près Moscou, et probablement quelques autres, cultivent entre sept et douze mille espèces de plantes, et en supputant toutes celles qui existent dispersées dans les divers jardins de l'Europe, on peut porter au moins à quatorze mille [1] le nombre des espèces qui sont simultanément soumises à l'empire de la culture. On peut estimer que ce nombre est à peu près le tiers des végétaux décrits dans les livres de botanique [2]. Mais il ne suffit pas de jeter les yeux en arrière et de voir le point auquel nous sommes parvenus; il est plus important de penser à l'avenir, et d'examiner par quels procédés on peut accroître l'utilité des jardins de botanique : le nombre de ceux qui existent, la multiplicité des plantes qu'on y cultive, l'espèce de mode et de faveur populaire que prend ce genre d'institutions, nécessitent, selon moi, quelques considérations sur l'esprit et la méthode qui doivent présider à leur direction. Ces observations seront toutes fondées sur l'exemple des premiers établissemens de l'Europe, et sur l'expérience que j'ai pu acquérir en dirigeant les jardins de Montpellier et de Genève. Elles offriront sans doute peu d'intérêt et ne seront d'aucune utilité pour les

---

1 Le Catalogue des plantes cultivées aux environs de Londres, publié l'année dernière par M. Sweet, s'élève à plus de 11,000; et la première partie du Catalogue du Jardin de Berlin, que M. Link vient de publier, fait présumer que cet établissement doit contenir environ 12,000 espèces.

2 Le Catalogue général des végétaux phanérogames, que M. Steudel vient de publier, porte à 39,684 le nombre des espèces connues, sans compter les cryptogames, qui sont au moins au nombre de 6000.

directeurs des établissemens publics, qui la plupart ont une marche tracée par la nature même de leur institution, et sont au nombre des hommes qui ont été le plus souvent appelés à réfléchir sur ces matières; mais j'ose croire que ces considérations ne seront pas sans utilité pour les nombreux amateurs qui, dans tous les pays civilisés, fondent des jardins particuliers, et qui presque tous sont flattés de pouvoir, tout en embellissant leur demeure et en occupant leurs loisirs, contribuer encore aux progrès des connoissances générales et à l'utilité publique.

Les jardins de botanique peuvent être rangés sous trois grandes classes, déterminées par le but dominant de chacun d'eux; savoir : 1.° ceux qui sont destinés à l'enseignement de la botanique ; 2.° ceux qui ont pour but l'avancement de la connoissance des végétaux considérée comme science; 3.° ceux qui tendent à naturaliser les plantes propres à accroître nos jouissances. Je sais qu'on pourroit encore mentionner les jardins consacrés à l'agrément, et ceux qui ont pour but de vendre des plantes comme objet de commerce; mais ces deux points de vue ne rentrent que d'une manière secondaire dans l'idée principale des jardins botaniques. Plusieurs de ceux-ci participent à la fois aux divers buts que j'ai indiqués tout à l'heure; mais chaque opération, ou chaque portion d'un jardin doit être rapportée à l'un des trois chefs principaux que j'ai indiqués, de telle sorte qu'en traitant ces trois articles j'aurai réellement occasion de parler de tout ce qui peut être utile dans l'administration des jardins : ce qui l'est par-dessus tout, c'est que chacun se pénètre bien du but qu'il se propose, et organise toute son institution d'après les vrais moyens d'atteindre ce but.

L'enseignement de la botanique a été la première origine des jardins publics, et est encore leur destination la plus universelle et la plus importante. Sans doute on peut enseigner les premiers élémens de la science avec le petit nombre de plantes que le hasard peut offrir dans la Flore de chaque pays; mais il est impossible de donner une idée exacte de l'ensemble, si l'on ne peut soumettre aux regards des commençans quelques exemples des diverses formes végétales. Le choix des plantes qui doivent composer un jardin d'enseignement, doit être subordonné à cette vue principale. Le premier soin doit être d'y réunir des exemples de presque toutes les familles et du plus grand nombre de genres qu'il sera possible. On doit y joindre, 1.º les espèces qui présentent quelques phénomènes d'organisation ou de végétation assez remarquables pour être mentionnés dans les cours, telles que seroient, par exemple, le *dracontium pertusum*, la sensitive ou l'*hedysarum gyrans*; 2.º les espèces qui produisent des objets célèbres ou utiles dans les arts, la médecine ou l'économie : tels sont le thé, le camphre, etc. Sous ce dernier rapport, le choix doit être encore déterminé par la direction spéciale que l'enseignement de chaque école doit avoir : ainsi, il est clair que le jardin d'une école de médecine doit contenir le plus possible de plantes médicinales; celui d'une école d'agriculture, les végétaux propres aux usages agronomiques, etc. : mais ce seroit se faire une idée étroite de ces enseignemens, que de les regarder comme trop spéciaux, et de ne pas fonder toujours l'enseignement de la botanique appliquée sur les principes de la botanique générale.

Le choix des plantes étant ainsi déterminé par les besoins de l'enseignement, c'est encore d'après eux que leur distribution doit avoir lieu; il importe par-dessus toutes choses, dans un jardin de ce genre, de distribuer les végétaux dans l'ordre méthodique qui indique le mieux les rapports naturels. On habitue ainsi les esprits des élèves à connoître ces rapports par intuition, et on leur donne le moyen de se les rappeler sans peine, toute leur vie, par une sorte de mémoire locale; on s'éclaire soi-même sur les familles où l'on a besoin d'acquérir de nouveaux exemples; on facilite aux commençans le moyen de reconnoître et d'étudier la structure et la nomenclature des plantes : en un mot, on fait d'un jardin une espèce de livre vivant que chacun consulte avec fruit. Sans doute, l'ordre des jardins méthodiques oblige à mettre çà et là quelques plantes dans les expositions qui ne leur conviennent pas : mais combien ce petit inconvénient, qu'on corrige facilement en plaçant des pieds doubles dans les localités convenables; combien, dis-je, cet inconvénient n'est-il pas racheté par les immenses avantages de l'ordre!

Le complément de cet ordre est que chaque plante porte devant elle son nom botanique : au moyen d'un système régulier d'étiquettes, un jardin est en quelque sorte un enseignement perpétuel, et chacun peut, à tout instant, y aller trouver toute l'instruction qui résulte d'une nomenclature exacte ; la nécessité de compléter les étiquettes oblige les directeurs eux-mêmes à connoître beaucoup mieux les plantes qu'ils cultivent. Cette méthode facilite l'emploi d'ouvriers peu versés dans la nomenclature ; elle assure une certaine régularité à la cueillette des graines, à la distribution des plantes, à la récolte des échantillons destinés pour les herbiers.

Enfin, ce qui fait la base d'un jardin d'enseignement, c'est la publicité : il ne faut pas croire que l'instruction puisse être bornée à l'heure de la leçon ; celle-ci n'est, au contraire, qu'un travail préparatoire pour le véritable travail que l'élève fait seul en présence de la nature. Il faut donc qu'un jardin d'instruction soit toujours ouvert à tous ceux qui veulent étudier ; il est même avantageux qu'il le soit à ceux qu'on pourroit croire n'y devoir rien apprendre : ils y prennent souvent le goût de l'étude ; ils y puisent des connoissances incomplètes, il est vrai, mais exactes, qu'ils portent avec eux dans leurs voyages, dans leurs promenades, dans leurs vocations particulières. Cette libéralité, introduite dans les établissemens de sciences, leur concilie l'intérêt du public entier, et n'est pas une des moindres causes des succès qu'elles ont obtenus dans ces derniers temps. Les très-légers désordres qu'une entière publicité peut introduire dans une institution, sont amplement compensés par cet intérêt du public ; la présence de celui-ci est d'ailleurs un stimulant perpétuel pour les chefs des jardins et une garantie de l'activité des subalternes.

Le second point de vue sous lequel les jardins peuvent être utiles, est, avons-nous dit, l'avancement de la botanique considérée comme science. Quoique ce but soit vaste et puisse être atteint par bien des voies différentes, il mérite d'être considéré dans les procédés généraux qui s'y rapportent. Les plus essentiels de tous sont les procédés d'ordre : je ne parle plus ici de cet ordre méthodique nécessaire dans la distribution d'un jardin d'enseignement, mais des procédés de détail qui donnent les moyens de connoître avec certitude l'origine et l'histoire de chacune des plantes dont un jardin se compose. Pour peu qu'on ait parcouru et les livres de botanique et les jardins eux-mêmes, on reste convaincu que la plupart des erreurs introduites dans les meilleurs ouvrages sur la patrie des plantes, tiennent au désordre des jardins. Il importe donc de ne jamais ni semer une graine, ni introduire une plante dans un jardin, sans la munir d'une marque, indépendante de toute nomenclature, qui puisse se rapporter à un catalogue sur lequel on inscrit la patrie de la plante, l'époque du semis ou de la plantation, et ce qu'on peut savoir de son histoire. Un morceau de plomb, sur lequel on frappe des numéros, est le moyen le plus simple d'atteindre ce but : ce plomb doit suivre la plante dans toutes les positions où les besoins de la culture exigent de la placer; on doit le répéter sur les boutures et les marcottes qu'on en obtient, de manière à pouvoir toujours reconnoître l'origine de toutes les plantes d'un jardin, sans être obligé de recourir à la mémoire souvent infidèle des employés.

Les possesseurs des jardins destinés à servir à l'avancement de la science peuvent, sans inconvénient, négliger la culture de la plupart des plantes communes, dont les jardins destinés à l'enseignement ont éminemment besoin; ils doivent surtout avoir soin de se procurer des graines et des plantes des pays étrangers à l'Europe. Les grands établissemens de ce genre sollicitent et reçoivent indifféremment des plantes de tous les pays et de toutes les familles, et peuvent suffire à ce travail. La plupart des amateurs en font malheureusement autant, et condamnent ainsi leurs jardins à ne jouer qu'un rôle très-secondaire, si on les compare aux établissemens des princes ou des grandes écoles; ils pourroient leur donner une utilité très-importante pour l'avancement de la botanique, en se bornant ou à quelque genre nombreux en espèces, ou à quelque famille : alors leur jardin, quoique borné, pourroit devenir plus complet qu'aucun grand établissement; ils pourroient étudier, dans un détail circonstancié, et la culture et l'histoire et la multiplication, et surtout la distinction, l'origine et la classification des espèces et des variétés. Je voudrois voir ainsi chacun des jardins particuliers d'un pays transformé en une école spéciale pour tel genre ou telle famille: l'un se voueroit aux géraniacées, l'autre aux bruyères; celui-là aux myrtinées ou aux mimoses, celui-ci aux plantes grasses et aux orchidées, etc. Chaque jardin auroit alors une utilité réelle, et l'on verroit naître, par cette méthode, des monographies des genres difficiles, fondées sur une observation exacte et prolongée. Déjà quelques jardins sont fondés sur ce principe: les travaux de M. le prince de Salm-Dyck, sur les aloès et quelques autres genres de plantes grasses, sont le fruit de l'heureuse direction qu'il a donnée au bel établissement qu'il a fondé à Dyck. Puisse cet exemple, et les réflexions que je viens de présenter, engager les amateurs instruits à abandonner ce système de jardins mélangés qui, pour la plupart, offrent peu d'utilité réelle! Un dernier motif doit encore les y encourager, c'est que par ce moyen on peut avoir un jardin précieux à très-peu de frais. Il n'est point nécessaire, dans cette méthode, d'avoir des serres ou des constructions coûteuses; celui qui consacreroit un terrain à l'étude approfondie d'un genre de plantes de pleine terre, rendroit à la science autant de service que le plus somptueux amateur: plusieurs genres, nombreux en espèces, tels que les Thalictrum, les Silènés, les Aster, etc., ne pourront être bien connus que lorsqu'ils auront été soumis à cette étude spéciale.

On a coutume de dire que les jardins ne sont pas favorables à l'étude des espèces, parce qu'ils les défigurent; et ce reproche a quelque chose de fondé lorsqu'on ne prend pas quelques soins pour l'éviter. On doit, en général, dans les jardins botaniques, avoir soin de ne pas donner aux plantes une nourriture trop succulente et qui change trop leurs proportions; mais, si l'on sait tirer parti des ressources de la culture, ces métamorphoses qu'elle produit, bien loin de nuire à la connoissance des espèces, sont d'excellens moyens pour connoître leurs vrais caractères. En plaçant divers individus, provenus des mêmes graines, dans des situations différentes; en les soumettant à des cultures diverses, on arrive à connoître les limites des variations que chaque espèce est susceptible de présenter: on reconnoît alors, ou bien que des plantes prises pour des espèces, tant qu'on ne les a étudiées que dans un herbier ou dans une seule localité, sont de simples variétés, ou bien que des plantes qui sembloient ne différer que par des caractères de très-peu d'importance, conservent obstinément ces différences dans toutes les situations, et sont, par conséquent, des espèces vraiment distinctes.

Ces recherches délicates, et qui supposent l'ordre le plus rigoureux soutenu pendant plusieurs années, sont très-difficiles à faire, soit dans les jardins publics, soit dans ceux où l'on réunit un grand nombre d'objets mélangés ; mais elles deviendroient faciles à ceux qui établiroient des jardins monographiques, c'est-à-dire, bornés à un genre ou à une famille, et, sous ce point de vue encore, de semblables jardins reculeroient beaucoup les limites de la science.

Mais si, comme nous venons de le voir, on peut conserver quelques doutes sur les caractères des espèces décrites dans les jardins, il est au moins une partie de leur histoire qu'on n'étudie bien que dans les collections vivantes : c'est tout ce qui tient aux diverses phases de la végétation, telles que la germination, la durée des plantes et de leurs divers organes, l'évolution des bourgeons et des boutons, l'enroulement des feuilles et des pétales, le sommeil des feuilles et des fleurs, les mouvemens des organes sexuels, les modifications qui se passent dans les fruits depuis la fécondation jusqu'à la maturité, etc.; ce sont là des phénomènes très-dignes de l'attention des botanistes philosophes, et dont je ne saurois trop recommander l'observation à tous ceux qui ont la jouissance d'un grand jardin.

Enfin, l'étude des caractères génériques se fait mieux dans les jardins que de toute autre manière : ces caractères sont souvent trop délicats pour pouvoir être commodément observés dans l'herbier; on les néglige fréquemment dans le mouvement et l'agitation des voyages, et même dans les herborisations les plus commodes on ne trouve pas en même temps les genres voisins auxquels on peut avoir intérêt de comparer celui qu'on observe. Tous ces obstacles disparoissent dans les jardins bien organisés; et comme la culture ne change presque jamais les caractères génériques, on peut les y étu-

24.

dier avec le plus grand soin. L'ouvrage de Schkuhr, intitulé *Botanisches Handbuch*, est un monument qui peut démontrer tout ce qu'il est possible de faire dans les jardins pour l'étude des caractères génériques.

Il me reste à considérer les jardins sous un dernier point de vue, savoir, la naturalisation des objets utiles ou agréables. L'importance des jardins de botanique, sous ce rapport d'application aux besoins ou aux jouissances du public, est sentie de tout le monde : c'est depuis l'institution de ces établissemens que les naturalisations se sont multipliées et régularisées ; c'est à eux que nous devons en grande partie et les arbres exotiques qui ornent nos campagnes, et cette multitude de fleurs diverses qui décorent nos parterres, et l'introduction de quelques cultures spéciales. Leur utilité s'est même étendue au-delà des limites auxquelles on auroit pu croire que leur action devoit se borner : ainsi ce sont, comme on sait, des graines recueillies au Jardin du Roi, à Paris, qui, portées par M. Déclieux à la Martinique, ont donné naissance à tous les cafféiers de l'Amérique ; c'est un pied d'arbre à pain rapporté par M. Labillardière au Jardin de Paris, puis porté de là à Cayenne sur le même bâtiment qui y transportoit les malheureux et respectables déportés de Fructidor, qui a été propagé dans cette colonie au point d'y devenir un objet de culture générale.

Il ne suffit pas d'avoir obtenu quelques-uns de ces heureux résultats de l'institution des jardins ; il importe de les rendre chaque jour plus fréquens et plus certains : pour atteindre ce but, il est peut-être nécessaire aujourd'hui de mettre quelque méthode dans les procédés de naturalisation. A l'époque où il n'arrivoit en Europe chaque année qu'un petit nombre de végétaux divers, chacun de ceux qui offroient quelque apparence d'utilité ou d'agrément, frappoit facilement les regards et pouvoit se répandre dans le public ; mais aujourd'hui le nombre même des objets nouveaux offerts sans cesse à l'attention des amateurs fait qu'aucun d'eux ne la frappe d'une manière exclusive, que leurs soins se partagent sur une grande diversité d'objets : d'où résulte que la masse des naturalisations n'est pas proportionnée à celle des plantes qui arrivent en Europe.

Les jardins de botanique facilitent éminemment ces utiles multiplications, en variant tous les essais de culture qui peuvent accroître le nombre des végétaux de pleine terre : dès qu'une plante d'orangerie est un peu multipliée, il est du devoir des directeurs de jardins publics d'en hasarder quelques individus en pleine terre, pour peu que sa patrie et sa structure puisse faire espérer des succès. C'est une question très-douteuse en physique végétale que de savoir si les plantes s'accoutument, comme les animaux, à pouvoir graduellement supporter certains degrés de froid, ou si chacune, selon son organisation et son âge, peut, sans préliminaires, supporter un degré donné. Quelle que soit l'opinion qu'on adopte à cet égard, l'utilité des jardins botaniques reste la même. Si les plantes s'acclimatent graduellement, les soins qu'on prendra pour les faire passer de la serre tempérée à l'orangerie, de l'orangerie aux espaliers abrités, des espaliers au plein vent; ces soins, dis-je, en assureront le succès. Si les plantes supportent sans préliminaires un degré donné de température, au moins les jardins serviront à faire des tentatives hasardeuses que les particuliers ne voudroient pas tenter; la perte de quelques pieds de plantes ainsi hasardés est presque nulle pour un jardin public, et assure un accroissement graduel dans les végétaux de pleine terre, les seuls dont l'introduction soit utile. Ce que nous venons de dire relativement à la température peut également s'appliquer à la nature du sol et aux autres circonstances qui influent sur la végétation.

Les jardins et pépinières publiques peuvent encore concourir à l'utilité générale, en formant des écoles méthodiques et régulières des variétés utiles. Toutes les races d'arbres fruitiers, de plantes potagères médicales ou économiques, doivent être cultivées et étiquetées avec soin, de manière à pouvoir offrir des étalons rigoureux de nomenclature, et distribuer des plans des greffes ou des semences à ceux qui voudront cultiver ces divers objets. La pépinière du Luxembourg offre, pour les arbres fruitiers, un exemple de ce genre d'utilité. Il est à regretter qu'il n'y ait nulle part, à ma connoissance, une école de plantes potagères : ces nombreuses variétés de légumes qui sont cultivées pour l'usage de la cuisine, sont encore très-mal connues des naturalistes, qui n'ont presque jamais cherché à les comparer avec précision. Le travail de M. Duchesne sur les courges peut donner une idée de l'utilité et de l'intérêt de ces recherches; mais elles n'obtiendront la facilité qu'elles doivent avoir que lorsqu'un établissement public conservera avec méthode les types des diverses variétés et les exposera à l'étude des amateurs.

Lorsque les jardins publics ont obtenu des espèces ou variétés de plantes dignes de l'attention publique par leur utilité ou leur agrément, ils doivent les répandre avec discernement : ici se présentent deux obstacles, tous deux également redoutables, savoir, l'extrême parcimonie et l'extrême libéralité. Quelquefois les possesseurs ou les directeurs des jardins mettent un amour propre mal entendu à conserver seuls des plantes précieuses, et refusent d'en communiquer à d'autres; c'est ainsi que la jolie variété d'aubépine-rose a été quelque temps conservée à Trianon avec une jalousie dont la libéralité actuelle des établissemens françois ne peut donner l'idée. Il arrive alors, ou que la plante est délicate, et dans ce cas elle périt dans le jardin qui l'a gardée pour lui seul et qui ne peut la retrouver ailleurs; ou elle est robuste, et alors les infidélités faciles des subalternes ou les ruses des amateurs finissent tôt ou tard par l'enlever au possesseur jaloux, qui voit ainsi la plante se répandre sans avoir eu le plaisir de contribuer lui-même aux jouissances publiques. Cet amour de la possession exclusive est non-seulement un mauvais procédé envers la société entière, mais encore un mauvais calcul d'intérêt personnel. Ils ne sont pas dignes d'apprécier le vrai charme de l'étude et les beautés de la nature, ceux qui n'éprouvent pas un véritable bonheur en voyant chaque jour la science servir davantage aux hommes, multiplier leurs ressources ou accroître leurs jouissances les plus innocentes.

Mais on peut aussi retarder la naturalisation des plantes par une libéralité mal entendue. Les directeurs d'établissemens publics ne doivent pas perdre de vue que les pépiniéristes et jardiniers marchands sont, de toutes les classes de la société, celles qui ont à la fois et le plus d'intérêt à multiplier les végétaux et le plus de talens pour ce genre d'opé-

rations; il importe donc de favoriser beaucoup leur industrie,
et non de l'éteindre : c'est à eux qu'il faut le plus tôt possible
donner les graines, les plants, les greffes des plantes qu'on
croit utile de répandre ; et si l'on en donne aux particuliers,
ce ne peut être qu'en moindre proportion, et dans le but
ou d'exciter en eux le goût des plantations ou de les engager
à faire des tentatives de naturalisations délicates. Ainsi, dans
mon opinion, les établissemens publics emploient utilement
leur influence lorsqu'ils donnent, d'abord aux jardins de botanique et aux jardiniers marchands, puis à quelques amateurs,
les graines, plants et greffes propres à multiplier les végétaux
utiles, et, sous ce rapport, plus il font, plus ils sont utiles ;
mais ils nuiroient à l'industrie des pépiniéristes et retarde-
roient un grand nombre de naturalisations, s'ils distribuoient
des sujets tout développés en quantité trop considérable. Ils
ne peuvent pas non plus les vendre sans inconvénient ; car
leur position est trop avantageuse, si on la compare à celles
des particuliers : ils ont tous un emplacement gratuit, une
dotation fournie par le public, et une espèce de réputation
qui attire les chalands ; ils peuvent donc donner, sans y perdre, leurs productions au-dessous du cours, et ils nuisent ainsi à
la vraie industrie, qui s'établit sur une concurrence équitable.
Je crois donc que les jardins publics qui ont pour objet
d'offrir des objets variés et bien étiquetés à l'étude des pépiniéristes et des amateurs, et de donner des graines, plants
ou greffes, c'est-à-dire, des moyens de multiplication, sont
éminemment utiles ; tandis qu'au contraire les pépinières
publiques, qui tendent à répandre en grand des végétaux
tout développés et en quantité considérable, font plus de
mal que de bien, à moins qu'elles ne soient placées dans des
pays très-peu civilisés, ou qu'elles se bornent strictement à
répandre certaines productions que les pépiniéristes d'une
province donnée ne peuvent cultiver avec profit. Ces principes, fondés sur les bases les plus élémentaires de l'économie
politique, m'ont paru utiles à rappeler aux administrateurs
chargés de ce genre de surveillance. (De Cand.)

JARDINER. (*Fauconn.*) Ce terme s'employoit pour désigner l'exercice auquel on dressoit, pendant la matinée,
les oiseaux de proie dans un jardin exposé au soleil. Cet

exercice consistoit à les faire sauter de terre, en les tenant
par une longe, sur le poing de la personne chargée de leur
instruction. ( Ch. D. )

JARDINIER. (*Ornith.*) Un des noms vulgaires du bruant
ortolan, *emberiza hortulana*, Linn. ( Ch. D. )

JARDINIER, JARDINIÈRE. (*Entom.*) Noms vulgaires que
l'on donne à quelques insectes : le premier au carabe doré,
le second à la courtilière ou taupe-gryllon. (C. D.)

JARDINIÈRE. (*Conchyl.*) Nom vulgairement donné en
France, et entre autres par Geoffroy dans son petit Traité
sur les coquilles des environs de Paris, à l'hélice des jardins,
*helix hortensis*. (De B.)

JARET. (*Ichthyol.*) A Toulon, on appelle ainsi une variété de la mendole, *sparus mæna*, Linn. Voyez Picarel et
Spare. (H. C.)

JARGA (*Ichthyol.*), nom que l'on donne au saumon chez
les Kalmouks. (H. C.)

JARGON. (*Min.*) Synonyme vulgaire de la variété limpide
du zircon, mot que les Anglois prononcent *jerkonn*, et dont
nous avons fait jargon. Cette opinion de Patrin nous paroit
très-vraisemblable. Voyez Zircon. ( B. )

JARGONELLE. (*Bot.*) Nom d'une variété de poire d'été,
petite, mi-partie jaune et rouge, d'une saveur un peu musquée. ( L. D. )

JARKA (*Mamm.*), nom russe de l'agneau femelle. (F. C.)

JARNOTE. (*Bot.*) L'un des noms vulgaires du *bunium bul-
bocastanum*, Linn. ( L. D. )

JAROBA. (*Bot.*) Herbe du Brésil, citée par Pison et Marcgrave, ayant une tige grimpante autour des arbres, des
feuilles ternées comme le haricot, et des fruits semblables à
celui du calebassier, *crescentia*, remplis également d'une
pulpe et de plusieurs graines, mais plus petits. Ces auteurs
en font un haricot ; mais elle en diffère beaucoup par son
fruit, et on seroit tenté de la rapporter plutôt à la famille
des cucurbitacées ou à celle des passiflorées. (J.)

JAROSSE, JAROUSSE. (*Bot.*) Voyez Gerousse. (J.)

JARRA. (*Bot.*) On nomme ainsi la gesse cultivée dans
les environs de Bourg. (L. D.)

JARRAFA (*Ichthyol.*), nom de l'alose sur la côte d'Afrique. Voyez Clupée. (H. C.)

JARRET. (*Ichthyol.*) A Iviça, suivant François de la Roche, on appelle ainsi le picarel commun, *sparus smaris*, Linn. Voyez Picarel et Spare. (H. C.)

JARRET IMPÉRIAL. (*Ichthyol.*) D'après le naturaliste que nous venons de citer, les habitans d'Iviça nomment ainsi le *sparus zebra* de Brunnich. Voyez Picarel. (H. C.)

JARRETIÈRE. (*Ichthyol.*) Voyez Lépidope. (H. C.)

JARRI-NÉGRIER. (*Bot.*) Dans le Périgord on donne ce nom au chêne-tauzin, variété du chêne des Pyrénées. (L. D.)

JARRUS. (*Bot.*) Selon Daléchamps, les apothicaires nommoient ainsi l'*arum*, en françois gouet ou pied-de-veau. (J.)

JARS. (*Ornith.*) Nom vulgaire du mâle de l'oie commune, *anas anser*, Linn. (Ch. D.)

JARSETTE. (*Ornith.*) Voyez Garzette. (Ch. D.)

JARUMA. (*Bot.*) Voyez Ambaiba. (J.)

JARZABEK. (*Ornith.*) Nom polonois de la gelinotte commune, *tetrao bonasia*, Linn. (Ch. D.)

JAS. (*Ichthyol.*) Nom suédois de l'ide, poisson du genre des Ables. Voyez Ide. (H. C.)

JASERAN. (*Bot.*) Dès le temps des Bauhin on désignoit ainsi, dans les Vosges et dans d'autres parties de la France, l'Oronce vraie, excellente espèce de champignon. (Lém.)

JASEUR. (*Ornith.*) L'oiseau d'Europe connu sous ce nom paroît être celui qu'Aristote, liv. 9 et 16, a désigné sous celui de *gnaphalos*, par allusion à ses plumes soyeuses, ainsi que l'*ampelis* de Callimaque et d'Aldrovande : c'est aussi le *bombycilla* de Schwenckfeld, page 229; le *microphenix*; le *galerita varia* de Fabricio de Padoue. Frisch, Klein et Brisson l'ont rangé parmi les grives, *turdus*; mais ce dernier en a fait une section particulière, et lui a appliqué, d'après Schwenckfeld, le nom de *bombycilla*. Linnæus, qui d'abord l'avoit confondu avec les pie-grièches, *lanius*, l'a ensuite placé parmi les cotingas, *ampelis*; et il en a été de même de Latham. M. Levaillant, dans ses Oiseaux de paradis, etc., tome 1, page 137, le met à la suite des geais. M. Vieillot en a formé un genre particulier, pour lequel il a adopté la dénomination de Schwenckfeld et de Brisson; et M. Temminck l'a aussi séparé des cotingas, et l'a appelé, dans son Manuel d'ornithologie, *bombycivora*. C'est encore sous ce nom que M.

Cuvier en parle dans son *Règne animal*, tome 1, page 549. Néanmoins cette dernière dénomination générique ne paroît pas plus convenir que celle de *bombycilla* pour désigner un oiseau plutôt baccivore qu'entomophage, et les épithètes *garrula* et *cedrorum* ne sont également pas des expressions propres et exclusives pour les espèces, puisque, vu l'uniformité du gazouillement, la première est applicable à toutes deux, et que, d'après son genre de vie, l'espèce européenne doit rechercher les cèdres comme l'espèce américaine. Il sembloit donc plus naturel, en adoptant deux espèces, de choisir pour terme générique le mot *garrulus*, et, pour les espèces, les épithètes *europæus* ou *major*, et *americanus* ou *minor*.

Au reste, en mettant à part le singulier caractère résultant des appendices membraneux, lesquels présentent, chez les adultes, un disque ovale à l'extrémité de plusieurs des pennes secondaires des ailes qui s'élargissent, au-delà des barbes, en forme de petite palette d'une belle couleur rouge, les jaseurs, dont la tête et les pieds sont figurés dans Meyer, *Taschenbuch der deutschen Vogelkunde*, genre 24, tome 1, page 204, se distinguent génériquement par un bec droit, court, dont la mandibule supérieure, plus longue, un peu courbée vers le bout, est échancrée sur ses bords, et dont l'inférieure est légèrement retroussée à la pointe; par des narines ovoïdes, situées près de la base du bec, et que recouvrent plus ou moins de petites plumes dirigées en avant; par une langue cartilagineuse et fendue à la pointe, et par la soudure de la première phalange du doigt externe avec celui du milieu.

Quoique les jaseurs soient connus, depuis bien des siècles, dans presque toutes les contrées de l'Europe, on ne sait pas encore positivement dans laquelle ils nichent. Tout porte néanmoins à croire que leur propagation a lieu très-avant dans le Nord, ces oiseaux n'étant que de passage dans les régions plus tempérées, où on ne les voit qu'en hiver et même accidentellement. Il en existe aussi en Amérique, et quoiqu'ils soient de plus petite taille, les naturalistes les ont pendant long-temps considérés comme une simple variété, tant à cause de la ressemblance du plumage, que d'après la facilité que des oiseaux capables d'entreprendre de si longs voyages en Europe ont dû avoir pour traverser les mers qui séparent ces deux parties du monde. Mais la plupart des naturalistes modernes sont actuellement d'accord sur l'existence de deux espèces, et, comme on a des données plus précises sur l'espèce américaine, elles pourront servir à en tirer des inductions sur les faits probablement analogues que l'on ignore relativement à celle d'Europe. Par exemple, d'après le récit de M. de Stralemberg, rapporté par Frisch, Latham et Montbeillard, le creux des rochers seroit, dans les régions du cercle arctique, le lieu où nicheroit cette dernière espèce; et cependant, selon M. Vieillot, Histoire naturelle des oiseaux de l'Amérique septentrionale, tome 1, page 89, c'est sur les cèdres que l'autre place son nid dans le Canada; ce qui semble d'autant plus naturel que ce sont les arbres et les arbrisseaux qui fournissent les fruits dont ces oiseaux se nourrissent principalement.

Le Jaseur d'Europe ou Grand jaseur (*Garrulus europœus* ou *major*, Dum.; *Ampelis garrulus*, Linn. et Lath.; *Bombycivora garrula*, Temm.) est l'oiseau vulgairement appelé *jaseur de Bohême*, quoiqu'il n'appartienne pas plus à ce pays, qu'il ne fait que traverser, qu'à tout autre : il est figuré dans Frisch, planche 32; dans Buffon, planche enluminée 261; dans l'Ornithologie allemande de Borckhausen, neuvième livraison, planche 6; dans les Oiseaux de la Grande-Bretagne, de Lewin, planche 66; dans ceux de Donovan, planche 11; de George Graves, tome 1, planche 16; dans les Oiseaux de paradis, Rolliers, etc., de M. Levaillant, tom. 1, planche 49. Sa longueur est d'environ huit pouces. La queue, composée de douze pennes, est coupée carrément, et les ailes, pliées, en atteignent les deux tiers. Les plumes, en général fines et soyeuses, sont beaucoup plus longues sur la tête, où elles forment une huppe que l'oiseau relève à volonté. Le front est entouré d'un bandeau noir, qui s'élargit vers les yeux, s'étend d'un côté vers l'occiput, de l'autre sur les narines, et, après une séparation formée par une petite raie blanche, descend sur la gorge jusqu'au milieu du cou, dont le bas est, ainsi que la poitrine, la tête et le dos, d'une couleur vineuse. Le croupion, les couvertures supérieures de la queue et le ventre sont d'un gris cendré, et les pennes secondaires des ailes se font remarquer par les palettes d'un rouge vermillon dont on a déjà parlé, et qui sont ordinairement au nombre de cinq ou six, mais que Graves dit être quelquefois de huit à neuf, en ajoutant qu'il en existoit même sur plusieurs des pennes caudales d'un individu de la collection de M. Haworth de Chelsea. Ces pennes sont d'autant plus grandes qu'elles s'éloignent des rémiges, dont les premières ont la pointe blanche et les autres d'un jaune jonquille, couleur qui borde aussi les pennes caudales. Les couvertures du dessous des ailes sont blanches, et celles du dessous de la queue de couleur marron. La mandibule supérieure est entièrement noire, et l'inférieure, blanche à sa base, n'est noire qu'à la pointe. Les pieds sont aussi de cette dernière couleur, et les yeux d'un rouge brun.

Il paroit que la femelle ne diffère du mâle que par des couleurs moins vives et l'espace noir de la gorge moins grand; mais les jeunes, avant leur première mue, n'ont point aux pennes secondaires des ailes ces appendices dont la crue semble même devoir être quelquefois plus tardive et ne devenir que l'attribut d'un âge assez avancé.

Les jaseurs d'Europe, dont le cri, au moins pendant l'époque de leurs voyages et hors de la saison des amours, n'est qu'un gazouillement qui peut être rendu par les syllabes $zi$, $zi$, $ri$, paroissent être d'un naturel fort social, quoique, suivant la remarque de M. Levaillant, il ne faille pas absolument tirer cette conclusion de ce qu'à l'instar d'autres oiseaux erratiques ils voyagent en troupes, puisque les cailles traversent également par bandes d'immenses contrées. Les excursions de ces oiseaux, qui sont assez communs en Sibérie, en Tartarie et dans les parties boréales de l'Asie, s'étendent de là en Pologne, en Suède, en Bohême, en Angleterre et même en France, en Italie, et dans d'autres pays tempérés; mais ils n'émigrent vraisemblablement que quand ils y sont contraints par l'intensité du froid ou la disette des alimens qui leur conviennent, et qui, à défaut de baies, telles que celles du troëne, du genévrier, du sorbier et de fruits succulens, sont des insectes de toute espèce. Les causes qui produisent cette disette, sont aussi vraisemblablement celles auxquelles il faut attribuer l'irrégularité des époques de leurs migrations, que le prince d'Aversberg dit s'effectuer en automne ; mais qui, à moins d'une accélération accidentelle dans la rigueur du climat des contrées boréales, où les jaseurs passent l'été, n'ont lieu qu'en hiver. Ils arrivent en troupes plus ou moins nombreuses, selon l'influence de la température dans le pays qu'ils abandonnent momentanément ; et ceux que l'on rencontre encore au printemps dans les régions tempérées, ne sont que des individus égarés, qui, lorsqu'on les prend dans des piéges, où ils donnent aisément, ne paroissent pas d'abord regretter beaucoup leur liberté, mais s'abandonnent à l'ennui aux approches de la belle saison, et périssent dans les cages où on les retient.

Lorsqu'il en arrive des quantités considérables, on leur fait la chasse, et l'on en tue beaucoup à la fois, parce qu'ils se posent fort près les uns des autres ; mais, si Gesner et le prince d'Aversberg les regardent comme un gibier délicat et même d'un goût préférable à celui des grives, Schwenckfeld dit que c'est un manger médiocre et peu sain.

Le Petit jaseur ou Jaseur d'Amérique ( *Garrulus americanus* ou *minor*, Dum., que M. Vieillot nomme Jaseur du cèdre, *Bombycilla cedrorum* ) est l'*ampelis garrulus*, variété *b* de Linnæus et de Latham, représenté dans Catesby, planche 46 ; dans Edwards, planche 242 ; dans les Oiseaux de l'Amérique septentrionale de M. Vieillot, planche 57, et dans les Oiseaux de paradis de M. Levaillant, tome 1, planche 50. C'est le *coquantotótl* de Fernandez, qui dit l'avoir vu au Mexique, jusqu'où il étendroit ses courses depuis la baie d'Hudson, et que les Canadiens ont nommé *récollet*, à cause des rapports trouvés entre sa huppe en repos et le capuce des anciens religieux de cet ordre. M. Levaillant, sans prétendre résoudre absolument la question relative à l'identité ou à la diversité des deux oiseaux, fait remarquer combien il seroit étonnant que le jaseur d'Europe, qui est dans le rapport de trois à un avec celui d'Amérique, c'est-à-dire qui pèseroit à peu près trois fois autant que le petit jaseur, eût passé en Amérique pour s'y amoindrir, ou que celui d'Amérique eût passé en Europe, où il auroit engendré la race des grands jaseurs. M. Levaillant fait, de plus, observer que le petit jaseur a

les narines en partie découvertes, tandis que celles du grand
jaseur sont entièrement bouchées par les plumes du front,
et que le bec du premier est plus large, plus plat que celui
du second, et approche plus du bec des cotingas. La huppe
du petit jaseur est aussi moins soyeuse que celle du grand;
la plaque noire de sa gorge est plus étroite; les plumes anales
sont blanches, celles du bas-ventre et des flancs d'un jaune
pâle; les ailes d'un gris uniforme, au lieu des belles taches
blanches et jaunes que l'on voit sur les ailes noires du grand;
et, enfin, la première penne de ses ailes est plus courte que
les trois suivantes, tandis que la même penne est la plus
longue chez le jaseur d'Europe. M. Vieillot a possédé un
individu qui avoit des palettes sur plusieurs des pennes caudales, comme on en a vu chez l'individu européen de la
collection de M. Haworth. A l'égard des ailes, ces palettes
manquoient sur plusieurs des individus envoyés en Europe.
M. Levaillant regarde cette privation comme indiquant les
femelles, et M. Vieillot, l'ayant observée dans le rapport de
dix individus sur douze, fait sentir que, si les palettes étoient
un attribut distinctif des mâles, il en résulteroit que le
nombre des femelles seroit beaucoup plus grand dans cette
espèce; mais cette circonstance ne semble que venir à l'appui
de l'opinion suivant laquelle les jeunes des deux sexes seroient
privés de cet ornement, qui n'existeroit que dans un âge avancé.

M. Vieillot fournit, dans ses Oiseaux de l'Amérique septentrionale, d'autres détails sur les petits jaseurs, dont la longueur totale est de cinq pouces dix lignes, et chez lesquels
les jeunes ont une huppe très-peu apparente, et sont en
général d'un gris sale sur le corps et tachetés de brun en-
dessous.

Ces oiseaux qui, comme on l'a déjà dit, nichent dans les
forêts, sur les cèdres, ne se voient qu'en hiver dans la Caroline du sud, et ils passent une partie de leur vie à errer
dans diverses contrées pour y chercher, suivant les saisons,
une nourriture plus abondante; mais ils restent presque
toute l'année dans l'état de New-York, et se montrent tous
les mois, pendant quelques jours, dans la Pensylvanie, tantôt
en très-grandes bandes, tantôt en petites troupes. Lorsqu'au
mois de Mai ils sentent le besoin de transmettre l'existence

à une nouvelle génération, les mâles se disputent les femelles avec beaucoup d'acharnement, et les couples formés s'isolent dans l'intérieur des forêts, où ils cachent soigneusement leur nid. La femelle fait chaque année deux pontes aux mois de juin et d'août.

Ces oiseaux sont silencieux en liberté, comme dans la captivité, à laquelle ils s'habituent aisément. A peine entrés dans une volière ils se jettent sur la nourriture qui leur est présentée, si elle leur convient. En liberté ils déchirent la pulpe des cerises et des fruits tendres, avalent tout entières les baies du *smilax*, du *diospyrum*, etc. : ils prennent aussi fort adroitement les mouches au vol, et se nourrissent également ment des autres insectes, qu'ils cherchent sur les branches et sur les feuilles. (Ch. D.)

JASIA (*Bot.*) : nom japonois de l'aune, *alnus*, suivant M. Thunberg. (J.)

JASIN, RASEN (*Bot.*) : noms arabes de l'aunée, *inula helenium*, selon Daléchamps. (J.)

JASINE (*Ornith.*) : nom du bruant commun, *emberiza citrinella*, Linn., dans les Pays-Bas. (Ch. D.)

JASIONE. (*Bot.*) Ce nom, répété dans les ouvrages de Théophraste, de Pline et d'autres anciens, paroît avoir été donné à des plantes différentes, d'après les observations de J. Bauhin, dans le second volume de son Histoire des plantes. On avoit cru que c'étoit un liseron, ou une ancolie. Césalpin lui croyoit du rapport avec la raiponce; et c'est probablement ce qui a déterminé Linnæus à nommer *jasione* une plante dont C. Bauhin et Tournefort faisoient un *rapunculus*. (J.)

JASIONE; *Jasione*, Linn. (*Bot.*) Genre de plantes de la famille des *campanulacées*, Juss., et de la *syngénésie monogamie*, Linn., dont les principaux caractères sont les suivans : Fleurs ramassées en tête sur un réceptacle commun, et environnées d'un involucre de dix à douze folioles disposées sur deux rangs; calice monophylle à cinq dents; corolle monopétale, divisée profondément en cinq découpures linéaires; cinq étamines plus courtes que la corolle, à anthères oblongues, réunies inférieurement; un ovaire inférieur, arrondi, surmonté d'un style plus long que la fleur et terminé par un stigmate échancré ou bifide ; une capsule presque ronde , à cinq angles , couronnée par le calice , et partagée en deux loges polyspermes.

Les jasiones sont des plantes herbacées, annuelles ou vivaces, à feuilles alternes et à fleurs terminales. On en connoît quatre espéces, qui sont indigènes de l'Europe ; les deux suivantes sont les plus communes.

JASIONE DE MONTAGNE : *Jasiona montana*, Linn., *Spec.*, 1317 ; *Flor. Dan.*, tab. 319 ; *Jasione undulata*, Lamk., Dict. encycl., 5 , pag. 215. Sa racine est fibreuse, annuelle : elle produit plusieurs tiges grêles, hautes d'un pied ou environ, simples ou peu rameuses, hérissées de poils, surtout inférieurement ; garnies de feuilles éparses, sessiles, linéaires-lancéolées, hispides, ondulées en leurs bords. Ses fleurs sont d'une belle couleur bleue, réunies en une tête hémisphérique, portée sur un long pédoncule, et qui termine les tiges ou les rameaux. Cette plante est commune sur les collines et sur les bords des bois : on ne lui connoît aucune propriété.

JASIONE VIVACE : *Jasione perennis*, Lamk., Dict. encycl., 3 , pag. 216 ; *Illustr.*, tab. 724, fig. 2. Cette espèce diffère de la précédente par ses racines vivaces ; par ses tiges plus nombreuses, étalées et même couchées sur la terre dans leur partie inférieure , et par ses feuilles presque glabres, non ondulées en leurs bords. Elle croît sur les montagnes en France, dans celles d'Auvergne, dans les Alpes et les Pyrénées. ( L. D. )

JASJIBO (*Bot.*), espèce de prunier du Japon, selon Kæmpfer. (J.)

JASKOLKA - MORSKA. (*Ornith.*) Nom polonois d'une grande espèce du genre Sterne ou Hirondelle de mer, qu'on appelle vulgairement pierre - garin , *sterna hirundo*, Linn. ( CH. D. )

JASKOTKA. (*Ornith.*) Nom polonois de l'hirondelle, *hirundo*. ( CH. D. )

JASMÉ DE MONTAGNE. (*Bot.*) La plante ainsi nommée par Daléchamps, d'après des auteurs plus anciens, à cause de son odeur suave et approchant de celle du jasmin, est *l'androsace villosa* des botanistes. (J.)

JASMIN, *Jasminum*. (*Bot.*) La multiplicité et la différence plus ou moins grande des végétaux auxquels on a donné ce nom, prouve combien les auteurs anciens et même plusieurs modernes étoient peu d'accord sur les principes qui doivent présider à la formation des genres et à leur classification. Ce nom a pu facilement être donné au sambac ou jasmin d'Arabie, *mogorium*, appartenant aux jasminées; mais on commence à être étonné de le voir appliqué à d'autres arbres ou arbrisseaux de familles différentes, quoique dans la même classe des hypocorollées : à un *citharexylum*, un *volkameria*, un *spielmannia*, dans les verbenacées; à un *cestrum* dans les solanées, à un *ehrhetia* dans les boraginées, à un *tabernæmontana* et un *plumeria* dans les apocinées, au *tecoma* (jasmin de Virginie) dans les bignoniées, et même à l'*ipomæa quamoclit*, quoique herbacé, dans les convolvulacées. La corolle en entonnoir, comme dans le vrai jasmin, en a fait encore donner le nom, soit à un *azalea*, dans les rhodoracées, faisant partie de la classe des péricorollées ou monopétales à corolle insérée au calice; soit, avec encore moins de raison, à des rubiacées placées dans la classe des épicorollées à insertion sur l'ovaire, telles qu'un *costea*, un *tetramerium*, un *ixora* nommé jasmin des Indes, et un *gardenia*, qui est le jasmin du Cap. On est plus surpris de voir ce nom donné au *nyctago*, type des nyctaginées, qui n'a qu'un calice coloré, et surtout à des plantes évidemment polypétales, telles que le gayac dans les tribulées, appartenant à la classe des hypopétalées, et le *jussiæa* dans les onagraires, qui font partie des péripétalées. Cette série, déjà assez nombreuse, pourroit encore être augmentée. (J.)

JASMIN, *Jasminum*, Linn. (*Bot.*) Genre de plantes dicotylédones, qui a donné son nom à la famille des *jasminées*, et qui, dans le système sexuel, appartient à la *diandrie monogynie*. Ses principaux caractères sont les suivans : Calice monophylle, persistant, à cinq dents ou quinquéfide; corolle monopétale, infundibuliforme, à limbe plane, partagé en cinq divisions; deux étamines renfermées dans le tube de la corolle; un ovaire supérieur, arrondi, surmonté d'un style simple et terminé par un stigmate bifide; une baie à deux loges monospermes.

Les jasmins sont des arbrisseaux dont les rameaux sont

droits et disposés en buisson, ou grêles, sarmenteux, volubiles et grimpans sur les corps qui sont dans leur voisinage; dont les feuilles, alternes ou opposées, sont simples ou composées, et dont les fleurs, diversement disposées, ont en général une odeur suave et un aspect agréable. On en connoît aujourd'hui une trentaine d'espèces qui, excepté deux indigènes des parties méridionales et tempérées de l'Europe, appartiennent toutes aux climats chauds de l'un ou l'autre hémisphère. Nous ne parlerons ici que des espèces cultivées dans les jardins de botanique ou dans ceux des amateurs.

### * *Feuilles simples.*

JASMIN GLAUQUE : *Jasminum glaucum*, Willd., *Spec.*, 1, pag. 37; *Jasminum ligustrifolium*, Lamk., Dict. encycl., 3, pag. 218; *Nyctantes glauca*, Linn., *Suppl.*, 82. Sa tige est droite, divisée en rameaux nombreux, cylindriques, glabres, plians, garnis de feuilles opposées, lancéolées, glauques, glabres, portées sur des pétioles très-courts. Ses fleurs sont blanches, disposées en corymbe terminal; leur calice est à cinq divisions. Cette espèce est originaire du cap de Bonne-Espérance. On la cultive au Jardin du Roi, et on la rentre dans l'orangerie pendant l'hiver.

JASMIN VOLUBILE; *Jasminum volubile*, Jacq., *Hort. Schœnbr.*, 3, pag. 39, tab. 321. Sa tige se divise en rameaux sarmenteux, volubiles, s'élevant à huit ou dix pieds; ses feuilles sont ovales-lancéolées, luisantes, persistantes, opposées, pétiolées; ses fleurs sont très-odorantes, disposées en panicule terminale; leur calice est à quatre ou six dents, et la corolle à six ou huit découpures; les fruits sont des baies d'un bleu foncé, ne contenant le plus souvent qu'une seule graine. Cette espèce croît naturellement au cap de Bonne-Espérance. On la cultive au Jardin du Roi; elle a besoin d'être préservée du froid pendant l'hiver.

JASMIN MULTIFLORE : *Jasminum multiflorum*, Andrew, *Bot. Repos.*, n.° et tab. 496; *Jasminum hirsutum*, Smith, *Exot. Bot.*, 2, pag. 117, tab. 118; Willd., *Spec.*, 1, pag. 36; *Nyctantes hirsuta*, Linn., *Spec.*, 8. Sa tige se divise en rameaux sarmenteux, pubescens, garnis de feuilles opposées, pétiolées, ovales-en-cœur, légèrement ciliées. Les fleurs sont grandes,

d'un blanc éclatant, odorantes, axillaires et terminales, rapprochées en une courte panicule ; leur calice est pubescent,
à cinq divisions très-étroites, et les découpures de la corolle
sont au nombre de six à huit. Cette plante est originaire des
Indes orientales et des contrées méridionales de la Chine.
On la cultive au Jardin du Roi, dans la serre chaude.

Jasmin a feuilles simples : *Jasminum simplicifolium*, Vahl.
*Enum.*, 1, pag. 27 ; *Jasminum australe*, Pers., *Synop.*, 1, pag. 8.
Ses feuilles sont opposées, ovales-lancéolées, acuminées ; ses
fleurs sont axillaires, portées sur des pédoncules simples ; les
calices sont glabres, à divisions subulées. Ce jasmin est originaire des iles des Amis, dans la mer du Sud. On le cultive
au Jardin du Roi, dans la serre chaude.

Jasmin géniculé : *Jasminum geniculatum*, Vent., Choix de
Pl., n.º et tab. 8 ; *Jasminum gracile*, Andrew, *Bot. Repos.*,
n.º et tab. 127. Sa tige est divisée en rameaux grêles, sarmenteux, grimpans, garnis de feuilles opposées, ovales,
aiguës, glabres, luisantes, persistantes, portées sur des pétioles coudés et articulés. Ses fleurs sont blanches, d'une
odeur très-agréable, portées sur des pédoncules articulés,
souvent trifides, et disposées au sommet des rameaux en
petites panicules peu garnies ; le tube de la corolle est trois
fois plus long que le calice, qui est ordinairement à cinq
dents et quelquefois à six. Cette espèce croit naturellement
à l'ile de Norfolk, dans la mer du Sud. On la cultive en
France depuis vingt et quelques années ; nous l'avons vue
chez M. Cels. Elle a besoin de l'orangerie pendant l'hiver.

## ** *Feuilles ternées.*

Jasmin des Açores : *Jasminum azoricum*, Linn., *Spec.*, 9 ;
*Jasminum azoricum trifoliatum, flore albo odoratissimo*, Commel.,
*Hort. Amstel.*, 1, pag. 159, tab. 82. Plantée en pot ou en
caisse, cette espèce s'élève à trois ou quatre pieds de hauteur ; ses rameaux sont nombreux, cylindriques, verdâtres
dans leur jeunesse, garnis de feuilles opposées, pétiolées,
composées de trois folioles ovales-aiguës, luisantes, persistantes, pétiolées. Les fleurs sont blanches, d'une odeur suave,
pédonculées, disposées en corymbes presque paniculés ; leur
calice est à cinq dents. Ce jasmin est originaire des iles

Açores et de l'île de Madère. On le cultive en Europe depuis plus de cent cinquante ans, en pleine terre, en Italie, en Espagne, en Portugal et même en Provence : dans le nord de la France il faut le rentrer dans l'orangerie pendant l'hiver. Il fleurit pendant tout l'été.

JASMIN FRUTIQUEUX OU JASMIN JAUNE : *Jasminum fruticans*. Linn., *Spec.*, 9 : Lamk., Dict. encycl., 3, pag. 218, *Illust.*, tab. 7, fig. 2. Sa racine produit plusieurs tiges ligneuses, droites, hautes de quatre à six pieds, divisées en beaucoup de rameaux menus, anguleux, verdâtres, garnis de feuilles alternes, petites, composées pour la plupart de trois folioles oblongues, glabres, luisantes. Les fleurs sont jaunes, légèrement odorantes dans les climats chauds, tout-à-fait inodores dans les pays froids, et disposées deux à trois ensemble au sommet des rameaux, sur des pédoncules assez courts. Cet arbrisseau croît naturellement dans les buissons et sur les collines dans le midi de la France et de l'Europe, dans le nord de l'Afrique, le Levant, etc. Il n'est pas délicat, et supporte bien en pleine terre les hivers du nord de la France et de l'Allemagne ; mais il perd chaque année ses feuilles, qu'il conserve au contraire dans les climats plus chauds. On le plante dans les bosquets, et on en fait même des haies ces dernières sont peu solides.

JASMIN D'ITALIE : *Jasminum humile*, Linn., *Spec.*, 9 : *Jasminum luteum*, Lob., *Icon.*, vol. 2, pag. 106. Ses racines poussent plusieurs tiges simples ou peu rameuses, droites, presque cylindriques, hautes de trois à quatre pieds, garnies de feuilles alternes, pétiolées, composées de trois et quelquefois de cinq folioles ovales, glabres, d'un vert jaunâtre. Ses fleurs sont jaunes, presque inodores, disposées en corymbe à l'extrémité des rameaux : leur calice est à cinq dents trèspetites. Cette espèce passe pour croître naturellement en Italie, mais il paroît qu'elle est originaire des îles Canaries. On la cultive en pleine terre dans les jardins : lorsque les hivers sont rigoureux, ses tiges périssent jusqu'à la racine.

JASMIN JONQUILLE : *Jasminum odoratissimum*, Linn., *Spec.*, 10 ; Curt., *Mag.*, n.° et tab. 285. Sa tige s'élève à quatre ou cinq pieds, en se divisant en rameaux nombreux, glabres, cylindriques, garnis de feuilles alternes, pétiolées, composées

de trois folioles ovales, un peu coriaces, luisantes, persistantes. Ses fleurs sont jaunes, disposées au sommet des rameaux et dans les aisselles des feuilles supérieures en bouquets corymbiformes ; elles ont une odeur agréable, analogue
à celle de la jonquille ; leur calice est à quatre ou cinq dents
très-courtes. Ce jasmin croît naturellement aux îles Canaries,
à Madère, au cap de Bonne-Espérance et jusque dans l'Inde.
On le cultive en Europe depuis plus de cent cinquante ans.
Il fleurit dans notre climat pendant tout l'été et une grande
partie de l'automne. On le plante en pot ou en caisse, et on
le rentre pendant l'hiver dans l'orangerie. Dans le midi de
la France il peut être mis en pleine terre.

### ✳✳✳ *Feuilles ailées.*

JASMIN OFFICINAL OU JASMIN COMMUN : *Jasminum officinale*,
Linn., *Sp.*, 9 ; Bull., *Herb.*, tab. 231. Ses tiges et ses rameaux
sont cylindriques, sarmenteux, plians, verts dans leur jeunesse, susceptibles de s'élever à quinze et vingt pieds, et
même au-delà quand ils trouvent à s'appuyer. Ses feuilles
sont opposées, pétiolées, ailées avec impaire, composées de
sept folioles ovales - pointues, d'un vert assez foncé ; l'impaire beaucoup plus grande que les autres. Ses fleurs sont
blanches, pédonculées, douées d'un parfum très-agréable,
et disposées à l'extrémité des rameaux en un corymbe peu
garni ; les dents de leur calice sont alongées, subulées, et les
divisions de la corolle aiguës. Ces fleurs paroissent depuis la
fin du printemps jusqu'en automne. Cette espèce n'est point
indigène de l'Europe, et on ne sait à quelle époque elle y
a été introduite ; mais elle y est généralement cultivée depuis
plusieurs siècles, et même dans le nord de la France elle
brave le froid de nos hivers, quoiqu'elle soit originaire des
pays chauds de l'Asie. On l'emploie, dans les jardins d'agrément, à garnir des berceaux, à faire de petites palissades ; on
peut aussi, en la tondant aux ciseaux, en faire de fort jolis
buissons. Les fleurs de jasmin passoient autrefois pour émollientes, résolutives et emménagogues ; aujourd'hui elles ne
sont plus usitées en médecine. On en retire une huile essentielle très-parfumée.

JASMIN GRANDIFLORE, vulgairement JASMIN D'ESPAGNE : *Jas-*

*minum grandiflorum*, Linn., *Spec.*, 9; Edw., *Bot. Regist.*, n.° et tab. 91. Cette espèce diffère de la précédente en ce qu'elle s'élève moins, que ses fleurs sont plus grandes, légèrement nuancées de rouge en dehors, à divisions obtuses : mais surtout parce qu'elles sont portées sur des pédoncules dichotomes, au nombre de cinq à sept, celle du centre des ramifications ayant son pédicule propre très-court. Ce jasmin est originaire du Malabar et autres contrées de l'Inde ; on le trouve aussi en Amérique dans l'île de Tabago, où il a probablement été transporté et se sera naturalisé. On le cultive en Europe depuis près de deux cents ans. Il est beaucoup plus délicat que le jasmin officinal : dans le nord de la France il faut le rentrer dans l'orangerie pendant l'hiver, et même dans la serre chaude, si l'on veut continuer à jouir de ses fleurs, qui commencent à paroître en été, et qui continuent pendant l'automne et même pendant l'hiver, lorsqu'il a assez de chaleur. En Provence, en Italie et en Espagne, on le cultive en pleine terre, pour retirer l'huile essentielle de ses fleurs, ainsi que nous le dirons tout à l'heure. Sur les côtes de Barbarie les habitans du pays font des tuyaux de pipes avec ses tiges.

C'est principalement de cette espèce qu'on retire l'essence de jasmin ; mais l'arome de ses fleurs est si volatil qu'il est très-difficile de le fixer, et ni l'eau ni l'esprit de vin ne peuvent s'en charger par la distillation. Ce n'est que dans le midi de l'Europe, et principalement en Italie et à Grasse en Provence, qu'on prépare l'essence de jasmin, et voici le procédé qu'on emploie. On imbibe des flocons de coton avec de l'huile de ben, qui a la propriété de ne point rancir ; ensuite on arrange sur des tamis de crin, alternativement, une couche de fleurs de jasmin et une couche de flocons de coton, jusqu'à ce que le tamis soit plein, et on le couvre bien. Vingt-quatre heures après, on enlève les couches de fleurs et de coton, pour remettre ces dernières dans le même état avec de nouvelles fleurs, et l'on répète cette opération jusqu'à ce que le coton sente le jasmin comme la fleur même. Alors on soumet ce coton à la presse pour en retirer l'huile qui s'est chargée de tout l'arome du jasmin. Cette huile conserve assez longtemps cette odeur, pourvu qu'on ait soin de la tenir dans des flacons bien bouchés.

Quelques médecins l'ont recommandée en frictions sur les membres, contre la paralysie, et les maladies nerveuses et convulsives; mais c'est un moyen bien peu employé. Le plus grand usage qu'on fasse de l'huile de jasmin, c'est pour la parfumerie. Lorsqu'on portoit plus communément de la poudre sur la tête, on en employoit beaucoup pour communiquer une bonne odeur à la poudre.

On peut aussi faire prendre au sucre une petite odeur de jasmin, en mêlant du sucre en poudre à des fleurs de jasmin de la même manière qu'on arrange celles-ci avec du coton. On met alors les tamis sur des vases dans une cave, et on les couvre avec des linges mouillés : l'humidité de la cave fait couler le sucre en sirop qui a contracté une agréable odeur de jasmin.

Les jasmins qui sont de pleine terre, se multiplient facilement de marcottes et de drageons enracinés qui poussent autour des vieux pieds; les espèces plus délicates se multiplient de boutures, de marcottes, ou en les greffant sur le jasmin commun; il en est même quelques-unes, comme le jasmin jonquille, qui fournissent des graines bien mûres, que l'on peut semer. Les individus qui proviennent de ces graines s'élèvent sur une tige droite, comme de petits arbres, et ils ont naturellement une forme plus régulière. (L. D.)

JASMIN D'AFRIQUE. (*Bot.*) Nom donné à la spielmanne africaine et au lyciet d'Afrique. (LEM.)

JASMIN D'AMÉRIQUE. (*Bot.*) Voyez GAYAC. (LEM.)

JASMIN D'ARABIE A FEUILLES DE LAURIER. (*Bot.*) Bernard de Jussieu a donné une description du caféyer sous cette dénomination. (LEM.)

JASMIN D'ARABIE ou SAMBAC. (*Bot.*) Voyez MOGORI et NYCTANTHE. (LEM.)

JASMIN EN ARBRE. (*Bot.*) C'est le *plumeria rubra.* Voyez FRANGIPANIER. (LEM.)

JASMIN BATARD. (*Bot.*) Le *philadelphus coronarius* a été autrefois désigné sous ce nom. (L. D.)

JASMIN BLANC. (*Bot.*) Voyez JASMIN BATARD. (LEM.)

JASMIN BLEU. (*Bot.*) On donnoit anciennement ce nom au lilas ordinaire et à la clématite bleue. (L. D.)

JASMIN DU CAP. (*Bot.*) Nom que les fleuristes donnent au *gardenia florida*. Voyez GARDÈNE. (LEM.)

JASMIN CASSE. (*Bot.*) La mussende de Campêche porte ce nom à la Guadeloupe. (LEM.)

JASMIN DE CATALOGNE, JASMIN D'ESPAGNE. (*Bot.*) Voyez JASMIN GRANDIFLORE. (LEM.)

JASMIN DE CRÈTE. (*Bot.*) Nom sous lequel on a désigné autrefois le *berberis cretica*, espèce d'épine-vinette. (J. D.)

JASMIN ÉPINEUX. (*Bot.*) Voyez GMELINE DE COROMANDEL. (LEM.)

JASMIN A FEUILLE DE LAURIER (*Bot.*), espèce de cestreau, *cestrum vespertinum*, Linn. (LEM.)

JASMIN A FEUILLES DE MÉLISSE. (*Bot.*) C'est le camara. *lantana camara*, Linn. (LEM.)

JASMIN A FEUILLES DE MYRTE. (*Bot.*) C'est une espèce de ciocoque, *chiococca racemosa*, Linn. (LEM.)

JASMIN FLEURI. (*Bot.*) Voyez JASMIN DU CAP. (LEM.)

JASMIN FRANC. (*Bot.*) Dans le Midi on donne ce nom au *jasminum fruticans*, ou jasmin frutigneux. (J. D.)

JASMIN DES INDES (*Bot.*), espèce de barrelière, *barleria prionitis*, Linn. (LEM.)

JASMIN INDIEN. (*Bot.*) Voyez JASMIN EN ARBRE. (LEM.)

JASMIN INODORE. (*Bot.*) C'est le *psychotria herbacea*. (LEM.)

JASMIN D'ITALIE. (*Bot.*) C'est le jasmin grandiflore. (L. D.)

JASMIN JAUNE. (*Bot.*) Voyez GÉNIPAYER. (LEM.)

JASMIN JAUNE ODORANT. (*Bot.*) C'est le *bignonia sempervirens*. Voyez GELSEMIUM. (LEM.)

JASMIN DE MER. (*Zooph.*) Voyez MILLEPORE TRONQUÉ. (LEM.)

JASMIN ODORANT. (*Bot.*) Voyez JASMIN JAUNE ODORANT. (LEM.)

JASMIN ODORANT DE LA JAMAÏQUE. (*Bot.*) C'est l'*amyris balsamifera*. Voyez BALSAMIER. (LEM.)

JASMIN DE PERSE. (*Bot.*) On a quelquefois désigné sous ce nom le lilas de Perse. (L. D.)

JASMIN ROUGE. (*Bot.*) Ancien nom de la belle-de-nuit, *mirabilis jalappa*. On le donne encore dans les colonies au frangipanier à fleurs rouges, *plumeria rubra*. (LEM.)

JASMIN ROUGE DE L'INDE. (*Bot.*) Voy. QUAMOCLIT. (LEM.)

JASMIN ROYAL ou DE CATALOGNE. (*Bot.*) C'est le jasmin grandiflore. (L. D.)

JASMIN VENIMEUX. (*Bot.*) Voyez CESTREAU. (LEM.)

JASMIN DE VIRGINIE. (*Bot.*) Espéce de bignone, *bignonia radicans*, Linn. (LEM.)

JASMINÉES. (*Bot.*) Famille de plantes de la classe des hipocorollées ou dicotylédones monopétales à corolle insérée sous l'ovaire. Son caractère général est formé des caractéres suivans, ajoutés aux précédens :

Un calice tubulé; une corolle régulière tubulée de même, à limbe divisé en lobes égaux ; deux étamines insérées au tube de la corolle. Un ovaire libre, à deux loges remplies chacune de deux ovules attachées au sommet de la loge, ou d'un seul ovule inséré au bas de sa loge; un seul style terminé par un stigmate bilobé. Un fruit biloculaire, tantôt capsulaire, s'ouvrant en deux valves, comme dans les acanthées, tantôt en baie. Graines semblables pour l'attache et le nombre aux ovules : dans celles qui partent du bas des loges, l'embryon est sans périsperme ou à périsperme très-mince et à radicule descendante; il est entouré d'un périsperme charnu et épais, et à radicule montante dans celles qui pendent du sommet de la loge.

Les plantes de cette famille sont des arbrisseaux ou des arbres à rameaux opposés, à feuilles le plus souvent opposées, à fleurs également opposées, disposées en corymbe ou en panicule.

La corolle est presque polypétale dans quelques frênes, et manque entièrement dans d'autres. Quelquefois il y a trois étamines au lieu de deux : quelquefois une loge dans les fruits, ou une graine dans les loges dispermes, est supprimée par avortement.

Les jasminées avoient été primitivement distinguées en deux sections, caractérisées par le fruit capsulaire ou en baie. Les observations de Gærtner, sur le nombre et la situation des graines dans leur loge, et sur l'existence du périsperme, ont servi de base à M. R. Brown pour diviser cette famille en deux. Nous les admettons, mais seulement comme deux sections de la même, lesquelles doivent toujours rester unies.

La section des oléinées se distingue par des loges dispermes dans l'ovaire, souvent monospermes par avortement dans le fruit; par des graines pendantes, et un embryon à radicule supérieure, renfermé dans un périsperme charnu et épais. Elle réunit les genres *Lilac* (*Syringa* de Linnæus), *Rangium* (*Forsythia* de Vahl), *Hebe*, *Fontanesia*, *Schrebera* de Roxburg (différent des *Schrebera* de Linnæus et de Retz, qui sont supprimés), *Fraxinus*, dont le fruit est capsulaire; et les genres à fruit en baie, *Chionanthus* (dont le *ceranthus* de Schreber et le *linociera* de Swartz sont congénères), *Notelea* de Ventenat, *Borya* de Willdenow (*Adelia* de P. Browne et de Michaux), *Noronhia* de Stedmann et de M. du Petit-Thouars, *Olea*, *Phyllirea*, *Tetrapilus* de Lourciro, *Ligustrum*.

La section des jasminées proprement dites, à loges toujours monospermes, à graines insérées au fond des loges, à radicule inférieure, à périsperme nul ou très-mince, ne contient que les genres *Mogorium* et *Jasminum*, à fruit en baie, et le *Nyctanthes* à fruit capsulaire. (J.)

JASMINOÏDES. (*Bot.*) Le genre de plantes que Tournefort nommoit ainsi, a été subdivisé en deux par Linnæus, savoir le Lyciet, *lycium*, et le Cestreau, *cestrum*. Voyez ces mots. (J.)

JASMINULLO. (*Bot.*) Lœfling dit qu'à Cumana on nomme ainsi une plante herbacée qui est son *allionia violacea*. (J.)

JASMINUM. (*Bot.*) Voyez Jasmin. (Lem.)

JASONIE, *Jasonia*. (*Bot.*) [*Corymbifères*, Juss. = *Syngénésie polygamie superflue*, Linn.] C'est un sous-genre, faisant partie du genre *Pulicaria*, qui appartient à l'ordre des synanthérées, à notre tribu naturelle des inulées, et à la section des inulées-prototypes. Voici les caractères de ce sous-genre.

Calathide radiée ou discoïde: disque multiflore, régulariflore, androgyniflore; couronne unisériée, liguliflore, féminiflore, radiante ou non radiante. Péricline à peu près égal aux fleurs du disque; formé de squames imbriquées, linéaires, ayant leur partie inférieure appliquée, subcoriace, et leur partie supérieure ordinairement appendiciforme, inappliquée ou étalée, foliacée. Clinanthe plan, fovéolé ou alvéolé. Ovaires pédicellulés, cylindriques, hispides; aigrette double: l'extérieure courte, composée de squamellules distinctes, libres, subunisériées, inégales, irrégulières, filiformes-laminées, membraneuses; l'intérieure longue, composée de squamellules inégales, filiformes, barbellulées. Anthères munies de longs appendices basilaires.

Jasonie radiée : *Jasonia radiata*, H. Cass.; *Inula tuberosa*, Lamk., Encycl.; *Erigeron tuberosum*, Linn. Cette plante a une racine tubéreuse, tronquée, vivace, produisant une tige dure, presque ligneuse, haute d'environ six pouces, parsemée de poils, et divisée en rameaux simples, étalés; les feuilles sont éparses, presque sessiles, étroites, linéaires-lancéolées, roides, très-entières ou rarement dentées, garnies de quelques poils; les calathides, solitaires au sommet de la tige et de ses rameaux pédonculiformes, sont au nombre de cinq ou six, et composées de fleurs jaunes; leur couronne est radiante; les squames du péricline sont appendiculées. On trouve cette plante dans le Languedoc, dans les Cévennes et aux environs de Montpellier. Nous avons étudié ses caractères génériques sur un individu vivant cultivé au Jardin du Roi, et sur un échantillon sec de l'herbier de M. de Jussieu.

Jasonie discoïde : *Jasonia discoidea*, H. Cass. Cette seconde espèce diffère suffisamment de la première : 1.° par sa calathide, dont la couronne n'est point radiante, parce qu'elle ne s'élève pas plus haut que le disque et le péricline, entre lesquels elle reste cachée; 2.° par son péricline, dont les squames ne sont point appendiculées, mais appliquées d'un bout à l'autre. Nous avons étudié les caractères génériques de cette plante au Jardin du Roi, où elle étoit cultivée; mais nous avons malheureusement négligé d'observer ses caractères spécifiques.

Nous attribuons au genre *Pulicaria* toutes les inulées-prototypes à clinanthe nu et à aigrette double; mais nous divisons ce genre en quatre sous-genres, nommés *Pulicaria*, *Tubilium*, *Jasonia*, *Myriadenus*, et distingués par les caractères suivans. Dans le *pulicaria* et dans le *tubilium*, l'aigrette extérieure est très-courte, stéphanoïde, continue, dentée; mais la couronne de la calathide est liguliflore dans le *pulicaria*, et tubuliflore dans le *tubilium*. L'aigrette extérieure est composée de squamellules distinctes et libres dans le *jasonia* et dans le *myriadenus*; mais la calathide du *jasonia* est couronnée, tandis que celle du *myriadenus* est incouronnée. Le *myriadenus* diffère aussi du *jasonia* par ses ovaires alongés, hispides inférieurement, glandulifères supérieurement.

Nous avons proposé le sous-genre *Jasonia* comme un genre nouveau de la tribu des inulées, dans notre troisième Mémoire sur les synanthérées, lu à l'Institut le 19 Décembre 1814, et publié dans le Bulletin des sciences d'Octobre 1815 et dans le Journal de physique de février 1816. Mais nous n'avions point indiqué les caractères du *jasonia*, que nous croyions alors être peu distinct du *conyza*, et nous avions mal à propos attribué au *jasonia* les *erigeron fœtidum* et *longifolium*. Il est probable que les plantes étiquetées ainsi par erreur au Jardin du Roi, dans le temps où nous les avons observées, étoient deux individus de notre *jasonia discoidea*. Depuis cette époque, nous avons soigneusement examiné, dans les herbiers de MM. de Jussieu et Desfontaines, des échantillons d'*erigeron fœtidum* et d'*erigeron longifolium*; et nous avons reconnu que ces plantes n'ont point, comme les *jasonia*, l'aigrette double ni les anthères appendiculées à la base, qu'elles n'appartiennent point à la tribu des inulées, mais à celle des astérées, et que ce sont de vrais *erigeron*, quoique toutes les fleurs de leurs calathides soient de couleur jaune. (H. Cass.)

JASPE (*Min.*) Les jaspes sont des pierres siliceuses, dont la cassure est terne et l'opacité parfaite, même sur les bords les plus minces. Jamais ils ne se sont présentés sous forme cristalline régulière; mais leur dureté, les étincelles qui jaillissent de l'acier qui les frappe, et leur infusibilité suffisent pour en dénoter la nature. Leur pesanteur spécifique varie de 2,3 à 2,7.

Les jaspes reçoivent un beau poli, mais il n'est jamais aussi brillant que celui des agates et des silex; leurs couleurs sont sombres et chargées, ce qui tient à la forte proportion du fer qui les colore et qui leur permet de conduire l'étincelle électrique : quant à leur aspect terne, il est dû à une certaine quantité d'argile qui est interposée entre leurs molécules. Kirwan a trouvé le jaspe composé de

Silice. . . . . . . . . . . . . 75
Alumine . . . . . . . . . . . . 20
Fer . . . . . . . . . . . . . . 5
                                ———
                                100

Nous partagerons, comme M. Brongniart, ce groupe artificiel de pierres siliceuses en quatre variétés; savoir : les
jaspes communs ou unis, les jaspes rubanés, les jaspes
égyptiens et les jaspes schisteux.

*Les jaspes communs* sont ceux qui se présentent sous des
couleurs uniformes. On y remarque le *jaspe blanc d'ivoire*
avec dendrites noires ou filets rouges de carmin; il est fort
estimé, et vient, dit-on, du mont Altaï et du Levant : les
*jaspes jaunes*, les *jaspes rouges de sang*, les *jaspes bruns de foie,
bleu de lavande, vert poireau* (ou *pierre à lunette*), les
*jaspes violets*: et, enfin, les *jaspes noirs*, qui sont assez rares,
et qui sont connus sous le nom de *paragone* en Italie.

*Les jaspes rubanés* offrent ordinairement deux couleurs
disposées par zones contournées, ou plus ordinairement par
bandes droites et parallèles. Il arrive cependant quelquefois,
et même assez souvent, que ces couleurs se brouillent de
telle sorte que ces jaspes prennent le surnom de *fleuris* ou
*versicolores*. Les plus remarquables sont le jaspe rubané brun
et vert, de la chaine des montagnes de *Stanovoï* en Sibérie.
M. Tondi a reconnu le premier que les bandes vertes sont
dues à de l'épidote disséminé. Patrin a trouvé beaucoup
d'autres jaspes rubanés dans les montagnes de la Sibérie,
entre autres des jaune-paille et blancs, des roses et verts,
des bruns et blancs, des jaunes et rouges, etc. La Bohême
et la Saxe fournissent également beaucoup de beaux jaspes
rubanés, zonés, fleuris ou œillés. On doit aussi rappeler les
jaspes arborisés, à dendrites vertes de Sicile, à dendrites
noires de Baumholder, près Kussel, en Palatinat, et, enfin,
celui qui contient des dendrites de bismuth natif, de
Schneeberg en Saxe. Dans les deux premiers, le jaspe est
d'un jaune d'ocre; dans le troisième il est d'un rouge sombre.

---

1 Klapr., Dict. de chimie, art. *Jaspe*.

*Le jaspe égyptien*, plus connu sous le nom de *caillou d'Égypte*, se présente sous un tout autre aspect que les variétés précédentes: il se trouve ordinairement en masses arrondies ou ovoïdes, dont l'extérieur est convert d'une croûte ou écorce brune d'une à deux lignes d'épaisseur, et dont l'intérieur est occupé par une pâte fine couleur de chamois, jaspée de lignes brunes, suivant assez exactement les contours de la croûte, et prouvant ainsi que ce jaspe particulier ne provient pas de masses brisées et ensuite arrondies par un long transport. Le poli du jaspe égyptien est beaucoup plus brillant que celui des autres jaspes, dont il diffère réellement à plusieurs égards. On trouve quelquefois des cavités dans l'intérieur de ces galets, qui sont tapissés par des cristaux de quarz limpide. Un seul échantillon m'a offert des camérines blanchâtres disséminées dans la pâte de ce jaspe, et ayant environ deux lignes de diamètre.

Les jaspes communs et rubanés se trouvent en couches épaisses ou continues, tellement rapprochées les unes des autres dans certains gîtes, que l'on peut dire assez exactement qu'ils forment alors des collines et même de petites montagnes entières. Ces couches ou bancs sont souvent traversés par des filets quarzeux blancs, ou par de petites masses d'agates disséminées, ensorte qu'il n'est point rare de trouver des échantillons où l'agate et le jaspe sont à peu près en égale proportion : de là les dénominations de jaspes-agates et d'agates jaspées, qui ne sont plus reçues que dans le commerce. Souvent aussi les blocs de jaspe renferment des veines ou des nids de terre grasse ou d'argile ocreuse, jaune ou rouge, qui forment des terrasses et qui nuisent infiniment à l'exécution des objets d'art auxquels on les destine assez ordinairement: d'autres fois, les couches ou les filons de jaspe renferment dans leur intérieur des fragmens de la roche qui les contient. Telle est la grande couche de jaspe rouge et blanc qui existe à Saint-Gervais-les-Bains près Salanches en Savoie. Outre ces grands gisemens de jaspe, sur lesquels nous allons revenir, on trouve aussi cette roche siliceuse dans les terrains d'alluvion, et parmi les silex, en fragmens errans. On la rencontre également, mais en petites masses, dans les mêmes roches qui servent de gangue aux

agates. en Palatinat, en Écosse, etc. Quant au jaspe égyptien, MM. Rozière et Cordier, qui l'ont étudié en place,
ont trouvé qu'il faisoit partie d'un poudingue à grands élémens et à ciment quarzeux, qui forme en Égypte des couches
puissantes et solides en certaines parties, et qui, dans d'autres, a permis aux galets de jaspe de quitter leur place,
d'abandonner leur ciment et de devenir libres au milieu des
sables du désert, et particulièrement aux environs de Suez.
Ce poudingue à noyaux de jaspe et à ciment de quarz a
été travaillé par les anciens Égyptiens, et a servi à l'érec-
tion de plusieurs statues colossales, entre autres à celle
qui a plus particulièrement reçu le nom de Colosse de
Memnon.

Les jaspes n'appartiennent point exclusivement aux terrains primitifs; mais les observations ne sont point assez
multipliées pour que l'on doive exclure cette roche siliceuse
de ces terrains antiques qui sont recouverts par tous les
autres, et auxquels on paroît avoir donné beaucoup trop
d'extension. Il est possible, il est même probable qu'il existe
des jaspes plus ou moins anciens, comme il existe des calcaires de toutes les formations. Mais, que cette conjecture
se vérifie ou non par la suite, il reste toujours constant,
d'après les observations de M. Brongniart, que les jaspes des
Apennins sont tout au plus contemporains du calcaire de
sédiment ancien ou calcaire alpin, puisqu'ils le recouvrent,
et que les ophiolites ou serpentines, ainsi que les euphotides
ou roches diallagiques, lui sont superposées à leur tour,
tandis que nous les considérions jusqu'alors comme étant
d'une formation beaucoup plus ancienne. Les jaspes du mont
Oural étoient considérés comme appartenant aux terrains
primitifs; mais on a tellement abusé en quelque sorte de
cette expression, qu'il faudroit étudier de nouveau ces grands
gîtes de l'Asie, ainsi que ceux de la Bohême et de la Sicile,
pour que l'on puisse définitivement assigner à quelle formation ils appartiennent, ainsi que nous pouvons le faire actuellement par rapport aux jaspes des Apennins de la Ligurie.
Le gisement des jaspes xyloïdes et celui des jaspes coquil-
liers appartiennent nécessairement à des terrains différens de
ceux qui sont caractérisés par les serpentines et les eupho-

tides. M. Brongniart a fait le premier pas; on suivra nécessairement la route qu'il a tracée.[1]

Beaucoup de minéralogistes pensent que les jaspes en couches ont été formés par une infiltration de silice au travers des couches d'argile ferrugineuse : cette pensée, qui n'est pas fort claire, renferme peut-être une vérité qui n'attend qu'une observation ou un travail spécial pour paroître dans tout son jour. Je ferai remarquer que plusieurs ocres ne sont à proprement dire que des jaspes friables ; car, si l'analyse de l'ocre jaune de Bitry (département de la Nièvre), faite par M. Merat-Guillot est exacte, et qu'il soit réellement composé de

| | |
|---|---|
| Silice . . . . . . . . . . . | 92,25 |
| Alumine . . . . . . . . . . | 1,91 |
| Chaux . . . . . . . . . . | 5,23 |
| Fer . . . . . . . . . . . | 2,61 |
| | 100,00, |

on avouera qu'il n'y auroit plus aucun motif pour continuer à ranger une telle substance parmi les argiles ferrugineuses ; et si l'on veut bien éloigner momentanément l'idée que le jaspe, pour être jaspe, doit être dur, je demande où l'on devra placer l'ocre de Bitry? La couleur des ocres jaunes, qui a la plus grande ressemblance avec les jaspes jaunes communs : le voisinage et même le contact immédiat des couches ocreuses avec les lits de sable siliceux qui les recouvrent constamment, et la proportion plus ou moins forte de l'argile qu'ils contiennent, sont autant de raisons et d'analogies qui militent en faveur de cette opinion, que je résume : *les jaspes sont aux ocres ce que le marbre est à la craie.* Si l'on objectoit les passages, les ocres entièrement argileuses, j'opposerois les marnes, et je rétablirois encore ainsi l'exactitude de cette comparaison.

Je présume aussi, d'après l'opinion même des savans distingués qui ont visité le mont Néro, dans le pays de Gênes, que la couche de terre d'ombre que l'on exploitoit à travers

---

[1] Brongniart, Situation relative des ophiolites, des euphotides et des jaspes. (Ann. des mines. T. VI, p. 185.)

les couches de jaspe qui paroissent composer presque entiérement cette montagne, et qui est une espèce particulière d'ocre, n'est encore qu'un jaspe friable. Les Mémoires de MM. Viviani et Cordier, joints aux observations récentes de M. Brongniart, semblent venir à l'appui de cette opinion. Je ne terminerai point non plus sans faire remarquer l'analogie du quarz rubigineux et du quarz sinople avec les jaspes jaunes et les jaspes rouges. Ils sont cristallisés, il est vrai ; leur cassure est luisante. Mais peut-on y méconnoitre encore tous les élémens du jaspe, et la netteté même des cristaux ne dénote-t-elle pas évidemment la présence et l'effet constant de l'argile ? J'ai des échantillons de quarz rubigineux, dont moitié sont à l'état de calcédoine cristallisée, parce que l'argile jaune a manqué dans ces parties.

*Jaspe schisteux* (Kieselschiefer, W.). C'est particuliérement par sa texture fissile que ce jaspe se fait distinguer des autres variétés ; sa couleur ordinaire est le noir foncé, et l'on remarque qu'il est presque toujours traversé par des veines de quarz hyalin. Son analyse, faite par Wiegleb, diffère sensiblement de celle des autres jaspes. Ce chimiste l'a trouvé composé de

> Silice. . . . . . . . . . . . . . 75
> Magnésie . . . . . . . . . . . . 5
> Chaux . . . . . . . . . . . . . 10
> Fer. . . . . . . . . . . . . . . 4
>                     ———
>                   94

Le jaspe schisteux se trouve en lits minces, en couches puissantes, soit continues soit interrompues, et enfin en sphéroïdes aplatis, placés à peu près sur un même plan dans les terrains de transition, dont la roche dominante est un schiste argileux mêlé ou pénétré d'anthracite ; mais on le trouve encore plus souvent en cailloux roulés ou en rochers isolés qui ne sont plus en place : on le cite à Ochsenberg en Lusace, à Carlsbad en Bohème, à Freyberg en Saxe, et près de Saska dans le Bannat. Suivant M. Tondi, ce jaspe schisteux renferme quelquefois de l'anthracite, ce qui seroit une raison pour présumer qu'il a appartenu à la formation des terrains de transition.

*Jaspe porcellanite.* La substance qui porte ce nom a l'aspect, la cassure et tous les caractères d'une substance cuite et calcinée. Sa surface est luisante; elle reçoit un assez beau poli: sa contexture est serrée, lorsqu'elle n'a pas été chauffée au point d'avoir été tout-à-fait fondue; alors cette pierre a tous les caractères d'une argile fondue. Elle est poreuse et légère.

Ce prétendu jaspe, essayé au chalumeau, s'y fond en une scorie noire; ses couleurs les plus ordinaires sont le rouge de brique, le rouge sombre, le vert olive, le gris de lin, etc.

On ne voit pas trop pourquoi les minéralogistes persistent à placer cette substance parmi les jaspes, puisque nous savons, à n'en pas douter, que ce n'est autre chose que des schistes argileux, calcinés à la longue par l'embrasement souterrain et lent de certaines houillères. Il suffit de visiter une de ces mines enflammées pour se convaincre que ces prétendus jaspes n'ont rien de commun, pas même l'aspect, avec les roches siliceuses qui nous ont occupés; car on peut suivre tous les points de la calcination, depuis le schiste qui n'a été que chauffé, et qui est encore noir au centre et couvert d'empreintes végétales, jusqu'à celui qui est scorifié et criblé de pores. La houillère embrasée de Dutweiler, près Saarbruck, est si riche en porcellanites, que l'on peut y étudier facilement tous ces passages, et se convaincre que cette roche n'est qu'une simple modification des schistes qui servent de toit ou de mur à la houille qui brûle depuis plusieurs siècles. Du reste, ces schistes cuits, qui se rencontrent dans toutes les houillères brûlantes, deviennent assez durs pour être travaillés sur la meule du lapidaire, à la manière des vrais jaspes, dont l'usage principal est de servir à la confection de certains objets d'ornement, tels que socles, vases, coffrets, tabatières, etc.

On a dit fort mal à propos que le jaspe servoit de base aux porphyres: la base de cette roche est une pierre fusible qui n'a rien de commun avec les jaspes proprement dits. (Brard.)

JASPE PORCELLAINE. (*Min.*) Voyez *Jaspe porcellanite*, à l'article Jaspe. (B.)

JASPE POUDINGUE. (*Min.*) C'est le nom qu'on donne

quelquefois au poudingue jaspique des environs de Rennes, nommé aussi caillou de Rennes. Voyez Poudingue. (Br.)

JASPE VOLCANIQUE. (*Min.*) On a quelquefois donné ce nom à l'Obsidienne. Voyez ce mot. (B.)

JASS. (*Ichthyol.*) En Russie, on donne ce nom à l'Ide, poisson du genre Cyprin de Linnæus, et de la division des ables. Voyez Able dans le Supplément du premier volume de ce Dictionnaire, et Ide. (H. C.)

JASSA. (*Ornith.*) Nom de la pie, *corvus pica*, dans le Bas-Montferrat. (Ch. D.)

JASSE ou IASSE, *Iassus*. (*Entom.*) Fabricius décrit sous ce nom un genre d'insectes hémiptères, de la famille des collirostres, qui comprend une division des cicadelles dont le bec ne seroit formé que de deux articles, et qui n'ont que deux yeux lisses ou stemmates, et non trois comme les cigales. Les espèces que Fabricius rapporte à ce genre sont la cigale des charmilles de Geoffroy, tom. I, pag. 428, n.° 28, ou la *cicadelle de la rose* de Linnæus, *Iassus rosæ*. Elle est jaune, avec les ailes blanches, striées de brun à l'extrémité libre. On la trouve sur les feuilles du tilleul, du groseillier et du rosier. Réaumur en a fait l'histoire et l'a figurée dans ses Mémoires, tom. V, pl. 20, fig. 10 à 14. Une autre espèce est le Jasse boucher, *Iassus lanio*, figurée par Panzer dans sa Faune d'Allemagne, cah. 4, pl. 23, et cah. 32, pl. 10. Il est de couleur verte, avec la tête et le corselet couleur de chair. Une troisième espèce, qui est aussi fort commune aux environs de Paris, est le Jasse mélangé, *Iassus mixtus*, qui est tacheté de noir et de jaune, avec les ailes ou élytres noires. Voyez Cicadelle et Auchénorynques. (C. D.)

JASSERANT. (*Bot.*) Voyez Jaseran. (Lem.)

JASTRZAB. (*Ornith.*) Les Polonois donnent, suivant Rzaczynski, ce nom et ceux de *jastrzab-wielki* et de *jastrzab-golebiow* à l'autour, *falco palumbarius*, Linn. (Ch. D.)

JASZ. (*Ichthyol.*) En Illyrie, on appelle ainsi l'orphe, *cyprinus orfus*, Linn. Voyez Jakeseke. (H. C.)

JATA. (*Bot.*) Voyez Iata. (J.)

JATABOCA. (*Bot.*) Le roseau que Marcgrave cite sous ce nom brésilien, et qui s'élève à vingt pieds, est une espèce de bambou. Il croit facilement et promptement. On l'emploie pour diverses constructions, et les voyageurs font avec les entre-nœuds de ses tiges des vases pour transporter de l'eau. ( J. )

JATARON, *Jataronus.* (*Conchyl.*) Adanson, Sénég., pag. 196, 207, 259, pl. 15, désigne sous ce nom le genre Chame des conchyliologistes modernes, et il y range en effet la chame vulgaire, *chama gryphoides*, Linn. (De B.)

JATHA-ÆMBULA. (*Bot.*) Espèce de phyllanthe de Ceilan, mentionné par Hermann et Burmann, *phyllanthus niruri*, très-différent de l'Iata de la Chine. Voyez ce mot. ( J. )

JATI. (*Bot.*) Voyez Jattée. ( J. )

JATIFARA. (*Bot.*) Voyez Jacoucouatim. ( J. )

JATOU. (*Conchyl.*) Adanson, Sénég., pag. 129, tab. 9, donne ce nom à une espèce de rocher ou de murex, *murex decussatus*, Linn., Gmel. (De B.)

JATROPHA, *Jatropha.* (*Bot.*) Genre de plantes dicotylédones, à fleurs incomplètes, monoïques, de la famille des *euphorbiacées*, de la monoécie monadelphie de Linnæus, offrant pour caractère essentiel : Des fleurs monoïques : un double calice; l'extérieur à cinq divisions; l'intérieur (corolle) coloré, presque infundibuliforme, à cinq divisions profondes: dix étamines, quelquefois moins, conniventes à leur base; cinq extérieures souvent plus courtes, accompagnées de cinq glandes : dans les fleurs femelles, trois styles bifides; une capsule à trois coques monospermes.

Ce genre renferme des arbres ou arbrisseaux, rarement des herbes, contenant un suc laiteux. Les feuilles sont simples, alternes, quelquefois palmées ou lobées, accompagnées de stipules; les fleurs disposées en corymbes axillaires ou terminaux. Les étamines conniventes à leur base, le calice double, distinguent principalement ce genre des *janipha*. Il porte, dans l'Encyclopédie, le nom de *médicinier*, parce que plusieurs espèces sont employées en médecine, comme purgatives, etc., principalement le *jatropha curcas, gossipifolia, multifida*, etc. Quelques-unes de ces espèces sont cultivées dans plusieurs jardins de botanique, mais il faut les tenir dans la serre chaude : elles demandent une terre consistante et des arrosemens modérés. On les multiplie par graines tirées de leur pays natal, semées sur couche sous châssis, dans des pots : on en obtient ensuite des boutures.

Jatropha cathartique : *Jatropha curcas*, Linn., Jacq., *Hort. Vind.*, tab. 63; Gærtn., *de Fruct.*, tab. 108; *Munduy-guacu*, Marcgr., *Bras.*, 97; J. Bauh., *Hist.*, 3, pag. 643; *Ricinus americanus*, Aldin., *Hort. Farn.*, tab. 86; *Castiglionia? Prodr. Flor. Per.;* vulgairement Médicinier, Pignon de Barbarie, Grand haricot du Pérou. Arbrisseau très-touffu, de la hauteur de nos figuiers, rempli d'un suc laiteux, âcre et astringent, qui exhale une odeur vireuse et narcotique. Son tronc se divise en longs rameaux, garnis vers leur sommet de feuilles éparses, en cœur, vertes, glabres, luisantes, anguleuses; les angles aigus, presque entiers; les pétioles au moins de la longueur des feuilles. Les fleurs sont petites, nombreuses, pédicellées, réunies en bouquets axillaires ou latéraux. Le fruit est ovale, de la grosseur d'une petite noix, jaune, puis noirâtre, renfermant sous une écorce épaisse et coriace trois coques blanchâtres, bivalves, monospermes : l'amande, pressée entre les doigts, exsude une matière huileuse.

Cet arbrisseau croit dans les contrées chaudes de l'Amérique, aux lieux un peu humides : il se plait le long des ruisseaux et des rivières. Comme il se multiplie aisément de boutures, on l'emploie, dans quelques contrées, pour entourer les parcs, former des haies vives, comme on se sert du sureau en France. Les semences de cette plante sont purgatives, mais tellement violentes qu'il ne faut les employer qu'avec beaucoup de circonspection : à dose un peu forte, elles excitent des vomissemens dangereux, et même quelquefois occasionnent la mort. Pison en recommande l'usage dans les obstructions invétérées des viscères, mais avec une telle précaution, qu'il fixe la dose à quatre ou cinq de ces graines mûres, dépouillées de leur pellicule, légèrement torréfiées, macérées dans du vin, avec des correctifs aromatiques.

On a remarqué que les propriétés émétiques et purgatives de ces semences résidoient essentiellement dans l'embryon, et qu'on peut les manger impunément lorsqu'elles ont été dépouillées de cette partie : elles ont un goût assez agréable, approchant de celui de la noisette. On en extrait une huile bonne à brûler, que l'on recommande pour guérir les maladies qui proviennent de causes froides, pour résoudre les tumeurs et pour chasser les vents : on en frotte aussi les membres contractés, pour faciliter leur extension. Commerson, dans ses Notes manuscrites, nous apprend qu'à l'île de Bourbon on arrête les accidens fâcheux, occasionés par l'usage indiscret du jatropha, et particulièrement les vomissemens immodérés, en se plongeant dans l'eau jusqu'au cou. On dit encore qu'on peut les arrêter en buvant du chocolat. ou un verre d'eau sucrée et du jus de citron.

J ATROPHA SAUVAGE : *Jatropha gossypifolia*, Linn., Jacq., *Icon. rar.*, 3, tab. 623 ; Pluken., *Phytogr.*, tab. 56, fig. 2 ; Commel., *Hort.*, 1, tab. 9 ; Merian., *Surin.*, tab. 38 ; Sloan., *Jam. hist.*, 1, tab. 84. Arbrisseau de trois ou quatre pieds, dont les tiges sont droites, glabres, légèrement velues vers leur sommet ; les feuilles en cœur, presque palmées, molles, un peu velues, divisées en trois ou cinq lobes acuminés, finement dentées en scie ; les pétioles longs de deux ou trois pouces, parsemés de poils rameux et glanduleux au sommet; d'autres, réunis en faisceau en forme de stipules. Les fleurs sont petites, d'un pourpre foncé, disposées en petits corymbes pédonculés, opposées aux feuilles : les unes mâles, en petit nombre; les autres hermaphrodites. Le fruit est une capsule pendante, arrondie, de couleur cendrée, à trois coques ; les semences luisantes, panachées de noir et de gris. Cette plante croît dans les sols pierreux, les plus exposés au soleil, dans les contrées chaudes de l'Amérique. Les habitans du pays emploient ses feuilles en décoction, comme purgatives, dans les constipations ; aussi l'appelle-t-on vulgairement *herbe au mal de ventre.*

J ATROPHA GLAUQUE : *Jatropha glauca*, Vahl, Pluken., *Phyt.*, tab. 220, fig. 4 ; *Croton lobatum*, Forsk., *Ægypt.*, 162. Cette espèce diffère de la précédente par sa couleur glauque, par ses feuilles qui vont en se rétrécissant vers leur base, par les lobes plutôt oblongs qu'ovales, bien moins ciliés; enfin, en ce que les pétioles ne sont point chargés de poils rameux, terminés par des glandes : les stipules sont divisées en plusieurs soies inégales et glanduleuses; les capsules muriquées, de la grosseur d'une aveline. Cette plante croît dans l'Arabie. Sonnerat l'a également découverte dans les Indes.

Jatropha multifide : *Jatropha multifida* , Linn., Salisb., *Parad.*, tab. 91 ; Moris., *Hist.*, 3, §. 10, tab. 3, fig. 11 ; Dillen., *Hort. Heth.*, tab. 173, fig. 213 ; vulgairement Médicinier d'Espagne ou Noisette purgative. Arbrisseau de l'Amérique méridionale, de huit à dix pieds de haut, rempli d'un suc visqueux, limpide, âcre et amer ; orné d'un feuillage élégant ; les feuilles grandes, profondément palmées ou digitées, ordinairement à neuf lobes pinnatifides, disposées orbiculairement, glabres, un peu glauques en-dessous ; les stipules à divisions sétacées. Les fleurs sont assez belles, d'un rouge écarlate, ouvertes en rose, disposées en cimes ombellifères ; les fruits légèrement pyriformes, de la grosseur d'une noix ; les semences d'une saveur approchant de celle d'une noisette.

Cet arbrisseau fait, aux Antilles, l'ornement des jardins. Les Espagnols faisoient autrefois un grand usage des graines, comme purgatives ; les suites funestes qui en résultoient assez souvent, y ont fait renoncer. On prétend qu'il ne faut qu'une seule graine pour purger. On l'avale avec un peu de beurre, ou écrasée dans du bouillon ; ou coupée par petites tranches très-minces, que l'on mange avec la soupe ; ou pilée avec deux amandes douces, délayées dans l'eau sous forme d'émulsion. Dix à douze feuilles de cette plante, cuites légèrement et mangées en salade, ou dans un potage fait avec du poulet, purgent sans tranchées et sans dégoût. Elles passent encore pour être bonnes dans les épanchemens de bile.

Jatropha glanduleux : *Jatropha glandulosa*, Vahl, *Symb.*, pag. 80 ; *Croton villosum*, Forsk., *Ægypt.*, pag. 183. Petit arbrisseau à tige rameuse et diffuse, velue, haute de deux à trois pieds. Les feuilles sont molles, réniformes, velues, à cinq lobes arrondis, chargés à leurs bords de petites dents glanduleuses de couleur brune ; les pétioles velus, munis de glandes sessiles dans leurs aisselles ; les fleurs jaunes. Cette plante croît aux lieux humides et argileux, dans l'Arabie. Il suinte de son écorce un suc âcre, un peu lactescent. On applique les jeunes pousses avec succès sur les furoncles et sur les apostumes, pour les amollir et calmer les douleurs.

Jatropha pelté ; *Jatropha peltata*, Kunth *in* Humb. et Bonpl., *Nov. gen.*, 2, pag. 104. Arbre d'environ six pieds, d'où découle un suc laiteux. Ses rameaux sont glabres; ses feuilles peltées, à six ou sept lobes, glabres, munies à leur contour de cils sétacés et glanduleux, qui entourent également les stipules. Les fleurs sont d'un rouge écarlate, disposées en corymbes terminaux, longuement pédonculés; les étamines au nombre de sept à huit; la capsule de la grosseur d'une petite cerise, couronnée par les styles. Cette plante croît sur les rives sablonneuses du fleuve des Amazones. (Poir.)

JATTÉE. (*Bot.*) Nom donné dans l'île de Sumatra, suivant Marsden, à l'arbre de Tek, qui domine dans les forêts de l'Inde. Son bois, très-dur, est employé à construire des vaisseaux qui durent très-long-temps: c'est le *theka* du Malabar, le *jati* ou *caju-jati* des Malais, cité par Rumph. (J.)

JAUCA-ACANGA (*Erpétol.*), un des noms de pays du boa aboma. Voyez Boa. (H. C.)

JAUCOUROU (*Erpétol.*), nom de pays de la vipère daboie. Voyez Daboie et Vipère. (H. C.)

JAUGE. (*Bot.*) Nom vulgaire de l'ajonc, *ulex europæus*, dans les Landes. (Lem.)

JAUMEA. (*Bot.*) Voyez notre article Kleinie. (H. Cass.)

JAUNATRE (*Ichthyol.*), nom spécifique d'un labre, *labrus rufus*, Linn. Voyez Labre. (H. C.)

JAUNAU. (*Bot.*) Nom de la ficaire, *ranunculus ficaria*, Linn., dans quelques endroits, et particulièrement dans l'Anjou. (Lem.)

JAUNE ANTIQUE (*Min.*), espèce de marbre. (B.)

JAUNE-BRUN ou GRIS. (*Bot.*) Paulet réunit sous ce nom plusieurs champignons du genre *Agaricus*, dont le chapeau est couleur de paille ou d'un jaune plus ou moins foncé avec des taches plus obscures; les lames sont d'un gris obscur. Parmi ces champignons se trouvent les *fungi obscuri* et *lutei* de Micheli, *Gen.*, pag. 159, n.°ˢ 1, 3 et 4, et son *fungo canapino*, ibid.; l'*amanita*, n.° 2461, Hall.; et le *fungus*, Buxb., 4, tab. 14, fig. 5, que Persoon ramène à l'*agaricus luteus*, Batsch, ce qui n'est pas l'avis de Paulet. (Lem.)

JAUNE A COLLET ROUGE. (*Bot.*) C'est dans Paulet l'*agaricus leccinus* de Scopoli, champignon blanc, lavé de jaune, à feuillets pressés, à stipe rougeâtre à sa base, long de trois pouces, et muni d'un collet un peu rouge. (Lem.)

JAUNE ET-BLANC ou JAUNE-BLANC PIQUETÉ. (*Bot.*) C'est ainsi que Paulet désigne le champignon que Micheli décrit, pag. 162, n.° 2, de son *Nova Genera*, et qui porte à Florence le nom vulgaire de *le lame*. C'est un agaric que l'on mange : il croît aux environs de Florence dans les bois. Son chapeau est ample, poudreux et d'un jaune sale ; ses lames sont blanches, bordées de points noirs ; son stipe est court, épais et comme bulbeux. ( Lem. )

JAUNE ÉCARLATE. ( *Bot.* ) L'*agaricus aurantiacus* de Wulfen ( *in* Jacq., *Misc.*, 1, tab. 14, fig. 3 ), qui est le *merulius aurantiacus*, Pers., et le *cantharellus aurantiacus*, Fries, est ainsi désigné par Paulet. Il ne faut pas le confondre avec l'ÉCARLATE JAUNE. Voyez ce mot. ( Lem. )

JAUNE DE MONTAGNE ( *Min.* ), espèce d'OCRE. Voyez ce mot. ( B. )

JAUNE DE NAPLES. ( *Chim.* ) Matière jaune, employée pour peindre les papiers et les voitures. Plusieurs chimistes, notamment Fourcroy, ont dit que cette couleur se prépare en fondant dans un creuset, et très-lentement, un mélange de massicot et d'hydrochlorate d'ammoniaque, auquel on ajoute quelquefois un peu d'oxide d'antimoine. Il en résulte du chlorure de plomb uni à de l'oxide de plomb, et de l'oxide d'antimoine, quand on ajoute ce dernier au mélange. Nous ne garantissons pas ce procédé. ( Ch. )

JAUNE D'ŒUF. (*Bot.*) L'un des noms vulgaires de l'ORONGE VRAIE. ( Lem. )

JAUNE D'ŒUF. ( *Chim.* ) C'est un composé d'albumine, d'une huile formée de stéarine et d'élaïne, et d'une petite quantité d'un principe colorant jaune. ( Ch. )

JAUNE D'ŒUF. (*Conchyl.*) Nom marchand d'une espèce de nérite, *nerita vitellus*, Linn. ( De B. )

JAUNE D'ŒUF APLATI. (*Conchyl.*) Les marchands de coquilles désignent encore quelquefois sous ce nom le nérite albumine, *nerita albumen*. ( De B. )

JAUNELLIPSE (*Ichthyol.*), nom spécifique d'un poisson du genre Lutjan de M. de Lacépède. Voyez LUTJAN. ( H. C. )

JAUNES ( LES TOUT ). (*Bot.*) Voyez TOUT-JAUNES. ( Lem. )

JAUNET. (*Ichthyol.*) On a quelquefois ainsi appelé le chéilion doré. Voyez CHÉILION. ( H. C. )

JAUNET D'EAU. (*Bot.*) Nom vulgaire du nénuphar jaune. (L. D.)

JAUNGHILL. (*Ornith.*) Nom que porte, sur les bords du Gange, l'*ibis melanocephalus*, dont il est parlé tome 22, page 421 de ce Dictionnaire. (Ch. D.)

JAUNOIR. (*Ornith.*) Espéce de merle du cap de Bonne-Espérance, qui est le *roupenne* de M. Levaillant, Ornithologie d'Afrique, tom. 2, pl. 83 et 84. (Ch. D.)

JAUNOTTE. (*Bot.*) Dans quelques lieux de la Champagne on nomme ainsi la chanterelle, *agaricus cantharellus* de Linnæus, espèce de champignon jaune, bon à manger, dont le chapeau est garni en-dessous de replis ou rides au lieu de feuillets; ce qui a déterminé à en faire le genre distinct *Cantharellus*. (J.)

JAUNOTTE ET BLANCHOTTE. (*Bot.*) Il a déjà été question de ce champignon à l'article Blanchette, Suppl. du 4.º vol. Paulet le décrit dans son Traité, I, pag. 179, pl. 76, fig. 4. Il est blanc ou d'un jaune tendre, et enduit d'une mucosité luisante. Sa chair, blanche et un peu piquante, n'a aucun effet sur l'économie animale. Ce champignon est commun, surtout au bois de Boulogne. Paulet le classe dans sa famille des Petits-prévats ou des Poivrés sans suc, et paroît indécis s'il doit le placer dans la section *d* ou *e*; celle-ci porte le nom spécial d'*espèces jaunes à feuillets blancs*, ou *jaunottes*. Voyez Petits-prévats. (Lem.)

JAUS, KAUS, LAUZI (*Bot.*) : noms arabes de l'amandier, cités par Daléchamps. (J.)

JAUSIAL-INDI. (*Bot.*) Ce nom arabe, qui signifie noix indienne, est donné par Avicenne au cocotier, *cocos nucifera*, suivant C. Bauhin. (J.)

JAUSIBAND. (*Bot.*) Voyez Japatri. (J.)

JAUSSAR. (*Ornith.*) Nom du rouge-gorge, *motacilla rubecula*, Linn., dans le département du Puy-de-Dôme. (Ch. D.)

JAVA. (*Ichthyol.*) Voyez Javus. (H. C.)

JAVANAISE (*Erpétol.*), nom spécifique d'une vipère de Daudin. Voyez Jararaka et Vipère. (H. C.)

JAVARI. (*Mamm.*) Nom que les voyageurs ont rapporté comme étant celui d'un dicotyle, du pécari ou du tajaçu, qu'ils ne distinguoient pas l'un de l'autre. (F. C.)

JAVELOT. (*Erpétol.*) Voyez JACULUS et ACONTIAS. (H. C.)

JAVOR (*Mamm.*), nom hongrois de l'élan. (F. C.)

JAVUS. (*Ichthyol.*) Nom spécifique donné par Gronow et par Gmelin à un poisson que les ichthyologistes ont, pour la plupart, décrit sous la dénomination de *theutis javus*, et que nous décrirons à l'article SIDJAN. Voyez ce mot, et AMPHACANTHUS, dans le Supplément du 2.ᵉ volume de ce Dictionnaire. (H. C.)

JAWÆL. (*Bot.*) Voyez DYAJAWUL. (J.)

JAWEE-JAWÉE. (*Bot.*) A Sumatra, suivant M. Marsden, on donne ce nom au figuier des pagodes, *ficus religiosa*, nommé aussi arbre *banyan*, lequel pousse de ses rameaux des filets qui descendent jusqu'à terre, y prennent racine et deviennent de nouveaux troncs, de sorte qu'un seul arbre peut former des portiques et comme un cloître autour des pagodes des Indiens. (J.)

JAWRUNG (*Bot.*) : nom japonois d'un muguet, *convallaria japonica*, suivant M. Thunberg. (J.)

JAY. (*Ornith.*) Ancienne orthographe du mot *geai*. (CH. D.)

JAY. (*Ornith.*) Nom anglois du geai commun, *corvus glandarius*, Linn. (CH. D.)

JAYAMA. (*Bot.*) Voyez JAJAMA. (J.)

JAYET. (*Entom.*) Geoffroy a décrit sous ce nom une espèce de scarabée, n.° 21 : c'est un APHODIE. (C. D.)

JAYET. (*Foss.*) On trouve quelquefois des bois fossiles passés à l'état de jayet. Voyez VÉGÉTAUX FOSSILES. (D. F.)

JAYET. (*Min.*) Voyez LIGNITE. (B.)

JAYON. (*Ornith.*) Une des anciennes dénominations du geai commun, *corvus glandarius*, Linn. (CH. D.)

JAZERAN. (*Bot.*) Voyez JASERAN. (LEM.)

JAZWETZ (*Mamm.*), nom russe du blaireau. (F. C.)

JAZWICE (*Mamm.*), nom polonois du blaireau. (F. C.)

JE, JO, SAKIRA (*Bot.*) : noms japonois du cerisier ou de l'une de ses variétés, à fruit acide, suivant Kæmpfer. (J.)

JEAN-LE-BLANC. (*Ornith.*) Cet oiseau de proie, dont M. Vieillot a fait un genre particulier sous le nom de circaëte, *circaetus*, est le *falco gallicus*, Linn. (CH. D.)

JEAN-DE-GAND. (*Ornith.*) Cet oiseau, le même que le *jan-van-gent* des navigateurs hollandois, étoit rapporté par

Buffon au goéland à manteau noir; mais, suivant Othon Muller, *Zoologiæ danicæ prodromus*, pag. 18, c'est le même qu'on nomme aussi en Norwége *haw-sule* et *tosse-fugl*, c'est-à-dire le *pelecanus bassanus* ou fou de Bassan. ( Ch. D. )

JEAN-DE-JENTEN. (*Ornith.*) On trouve dans la relation de Lemaire et de Schouten, tom. 4 du Recueil des voyages de la compagnie hollandoise, pag. 582, ce nom appliqué à un oiseau de mer de couleur blanche, dont la grosseur est comparée à celle du cygne, et qui se repose sur l'eau. Buffon a rapporté cet oiseau à l'albatros, *diomedea exulans*, Linn., que nos navigateurs appellent le mouton, ou mouton du Cap. ( Ch. D. )

JEAN KAPELLE. (*Ichthyol.*) Ruysch paroît avoir désigné par ce nom l'argyréiose du Brésil. Voyez Argyréiose. (H. C.)

JEAN-QUANAKOU. (*Ornith.*) L'oiseau que les Négres de Cayenne appellent ainsi, et que les naturels de la Guiane françoise nomment en langue gariponne *sakoké*, est le cassique jaune ou yapou, *oriolus persicus*, Linn. ( Ch. D. )

JEANNETTE. (*Bot.*) Un des noms vulgaires du narcisse des poëtes. ( L. D. )

JEAUNELET. (*Bot.*) On donne ce nom dans quelques parties de la France à la Girolle ordinaire ou Chantebelle. Voyez Merulius. ( Lem. )

JEBAL. (*Bot.*) Voyez Iebal. ( J. )

JEBET. (*Bot.*) Nom arabe, suivant Daléchamps, de l'aneth, qui est aussi prononcé *sebet* et *xebet*. ( J. )

JEBETIBOBOCA. (*Bot.*) Nom caraïbe, suivant Surian, d'un angrec, *epidendrum ciliare* de Linnæus. ( J. )

JEBI. (*Bot.*) Voyez Foto. ( J. )

JEBINE. (*Bot.*) Nom japonois, suivant M. Thunberg, de son *orchis falcata*, qu'il a postérieurement réuni au genre *Limodorum*. ( J. )

JECKO. (*Erpétol.*) Quelques auteurs écrivent ainsi Gecko. Voyez ce dernier mot. ( H. C. )

JÉCORAIRE. (*Ichthyol.*) Rendant mot par mot, les traducteurs de Galien ont donné le nom de *jecorarius* au poisson que cet auteur, avec les anciens Grecs, a appelé ἥπατος. C'est le même animal que Pline a désigné par le mot *hepar*, et qu'Hermolaus nomme *jecur marinum*. Voyez Hépate, Labre et Holocentre. (H. C.)

JECORINUS. (*Ichthyol.*) Voyez Jecoraire. (H. C.)

JECUR MARINUM. (*Ichthyol.*) Voyez Jécoraire. (H. C.)

JEDOGAVA TSUTSUSI. (*Bot.*) Le citise *tsutsusi* du Japon, nommé ainsi par Kæmpfer, et tirant son prénom *jedogava* de la ville près de laquelle il croît, est, selon M. Thunberg, l'*azalea indica*, qui offre plusieurs variétés dans la couleur de ses fleurs. (J.)

JEDWABNICZKA. (*Ornith.*) Ce nom est donné, en Pologne, au jaseur, *ampelis garrulus*, Linn. Voyez Jemiolucha. (Ch. D.)

JEFFERSONE, *Jeffersonia*. (*Bot.*) Genre de plantes dicotylédones, à fleurs complètes, polypétalées, régulières, de l'*octandrie monogynie* de Linnæus, offrant pour caractère essentiel : Un calice à trois, quatre, plus souvent à cinq folioles colorées; huit pétales; autant d'étamines; un ovaire supérieur; un style très-court; le stigmate pelté. Le fruit est une capsule uniloculaire, s'ouvrant circulairement au-dessous de son sommet, contenant plusieurs semences arillées à leur base.

Jeffersone a deux folioles : *Jeffersonia diphylla*, Poir., Encycl. suppl.; *Jeffersonia Bartonis*, Mich., *Fl. bor. Amer.*, 1, pag. 237; Nuttal, *Flor. Amer.*; *Podophyllum diphyllum*, Linn., *Spec.*; Bart., *Act. Soc. amer.*, 3, pag. 334. Cette plante, d'abord médiocrement connue, avoit été placée avec doute par Linnæus parmi les *podophyllum*. Michaux, l'ayant observée en Amérique, en a fait le type d'un nouveau genre. Ses racines produisent immédiatement de leur collet des feuilles conjuguées, à deux folioles : une hampe nue s'élève des mêmes racines, et se termine par une seule fleur, dont le calice est composé de trois à cinq folioles colorées, concaves, lancéolées et caduques; la corolle est formée de huit pétales assez semblables aux folioles du calice, étalés et courbés; les étamines sont au nombre de huit, placées sur le réceptacle, plus courtes que les pétales, entourant l'ovaire; les filamens très-courts, les anthères alongées. L'ovaire est oblong, assez gros, en ovale renversé, surmonté d'un style court, terminé par un stigmate pelté, un peu concave, crénelé à ses bords.

Le fruit consiste en une capsule pyriforme, coriace, médiocrement pédicellée, à une seule loge, s'ouvrant circulairement un peu au-dessous de son sommet, renfermant environ une vingtaine de semences attachées longitudinalement sur la ligne qui traverse le dos de la capsule dans son milieu : elles sont alongées, presque ovales, cylindriques, un peu arquées, munies, à leur base, d'une arille qui se déchire. Cette plante croit sur les montagnes occidentales de Tennassée, dans l'Amérique septentrionale. (Pois.)

JEHERAS. (*Ornith.*) Ce nom et celui de *leheras* désignent en Égypte l'ibis noir : il est écrit par divers auteurs *ieheras, icheras.* (Cn. D.)

JEI (*Ichthyol.*), nom japonois de la Pjie. Voyez ce mot. (H. C.)

JEISOKU, KES (*Bot.*) : noms japonois du pavot, et particulièrement du pavot des jardins, suivant Kæmpfer et M. Thunberg. (J.)

JEJA. (*Bot.*) Variété de froment qu'on cultive en Espagne : son grain est tantôt blanc, tantôt brunâtre. (Lem.)

JEJEMADOU. (*Bot.*) Nom que les naturels de la Guiane donnent au muscadier porte-suif. (Lem.)

JEJERECOU. (*Bot.*) Nom du *xylopia frutescens* à la Guiane. (Lem.)

JEK. (*Erpétol.*) Ruysch a décrit sous ce nom un serpent sur le compte duquel il a débité beaucoup de fables. Il dit, par exemple, que ce reptile vit dans les eaux du Brésil, et que sa peau est si visqueuse que tous les animaux qui la touchent, restent collés après elle, et que la main qui va pour le saisir, ne peut s'en détacher. Peut-être cet auteur a-t-il voulu désigner la cécilie visqueuse, *cæcilia glutinosa,* en exagérant ses qualités. Voyez Cécilie. (H. C.)

JEKKO. (*Erpétol.*) Voyez Gecko. (H. C.)

JELAPIUM. (*Bot.*) Ce nom, ainsi que *gelapium, chelapa* et *celapa,* est synonyme de Jalapium et Jalapa. Voyez ces mots. (Lem.)

JELDOVESIS. (*Mamm.*) Nom donné en Turquie à une race de chameaux qui se distinguent par une taille plus petite et un caractère plus éveillé que ceux des autres races. (F. C.)

JELEK (*Mamm.*), nom de l'ermine chez les Tongouses.
(F. C.)

JELEN (*Mamm.*), nom du cerf commun en Pologne. (F. C.)

JELIJENII (*Mamm.*), nom polonois du cerf commun. (F. C.)

JELIN. (*Conchyl.*) Adanson, Sénég., pag. 166, tab. 11, décrit et figure sous ce nom une singulière espèce de tuyau calcaire, contourné et composé d'un très-grand nombre de petites pièces hexagones. Gmelin en a fait son *serpula intestinalis;* mais il est probable que ce n'est pas une véritable serpule. (De B.)

JELSEMINUM. (*Bot.*) Voyez Jasminum. (Lem.)

JELVE. (*Ornith.*) Nom que porte, en Turquie, la bécassine, *scolopax gallinago*, Linn. (Ch. D.)

JEMAM. (*Ornith.*) L'oiseau qui, suivant Forskal, *Descriptiones animalium, avium*, etc., pag. 5, habite près des habitations en Égypte, et porte ce nom arabe, est la colombe égyptienne, *columba ægyptiaca*, de M. Temmink, Histoire des pigeons, in-8.°, pag. 570 et 461. (Ch. D.)

JEMBI-RAN. (*Bot.*) Nom japonois de l'eupatoire à feuilles d'hysope, suivant M. Thunberg. (J.)

JEMIOLUCHA. (*Ornith.*) Ce nom qui, comme celui de *jedwabniczka*, désigne, en Pologne, le jaseur, *ampelis garrulus*, Linn., s'applique aussi à la grive-draine, *turdus viscivorus*, Linn. (Ch. D.)

JEMPAK. (*Bot.*) Nom japonois d'une espèce de genévrier, suivant Kæmpfer. (J.)

JEMURANKA, JEVRASCHKA (*Mamm.*) : nom du souslik en Sibérie. (F. C.)

JEMURANTSCHIK. (*Bot.*) Les Russes, selon Pallas, donnent ce nom à une petite gerboise qu'il considère comme une variété de l'alaytaga. Voyez Gerboise. (Dem.)

JENAC. (*Conchyl.*) Adanson, Sénég., pag. 41, tab. 2, donne ce nom à une petite espèce de crépidule. (De B.)

JENBAKU, KARAS MUGGI (*Bot.*) : noms japonois de l'avoine cultivée, selon Kæmpfer. (J.)

JENDAYA. (*Ornith.*) On appelle ainsi, au Brésil, une petite perruche jaune, de la grosseur d'un merle, qui est le *psittacus jendaya*, Lath. C'est la cinquième des espèces dont Marcgrave fait mention, *Hist. nat. brasil.*, p. 206. (Ch. D.)

JENDO. (*Bot.*) Nom japonois du pois maritime, suivant M. Thunberg. (J.)

JENDIU, JENSIU. (*Bot.*) Nom japonois du *sophora japonica*, suivant M. Thunberg. (J.)

JENETIE. (*Ornith.*) Dampier, qui parle d'oiseaux de ce nom, tom. 4, pag. 65, de ses Voyages, les cite entre les pigeons et les poules, comme étant au nombre des oiseaux sauvages du Brésil ; mais il ne donne pas de détails propres à en faire distinguer l'espèce. (Ch. D.)

JENIPAPO (*Bot.*), synonyme de Janipaba. Voyez ce mot. (Lem.)

JÉNITE. (*Min.*) Voyez Yénite. (B.)

JENKO-SO. (*Bot.*) Nom japonois du souci des marais. (J.)

JENOIA. (*Ornith.*) Cet oiseau du Brésil, dont Marcgrave et Pison parlent sous le nom de *guira-jenoia*, a, comme on l'a déjà dit sous ce dernier mot, tom. 20, pag. 83 de ce Dictionnaire, été rapporté au tangara bleu, *tanagra brasiliensis*. Gmel. (Ch. D.)

JE-NO-KI. (*Bot.*) Le micocoulier d'Orient est ainsi nommé au Japon, suivant M. Thunberg. (J.)

JENTJE. (*Ornith.*) Nom que porte, au cap de Bonne-Espérance, le gonolek bacbakiri, *turdus ceylanicus*, Lath., et *lanius bacbakiri*, Vieill., que M. Levaillant a représenté, planche 67 de son Ornithologie d'Afrique. (Ch. D.)

JENTLING. (*Ichthyol.*) Suivant La Chesnaye des Bois, dans certains cantons de l'Allemagne on appelle ainsi le Chabot. Voyez ce mot et Cotte. (H. C.)

JENZBAVE, JEUSBANE. (*Bot.*) Voyez Japatri. (J.)

JEONPALA. (*Bot.*) Hermann, dans son *Mus. Zeyl.*, citant cette plante de Ceilan, ajoute seulement que les femmes du pays la mêlent dans leurs apprêts au vinaigre, *in acetariis.* On peut croire que c'est le *mollogo oppositifolia*, puisque Burmann fils, dans son *Flora indica*, parlant de cette dernière, ajoute qu'à Ceilan on la mêle dans ces apprêts, au lieu de laitue, en citant non le nom, mais seulement la page d'Hermann. (J.)

JEQUITIGUACU. (*Bot.*) L'arbre du Brésil cité sous ce nom dans le Recueil des voyages porte un fruit ressemblant à nos plus grosses fraises, mais contenant un noyau rond, très-dur, noir, et luisant comme le jais, dont l'écorce est très-amère. On l'écrase pour le faire servir de savon. Ces indications font présumer que cet arbre est de la famille des sapindées. ( J. )

JERAIN. (*Bot.*) Nom arabe de la bacile, *crithmum*, suivant Tabernæmontanus, cité par Mentzel. ( J. )

JERBOA. (*Mamm.*) C'est le même nom que gerbo. Voyez GERBOISE. ( F. C. )

JEREPEMONGA. (*Erpétol.*) Voyez JEK. ( H. C. )

JÉRFFEN. (*Mamm.*) On dit que ce nom, comme celui de jaerp, est donné au glouton dans la langue suédoise. ( F. C.)

JERGIR. (*Bot.*) Voyez GERGYR. ( J. )

JERIDD. (*Bot.*) Shaw, dans son Énumération des plantes de l'Afrique qui borde la Méditerranée, dit que les rameaux du palmier-dattier sont ainsi nommés par les Arabes. ( J. )

JÉRIPOTOU. (*Erpétol.*) Au Bengale, suivant Russel, on nomme ainsi un reptile ophidien, qui paroît être le *coluber mucosus* de Linnæus. Cet animal est commun au Vizagapatam. On a besoin sur son compte de nouveaux renseignemens pour pouvoir le classer convenablement. ( H. C. )

JERI-POUNDOU. (*Bot.*) Une espèce de *jussiæa* est ainsi nommée dans un herbier de Pondichéry, communiqué à Commerson. ( J. )

JERKIN. (*Ornith.*) Ce nom est cité par Buffon comme désignant, en anglois, le mâle du gerfaut, *gyrfalcon* ou *gerfalcon* dans la même langue ; mais on le rapporte à l'autour dans le Nouveau Dictionnaire d'histoire naturelle. ( CH. D. )

JERN LODDE. (*Ichthyol.*) Les Groënlandois appellent ainsi les individus mâles du *salmo lodde* de M. de Lacépède. Voyez SAUMON. ( H. C. )

JERN LODDER. (*Ichthyol.*) En Laponie, on donne ce nom à l'ÉPERLAN. Voyez ce mot. ( H. C. )

JERNOTTE. (*Bot.*) Nom vulgaire de l'œnanthe pimpinelloides. ( L. D. )

JÉROFLÉE. (*Bot.*) Voyez GIROFLÉE. ( L. D. )

JÉROSE, *Anastatica*. (*Bot.*) Genre de plantes dicotylédones, à fleurs complètes, polypétalées, régulières; de la famille des crucifères, de la *tétradynamie siliculeuse* de Linnæus ; offrant pour caractère essentiel : Un calice à quatre folioles dressées ;

quatre pétales onguiculés, ouverts en croix; six étamines tétradynames; un ovaire supérieur; un style subulé, persistant. Le fruit est une petite silique très-courte, à deux loges, souvent monospermes, prolongées à leur sommet en deux sortes d'ailes concaves, d'entre lesquelles s'élève une pointe subulée, formée par le style persistant.

Jérose hygrométrique : *Anastatica hierocuntica*, Linn., Lamk., *Ill. gen.*, tab. 555; Jacq., *Hort.*, tab. 58; Lob., *Icon.*, 2, tab. 203; vulgairement la Rose de Jéricho. Petite plante herbacée, haute de trois à quatre pouces, dont la tige se divise inférieurement en plusieurs rameaux ouverts, ramifiés, chargés de poils courts, fasciculés ou en étoile, garnis de feuilles alternes, ovales, spatulées, un peu obtuses, munies de quelques dents peu apparentes, rétrécies en pétiole vers leur base, longues d'environ un pouce et demi, d'un vert blanchâtre, parsemées de petits poils blancs disposés en étoile. Les fleurs sont blanches, petites, placées sur des épis sessiles, axillaires, courts et velus : leur calice est partagé en quatre folioles ovales-oblongues, concaves et caduques; les pétales onguiculés, oblongs, obtus; les filamens des étamines subulés; les anthères arrondies; l'ovaire petit, velu, muni d'un style en alène et d'un stigmate globuleux. Le fruit consiste en une petite silique très-courte, divisée en deux loges, munie à son sommet de deux ailes opposées, arrondies, concaves en dedans, d'entre lesquelles s'élève une pointe un peu oblique, saillante; chaque loge renferme une ou deux semences arrondies.

Cette plante croît aux lieux sablonneux et maritimes, dans la Syrie, l'Arabie, et aux rivages de la mer Rouge, sur les côtes de Barbarie, etc. On la cultive au Jardin du Roi : elle se multiplie de graines semées en pots dans une terre légère; on repique le plant en place contre un mur exposé au midi.

Lorsque cette plante a terminé sa végétation, qu'elle a mûri ses fruits, toutes ses feuilles tombent; ses rameaux alors se dessèchent, se rapprochent, s'entrelacent, se courbent en dedans, et se contractent en un petit peloton arrondi, à peine de la grosseur du poing : les vents de l'automne arrachent cette plante entière, l'emportent sur les rivages de la mer. On la recueille et on l'apporte en Europe, comme un objet de curiosité, sous le nom très-impropre de *rose de Jéricho*. En cet état elle est susceptible de s'ouvrir et d'étendre ses rameaux, en se pénétrant d'humidité ; elle se resserre ensuite en forme de boule, à mesure qu'elle se dessèche : phénomène qui annonce qu'elle jouit, jusqu'à un certain point, de la faculté hygrométrique, par sa sensibilité aux impressions de l'air. Des charlatans ont profité de cette propriété pour abuser de la croyance des personnes crédules, en leur persuadant qu'elle ne doit s'ouvrir qu'au jour de Noël, et prédisant aux femmes enceintes un heureux accouchement, si pendant leurs douleurs elles mettent cette rose tremper quelque temps dans l'eau, qu'elles verront alors s'épanouir. (Poir.)

JERPE. (*Ornith.*) Voyez Hierpe. (Ch. D.)

JERREK-LI-PIS. (*Bot.*) Nom donné dans l'île de Java à l'oranger ordinaire ou à une de ses variétés, suivant Burmann fils. (J.)

JERSCHA (*Ichthyol.*), nom russe de la perche goujonnière. Voyez Grémille. (H. C.)

JERZYK. (*Ornith.*) Nom polonois du martinet noir, *hirundo apus*, Linn. (Ch. D.)

JESAUVI ou DSJESAUVI. (*Ichthyol.*) Noms arabes d'un poisson que Forskal a nommé *perca lineata*, et Linnæus, *perca arabica*. C'est le centropome arabique de M. de Lacépède. Bloch, 304, en a fait une sciène. Nous le rangeons, avec M. Cuvier, parmi les perches. Voyez Perche. (H. C.)

JESEF. (*Mamm.*) Les uns disent que c'est le nom d'une grande espèce de singe à museau de chien, d'un cynocéphale, dans quelques provinces de l'Afrique ; d'autres rapportent ce nom à l'hyène. (F. C.)

JESEN (*Ichthyol.*), un des noms allemands du Chabot. Voyez ce mot et Cotte. (H. C.)

JESES. (*Ichthyol.*) Voyez Jesse. (H. C.)

JESETRA TOCK. (*Ichthyol.*) En Hongrie, on appelle ainsi les grands esturgeons, quand ils n'ont point de boucliers. Voyez Esturgeon. (H. C.)

JÉSITE, *Jesitis*. (*Entomoz.*) Il me semble que l'on doit plutôt rapporter à la classe des chétopodes, ou des vers à tuyau, qu'à celle des mollusques, ce petit tube calcaire, adhérant aux corps sous-marins et roulé dans le même plan, à ouverture entière et ronde, dont M. Denys de Montfort a fait un genre de coquilles univalves, cloisonnées, sous le nom de jésite ; et, en effet, il a tous les caractères du genre Spirorbe de M. de Lamarck, sauf peut-être les cloisons, de l'existence desquelles il me semble qu'on peut douter. Quoi qu'il en soit, ce tube, que Soldani a figuré tab. 30, var. 143, X, de son ouvrage sur les polythalames, est nommé par M. Denys de Montfort Jésite vermiculé, *Jesitis vermicularis.* Il a une ligne de diamètre : sa couleur est teinte de rose. Il vient de la Méditerranée. (De B.)

JESMINUM (*Bot.*), synonyme de *jasminum.* (Lem.)

JESON. (*Conchyl.*) Adanson, Sénég., pag. 215, tab. 15, nomme ainsi une espèce de coquille qui est le *chama caliculata* de Linn., Gmel., mais qui appartient évidemment au genre Cardite ; c'est en effet la cardite jeson de Bruguière. (De B.)

JESSAMINE (*Bot.*), nom anglois du jasmin. (J.)

JESSE. (*Ichthyol.*) Nom spécifique d'un cyprin, qui appartient à la division des ables. C'est le *cyprinus jeses* de Bloch, tab. VI. Ce poisson, qui pèse de huit à dix livres, multiplie beaucoup ; sa chair, grasse et molle, est remplie d'arêtes, et devient jaune en cuisant. On le trouve dans les fleuves et les rivières de presque toute l'Europe septentrionale. Voyez Able, dans le Supplément du 1.ᵉʳ volume de ce Dictionnaire. (H. C.)

JESZIOTR. (*Ichthyol.*) Un des noms polonois de l'esturgeon ordinaire, *acipenser sturio.* Voyez Esturgeon. (H. C.)

JET D'EAU MARIN. (*Malac.*) On a quelquefois donné ce nom aux ascidies. (Desm.)

JET SUREAU. (*Bot.*) Nicolson dit qu'on nomme ainsi, à Saint-Domingue, une espèce de *saurerus.* (J.)

JETA, XETA et SETA. (*Bot.*) Divers noms espagnols de l'agaric comestible (*ag. edulis,* Bull.). Voyez Fonge. (Lem.)

JETAIBA. (*Bot.*) Nom brésilien du courbaril, *hymenæa,* suivant Marcgrave. La résine qui en découle, est nommée *jetica-cica* par les Brésiliens, *animé* par les Portugais. (J.)

JETICA. (*Bot.*) Nom brésilien de la batate ou patate, *convolvulus batatas,* suivant Marcgrave. (J.)

JETICA-CICA. (*Bot.*) Voyez Jetaiba. ( J. )

JETICUCU. (*Bot.*) Nom brésilien de la plante dont la racine est employée en médecine sous celui de Maahoacou. Voyez ce mot. (J.)

JETTON ou JET ou JETON, *Examen.* (*Entom.*) On désigne ainsi les essaims des ruches d'abeilles. Voyez l'article Abeille, pag. 52 du tom. I.<sup>er</sup>, et Essaim, pag. 352 du tom. XV de ce Dictionnaire. ( C. D. )

JEU DE LA NATURE. (*Min.*) Dénomination appliquée à tous les corps inorganisés qui prêtoient par leurs formes à quelques rapprochemens avec des corps organiques. On avoit tellement abusé de cette idée que les formes organiques revêtues d'une manière plus ou moins parfaite par les substances minérales résultoient de *jeux de la nature*, qu'on l'avoit même appliquée aux coquilles fossiles, en supposant que c'étoient des minéraux qui présentoient cet aspect de coquilles comme par accident. On l'a appliquée avec moins d'inconvéniens à ces figures ou formes qu'on voit dans certaines agates et dans les silex, ou que prennent certaines substances et qu'on peut, avec une imagination facile, rapporter à des êtres organisés. Cette considération n'est d'aucune importance. ( B. )

JEU DE VAN-HELMONT. (*Min.*) Voyez Ludus Helmontii. ( Lem. )

JEUSIR. (*Bot.*) Voyez Giausir. (J.)

JEVERS. (*Bot.*) Voyez Geguers. ( J. )

JEVOLO. (*Ornith.*) Nom italien du guêpier commun, *merops apiaster*, Linn. (Ch. D.)

JEVRASCHAKA. (*Mamm.*) Nom que les Russes donnent, suivant Gmelin le voyageur, à une espèce de marmotte, et qu'on a généralement rapporté au souslic. Voyez Marmotte. ( F. C. )

JEZ (*Mamm.*), nom polonois du hérisson commun. (F. C.)

JEZAR. (*Bot.*) Nom arabe du panais, suivant Matthiole et Mentzel, qui le nomment aussi *gezar*. Ce dernier nom est cité par M. Delile pour la carotte. (J.)

JIBE. (*Bot.*) Nom brame du badamier, *terminalia*, suivant Rhéede. (J.)

JIBOYA. (*Erpétol.*) Voyez Giboya. (H. C.)

JIJONA. (*Bot.*) Sorte de froment dont la culture est fort étendue en Andalousie. ( Lem.)

JIPRINO. (*Bot.*) **D**ans l'île de Candie on nomme ainsi une espèce de *phyllirea*, suivant Pocoke. ( J.)

JIYA. (*Mamm.*) Les Brasiliens, suivant Marcgrave, donnent ce nom à l'animal qu'ils nomment aussi Carigueibeiu. Voyez ce mot. (F. C.)

JO. (*Bot.*) Voyez Je. (J.)

JOANNESIA. (*Bot.*) Voyez notre article Chuquiraga, tome IX, page 178. (H. Cass.)

JOANULLOA. (*Bot.*) Voyez Juanulloa. ( Lem.)

JOBO. (*Bot.*) Nom donné par les Espagnols, habitans des Antilles, au mombin, *spondias*, suivant Jacquin. (J.)

JO-BONDE. (*Ornith.*) L'oiseau dont le nom est ainsi écrit dans le *Prodromus zoologiæ danicæ* de Muller, n.° 166, et *jobon* dans le *Fauna groenlandica* d'Othon Fabricius, n.° 68, est le *larus parasiticus*, Linn., ou *labbe à longue queue* de Buffon. C'est le même que le *strunt-jager*. ( Ch. D. )

JOCAN PRECTOE. (*Bot.*) Nom indien, suivant Burmann, d'un bonduc ou queniquier, *guilandina bonducella.* (J.)

JOCARA, JUCOARA. (*Bot.*) Marcgrave cite sous ce nom brésilien une espèce de palmier ayant du rapport, par son feuillage et son fruit, avec le cocotier, mais beaucoup plus bas et plus petit dans toutes ses parties. (J.)

JOCHAALCUACHILI. (*Ornith.*) C'est ainsi qu'est écrit, dans le Dictionnaire universel des animaux de La Chesnaye des Bois, le nom de l'espèce de jacana qui étoit déjà corrompu dans Jonston, *De avibus*, où l'on trouve, pag. 126, au titre 2, chapitre 2, le mot *iochualcuachili*, au lieu de *yohualcuachili*, ainsi que l'ont originairement écrit Fernandez, pag. 50, chapitre 181, et, d'après lui, Nieremberg, liv. 10, chap. 16. Voyez Jacana. ( Ch. D. )

JOCINALIS, JOCINATE (*Bot.*) : noms anciens du sainfoin, cités par Ruellius et par Mentzel. (J.)

JOCKO. (*Mamm.*) Nom tiré par Buffon d'*enjoco*, pour l'appliquer au chimpansé, ou plutôt au Champanzi (voyez ce mot). L'enjoco, qui n'est pas le chimpansé, est une grande espèce de singe, de forme humaine, qui se trouve dans les forêts du Congo, mais que l'on ne connoît encore que par les notes incomplètes de quelques voyageurs. (F. C.)

JOCRI. (*Bot.*) Nom égyptien de l'*hemerocallis* de Dioscoride, qui paroît être le lis rouge ou un autre lis. (J.)

JODAMIE. (*Foss.*) On trouve à Mirambeau, département de la Charente inférieure, dans une couche qui, par la nature des fossiles d'origine marine qu'on y rencontre, paroît avoir une très-grande analogie avec celle de la montagne de Saint-Pierre de Maestricht et par conséquent avec la formation crayeuse, des débris de testacés fort singuliers.

Ils sont composés de deux valves sans charnière, ou plutôt d'une valve inférieure qui paroît avoir adhéré par l'un de ses côtés contre d'autres corps, et d'une valve supérieure ou opercule qui devoit être contenu par de forts muscles adducteurs, et auquel se trouvoient sans doute d'autres pièces, qui ont disparu, et qui servoient à le soulever pour laisser entrer l'eau et la nourriture de l'animal.

Ces valves ont la contexture de celles des huîtres, et se sont conservées, tandis que d'autres pièces, dont il sera parlé ci-après et qui auroient été d'une autre nature, auroient disparu, comme il arrive souvent à la partie du support des hipponices sur laquelle le muscle adducteur étoit appliqué.

Ces valves sont coniques intérieurement, et garnies en dedans de stries circulaires peu élevées, qui sont coupées ou interrompues dans la valve inférieure par une carène qui se prolonge perpendiculairement dans toute la longueur de cette valve.

La valve supérieure est de moitié moins profonde que l'autre, et son sommet est penché du côté qui répond à la carène dont il a été parlé. La gangue calcaire qui s'est moulée dans ces valves, et qui ordinairement n'y adhère pas, présente des formes singulières et variées dans différens individus. Les plus petits moules, qui n'ont quelquefois qu'un à deux pouces de longueur et que l'on peut croire avoir été formés dans de jeunes coquilles, présentent seulement un aplatissement sur la partie moulée dans la valve inférieure, et vers le haut une sorte de lance qui porte une échancrure vis-à-vis cet aplatissement. Le haut du moule présente un petit cône saillant et penché du côté de l'aplatissement. Des moules plus grands, qui dépendent sans doute d'espéces différentes, présentent quelquefois des formes beaucoup plus compliquées du côté de l'aplatissement, à l'endroit où les valves se touchoient et où les muscles adducteurs devoient être placés. Quelques-uns de ces moules sont simples. J'en possède un qui a sept pouces de longueur, et qui a été trouvé à Barbesieux, département de la Charente. La partie moulée dans la valve inférieure a la plus grande ressemblance avec le bout d'une langue de bœuf. J'en possède un autre avec sa valve inférieure, mais à laquelle il n'adhère pas. Ce moule étant placé dans l'endroit où il s'est formé, on remarque, vis-à-vis de la carène, un vide assez grand qui se prolonge jusqu'au fond de la valve. Sur le moule de la valve supérieure on voit des creux perpendiculaires, qui se prolongent assez profondément dans son intérieur. Pour que cet espace et ces creux se trouvent vides aujourd'hui, il a fallu que la coquille portât dans son intérieur des parties, de la forme de ces vides, d'une substance calcaire soluble qui a disparu depuis la pétrification du moule.

Ce genre, auquel j'ai donné le nom de *jodamie*, peut être plutôt signalé que décrit exactement; voici ceux de ses caractères que j'ai pu saisir:

*Coquille bivalve, adhérente, à valves concaves, sans charnière, munies intérieurement de stries circulaires, qui sont coupées dans la valve inférieure par une carène longitudinale; le sommet de la valve supérieure penché du côté de la carène.*

A en juger par la différence des formes des moules, il dépend sans doute beaucoup d'espéces de ce genre; mais j'en indiquerai seulement deux qui m'ont paru les plus saillantes.

La JODAMIE BILINGUE, *Jodamia bilinguis* (Def.); Ostracite de Barbesieux. (Desm.)

Je ne connois cette espèce que par son moule, qui a la forme d'une langue de bœuf par l'un de ses bouts, et dont il a été parlé ci-dessus; la portion moulée dans la valve supérieure est simple et sans trous.

La JODAMIE DUCHATEL, *Jodamia Castri* (Def.). Cette espèce, qu'on trouve à Mirambeau, et dont je possède les valves en débris, présente un moule intérieur de sept pouces de longueur, et plus gros que le poing vers sa partie supérieure.

On voit à son extérieur les traces des stries circulaires qui se trouvent dans l'intérieur des valves où il a été formé ; mais il est lisse à l'endroit où se trouve l'aplatissement qui devoit répondre à la carène. La partie du moule qui a été formée dans la valve supérieure, est presque triangulaire ; celle qui dépend de la valve inférieure présente une courbure qui ne se trouve pas dans l'espèce qui précède.

Quelques-unes de ces coquilles, dont je ne connois pas le lieu natal, sont couvertes d'une gangue qui paroît dépendre des couches de la craie tufau, et toutes celles que j'ai vues se rencontrent dans des localités où il y a eu disparition du têt des coquilles et autres corps solubles.

Quelques moules intérieurs, qui paroissent dépendre du même genre, mais dont je ne connois pas la patrie, ne sont composés que de lames irrégulières, qui laissent des intervalles vides entre elles. Il est très-difficile d'expliquer la formation de ces lames, qui, pendant la vie de l'animal, devoient être des creux dans lesquels la gangue s'est moulée. Si cette explication doit avoir lieu, il faut attendre que les recherches aient procuré une plus grande quantité de ces moules singuliers, et que quelques observateurs les aient étudiés dans les lieux où les coquilles ont vécu, et où l'on doit retrouver celles de leurs parties qui ont résisté à la dissolution.

On peut dire en général que tous ces corps ont quelques rapports avec les sphærulites. Voyez SPHÆRULITES. (D. F.)

JODELLE. (*Ornith.*) Un des noms anciens de la foulque ou morelle. Voyez JUDELLE. (CH. D.)

JODORIKI. (*Bot.*) Nom japonois du gui ordinaire, selon Kæmpfer ; d'un groseillier, *ribes cynosbati*, selon M. Thunberg. (J.)

JOEL (*Ichthyol.*), nom vulgaire de la melette de la mer Méditerranée, *atherina hepsetus*. Voyez ATHÉRINE et HEPSETUS. (H. C.)

JO-FUGL. (*Ornith.*) L'oiseau auquel ce nom et ceux de *jo-tyv*, *jo-thief*, *jo-bonde*, sont donnés en Norwége, suivant Pontoppidan et Muller, est le labbe à longue queue de Buffon, *larus parasiticus*, Linn. (CH. D.)

JOGAS. (*Ornith.*) Les Suédois qui habitent le Gothland,

donnent ce nom et celui de *ju-goas* au tadorne, *anas tadorna*, Linn. ( Ch. D. )

JOGLANS. (*Bot.*) Synonyme de *juglans*, désignant l'un et l'autre le Noyer, en latin. Voyez ce mot. ( Lem. )

JOHANNIA. (*Bot.*) Voyez notre article Chuquiraga, tome IX, page 178. (H. Cass.)

JOHANNIA. (*Bot.*) Nom substitué par Willdenow à celui de notre *chuquiraga*, tiré de l'herbier du Pérou de Joseph de Jussieu, et adopté par M. de Lamarck. M. Persoon le nomme *joannesia*. (J.)

JOHN, *Johnius*. (*Ichthyol.*) Bloch a établi, sous ce nom, un genre de poissons que M. de Lacépède a réuni avec les labres, et que M. Cuvier confond avec les sciènes. Bloch les distinguoit de celles-ci à la longueur de leur seconde nageoire dorsale; mais plusieurs sciènes l'ont également longue. Le karut fait le type de ce genre, auquel on rapporte encore quelques autres espèces que nous décrirons à l'article Sciène. Voyez aussi Labre. (H. C.)

JOHNSONIA. (*Bot.*) Miller désignoit sous ce nom le genre *Callicarpa* de Linnæus, que Mitchell nommoit *sphondylococcus*, et Heister *burkardia*. Un autre *johnsonia*, non adopté, est celui de Necker, qui range sous ce genre les espèces de *solanum* à calice simplement denté et à corolle en rosette. Adanson nomme *jonsonia* le genre *Cedrela*. (J.)

JOHNSONIA. (*Bot.*) Genre de plantes monocotylédones, de la famille des asphodélées et de la triandrie monogynie. Il est caractérisé par son calice coloré, à six divisions égales et caduques; trois étamines élargies et réunies à leur base; un ovaire surmonté d'un style à un stigmate obtus; une capsule trivalve, à trois loges dispermes.

Ce genre, établi par Robert Brown, ne comprend qu'une seule espèce, le *J. lupulina*, petite plante vivace, qui croît à la Nouvelle-Hollande. Ses feuilles sont distiques, linéaires, et ses fleurs forment, à l'extrémité d'une hampe, un épi garni de bractées. ( Lem. )

JOJO. (*Bot.*) Voyez Jol. (J.)

JOJOO. (*Ornith.*) Nom sous lequel est connu à Java le colombar jojoo de M. Temmink, *columba vernans*, Lath. (Ch. D.)

JOKSAN. (*Bot.*) Nom japonois, cité par Kæmpfer, de *l'hemerocallis japonica*, genre de la famille des narcissées. M. Thunberg le nomme jaksan. (J.)

JOKUI. (*Bot.*) Voyez Dsudsudama. (J.)

JOL. (*Bot.*) Nom languedocien de l'ivraie, *lolium*, suivant M. Gouan. Les Portugais la nomment *jojo*, au rapport de Vandelli. (J.)

JOL. (*Conchyl.*) Adanson, Sénég., pag. 149, tab. 10, donne ce nom à une très-petite espèce de buccin, qui paroît n'avoir pas été reprise par les auteurs systématiques. (De B.)

JOLIBOIS. (*Bot.*) Un des noms vulgaires du daphné bois-gentil. (L. D.)

JOLITHUS. (*Bot.*) Voyez Iolithus. (Lem.)

JOMARIN. (*Bot.*) Voyez Ajonc. (J.)

JOMBARBE. (*Bot.*) La joubarbe est citée sous ce nom par Belon; par d'autres elle est nommée jombarde. (J.)

JON. (*Ornith.*) Les Hébreux, qui donnoient ce nom au pigeon mâle, appeloient la femelle *jonah*, et ce dernier mot désignoit, chez les Chaldéens, les deux sexes, nommés aussi *jonetah*. (Ch. D.)

JONA-JAKA. (*Bot.*) Nom brame de l'*atamaram* du Malabar, qui est un corossolier, *anona squamosa*. Il est ainsi nommé à cause de quelque rapport extérieur de son fruit avec celui du *jaka* ou jaquier, *artocarpus*. (J.)

JONC. (*Bot.*) Ce nom a été donné, par les anciens et par quelques modernes, à des plantes qui n'appartiennent pas au genre *Juncus* des botanistes. Pline et d'autres nommoient *juncus odoratus* le schénanthe, espèce d'*andropogon*. Le *juncus acullana* d'Amatus est un souchet, *cyperus esculentus*. Le *juncus clavatus* de Daléchamps, ou jonc à masse, est un scirpe, *scirpus palustris*. Un autre *juncus clavatus* de Petiver est un *cornucopia*. Le *juncus palustris* de Tragus est encore un scirpe, *scirpus locustris*. Dodoëns nomme *juncus asper* la masse d'eau ou massette, *typha*. L'*eriophorum* ou jonc des marais, lin des marais, dont les graines sont entourées d'un duvet soyeux, étoit le *juncus bombycinus* de Lobel. On trouve dans Thalius, cité par C. Bauhin, sous le nom de *juncus lychnanthemus*, le *melica cærulea* de Linnæus. Celui-ci nomme *schœnus capensis* le jonc du Cap, cité par Breynius, et *cyperus articulatus*, le *juncus cyperoides* de Sloane. On sait que le batôme, *butomus*, est nommé vulgairement jonc fleuri, parce que c'étoit le *juncus floridus* de Matthiole. Le *juncus africanus* de Morison est une fougère que Swartz nomme *schizea pectinata*; et le jonc des Indes, dont on fait des cannes désignées sous ce nom, est le rotang, *calamus rotang*, appartenant à la famille des palmiers. On nomme encore jonc épineux, jonc marin ou jomarin, l'ajonc, *ulex europæus*, bien différent du *juncus maritimus* de Lobel, qui est le *schœnus mucronatus*. Le *junco-marino* du Pérou est le *colletia spinosa*. On ne sait pas quelle est la plante de Saint-Domingue nommée jonc de mer par Desportes et Nicolson. (J.)

JONC; *Juncus*, Linn. (*Bot.*) Genre de plantes monocotylédones, de l'*hexandrie monogynie* de Linnæus, et type de la famille des *joncées* de Jussieu. Ses principaux caractères sont les suivans : Calice de six folioles ovales-lancéolées, égales, coriaces, persistantes; corolle nulle; six étamines à peu près égales au calice et opposées à ses divisions; un ovaire supère, ovale, surmonté d'un style terminé par trois stigmates filiformes; une capsule à trois loges, à trois valves portant des cloisons longitudinales sur leur face interne; chaque loge contient des graines nombreuses attachées au côté interne des cloisons.

Les joncs sont des plantes herbacées à racines fibreuses, le plus souvent vivaces; à feuilles cylindriques ou un peu comprimées, naissant immédiatement du collet de la racine, ou garnissant les tiges elles-mêmes; leurs fleurs sont petites, verdâtres ou roussâtres, terminales ou latérales, disposées le plus communément en panicule ou en corymbe. On en connoît une trentaine d'espèces, en n'y comprenant pas celles qui en ont été séparées pour former le genre *Luzula*. La plus grande partie de ces plantes croît naturellement en Europe et en France; mais, aucune d'elles ne présentant beaucoup d'intérêt, nous ne ferons mention ici que des espèces suivantes.

* *Feuilles toutes radicales; tiges nues.*

Jonc maritime : *Juncus maritimus*, Lamk., Dict., 3, pag. 264; *Juncus acutus*, α, Linn., Spec., 463; *Juncus acutus maritimus anglicus*, Moris, *Hist.*, 3, s. 8, t. 10, fig. 14. Ses tiges sont hautes d'un pied ou environ, cylindriques, terminées par une pointe roide et piquante; elles portent à leur sommet une panicule lâche, rameuse, sortant d'une spathe à deux valves, dont l'inférieure est très-courte, et dont la supérieure, en se prolongeant en forme de feuille, semble être la continuation de la tige, et fait paroître la panicule comme si elle étoit latérale. Les feuilles sont dures, cylindriques, engainantes à leur base et pointues au sommet. Cette plante croît sur les bords de la Méditerranée et de l'Océan.

JONC ÉPARS : *Juncus effusus*, Linn., *Spec.*, 464; Lamk., Dict., 3, pag. 265. Ses feuilles sont cylindriques, pointues, droites et resserrées contre les tiges, qui sont droites, lisses, striées, cylindriques, hautes d'un pied et demi à deux pieds. Les fleurs forment une panicule latérale, lâche, composée de pédoncules rameux, inégaux; les capsules sont ovoïdes, très-obtuses, à peu près de la longueur des calices. Ce jonc est commun dans les lieux humides, les fossés aquatiques et les marais. Ses feuilles et ses tiges entières servent à faire des liens, des nattes, des corbeilles, des paniers, et avec la moelle qu'elles contiennent on peut faire des mèches pour brûler dans les lampes.

JONC DES JARDINIERS ; *Juncus tenax*, Poir., Dict. encycl., Suppl., 3, pag. 156. Cette espèce a beaucoup de rapports avec la précédente : mais elle s'en distingue bien par ses tiges plus profondément striées, glauques, plus grêles, presque filiformes, souples, tenaces, sans moelle; par ses panicules moins garnies, plus lâches, presque droites, et par ses calices très-aigus, plus longs que les capsules. Elle croît dans les lieux humides et marécageux. On la préfère au jonc épars pour faire des liens, des paniers, des corbeilles; on l'emploie surtout pour attacher la vigne, et les jardiniers en font aussi beaucoup d'usage pour fixer les menues branches des arbres en pallissades, ou pour les plantes, les arbrisseaux et les arbustes qui ont besoin d'être attachés.

** *Tiges garnies de feuilles dépourvues de nœuds.*

JONC A TROIS FLEURS : *Juncus triglumis*, Linn., *Spec.*, 467; *Juncus gluma triflora culmum terminante*, Linn., *Flor. Lapp.*,

115, tab. 10, fig. 5. Ses tiges sont droites, menues, simples, hautes de trois à quatre pouces, garnies, dans leur partie inférieure, de trois à quatre feuilles cylindriques, courtes, engainantes ; elles sont terminées par deux à trois fleurs brunes, sessiles, formant une petite tête entourée de trois bractées scarieuses, un peu inégales et un peu moins longues que les fleurs elles-mêmes. Cette plante croit en France et en Europe sur les montagnes élevées.

JONC DES CRAPAUDS : *Juncus bufonius*, Linn., *Spec.*, 466 ; *Gramen bufonium erectum angustifolium majus*, Barrel., *Icon.*, 264. Sa racine, qui est annuelle, produit plusieurs tiges menues, filiformes, rameuses, hautes de quatre à six pouces, garnies de feuilles linéaires, très-étroites, presque sétacées. Ses fleurs sont solitaires ou quelquefois géminées, sessiles, très-pointues, d'un vert blanchâtre, situées les unes dans les aisselles des bifurcations des tiges, les autres le long et au sommet des ramifications. Ce jonc se trouve dans les lieux humides et les prairies marécageuses.

*** *Tiges garnies de feuilles noueuses d'espace en espace.*

JONC ARTICULÉ : *Juncus articulatus*, Linn., *Spec.*, 465 ; *Flor. Dan.*, tab. 1097. Sa tige est cylindrique, haute d'un pied, garnie de deux à trois feuilles un peu comprimées, articulées, pointues. Ses fleurs sont pédonculées, solitaires ou deux à quatre ensemble, et disposées en une panicule lâche et terminale ; les folioles de leur calice et les capsules sont obtuses. Cette espèce croît sur le bord des eaux et dans les lieux humides.

JONC FLOTTANT ; *Juncus fluitans*, Lamk., *Dic.*, 3, pag. 270. Sa tige est grêle, flottante lorsqu'elle vient dans l'eau, rampante si elle croît sur la terre. Ses feuilles radicales sont très-longues, capillaires ; les supérieures plus épaisses et articulées. Les fleurs forment une panicule peu garnie, composée d'un petit nombre de paquets formés de trois à quatre fleurs. Ce jonc croît dans les étangs, les fossés aquatiques, et sur leurs bords. (L. D.)

JONC D'ASIE et JONC CARRÉ. (*Bot.*) On donne ces noms à deux souchets. (L. D.)

**JONC DES CHAISIERS.** (*Bot.*) Dans quelques cantons on donne ce nom au scirpe des étangs. ( L. D. )

**JONC A COTON.** (*Bot.*) On donne ce nom aux linaigrettes. ( L. D. )

**JONC D'EAU.** (*Bot.*) On désigne ainsi les choins et les scirpes. ( L. D. )

**JONC ÉPINEUX.** (*Bot.*) C'est l'ajonc. ( L. D. )

On donne aussi ce nom au genêt anglois, *genista anglica;* mais ici le mot *jonc* est une corruption du mot *ajonc.* (Lem.)

**JONC D'ESPAGNE.** (*Bot.*) C'est le *spartium junceum*, Linn. ( L. D. )

**JONC D'ÉTANG.** (*Bot.*) Un des noms vulgaires du scirpe des étangs. ( L. D. )

**JONC FAUX.** (*Bot.*) Nom vulgaire du troscart des marais. ( L. D. )

**JONC FLEURI.** (*Bot.*) Nom vulgaire du butome en ombelle. ( L. D. )

**JONCFLEURI [Petit].** (*Bot.*) V. Scheuzérie des marais. (Lem.)

**JONC DES INDES.** ( *Bot.* ) Nom qu'on donne en Europe aux cannes faites de rotang ou rotin, qu'on rapporte des Indes. (Lem.)

**JONC A LIENS.** (*Bot.*) On donne ce nom aux espèces de jonc qui sont les plus propres à faire des liens. ( L. D. )

**JONC MARIN.** (*Bot.*) Un des noms vulgaires de l'ajonc. On donne aussi ce nom au troscart des marais. ( L. D. )

**JONC A MOUCHES.** (*Bot.*) C'est le nom du séneçon jacobée aux environs de la ville d'Angers. (Lem.)

**JONC DU NIL.** ( *Bot.* ) C'est le *cyperus papyrus*. Voyez Souchet. ( L. D. )

**JONC ODORANT.** (*Bot.*) Nom vulgaire de l'*andropogon schœnanthus*. Voyez Barbon. ( L. D. )

On donne encore ce nom à l'œnante fistuleuse. (Lem.)

**JONC DE LA PASSION.** (*Bot.*) C'est un nom qu'on donne aux massettes. ( L. D. )

**JONC DE PIERRE.** (*Bot.*) Quelques oryctographes ont ainsi désigné des pétrifications madréporiques, formées d'espèces de tuyaux accollés parallèlement. (Lem.)

**JONC DE SALAMANQUE.** ( *Bot.* ) C'est une ortie. (Lem.)

**JONCÉES.** (*Bot.*) Famille de plantes monopérigynes ou

monocotylédones, à étamines insérées au calice, laquelle tire son nom du jonc, son genre principal et le plus commun. Ses caractères communs, ajoutés aux précédens, sont : Un calice divisé jusqu'à sa base en six lobes de nature glumacée, dont trois souvent plus intérieurs. Les étamines sont au nombre de six, insé. ées à la base des lobes du calice, ou plus rarement de trois, tenant aux trois lobes extérieurs; anthères oblongues, bifurquées à chaque extrémité. Ovaire libre; style simple ou presque nul; stigmate triple ou plus rarement simple. Capsule s'ouvrant en trois valves, quelquefois uniloculaire, contenant trois graines, plus souvent triloculaire, à valves portant les cloisons dans leur milieu, et dont chacune contient une ou plusieurs graines attachées au centre de la capsule ou point de réunion de la crête des cloisons. Quelquefois, par avortement, il ne subsiste qu'une loge et une seule graine ; l'embryon, contenu et enfoncé dans le centre d'un périsperme charnu et cartilagineux, dirige sa radicule vers l'ombilic de la graine. Toutes les joncées sont herbacées ; leurs tiges simples comme des chaumes, tantôt sans nœuds avec des feuilles toutes radicales, tantôt noueuses par intervalles, et garnies d'une feuille à chaque nœud. Toutes ces feuilles forment une gaine à leur base ; celles qui accompagnent les assemblages de fleurs sont sessiles et spathiformes. Chaque fleur est toujours accompagnée d'une spathe.

Précédemment cette famille étoit plus nombreuse en genres répartis dans diverses sections. Un examen plus détaillé a montré des caractères suffisans pour les répartir en plusieurs familles, telles que les restiacées, les joncées proprement dites, les alismacées ou alismées, les commelinées, les juncaginées, les colchicées, etc. Les joncées diffèrent des restiacées par un embryon enfoncé dans le périsperme, la radicule dirigée vers le centre de la capsule, et l'insertion des étamines aux divisions extérieures du calice lorsqu'elles sont réduites à trois : elles se distinguent facilement des alismacées par l'unité de l'ovaire et l'existence d'un périsperme.

On peut ranger dans cette famille le genre *Juncus* et ses subdivisions *Luzula*, *Cephaloxis*, *Rostkowia*, *Marsipospermum*; les genres *Dasypogon*, *Calectasia*, *Xerotes* de M. R. Brown ; le *Lomandra* de M. Labillardière, peut-être congénère du précédent; les *Xyris* et *Aphyllanthes* de Linnæus, *Rapatea* et *Mayaca* d'Aublet, *Schmiatia* de M. Sternberg, et le *spatanthus* de Beauvois. Cette réunion pourra dans la suite recevoir de nouvelles additions, ou éprouver quelques soustractions. ( J. )

JONCIER. (*Bot.*) Nom, cité par M. Bosc, du genêt d'Espagne, *spartium junceum*, dérivé probablement de l'épithète latine. Il est cultivé et employé à divers usages économiques dans des provinces méridionales de la France. Voyez Genêt d'Espagne. ( J. )

JONCINELLE, *Eriocaulon*. (*Bot.*) Genre de plantes monocotylédones, à fleurs incomplètes, de la famille des *restiacées*, de la *triandrie trigynie* de Linnæus, offrant pour caractère essentiel : Un involucre commun, imbriqué, contenant des fleurs aggrégées, monoïques; celles du centre mâles, composées d'un calice de deux à quatre folioles, trois à six étamines; dans les fleurs femelles, un ovaire supérieur, chargé d'un style à deux ou trois divisions. Le fruit consiste dans une capsule à deux ou trois loges monospermes.

Les joncinelles sont, la plupart, des plantes aquatiques, qui croissent dans les terrains couverts d'eau pendant l'hiver, humides ou très-secs pendant l'été : il en est cependant qui s'éloignent du séjour des eaux. La plupart croissent par touffes, et ont le port du *statice*, vulgairement gazon d'Espagne, à hampe terminée par des fleurs réunies en une tête globuleuse; d'autres produisent, de l'extrémité d'une hampe courte, un grand nombre de pédoncules capillaires, très-longs, fasciculés ou en ombelle, offrant à l'œil du spectateur une touffe de petites têtes sphériques, qui produisent un effet très-agréable. Il est à regretter que ces plantes ne puissent être cultivées dans les plates-bandes de nos jardins : il paroît que jusqu'à ce jour les tentatives ont été infructueuses. Ce genre, d'abord composé d'un très-petit nombre d'espèces, a été considérablement enrichi par les découvertes de nos voyageurs modernes : par celles de MM. de Labillardière et Brown, dans la Nouvelle-Hollande; par celles de MM. Bosc, Michaux, Humboldt et Bonpland, dans les différentes contrées de l'Amérique.

Joncinelle cannelée; *Eriocaulon striatum*, Lamk., *Ill. gen.*, tab. 5o, fig. 1. Plante des Indes orientales, qui se rapproche beaucoup par son port du *statice armeria*, mais dont la tête de fleurs est beaucoup plus petite. Ses tiges sont glabres, un peu grêles, nues, cannelées, enveloppées à leur base d'une longue gaine et de feuilles radicales dressées, ensiformes, très-étroites, en gouttière. Sa tête de fleurs, convexe en-dessus, est couverte de petits poils blancs, munie en-dessous d'un involucre à six ou sept folioles en écailles ovales, un peu luisantes et argentées.

JONCINELLE RAMPANTE; *Eriocaulon repens*, Lamk., *Ill. gen.*, tab. 5o, fig. 2. Cette espèce, découverte par Commerson, à l'île de Bourbon, a des souches rampantes, couvertes de feuilles courtes, striées, très-rapprochées, qui donnent à cette plante l'aspect d'un *hypnum*. De ses souches s'élèvent plusieurs hampes très-grêles, anguleuses, enveloppées à leur base d'une gaine étroite. La tête de fleurs est de la grosseur d'un pois, velue, blanchâtre, munie d'un involucre à dix ou douze écailles imbriquées, ovales et luisantes.

JONCINELLE PILEUSE; *Eriocaulon pilosum*, Kunth *in* Humb. et Bonpl., *Nov. gen.*, 1, pag. 441. Ses tiges, longues d'un pouce et demi, naissent en gazon : elles sont garnies de feuilles linéaires-ensiformes, piquantes au sommet, dilatées et membraneuses à leur base, pileuses et ciliées; les pédoncules solitaires, pileux, axillaires, anguleux, longs d'un pouce, soutenant une tête de fleurs à demi globuleuse, de la grosseur d'un pois; les écailles de l'involucre ovales, aiguës et ciliées. Cette plante croît dans les plaines des montagnes de Bogota, dans l'Amérique méridionale.

JONCINELLE FASCICULÉE; *Eriocaulon fasciculatum*, Lamk., *Ill. gen.*, tab. 5o, fig. 3. Espèce très-remarquable, ainsi que les suivantes, par ses petites têtes de fleurs, qui s'élèvent inégalement en faisceau étalé sur des pédoncules pileux, capillaires, et ressemblent, en petit, à ces globes enflammés qui s'élancent du foyer d'un feu d'artifice. Le collet de la racine s'alonge en une tige ou plutôt une souche dressée, garnie de feuilles éparses, nombreuses, ensiformes. Elle croit dans la Guiane.

JONCINELLE A OMBELLES; *Eriocaulon umbellatum*, Lamk., *Ill. gen.*, tab. 5o, fig. 4. Cette plante a été découverte dans la

Guiane par Aublet. Toutes ses feuilles sont radicales, étroites, nombreuses et velues. De leur centre s'élèvent des tiges nues, grêles, cylindriques, très-glabres, terminées par une ombelle grande, très-belle, munie à sa base d'un involucre universel à neuf ou douze folioles presque subulées; les pédoncules sétacés, un peu inégaux, velus dans leur jeunesse, enveloppés d'une petite gaine à leur base.

Joncinelle a petite tête: *Eriocaulon microcephalum*, Kunth in Humb. et Bonpl., *Nov. gen.*, 1, pag. 255. Ses feuilles sont toutes radicales, pileuses, glabres, ensiformes, presque imbriquées, longues de neuf à dix lignes. De leur centre s'élèvent des pédoncules anguleux, munis d'une gaine bifide, et terminés par une petite tête à demi globuleuse: les écailles de l'involucre glabres, blanchâtres, ovales - obtuses. Cette plante croît dans le royaume de Quito.

Joncinelle fluette; *Eriocaulon tenue*, Kunth, *l. c.*, pag. 255. Cette plante, découverte à Javita, sur les bords du fleuve Tuamini, aux lieux ombragés, dans l'Amérique méridionale, a toutes ses feuilles radicales, planes, subulées, lanugineuses, pileuses à leur base, longues de six à douze lignes. De leur centre sortent des pédoncules pileux, sétacés, anguleux, munis d'une gaine brune, soutenant une petite tête globuleuse; les écailles de l'involucre glabres, oblongues, obtuses.

Joncinelle a feuilles ensiformes: *Eriocaulon ensifolium*, Kunth, *l. c.*, pag. 254, tab. 90. Ses feuilles sont roides, planes, glabres, ensiformes, longues de trois pouces, rougeâtres et pileuses vers leur base : elles n'ont point de tige. Les pédoncules sont glabres, comprimés, un peu pubescens à leur sommet, munis d'une gaine longue de deux pouces; les têtes de fleurs de la grosseur d'une noisette; les écailles de l'involucre ovales, aiguës et pileuses. Cette plante croît près Santa-Fé de Bogota.

M. Rob. Brown a découvert, sur les côtes de la Nouvelle-Hollande, une douzaine d'espèces de joncinelles, jusque-là inconnues, les unes pourvues de fleurs à six divisions; les étamines au nombre six, rarement de trois; les capsules divisées en trois loges : d'autres espèces offrent des fleurs à quatre divisions, renfermant quatre étamines, et des capsules à deux loges. (Poir.)

JONCIOLE. (*Bot.*) Nom françois donné par quelques auteurs modernes à l'APHYLLANTHE. Voyez ce mot. (J.)

JONCO. (*Ornith.*) Voyez JUNCO. (CH. D.)

JONCOÏDES. (*Bot.*) Voyez JONCÉES et JUNCOÏDES. (LEM.)

JONCQUETIA. (*Bot.*) Schreber et Willdenow substituent
ce nom à celui du *tapiria* d'Aublet, genre de la famille des
térébintacées. Voyez TAPIRIER. (J.)

JONCS (*Bot.*) : famille des joncs (voyez JONCÉES). Dans
l'acception vulgaire, *joncs* désigne des plantes aquatiques, à
tiges effilées et à longues feuilles (voyez les articles JONC).
Cependant on nomme aussi joncs quelques plantes non aquatiques, seulement à cause de leurs branches longues et souples, comme celle du jonc proprement dit, par exemple,
le *jonc* ou *genêt d'Espagne*. D'autres espèces, qui n'ont pas la
souplesse du jonc, semblent avoir reçu ce nom par antiphrase
ou par corruption du mot *ajonc*, qui lui-même pourroit ex-
primer la même idée. Voyez JONC MARIN. (LEM.)

JONDRABA. (*Bot.*) La lunetière, *biscutella*, est ainsi
nommée par Columna et Medicus. Ce genre étoit le *thlaspi-
dium* de Tournefort et d'Adanson, le *perspicillum* de Heister.
(J.)

JONÈSE. (*Bot.*) Voyez IONÉSIE. (LEM.)

JONGERMANNIA. (*Bot.*) Voyez JUNGERMANNIA. (LEM.)

JONGERMANNIÉES et JUNGERMANNIÉES. (*Bot.*) Voyez
HÉPATIQUES. (LEM.)

JONGIE, *Jungia*. (*Bot.*) Voyez ESCALLONE. (POIR.)

JONG-KONING (*Ichthyol.*), nom par lequel on désigne,
aux Indes, le cheval marin ou HIPPOCAMPE. Voyez ce dernier
mot. (H. C.)

JONIDIE et JONIE. (*Bot.*) Voyez IONIDIUM. (LEM.)

JONKER-VISCH (*Ichthyol.*), nom hollandois de la GIRELLE.
Voyez ce mot. (H. C.)

JONNA NAGOU (*Erpétol.*), nom indien d'une des variétés
du naja, décrite par Russel. Voyez NAJA. (H. C.)

JONOPSIS. (*Bot.*) Voyez IONOPSIS. (LEM.)

JONQUILLE (*Bot.*), espèce de NARCISSE. Voyez ce mot. (J.)

JONQUILLE DU CHÊNE. (*Bot.*) Champignon du genre
*Agaric* (FONGE), mentionné par Paulet (Trait., 2, pag. 110,
pl. 22, fig. 4), et de sa famille des OREILLES DES ARBRES. Il

est d'un jaune jonquille ou de capucine ; sa chair est mince, comme transparente, tendre, aqueuse et un peu acerbe. Les feuillets sont inégaux. Il croît au pied des chênes à Fontainebleau, et ne produit aucun effet mal-faisant. (LEM.)

JONSELLE. (*Ornith.*) Nom donné, dans certains cantons du département des Deux-Sèvres, à la bernache, *anas erithropus*, Linn. (CH. D.)

JONSONIA. (*Bot.*) Adanson nomme ainsi le *cedrela* de P. Browne et de Linnæus, qui est l'acajou à planches, le *cedro* de Lœffling. (J.)

JONTHLASPI. (*Bot.*) Columna avoit donné ce nom à une plante crucifère dont Tournefort a fait un genre, en conservant sa première dénomination. Comme C. Bauhin l'avoit nommée *thlaspi clypeatum*, à cause de la forme de sa silicule, Linnæus, voulant changer le premier nom, a composé celui de *clypeola*, qu'il porte maintenant. Il y a joint deux autres espèces, *C. maritima* et *C. tomentosa*, qui postérieurement ont été reportées dans le genre *Alyssum*, et en même temps Arduini regarda le *peltaria* de Linnæus comme congénère de son premier *clypeola*, quoiqu'il ait les fleurs blanches et non jaunes, comme dans le *jonthlaspi*, ce qui, dans les crucifères, doit être regardé comme un caractère de quelque valeur. Le *jonthlaspi* est encore le *fosselinia* d'Allioni. Voyez CLYPÉOLE. (J.)

JOOBAI. (*Bot.*) Nom japonois d'un pêcher sauvage, selon Kæmpfer. (J.)

JOOSIE. (*Bot.*) Bomare dit que les Japonois donnent ce nom à un chiendent qu'ils emploient comme antinéphrétique. Kæmpfer indique aussi sous celui de *josja* ou *sanson* une plante qui est, selon lui, un plantain étoilé à larges feuilles. On ne peut déterminer quelles sont ces plantes. (J.)

JOPPE, *Joppa*. (*Entom.*) Nom introduit dans la science par Fabricius pour indiquer un genre d'insectes hyménoptères, formé de la réunion de quelques espèces d'ichneumons, la plupart de l'Amérique méridionale. (C. D.)

JOPSKARER. (*Ornith.*) Suivant les voyageurs Olafsen et Povelsen, tom. 3, pag. 260, c'est le nom islandois du cormoran, *pelecanus carbo*, Linn. (CH. D.)

JORDAIN-VISCH (*Ichthyol.*), nom hollandois du lutjan jourdin de M. de Lacépède. Voyez LUTJAN. (H. C.)

JORDAINE (*Ichthyol.*), nom anglois du lutjan jourdin. Voyez Lutjan. (H. C.)

JORD-GEED. (*Ornith.*) Nom norwégien du bécasseau ou cul-blanc, *tringa ochropus*, Linn. (Ch. D.)

JORD-KOEN. (*Ornith.*) Le râle d'eau, *rallus aquaticus*, est connu sous ce nom aux iles Ferroë. (Ch. D.)

JORENA. (*Bot.*) Adanson rapporte à ce genre, dont on lui doit l'établissement, et qui n'a pas été adopté, l'*alsinoides* de Lippi, 248. Ses feuilles opposées et ses graines ovoïdes, assez grosses, paroissent le distinguer du genre *Suriana*, près duquel il le place. (Lem.)

JORIADA. (*Bot.*) Nom du *buphthalmum sericeum* à Ténériffe, suivant Willdenow. (J.)

JORO, UTSUGI. (*Bot.*) Noms japonois d'un arbrisseau ayant le port d'un sureau, suivant Kæmpfer, et dont M. Thunberg a fait son genre *Deutzia*, dont la place dans l'ordre naturel n'est pas déterminée, parce que la description est insuffisante. Voyez Deutzie. (J.)

JOSEPHIA. (*Bot.*) Genre de plantes dicotylédones, à fleurs incomplètes, de la famille des *protéacées*, de la *tétrandrie monogynie* de Linnæus, offrant pour caractère essentiel : Des fleurs aggrégées ; l'involucre imbriqué, renfermant un grand nombre de fleurs séparées ordinairement par des paillettes ; la corolle (calice, Juss.) à quatre divisions concaves, profondes ; quatre étamines placées dans la concavité des divisions du calice ; quatre petites écailles autour de l'ovaire ; un style ; une capsule ligneuse, à deux loges monospermes ; le réceptacle garni de paillettes.

MM. Knight et Salisbury avoient donné à ce genre le nom de *josephia*, auquel M. Rob. Brown a substitué, on ne sait trop pourquoi, celui de *dryandra*, appliqué à un autre genre de Thunberg, que M. Brown croit devoir être supprimé. En admettant sa réforme, il ne s'en suit pas moins qu'il étoit fort inutile de changer un premier nom pour le remplacer par un autre déjà employé. Je ne cesserai de le répéter, cette nomenclature arbitraire nuit peut-être plus à la science que les réformes qu'on y introduit ne lui sont utiles. Ce genre a d'ailleurs tous les caractères des *banksia* dans sa fructification ; il en diffère par la forme de son réceptacle, qui est plan, hémisphérique, muni extérieurement d'un involucre composé d'écailles imbriquées, très-serrées. Dans les *banksia* il n'y a point d'involucre. et le réceptacle est un cone alongé. Les espèces sont nombreuses, toutes originaires de la Nouvelle-Hollande : leur port est celui de petits arbustes, à feuilles éparses, pinnatifides ou incisées. Je vais faire connoître les plus remarquables.

JOSEPHIA ARGENTÉ : *Josephia rachidifolia*, Knight et Salisb., *Prot. III; Banksia nivea*, Labill., *Itin.*, 1, pag. 413, tab. 24, et *Nov. Holl.*, 2, pag. 118; *Dryandra nivea*, Brown, *Trans. linn.*, 10, pag. 212. Cette espèce est remarquable par ses tiges très-courtes, par ses feuilles plus longues que les tiges, linéaires, pinnatifides, tronquées à leur sommet, réfléchies à leurs bords, d'un blanc de neige à leur face inférieure: les folioles de l'involucre glabres, linéaires-lancéolées, aiguës, ciliées à leurs bords; les pétales velus; le style saillant.

JOSEPHIA A LONGUES FEUILLES ; *Josephia longifolia*, Brown, *Trans. linn.*, *l. c. sub Dryandra*. Les tiges sont tomenteuses; les feuilles très-longues, linéaires, pinnatifides, aiguës, chargées en-dessous d'un duvet tomenteux et cendré; leurs découpures décurrentes, ascendantes, triangulaires, réfléchies à leurs bords; les folioles de l'involucre alongées, linéaires, subulées, barbues à leur contour; les pétales un peu pileux, lanugineux à leur base.

JOSEPHIA A FEUILLES MENUES ; *Josephia tenuifolia*, Brown, *Trans. linn.*, *l. c. sub Dryandra*. Arbrisseau dont les tiges sont glabres, garnies de feuilles oblongues, linéaires, pinnatifides, presque tronquées, rétrécies à leur base en forme de pétiole, d'un blanc de neige en-dessous; leurs découpures décurrentes, triangulaires, réfléchies à leurs bords; l'involucre de la longueur des fleurs; ses folioles tomenteuses; les extérieures ovales-lancéolées; le style aussi long que la corolle; les pétales glabres en-dessus, un peu soyeux en-dessous, lanugineux à leur base.

JOSEPHIA A FEUILLES DE PTERIS; *Josephia pteridifolia*, Brown, *Trans. linn.*, *l. c. sub Dryandra*. Ses tiges sont très-courtes, tomenteuses, garnies de feuilles pinnatifides, plus longues que les tiges; leurs découpures linéaires, aiguës, mucronées, roulées en-dessous à leurs bords, élargies à leur base; les folioles des bractées ovales, tomenteuses. Le *josephia blechni-folia*, *l. c.*, est tellement rapproché de cette espèce, qu'il pourroit bien n'en être qu'une variété : ses feuilles sont pinnatifides ; à lobes linéaires, obtus, à peine mucronés, traversés par trois nervures ; réfléchies à leurs bords.

JOSEPHIA A FEUILLES SESSILES : *Josephia sessilis*, Knight et Salisb., *Prot.*, 110 : *Dryandra floribunda*, Brown, *Trans. linn.*, *l. c.*, et *Nov. Holl.*, 1, pag. 397. Arbrisseau dont les tiges sont garnies de feuilles sessiles, cunéiformes, dentées, incisées ; les folioles de l'involucre striées ; les extérieures presque glabres ; la corolle glabre ; le stigmate obtus, presque en massue ; le réceptacle garni de paillettes : il en est quelquefois entièrement dépourvu.

JOSEPHIA A FEUILLES EN COIN ; *Josephia cuneata*, Enc., Suppl. ; *Dryandra cuneata*, Brown, *Trans. linn.*, *l. c.* Les feuilles sont éparses, pétiolées, cunéiformes, dentées, sinuées, épineuses, longues à peine d'un pouce et demi : les dents qui les terminent, presque égales, quelquefois longues de deux pouces, dilatées à leur sommet ; la dent du milieu plus courte, les échancrures plus élargies. Toutes les folioles de l'involucre lisses et soyeuses ; les pétales barbus ; le stigmate filiforme, subulé, aigu.

JOSEPHIA ARMÉ : *Josephia armata*, Encycl., Suppl. : *Dryandra armata*, Brown, *Trans. linn.*, *l. c.* Ses tiges se divisent en rameaux glabres, garnis de feuilles éparses, pinnatifides, dont les découpures sont planes, triangulaires, droites. divariquées, épineuses et mucronées ; la découpure terminale plus longue que celle qui l'avoisine ; leur face inférieure nue, traversée par des veines réticulées. La corolle est glabre ; le style pubescent ; le stigmate subulé et cannelé. Le *Dryandra falcata*, Brown, *l. c.*, diffère peu de l'espèce précédente : ses rameaux sont pubescens ; le style glabre ; le stigmate en massue. point cannelé.

JOSEPHIA ÉLÉGANT : *Josephia formosa*, Encycl., Suppl. : *Dryandra formosa*, Brown, *l. c.* Arbrisseau dont les tiges sont garnies de feuilles oblongues, linéaires, pinnatifides ; leurs découpures planes, triangulaires, point mucronées, d'un blanc de neige à leur face inférieure ; l'involucre tomenteux ; les folioles intérieures linéaires. oblongues ; le réceptacle

garni de paillettes. Dans le *Dryandra plumosa*, Brown, *l. c.*,
les découpures des feuilles sont légèrement mucronées, roulées à leurs bords ; les folioles intérieures de l'involucre pourvues d'une arête plumeuse ; point de paillettes sur le réceptacle. ( Poir. )

JOSEPHINIA. (*Bot.*) Genre de plantes dicotylédones , à
fleurs complètes , monopétalées , irrégulières , de la famille
des *bignoniées*, de la *didynamie angiospermie* de Linnæus ,
offrant pour caractère essentiel : Un calice à cinq divisions ;
une corolle campanulée , à deux lèvres ; le tube court , enflé
à son orifice ; quatre étamines didynames ; un cinquième
filament stérile ; un ovaire supérieur ; le stigmate à quatre
divisions. Le fruit est une noix hérissée , à deux ou quatre
ouvertures , formant autant de loges monospermes.

Josephinia couronnée : *Josephinia imperatricis*, Vent., Jard.
Malm., tab. 67 ; Rob. Brown , *Nov. Holl.*, 1 , pag. 520. Très-
belle plante de la Nouvelle - Hollande , dont les tiges sont
herbacées, légèrement pubescentes , hautes d'environ trois
pieds ; les rameaux opposés, très-ouverts : les feuilles amples ,
opposées , pétiolées , ovales en cœur , d'un vert gai , un peu
pubescentes en - dessous ; les inférieures sinuées et dentées,
longues d'un demi - pied et plus ; les supérieures beaucoup
plus courtes , crénelées ou entières , un peu réfléchies en
dehors.

Les fleurs sont solitaires, axillaires , d'un blanc jaunâtre ,
nuancées de pourpre en dehors, tachetées de points rouges
en dedans, à cinq angles à leur sommet avant leur développement ; le calice pubescent , d'un brun foncé , à cinq divisions profondes , égales , lancéolées - aiguës ; le tube de la
corolle deux fois plus long que le calice , ventru à son orifice ; la lèvre supérieure droite , à deux lobes arrondis ; l'inférieure horizontale, à trois lobes ; celui du milieu deux fois
plus long ; l'ovaire entouré à sa base d'un disque glanduleux.
Le fruit est une noix dure , ovale , d'un brun cendré , obtuse ,
hérissée de pointes aiguës , à quatre ou cinq trous ou loges
monospermes ; les semences cylindriques , d'un gris cendré.

Josephinia a grandes fleurs ; *Josephinia grandiflora*, Rob.
Brown, *Nov. Holl.*, 1 , pag. 520. Ses tiges sont glabres, garnies de feuilles lancéolées , acuminées , pubescentes à leur

face inférieure, glabres en-dessus; les fleurs grandes et belles; le calice à cinq divisions; la division supérieure de moitié plus courte que les autres; la corolle à deux lèvres; la découpure de la lèvre une fois plus longue que les autres; l'ovaire divisé en huit loges. Cette plante a été découverte sur les côtes de la Nouvelle-Hollande. (Poir.)

JOSIA, SANSOO. (*Bot.*) Espèce de plantain du Japon, selon Kæmpfer. (J.)

JOSMINUM (*Bot.*) : synonyme de *jasminum*. (Lem.)

JOSUIM. (*Bot.*) Vieux mot employé par Belon, dans son Voyage du Levant, pour désigner le jasmin. Il parle de l'espèce à fleurs jaunes cultivée dans les jardins du Levant. (J.)

JOTA. (*Ornith.*) L'oiseau de proie du Chili qui a été décrit sous ce nom par Molina, est un vautour de l'espèce du *vultur aura*. (Ch. D.)

JOTAVILLA. (*Ornith.*) Ce mot, qui se trouve dans le Dictionnaire universel des animaux, et que l'auteur du Dictionnaire des chasses de l'Encyclopédie méthodique a copié, sans vérification, est une corruption du terme italien *tottovilla*, employé par Olina, page 27 de son *Uccelliera*, où l'oiseau est figuré, pour désigner l'alouette des bois ou cujelier, *alauda arborea*, dont La Chesnaye des Bois parle lui-même au mot *Alouette*, tom. 1, pag. 101, et au mot *Totovilla*, tom. 4, pag. 405, sans s'apercevoir de l'identité d'espèce et du double emploi. (Ch. D.)

JO-TYV. (*Ornith.*) Voyez Jo-Bonde. (Ch. D.)

JOTZ. (*Ichthyol.*) En Pologne, on donne ce nom à la rosse, *cyprinus rutilus*, Linn. Voyez Able, dans le Supplément du 1.er volume de ce Dictionnaire. (H. C.)

JOUA. (*Ornith.*) Il est question, dans l'Histoire générale des voyages, tom. 3, in-4.°, pag. 588, d'un oiseau connu sous ce nom en Afrique, dont la taille n'excède pas celle d'une alouette, qui fait son nid sur les grands-chemins, et pour lequel les Nègres de Sierra-Léone ont, dit-on, une si superstitieuse vénération, que celui qui auroit le malheur de casser ses œufs seroit exposé à perdre ses enfans. La comparaison de cet oiseau avec l'alouette pourroit donner lieu de penser qu'il seroit ici question du cochevis, d'après ses habitudes particulières; mais on ne peut tirer aucune induction fondée d'un récit de cette nature. Le nom de cet oiseau est écrit *jowe* dans la description de la Nigritie, par Dapper, *Afr.*, pag. 258. (Ch. **D.**)

JOUAÏTOBOU. (*Bot.*) Nom caraïbe, cité par Surian, du *pharnaceum spatulatum* de Swartz, dont Plumier faisoit un *alsine*. (J.)

JOUANENS. (*Bot.*) Sous ce nom est citée, dans le Dictionnaire économique, une variété de vigne cultivée aux environs d'Aix en Provence, dont le raisin, qui mûrit en juillet, a des grains verdâtres et assez doux. (J.)

JOUBARBE; *Sempervivum*, Linn. (*Bot.*) Genre de plantes dicotylédones, de la famille des *crassulées*, Juss., et de la *dodécandrie dodécagynie*, Linn., dont les principaux caractères sont les suivans : Calice monophylle, persistant, divisé profondément en six à huit découpures; corolle de six à dix-huit pétales lancéolés, connés à leur base; étamines ordinairement en nombre double de celui des pétales; six à dix-huit ovaires oblongs, pointus, disposés en rond, terminés chacun par un style simple, courbé en dehors, à stigmate en sillon longitudinal, adné à la face interne du style; chaque ovaire devient une capsule uniloculaire, s'ouvrant longitudinalement par son angle interne et contenant plusieurs graines attachées sur un rang au bord de la suture.

Les joubarbes sont des plantes herbacées ou frutescentes, dont les feuilles sont simples, charnues, succulentes, ramassées en rosettes radicales et éparses ou imbriquées sur les tiges, et dont les fleurs sont disposées en cime rameuse ou en panicule terminale. On en connoît une quinzaine d'espèces, dont une partie est indigène de l'Europe; les autres ont été trouvées aux Canaries. Nous citerons seulement les suivantes.

Joubarbe arborescente : *Sempervivum arboreum*, Linn., *Spec.*, 664 ; *Sedum majus arborescens*, Moris, Hist., 3, pag. 470, sect. 12, t. 6, fig. 1. Sa tige est cylindrique, arborescente, haute de trois à quatre pieds, épaisse, nue inférieurement, divisée à son sommet en plusieurs rameaux, terminés chacun par une rosette de feuilles cunéiformes, obtuses, avec une petite pointe, verdâtres, finement dentelées en leurs bords. Les fleurs sont pédicellées, jaunâtres, disposées en grappe paniculée et terminale ; elles sont à dix ou douze pétales, à dix-huit ou vingt étamines, et à neuf ou dix ovaires. Cette plante croit naturellement en Portugal, sur les côtes de Barbarie et dans le Levant. On la cultive dans les jardins ; comme elle craint le froid, on la plante en pot et on la rentre dans l'orangerie pendant l'hiver. Elle se multiplie facilement de boutures.

JOUBARBE DES CANARIES : *Sempervivum Canariense*, Linn., *Spec.*, 664 ; *Sedum majus Canarinum, pilis ad oras foliorum hispidis*, etc., Pluk., *Alm.*. 340, tab. 314, fig. 1. La tige de cette espéce s'éléve peu. Ses feuilles radicales sont nombreuses, grandes, spatulées, concaves, pubescentes, ciliées en leurs bords, et elles forment une large rosette. Les fleurs sont nombreuses, disposées en une grappe pyramidale, fort grande et terminale. Cette plante croit dans les iles Canaries. On la cultive comme la précédente, et elle demande les mêmes soins.

JOUBARBE DES TOITS : *Sempervivum tectorum*, Linn., *Spec.*, 664 ; Decand. , *Pl. Grass.*, tab. 104. Sa racine pousse de son collet plusieurs rosettes de feuilles ovales - oblongues, d'un vert un peu glauque, glabres, ciliées en leurs bords, sessiles, serrées les unes contre les autres et imbriquées. Du milieu de ces feuilles s'éléve une tige cylindrique, haute de huit à douze pouces, velue, rougeâtre, simple dans la plus grande partie de sa longueur, garnie de feuilles plus étroites et plus pointues que les radicales, et divisée dans sa partie supérieure en plusieurs rameaux très-ouverts, sur lesquels sont disposées, presque en forme d'épi, des fleurs purpurines assez grandes, portées sur des pédoncules courts, et la plupart tournées du même côté. Les pétales et les ovaires sont au nombre de douze à quinze. Cette plante croit naturellement en Europe dans les fentes des rochers ; on la trouve aussi sur les toits rustiques et sur les vieux murs.

La joubarbe des toits est rafraichissante et un peu astringente. Le suc exprimé de ses feuilles se donnoit autrefois intérieurement dans les fièvres bilieuses et dans les fièvres inflammatoires ; on l'employoit aussi pour faire des gargarismes dans les maux de gorge inflammatoires. Aujourd'hui on ne se sert plus guère de cette plante qu'extérieurement ;

en pilant ses feuilles avec du beurre ou une huile douce
végétale, on en fait une sorte de pommade bonne pour les
brûlures et pour apaiser les douleurs causées par les hé-
morrhoïdes enflammées.

JOUBARBE ARACHNOÏDE; *Sempervivum arachnoideum*, Linn.,
*Spec.*, 665. Cette espèce est au moins moitié plus petite que
la précédente, dans toutes ses parties; ses rosettes de feuilles
sont globuleuses, remarquables, parce que, surtout dans leur
jeunesse, elles sont chargées de longs filets blancs et cotonneux qui se croisent du bord ou du sommet de chaque feuille
à l'autre, et imitent en quelque sorte une toile d'araignée.
Sa tige est haute de quatre à six pouces, velue, feuillée,
divisée en deux ou trois rameaux qui portent plusieurs fleurs
purpurines, ordinairement à neuf pétales. Cette joubarbe
croît parmi les rochers dans les Alpes, les Pyrénées, et sur
les hautes montagnes de l'Europe. (L. D.)

JOUBARBE. (*Bot.*) Nom du *stipa pennata*, Linn., auprès
d'Angers. Voyez STIPE. (LEM.)

JOUBARBE PYRAMIDALE. (*Bot.*) Les jardiniers donnent
ce nom à la saxifrage pyramidale. (L. D.)

JOUBARBE DES VIGNES (*Bot.*) Ce nom a été donné
anciennement à l'orpin ou reprise, *sedum telephium*. (J.)

JOUBARBES. (*Bot.*) La famille de plantes que nous avions
désignée sous ce nom, porte maintenant celui de *crassulées*,
qui est le plus convenable. (J.)

JOUDARDE. (*Bot.*) Belon rapporte ce nom qui appartient
à la foulque. (L. D.)

JOUDELLE. (*Ornith.*) Pour ce nom, et pour celui de
*joudarde*, voyez JUDELLE. (CH. D.)

JOUDIFAFAT. (*Bot.*) Rochon nomme ainsi une plante
grasse de Madagascar, qui étoit le *crassuvia* de Commerson,
et que M. de Lamarck nomme *cotyledon pinnata*. Dans un
herbier ancien, donné par M. Poivre, elle est nommée *sou-
difafat*. C'est encore le *souirfafa* de Flacourt, plante grasse. (J.)

JOUEUR DE LYRE. (*Erpétol.*) Seba a parlé sous ce nom
d'un serpent d'Amérique, au sujet duquel on raconte la
fable suivante : il pousse de doux et mélodieux sifflemens,
qui attirent à lui les petits oiseaux dont il veut faire sa proie.
(H. C.)

JOUFLU. (*Ichthyol.*) Selon Ruysch et La Chesnaye des Bois, il existe aux Indes un poisson de ce nom. en hollandois *dix-mail*, et en latin *bucculentus*. On en mange la chair, qui est assez agréable. (H. C.)

JOUGRIS. (*Ornith.*) On appelle ainsi le grèbe aux joues grises, *colymbus rubricollis*, Gmel. (Ch. D.)

JOULIOUA. (*Bot.*) Nom caraïbe, suivant Surian, d'un arbre qui, dans son herbier, paroît être un *psychotria*, dans la famille des rubiacées. (J.)

JOUNUD. (*Ornith.*) La colombe que M. Temminck. tom. 1, pag. 225, de son Histoire des gallinacés, nomme ainsi, est sa *columba gymnophtalmos*. (Ch. D.)

JOURDIN (*Ichthyol.*), nom spécifique d'un Lutjan. Voyez ce mot. (H. C.)

JOURET. (*Conchyl.*) Adanson, Sénég., pag. 230, tab. 17, décrit et figure sous ce nom une espèce de vénus, *venus maculata*, Linn., Gmel. (De B.)

JOUTAI. (*Bot.*) Voyez Outai. (Poir.)

JOUWE. (*Ornith.*) Voyez Joua. (Ch. D.)

JOUZION. (*Ichthyol.*). Dans certains pays, on nomme ainsi le marteau, *squalus zygæna*. Voyez Marteau et Zygène. (H. C.)

JOVAR (*Bot.*), nom du bois d'ébène à Sumatra, suivant Marsden. (J.)

JOVELLANA. (*Bot.*) Genre établi par les auteurs de la Flore du Pérou, qui doit être réuni au *calceolaria*. Voyez Calcéolaire. (Poir.)

JOVIAL. (*Chim.*), épithète donnée à plusieurs préparations d'étain, par la raison que ce métal étoit appelé *jupelis* par les alchimistes. (Ch.)

JOVIS-BARBA. (*Bot.*) On soupçonne que notre *anthyllis barbajovis* a pu être le *barba Jovis* mentionné par Pline. Quelques auteurs croient qu'il est mieux de le rapporter à l'*elæagnus europæus*, arbrisseau connu sous le nom d'*olivier de Bohème*. (Lem.)

JOVIS COLUS (*Bot.*) synonyme d'hiérobotane ou de verveine, chez les anciens. (Lem.)

JOVIS FLOS ou DIOSANTHOS. (*Bot.*) L'agrostème des blés et l'ancholie paroissent avoir porté ces noms chez les anciens. (Lem.)

JOVIS GLANS (*Bot.*), d'où l'on a fait *juglans*. Le premier nom désignoit la châtaigne, et le second le châtaignier, chez les anciens : actuellement *juglans* est le nom latin du NOYER. Voyez ce mot. (LEM.)

JOZELLE. (*Ornith.*) Voyez JUDELLE. (CH. D.)

JOZO (*Ichthyol.*), nom spécifique d'un poisson du genre Gobie, et que nous avons décrit tome XIX, page 143, de ce Dictionnaire. (H. C.)

JUAMAJACU ATINGA. (*Ichthyol.*) Sous ce nom américain, quelques auteurs, Marcgrave et Ray, entre autres, ont parlé d'un poisson qui paroît être le *diodon atinga* de Linnæus. Voyez DIODON. (H. C.)

JUAN GOMEZ. (*Bot.*) Ce nom est donné, suivant Jacquin, à un petit arbre des environs de Carthagène et d'Amérique, qui est le *nissolia arborea* de la famille des légumineuses. (J.)

JUANULLOA. (*Bot.*) Genre de plantes dicotylédones, à fleurs complètes, monopétalées, de la famille des *solanées*, de la *pentandrie monogynie* de Linnæus, offrant pour caractère essentiel : Un calice fort grand, enflé, à cinq découpures colorées; une corolle tubulée, dilatée en bosse vers l'orifice du tube, puis rétrécie; le limbe fort petit, à cinq lobes; cinq étamines; les filamens velus à leur base; les anthères oblongues; l'ovaire supérieur; le style de la longueur des étamines; le stigmate oblong, légèrement échancré. Le fruit est une baie ovale, à deux loges, enveloppée par le calice; plusieurs semences réniformes, point pulpeuses.

Les auteurs de la Flore du Pérou ont consacré ce genre à la mémoire de Don George Juan et Don Antoine Ulloa, qui ont visité le Pérou pour y faire des observations physiques-astronomiques et des recherches sur l'histoire naturelle, qu'ils ont publiées dans la narration de leur voyage, imprimé à Madrid en 1748.

JUANULLOA PARASITE : *Juanulloa parasitica*, Ruiz et Pav., *Fl. Per.*, 2, tab. 185 : *Ulloa parasitica*, Pers., *Synops.*, 1, p. 218. Plante parasite, dont les tiges sont presque ligneuses, souples, pendantes, garnies de quelques rameaux alternes, distans, de couleur purpurine, garnis de feuilles alternes, pétiolées, oblongues, acuminées, entières, un peu sinuées à leurs bords, blanchâtres en-dessous, longues de six à neuf pouces; les fleurs terminales, disposées en grappes pendantes, leurs ramifications dichotomes: les pédicelles très-courts. Le calice, ainsi que la corolle et les fruits, sont d'une couleur écarlate assez vive; les divisions du calice acuminées: le fruit est une baie un peu ovale, de la grosseur d'une cerise; les semences violettes, nichées dans chaque loge. Cette plante croît sur le tronc des arbres dans les grandes forêts du Pérou. Ses feuilles ont une saveur âpre, un peu astringente. (Poir.)

JUB. (*Ichthyol.*) Nom spécifique d'un poisson du Brésil, rapporté par M. Cuvier au genre Pristipome, et par Bloch au genre Perche. Voyez Pristipome. (H. C.)

JUBA. (*Ornith.*) L'espèce de perroquet que Marcgrave, pag. 206, désigne sous le nom de *tui apute juba*, est la *perruche illinoise* de Buffon, *psittacus pertinax*, Linn. (Cu. D.)

JUBABA. (*Bot.*) Murrai, dans son *Apparatus medicaminum*, fait une mention très-abrégée d'une écorce de ce nom, que l'on dit originaire de l'Inde, sans autre indication. Il ajoute qu'elle a l'odeur et la saveur de la vanille, et qu'on la vante comme bonne dans les maladies dans lesquelles la vanille est employée. (J.)

JUBÆA. (*Bot.*) Genre de plantes monocotylédones, à fleurs hermaphrodites, de la famille des *palmiers*, de la *polyandrie tryginie* de Linnæus, offrant pour caractère essentiel: Des fleurs hermaphrodites; un calice à trois divisions profondes; une corolle presque à trois pétales, beaucoup plus grande que le calice; des étamines libres et nombreuses: un ovaire supérieur; trois styles étalés. Le fruit est un drupe fibreux, contenant une noix percée de trois trous.

Ce genre se rapproche beaucoup des *ceroxylon*; il s'en distingue par ses fleurs toutes hermaphrodites, par ses noix perforées au sommet. Il porte le nom de *Juba*, roi de Numidie, qui a laissé des écrits sur les plantes et la géographie.

Jubæa coquito: *Jubæa spectabilis*. Kunth *in* Humb. et Bonpl., *Nov. gen.*, 1, pag. 308, tab. 96; vulgairement Coquito du Chili. Arbre qui s'élève à la hauteur de trente-six à quarante pieds, sur un tronc droit, dépourvu d'épines, mais hérissé par la base des pétioles après leur chute. Les feuilles sont ailées, peu nombreuses, longues de douze pieds, composées de folioles linéaires, striées, longues d'un à deux pieds, vertes à leurs deux faces. La spathe est d'une seule pièce ; les spadices rameux ; les fleurs nombreuses, pédicellées ; les divisions du calice lancéolées, aiguës, d'un brun rougeâtre ; la corolle rouge, beaucoup plus longue et plus large ; ses divisions très-profondes, ovales, concaves, aiguës, striées ; environ dix-sept étamines insérées à la base de la corolle ; les filamens capillaires ; les anthères linéaires ; l'ovaire ovale, surmonté de trois styles étalés. Le fruit est un drupe en ovale renversé, long d'un pouce. Cet arbre a été découvert au Chili : on le cultive dans les jardins aux environs de la ville de Popayan, à cause de ses fruits, qui sont un objet de commerce, et que l'on transporte, du Chili, dans les villes de Quito, Zitora, Popayan. Les enfans les mangent et en font des instrumens de jeux. On assure qu'il ne fleurit qu'à sa trentième année, époque où il a plus de quatre pieds de diamètre. Le *cocos chilensis* de Molina diffère très-peu de cette plante. (POIR.)

JUBARTE. (*Ichthyol.*) Nom d'un grand cétacé des mers polaires, placé par M. de Lacépède dans le genre Baleinoptère. Voyez BALEINE. (DESM.)

JUBATIVA. (*Bot.*) L'arbre du Pérou ainsi nommé dans l'herbier de Dombey est une rubiacée qui paroît appartenir au genre *Genipa*, et même à l'espèce commune, qui est le *janipaba* du Brésil, selon Marcgrave. (J.)

JUBETA. (*Bot.*) Arbre du Japon, qui a beaucoup d'affinité avec le fresne, suivant Kæmpfer. (J.)

JUBÉTI. (*Erpétol.*) Au Brésil, on donne ce nom à une espèce de tortue. (H. C.)

JUBIS. (*Bot.*) Nom donné, suivant l'auteur du Dictionnaire économique, aux raisins secs de Provence, que l'on envoie encaissés dans tous les pays, comme aliment de dessert et comme ingrédiens de tisanes pectorales. On les nomme dans les pharmacies *uvæ passæ*, raisins de passe. (J.)

JUCA, JUCCA, JUKA, YUCA (*Bot.*) : noms du manioc, *jatropha manihot*, dans quelques cantons de l'Amérique méridionale. (J.)

JUCOARA. (*Bot.*) Voyez JOCARA. (J.)

JUDAICUS PISCIS. (*Ichthyol.*) Voyez JUIF. (H. C.)

JUDAÏQUES. (*Foss.*) On a autrefois donné le nom de

pierres judaïques aux pointes d'oursins fossiles. Voyez POINTES D'OURSINS. (**D. F.**)

JUD-COCK. (*Ornith.*) Nom anglois de la petite bécassine, *scolopax gallinula*, Linn. (**CH. D.**)

JUDELLE. (*Ornith.*) Un des noms vulgaires de la foulque ou morelle, *fulica atra*, *aterrima* et *œthiops*, Gmel., que l'on nomme aussi *joudarde*, *joudelle*, *jozelle*, etc. (**CH. D.**)

JUEIL. (*Bot.*) Nom provençal de l'ivraie, suivant Garidel. (**J.**)

JUFA. (*Bot.*) Voyez JABES, IUFA. (**J.**)

JUGARGEN. (*Ornith.*) Les Turcs nomment ainsi le pigeon domestique, *columba domestica*, Linn. (**CH. D.**)

JUGEOLINE. JUGIOLINE. (*Bot.*) Nom ancien du sésame, tiré probablement du nom italien *jugiolina*, ou de l'espagnol *gorgilin*, cités l'un et l'autre par Daléchamps. Voyez SÉSAME. (**J.**)

JUGLANS. (*Bot.*) Nom latin du genre Noyer. (**L. D.**)

JUGO. (*Bot.*) Au royaume de Sofola, en Afrique, l'on nomme ainsi le fruit du *glycine subterranea*, plus connu sous les dénominations de *pois d'Angole* et *mondobi*. (**LEM.**)

JU-GOAS. (*Ornith.*) Voyez JOGAS. (**CH. D.**)

JUGULAIRES, *Jugulares pisces*. (*Ichthyol.*) On donne, en général, l'épithète de jugulaires à tous les poissons dont les catopes sont situés sous la gorge et au-devant des nageoires pectorales. M. Duméril a fait de ces poissons un sous-ordre et une famille dans l'ordre des holobranches. Nous en avons déjà présenté l'histoire au mot AUCHÉNOPTÈRES, dans le Supplément du 5.ᵉ volume de ce Dictionnaire. (**H. C.**)

JUIF. (*Ichthyol.*) Du temps d'Aldrovandi, on désignoit sous le nom de *piscis judaicus* deux poissons fort différens l'un de l'autre, le marteau et l'ichthyocolle. (Voyez ESTURGEON, MARTEAU, ZYGÈNE.) Arkins décrit aussi, sous la dénomination de *juif*, un poisson de l'île de May en Afrique, dont la chair est excellente. Je ne sais à quel genre rapporter ce dernier. (**H. C.**)

JUIF. (*Ornith.*) Nom vulgaire du martinet, *hirundo apus*, Linn. (**CH. D.**)

JUJUBA. (*Bot.*) Nom officinal du fruit du *ziziphus*, nommé pour cette raison jujubier en françois. Linnæus a confondu ce genre avec le nerprun, *rhamnus*, qui en étoit distingué par Tournefort et tous ceux qui l'ont précédé ; mais les bota-nistes modernes l'ont séparé de nouveau, et avec raison. Dioscoride et Théophraste nommoient le jujubier *paliurus africana*, pour le distinguer du *paliurus sylvestris*, qui est le paliure actuel, *paliurus*, l'argalou des Provençaux. (J.)

JUJUBE. (*Bot.*) C'est le fruit du jujubier. (L. D.)

JUJUBIER, *Ziziphus*. (*Bot.*) Genre de plantes dicotylédones, à fleurs complètes, polypétalées, régulières, de la famille des *rhamnées*, de la *pentandrie digynie* de Linnæus, offrant pour caractère essentiel : Un calice à cinq divisions ouvertes en étoile ; cinq pétales très-petits, plus courts que le calice, alternes avec ses divisions ; cinq étamines opposées aux pétales ; un disque charnu environnant le pistil ; un ovaire supérieur chargé de deux styles. Le fruit est un drupe charnu, renfermant un noyau à deux loges monospermes.

Linnæus avoit placé les jujubiers parmi les nerpruns (*rhamnus*). On a cru devoir les en séparer, tant à raison de leur port particulier, qu'à raison des caractères de quelques-unes des parties de leur fructification, le fruit du nerprun offrant une baie à trois ou quatre semences, et non un drupe à un seul noyau. Ce genre renferme des arbrisseaux épineux, à feuilles simples et alternes, ayant leurs fleurs situées dans les aisselles des feuilles. Il se compose au moins d'une vingtaine d'espèces, parmi lesquelles plusieurs sont intéressantes par leurs propriétés économiques, surtout le jujubier commun, cultivé en Europe depuis long-temps dans les contrées méridionales, à cause de l'usage que l'on fait de ses fruits.

JUJUBIER COMMUN : *Ziziphus vulgaris*, Lamk., *Ill. gen.*, tab. 185, fig. 1 ; *Rhamnus zizyphus*, Linn. ; Dodon., *Pempt.*, 807 ; Clus., 1, pag. 28 ; Lobel, *Icon.*, 2, tab. 178. Grand arbrisseau, très-rameux, qui s'élève à la hauteur de quinze à vingt pieds. Ses rameaux sont tortueux, garnis d'aiguillons rapprochés deux à deux, dont l'un droit, l'autre courbé en crochet ; ses feuilles lisses, très-fermes, alternes, ovales-alongées, légèrement dentées, avec trois nervures longitudinales. Les fleurs naissent au printemps, réunies en paquets, dans l'aisselle des feuilles ; elles sont planes ; leurs pétales concaves, pâles ou jaunâtres. Le fruit est un drupe pulpeux, de la grosseur et de la forme d'une olive, de couleur rousse, tirant un peu sur le rouge ; il mûrit dans le courant de l'été.

Le jujubier est originaire de Syrie : il a été transporté en Italie par Sextus Papriius, du temps de Pline, d'après le rapport de cet auteur ( *lib.* 15, *cap.* 14 ). Il est, depuis long-temps, cultivé en Espagne, dans le midi de la France, sur les côtes de Barbarie, etc. Son bois est dur, pesant, roussâtre : il prend un beau poli ; on l'emploie à des ouvrages de tour. Ses fruits, connus sous le nom de *jujubes*, ont un goût assez agréable, mais un peu fade. Les jujubes sont pectorales, adoucissantes. On en prend la décoction pour calmer les toux violentes, les maux de gorge, les crachemens de sang, etc. Comme aliment, les jujubes sont très-nutritives et même de facile digestion, lorsqu'on les mange dans leur état de fraîcheur. On les dessèche, pour les conserver, en les exposant sur des claies à l'action du soleil ; après leur parfaite dessiccation, on les enferme dans des caisses, et on les livre au commerce : elles acquièrent un goût plus sucré ; mais elles sont en même temps plus difficiles à digérer, ce qui les rend peu convenables aux personnes délicates. On en prépare un sirop très-vanté dans les maladies pulmonaires, qui peut être administré avec le même succès que leur décoction, mais qui n'a pas plus de vertus que celui de guimauve. Leur mucilage sert à la préparation de la pâte et des pastilles dites de *jujubes*, dont le goût est aussi agréable que leur effet est salutaire.

« Le jujubier se multiplie facilement de graines et de dra-
« geons : il se plaît dans les terrains légers, sablonneux et
« secs. On peut le cultiver en pleine terre dans le nord de
« la France, en le plaçant contre un mur exposé au midi,
« et en le couvrant de paillassons pendant l'hiver : malgré
« ces précautions, il ne s'élève jamais beaucoup, parce que
« les gelées en font souvent périr les jeunes branches. Il fleu-
« rit presque tous les ans, et donne même souvent des fruits,
« mais qui ne sont pas d'une aussi bonne qualité que ceux
« des pays chauds. » ( DESFONT. )

JUJUBIER DES LOTOPHAGES : *Ziziphus lotus*, Desf., *Fl. atl.* et *Act. acad.*, 1788, tab. 21 ; Lamk., *Dict. et Ill.*, tab. 185, fig. 2 ; Schaw, *Itin.*, n.° 631, *icon.* Cet arbrisseau croît en buisson et ne s'élève guères qu'à la hauteur de quatre à cinq pieds. Ses rameaux sont nombreux, tortueux, en zigzag, courbés vers la terre, blanchâtres, épineux; les aiguillons inégaux, deux à deux. Les feuilles courtes, petites, alternes, ovales-obtuses, à peine dentées, plus pâles en-dessous, à trois nervures; les pétioles très-courts; les fleurs petites, d'un blanc pâle, réunies en groupes axillaires. Les fruits sont des drupes presque ronds, de la grosseur de ceux du prunellier sauvage (*prunus spinosa*, Linn.), roussâtres dans leur maturité, offrant, sous une chair pulpeuse d'une saveur agréable, un noyau globuleux à deux loges. Cet arbrisseau fleurit au mois de mai; ses fruits mûrissent dans le courant des mois d'août et de septembre.

J'ai rencontré cet arbrisseau dans le royaume de Tunis, où il est fort abondant, particulièrement dans la petite Syrte et dans l'île de Zerbi, pays habité autrefois par les Lotophages. Clusius et J. Bauhin avoient soupçonné que le vrai *lotos* des anciens Lotophages étoit un jujubier : le docteur Schaw étoit dans la même persuasion ; il en a donné la description et une figure assez exacte, mais sans fleurs ni fruits. Il pense, d'après Sherard, que c'est le *seedra* des Arabes, que les anciens appeloient *lotos*. M. Desfontaines, qui a également observé cet arbrisseau sur les côtes de Barbarie, a levé tous les doutes, d'après de très-savantes recherches consignées dans les Mémoires de l'Académie.

« Il paroît bien certain, dit-il, que cet arbrisseau est le « véritable lotos, dont les Lotophages se nourrissoient : on « ne sauroit guères en douter d'après un passage de Polybe, « qui assure avoir vu lui-même le lotos.

« Le lotos des Lotophages, dit cet historien, est un arbris- « seau rude et armé d'épines. Ses feuilles sont petites, vertes « et semblables à celles du *rhamnus*. Ses fruits, encore ten- « dres, ressemblent aux baies du myrte; lorsqu'ils sont mûrs, « ils se teignent d'une couleur rousse : ils égalent alors en « grosseur les olives rondes, et renferment un noyau osseux « dans leur intérieur. » Cette description convient parfaite-ment au *ziziphus lotus*, et ne sauroit s'appliquer à aucun autre arbre du pays des anciens Lotophages. Polybe ne s'est pas borné à le décrire ; il a aussi donné des renseignemens sur la manière dont on préparoit le lotos.

« Lorsque le fruit est mûr, dit-il, les Lotophages le cueil-
« lent, l'écrasent et le renferment dans des vaisseaux : ils ne
« font aucun choix des fruits qu'ils destinent à la nourri-
« ture des esclaves ; mais ils choisissent ceux qui sont de
« meilleure qualité pour les hommes libres. On les mange
« ainsi préparés : leur saveur approche de celle des figues
« ou des dattes. On en fait aussi une sorte de vin, en les
« mêlant avec de l'eau. Cette liqueur est très-bonne, mais
« elle ne se conserve pas au-delà de dix jours.

« Théophraste raconte que le lotos étoit si commun dans
« l'île *Lotophagite* (aujourd'hui l'île Zerbi), et surtout sur le
« continent adjacent, que l'armée d'Orphellus, ayant man-
« qué de vivres en traversant l'Afrique pour se rendre à
« Carthage, se nourrit des fruits de cet arbrisseau pendant
« plusieurs jours.

« Aujourd'hui les habitans des bords de la petite Syrte et
« du voisinage du désert recueillent encore les fruits de ce
« jujubier ; ils les vendent dans les marchés, les mangent
« comme autrefois, et en nourrissent même leurs troupeaux :
« ils en font aussi une boisson, en les broyant et les mêlant
« avec de l'eau. Enfin, la tradition que ces fruits servoient
« anciennement de nourriture aux hommes, s'est conservée
« parmi ces peuples. C'est encore ce même lotos dont Ho-
« mère parle dans l'Odyssée, livre 9, et qui avoit un goût
« si délicieux qu'il faisoit perdre aux étrangers le souvenir
« de leur patrie. » C'est le sort qu'éprouvèrent les compa-
gnons d'Ulysse, qu'il fallut arracher avec violence de ces
côtes étrangères. Les fruits du lotos étoient sans doute une
ressource pour des peuples qui habitoient un pays peu cultivé : mais il ne peut appartenir qu'à l'imagination exaltée
des poëtes, d'attribuer à ces fruits, très-inférieurs d'ailleurs
à beaucoup d'autres, tels qu'aux dattes qui croissent presque dans les mêmes contrées, une saveur tellement parfaite
que les étrangers ne vouloient plus quitter une terre aussi
fortunée.

« Il ne sera pas inutile, ajoute M. Desfontaines, d'observer
« que les anciens avoient aussi donné le nom de *lotos* à plu-
« sieurs autres plantes qu'il ne faut pas confondre avec celui
« de Libye dont je viens de parler : tel est le *celtis* de Théo-

« phraste, ou micocoulier de Provence ; mais il est bien
« difficile de croire que les fruits de cet arbre , qui sont très-
« petits, peu agréables au goût, et très-peu succulens, aient
« jamais pu servir, comme le dit Pline, de nourriture aux
« hommes.

« Il y avoit en outre en Égypte trois autres *lotos*, qui
« croissoient dans les eaux du Nil, dont on mangeoit les
« racines et les graines, et dont les fleurs et les fruits sont
« représentés sur plusieurs monumens anciens. Deux de ces
« *lotos* ont été bien désignés dans les ouvrages d'Hérodote
« ( *Euterpe*, chap. 92 ) et de Théophraste (liv. 4, chap. 10).
« L'un a des fleurs blanches, et des fruits semblables à ceux
« du pavot, remplis d'un grand nombre de petites graines ;
« c'est le *nymphæa lotos*, Linn., qui existe encore aujourd'hui
« en Égypte : l'autre, qu'Hérodote nomme lis-rose du Nil,
« que Théophraste appelle féve d'Égypte, et d'autres *lotos*
« *antinoien*, a la fleur d'un beau rouge, et le fruit évasé
« comme une pomme d'arrosoir, creusé d'alvéoles profonds,
« qui contiennent chacune une graine oblongue, de la gros-
« seur d'une petite aveline ; c'est le *nymphæa nelumbo* de
« Linnæus. Ce fruit, que Théophraste compare à un guêpier,
« est représenté sur divers monumens égyptiens.

« Le lotos à fleurs roses est commun dans l'Inde ; mais on
« ne le trouve plus aujourd'hui en Égypte : cependant, d'a-
« près le témoignage d'Hérodote et de Théophraste, on ne
« sauroit douter qu'il n'y ait existé autrefois.

« Enfin, la troisième espèce a les fleurs bleues, et ses
« fruits ressemblent à ceux de la première ; celle-ci est aussi
« figurée sur des monumens anciens, et a été indiquée par
« Athénée. Cet auteur dit qu'à Alexandrie on faisoit les cou-
« ronnes antinoïennes avec le lotos rose ou bleu. MM. Delile
« et Savigny ont observé le lotos bleu en Égypte, et M. Sa-
« vigny l'a décrit sous le nom de *nymphæa cærulea*. On le
« cultive maintenant au jardin du Muséum, où il fleurit tous
« les ans. » (Desfont., Arbr.)

Mongo-Parck, dans son Voyage dans l'intérieur de l'Afrique,
fait mention d'un très-grand arbrisseau, dont il a donné la
figure, qui, d'après ce célèbre voyageur, ne diffère du *zizi-*
*phus lotus* que par ses dimensions, que par ses feuilles en-

tières, plus grandes, plus arrondies; peut-être approche-t-il du *ziziphus napeca*. Les Nègres nomment ses fruits *tombcrougs*. « Ce sont, dit-il, de petites baies jaunes et farineuses, d'un « goût délicieux : elles sont très-prisées par les gens du pays, « qui en font une sorte de pain. Ils commencent par les ex- « poser quelques jours au soleil; ensuite ils les pilent légère- « ment dans un mortier de bois, jusqu'à ce que la partie « farineuse soit séparée du noyau : ils délayent cette farine « avec un peu d'eau; ils en font des gâteaux, et ils les « mettent cuire au soleil. Ces gâteaux ressemblent, par « l'odeur et la couleur, au meilleur pain d'épices.

« Après qu'on a séparé les noyaux de la farine, on les met « dans un grand vase d'eau, et on les remue, pour en ex- « traire encore le peu de farine qui y reste. Cette farine « communique à l'eau une saveur douce et agréable, et, « avec l'addition d'un peu de millet pilé, elle forme une « espèce de gruau très-bon, qu'on appelle du *fondi*, et qui, « pendant les mois de février et de mars, sert communément « de déjeûner dans une grande partie du royaume de *Ludamar*. « On recueille le fruit du *lotus* en étendant un drap sur la « terre, et en battant les branches de l'arbrisseau avec une « gaule.

« Ce lotus croît spontanément dans toutes les parties de « l'Afrique que j'ai parcourues; mais on le trouve surtout « en très-grande abondance dans les terrains sablonneux du « *Kaarta* et du *Ludamar*, ainsi que dans la partie septen- « trionale du *Cambara* : nul autre arbuste n'y est aussi com- « mun. Il fournit aux Nègres un aliment qui ressemble au « pain, et une boisson douce qu'ils aiment beaucoup. Ainsi, « on ne peut guères douter que ce ne soit le fruit de ce « même *lotos* dont Pline dit que se nourrissoient les Loto- « phages de la Libye. J'ai mangé du pain de *lotus*, et je crois « qu'une armée peut fort bien avoir vécu d'un pareil pain, « comme Pline rapporte qu'en ont vécu les Libyens. Le « goût de ce pain est même si doux, si agréable, qu'il y a « apparence que les soldats ne s'en plaignoient pas. »

J'ai cité littéralement les expressions de Mongo-Parck, ou plutôt de son traducteur. Il est, en effet, très-probable que l'arbrisseau dont il parle est le même que le *ziziphus lotus*, ou qu'il en est très-voisin ; mais il est difficile de comprendre comment les habitans peuvent retirer une farine d'un fruit pulpeux et en faire du pain : l'expression probablement est impropre ; en effet, l'auteur ajoute que ce pain est une sorte de *gâteau qui ressemble au pain d'épices.* Le *lotus* dont il est question dans Pline, et dont les fruits. ou plutôt les semences étoient réduites en farine et converties en pain, n'est point le *ziziphus lotus*, mais le *nymphæa lotus* de Linnæus.

JUJUBIER ÉPINE DE CHRIST : *Ziziphus spina Christi*, Linn. *sub rhamno; Ziziphus napeca*, Lamk., Encycl.; *Œnoplia spinosa*, Clus., *Hist.*, 1, pag. 27, *icon.;* Alp., *Ægypt.*, tab. 10. Le napeca est un grand arbrisseau qui croît naturellement dans l'Égypte, l'Arabie, le Levant et sur les côtes de Barbarie. Il se rapproche du *lotos*, mais ses feuilles sont beaucoup plus grandes. Ses rameaux sont droits ou un peu flexueux, munis ou dépourvus de piquans, glabres, de couleur cendrée, un peu velus à leur sommet; les feuilles vertes, un peu dentées, longues de deux pouces sur un de large; les aiguillons droits, inégaux, fort aigus : les fleurs ramassées par bouquets dans l'aisselle des feuilles. Le fruit est un drupe arrondi, de la grosseur d'une petite noix : il renferme un noyau à deux loges. On le mange cru, comme les cerises. Sa chair est d'un goût agréable et savoureux. Dans son pays natal, cet arbrisseau fleurit deux fois l'année, au printemps et en automne : mais les fleurs du printemps fructifient rarement, ils avortent par les pluies, ou sont dévorés par les insectes. On le cultive au Jardin du Roi.

JUJUBIER DES IGUANES : *Ziziphus iguanea*, Lamk., Encycl.; Commel., *Hort.*, 1, tab. 73; *Celtis aculeata*, Swartz, *Fl. Amer.*; vulgairement CROC DE CHIEN, ARBRE DES IGUANES. Cet arbrisseau tire son nom spécifique d'un lézard que Linnæus nomme *lacerta iguana*, que l'on rencontre fréquemment sur cette plante. Le nom de croc de chien lui vient probablement de ses aiguillons assez forts et recourbés. Ses rameaux sont glabres, cylindriques, grisâtres, garnis de feuilles ovales-lancéolées, acuminées, assez semblables à celles du micocoulier. Les fleurs sont petites, de couleur herbacée, disposées par paquets, en petites grappes axillaires. Les fruits sont arrondis ou ovoïdes, jaunâtres; leur pulpe est douce, comestible.

recherchée par les naturels du pays. Cet arbrisseau croît aux Antilles et à l'île de Caracas : on le cultive au Jardin du Roi ; mais il faut le tenir en serre pendant la mauvaise saison.

JUJUBIER COTONNEUX : *Ziziphus jujuba*, Lamk., Encycl.; *Ber indica*, etc., J. Bauh., 1, part. 2, pag. 44; *Malus indica*, Rumph., *Amb.*, 2, tab. 56; *Perim-Toddal*, Rheed., *Malab.*, 4, tab. 41; vulgairement BER ou BOR, le MASSON. Cet arbre est un de ceux sur lesquels on trouve une résine connue sous le nom de *gomme-laque*, déposée par une espèce d'insecte du genre *Coccus*, ou, selon d'autres, par une sorte de fourmis ailées. Il produit des fruits jaunâtres ou rougeâtres, gros comme une petite prune : ils sont assez estimés des Indiens, quoique un peu stiptiques. Cet arbre est de grandeur médiocre, très-rameux ; les jeunes rameaux chargés d'un duvet cotonneux, serré et blanchâtre, ainsi que le dessous des feuilles : celles-ci sont ovales-obtuses, un peu dentées, larges d'un pouce ; les fleurs réunies en petits faisceaux axillaires, corymbiformes. Cet arbre croît dans les Indes orientales.

JUJUBIER DE CHINE; *Ziziphus sinensis*, Lamk. Petit arbrisseau cultivé au Jardin du Roi, originaire de la Chine. Il a quelques rapports avec le lotos : son feuillage est d'un vert très-pâle, presque blanchâtre ; il ne produit que sur les plus jeunes rameaux des aiguillons droits, géminés, sétacés, inégaux, stipulaires. Les feuilles sont ovales-oblongues, un peu aiguës; les fleurs petites, blanchâtres, solitaires ou réunies deux ensemble dans les aisselles des feuilles : ce qu'elles ont de remarquable, c'est que leurs pétales sont tout-à-fait réfléchis sous le calice, de sorte qu'on ne les voit pas en regardant la fleur en-dessus.

JUJUBIER SARMENTEUX : *Ziziphus volubilis*, Hort. Par.; *Rhamnus volubilis*, Linn. fils, Suppl.; Pluken., tab. 568, fig. 5, et tab. 255, fig. 5; Hill., *Kew.*, 455, tab. 20. Ses tiges sarmenteuses, d'un brun rougeâtre, ont fait donner à cet arbrisseau le nom vulgaire de *liane rouge*. Il est originaire des contrées septentrionales de l'Amérique : on le cultive au Jardin du Roi. Ses rameaux sont longs, flexibles : ses feuilles ovales, striées, comme plissées, assez semblables à celles de l'orme, mais plus petites. Les fleurs sont réunies en petites grappes axillaires, corymbiformes ; le fruit est un petit drupe ovale, à deux loges.

Telles sont les espèces de jujubier les plus intéressantes à connoître, surtout à cause de l'usage que l'on peut faire de leurs fruits : il en est encore plusieurs autres dont l'emploi est moins connu. Le *ziziphus rugosa*, Lamk., Encycl.; Pluken., tab. 29, fig. 7, est remarquable par la grandeur de ses feuilles ovales, ridées en-dessus, réticulées en-dessous ; ses aiguillons sont courts et courbés ; ses fleurs réunies en petits corymbes dichotomes, cotonneux, un peu roussâtres. Le *ziziphus rotundifolia*, Lamk., Encycl.; Pluken., *Almag.*, tab. 197, fig. 2 : ses feuilles sont plus petites, plus arrondies, cotonneuses en-dessous ; les rameaux grêles, munis de piquans. Il croît dans les Indes orientales, ainsi que le précédent. Le *ziziphus peruviana*, Lamk., Encycl., a été cultivé au Jardin du Roi. Il se distingue par ses feuilles arrondies, un peu anguleuses, par ses pétales plus grands que le calice. Cavanilles a décrit et figuré (*Icon. rar.*, 6, tab. 505, *sub Rhamno*) le *ziziphus trinervia*, Encycl. suppl., de l'île de Luçon, proche Manille. ( Poir. )

JUJUBIER BLANC. (*Bot.*) Daléchamps nomme ainsi l'azedarach, *melia*. Le *ziziphus alba* de Clusius, que cet auteur dit être le jujubier blanc et olivâtre des François, dont C. Bauhin fait un olivier, d'après Matthiole, est l'*elæagnus angustifolia*, connu sous le nom d'olivier de Bohème. (J.)

JUJUI. (*Ornith.*) Suivant D. Ulloa, Mémoires philosophiques, etc., tom. 1, pag. 192 de la traduction françoise, on trouve, dans la partie élevée du Pérou, cet oiseau aquatique et plongeur, d'un plumage noir, qui imite si bien le son de plusieurs syllabes que sa voix trompe les chasseurs. ( Ch. D. )

JUJURU. (*Bot.*) Voyez Jurumu. (J.)

JUKA. (*Bot.*) Voyez Juca. (J.)

JUKI. (*Bot.*) Au Japon, suivant M. Thunberg, on nomme *juki no fute* son *melanthium luteum*, et *juki nosta* le *saxifraga sarmentosa*. (J.)

JUKINOSTA. (*Bot.*) Voyez Kisinso. (J.)

JULA. (*Ichthyol.*) Dans quelques cantons de l'Italie, on donne ce nom à la girelle de la mer Méditerranée. Voyez Girelle. (H. C.)

JULAN. (*Conchyl.*) Adanson, Sénég., pag. 260, tab. 19,

décrit et figure sous cette dénomination une espèce de pholade, *pholas striatus*, Linn., Gmel. (De B.)

JULE. (*Entom.*) Voyez Iule. (Desm.)

JULE. (*Ichthyol.*) Quelques auteurs ont ainsi appelé un poisson que les habitans du Chili nomment *yuli*, et qui est rapporté au genre Cyprin. (H. C.)

JULIA. (*Ichthyol.*) La girelle de la mer Méditerranée est désignée sous ce nom dans Salviani. Voyez Girelle. (H. C.)

JULIANNE. (*Bot.*) Voyez Julienne. (L. D.)

JULIE. (*Entom.*) C'est le nom donné, par l'auteur de l'Histoire des insectes des environs de Paris, à une espèce de névroptères de la famille des libelles et du genre *Æshna: Æshna grandis*, Fab. (C. D.)

JULIENNE; *Hesperis*, Linn. (*Bot.*) Genre de plantes dicotylédones, de la famille des *crucifères*, Juss., et de la *tétradynamie siliculeuse*, Linn. Il offre pour principaux caractères: Un calice de quatre folioles droites, un peu serrées, dont deux opposées un peu bossues à leur base; une corolle de quatre pétales opposés en croix, à onglets aussi longs ou plus longs que le calice, à lame ovale ou presque en cœur; six étamines. dont deux plus courtes; un ovaire linéaire, ayant deux glandes à la base, et surmonté d'un style de longueur variable, terminé par un stigmate à deux lames rapprochées et conniventes: une silique alongée, comprimée ou cylindrique, à deux valves, à deux loges contenant plusieurs graines nues.

Les juliennes sont très-voisines des giroflées : elles en sont séparées par la forme de leur stigmate et par leurs graines nues ; mais ces différences ne sont pas tellement positives que la distinction de quelques espèces ne soit quelquefois assez difficile.

Les juliennes sont des plantes herbacées, à racine annuelle, bisannuelle ou vivace ; à feuilles simples et alternes, et à fleurs disposées en grappe terminale et souvent d'un aspect agréable. On en connoît environ cinquante espèces; nous nous bornerons à parler des suivantes.

Julienne alliaire, vulgairement Alliaire: *Hesperis alliaria*, Lamk., Flor. fr., 2, pag. 505; *Erysimum alliaria*, Linn., Spec., 922; *Flor. Dan.*, tab. 935. Sa racine, pivotante, bisan-

nuelle, produit une tige cylindrique, glabre, simple ou
rarement un peu rameuse. haute d'un pied et demi à deux
pieds, garnie de feuilles cordiformes, grossièrement dentées,
pétiolées. Les fleurs sont petites. blanches, disposées en une
grappe terminale et médiocrement garnie. Les siliques sont
longues, presque cylindriques, redressées et roides. Cette
espèce croit dans les buissons, les bois et les lieux ombragés.
Toutes ses parties ont une odeur d'ail, surtout lorsqu'on les
froisse entre les doigts, et cette odeur se communique, dit-
on, au lait des vaches qui en mangent une certaine quantité.

Cette plante est anti-scorbutique, et, à raison de son odeur
alliacée, on l'a aussi regardée comme antiseptique. Aujour-
d'hui elle n'est que peu employée en médecine. On a con-
seillé l'infusion de ses sommités fleuries dans l'asthme humide
et dans les catarrhes chroniques. Ses feuilles sèches et mises
en poudre peuvent être appliquées avec avantage sur les
ulcères scorbutiques. Ses graines, âcres et irritantes, étant
réduites en poudre et appliquées à l'extérieur, peuvent
produire à peu près le même effet que la moutarde.

JULIENNE DES DAMES ; vulgairement JULIENNE, CASSOLETTE :
*Hesperis matronalis*, Linn., *Spec.*, 927 ; *Hesperis tertia*, Clus.,
*Hist.*, 297. Sa racine est vivace; elle produit une tige cylindrique, droite, simple ou peu rameuse, haute de deux pieds
ou environ, garnie de feuilles ovales-lancéolées, dentées,
légèrement velues; les inférieures longuement pétiolées, les
supérieures portées sur de courts pétioles, ou même tout-à-
fait sessiles. Les fleurs sont grandes, blanches, purpurines ou
violettes, d'une odeur agréable dans les variétés cultivées,
inodores ou à peine odorantes dans la plante sauvage, portées sur des pédoncules assez longs, et disposées, au sommet
de la tige ou des rameaux, en grappes d'un aspect agréable.
Les siliques sont cylindriques, glabres, redressées, un peu
bosselées; elles contiennent des graines oblongues, amincies
à leur base et à leur sommet. Cette julienne croit naturellement dans les bois, les buissons et les lieux couverts, un
peu humides : elle fleurit en mai et juin.

On cultive, pour l'ornement des jardins, plusieurs de ses
variétés à fleurs doubles, et celles-ci se multiplient en éclat-
tant les vieux pieds à l'automne. ou par boutures qu'on fait

en coupant en plusieurs morceaux les tiges après qu'elles sont défleuries. Les boutures doivent être enfoncées de deux à trois pouces en terre, et, étant mises à l'ombre et arrosées souvent, elles prennent facilement racine. Il faut à la julienne une terre franche et substantielle.

JULIENNE DÉCOUPÉE ; *Hesperis laciniata*, All., *Flor. Ped.*, n.° 985, tab. 82, fig. 1. Cette espèce a le port de la précédente : mais elle s'en distingue facilement à ses feuilles inférieures incisées à leur base ; à celles de la tige, presque toutes sessiles, fortement dentées à leur base ; à ses siliques comprimées, velues, étalées, une fois plus longues ; enfin, par ses graines à quatre angles saillans. Ses fleurs sont jaunâtres ou purpurines. Cette plante croit sur les rochers et dans les lieux pierreux, en Provence, en Dauphiné et en Piémont.

JULIENNE PRINTANIÈRE : *Hesperis verna*, Linn., *Spec.*, 928 ; *Leucoium minus rotundifolium, flore purpureo*, etc., Barrel., *Icon.*, 876. Sa racine, grêle, pivotante, annuelle, produit une tige hérissée de poils inférieurement, presque glabre supérieurement, droite, ordinairement simple, haute seulement de trois à quatre pouces. Les feuilles sont dentées, hérissées de poils fourchus ou rayonnans ; les radicales ovales, portées sur de courts pétioles et étalées en rosette ; celles de la tige, au nombre d'une ou deux, sessiles et presque en cœur à leur base. Les fleurs sont petites, purpurines, portées sur de très-courts pédoncules, et disposées au haut de la tige, au nombre de trois ou quatre, rarement davantage. Les siliques sont grêles, glabres, comme tronquées à leur sommet. Cette espèce croit dans les lieux stériles et pierreux du midi de la France et de l'Europe.

JULIENNE MARITIME, vulgairement GIROFLÉE DE MAHON : *Hesperis maritima*, Lamk., Dict. enc., 3, pag. 524 ; *Cheiranthus maritimus*, Linn., *Spec.*, 924 ; Curt., *Bot. Mag.*, tab. 166. Sa racine est grêle, annuelle ; elle produit une tige souvent couchée à sa base, simple ou un peu rameuse, haute de six à dix pouces, garnie de feuilles ovales ou oblongues ; les inférieures pétiolées, les supérieures presque sessiles. Les fleurs sont assez grandes, purpurines ou un peu violettes, agréablement odorantes. Les siliques sont pédonculées, cylindriques, terminées par un style subulé. Cette plante croît dans les sables des bords de la mer dans le midi de la France et de l'Europe.

On la cultive dans les jardins, où on l'emploie communément à faire des bordures. On peut la semer depuis le mois de mars jusqu'en juillet, et l'on se procure, par ce moyen, ses fleurs pendant tout l'été. Semée plus tard, elle ne commence à fleurir qu'au printemps.

JULIENNE TRILOBÉE : *Hesperis triloba*, Lamk., Dict. enc., 3, pag. 323; *Cheiranthus trilobus*, Linn., Spec., 925. Sa racine est pivotante, annuelle; elle produit une tige rameuse dès sa base, garnie de feuilles oblongues, entièrement couvertes d'un duvet court, serré et blanchâtre, sinuées ou chargées de chaque côté de deux à trois lobes. Les fleurs sont purpurines, d'une grandeur moyenne, portées sur d'assez longs pédoncules. Les siliques sont grêles, bosselées par les graines, terminées par un style très-aigu. Cette plante croît sur les bords de la mer en Provence et dans le midi de l'Europe. (L. D.)

JULIENNE. (*Bot.*) On désigne sous ce nom une variété de la fève de marais. (L. D.)

JULIENNE. (*Ichthyol.*) Quelques auteurs ont donné ce nom à la morue longue, *gadus molva*, Linn. Voyez LOTTE. (H. C.)

JULIENNE D'ÉTÉ. (*Bot.*) Nom vulgaire d'une espèce de giroflée, *cheiranthus incanus*. (L. D.)

JULIENNE JAUNE. (*Bot.*) Un des noms vulgaires du vélar de Sainte-Barbe. (L. D.)

JULIFÈRES. (*Bot.*) Nom employé, conjointement avec celui d'*amentacées*, par M. de Lamarck, dans le Dictionnaire encyclopédique, pour désigner la famille des fleurs à chaton. (J.)

JULIOLA. (*Bot.*) Scaliger, dans ses Commentaires sur Théophraste, dit que ce nom étoit donné dans la Calabre à l'oxalide, *oxalis acetosella*, d'où est venu par corruption son nom vulgaire *alleluia*. (J.)

JULIS. (*Ichthyol.*) Le poisson ainsi appelé par Pline (*lib.* 32, *cap.* 9) est la GIRELLE. Voyez ce mot. (H. C.)

JUMAR. (*Mamm.*) Prétendu mulet provenant du taureau

et de la jument. Quoique quelques auteurs aient affirmé l'existence des jumars, elle n'a point été prouvée : aussi estelle rejetée par la plupart des naturalistes. ( F. C.)

JUMEAU ROUGE ou CELE JUMEAU-ROUGE. (*Bot.*) C'est, dans Paulet, l'espèce de bolet figurée dans Sterbeeck, *Theat. fung.*, tab. 22. fig. GG. C'est un petit champignon, de couleur pourpre dessus, blanc dessous, mais piqué de noir, avec un stipe d'un vert jaunâtre. Ces individus croissent ordinairement deux à deux. ( LEM.)

JUMEAUX. (*Bot.*) Petite famille établie par Paulet dans le genre *Agaricus* (voyez l'ONGE), et nommée ainsi parce que les champignons qui y rentrent croissent deux à deux. Elle est caractérisée par la forme arrondie des espèces; la disposition de leur chapeau à être ondée; leur stipe fort court, cylindrique, et leur chair blanche, ferme, cassante et de bonne qualité. Elle contient deux espèces. le CHAPEAU-CANNELLE et le NOMBRIL BLANC. Voyez ces noms. ( LEM.)

JUMEIS, JUMEIZ (*Bot.*) : noms arabes du figuier sycomore. suivant Mentzel. Voyez aussi ALIUMETZ et GIUMEITS. (J.)

JUMENT (*Mamm.*), nom françois du cheval femelle. ( F. C.)

JUMPING-JACKS. (*Ornith.*) Nom sous lequel est connu, aux îles Falkland, le manchot moyen, *aptenodytes demersa*, Linn. (CH. D.)

JUNCAGO. (*Bot.*) Tournefort a donné ce nom au genre qui est le troscart, *triglochin* de Linnæus, type de la nouvelle famille des juncaginées. (J.)

JUNCARIA. (*Bot.*) Clusius et Tabernæmontanus donnoient ce nom à une herbe regardée mal à propos comme une garance par C. Bauhin, et qui est maintenant l'*ortegia hispanica* de Linnæus. (J.)

JUNCELLUS. (*Bot.*) Nom signifiant petit jonc, donné par divers auteurs à quelques espèces basses de scirpe, *scirpus*, qui ont le port d'un jonc. (J.)

JUNCIA ABELLANADA. (*Bot.*) Clusius dit que, dans le royaume de Valence en Espagne, on nomme ainsi le *cyperus esculentus*, déjà cité dans ce Dictionnaire sous le nom de *dulcichinum*. (J.)

JUNCO. (*Ornith.*) L'oiseau le plus communément désigné

par ce nom, qui s'écrit aussi *jonco*, est la rousserolle, *turdus arundinaceus*, Linn., ou la fauvette des roseaux, *motacilla arundinacea*; cependant Belon et Charleton l'appliquent aussi à l'alouette de mer, *tringa cinclus*, Linn. (Ch. D.)

JUNCOÏDES. (*Bot.*) Michéli et Adanson avoient distingué sous ce nom les espèces de jonc qui, dans une capsule à une seule loge et à trois valves, renferment trois graines. Ce genre est maintenant le *luzula* de M. De Candolle, remarquable de plus par les feuilles qui, au lieu d'être cylindriques et fistuleuses, sont aplaties comme celles des graminées. Le *juncus campestris* et le *juncus pilosus* appartiennent à ce genre. (J.)

JUNCUS. (*Bot.*) Nom latin du genre Jonc. (L. D.)

JUNGAVO, KO (*Bot.*) : noms japonois d'une courge, *cucurbita hispida* de M. Thunberg. (J.)

JUNGERMANNIA, *Jongermanne.* (*Bot. = Crypt.*) Nom de l'un des genres de la famille des hépatiques. Ce genre est celui de sa famille qui comprend le plus d'espèces, et quoique celles-ci présentent un port et un aspect variés, comme on le verra bientôt, elle se trouvent néanmoins former un genre très-naturel, parfaitement caractérisé par la *capsule uniloculaire, s'ouvrant en quatre divisions ou valves disposées en croix.* Rarement cette capsule s'ouvre en huit divisions, et plus rarement encore elle se déchire en lanières irrégulières. (*Fossombronia*, Raddi.)

Les *jungermannia* sont des plantes cryptogames dioïques ou monoïques, c'est-à-dire, qui offrent sur le même pied, ou sur des pieds différens, des organes de deux sortes, les uns considérés comme fleurs femelles, et les autres pris pour des fleurs mâles.

Les fleurs femelles sont composées d'un cornet (ou calice, ou périchèse) monophylle, membraneux ou charnu, multiforme, le plus souvent à deux lèvres; d'un à huit ovaires, logés dans le cornet, arrondis, sessiles, chacun recouvert d'une coiffe (ou corolle) membraneuse ou charnue, lisse ou poilue, ou chagrinée, découpée à la base ou bilabiée, terminée par une pointe ou style à un stigmate et se fendant par le côté. Un ovaire (ou très-rarement deux) vient à maturité, les autres avortent; l'ovaire fertile s'élève hors du cornet sur un pédicelle le plus souvent fort long, et qui prend son accroissement tout-à-coup. La coiffe se déchire, tombe, et l'ovaire, devenu capsule, se partage jusqu'à la base en quatre divisions ou valves qui forment une croix.

Cette capsule est uniloculaire; elle contient un assez grand nombre de séminules arrondies, fixées à des élatères ou filamens simples ou doubles, tordus en spirale ou en hélice, et très-élastiques. Ces élatères lancent au loin les séminules lorsqu'elles sont mûres, et forment, à l'extrémité des valves de la capsule ou dans son centre, de petits bouquets ou pinceaux de poils bissoïdes, ou bien ils forment les cils qui bordent les valves.

Quelques anomalies se présentent dans la structure des fleurs femelles : des fois elles n'offrent pas de cornet ou calice; elles sont alors nues ou enveloppées par les frondules ou petites feuilles, les plus voisines, qui forment autour d'elles un pseudo-calice ou périchèse. Dans certaines espèces le cornet ou calice est double. Enfin, nous avons déjà noté que la capsule s'ouvroit quelquefois en huit divisions, ou qu'elle se déchiroit en lanières.

Les fleurs mâles consistent en de petits capitules ou anthères, ovales ou globuleux, formés d'une membrane brillante, diaphane, réticulée, qui contient un fluide enveloppant une substance granuleuse ou pulvériforme. Quand ces capitules ou anthères sont parvenus à leur complet développement, ils éclatent pour laisser échapper la substance qu'ils renferment, considérée ici comme pollen.

Indépendamment des fleurs femelles et des fleurs mâles, on observe encore dans les *jungermannia* de petits grains ou tubercules, long-temps confondus avec les organes mâles, et qui sont des bourgeons ou gemmes, à l'aide desquels ces plantes se multiplient. Ils sont plongés dans la substance de la plante, ou, comme dans les *marchantia*, logés dans un réceptacle ou orygome recouvert d'une membrane périgoniale : ils ne diffèrent pas de la substance de la fronde de la plante. Schmiedel, et après lui Hedwig, ont suivi leur développement depuis leur enfance jusqu'a l'état de plante parfaite. Dans le *jungermannia blasia* ces bourgeons, quoique encore dans leur orygome, offrent déjà des racines.

Les positions de ces divers organes reproducteurs sur la plante varient, et, pour qu'elles soient bien comprises, nous les exposerons après avoir fait connoître les manières d'être des jungermannia.

Ces plantes sont ou membraneuses, comme les marchantia et toutes les espèces des autres genres de la famille des hépatiques, ou caulescentes, garnies de frondules ou petites feuilles, à la manière des mousses, auxquelles elles ressemblent beaucoup. Les premières sont les *jungermannia à fronde* ou *hépaticoïdes* (*jungermanniæ frondosæ seu hepaticoïdeæ*), et les secondes les *jungermannia feuillées* ou *caulescentes* ou *muscoïdes* (*jungermanniæ foliosæ sive caulescentes vel muscoïdes*) des auteurs.

Les *jungermannia hépaticoïdes* sont formées d'une expansion membraneuse, dichotome ou lobée, appliquée sur terre ou sur l'écorce des arbres, et y adhèrent par de petites racines ou fibrilles, communément fixées à une nervure médiane, presque toujours visible, et qui représente ici la tige qu'on observe dans les jungermannia muscoïdes, qu'on pourroit alors considérer comme des espèces à frondes composées.

Les *jungermannia muscoïdes* ont une tige rameuse, le plus souvent dichotome, presque toujours aplanie et garnie de frondules ou folioles, disposées sur le même plan, mais insérées sur plusieurs rangées et souvent imbriquées les unes sur les autres; et, ainsi rangées, elles donnent aux tiges et à leurs rameaux l'aspect d'une natte.

On observe encore dans les jungermannia des oreillettes ou stipules, qui sont de deux sortes : les unes sont cuculiformes, c'est-à-dire, ont la forme de capuchon (*cuculus*), ou de cornet ou goupillon renversé, pédicellé par le côté, et inséré au bas des frondules, dont elles ne sont que des appendices : ce sont nos vraies *oreillettes;* les oreillettes cuculiformes, qu'il ne faut pas confondre avec les autres stipules ou lobes latéraux, basilaires et irréguliers, qu'on voit dans beaucoup d'espèces, n'ont été observées que sur un très-petit nombre de *jungermannia*. Les autres ressemblent aux frondules; mais elles sont beaucoup plus petites et insérées en-dessous sur la tige, la recouvrant et l'embrassant. C'est à cause de cette manière d'être qu'on les a nommées *amphi-*

gastres (*amphigastria*). Ehrhart le premier a introduit cette distinction, adoptée par Kurt Sprengel. Les amphigastres, que nous désignerons par *stipules*, peuvent se considérer comme des frondules moins développées : elles s'observent dans un fort grand nombre d'espèces, et, comme les frondules, elles sont pédicellées, sessiles ou décurrentes, entières ou dentées, ou lobées, ou anguleuses, lisses ou velues, etc.

Les espèces de *jungermannia* sont presque généralement rampantes ou couchées, ou bien elles ont une tendance à ramper. Beaucoup d'entre elles sont rares avec leurs fleurs ; les espèces *hépaticoïdes*, lorsqu'elles ne les offrent pas, se confondent avec les marchantia et autres genres voisins. Dans ces espèces les fleurs femelles sont épiphylles, et naissent près des bords de la fronde. Elles sont insérées tantôt sur la face supérieure (*Pellia*, Raddi), tantôt sur la face inférieure (*Metzgeria* et *Ræmeria*, Raddi); dans ce dernier cas les fleurs sont obligées de se replier pour que le pédicelle, ordinairement fort long, puisse s'élever. Les fleurs mâles sont situées sur la nervure de la fronde, ou sur la fronde même, en-dessous et en-dessus, quelquefois encore vers l'extrémité de la fronde et dans sa substance.

Dans les *jungermannia muscoïdes* les fleurs femelles naissent communément dans les aisselles des folioles, sur les tiges, et quelquefois à l'extrémité des branches. Dans quelques espèces le calice tient à la tige par le bord de son ouverture, et est enfoncé en terre : position qui fournit le caractère principal du genre *Calypogeja* de Raddi. ( Voyez PARENTIA.)

Les fleurs mâles forment, au sommet des tiges, dans les aisselles et sur la tige même, des capitules poudreux, sessiles ou pédicellés, nus ou protégés dans leur jeunesse par un périchèse formé d'une à six frondules fortement imbriquées et serrées. Les gemmes ou bourgeons sont situés sur la tige ou sur le bord des frondules.

On remarque encore sur les *jungermannia* de petits corps globuleux, vésiculeux et verts ou bruns, d'une structure très-simple, placés à l'extrémité des branches ou sur le bord des frondules, et qui leur donnent l'apparence de frondules endommagées ou déchirées. Ces petits corps, reconnus par

Hooker, sont désignés par lui , et, dit-il , à regret, par le nom de *gemmes*, comme les précédens.

Les espèces de *jungermannia* s'élèvent à plus de cent trente; elles se plaisent dans les endroits humides ou ombragés. Elles croissent à terre et sur les écorces des arbres. Les capsules et les pédicelles qui les portent, sont bruns ou roux. Le feuillage est vert, plus ou moins foncé, quelquefois brunâtre ou noirâtre. Presque toutes les espèces connues se trouvent en Europe; un petit nombre est particulier à l'Amérique ; un plus petit nombre encore est propre à l'Afrique ; quelques-unes ont été observées dans les Indes orientales; plusieurs . enfin, sont communes à l'Europe , à l'Amérique , et même à l'Afrique. D'après M. De Candolle on trouve en France cinquante-deux espèces de ce genre : aux environs de Paris on en compte une vingtaine.

Avant de faire connoître les espèces les plus remarquables, nous exposerons en peu de mots l'histoire de ce beau genre et les modifications les plus remarquables qu'il a subies.

Le petit nombre d'espèces que les botanistes de l'école des Bauhin ont connu, ont été confondues par eux avec les mousses (*muscus*) et les marchantia (*lichen*, C. B.).

Ruppius (dans sa Flore de Jéna, publiée en 1718) a établi le premier ce genre, et l'a consacré à la mémoire de Louis Jungermann, botaniste allemand, auteur de plusieurs ouvrages sur la botanique, et qui vivoit de 1572 à 1635. Vers le même temps, 1719, Dillenius reconnut ce genre et le désigna par la dénomination de *lichenastrum*, pour rappeler les grands rapports qu'il a avec son genre Lichen, lequel est la réunion de nos genres *Marchantia*, *Targionia*, *Sphœrocarpus*, *Guentheria* et *Riccia*.

Vaillant, contemporain de Dillenius et de Micheli, classa les jungermannia dans ces genres : 1.° *Hepatica*, les confondant ainsi avec les *marchantia* , comme Tournefort l'avoit fait ; 2.° *Hepaticoides*, qui comprend les espèces muscoïdes, qui, dans Tournefort, se trouvent réunies au genre *Hypnum*, de la famille des mousses, sous le nom commun de *muscus*.

Micheli, en 1728, présenta ce genre divisé en trois : le *Marsilea*, qui comprend les *jungermannia hépaticoïdes*; le *Jungermannia*, qui renferme les *jungermannia muscoïdes* .

dont les frondules sont sur deux rangées opposées et les fleurs mâles (séminules, pour Micheli) placées à la partie extérieure de la plante; et le *Muscoïdes*, qui est formé par les *jungermannia muscoïdes*, dont les frondules sont sur plus de deux rangs, et les fleurs mâles cachées par de petites écailles (ou frondules) disposées en petits épillets sur la tige ou sur des pieds différens.

Linnæus ne crut pas devoir admettre ces distinctions de Micheli, et son genre *Jungermannia* est encore celui que presque tous les botanistes ont adopté. Ce célèbre naturaliste crut devoir cependant, comme Micheli, prendre pour fleurs mâles ce que nous nommons fleurs femelles, et pour celles-ci, ce que nous avons désigné par fleurs mâles et gemmes ou bourgeons.

En 1755, Adanson. qui avoit la même opinion que Linnæus sur les organes floraux des *jungermannia*, ne fut pas de son avis sur la constitution du genre, et il retrancha du *jungermannia* de Linnæus le *marsilea* de Micheli.

Schmiedel, en 1760, fixa son attention sur ce genre, en développa mieux qu'on ne l'avoit fait les caractères, et cependant il fut du même avis que Micheli, Linnæus et Adanson sur les fonctions des fleurs.

Haller, sans tenir compte des fleurs, ramenoit dans son *jungermannia* le genre *Mnium* de Linnæus.

Enfin, Hedwig, par ses précieuses observations sur l'organisation des fleurs des *jungermannia*, et d'après les expériences qui lui ont fait voir germer les séminules de ces plantes, a fixé l'opinion des botanistes sur les véritables fonctions des organes de la fructification de ces plantes. Après lui, jusqu'à nos jours, les botanistes ont respecté l'intégrité du genre *Jungermannia*, devenu le sujet spécial des travaux de plusieurs botanistes. L'on a sur ces cryptogames un premier travail de Schmiedel, qui en a figuré beaucoup d'espèces; un autre, de Schwægrichen, qui porte le nombre des espèces à plus de cent, et un troisième de Weber, qui en décrit cent trois : il en indique en outre près de quatre-vingts, décrites ou figurées, lesquelles, lui étant inconnues, doivent sans doute rentrer en grande partie dans les espèces connues. Nous ne devons pas oublier de citer la superbe monographie des *jungermannia* de l'Angleterre, par Hooker, ouvrage dans lequel les quatre-vingt-une espèces qui croissent en Angleterre sont figurées et décrites avec le plus grand soin. On verra dans ces ouvrages l'indication des auteurs qui ont enrichi ce genre.

Il est à remarquer, 1.° que Palisot de Beauvois a voulu, dans ces derniers temps, rétablir les genres de Micheli sous les noms de RHYZOPHYLLUM , CONIANTHOS et CARPOLÉPIDIUM (voyez ces mots); 2.° que Raddi a divisé les jungermannia en dix genres, comme nous l'avons exposé à l'article HÉPATIQUES, où nous renvoyons le lecteur. Les botanistes n'adoptent point encore ces genres nouveaux, fondés en général sur des caractères difficiles à observer, et dont l'établissement n'est pas d'une nécessité absolue ; mais ils reconnoissent le genre *Andræa*, fondé par Ehrhardt sur les *jungermannia rupestris* et *alpina*, Linn., placé aussi dans ce genre par Dillenius, et qui cependant appartiennent à la famille des mousses ( voyez ANDRÉE); mais cette perte a été compensée par la réunion, au genre *Jungermannia*, du *Blasia*, Linn., et du *Porella*, Dillen. (voyez ci-après, et BLASIA, Suppl.). Le premier, ayant été mieux observé, ne peut plus être conservé, et le second, fondé, selon Dickson, sur de faux caractères, ne doit point appartenir aux mousses. Il ne faut pas le confondre avec le *porella* de Loureiro, qui nous est encore inconnu. (Voyez PORELLA.)

Nous ferons remarquer aussi que le *Blandovia* de Willdenow, fondé sur le *Marsilea*, tab. 4, fig. 5, de Micheli, est peut-être une espèce de jungermannia dont la fructification peut avoir été mal observée. Raddi assure que cette plante n'existe pas dans l'herbier de Micheli, et présume que sa figure pourroit représenter le *riccia fluitans*, très-commun près Florence, dont la fructification n'est pas connue ; mais, selon Micheli, sa plante est terrestre et très-voisine du *jungermannia furcata*.

A. Expansion ou frondes foliacées et sans tige : *Marsilea*, Michel.; *Rhyzophyllum*, Pal. Beauv.

1.° JUNGERMANNIA ÉPIPHYLLE : *Jungermannia epiphylla*, Linn., Lamk.; *Illust.*, tab. 875 , fig. 4 ; Hedw., *Theor.*, tab. 25 à

25 : Hoffm., *Germ.*, tab. 4; Hook., *Brit. Jung.*, tab. 47 : *Pellia Fabroniana;* Radd., *Fung.*, pag. 33, tab. 7, fig. 5; Mich., *Nov. gen.*, tab. 4, fig. 1; Dill., *Musc.*, tab. 74, fig. 41. Fronde arrondie ou alongée, lobée ou un peu rameuse; lobes sinueux ou ondulés; pédicelles naissant à la partie supérieure de la fronde, et placés ordinairement sur la nervure, qui n'est pas toujours très-visible. Cette plante croit, appliquée contre terre, dans les bois humides de toute l'Europe. On en trouve aux environs de Paris une variété à frondes très-alongées et à pédicelles presque latéraux, figurée dans Vaillant, *Bot. Par.*, tab. 19, fig. 4. Cette espèce est le type du genre PELLIA (voyez ce mot) de Raddi.

2.° JUNGERMANNIA GRASSE ; *Jungermannia pinguis*, Linn., Lamk., *Illust.*, tab. 875, fig. 3; Sowerb., *Engl. Bot.*, tab. 185; Hook., *Brit. Jung.*, tab. 46; Schmied., tab. 35 : *Rœmeria pinguis;* Radd., *Jung.*, tab. 7, fig. 2 et 3; Mich., tab. 4, fig. 2 : Dill., *Musc.*, tab. 42. Fronde charnue, semblable à celle de l'espèce précédente, ou un peu plus alongée et bifurquée; pédicelles naissant du bord inférieur de la fronde, et se repliant pour s'élever. Elle croit sur le bord des ruisseaux et des rivières, et aussi sur la terre humide, en Europe. Elle fait partie du genre RŒMERIA (voyez ce mot) de Raddi, qui comprend encore les *jungermannia multifida* et *palmata*, qu'on rencontre également partout en Europe, et dans les mêmes lieux.

3.° JUNGERMANNIA BLASIE : *Jungermannia blasia*, Hook., *Brit. Jung.*, tab. 82 à 84; *Blasia pusilla*, Linn.; Hedw., *Theor.*, ed. 2, tab. 30, fig. 4 — 12; Mich., tab. 7; Dill., tab. 31, fig. 7. Frondes oblongues, dichotomes, marquées d'une nervure, munies inférieurement de quelques écailles dentées; pédicelles naissant de la nervure et à l'extrémité de la fronde supérieure. Calice et coiffe contenus dans la substance de la fronde; pédicelle fort long, portant une capsule qui s'ouvre en quatre valves obtuses. Cette espèce, qui se trouve en Europe dans les lieux montagneux, a formé jusqu'ici un genre particulier, institué par Micheli, mais faute de bien connoître sa fructification; nous en devons la connoissance à Hooker. Ce naturaliste anglois a exposé les organes et la structure de cette plante avec le plus grand détail dans son histoire des *Jungermannia* de l'Angleterre.

4.º **Jungermannia fourchue** : *Jungermannia furcata* , Linn. ; Hedw., *Theor.* , tab. 21, fig. 4 et 5, et tab. 22; Hook., *Brit. Jung.*, tab. 55 et 56; *Metzgeria glabra*, Radd., *Jungermanograph. Etrusc.*, tab. 7, fig. 1; Mich., tab. 4, fig. 4; Dill., tab. 74, fig. 45; Vaill., *Bot.*, tab. 23, fig. 11. Fronde étroite, linéaire, plusieurs fois bifurquée ou dichotome, marquée d'une nervure très-visible, glabre, mais à bords et nervure inférieure pubescens; pédicelles supérieurs et courts. Cette petite espèce est très-commune sur les écorces d'arbres et sur la terre. Si l'on n'a pas confondu plusieurs espèces, il paroîtroit qu'elle se rencontre non-seulement en Europe, mais aussi en Afrique, au cap de Bonne-Espérance, à l'île Bourbon, et encore à Saint-Domingue, à la Jamaïque, etc. Les divisions de la fronde n'ont pas une ligne de largeur. Elle est rare en fructification. Cette plante constitue, avec le *jungermannia pubescens*, Schmied., autre espèce voisine d'Europe, le genre Metzgeria (voyez ce mot) de Raddi.

B. Tige garnie de frondules ou petites feuilles imitant des feuilles ailées : *Jungermannia* et *Muscoïdes*, Michel.; *Conianthos* et *Carpolepidium*, Pal. Beauv.

§. 1.ᵉʳ *Tiges privées de stipules ou d'oreillettes blanchâtres.*

5.º **Jungermannia blanchâtre** : *Jungermannia albicans*, Linn.; Hook., *Brit. Jung.*, tab. 25; Dill., *Musc.*, tab. 71, fig. 21; Vaill., *Bot.*, tab. 19, fig. 5. Tige pennée, droite ou couchée, longue d'un à deux pouces, simple ou rameuse; frondules sur deux rangs opposés, à deux lobes oblongs, un peu pointus, marqués d'une nervure et dentés à l'extrémité; pédicelles terminaux. Cette espèce forme sur la terre humide, et quelquefois sur les vieilles souches, de petits gazons d'un vert blanchâtre. Elle se plait dans les bois partout en Europe, et fructifie au printemps.

6.º **Jungermannia des bois** : *Jungermannia nemorosa*, Linn.; Hedw., *Theor.*, tab. 17 : *Candollea nemorosa*, Radd., *Jung.*, pag. 13; Mich., tab. 5, fig. 8; Dill., *Musc.*, tab. 71, fig. 18. Tiges pennées, simples ou peu rameuses, réunies en touffe;

frondules arrondies, imbriquées, lobées, à lobes dentés et ciliés sur les bords ; pédicelles terminaux, d'un pouce de longueur : elle se rencontre partout en Europe dans les bois humides, et fructifie au printemps. Elle est une des quatre espèces du genre *Candollea*, Raddi, que nous avons oublié de citer à l'article Hépatique. (Voyez PATAROLA.)

7.° JUNGERMANNIA A DEUX POINTES : *Jungermannia bicuspidata*, Linn.; Web., *Hist. musc. hepat.*, fig. 78 ; Dill., tab. 70, fig. 15 ; Hook., *Brit. Jung.*, tab. 2. Tige rameuse, frondules écartées, lâches, semi-verticillées, planes, aiguës, terminées par une échancrure bidentée et à dents divergentes. Cette espèce, fluette et rampante, croît à terre dans les bois ombragés. Selon Weber, le *mnium fissum*, Linn., ou *jungermannia fissa* ou *sphærocephala* des botanistes, figuré dans Dillenius, tab. 31, fig. 6, ne seroit que le pied mâle de cette espèce ; mais Raddi, qui fait de ces deux plantes le type de son genre *Calypogeia* (voyez PARENTIA), persiste à les séparer.

8.° JUNGERMANNIA ASPLÉNIOÏDE : *Jungermannia asplenioides*, Linn., *Flor. Dan.*, tab. 1061 ; Hedw., *Theor.*, ed. 2, tab. 18 et 19 ; Sow., *Engl. Bot.*, 1061 ; Hook., *Brit. Jung.*, tab. 13 : *Candollea asplenioides*, Radd., Mich., tab. 5, fig. 1 et 2 ; Dill., tab. 69, fig. 5 et 6. Tiges alongées, un peu rameuses, en touffes ou droites ; frondules pellucides, un peu imbriquées ou semi-verticillées, obliques, ovales, arrondies et dentées ; pédicelles terminaux, longs d'un pouce et plus. Cette plante croît dans les bois humides, à terre, parmi les herbes ; quoique commune, elle est fort rare en fructification.

§. 2. *Tiges munies de stipules ou oreillettes.*

9.° JUNGERMANNIA COTONNEUX : *Jungermannia tomentella*, Ehrh., Sow., *Engl. Bot.*, tab. 22 et 42 ; Hook., *Brit. Jung.*, tab. 36 ; Vaill., *Par.*, tab. 26, fig. 11 ; Dill., tab. 73, fig. 35. Tige deux fois ailée, couchée et en touffe, d'un vert pâle ou jaunâtre ; frondules nombreuses, et stipules à quatre découpures longuement ciliées ; les capsules sont brunes et portées sur de longs pédicelles axillaires. Cette plante, qui ressemble on ne peut plus à un *hypnum*, croît dans les bois humides et au bord des ruisseaux, en Europe et aussi dans l'Amérique septentrionale. Beaucoup d'auteurs l'ont confondue avec

Le *jungermannia ciliaris*, Linn., qui en diffère essentiellement par ses frondules divisées en trois.

10.° JUNGERMANNIA A TROIS LOBES : *Jungermannia trilobata*, Linn.; Hook., *Brit. Jung.*, pl. 76; Mich., *Gen.*, tab. 6, fig. 2; Dill., tab. 72, fig. 23, et 22, *A*, *B*. Tiges nombreuses, peu rameuses; frondules distiques, obliques, ovales-tronquées, inégalement tridentées à l'extrémité, du reste très-entières; stipules à deux ou quatre divisions. Cette petite plante végète dans les bois montueux en Europe, en Afrique et en Amérique.

11.° JUNGERMANNIA DILATÉE : *Jungermannia dilatata*, Linn.; *Jungermannia tamarisci*, Spreng., *Ann. veter. Ges.*, 1, tab. 4, fig. 1; Hook., *Brit. Jung.*, tab. 6 : *Frullania major*, Radd., *Jung. Etr.*, pag. 9, tab. 2, fig. 2; Mich., *Gen.*, tab. 6, fig. 5; Vaill., *Bot.*, tab. 23, fig. 10; Dill., tab. 72, fig. 31. Tige rameuse; rameaux pennés; frondules exactement imbriquées, extrêmement petites, arrondies ou obtuses, très-entières, accompagnées à la base de deux oreillettes, l'une en forme de capuchon alongé, l'autre très-petite, quelquefois nulle; frondules calicinales, pointues et dentées, à oreillettes entières; stipules calicinales dentées; pédicelles terminaux et courts. Cette espèce, qui se reconnoît à sa couleur brune, luisante ou d'un vert sombre, et à ses rameaux un peu dilatés à l'extrémité, rampe sur les écorces des arbres et sur les rochers, en Europe et dans l'Amérique septentrionale.

12.° JUNGERMANNIA TAMARIX : *Jungermannia tamarisci*, Linn. : *Jungermannia dilatata*, Spreng., *l. c.*, fig. 2; Hook., *Brit. Jung.*, tab. 5; *Frullania minor*, Radd., *Jung. Etr.*, pag. 10, tab. 2, fig. 3; Vaill., *Bot.*, tab. 19, fig. 6; Mich., tab. 6, fig. 6; Dill., tab. 72, fig. 27 et 28. Plus petite que l'espèce précédente, elle en diffère par ses oreillettes en forme de goupillon hémisphérique; les frondules calicinales arrondies, entières; à lobes à deux ou trois découpures, et par les stipules calicinales quadrifides. Elle croit également sur les écorces d'arbres en Europe et en Afrique. Elle est communément d'un brun noirâtre ou purpurin. Les botanistes confondent très-souvent ces deux espèces : Raddi en a fait son genre *Frullania*. (Voyez MYLIA.)

13.° JUNGERMANNIA LISSE : *Jungermannia lævigata*, Schrad.;

Hook., *Brit. Jung.*, tab. 35, fig. 1 et 5; *Bellincinia montana*, Radd., *Jung.*, tab. 1, fig. 1. Tige couchée, deux fois ailée; frondules lisses, imbriquées, distiques, ovales, obliques, arrondies, un peu pointues, quelquefois denticulées; stipules dentées, à dents épineuses. Cette espèce croît sur les rochers en Europe : sa fructification n'étoit pas connue avant Raddi, qui y a trouvé des caractères particuliers qui l'ont engagé à faire de cette plante son genre *Bellincinia* (voyez PAN-DULFIA).

14.° JUNGERMANNIA A LARGE FEUILLE : *Jungermannia platy-phylla*, Linn.; Sow., *Engl. Bot.*, tab. 798; Hook., *Brit. Jung.*, tab. 10, fig. 1; Vaill., *Bot.*, tab. 19, fig. 9; Mich., tab. 6, fig. 3 et 4; Dill., tab. 72, fig. 52; *Antoiria vulgaris*, Radd., *Jung.*, tab. 2, fig. 1. En touffes étalées, d'un vert sombre; tiges rameuses, à rameaux ailés; frondules nombreuses, imbriquées, en cœur arrondi, obtuses; stipules disposées sur trois rangs, très-entières; pédicelles courts, naissant le long des rameaux. On la trouve communément sur les arbres en Europe et dans l'Amérique septentrionale : elle offre plusieurs variétés; on l'observe rarement en fructification, ce qui est le contraire dans les deux espèces précédentes, celles-ci présentant fréquemment leurs capsules. Raddi en fait avec le *jungermannia platyphylla* seul son genre *Antoiria*. Voyez SUARESIA. (LEM.)

JUNGERMANNIÉES. (*Bot.*) Voyez HÉPATIQUES. (LEM.)

JUNGHAUSIA. (*Bot.*) Nom d'un genre de plantes de Gmelin, qui est un *sideroxylum* de Burmann, le *curtisia* de Aiton et Schreber, le *doratium* de Solander. Ce dernier paroît devoir être adopté, et le genre rentrer dans les rhamnées près du *myginda*. Le *relhamia* de Gmelin doit encore être réuni au *doratium*. Voyez CURTISIE. (J.)

JUNGHILL. (*Ornith.*) L'oiseau qu'on appelle ainsi sur les bords du Gange, est l'ibis à tête noire, *ibis melanocephalus*, Vieill. (CH. D.)

JUNGIA. (*Bot.*) Gærtner nomme ainsi le *philadelphus im-bricatus* de Solander, qui est l'*imbricaria* de MM. Smith et Persoon, le *mollia* de Gmelin. Ce genre doit être supprimé et réuni à l'*escallonia* de Linnæus fils, dans la famille des éricinées et la section des vaccinées. Le *salvia mexicana*, qui a la lèvre supérieure du calice entière, et celle de la corolle droite, longue et un peu échancrée, avoit été séparé par Heister sous le nom de *jungia*. Medicus et Mœnch l'avoient adopté ; mais ils n'ont pas été suivis par les autres botanistes. Voyez Escallone et ci-après. (J.)

JUNGIE, *Jungia*. (*Bot.*) [*Cinarocéphales anomales*, Juss. = *Syngénésie polygamie séparée*, Linn.] Ce genre de plantes, établi, en 1781, par Linnæus fils dans le *Supplementum plantarum*, appartient à l'ordre des synanthérées et à notre tribu naturelle des nassauviées, dans laquelle nous le plaçons immédiatement auprès du genre *Dumerilia* ou *Martrasia*, qui en diffère très-peu, et peut-être trop peu pour constituer un genre distinct. Voici les caractères génériques du *jungia*, que nous n'avons point observés, mais que nous puisons dans la description de Linnæus fils, en y ajoutant quelques traits qui nous paroissent dériver indirectement de cette description, et qui sont nécessaires pour la compléter et la régulariser.

Calathide incouronnée, subradiatiforme, pluriflore, labiatiflore, androgyniflore. Péricline cylindracé, formé de squames subunisériées, à peu près égales, embrassantes, oblongues, obtuses, foliacées. Clinanthe planiuscule, garni de squamelles analogues aux squames du péricline. Ovaires oblongs, grêles, anguleux ; aigrette longue, composée de squamellules filiformes, barbées. Corolles à limbe divisé en deux lèvres : l'extérieure plus longue, linéaire, tridentée au sommet, roulée en dehors ; l'intérieure partagée en deux lanières aiguës, dressées. Styles de nassauviée. — Calathides réunies en capitules : chaque capitule composé de trois ou quatre calathides, et entouré d'un involucre formé de bractées analogues aux squames des périclines, mais plus courtes, plus étroites et un peu étalées.

On ne connoît jusqu'à présent qu'une seule espèce de ce genre.

JUNGIE ROUILLÉE : *Jungia ferruginea*, Linn. fils, *Suppl. plant.*, pag. 390. C'est une plante de l'Amérique méridionale, à tiges ligneuses, couvertes d'un duvet cotonneux de couleur de rouille ; les feuilles sont alternes, éloignées les unes des autres, pétiolées, planes, arrondies, échancrées en cœur à la base, divisées en cinq lobes arrondis, obtus ; elles sont hérissées de poils qui rendent leur face inférieure blanchâtre : les capitules sont petits, très-rapprochés et disposés en une grande panicule terminale très-ramifiée.

Il ne paroit pas que cette plante ait été observée ni même vue par aucun botaniste, depuis Linnæus fils qui l'a décrite. Cependant Gærtner, qui n'a fait, comme tous les autres, que copier la description de l'auteur du genre, s'est permis fort injustement de substituer le nom de *trinacte* à celui de *jungia*, parce qu'il avoit précédemment donné le nom de *jungia* à un autre genre, sans songer que ce nom n'étoit plus disponible, puisqu'il avoit été déjà employé convenablement. Ce botaniste plaçoit son *trinacte*, c'est-à-dire le vrai *jungia*, entre les deux genres *Elephantopus* et *Stæbe*. M. de Jussieu avoit beaucoup mieux fait, avant Gærtner, en rapprochant le *jungia* du *nassauvia*. M. Lagasca, dans son excellent Mémoire sur les chénantophores, a placé le *jungia* auprès du *martrasia* ou *dumerilia*. Depuis, M. De Candolle a placé l'un de ces deux genres vers le commencement et l'autre vers la fin de la série, dans son Mémoire sur les labiatiflores, où il nous semble avoir tout-à-fait méconnu les affinités naturelles.

Nous sommes étonné que M. Lagasca, qui paroit avoir senti l'affinité du *jungia* et du *martrasia* ou *dumerilia*, puisqu'il les met à la suite l'un de l'autre, n'ait point remarqué que ces deux genres sont à peine distincts, et qu'ils doivent probablement être réunis. Ils ne diffèrent, selon nous, que par la disposition des calathides, agglomérées dans le *jungia*, éparses dans le *martrasia* ou *dumerilia*. Si l'on veut prendre la peine de comparer la description du *jungia* qu'on vient de lire, avec celle du *dumerilia* que nous avons exposée dans le tome XIII de ce Dictionnaire, page 555, on trouvera que tous les caractères vraiment génériques sont conformes dans les deux plantes comparées. La seule différence notable est que, suivant Linnæus fils, les calathides du *jungia* sont rassemblées en capitules involucrés, ce qui n'a pas lieu dans le *dumerilia*. Mais cette différence unique suffit-elle en général pour la distinction des genres ? et, dans le cas particulier dont il s'agit, n'est-elle pas plus apparente que réelle ? Dans notre article Composées ou Synanthérées, nous avons dit (tome X, page 158) que le capitule et l'involucre ne suffisoient pas pour établir des distinctions de genres. Cette proposition, ainsi énoncée, est peut-être un peu trop absolue, et nous pensons aujourd'hui qu'elle doit admettre quelques restrictions, mais seulement dans les cas où la disposition capitulaire est tellement régulière et symétrique, que le capitule, l'involucre et le calathiphore imitent parfaitement une calathide, un péricline et un clinanthe. Nous ne pensons pas que le *jungia* se trouve dans ce cas-là. La description de Linnæus fils nous dispose à croire que toutes les calathides portées par la panicule sont plus ou moins rapprochées ou entassées, sans symétrie ni régularité; que quelques calathides, plus rapprochées entre elles, forment de petits faisceaux que l'auteur a considérés mal à propos comme de vrais capitules bien distincts; et que le prétendu involucre, mal observé, est une fausse apparence, résultant de ce que chaque péricline est accompagné à sa base de quelques squames surnuméraires, tout comme dans le *dumerilia.*

Nous pourrions conclure de cette discussion que les deux genres doivent désormais être réunis; et comme le *jungia* est le plus ancien, il faudroit supprimer le *martrasia* ou *dumerilia.* Cependant la prudence semble exiger de conserver provisoirement les deux genres jusqu'à ce que la plante de Linnæus fils ait été retrouvée et observée de nouveau; ou plutôt il convient de considérer, dès à présent, le *martrasia* comme un sous-genre dépendant du genre *Jungia.*

Ce genre est dédié à la mémoire de Joachim Jung, né à Lubeck en 1587, mort à Hambourg en 1657, à l'âge de soixante-dix ans. Il professa la philosophie et les mathématiques, et écrivit deux petits ouvrages qui n'ont été publiés que vingt-deux ans après sa mort, mais qui le font considérer par M. du Petit-Thouars comme le vrai fondateur des méthodes de classification des plantes. Cependant le bel ouvrage de Césalpin avoit paru avant la naissance de Jung. ( H. Cass. )

JUNGLANG. (*Bot.*) Nom du *methonica* des Malabares à Java, suivant Burmann. (J.)

JUNIA. (*Bot.*) Nom donné par Adanson au *clethra* de Linnæus. (J.)

**JUNIFLADO.** (*Bot.*) Nom provençal des œillets sauvages, suivant Garidel. (J.)

**JUNI-PAPPACYMA.** (*Bot.*) Dans le Recueil des voyages par Th. Debry, il est dit que Lerio nomme ainsi un géni-payer, *genipa*. (J.)

**JUNIPERUS.** (*Bot.*) Nom latin du genre Genévrier. (L. D.)

**JUNON.** (*Entom.*) Le staphylin que Geoffroy a nommé ainsi, est un STÈNE de Fabricius. Voyez ce nom de genre et le mot BRACHÉLYTRES. (C. D.)

**JUNONIA AVIS.** (*Ornith.*) L'oiseau ainsi désigné par les anciens poëtes est le paon, consacré à Junon, *pavo cristatus*, Linn. (CH. D.)

**JUNONIA ROSA.** (*Bot.*) Pline donne ce nom au lis. (LEM.)

**JUNQUERINA.** (*Bot.*) Aux environs de Salamanque en Espagne, suivant Clusius, on nomme ainsi la chondrille, *chondrilla juncea*, que l'on emploie pour faire des balais. (J.)

**JUNSA.** (*Bot.*) La plante des iles Açores, et principalement de l'île Tercère, citée sous ce nom par Linscot, dont les graines, existant près des racines, ont la forme d'un pois et le goût de la pistache, paroît être l'*arachis* ou pistache de terre, plante légumineuse dont les gousses s'enfoncent dans la terre et y mûrissent. (J.)

**JUOIL.** (*Ichthyol.*) Du temps de Rondelet, dans le midi de la France on appeloit ainsi l'atherine Joël, *atherina hepsetus*. Voyez ATHÉRINE. (H. C.)

**JUPATIIMA** (*Mamm.*), nom d'une espèce de sarigue, au Brésil, dans l'intérieur des terres, suivant Pison. (F. C.)

**JUPICAÏ.** (*Bot.*) Au Brésil, on donne ce nom, suivant Pison, à une plante joncée, nommée maintenant *xyris indica*. (J.)

**JUPICANGA.** (*Bot.*) Pison cite cette plante du Brésil comme une espèce de squine. (J.)

**JUPITER** (*Chim.*), nom que les alchimistes donnoient à l'étain. (CH.)

**JUPITERFISH.** (*Ichthyol.*) Plusieurs voyageurs désignent sous ce nom la baleinoptère jubarte de M. de Lacépède. Voyez BALEINE. (DESM.)

**JUPUBA.** (*Ornith.*) Cette espèce de cassique est l'*oriolus hæmorrhous*, Linn. et Lath. (CH. D.)

JUPUJUBA. (*Ornith.*) Nom brésilien du cassique jaune ou yapou, *oriolus persicus*, Linn. Voyez Japu. (Ch. D.)

JUPUMBA. (*Bot.*) Nom spécifique, cité par Willdenow, d'un *acacia* de la province de Para, dans le Brésil. (J.)

JUQUERI. (*Bot.*) Nom brésilien d'une sensitive, suivant Pison. (J.)

JURAR. (*Ornith.*) Nom que les Italiens des environs du lac Majeur donnent au grèbe cornu, *colymbus cornutus*, Linn. (Ch. D.)

JURELLA (*Ichthyol.*), un des noms italiens de la girelle de la mer Méditerranée. Voyez Girelle. (H. C.)

JUREPEBA. (*Bot.*) Nom brésilien, cité par Pison et Marc-grave, d'une morille, *solanum paniculatum* de Linnæus. (J.)

JUREWERSCH. (*Ichthyol.*) Chez les Lettes, c'est le nom du cotte quatre-cornes. Voyez Cotte. (H. C.)

JURGENSCHWAMM. (*Bot.*) On donne en Allemagne ce nom et celui de *Weissling*, de même que la dénomination de *Mayschwamm*, à l'agaric Saint-George (*Agaricus Georgii*, Linn.), espèce de mousseron blanc selon Paulet, bonne à manger, d'après L'Écluse, Sterbeeck, C. Bauhin. Fries le regarde comme une variété de *l'agaricus emeticus*, et veut que ce soit *l'agaricus ochroleucus*, Pers. (Lem.)

JURI. (*Bot.*) Nom japonois du lis, suivant Kæmpfer. L'espèce commune, *lilium candidum*, est le *siro-juri*; le lis rouge ou bulbifère est le *oni-juri* ou *jamma-juri*, ainsi que le lis du Canada ; le lis pomponien est nommé *fime-juri*, et le *lilium japonicum* de Thunberg, *konnokko-juri* ou *korei-juri*. (J.)

JURIGHAS. (*Bot.*) Hermann cite sous ce nom un arbre de Ceilan dont le bois, dur et très-fort, y est employé pour la construction des maisons. Il n'ajoute rien à cette indication. (J.)

JURINÉE, *Jurinea*. (*Bot.*) [*Cinarocéphales*, Juss. = *Syngénésie polygamie égale*, Linn.] Ce nouveau genre de plantes, que nous proposons de consacrer à la mémoire du naturaliste Jurine, appartient à l'ordre des synanthérées, et à notre tribu naturelle des carduinées. Voici ses caractères.

Calathide incouronnée, équaliflore, multiflore, obringentiflore, androgyniflore. Péricline inférieur aux fleurs, formé de squames régulièrement imbriquées, appliquées, oblongues, coriaces : les intérieures inappendiculées ; les autres surmontées d'un appendice étalé, oblong ou subulé, foliacé, presque spinescent au sommet. Clinanthe planiuscule, hérissé de fimbrilles inégales, subulées, laminées. Fruits obovoïdes-oblongs, subtétragones, glabres, ridés ou striés ; aréole basilaire très-oblique, intérieure ; aréole apicilaire entourée d'un rebord crénelé, et portant pendant la fleuraison une cupule qui s'accroît beaucoup après la fleuraison, devient un corps épais, tubuleux, hémisphérique ou cylindracé, et se détache du fruit après sa maturité ; aigrette blanche, attachée autour de la partie basilaire externe de la cupule, composée de squamellules plurisériées, très-inégales, filiformes, barbellulées, les intérieures plus longues et un peu laminées. Corolles obringentes.

Nous connoissons deux espèces de *jurinea*, et nous avons tout lieu de croire qu'il en existe plusieurs autres, attribuées par les botanistes aux genres *Carduus* ou *Serratula*.

JURINÉE AILÉE : *Jurinea alata*, H. Cass. ; *Serratula alata*, Desf., Tabl. de l'éc. de bot. du Jard. du Roi, 2.ᵉ édit., pag. 108 ; *Serratula cyanoides ?* Gærtn., *De fruct. et sem. plant.*, tom. 2, pag. 379, tab. 162, fig. 4. C'est une plante herbacée, à racine vivace : sa tige, haute de trois pieds, est dressée, épaisse, cylindrique, striée, couverte de longs poils mous, couchés et grisâtres ; elle est ailée par la décurrence des feuilles, très-ramifiée, à branches étalées : les feuilles inférieures sont sessiles, décurrentes, longues d'environ un demi-pied, larges d'environ deux pouces et demi, glabriuscules en-dessus, garnies en-dessous de poils longs, mous, couchés, un peu entrelacés ; elles sont lyrées, ayant leur partie inférieure étroite, pinnatifide, à divisions arrondies, et leur partie supérieure large, ovale, entière : les feuilles supérieures sont graduellement plus petites, très-diverses, très-variables, ordinairement oblongues, un peu aiguës au sommet, sinuées sur les bords. Les calathides, larges d'un pouce et composées de fleurs purpurines, sont nombreuses et solitaires au sommet de longs rameaux pédonculiformes, grêles, nus, roides, disposés comme en panicules à l'extrémité de la tige et des branches ; le péricline est très-inférieur aux fleurs : les squames intérieures sont inappendiculées, entièrement appliquées, aiguës au sommet ; les autres sont surmontées d'un appendice foliacé, étalé, réfléchi, oblong, acuminé, subspinescent au sommet ; le clinanthe est planiuscule, peu épais, fimbrillé ; les fruits sont tétragones, très-ridés transversalement et hérissés d'excroissances cartilagineuses, squamiformes ou spiniformes. Nous avons étudié les caractères génériques et spécifiques de cette belle plante sur un individu vivant, cultivé au Jardin du Roi, où il fleurit au mois de juin, et où il est étiqueté *serratula alata ;* le même nom se trouve dans le Tableau de l'école de botanique, sans synonymie ni indication d'origine. Cette plante est probablement la *serratula cyanoides* de Gœrtner. Nous sommes disposé à croire que c'est aussi le *carduus cyanoides polyclonos* de Linnæus, le *carduus polyclonos* de Willdenow, la *serratula polyclonos* de M. De Candolle. Cependant notre description ne s'accorde pas entièrement avec celle des auteurs que nous venons de citer.

Jurinée cotonneuse : *Jurinea tomentosa*, H. Cass. ; *Carduus mollis ?* Marsch., *Fl. Taur. Cauc.* La tige est rameuse, épaisse, cylindrique, tomenteuse, grisâtre ; les feuilles sont alternes, pubescentes et grisâtres en-dessus, tomenteuses et blanches en-dessous : les inférieures longues de trois pouces et demi, larges de huit à neuf lignes, oblongues-lancéolées, étrécies en pétiole vers la base, tantôt entières, tantôt incisées latéralement ; les intermédiaires sessiles ou pétiolées, souvent oblongues, pinnatifides ; les supérieures petites, sessiles, linéaires-lancéolées, entières. Les calathides, hautes de neuf lignes et composées de fleurs de couleur rouge-amaranthe, sont solitaires au sommet de la tige et des rameaux, dont la partie inférieure, plus courte, est garnie de feuilles, et la supérieure longue, nue, pédonculiforme, grêle, droite, tomenteuse ; le péricline est inférieur aux fleurs, ovoïde, garni de poils longs, fins, entrecroisés, imitant la toile d'araignée ; les squames intérieures sont inappendiculées, les autres surmontées d'un appendice étalé, foliacé, subulé, à sommet très-aigu, presque spinescent ; le clinanthe est épais, charnu, un peu convexe, alvéolé, fimbrillifère ; les fruits sont striés longitudinalement, mais à peine ridés transversalement, et non hérissés d'excroissances. Nous avons étudié les caractères génériques et spécifiques de cette plante sur un individu vivant, cultivé au Jardin du Roi, où il fleurissoit au mois d'août, et où il étoit accompagné de cette étiquette : *Carduus mollis*, Marsch., Caucase, 4. Nous doutons si c'est le *carduus mollis* de Linnæus, ou son *carduus cyanoïdes monoclonos*. Cette seconde espèce de *jurinea* est bien distincte de la première par ses dimensions plus petites; sa tige peu ramifiée, point ailée; le coton blanc qui couvre la tige, les rameaux et le dessous des feuilles; les poils aranéeux qui garnissent le péricline, les calathides peu nombreuses, les fruits dépourvus d'excroissances, et par plusieurs autres caractères.

Notre genre *Jurinea* est intermédiaire entre le *carduus* et le *serratula*, et il participe de l'un et de l'autre : mais il diffère suffisamment de tous les deux. Dans les vrais *carduus*, les squames du péricline sont terminées par une épine manifeste; l'aréole basilaire du fruit est très-peu oblique; l'aréole apicilaire porte un plateau qui ne s'accroît point après la fleuraison et ne se détache point du fruit; mais ce plateau est ordinairement entouré d'un anneau adhérent à l'aigrette et se détachant avec elle. Dans les vraies *serratula*, les squames du péricline ne sont point surmontées d'un appendice foliacé; l'aréole apicilaire du fruit ne porte ni cupule, ni plateau, ni anneau; les corolles ne sont pas obringentes.

Comme la cupule pappifère constitue le caractère essentiel du genre *Jurinea*, il n'est pas inutile de la décrire ici de nouveau avec plus de détail que nous n'avons fait dans l'exposé des caractères génériques. Prenons d'abord pour exemple la *jurinea alata*. L'aréole apicilaire de l'ovaire est entourée d'un rebord saillant, crénelé; la base de l'aigrette est insérée entre ce rebord et la cupule, et elle est attachée autour de la partie basilaire externe de cette cupule; celle-ci s'élève entre l'aigrette et la corolle, sous la forme d'une couronne membraneuse ou cartilagineuse, denticulée, aussi haute que le rebord qui environne extérieurement l'aigrette; la base de la corolle est interposée entre la saillie circulaire de la cupule et le nectaire; enfin, le centre ou le fond de la cupule porte le nectaire situé en dedans de la corolle et surmonté du style auquel il sert de support. Après la fleuraison, la cupule s'accroit considérablement et change de forme; elle devient un corps épais, cartilagineux, vert, hémisphérique, plan en-dessus, convexe en-dessous, percé au centre d'un trou à travers lequel passe le nectaire sans y adhérer : ce corps finit par se détacher du fruit, sans quitter l'aigrette, qui lui reste adhérente. Dans la *jurinea tomentosa*, la cupule a la forme d'un plateau épais, un peu concave au sommet, qui porte la corolle et le nectaire, et débordant un peu la base de la corolle ; après la fleuraison cette cupule devient un corps épais, charnu, cylindracé, arrondi et concave au sommet, tubuleux intérieurement, et offrant du reste tous les mêmes caractères que dans l'autre espèce.

Gærtner avoit remarqué cette partie dans sa *Serratula cyanoides*, qui est probablement notre *jurinea alata* ; mais il l'a décrite fort incomplétement, et il paroît n'avoir pas bien connu sa nature et ses rapports. Ce botaniste désigne confusément, par les noms de *papilla*, d'*umbo*, de *tuberculum*, la petite aigrette intérieure de la plupart des centauriées, le plateau de beaucoup de carduinées, le nectaire persistant de plusieurs synanthérées, et la cupule des *jurinea*, sans distinguer, comme il convient, ces quatre parties, dont au moins les trois premières sont des organes très-différens, et qu'il n'a signalées que dans quelques espèces, où elles sont très-manifestes. Le cours de nos études sur les synanthérées nous a conduit à un examen plus scrupuleux et plus général des organes dont il s'agit, que nous avons soigneusement distingués dans notre quatrième Mémoire, lu à l'Académie des sciences le 11 Novembre 1816, et publié dans le Journal de physique de Juillet 1817. Cependant M. Richard, dans son Mémoire sur les calycérées ou boopidées, publié en 1820, a constamment confondu le plateau avec le nectaire des synanthérées ; et cette confusion est l'unique cause des erreurs qu'il a lui-même commises, en nous imputant des erreurs que nous avions su éviter par la distinction des deux parties.

La cupule des *jurinea* est certainement analogue au plateau et à l'anneau de plusieurs carduinées : mais il est difficile de décider à laquelle de ces deux parties il faut l'assimiler préférablement, parce qu'elle semble être d'une nature intermédiaire, offrant des ressemblances et des différences avec l'une et l'autre. Nous pensons que cette cupule est formée de la réunion intime du plateau et de l'anneau, qui, dans les *jurinea*, restent inséparables l'un de l'autre ; que la partie centrale correspondante au plateau est et demeure très-petite, tandis que la partie extérieure correspondante à l'anneau est grande et susceptible de s'accroître après la fleuraison ; qu'enfin cette partie extérieure, accrue, se détachant du fruit à la maturité, emporte avec elle la partie centrale non accrue et dont elle est inséparable. Dans les autres carduinées le plateau est au moins aussi saillant que l'anneau qui lui sert d'écorce : ces deux parties ne s'accroissent, ni l'une ni l'autre, après la fleuraison ; l'anneau, portant l'aigrette, se détache du plateau à la maturité. On trouvera une dissertation plus générale sur ce sujet dans un Mémoire que nous publierons bientôt sous le titre d'Observations sur les nectaires des synanthérées, des boopidées, des dipsacées, des valérianées et des campanulacées.

Les deux genres *Jurinea* et *Serratula* sont des carduinées, mais ils se rapprochent des centauriées par la très-grande obliquité de l'aréole basilaire du fruit : ils nous fournissent ainsi l'un des argumens par lesquels nous prouvons que le caractère distinctif assigné par M. De Candolle à la tribu des centauriées est insuffisant, et qu'il doit être fortifié par d'autres caractères que nous avons exposés, tome XX, page 558. Le genre *Crupina*, qui est une centauriée, quoique l'aréole basilaire de ses fruits ne soit point oblique, nous fournit un autre argument propre à compléter cette preuve. Voyez notre article CRUPINE, tome XII, page 67. (H. CASS.)

JURIOLA. (*Ichthyol.*) Suivant François Delaroche, on appelle ainsi la Trigle-Lyre à Iviça, où la chair de ce poisson est assez estimée. Voyez TRIGLE. (H. C.)

JURO. (*Bot.*) Le palmier gomuto des Malais, *gomutus* de Rumph, un de ceux dont on retire un suc changé en vin par la fermentation, est nommé *juro* chez les Macassars, et la liqueur extraite porte le nom de *ballo*. (J.)

JURUCO. (*Ornith.*) Nom espagnol du guépier, *merops apiaster*, Linn. (CH. D.)

JURUCUA. (*Erpétol.*) On trouve la tortue franche désignée sous ce nom brésilien dans quelques anciens auteurs. Voyez CHÉLONÉE. (H. C.)

JURUCUKU (*Erpétol.*), un des noms de pays du boa aboma. Voyez Boa. (H. C.)

JURUMU. (*Bot.*) Espèce de cucurbitacée du Brésil, mentionnée par Marcgrave, à feuilles rondes, à fruit orbiculaire, comprimé, dont la chair, de couleur de safran, a une saveur agréable. Les Portugais la nomment *bobora.* C'est peut-être la même que Nicolson nomme *jujuru* à Saint-Domingue. (J.)

JURURA. (*Erpétol.*) Ray a parlé, sous ce nom, d'une tortue du Brésil qui paroît être une tortue à boîte. Voyez Tortue. (H. C.)

JURUWA. (*Bot.*) Clusius, dans ses *Exotica,* cite sous ce nom un fruit plat, contourné en croissant, qui lui avoit été envoyé de l'Amérique méridionale. On le retrouve encore cité par le même et par J. Bauhin sous celui d'*orucaria.* Il appartient à l'arbrisseau nommé par Linnæus fils *pterocarpus lunatus,* lequel doit former un genre distinct, auquel on pourra conserver le nom d'*orucaria.* (J.)

JUSBAGUE. (*Bot.*) Voyez Japatri. (J.)

JUSÈLE. (*Ichthyol.*) Dans le Languedoc, on donne ce nom à la mendole, *sparus mœna,* Linn. Voyez Picarel. (H.C.)

JUSGLU (*Ichthyol.*), un des noms languedociens de la mendole. Voyez Picarel. (H. C.)

JUSIOUVO (*Bot.*), nom provençal du narcisse, suivant Garidel. (J.)

JUSQUIAME; *Hyoscyamus,* Linn. (*Bot.*) Genre de plantes dicotylédones, de la famille des *solanées,* Juss., et de la *pentandrie monogynie,* Linn. Ses principaux caractères sont les suivans : Calice monophylle, persistant, à cinq divisions; corolle monopétale, infundibuliforme, à tube court, et à limbe découpé obliquement en cinq lobes inégaux; cinq étamines à filamens inclinés et insérés à la base du tube de la corolle; un ovaire supérieur, ovale-arrondi, surmonté d'un style filiforme, terminé par un stigmate en tête; une capsule ovale, sillonnée de chaque côté, à deux loges polyspermes, et s'ouvrant en travers par un opercule en forme de couvercle.

Les jusquiames sont des plantes herbacées, à feuilles alternes, entières ou découpées, et à fleurs axillaires dans la partie

supérieure des tiges. On en connoit une douzaine d'espèces,
qui croissent naturellement en Europe ou dans le Levant.
Les trois suivantes se trouvent en France.

JUSQUIAME NOIRE; vulgairement HANNEBANE, POTELÉE : *Hyoscyamus niger*, Linn., *Spec.*, 257; Bull., Herb., t. 98. Sa racine
est épaisse, pivotante, annuelle; elle produit une tige cylindrique, rameuse, haute d'un pied et demi à deux pieds,
chargée, ainsi que les feuilles, de poils nombreux, doux
au toucher. Ses feuilles sont ovales-lancéolées, sinuées ou
découpées, d'un vert pâle; les radicales très-grandes et rétrécies en pétiole à leur base; les supérieures sessiles et amplexicaules. Ses fleurs sont assez grandes, jaunes, avec des
veines d'un pourpre foncé, sessiles dans les aisselles des
feuilles supérieures, et disposées à l'extrémité des tiges et des
rameaux en épis unilatéraux. Cette espèce est commune sur
les bords des chemins et dans les lieux incultes : elle fleurit
en juin et juillet.

Le nom françois jusquiame a été formé du mot latin *hyoscyamus*, qui lui-même diffère à peine d'υοςχυαμος, nom que
les Grecs donnoient à cette plante, et qui signifie fève de
porc, quoique son fruit ne ressemble en aucune manière à
une fève : aussi, s'il faut en croire Élien, ce n'est pas à cause
de la ressemblance de son fruit avec la fève que le nom
d'υοςχυαμος lui auroit été donné, mais à cause des convulsions souvent mortelles qu'elle produit chez les porcs qui en
mangent. Cependant quelques auteurs, et particulièrement
Haller, assurent au contraire que ces animaux, ainsi que les
chevaux, les moutons, les chèvres et les vaches, peuvent en
manger sans qu'il leur arrive du mal. D'autres noms donnés
à la jusquiame, et particulièrement celui de *hannebane*, altéré
de l'anglois *hen-bane*, et qui signifie poison pour les poules,
rappellent les dangereuses qualités de cette plante.

Les feuilles et toutes les parties de la jusquiame noire
ont, lorsqu'elles sont fraiches, une odeur fortement vireuse,
très-désagréable, qui annonce assez ses propriétés dangereuses;
mais, comme toutes les plantes dont l'action sur l'économie
animale est très-énergique, la jusquiame a tour à tour été
regardée par les uns comme un remède salutaire et bien-
faisant qui méritoit d'être employé dans plusieurs circons-

tances, et par les autres, comme un poison violent dont il falloit bien se garder de faire usage. Ce qu'il y a de certain, c'est que, si la jusquiame peut quelquefois être employée utilement, ce n'est jamais que lorsqu'elle est donnée avec beaucoup de prudence et à de foibles doses; tandis que, prise inconsidérément, elle ne peut être que très-dangereuse et causer les accidens les plus graves, la mort même. Les auteurs sont remplis d'histoires d'empoisonnement par les racines et les feuilles de jusquiame; nous n'en rapporterons que quelques-unes pour en donner une idée.

Un couvent tout entier fut empoisonné par des racines de jusquiame, mêlées par mégarde avec celles de chicorée sauvage préparées pour la collation des moines : des vertiges, l'altération de la vue, un délire bizarre, avec une ardeur extrême de la bouche et du gosier, furent les principaux phénomènes qu'éprouvèrent les moines, et celui qui en avoit le plus mangé resta dès-lors avec un affoiblissement considérable de la vue, qu'il avoit eue fort bonne auparavant.

Neuf personnes, ayant mangé des racines de jusquiame cuites dans du bouillon au lieu de panais, furent toutes saisies de convulsions très-violentes, et ne furent guéries que parce qu'on leur porta de prompts secours. Après que les accidens les plus graves furent passés, ces personnes éprouvèrent toutes, pendant quelque temps, une altération extraordinaire de la vision ; les objets leur paroissoient doubles ou teints d'une couleur rouge. Simon Paulli parle de paysans qui payèrent plus cher une semblable méprise : ils en moururent.

On trouve dans l'ancien Journal de médecine pour l'année 1756, qu'un cocher, ayant mangé en salade des feuilles de jusquiame noire qu'il prit pour du pissenlit, eut quelque temps après la tête embarrassée, la vue trouble, un grand engourdissement, une foiblesse extrême, etc. L'émétique le soulagea ; on lui fit boire beaucoup de lait, et il finit par se rétablir.

Les graines de la jusquiame peuvent causer des accidens analogues à ceux produits par les racines et les feuilles. Un homme tomba dans le délire pour en avoir pris deux gros: il fut sauvé par l'émétique. Haller rapporte qu'un jeune homme qui par degrés s'étoit accoutumé à manger une certaine quantité d'aconit, de baies de belladone, voulut essayer de prendre des graines de jusquiame : mais qu'alors il éprouva un délire auquel succéda un état d'hémiplégie dont il fut guéri par l'illustre Boerhaave.

Les émanations même de la jusquiame ne sont pas sans danger. Des hommes qui s'étoient endormis dans un grenier où l'on avoit répandu çà et là des racines de cette plante pour écarter les rats, se réveillèrent avec de la stupeur et de la céphalalgie, et l'un d'eux éprouva des vomissemens. Dans une autre circonstance, un jeune pharmacien ayant mis de la graine de jusquiame, renfermée dans du papier, sur un fourneau de sable chaud, et le papier ayant pris feu, la graine de jusquiame, en s'allumant aussi, remplit le laboratoire d'une fumée qui, bientôt après, occasiona à deux personnes qui étoient dans cet endroit, des vertiges, des vomissemens fréquens, du délire, etc.

La nature de cet ouvrage ne nous permettant pas de nous étendre longuement sur le traitement de l'empoisonnement causé par la jusquiame, nous nous contenterons d'indiquer sommairement ce qu'il y a de plus urgent à pratiquer en pareil cas. La première chose qu'il faut faire, si la substance vénéneuse n'a pas été prise depuis long-temps, c'est de donner l'émétique à forte dose, comme à quatre, cinq ou six grains, et même plus, afin de provoquer d'abondans vomissemens, et de faire rejeter les parties de la plante qui peuvent encore être dans l'estomac. On administre ensuite des boissons acidulées avec le vinaigre, le citron ; la saignée, surtout celle de la jugulaire, après que la substance vénéneuse a été rejetée, est utile, principalement quand le malade est d'un tempérament sanguin. Si l'on soupçonne que les matières délétères se trouvent dans les gros intestins, parce qu'il s'est déjà passé un certain temps depuis l'empoisonnement, on a recours à des lavemens purgatifs. Enfin, il est avantageux de tenir les malades chaudement, et de leur faire des frictions sèches sur les bras et les jambes.

Après avoir parlé des accidens graves que peut causer la jusquiame prise inconsidérément. il est juste de dire que plusieurs médecins célèbres ont su tirer parti de ses propriétés énergiques pour l'appliquer utilement au soulagement de plusieurs maladies. Clauderus le premier en a essayé l'usage contre la dyssenterie; Storck, ensuite, l'a employée avec succès contre les affections spasmodiques et convulsives; Stoll dit en avoir obtenu des effets avantageux dans la colique de plomb; Franck, dans l'hypocondrie; Gilibert, dans la paralysie, l'épilepsie, la manie, le squirre; et, enfin, Breinting a guéri, par son moyen, un tic douloureux qui avoit résisté pendant cinq mois à tous les moyens possibles. A l'intérieur on n'emploie guère que l'extrait de la plante, et il faut toujours commencer par en donner une très-petite dose, comme un demi-grain, et avec le temps on l'augmente à mesure que les malades s'y accoutument : il en est qui ont pu en prendre jusqu'à vingt et vingt-quatre grains. On s'est quelquefois servi des feuilles réduites en poudre; on peut les donner aux mêmes doses que l'extrait. Les graines sont peut-être encore plus énergiques et ont besoin d'être administrées avec plus de circonspection.

Au reste, quant à l'application utile de la jusquiame en médecine, il faut convenir que la plupart des maladies dans lesquelles l'emploi de cette plante a été avantageux, sont du nombre de celles où l'opium, dont les effets sont bien mieux connus, s'administre le plus souvent avec succès. On ne voit donc réellement aucun avantage qu'on puisse considérer comme particulier à la jusquiame, et qui soit dans le cas de balancer les dangers de son administration.

Nous avons déjà dit plus haut que plusieurs quadrupèdes herbivores pouvoient brouter impunément cette plante qui, à une certaine dose, seroit un poison mortel pour l'homme; on a remarqué que des moutons en mangèrent une grande quantité pendant plusieurs jours, sans qu'il leur arrivât le moindre accident. Les maquignons qui veulent engraisser et refaire des chevaux fatigués et amaigris, leur font prendre pendant quelque temps un peu de graine de jusquiame mêlée avec leur avoine : cela, dit-on, fait manger ces animaux avec plus d'appétit, les fait d'ailleurs dormir plus long-temps, et, enfin, les engraisse promptement.

Jusquiame blanche : *Hyoscyamus albus*, Linn., *Spec.*, 257; Bull., Herb., t. 99. Sa tige est haute d'un pied ou environ, peu rameuse, abondamment velue dans toutes ses parties, garnie dans toute sa longueur de feuilles ovales, pétiolées; les inférieures sinuées ou anguleuses, les supérieures très-entières. Les fleurs sont blanchâtres, sessiles, solitaires dans les aisselles des feuilles supérieures et disposées en un long épi unilatéral. Cette espèce croit dans les lieux incultes et sur les bords des champs, dans le midi de la France et de l'Europe.

La jusquiame blanche paroit partager toutes les propriétés de la noire; c'étoit particulièrement celle que les anciens employoient, et sous ce rapport son usage remonte à une très-haute antiquité, puisque cette plante faisoit déjà partie de la matière médicale d'Hippocrate. Les modernes, au contraire, se sont beaucoup moins servis de la jusquiame blanche que de la noire.

Jusquiame dorée; *Hyoscyamus aureus*, Linn., *Spec.*, 257. Ses tiges sont un peu grêles, foibles, hautes d'un pied ou environ, velues, garnies de feuilles éparses, pétiolées, arrondies, un peu en cœur à leur base, anguleuses et irrégulièrement dentées en leurs bords, presque glabres en-dessus, velues en-dessous. Ses fleurs sont axillaires et terminales, pédonculées, d'un beau jaune, avec le fond d'un pourpre noir; les filamens de leurs étamines sont violets. Cette plante croit dans le midi de la France et de l'Europe : elle est vivace. C'est la plus jolie espèce de ce genre; aussi la cultive-t-on dans quelques jardins. On la plante en pot dans le climat de Paris, et on la rentre dans l'orangerie pendant l'hiver. Par ses qualités médicinales, comme par ses propriétés vénéneuses, elle paroit tout-à-fait analogue aux deux précédentes, et en général toutes les jusquiames doivent être regardées comme narcotiques, propres à provoquer le délire et tous les accidens dont nous avons parlé en traitant de la jusquiame noire. A ce sujet, nous ne croyons pas devoir terminer cet article sans dire quelque chose de deux autres espèces, la jusquiame physaloïde (*hyoscyamus physaloides*, Linn.), et la jusquiame datora (*hyoscyamus datora*, Forsk.), dont on fait un usage fréquent dans l'Orient.

L'infusion des graines de la première, torréfiées comme le café, forme une boisson que quelques peuples de l'Asie orientale prennent avec plaisir. Cette liqueur leur donne de la gaieté, les plonge dans une sorte d'ivresse qui les fait, dit-on, parler avec tant d'abandon, qu'il est alors facile, en les interrogeant, d'obtenir la révélation de leurs pensées les plus secrètes. En Égypte on donne souvent aux enfans, pour les assoupir et les calmer, les graines de la jusquiame datora. Les hommes en font aussi quelquefois usage pour se procurer ce léger délire, cette rêverie apathique, qui plaisent tant aux Orientaux. M. Virey, dans un Mémoire sur le népenthès d'Homère, pense qu'on peut rapporter à cette jusquiame ce que dit Paul Jove d'une semence dont le sultan Sélim II se servoit pour échapper au sentiment des peines, des soucis qui l'accabloient sur le trône, et se procurer au moins quelques instans de bonheur. M. Virey croit aussi que cette même semence pouvoit être le principal ingrédient de ce bol qui, offert à Kæmpfer en Perse, dans un festin, le remplit d'une joie inexprimable, et lui procura des visions délicieuses sans lui causer aucun mal. (L. D.)

JUSQUIAME DU PÉROU. (*Bot.*) Un des noms vulgaires du tabac. (L. D.)

JUSSIÆA. (*Bot.*) Ce genre de Linnæus a été détaché par lui de l'onagre, *ænothera*, dont il ne diffère que par son calice, dont le limbe couronne immédiatement l'ovaire. Il a été nommé *jussia* par Adanson, *jussieva* par Schreber. Van Royen en faisoit un *ludwigia*, dont il diffère par le nombre des étamines double de celui des pétales. On trouve un autre *jussievia*, nommé ainsi par Houston, qui est maintenant le *jatropha* de Linnæus. Le *jussiæa affinis* de Lœfling, *jussiæa edulis* de Forskal, est l'*antichorus* de Linnæus, reporté aux tiliacées. (J.)

JUSSIE, *Jussiæa*. (*Bot.*) Genre de plantes dicotylédones, à fleurs complètes, polypétalées, régulières, de la famille des *onagraires*, de l'*octandrie monogynie* de Linnæus, très-voisin des *ænothera*, offrant pour caractère essentiel : Un calice supérieur, persistant, à quatre ou cinq folioles; quatre ou cinq pétales; huit ou dix étamines; un ovaire inférieur, alongé, chargé d'un style simple et d'un stigmate en tête, marqué de quatre ou cinq stries. Le fruit est une capsule oblongue, couronnée par le calice, à quatre ou cinq loges, contenant des semences nombreuses, très-petites, attachées en plusieurs rangs sur un placenta anguleux et central.

Ce genre, très-rapproché des onagres (*œnothera*), n'en est essentiellement distinct que par les folioles du calice persistantes au sommet des capsules. Le nombre de quatre à cinq, dans les divisions des parties de la fleur et du fruit, ne pourroit être employé comme caractère de genre. Les espèces sont presque toutes herbacées, à feuilles alternes, très-simples; les fleurs sont axillaires; plusieurs seroient dignes d'orner nos parterres par leur grandeur et leur couleur, mais la difficulté de leur culture les en éloigne. La plupart de ces plantes, dit M. Bosc, vivent dans les marais, et exigent par conséquent de la chaleur et de l'eau, circonstances difficiles à réunir dans les pays froids. On en cultive cependant quelques espèces dans les jardins de botanique. Leurs graines doivent être semées, aussitôt qu'elles sont mûres, dans des pots placés sur couche et sous châssis, et le plant qui en provient repiqué seul à seul dans d'autres pots, que l'on plonge dans des terrines pleines d'eau souvent renouvelée.

Jussie a grandes fleurs; *Jussiœa grandifolia*, Mich., *Fl. bor. Amer.*, 1, pag. 267. Cette espèce est une des plus belles de ce genre, distinguée par la grandeur de ses fleurs, assez semblables à celles de l'*œnothera biennis*. Ses racines sont cylindriques et rampantes; ses tiges herbacées, redressées, rameuses, couvertes de poils blanchâtres; les feuilles à peine pétiolées, entières, presque glabres; les inférieures spatulées, presque obtuses; les supérieures plus longues, lancéolées-aiguës, rétrécies en pétiole à leur base; les fleurs sessiles, axillaires, d'un beau jaune; l'ovaire et le calice velus; dix etamines. Cette plante a été découverte par Michaux dans la Caroline et dans les marécages de la Nouvelle-Géorgie. Elle est cultivée au Jardin du Roi.

Jussie du Pérou : *Jussiœa peruviana*, Linn.; *Onagro laurifolia*, etc., Feuill., *Peruv.*, 2, pag. 716, tab. 9. Cette plante ne le cède pas en beauté à la précédente : elle paroit être un arbrisseau dont la tige est droite, fistuleuse, remplie de moelle, haute d'environ six pieds; les feuilles sessiles, lancéolées, longues de quatre pouces; les fleurs grandes, jaunes, axillaires; les pédoncules plus longs que l'ovaire; le calice à cinq folioles ouvertes en étoile ; la corolle large d'un pouce et demi ; les pétales arrondis, un peu en cœur ; les capsules pentagones, rétrécies à leur base, longues d'un pouce. Cette plante croît au Pérou sur le bord des ruisseaux. Au rapport de Feuillée, ses feuilles, pilées et appliquées en cataplasmes, sont résolutives, émollientes, adoucissantes.

JUSSIE A TIGE DROITE : *Jussiæa erecta*, Linn., Lamk., *Ill. gen.*, tab. 280, fig. 2 ; Gærtn., *de Fruct.*, tab. 31 ; Burm. *in* Plum., *Amer.*, tab. 175, fig. 2 ; Seba, *Thes.*, 1, tab. 20, fig. 3. Sa racine est longue, un peu épaisse, en forme de navet ; sa tige haute de trois pieds, rameuse, anguleuse ; les feuilles alongées, lancéolées, vertes à leurs deux faces ; les pétioles rougeâtres ; les fleurs jaunes, petites, axillaires, presque sessiles, à quatre pétales de la longueur du calice ; les capsules un peu rétrécies vers leur sommet, longues d'un pouce. Cette plante croît, aux lieux humides, dans les Antilles, et près de Carthagène, dans l'Amérique méridionale. On la cultive au Jardin du Roi.

JUSSIE RAMPANTE : *Jussiæa repens*, Linn.; *Fl. Zeyl.*, *Nir-Carambu*, Rheed., *Hort. Malab.*, 2, tab. 51. Plante de l'Inde, qui croît aux lieux humides et aquatiques, à l'île de Java et au Malabar. Ses tiges sont glabres, herbacées, rampantes ; ses rameaux ascendans, garnis de feuilles pétiolées, spatulées, glabres, obtuses, entières; les pédoncules axillaires, solitaires, uniflores, un peu pileux ; le calice à cinq folioles étroites, aiguës ; cinq pétales jaunes, un peu plus grands que le calice ; dix étamines.

JUSSIE NAGEANTE ; *Jussiæa natans*, Humb. et Bonpl., *Pl. æquin.*, 1, tab. 3, fig. *b.* Cette espèce est très-remarquable, en ce qu'elle se soutient à la surface des eaux où elle croît, sans que jamais ses racines la fixent à la terre : elle a de grands rapports avec le *jussiæa repens*. Sa tige est cylindrique, longue de quatre à cinq pouces; ses feuilles pétiolées, glabres, ovales, dentées à leur moitié supérieure, pourvues, de chaque côté, de petits corps blancs, spongieux ; les pédoncules axillaires, uniflores, plus longs que les feuilles; le calice cunéiforme ; quatre ou cinq pétales blancs, avec une tache jaune à leur base ; huit à dix étamines; les capsules longues de six à sept lignes. Cette plante croît dans les étangs, à la Nouvelle-Grenade.

Jussie a feuilles de Sedum; *Jussiæa sedoides*, Humb. et Bonpl., *Pl. æquin.*, 1, tab. 3, fig. *a*. Dans cette espèce les racines s'enfoncent dans l'eau, et se divisent en fibres nombreuses, capillaires. Sa tige est droite. simple ou bifurquée, longue de quatre à six pouces; les feuilles étalées en rosettes à la surface de l'eau, un peu charnues, spatulées, longues de quatre lignes, pétiolées; le calice quadrangulaire, coloré. à quatre folioles lancéolées; la corolle d'un beau jaune; à la base de chaque pétale une tache écarlate; l'onglet inséré sur un petit tubercule ovale; huit étamines, les alternes plus courtes; les plus grandes portées sur de petits tubercules charnus et pileux; les capsules plus longues que les feuilles. Cette plante croît à la surface des eaux. dans l'Amérique méridionale, où elle a été découverte par MM. Humboldt et Bonpland.

Jussie a huit nervures: *Jussiæa octonervia*, Lamk., *Ill. gen.*, tab. 280, fig. 1; *Jussiæa octovalvis*, Linn.. Jacq., *Amer.*, tab. 70; Burm. *in* Plum.. tab. 175, fig. 1. Ses tiges sont longues de trois à quatre pieds. garnies de feuilles glabres, lancéolées, un peu étroites. Les fleurs sont jaunes, assez grandes, composées de quatre pétales légèrement échancrés; les capsules longues d'un pouce et demi, un peu pédonculées, à quatre et non à huit valves, comme paroît l'indiquer le nom spécifique de Linnæus, mais munies de huit nerfs. deux sur chaque valve; le parenchyme interposé entre chaque nerf des valves se dessèche, tombe, et laisse les huit nerfs presque nus. Cette plante croît aux Antilles.

Jussie a feuilles étroites : *Jussiæa angustifolia*, Lamk., *Ill. gen.*, tab. 280, fig. 3; *Jussiæa fruticosa*, Gærtn.. *de Fruct.*, tab. 31; *Jussiæa exaltata*, Andr., *Bot. répos.*. tab. 621. Plante de l'île de Java et des Moluques. dont la tige est droite, herbacée, un peu anguleuse, à peine rameuse. Les feuilles sont à peine pétiolées. étroites. linéaires-lancéolées. entières, vertes, presque glabres : le calice composé de quatre folioles : quatre pétales arrondis, une fois plus longs que le calice : les capsules glabres, striées, longues de deux pouces, portées sur des pédoncules courts. ( Poir. )

JUSSIEVIA. ( *Bot.* ) Le genre que Houston désignoit sous ce nom est le *jatropha* de Linnæus. ( J. )

JUSTER. (*Ichthyol.*) En Prusse, on donne ce nom à la bordelière, *cyprinus latus*, Gm. Voyez Brême, dans le Supplément du 5.ᵉ volume de ce Dictionnaire. (H. C.)

JUSTICIA. (*Bot.*) Ce nom de Justi, botaniste peu connu, avoit été d'abord donné par Houston à deux plantes très-voisines de l'*adhatoda* de Tournefort, et qui en diffèrent seulement par la forme arrondie de la capsule et par sa déhiscence. Linnæus, ne voulant pas conserver le nom d'*adhatoda*, reporta toutes les espèces de ce genre au *justicia*, et en ajouta un grand nombre de nouvelles. Ce dernier nom, généralement adopté et consacré par un long usage, ne peut plus être changé. Cependant il a été reconnu que les *justicia* de Houston et plusieurs autres offroient dans le caractère de la capsule des signes suffisans pour en former un genre; mais, comme c'est le plus petit nombre, on n'a pu restituer à ces plantes le nom de *justicia*, appartenant au grand genre, ni leur donner celui d'*adhatoda*, sous lequel d'autres sont déjà connues. On a été forcé de donner au nouveau genre celui de *dicliptera*, tiré de la structure du fruit. (J.)

JUSTINE. (*Entom.*) Nom vulgaire donné par Geoffroy à la libellule la plus commune, espèce du genre Demoiselle, *libellula vulgatissima*. (C. D.)

JUTAY (*Bot.*), nom indien du tamarin. (J.)

JUU (*Bot.*), nom japonois d'une variété d'oranger, selon Kæmpfer. (J.)

JUWB. (*Bot.*) L'arbre de ce nom, mentionné par Clusius, est un lentisque, selon C. Bauhin et Mentzel. (J.)

JYA. (*Mamm.*) Voyez Jiya. (F. C.)

JYAVAOA. (*Bot.*) Vaillant, dans son herbier, cite, d'après Surian, ce nom caraïbe pour un arbrisseau des Antilles, qui est le gratgal, *randia aculeata*. (J.)

JYNX. (*Ornith.*) Voyez Yunx. (Ch. D.)

# K

KA. (*Ornith.*) Les Belges, les Hollandois et les Frisons donnent ce nom et ceux de *kaw*, *cau*, *chau*, au choucas ou petite corneille des clochers, *corvus monedula*, Linn. Le même oiseau est appelé, en Norwége, *kaa*, *kaie*; en Illyrie et en Pologne, *kawka*, *kawa*; en Écosse, *kae*; en Saxe, *kayke*, *kaeyke*; en Suède, *kaja*. (Cн. **D.**)

KA, KIA, NASSUBI. (*Bot.*) Suivant Kæmpfer et M. Thunberg, le *solanum æthiopicum*, espèce de morelle, est ainsi nommé au Japon, où l'on mange son fruit dans divers apprêts, comme la tomate. (**J.**)

KAABE (*Mamm.*), nom norwégien du phoque commun, ou veau marin. (**F. C.**)

KAACHIN. (*Ornith.*) Nom kamtschadal d'un canard que les Russes appellent *tcherneri*, les Koriaques *aingagal* et les Kourils *iaitchir*, mais dont l'espèce n'est pas autrement déterminée dans le Vocabulaire de Krascheninnikow, tom. 2, p. 505 du Voyage en Sibérie de l'abbé Chappe. (Cн. **D.**)

KAAD. (*Bot.*) Nom arabe du *cacalia pendula* de l'orskal, dont la tige, échauffée sur des charbons ardens, laisse écouler un suc employé dans l'Arabie pour les douleurs d'oreille. (**J.**)

KAADSI, KANSI. (*Bot.*) Noms japonois du mûrier à papier, suivant Kæmpfer. Le mûrier blanc est nommé *kaadsi-kadsura* et *kago-kadsura*. (**J.**)

KAANSIA, SATTO-DAKE. (*Bot.*) Noms japonois de la canne à sucre, suivant Kæmpfer. (**J.**)

KAAPS. (*Bot.*) Nom indien de l'*hebenstretia*, d'après Vaillant, cité par Adanson. (**J.**)

KAAP-VOGELS. (*Ornith.*) Dapper dit, p. 385 de sa Description de l'Afrique, en citant le Voyage des Indes par Jacob Van Nek, que ces oiseaux de la basse Éthiopie sont des espèces de *mouettes* dont le ventre est blanc et le dos bleu. (Cн. **D.**)

KAARSAAK. (*Ornith.*) Cet oiseau qui, suivant l'Histoire générale des Voyages, tom. 29, p. 45, est aussi appelé *oiseau d'été*, à cause de l'époque à laquelle il se montre au Groënland, est regardé, dans ce pays, comme annonçant la pluie ou le beau temps, selon que le son de sa voix est rauque et rapide, ou doux et prolongé. Buffon le rapporte au grand grèbe ou grèbe de Cayenne, n.° 404, f. 1, de ses planches enluminées; et Sonnini indique, comme synonyme, le *colymbus cayennensis*, Gmel., et le *podiceps cayanus*, Lath.; mais tandis que (suivant Othon Fabricius, *Fauna Groenlandica*, n.° 61) le kaarsaak est le *colymbus septentrionalis*, Linn., Muller (*Zoologiæ Danicæ Prodromus*, n.° 162) cite le kaarsaak au nombre des synonymes de son *larus canus*, ou grande mouette cendrée de Buffon, et les légères différences de l'orthographe de ces noms ne semblent pas indiquer des espèces diverses. (Ch. D.)

KAAS (*Mamm.*), nom du bélier, en Norvège. (F.C.)

KAAT. (*Bot.*) Voyez Khaath. (J.)

KAATE. (*Bot.*) L'arbre de l'Inde ainsi nommé par Linscot et cité par C. Bauhin, sert, selon ce voyageur, à faire des pastilles que les Indiens mâchent habituellement comme le bétel. On peut croire que c'est l'*acacia catechu* ou arbre *cate* dont on extrait le *catechu* ou suc de cate, qui est le cachou que l'on mâche en effet pour se parfumer la bouche et pour redonner du ton à l'estomac et aux intestins. (J.)

KAATH. (*Ornith.*) Ce nom hébreu est appliqué par les uns au coucou, par d'autres à un plongeon; et Gesner le rapporte en un endroit à la huppe, dans un autre à la spatule. (Ch. D.)

KABAN (*Mamm.*), nom russe du cochon domestique qui a été soumis à la castration. (F. C.)

KABAR. (*Bot.*) Voyez Kappar, Chardel. (J.)

KABARGA, KABENDA. (*Mamm.*) Dans quelques parties de la Russie, on donne ces noms à l'animal du musc. (F. C.)

KABASSOU. (*Mamm.*) Nom que l'on donne, suivant Barrère, dans l'île de Cayenne, à un tatou. Buffon a appliqué ce nom à son tatou à douze bandes. (F. C.)

KABBELJAU. (*Ichthyol.*) Voyez Cabéliau. (H. C.)

KABBOS. (*Ichthyol.*) Ray dit que ce nom est celui d'un poisson des Indes encore peu connu. Ruysch, dans sa Collection des poissons d'Amboine, assure qu'il s'applique à cinq espèces différentes. (H. C.)

KABEL. (*Ornith.*) C'est ainsi que les Frisons nomment la petite mouette cendrée, *larus cinerarius*, Linn. (Ch. D.)

KABELAAW. (*Ichthyol.*) Ruysch parle, sous ce nom, d'un gade des mers de l'Inde, que les habitans d'Amboine mangent et salent comme notre morue. (H. C.)

KABÉLIAU et KABILEAU. (*Ichthyol.*) Voyez Cabéliau. (H. C.)

KABO (*Mamm.*), nom arabe de la hyène rayée, selon Rasis. (F. C.)

KABOLOSSA (*Bot.*), nom du *smilax zeylanica* à Ceilan, suivant Burmann. (J.)

KABU et KABUNA. (*Bot.*) Ces noms, ainsi que ceux de *Busei* et *Aona*, désignent la grosse rave, *brassica rapa*, au Japon, suivant Thunberg et Kæmpfer. (Lem.)

KACALO. (*Bot.*) Voyez Cardumeni. (J.)

KACHCHI JEZICACH. (*Bot.*) Les habitans de la Croatie donnent ce nom, qui signifie herbe du serpent, a l'œil de bœuf, *buphthalmum* de Tournefort, *anthemis tinctoria* de Linnæus, que l'on emploie dans ce pays comme vulnéraire en application sur les plaies. C'est le *okor zom* des Hongrois. (J.)

KACHERYGNY (*Bot.*), nom du mongo, *phaseolus mungo*, Linn., en Egypte, aux environs de Philos. (Lem.)

KACHICAME. (*Mamm.*) Voyez Cachicame. (F. C.)

KACHIN. (*Conchyl.*) Adanson, Sénég., p. 187, pl. 12, décrit et figure, sous ce nom, une espèce de toupie, que Gmelin a nommée *trochus pantherinus*. (De B.)

KACHO. (*Ichthyol.*) Au Kamtschatka, suivant quelques voyageurs, on nomme ainsi un poisson qui fournit aux habitans de ce pays des mets fort estimés par eux, et qui paroit être un squale. Son dos est noir et son ventre blanc. Ses dents sont semblables à des crocs de chien. ( H. C.)

KACHOUÉ (*Ichthyol.*), nom égyptien d'un Mormyre. Voyez ce mot. (H. C.)

KACHTELONG (*Ornith.*), nom générique du canard, au Groenland. (Ch. D.)

KACIR. (*Ornith.*) Un des noms arabes de la phène ou gypaëte des Alpes, *phœne ossifraga*, Savig. : *vultur barbatus*, Linn. (Ch. D.)

KACPIRE. (*Bot.*) Voyez Caquepire. (J.)

KACZA (*Ornith.*), nom polonois de la foulque, *fulica atra*, (Ch. D.)

KACZIER (*Ornith.*), nom générique du canard, en Illyrie. (Ch. D.)

KACZKA. (*Ornith.*) On nomme ainsi les canards en Pologne, où le canard sauvage est appelé *kaczka-dziza*, et la bernache *kaczka-drzewna*. (Ch. D.)

KADA-KANDEL. (*Bot.*) L'arbrisseau du Malabar ainsi nommé par Rhéede, paroit avoir beaucoup d'affinité avec le lagetto ou bois à dentelles, rangé parmi les thymelées. (J.)

KADALI. (*Bot.*) Nom malabare du *melastoma malabathrica* qui est aussi le *naqueri* des Brames, le *katapinake* de Ceilan, le *craye-bessen* des Belges. Adanson nomme aussi *kadali* le genre *Osbeckia* de Linnæus, appartenant à la même famille. (J.)

KADANAKU (*Bot.*), nom malabare de l'*aloe perfoliata vera*, cité par Rhéede. (J.)

KADE-CANNY (*Bot.*), nom du millet dans la langue tamoul, suivant M. Leschenault. (J.)

KADEHOU (*Bot.*), nom brame du *polypodium quercifolium*, cité par Rhèede. (J.)

KADELEE. (*Bot.*) Voyez Cadelium. (J.)

KADENACO. (*Bot.*) Voyez Cadenaco. (Lem.)

KADEN-PULLU (*Bot.*), nom du *scleria lithosperma* de Willdenow à Ceilan. (J.)

KADERANBES. (*Bot.*) Suivant M. Delile, on donne ce nom au *solanum coagulans* de Forskal, dans quelques lieux de l'Egypte. (J.)

KADH (*Bot.*), nom égyptien du *medicago arborea*, suivant Forskal. (J.)

KADHAB (*Bot.*), nom arabe, suivant Forskal, de son *cadaba rotundifolia*, dont Vahl fait son genre *Strömia*. (J.)

KADHUPARA. (*Bot.*) A Ceilan on donne ce nom, suivant Linnæus, au *cacalia sonchifolia* et à l'*urena sinuata*, deux plantes de familles très-différentes. (J.)

KADI. (*Bot.*) Nom arabe du *cadia* de Forskal dans la famille des légumineuses. Il cite un autre *kadi* qui est le même que son genre *keura*. (J.)

KADIRA-PULLU (*Bot.*), nom qu'on donne au Malabar à une espèce de scirpe, probablement le *scirpus corymbosus*, Linn. (Lem.)

KADSURA. (*Bot.*) Genre de plantes dicotylédones, à fleurs complètes, polypétalées, régulières, de la famille des *anonées*, de la *polyandrie polygynie* de Linnæus, offrant pour caractère essentiel : Un calice à trois divisions; six pétales ovales; un grand nombre d'étamines insérées sur le réceptacle: des ovaires nombreux, placés sur un réceptacle charnu, ovale ou globuleux, qui s'agrandit et porte trente à quarante baies sessiles, uniloculaires, à deux semences très-rapprochées.

Ce genre, placé d'abord parmi les *uvaria* (canang), en a été retiré par M. de Jussieu; il en diffère par ses baies sessiles, constituant un seul fruit , ainsi que par le nombre de ses semences. Il est , jusqu'à présent, borné à une seule espèce.

Kadsura du Japon : *Kadsura japonica*, Dunal, *Monogr. annon.*, pag. 57; Kæmpf., *Amœn.*, tab. 477; et *Hist. jap.*, 458, **Icon.** Arbrisseau de médiocre grandeur, rameux, tombant, verruqueux, de couleur brune, revêtu d'une écorce visqueuse et charnue. Ses feuilles sont alternes, médiocrement pétiolées, ovales-lancéolées, aiguës à leurs deux extrémités, glabres, un peu épaisses, dentées en scie, quelquefois légèrement ondulées à leurs bords; les pétioles d'un pourpre rougeâtre : les fleurs sont solitaires, peu nombreuses, soutenues par des pédoncules alternes, presque opposés aux feuilles, longs d'un pouce et demi, uniflores, inclinés après la floraison ; la corolle blanche, composée de six pétales. Le fruit consiste en trente ou quarante baies sessiles, ramassées sur un réceptacle charnu, commun et globuleux, rouges dans leur maturité, presque semblables à des grains de raisins, dont la pulpe succulente est couverte d'une peau mince. Cette plante croît au Japon. (Poir.)

KADTU-NELLI (*Bot.*), nom en langue tamoule du *philanthus racemosus.* (Lem.)

KAE. (*Ornith.*) Voyez Ka. (Ch. **D.**)

KÆDDAD (*Bot.*), nom égyptien du *prenanthes spinosa* de Forskal. Il est aussi nommé *zaggouah*, suivant M. Delile. (J.)

KÆHBLI (*Bot.*), nom égyptien du souci des jardins, suivant Forskal. (J.)

KÆJAN (*Bot.*), nom arabe du jasmin ordinaire, suivant Forskal. (J.)

KÆJSAMAN (*Bot.*), nom arabe du *dianthera odora* de Forskal. (J.)

KÆKURIA, KÆKURIAGHAHA. (*Bot.*) Burmann dit que l'arbre qui porte ces noms à Ceilan , est celui d'où découle l'elemi ; ce qui fait croire que c'est un *amyris.* (J.)

KÆLAH (*Bot.*), nom arabe de l'*euphorbia antiquorum*, suivant Forskal qui dit avoir été surpris de voir les chevaux manger cette plante après qu'on l'avoit fait cuire dans une fosse creusée en terre. (J.)

KÆMPFERA. (*Bot.*) La plante que Houston nommoit ainsi

est devenue le *verbena curassavica* de Linnæus, que Swartz, dans ses *Observationes*, a réuni plus récemment au genre *Tamonea* dans la même famille. Linnæus a un autre *kœmpferia*, qui est une amomée. (J.)

KÆMPFÉRIE ou ZÉDOAIRE, *Kœmpferia*. (*Bot.*) Genre de plantes monocotylédones, à fleurs monopétalées, irrégulières, de la famille des *amomées*, de la *monandrie monogynie* de Linnæus, offrant pour caractère essentiel : Un calice d'une seule pièce, tubuleux, s'ouvrant obliquement au sommet ; une corolle monopétale, à double limbe : l'extérieur à trois découpures presque égales ; le limbe intérieur irrégulier, à quatre découpures, une droite, étroite, soutenant une anthère, trois autres découpures très-larges, ouvertes, celle du milieu bifide ; une anthère à deux lobes séparés ; un ovaire inférieur ; un style de la longueur du tube, terminé par un stigmate à deux lames. Le fruit est une capsule arrondie, à trois loges, à trois valves, renfermant plusieurs semences.

Ce genre diffère des *curcuma* et des *maranta* par la forme de ses fleurs, par leur disposition et par le port des espèces, les fleurs n'étant ni paniculées, comme celles des *maranta* (Voyez GALANGA), ni en épis, comme dans les *curcuma*, mais solitaires, sans tiges, sortant immédiatement des racines.

Quelques espèces de *kœmpferia* sont cultivées en Europe : elles exigent la serre-chaude toute l'année ; il leur faut une terre à demi substantielle, des arrosemens fréquens en été. Leur multiplication s'opère par la séparation des rejetons qu'elles poussent du collet de leurs racines, et qui, placés dans des pots sur une couche à châssis, ne tardent pas à reprendre, et deviennent des pieds dès l'année suivante. Leurs racines odorantes sont d'usage en médecine ; il en est même que l'on mange dans leur pays natal, après les avoir fait confire dans du sucre.

KÆMPFÉRIE RONDE : *Kœmpferia rotunda*, Linn., *Fl. Zeyl.*; Lamk., *Ill. gen.*, tab. 1, fig. 2; *Botan. Magaz.*, tab. 920; *Malankua*, Rhèede, *Hort. Malab.*, 11, tab. 9. Ses racines sont composées de bulbes ovales, arrondies, lisses, fibreuses, quelquefois deux à deux, blanches en dedans, de couleur cendrée en dehors ; les feuilles, toutes radicales, sont longues de sept à huit pouces, lancéolées, aiguës, s'embrassant les unes les autres, par une base rétrécie en un pétiole vaginal. Les fleurs sortent d'une spathe bifide et radicale ; leur corolle est bleue ; quelquefois mélangée de rose, de pourpre et de blanc, d'une odeur très-agréable, approchant de celle de la violette. Cette plante croît à l'île de Ceilan et dans les Indes orientales.

Dans quelques contrées, on fait confire au sucre la racine encore verte de cette plante ; on en fait usage comme du gingembre. Distillée avec l'eau commune, toute la plante fournit une huile essentielle, dense, épaisse, qui se fige et prend la forme du camphre le plus fin ; elle est bonne, dit-on, contre les poisons et la morsure des animaux venimeux. Ses racines, ainsi que toutes les autres parties de la plante, sont très-odorantes. On assure qu'elles sont sudorifiques, qu'elles chassent les vers, fortifient l'estomac, arrêtent le vomissement, et raniment la circulation du sang ; qu'elles sont très-utiles dans les maladies scorbutiques, dans les affections qui tendent à l'apoplexie et à la paralysie. On en fait usage en mêlant leur poudre avec celles de l'*acorus*, de la cannelle, etc., auxquelles on ajoute du sucre.

KÆMPFÉRIE GALANGA : *Kœmpferia galanga*, Linn., *Fl. Zeyl.*; Lamk., *Ill. gen.*, tab. 1, fig. 1 ; *Sonchorus*, Rumph. *Amboin.*, 5, tab. 69 ; *Botan. Magaz.*, tab. 850, pag. 2 ; *Katsjula kelangu*, Rhéede, *Hort. Malab.*, 11, tab. 41. Les bulbes de ses racines sont charnues, blanchâtres, longues de quatre à cinq pouces, exhalant une forte odeur de gingembre : elles produisent des feuilles toutes radicales, ovales, un peu arrondies, épaisses, charnues, terminées par une petite pointe recourbée. Du collet des racines s'élèvent une ou plusieurs fleurs enveloppées, à leur base, par des feuilles blanches ; la corolle souvent d'un pourpre éclatant dans son centre ; ses divisions sont si tendres, qu'elles se détruisent au moindre contact ; l'odeur qui s'en exhale est la même que celle des racines. Cette espèce est cultivée au Jardin du Roi ; elle est originaire des Indes orientales ; on fait, en médecine, un grand usage de ses racines, comme carminatives et sudorifiques.

KÆMPFÉRIE A FEUILLES ÉTROITES : *Kœmpferia angustifolia*, Willd., *Enum.*; Ait., *Hort. Kew.*, ed. nov., pag. 8. Cette plante, rapprochée par sa corolle du *kœmpferia galanga*, en diffère par son tube droit, très-alongé, une fois plus long que le limbe qui est blanc; la lèvre d'un bleu-violet; les feuilles plus étroites, plus alongées, ondulées à leur bord; la spathe ne produit qu'une seule fleur. Cette plante est cultivée dans plusieurs jardins de botanique.

Kæmpférie a grandes feuilles : *Kæmpferia longa*, Jacq., *Schœnbr.*, 2, tab. 317; Redouté, Liliac., 1, tab. 49. Espèce que l'odeur douce et agréable qui s'exhale de ses fleurs, rend précieuse aux amateurs des jardins. Ses racines sont composées de cinq à six tubercules oblongs, épais, charnus; les feuilles naissent immédiatement de ces tubercules; elles sont roulées les unes sur les autres, comme dans le balisier, fort grandes, ovales-oblongues, un peu aiguës, tachetées de rouge en dehors, les fleurs sont réunies, au nombre de cinq à sept, en un seul faisceau; elles se développent successivement : la spathe qui les entoure est rougeâtre; la corolle munie d'un tube grêle, évasé en un double limbe d'un beau blanc, un peu rougeâtre au sommet des divisions. Cette plante fleurit au printemps dans la serre chaude : elle est originaire des Indes orientales. (Poir.)

KÆPPETYA. (*Bot.*) Voyez Cappathya. (J.)

KÆRAKOKU. (*Bot.*) La fougère de ce nom, à Ceilan, citée par Hermann, a été regardée par Linnæus comme la même que celle figurée par Burmann père, dans son *Fl. Zeyl.* t. 46, sans fructification. Son fils la prenoit pour un polypode, Swartz en faisoit un osmonde; et finalement Willdenow paroît avoir eu raison de la ramener à son genre *Lomaria*, sous le nom de *lomaria scandens*. (J.)

KAERIS ou KAURIS (*Conchyl.*), noms probablement de pays, que l'on donne communément à une petite espèce de porcelaine, qui se trouve aux Maldives, et qui sert de monnoie sur la côte de Guinée, d'où Linnæus l'a désignée par la dénomination de *cypraea moneta*. Voyez Porcelaine. (De B.)

KAERRAK (*Ornith.*), nom groenlandois du petit guillemot, *alca alle*. Linn. (Ch. D.)

KAERTLUTOK (*Ornith.*), nom groenlandois du canard domestique, *anas domestica*. Linn. (Ch. D.)

KAERTLUTOKPIARSUK. (*Ornith.*) On appelle ainsi, au Groenland, le canard garrot, *anas clangula*. Linn., dont le nom est aussi écrit *kærtlutorpiarsuk* dans le *Fauna Groenlandica* d'Othon Fabricius, n.° 43. (Cʜ. D.)

KÆRUAN. (*Bot.*) Nom arabe d'une plante composée dont Forskal avoit fait son genre *Ceruana*, et que Vahl a réunie au *buphthalmum*. (J.)

KÆSCH. (*Bot.*) Voyez Kᴇʀᴀɴɴᴀ. (J.)

KAEUTZLEIN. (*Ornith.*) Un des noms que, suivant Rzaczynski, on donne, en Allemagne, à la hulotte, *strix ulula*, Linn. (Cʜ. D.)

KAEYKE (*Ornith.*), nom saxon du choucas, *corvus monedula*, Linn. (Cʜ. D.)

KAFAL. (*Bot.*) Voyez Kᴀᴛᴀғ. (J.)

KAF-MARJAM. (*Bot.*) Ce nom arabe, qui signifie main de Marie, est donné, suivant Forskal, à l'*anastatica hierochuntica*, nommé vulgairement rose de Jéricho, parce que les rameaux de cette petite plante détachée de terre se rapprochent en se desséchant, et présentent alors à peu près la forme d'une fleur de rose. L'humidité produit leur écartement, ce qui fait que l'on pourroit en former un espèce d'hygromètre. Par un usage superstitieux, les femmes de l'Arabie, prêtes à accoucher, la mettent dans l'eau, pour deviner, d'après le temps qu'elle mettra à s'ouvrir, si leur accouchement sera prompt ou tardif. (J.)

KAFTAAR (*Mamm.*), nom persan de la hyène, suivant Kæmpfer. (F. C.)

KAGADO D'AGOA. (*Erpétol.*) A la Nouvelle-Espagne, on donne ce nom à une espèce de tortue terrestre. (H. C.)

KAGADO DE TERRA (*Erpétol.*), nom portugais d'une tortue du Brésil. (H. C.)

KAGAOUCÉ. (*Ornith.*) Ce nom est appliqué au cygne, dans le Vocabulaire de la langue chipiouyane, p. 3o5 du I.ᵉʳ vol. des Voyages de Mackenzie dans l'intérieur de l'Amérique septentrionale. (Cʜ. D.)

KAGENECKIA. (*Bot.*) Les auteurs de la Flore du Pérou ont établi, sous ce nom, un genre particulier pour des arbres qu'ils ont observés dans ce pays. Ce genre appartient à la *polygamie monoécie* de Linnæus. Le caractère essentiel consiste dans des fleurs polygames, les unes hermaphrodites, les autres mâles, sur des pieds séparés. Les hermaphrodites offrent un calice campanulé, à cinq découpures ovales, réfléchies; une corolle à cinq pétales ovales, concaves, échancrés, caducs, insérés aux découpures du calice; seize à vingt étamines; les filamens très-courts; les anthères en cœur, stériles; cinq ovaires; autant de styles, droits, courts et subulés; les stigmates peltés et déchirés. Le fruit consiste en cinq capsules supérieures, en forme de sabot, étalées en rayons divergens, à une seule loge, s'ouvrant longitudinalement, contenant plusieurs semences parallèles, surmontées d'une aile membraneuse. Dans les fleurs mâles, il n'y a point d'ovaires; les filamens des étamines sont presque aussi longs que les pétales, insérés à l'orifice du calice; les anthères fertiles, en cœur, à deux loges; s'ouvrant de chaque côté longitudinalement. (Ruiz et Pav., *Prodr. Fl. Per.*, p. 145, tab. 37.) Les auteurs de ce genre n'en ont encore mentionné que deux espèces, mais sans description.

KAGENECKIA OBLONG : *Kageneckia oblonga*, Ruiz et Pav., *Syst. veget. Fl. Per.*, 1, pag. 289. Arbre qui croît au Chili, sur les collines, dont le tronc s'élève à la hauteur de trente-six pieds, peu garni de feuilles; celles-ci sont oblongues, dentées en scie; les dentelures obtuses.

KAGENECKIA LANCÉOLÉ ; *Kageneckia lanceolata*, Ruiz et Pav., *Syst.*, l. c. Cet arbre est presque de moitié plus petit que le précédent; il ne parvient qu'à dix-huit ou vingt-pieds; ses feuilles sont lancéolées, dentées en scie; ses dentelures aiguës. Cette espèce croît au Pérou, dans la province de Canta. (POIR.)

KAGENECKIA. (*Bot.*) Ce genre de la Flore du Pérou a la plus grande affinité avec le *quillaia* dont il ne diffère que par l'absence des écailles du disque, et quelques étamines de plus. Les fruits de cet arbre sont nommés *gayo-colorado* dans les collections rapportées du Pérou par Dumbey, et *uoque* dans celles de Joseph de Jussieu, qui dit, dans ses notes, que l'on fait avec les rameaux flexibles du *uoque* des cordes employées dans la province de *Cusco* à la construction de ponts jetés d'un rocher à l'autre au-dessus des torrens. (J.)

KAGIU, KIAGIU. (*Bot.*) Noms chinois de l'acajou, *cassuvium*, suivant Boym, missionnaire jésuite. A Ceilan il est nommé *kaghu*, suivant Hermann. (J.)

KAGLERISVARE. (*Ornith.*) Un des noms du gros-bec, *loxia coccothraustes*, Linn., en Suède. (Cʜ. D.)

KAHA. (*Bot.*) Le *curcuma* est ainsi nommé à Ceilan, suivant Hermann. (J.)

KAHABILYA, WÆLKAHABILYA. (*Bot.*) Noms du *tragia involucrata* dans l'île de Ceilan. (J.)

KAHAU. (*Mamm.*) Les Cochinchinois donnent ce nom à la guenon nasique. Voyez GUENON. (DEM.)

KAHIPISSAN. (*Bot.*) Nom du *dioscorea peltata* de Burmann, à Ceilan. Linnæus le nomme *kohipissan*. (J.)

KAHIRE (*Bot.*), nom arabe de diverses espèces de concombres, suivant Forskal. (J.)

KAHIRIA. (*Bot.*) Ce genre de Forskal est le même que le genre *Ethulia* plus anciennement établi. Voyez nos articles EPALTÈS et ETHULIE, tom. XV, pag. 6 et 487. (H. CASS.)

KAHLBART. (*Mamm.*) Un des noms allemands du sajou, *simia apella*, Linn. (F. C.)

KAHLEH (*Bot.*), nom arabe du souci des vignes, suivant M. Delile. (J.)

KAIA, FI.(*Bot.*) Noms d'un if, *taxus nucifera*, au Japon, suivant Kæmpfer. L'if ordinaire, *taxus baccata*, est cité par M. Thunberg sous celui de *kia-roboku*. Il dit que les fruits du premier sont astringens, et qu'au Japon, les interprètes de la cour, obligés d'assister souvent à de longues séances, mangent ces fruits pour réprimer le besoin d'uriner.

Le *kaia* de Nicolson, plus connu dans les Antilles et le Brésil sous le nom d'*acaia*, est le mozambé, *cleome*. (J.)

KAI-A-LARA. (*Ornith.*) L'oiseau qui porte, à la Nouvelle-Hollande, ce nom abrégé par M. Vieillot, est sa *coracine kai-lora*. (Cʜ. D.)

KAIDA. (*Bot.*) Nom malabare du baquois. *pandanus odoratissimus*, cité par Rhéede. Son *kaida-taddi* est le *pandanus fascicularis* de M. Lamarck. Le *kaida-tsjeria* et le *perin-kaida-taddi* sont deux autres espèces non encore mentionnées par les auteurs modernes. (J.)

KAIE. (*Ornith.*) Voyez Kᴀ. (Cʜ. D.)

KAIEPUT. (*Bot.*) CAIU-PUTI. (J.)

KAIKEN (*Ornith.*), nom allemand du casse-noix, *corvus caryocatactes*, Linn. (Cʜ. D.)

KAIKOUK (*Ornith.*), nom koriaque du coucou, que les Kourils appellent *kakkok*, et les Kamtschadals *koakoutchilch*. (Ch. D.)

KAINKTCHITCH (*Ornith.*), nom kamtschadal des hirondelles. (Ch. D.)

KAIOR ou KAIOVER. (*Ornith.*) L'oiseau connu sous ce nom au Kamtschatka paroît être le petit guillemot, improprement colombe du Groenland, *uria grille*, Gmel. et Lath.; et, suivant Krascheninnikow, dans sa Description du Kamtschatka, t. 2, p. 493, du Voyage de l'abbé Chappe en Sibérie, c'est le même que les Cosaques appellent *iswoschiki*, à cause de la ressemblance de son sifflement avec celui des conducteurs de chevaux de cette nation. M. Temminck fait observer, dans une note de la deuxième édition de son Manuel d'Ornithologie, p. 927, que cet oiseau n'est pas celui que représente la planche 917 de Buffon, et qu'on l'a placé mal à propos dans le genre Pingouin, sous le nom d'*alca alle*, puisqu'il a les caractères du genre *Uria*. (Ch. D.)

KAIORTOK. (*Ornith.*) L'oiseau dont la femelle est ainsi nommée au Groenland, et dont on appelle le mâle *kingalik*, est le canard à tête grise de Buffon, *anas spectabilis*, Linn. (Ch. D.)

KAIR. (*Ichthyol.*) Selon Ruysch, les Indiens nomment ainsi une espèce de Merluche. Voyez ce mot. (H. C.)

KAIROLI. (*Bot.*) Voyez Kacu-valli. (J.)

KAI TOKORO. (*Bot.*) La plante du Japon, citée sous ce nom par Kæmpfer, est le *dioscorea quinqueloba* de M. Thunberg, qui ajoute qu'on le nomme aussi *kassuda* et *karasunoseni*, c'est-à-dire baie de corbeau. (J.)

KAJABULBUL. (*Ornith.*) Ce nom turc, qui signifie rossignol de rocher, est appliqué par les naturalistes au merle solitaire; mais cet oiseau lui-même est fort mal connu, et M. Bonelli, de Turin, le regarde comme n'étant qu'une variété d'âge du merle bleu, *turdus cyaneus*, Lath. (Ch. D.)

KAJOC. (*Ornith.*) Othon Fabricius pense que ce nom groenlandois peut être rapporté au *tringa fulicaria* de Brunnich, *Ornithologia Borealis*, n.° 172. (Ch. D.)

KAJORDLEK ou KAJORROVEK. (*Ornith.*) Voyez Kakerloe. (Ch. D.)

KAJORROVEK (*Ornith.*), nom groenlandois du pluvier doré à gorge noire, *charadrius apricarius*, Linn. (Ch. D.)

KAJOU ( *Mamm.* ), nom qui a été donné à quelques singes d'Amérique, et qui paroît être le même que Sajou. (F. C.)

KAJU-BESSI. (*Bot.*) Voyez Casu-Bessi. (Lem.)

KAKA. (*Ornith.*) Nom des corneilles au Kamtschatka, où l'on appelle les corbeaux *kaougoulkak*. Le P. Paulin de Saint-Barthelemi, qui, dans le tome I.<sup>er</sup> de son Voyage aux Indes orientales, p. 421, cite aussi le nom de *kaka* comme étant donné aux corbeaux dans le Malabar, ajoute que, ces oiseaux étant censés représenter l'âme des morts, on leur donne tous les jours du riz à manger, et qu'on en voit en conséquence des troupes innombrables. (Ch. D.)

KAKAB (*Ornith.*), nom arabe du calao rhinocéros, *buceros rhinoceros*, Linn. (Ch. D.)

KAKADO DE TERRA. (*Erpétol.*) Voyez Kagado. (H. C.)

KAKAHOILOTL. ( *Ornith.* ) L'oiseau ainsi nommé par Fernandez paroît être une variété du pigeon sauvage, au Mexique. (Ch. D.)

KAKAITSEL (*Ichthyol.*), nom d'une espèce de Glyphisodon. Voyez ce mot. (H. C.)

KAKAITSELLEI. (*Ichthyol.*) Au Malabar, on appelle ainsi le kakaitsel. Voyez Glyphisodon. (H. C.)

KAKAJAR, TALLY-KAFFA (*Bot.*), noms du *polypodium laciniatum* de Burmann à Java. (J.)

KA-KAK (*Ornith.*), nom algonquin du corbeau, que, suivant Mackenzie, tom. I.<sup>er</sup> de ses Voyages, p. 264, les Knistencaux appellent *ka-kaukieu*. (Ch. D.)

KAKA-KODI. ( *Bot.* ) Nom malabare d'une espèce d'apocin non citée dans les livres modernes. C'est le *kiti* des Brames qui en font un grand usage dans la goutte, dont ils comptent quatre-vingts espèces, reportant à ce principe toutes les douleurs qu'ils éprouvent dans l'intérieur du corps. (J.)

KAKAKOZ. (*Ornith.*) Ce nom désigne, selon Gesner, par corruption du grec, le coucou commun, *cuculus canorus*, Linn. (Ch. D.)

KAKA-MULLU ou MOULLOU. (*Bot.*) Nom malabre cité par Rhéede, du *licanto* des Brames, qui est le *guilandina paniculata* de M. Lamarck. Il ne faut pas le confondre avec le *caca-mullu* mentionné antérieurement. ( J.)

KAKAOU. (*Ornith.*) Nom kamtschadal du geai, *corvus glandarius*, Linn., s'il se rapporte effectivement au *pica glandaria*, donné comme synonyme dans le Vocabulaire qui se trouve au tom. 2, p. 5o6, du Voyage en Sibérie de Chappe, lequel renferme la description du Kamtschatka par Krascheninnikow. Le même oiseau est appelé en Russie *kedrowki*, et chez les Koriaques *kakatchou*. (Ch. **D.**)

KAKA-PU. (*Bot.*) Nom malabare du *torenia asiatica*, cité par Rhèede. C'est le *cœladolo* des Brames, le *caela* d'Adanson. (J.)

KAKARAT. (*Bot.*) A Java, suivant Burmann, on nomme ainsi une variété du *parietaria indica*. (J.)

KAKATA (*Ornith.*), nom hébreu des kakatoès. (Ch. **D.**)

KAKA-TALI. (*Bot.*) Voyez Caca-mullu. (Lem.)

KAKATCHOU. (*Ornith.*) Voyez Kakaou. (Ch. **D.**)

KAKATOCHA (*Ornith.*), nom des kakatoès dans Klein. (Ch. **D.**)

KAKATOCHE CAPITANO. (*Ichthyol.*) Aux Indes, on donne ce nom au taureau de mer, *ostracion cornutus*, Linn. Voyez Coffre. (H. C.)

KAKA-TODDALY. ( *Bot.*) Nom malabare du *paullinia asiatica* de Linnæus, séparé maintenant de ce genre, et même de la famille des sapindées, et reporté aux térébinthaçées sous le nom générique *toddalia*. (J.)

KAKATOE (*Ichthyol.*), nom spécifique d'un scare de M. de Lacépède : c'est le *labrus cretensis* de Linnæus. Voyez Scare. (II. C.)

KAKATOEA ITAM. ( *Ichthyol.* ) Aux Indes orientales, on nomme ainsi l'holocentre Sonnerat. Voyez Holocentre. ( H. C.)

KAKATOÈS. (*Ornith.*) Par ce mot, qui s'écrit aussi *cacatoès*, on désigne une famille de perroquets, dont M. Vieillot a formé, d'après Brisson, et sous le nom de *catacua*, un genre particulier qu'il a divisé en deux sections, l'une comprenant les espèces à joues nues, et l'autre celles qui ont les joues emplumées. Ces oiseaux, qui vivent dans les parties les plus reculées de l'Inde et à la Nouvelle-Hollande, offrent aussi, dans

leur huppe, des variations propres à les faire distinguer.
Voyez PERROQUET. (CH. D.)

KAKATONA. (*Bot.*) Voyez KAKATOÈS. (DESM.)

KAKATOU. (*Ornith.*) Voyez KAKATOÈS. (CH. D.)

KAKELIK. (*Ornith.*) Falk parle dans ses Voyages, tom. 3,
p. 390, d'une perdrix ainsi nommée, dont Gmelin et Latham
ont fait leur *tetrao* et leur *perdix kakelik*. L'oiseau des déserts de
la Bucharie, que l'on a ainsi appelé d'après son cri, est de la
taille du pigeon à grosse gorge, et il a le bec, l'iris et les pieds
rouges, la poitrine cendrée, et des ondulations de blanc et de
gris sur le dos. C'est, suivant M. Temminck, une variété de la
perdrix rouge; mais le kakelik est encore trop peu connu pour
pouvoir asseoir cette opinion sur des bases assez solides.
(CH. D.)

KAKENNA-POU. (*Bot.*) Dans un catalogue manuscrit des
plantes de Pondichéry, on trouve sous ce nom le *clitoria ternatea*. (J.)

KAKERLAC. (*Mamm.*) Aux Indes on a donné ce nom aux
albinos. (DESM.)

KAKERLAQUES. (*Entom.*) Nom qu'on donne en Amérique à la grande BLATTE. Voyez ce mot. (C. D.)

KAKERLOE. (*Ornith.*) C'est, au Groenland, un des noms
du pluvier doré à gorge noire, *charadrius apricarius*, que l'on
y appelle aussi *kajordlek* et *kajorrovek*. (CH. D.)

KAKI. (*Bot.*) Un plaqueminier, *diospyros kaki*, est ainsi
nommé, suivant Kæmpfer, au Japon où l'on mange son fruit
dont on a obtenu différentes variétés par la culture. Breynius,
Plukenet et Linnæus le nomment *kauki*. C'est le *kauken* de Burmann, *Fl. Zeyl*. Le *kaki-dosi* est un *lamium*, le *kaki-tsubbata* un
*iris*, le *kakina* un *phalaris*.

KAKI. (*Ornith.*) C'est, en Arabie, le nom de l'oie domestique, *anas anser*, Linn. (CH. D.)

KAKICH. (*Bot.*) Nom hongrois du laitron, suivant Mentzel.
Le serpolet est nommé *kakuc-fiu*. (J.)

KAKIDORO, SAKUSETZ, TSUBOGUSA (*Bot.*), noms
japonois, cités par M. Thunberg, de l'*hydrocotyle asiatica*.
(J.)

KAKILE. (*Bot.*) Voyez CAKILE. (LEM.)

KAKILISAK (*Ichthyol.*), nom que l'on donne, chez les

Groenlandois, à l'épinoche commune. Voyez Gastéroste. (H. C.)

KAKKOK. (*Ornith.*) Voyez Kaikouk. (Ch. D.)

KAKLA, KACHLA, CACHLA (*Bot.*), anciens noms de l'*anthemis tinctoria*, Linn. (H. Cass.)

KAKONGO. (*Ichthyol.*) Dans l'Histoire générale des Voyages, il est parlé, sous ce nom, d'un poisson des rivières du Congo et d'Angola, en Afrique. Sa chair est si estimée, que les rois seuls de ces contrées ont le droit d'en goûter. Les pêcheurs sont obligés de porter à ces monarques friands tous les individus de cette espèce qui tombent dans leurs filets. On ne sait positivement à quel genre rapporter ce poisson ; mais il est présumable qu'il est voisin des truites et des saumons. (H. C.)

KAKOPIT. (*Ornith.*) Séba désigne, dans son *Thesaurus*, sous ce nom et sous celui de *tsioei*, un oiseau des Indes orientales, *avis amboinensis*, que, d'après ses couleurs brillantes, il a pris pour un colibri, et qui est probablement un grimpereau, puisqu'il n'existe de colibris que dans l'ancien continent. C'est le soui-manga d'Amboine, *certhia amboinensis* de Latham. (Ch. D.)

KAKORDLUK. (*Ornith.*) L'oiseau auquel ce nom et celui de *kakordluveck* sont donnés au Groenland, est le mallemukke, *procellaria glacialis*, Linn. (Ch. D.)

KAKORDLUNGNAK (*Ornith.*), nom groenlandois du pétrel puffin, *procellaria puffinus*, Linn. (Ch. D.)

KAKORTOK. (*Ornith.*) Ce nom est indiqué, dans le *Fauna Groenlandica* d'Othon Fabricius, comme donné à des oiseaux de classes bien différentes, puisqu'à la page 56, dans une note sur le *falco rusticolus*, Linn., on le présente comme un oiseau du genre *Kirksoviarsuk* ou *Kekingoak*, et à la page 86 du même ouvrage, comme une variété toute blanche de l'*alca alle*, en renvoyant à l'*alca candida* de Brunnich, *Ornith. Bor.*, n.° 107, c'est-à-dire au guillemot nain, *uria alle* de M. Temminck. On retrouve encore le mot *kakortok*, rapporté par Fabricius, p. 81, à une variété de l'*alca pica*, Linn. (Ch. D.)

KAKORTUINAK. (*Ornith.*) C'est, suivant Fabricius, p. 56, n.° 33, une quatrième variété toute blanche du *falco rusticolus*,

Linn., dont le *kakortok*, qui a moins de blanc dans le plumage, est la troisième. (Ch. D.)

KAKUGTANAK (*Ornith.*), nom groenlandois, suivant Muller, n.° 144, du *procellaria glacialis*, fulmar ou pétrel puffin gris-blanc, de Buffon. (Ch. D.)

KAKURE MINO (*Bot.*), nom japonois, suivant Thunberg, d'un érable, *acer trifidum*, qu'il rapproche de l'érable de Pensylvanie. (Lem.)

KAKUSJU, KAWARA-FISAJI (*Bot.*), noms japonois du *bignonia catalpa* de Linnæus, maintenant *catalpa syringæfolia*, genre distinct. (J.)

KAKUSO. (*Bot.*) Voyez Daru-magikf. (J.)

KAKU-VALLI (*Bot.*), nom malabare du *kairoli*, ou *cairoli* des Brames, qui est un dolic, *dolichos giganteus*. (J.)

KALABALA, RATABALA. (*Bot.*) L'*ixora coccinea* est ainsi nommë à Ceilan, suivant Hermann. (J.)

KALACA ou CARENDANG. (*Bot.*) Voyez Calac. (Lem.)

KALAÉ (*Ornith.*), nom de la poule sultane, suivant Labillardière, aux îles des Amis. (Ch. D.)

KALAF. (*Bot.*) Voyez Calaf. (Lem.)

KALA-KURULGOYA. (*Ornith.*) L'oiseau qui porte ce nom dans l'île de Ceilan est l'épervier à collier, *falco melanoleucus*, Latham, figuré tab. 2 de la Zoologie indienne de cet auteur. Voyez Kalu-Kurulgoya. (Ch. D.)

KALAMIN. (*Ichthyol.*) Les Tamulaines donnent ce nom au polynème émoi. Voyez Polynème. (H. C.)

KALAN. (*Conchyl.*) Adanson, Sénég., p. 137, pl. 9. Nom vulgaire d'une espèce de strombe, *strombus lentiginosus*. (De B.)

KALAN (*Mamm.*), nom de la loutre marine, au Kamstchatka. (F. C.)

KALANCHOE. (*Bot.*) Adanson séparoit du *cotyledon*, sous ce nom, plusieurs espèces dans lesquelles une cinquième partie de la fructification est retranchée. Plusieurs botanistes ont adopté ce genre et cette nomenclature qui est un peu barbare. Une espèce de l'Ile-de-France, ayant ces caractères, avoit été nommée *crassuvia* par Commerson, et M. Lamarck avoit adopté ce nom pour le genre entier. Il a encore été nommé *bryophyllum* par M. Salisbury, et *verea* par M. Andreus. Ne conviendroit-il pas de préférer le nom *crassuvia* qui exprime un des caractères consistant dans l'épaisseur des feuilles? Le mot *kalanchoe* paroît être tiré du nom chinois, celui de *kalanchauhuy* cité pour cette plante par Camelli et mentionné par Rai. ( J. )

KALANCHOÉ , *Kalanchoe.* (*Bot.*) Genre de plantes dicotylédones , à fleurs complètes, monopétalées, régulières, de la famille des *crassulées*, de *l'octandrie tétragynie* de Linnæus, offrant pour caractère essentiel : Un calice à quatre folioles; une corolle tubulée; le limbe en soucoupe, à quatre divisions aiguës; le tube ventru; quatre écailles linéaires à la base des ovaires au nombre de quatre; les capsules en même nombre, supérieures, uniloculaires, polyspermes.

Ce genre, dont plusieurs espèces faisoient d'abord partie des *cotyledon*, s'en distingue par une partie de moins dans toutes celles des fleurs, n'en ayant que quatre, au lieu de cinq; de plus, les feuilles, dans la plupart des espèces, sont dentées, crénelées, ou pinnatifides; les fleurs jaunes. Plusieurs sont cultivées comme plantes d'ornement.

Kalanchoé lacinié: *Kalanchoe laciniata,* Dec., *Plant. grass.,* tab. 100; *Verea laciniata,* Willd., *Enum.,* 1, pag. 433; *Cotyledon laciniata,* Linn.; *Planta anatis,* Rumph, *Amboin.,* 5, tab. 95. Plante des Indes orientales, cultivée au Jardin du Roi. Sa tige succulente, cylindrique, de l'épaisseur du doigt, s'élève droite, à la hauteur d'environ deux pieds, garnie de feuilles opposées, grasses, charnues, fortement laciniées; les découpures lancéolées et dentées; les feuilles supérieures entières; les fleurs jaunes, disposées en une panicule terminale; la corolle un peu ventrue à sa base, rétrécie vers son orifice, en forme de col de bouteille. Cette plante passe pour rafraîchissante; on lui attribue les mêmes propriétés qu'à la joubarbe.

Kalanchoé ailé : *Kalanchoe pinnata,* Pers., *Synops.; Cotyledon pinnata,* Lamk., *Encycl.; Bryophyllum calicinum,* Salisb., *Paradis,* 3. Très-belle espèce, dont la tige, quadrangulaire à sa partie inférieure, est parsemée de points et de lignes purpurines. Ses feuilles sont opposées, ailées, la plupart à cinq folioles; les supérieures ternées, les terminales simples, lancéolées; les folioles ovales-oblongues, à grosses crénelures barbues et filamenteuses : les fleurs jaunes, longues d'un pouce et

demi, pendantes, disposées en une panicule terminale. Cette
espèce croît à l'Ile-de-France; elle passe pour vulnéraire, ano-
dine, rafraîchissante.

KALANCHOÉ D'ÉGYPTE : *Kalanchoe ægyptiaca*, Dec. , *Plant.*
*grass. Icon; Cotyledon ægyptiaca*, Lamk., Encycl. Cette espèce
a des tiges cylindriques, ascendantes, hautes d'un pied et demi,
garnies de feuilles opposées, arrondies ou ovales, légèrement
crénelées, les supérieures un peu spatulées; les fleurs droites,
rougeâtres en leur limbe, pâles en dehors, disposées en une
panicule resserrée, la plupart quadrifides, quelques autres à
cinq divisions, et, par conséquent, à dix étamines; caractère
qui annonce que ce genre est peu naturel. Cette plante est
cultivée au Jardin du Roi.

KALANCHOÉ LANCÉOLÉ : *Kalanchoe lanceolata*, Pers., *Synops.* ;
*Cotyledon lanceolata*, Forsk., *Ægypt.*, pag. 89; Vahl, *Symb.*,
2, pag. 51. Ses feuilles sont lancéolées, sessiles, charnues,
dentées en scie à leur bord, et non laciniées, un peu relevées
en carène; les tiges droites, cylindriques et velues; les fleurs
disposées en une panicule terminale; les pédoncules velus; la
corolle jaune, un peu rougeâtre, velue et à quatre divisions.
Elle croît dans l'Arabie.

KALANCHOÉ CRÉNELÉ : *Kalanchoe verea*, Pers., *Synops.* ; *Coty-*
*ledon crenata*, Vent., *Malm.*, tab. 49; *Verea crenata*, Andrews,
*Bot. Repos.*, tab. 21. Arbrisseau dont les tiges sont glabres,
succulentes, hautes de quatre pieds ; les feuilles opposées;
fort amples, étalées, oblongues, obtuses, sinuées et à grosses
crénelures à leur sommet. Les fleurs sont disposées en grappes
simples, fort longues, lâches, axillaires et terminales; la corolle jaune; son orifice d'un jaune orangé plus foncé; le tube
ventru; le limbe à quatre découpures; cette espèce est cultivée au Jardin du Roi. Elle est originaire de la Sierra-Leona,
sur les côtes d'Afrique.

KALANCHOÉ SPATULÉ; *Kalanchoe spatulata*, Dec., *Plant. grass.*,
tab. 65. Cette plante, qu'on soupçonne originaire de la Chine,
est cultivée au Jardin du Roi : elle a de grands rapports avec la
précédente. Ses tiges sont noueuses; ses feuilles planes, rétrécies en spatule à leur base, glabres, peu épaisses, obtuses, incisées ou crénelées. Les fleurs sont disposées en une panicule
lâche, rameuse, presque dichotome; une bractée linéaire-lan-

céolée à la base de chaque pédicelle ; la corolle jaune , une fois plus longue que le calice ; le tube presque cylindrique, un peu renflé à sa base ; les quatre découpures profondes, ovales, un peu aiguës. ( Poir. )

KALANDARA. ( *Bot.*) Voyez Hiri. ( **J.** )

KALANDER (*Ornith.*), nom allemand de l'alouette calandre, *alauda calandra* , Linn. (Ch. D.)

KALANDURU (*Bot.*), nom du schenante, *andropogon schœnanthus*, à Ceilan, suivant Linnæus. (J.)

KALARIA (*Ichthyol.*), nom arabe d'un poisson dont nous avons déjà parlé à l'article Garamit. Voyez ce mot. (H. C.)

KALAUS. (*Ornith.*) Ce nom, qui s'écrit aussi *kalus*, est donné en Illyrie, à la petite chouette ou chevêche, *strix passerina*, Linn. (Ch. D.)

KALAWEL, WALLOURODU. ( *Bot.* ) Le *pterocarpus* dont on tire un sang-dragon, est ainsi nommé à Ceilan, suivant Linnæus. Cet auteur cite, d'après Hermann, un autre *kalawel*, ou *kiridiwel* qu'il nomme *santaloides*, dans son *Fl. Zeyl.*, et dont il ne fait postérieurement aucune mention dans ses autres ouvrages. (J.)

KALB (*Mamm.*), nom allemand du veau. (F. C.)

KALBFLEISCHLACHS. (*Ichthyol.*) Dans quelques contrées d'Allemagne, on appelle ainsi les saumons qui ont été pris dans la mer. (H. C.)

KALEF (*Bot.*), un des noms arabes du saule. Voyez Chalaf. (J.)

KALENGI-KANSJAVA (*Bot.*), nom malabare du chanvre cultivé, ou *bangi* des Brames. (J.)

KALERIA. ( *Bot.* ) Ce genre d'Adanson comprend quelques espèces de *silene*, tels que les *silene gallica*, *behen*, *armeria*, etc., dont les pétales sont entiers, ou seulement un peu échancrés. Il n'a pas encore été admis. (J.)

KALESJAM. (*Bot.*) Arbre du Malabar cité par Rheède, qui a, selon lui, quatre pétales, huit étamines, un style, une baie sphérique, comprimée, couverte d'une écorce un peu solide et contenant une seule graine. La figure que l'auteur en donne présente des feuilles alternes, percées sans impaire et des fleurs disposées en épis allongés. Ces caractères le rapprochent du *melicocca* dans la famille des sapindées, dont le fruit, muni primitivement de trois graines, est souvent réduit à une par suite d'avortement. (J.)

KALFUR (*Bot.*), nom turc du gérofle, suivant Mentzel. (J.)

KALI. (*Bot.*) Ce nom d'origine arabe, qui remonte jusqu'à Matthiole, a été employé par tous les anciens, pour désigner diverses plantes qui croissent sur le bord de la mer, et que l'on brûle pour tirer de leurs cendres la soude qui sert à divers usages économiques. Tournefort et Adanson avoient adopté ce nom pour le genre principal dont toutes les espèces offrent ce produit. Linnæus lui a substitué celui de *salsola*, maintenant préféré. Quelques auteurs ont réuni à ce genre le *suæda* de Forskal, le *chenolea* et le *caroxylum* de M. Thunberg, le *bassia* d'Allioni, le *lerchea* de Haller, le *kochia* de Roth, l'*anabasis spinosissima* de Linnæus fils. Un nouvel examen déterminera si ces réunions sont bien motivées, et si une différence dans la structure du fruit doit établir une distinction. D'autres plantes qui fournissent de la soude plus ou moins estimée, et auxquelles on donne le nom de *kali*, sont réparties dans les genres *Salicornia*, *Plantago*, *Chenopodium*, *Anabasis*, *Galenia*, *Mesembryanthemum*, *Aizoon*, *Reaumuria*, *Batis*. (J.)

KALIAKOUDA. (*Ichthyol.*) Voyez GARAMIT et KALARIA. (H. C.)

KALI-APOCARO. (*Bot.*) Voyez CUNTO. (LEM.)

KALIFORMIA. (*Bot.*) Fronde gélatineuse et cartilagineuse, presque diaphane, à rameaux épars, garnis de petits rameaux presque verticillés et un peu obtus. Graines nues, enfoncées dans la fronde. Stackhouse ramène à ce genre, établi par lui dans la famille des algues, les *fucus kaliformis* et *opuntia* (qui rentrent dans le genre GIGARTINA (voyez ce mot), de Lamouroux), ainsi que plusieurs autres espèces qu'il désigne par *Kaliformia diaphana*, *filiformis* et *opuntia*. (LEM.)

KALIMÉRIDE, *Kalimeris*. (*Bot.*) [ *Corymbifères*, Juss. = *Syngénésie polygamie superflue*, Linn.] C'est un nouveau sousgenre, que nous proposons d'établir dans le genre *Aster*; il appartient par conséquent à l'ordre des synanthérées, et à notre tribu naturelle des astérées. Voici ses caractères.

Calathide radiée : disque multiflore, régulariflore, androgyniflore; couronne unisériée, liguliflore, féminiflore. Péricline égal aux fleurs du disque, orbiculaire-turbiné, irrégulier, formé de squames à peu près égales, uni-bisériées, lâchement appliquées, oblongues, foliacées, uninervées. Clinanthe conoïdal, fovéolé. Ovaires comprimés bilatéralement, obovales, hispides, munis d'une bordure cartilagineuse sur chacune des deux arêtes extérieure et intérieure ; aigrette très-courte, composée de squamellules unisériées, inégales, épaisses, filiformes, barbellulées. Corolles de la couronne à languette très-longue.

KALIMÉRIDE A GRANDES CALATHIDES ; *Kalimeris platycephala*, H. Cass. Cette plante herbacée, à racine vivace, est haute d'environ deux pieds; elle est glabriuscule ; ses tiges sont diffuses, étalées, rameuses, fortement striées ; les feuilles sont alternes, sessiles, lancéolées, longues d'environ deux pouces, larges de six lignes, d'un vert foncé, tantôt entières, tantôt dentées en scie, tantôt plus profondément incisées ; les calathides, composées d'un disque jaune et d'une couronne purpurine, sont larges de près de deux pouces, et solitaires au sommet de longs rameaux pédonculiformes. Nous avons décrit les caractères génériques et spécifiques qu'on vient de lire, sur un individu vivant, cultivé au Jardin du Roi, où il fleurit au mois d'août, et où il est étiqueté *aster sibiricus;* mais cette étiquette est, selon nous, très-douteuse, et le nom d'*aster sibiricus* paroît avoir été appliqué, par divers botanistes, à plusieurs espèces différentes.

Le *kalimeris* est bien distinct des autres sous-genres que nous avons établis dans le grand genre *Aster*, par son clinanthe élevé, presque conique, par ses ovaires aplatis et bordés, par ses aigrettes extrêmement courtes, par la forme et la structure de son péricline.

Les noms de *kaliumares* et de *meris* ayant été attribués anciennement à quelques *aster* analogues à notre plante, nous avons cru pouvoir nommer celle-ci *kalimeris*. (H. CASS.)

KALINKAN (*Ichthyol.*), nom russe de l'ablette. Voyez ABLE, dans le Supplément du premier volume de ce Dictionnaire. (H. C.)

KALISON. (*Mollusc.*) C'est le nom sous lequel Adanson figure et décrit, p. 42, pl. 2 de son Voyage au Sénégal, une petite espèce d'oscabrion, qui me paroît fort voisine de celle que Gmelin a nommée *chiton fascicularis*. (DE B.)

KALIUMARES (*Bot.*), ancien nom de l'*aster tripolium*, Linn. (H. Cass.)

KALKATRICI. (*Erpétol.*) Dans l'Histoire générale des Voyages, il est dit que les Nègres donnent ce nom à des serpens aquatiques qui se rencontrent en abondance dans la rivière de Gambra et dans les étangs d'eau douce qui se trouvent le long des côtes d'Afrique, jusqu'à Rio-Grande. (H. C.)

KALKON (*Ornith.*), nom suédois du dindon, *meleagris gallopavo*, Linn. (Ch. D.)

KALLA-JIN. (*Erpétol.*) Russel a décrit, sous ce nom indien, la couleuvre ibiboboca, dont nous avons donné l'histoire, tom. XI, pag. 188 de ce Dictionnaire. (H. C.)

KALLA-SHOUTUR-SUN. (*Erpétol.*) Les Indiens du Coromandel nomment ainsi l'hydrophis obscur de Daudin, serpent qui a été figuré par Russel avec un soin tout particulier. Voyez Hydrophis. (H. C.)

KALLERAGLEK. (*Ichthyol.*) Au Groenland, on appelle ainsi le pleuronecte pôle, *pleuronectes cynoglossus*, Gronow. Voyez Pleuronecte et Sole. (H. C.)

KALLIADE, *Kallias*. (*Bot.*) [ *Corymbifères*, Juss. = *Syngénésie polygamie superflue*, Linn.] C'est un sous-genre, que nous proposons d'établir dans le genre *Heliopsis*; il appartient par conséquent à l'ordre des synanthérées, à notre tribu naturelle des hélianthées, et à la section des hélianthées - rudbeckiées. Voici ses caractères.

Calathide radiée : disque multiflore, régulariflore, androgyniflore; couronne unisériée, liguliflore, féminiflore. Péricline un peu supérieur aux fleurs du disque, subcampanulé, irrégulier, formé de squames bisériées : les extérieures beaucoup plus longues, inégales, oblongues-spatulées, à partie inférieure appliquée, coriace, à partie supérieure inappliquée, foliacée, appendiciforme : les squames intérieures beaucoup plus courtes, squamelliformes, entièrement appliquées, oblongues, obtuses, submembraneuses, plurinervées. Clinanthe conique, élevé, pourvu de squamelles inférieures aux fleurs, demi-embrassantes, oblongues, membraneuses, plurinervées, colorées supérieurement, analogues aux squames intérieures du péricline. Fruits inaigrettés, oblongs-obovoïdes, un peu comprimés bilatéralement; à péricarpe subdrupacé, composé de deux couches: l'extérieure comme charnue et ridée ; l'intérieure presque osseuse. Corolles de la couronne continues avec l'ovaire, à tube nul, à languette longue, tridentée au sommet. Corolles du disque articulées avec l'ovaire, à tube très-épais, et charnu, s'épaississant après la fécondation, à limbe à cinq divisions. Anthères noires.

Kalliade a feuilles ovales : *Kallias ovata*, H. Cass. ; *Anthemis buphthalmoides*, Jacq., *Hort. Schœnbr.*, vol. 2, pag. 13, tab. 151 ; *Anthemis ovalifolia*, Ortega ; *Acmella buphthalmoides*, Pers., *Syn. Plant.*, pars 2, pag. 473 ; *Heliopsis buphthalmoides*, Dunal, Mém. du Mus. d'Hist. nat., tom. 5 ; *An Heliopsis canescens*, Kunth? *Nov. Gen. et Sp. Pl.*, tom. IV, pag. 212 (édit. in-4°). Cette plante, indigène au Pérou, est herbacée, à racine vivace, et s'élève à environ trois pieds ; les tiges de l'individu que nous décrivons sont diffuses, très-rameuses, tortueuses, cylindriques, et garnies de poils rangés sur deux lignes longitudinales opposées ; les feuilles sont opposées, à pétiole long de six lignes, à limbe long de deux pouces et demi, large d'un pouce et demi, ovale, aigu au sommet, denté en scie, triplinervé, mou, pubescent sur les deux faces ; les calathides, larges d'un pouce et demi et composées de fleurs jaunes, sont solitaires à l'extrémité de longs rameaux pédonculiformes, simples et nus, qui terminent les tiges et les branches, ou qui naissent entre deux branches. Nous avons étudié les caractères génériques et spécifiques de cette plante sur un individu vivant, cultivé au Jardin du Roi, où il fleurit aux mois de juillet et d'août. C'est indubitablement l'*anthemis buphthalmoides* de Jacquin, dont la description et la figure conviennent très-bien à notre plante. C'est peut-être aussi l'*heliopsis canescens* de M. Kunth, quoique la description de ce botaniste ne s'accorde pas entièrement avec la nôtre : mais il déclare lui-même que son échantillon sec étoit fort incomplet, et que la plante doit être examinée de nouveau sur un individu vivant. Nous n'avons point adopté le nom spécifique de *buphthalmoides*, parce qu'il ne peut être fondé que sur l'analogie avec des plantes mal à propos attribuées au genre *Buphthalmum*, et dont nous avons fait le genre *Diomedea*. Voyez notre article Diomédée, tom. XIII, pag. 283.

Le nom de *kallias* ou *callias*, dérivé du mot grec κάλλος, qui signifie beauté, ayant été autrefois appliqué à quelque *anthemis*, nous a paru convenir à une assez belle plante attribuée au genre *Anthemis* par plusieurs botanistes qui n'étudient point les affinités naturelles.

Notre *kallias* diffère des vrais *heliopsis* par les fruits à péricarpe drupacé et ridé, ainsi que par les corolles de la couronne qui ne sont point articulées, mais continues avec l'ovaire.

La *kallias ovata* ayant été attribuée mal à propos au genre *Acmella*, et avec raison au genre *Heliopsis*, cela nous fournit l'occasion de donner ici un supplément nécessaire à nos articles ACMELLA (tom. I, Suppl., pag. 45), et HÉLIOPSIDE (tom. XX, pag. 472).

Le genre *Acmella*, dont L. C. Richard est l'auteur, a été publié par M. Persoon, en 1807, dans son *Synopsis Plantarum*. Mais ces botanistes l'ont mal caractérisé, et mal composé. Le *spilanthus acmella* de Linnæus doit, sans contredit, être considéré comme le vrai type du genre. Voici les caractères génériques que nous avons observés sur une plante très-voisine de cette première espèce, et sur l'*acmella repens* qui est bien congénère.

Calathide courtement radiée : disque multiflore, régulariflore, androgyniflore ; couronne unisériée, liguliflore, féminiflore. Péricline égal ou supérieur aux fleurs du disque, subcampanulé ; formé de squames bi-trisériées, à peu près égales, appliquées, ovales, foliacées, les intérieures quelquefois plus courtes et membraneuses. Clinanthe élevé, cylindrique ou conique ; garni de squamelles un peu inférieures aux fleurs, embrassantes, oblongues, obtuses au sommet, submembraneuses. Fruits très-comprimés bilatéralement, obovales, glabres ou ciliés sur les bords ; aigrette tantôt nulle, tantôt composée de deux squamellules courtes, filiformes, situées sur le sommet des deux arêtes extérieure et intérieure du fruit. Corolles du disque à quatre ou cinq divisions.

Ce genre, immédiatement voisin du *spilanthus*, n'en diffère que parce que sa calathide est couronnée. Il diffère principalement des *heliopsis* et *kallias*, parce que ses fruits sont très-manifestement comprimés sur les deux côtés. Ce caractère important, qu'il faut considérer seulement dans le disque, parce que la forme des fruits marginaux est toujours plus ou moins altérée par l'obstacle que le péricline oppose à leur développement, suffit pour nous faire attribuer les quatre genres ici comparés à deux sections différentes, savoir : les *spilanthus* et *acmella* aux hélianthées-prototypes, et les *heliopsis* et *kallias* aux hélianthées-rudbeckiées. Pour faire apprécier la valeur d'un caractère si foible en apparence, nous dirons qu'un fruit inaigretté d'hélianthée-prototype, s'il est très-comprimé, et s'il acquiert une aigrette, aura infailliblement deux squamellules opposées; tandis qu'un fruit inaigretté d'hélianthée-rudbeckiée, étant peu ou point comprimé, aura l'aigrette stéphanoïde, s'il en acquiert une. (Voyez notre article Héléniées, tom. XX, pag. 346.)

Pour donner à cette digression, sur le genre *Acmella*, toute l'utilité qu'elle peut avoir, il faut décrire ici les deux espèces que nous avons observées.

*Acmella spilanthoides*, H. Cass. ; *Buphthalmum procumbens*, Desf., Tab. de l'Ec. de bot. du Jard. du Roi, 2.ᵉ édit., p. 126. Tige herbacée, cylindrique, un peu velue. Feuilles opposées : pétiole long de trois lignes ; limbe long de neuf lignes, large de cinq lignes, décurrent par sa base sur le pétiole, ovale, obtus, un peu crénelé sur les bords, triplinervé, parsemé de poils, surtout sur les bords. Pédoncules axillaires, solitaires, grêles, nus, longs d'un pouce et demi à deux pouces. Calathides ovoïdes, ayant trois à quatre lignes de hauteur et autant de largeur : disque jaune ; couronne pauciflore, jaunâtre ou blanchâtre. Péricline supérieur aux fleurs du disque, formé de squames bisériées : les extérieures plus longues, ovales-lancéolées, foliacées ; les intérieures plus courtes, squamelliformes, oblongues, membraneuses. Squamelles du clinanthe presque égales aux fleurs. Fruits glabres et lisses, noirs, munis d'un bourrelet apicilaire, et de deux côtes bordant les deux arêtes extérieure et intérieure du fruit; aigrette absolument nulle. Corolles de la couronne à tube long, large, hispidule ; à languette courte, large, obovale, nervée, trilobée. Corolles du disque à tube presque nul, à limbe quadrilobé. Nous avons étudié cette plante sur un échantillon de l'herbier de M. de Jussieu, étiqueté *Spilanthus acmella*, Linn., et sur un échantillon de l'herbier de M. Desfontaines, étiqueté *Buphthalmum*

*helianthoides*, Lamk., et *Buphthalmum procumbens*. Ce n'est
point le *spilanthus acmella* ou *verbesina acmella* de Linnæus,
auquel ce botaniste attribue expressément des fruits ciliés sur
les bords, et pourvus d'une aigrette de deux squamellules filiformes; ce n'est pas non plus l'*acmella mauritiana* de Persoon,
dont les feuilles sont très-entières, ni son *acmella intermedia*,
dont les pédoncules sont terminaux et les languettes longues,
ni son *acmella repens*, que nous allons décrire. Mais c'est indubitablement le *buphthalmum procumbens* du Jardin du Roi, que
M. Persoon a mal à propos cité comme synonyme du *wedelia
carnosa*.

*Acmella repens*, Pers., *Syn. Plant.*, pars 2, pag. 473. Tiges
herbacées, longues d'un pied, cylindriques, hispides, rou-
geàtres, rameuses, couchées sur la terre, et produisant des
racines sous les articulations. Feuilles opposées : pétiole très-
court, large, cilié; limbe long d'un pouce et demi, large de
six lignes, ovale-lancéolé, entier, triplinervé, glabre, à bords
rudes par l'effet de dentelures cartilagineuses visibles à la loupe.
Pédoncules grêles, longs de trois pouces, solitaires, nés dans
la bifurcation des tiges. Calathides larges de sept lignes : disque
jaune ; couronne composée d'environ quinze fleurs, à languette
longue de deux lignes, elliptique-oblongue, et de même couleur que le disque. Péricline subcampanulé, égal aux fleurs du
disque, formé de squames bi-trisériées, égales, appliquées,
ovales, foliacées. Squamelles du clinanthe inférieures aux
fleurs, arrondies et colorées au sommet. Fruits garnis sur les
deux arêtes, extérieure et intérieure, de poils divisés au
sommet en deux pointes recourbées; aigrette absolument
nulle. Corolles du disque à base très-épaisse, charnue, à limbe
quinquélobé. Nous avons étudié cette plante sur un individu
vivant, cultivé au Jardin du Roi, où il étoit innommé, et où
il fleurissoit au mois de juillet. C'est indubitablement l'*acmella
repens* de M. Persoon.

Nous attribuons au genre *Acmella* : 1.º le *spilanthus acmella*
de Linnæus, que nous nommons *acmella Linnæi*; 2.º l'*acmella
mauritiana* de M. Persoon, mal à propos confondu par ce botaniste avec le précédent, dont il diffère par la tige couchée, les
feuilles très-entières, et les fruits privés d'aigrette; 3.º notre
*acmella spilanthoides*; 4.º l'*acmella intermedia* de M. Persoon;

5.° l'*acmella repens* du même auteur; 6.° le *spilanthus uliginosus* de Swartz, que nous nommons *acmella uliginosa;* 7.° le *spilanthes ciliata* de M. Kunth, que nous nommons *acmella ciliata;* 8.° le *spilanthes fimbriata* du même auteur, que nous nommons *acmella fimbriata;* 9.° le *spilanthes debilis* du même auteur, que nous nommons *acmella debilis;* 10.° le *spilanthes tenella* du même auteur, que nons nommons *acmella tenella;* 11.° avec doute, le *spilanthes mutisii* du même auteur, que nous nommons *acmella ? mutisii.* Il paroît que cette plante est l'*anthemis americana* de Linnæus fils, l'*anthemis oppositifolia* de Lamarck, l'*anthemis occidentalis* de Willdenow, l'*acmella occidentalis* de Persoon, l'*heliopsis? dubia* de Dunal. La description de M. Kunth, fort différente de celles des autres botanistes, nous persuade que c'est une espèce du genre *Acmella,* voisine des *acmella debilis* et *tenella,* qui ont, comme elle, les fruits marginaux ridés ou verruqueux

Nous excluons du genre *Acmella,* l'*acmella buphthalmoides* de Persoon, qui est notre *kallias ovata;* et l'on vient de voir que nous n'y admettons qu'avec doute l'*acmella occidentalis* du même auteur.

En caractérisant et composant le genre *Acmella* comme nous le proposons, son caractère essentiellement distinctif du *spilanthus* résulte de la présence d'une couronne liguliflore, féminiflore, et non de l'absence de l'aigrette, comme Richard et Persoon l'avoient conçu. Notre motif pour établir cette réforforme, est que, dans les genres *Spilanthus* et *Acmella,* la composition de la calathide n'est pas sujette aux mêmes variations que la présence ou l'absence de l'aigrette. En effet, nous avons observé sur quelques *spilanthus,* que la même calathide offroit très-souvent un mélange de fruits aigrettés, et des fruits inaigrettés par avortement. Nous pensons qn'on pourroit réunir les *spilanthus* et les *acmella* en un seul genre nommé *spilanthus,* et divisé en deux sous-genres, dont l'un, nommé *spilanthus,* comprendroit les espèces à calathide incouronnée, et l'autre nommé *acmella,* comprendroit les espèces à calathide couronnée. On subdiviseroit ensuite chaque sous-genre en deux sections, l'une pour les espèces à fruits aigrettés, l'autre pour les espèces à fruits inaigrettés.

Le genre *Heliopsis* a été établi, en 1807, par M. Persoon,

qui l'a caractérisé d'une manière peu exacte, selon nous, et qui n'y a compris qu'une seule espèce. En 1819, M. Dunal a publié, dans le cinquième volume des Mémoires du Muséum d'Histoire naturelle, une monographie de ce genre, auquel il attribue quatre espèces : 1.° l'*heliopsis lœvis* de M. Persoon ; 2.° l'*heliopsis scabra*, espèce nouvelle que nous n'avons point vue, dont nous ne connoissons que la description et la figure publiées par M. Dunal, et qui appartient peut-être au genre *Diomedea* ; 3.° l'*heliopsis buphthalmoides*, qui est notre *kallias ovata* ; 4.° l'*heliopsis? dubia*, que nous nommons *acmella? mutisii*, et dont nous avons déjà parlé. Les caractères attribués par M. Dunal au genre *Heliopsis* nous paroissent encore moins satisfaisans, quoique plus détaillés, que ceux qui avoient été précédemment ébauchés par M. Persoon. M. Kunth a proposé, en 1820, une nouvelle espèce d'*heliopsis*, sous le nom d'*heliopsis canescens* : mais bien que nous n'ayons point vu son échantillon, et que sa description semble convenir à un véritable *heliopsis*, nous avons lieu de présumer que c'est notre *kallias ovata*, ou plutôt une espèce très-voisine de celle-ci et appartenant au même sous-genre. Dans le tome XX de ce Dictionnaire, pag. 473, nous avons exposé les caractères du genre *Heliopsis*, tels que nous les avions observés sur un individu vivant d'*heliopsis lœvis*, la seule espèce que nous ayons alors attribuée à ce genre. Mais aujourd'hui, notre article HÉLIOPSIDE se trouve incomplet, parce que nous avons observé une nouvelle espèce, et que nous attribuons en outre au même genre le *kallias*, que nous considérons seulement comme un sous-genre. Voici la description de l'espèce nouvelle.

*Heliopsis platyglossa*, H. Cass. Plante herbacée, probablement vivace, haute de trois pieds. Tige dressée, rameuse, épaisse, cylindrique, hérissée de poils roides, et marquée de taches brunes; rameaux divergens. Feuilles longues de quatre pouces, larges d'environ deux pouces, sessiles, oblongues-lancéolées, échancrées en cœur à la base, inégalement dentées sur les bords, garnies sur les deux faces de poils courts et roides ; les feuilles inférieures opposées, les supérieures alternes. Calathides larges d'un pouce, solitaires au sommet de pédoncules terminaux et axillaires, assez grêles, longs d'environ deux pouces; couronne de douze languettes un peu inégales; corolles jaunes. Calathide radiée : disque multiflore, régulariflore, androgyniflore; couronne unisériée, liguliflore, féminiflore. Péricline un peu supérieur aux fleurs du disque, subcampaniforme, composé de squames bisériées : les extérieures beaucoup plus longues et plus larges, un peu inégales, ovales-lancéolées, foliacées, à partie inférieure appliquée, à partie supérieure étalée; les squames intérieures squamelliformes, oblongues-obovales, arrondies au sommet, membraneuses, plurinervées, ciliées sur les bords. Clinanthe conique, pourvu de squamelles inférieures aux fleurs, embrassantes, oblongues, arrondies au sommet, membraneuses, plurinervées, ciliées, tout-à-fait analogues aux squames intérieures du péricline. Ovaires inaigrettés, oblongs, un peu épaissis de bas en haut, tétragones, glabres, lisses, point comprimés ni obcomprimés. Corolles de la couronne articulées avec l'ovaire; à tube court, hérissé de très-longs poils charnus, subulés, articulés; à languette très-large, presque orbiculaire, concave, multinervée, terminée par trois crénelures. Corolles du disque articulées avec l'ovaire; à tube hérissé de longs poils, à limbe glabre. Nous avons étudié cette plante, en 1821, sur un individu vivant, cultivé au Jardin du Roi, où il étoit innommé, et où il fleurissoit au mois de juillet. On ignore son origine. Cette espèce paroit très-voisine de l'*heliopsis scabra* de M. Dunal : mais elle en est bien distincte, comme on peut s'en convaincre en comparant notre description avec la description et la figure de la plante de M. Dunal.

Nous divisons le genre *Heliopsis* en deux sous-genres. Le premier nommé *heliopsis*, caractérisé par les fruits non drupacés ni ridés, et par toutes les corolles articulées sur l'ovaire, comprend : 1.º l'*heliopsis lævis* de Persoon; 2.º avec doute, l'*heliopsis scabra* de Dunal; 3.º notre *heliopsis platyglossa*. Le second sous-genre, nommé *kallias*, caractérisé par les fruits drupacés et ridés, et par les corolles de la couronne à tube nul et continues avec l'ovaire, comprend : 1.º notre *kallias ovata*; 2.º avec doute, l'*heliopsis canescens* de M. Kunth, que nous nommons *kallias? dubia*. ( H. Cass. )

KALLIAS ou CALLIAS (*Bot.*), ancien nom de quelque *anthemis*, cité dans la table d'Adanson. Voyez Kalliade. (H. Cass.)

KALLINGAK. (*Ornith.*) On lit, dans l'Histoire générale des

Voyages, tom. 19, in-4.°, p. 46, et dans l'Histoire naturelle de Buffon, t. 9, in-4.°, p. 368, que les Groenlandois connoissent un perroquet de mer, qu'ils appellent *kallingak*, lequel est noir et de la grosseur d'un pigeon. Buffon regarde cet oiseau comme devant être rapporté au macareux de Kamtschatka, c'est-à-dire au *mitchagatchi* ou *monichagatka*. Il y a lieu de penser qu'il s'agit ici du *killangak* ou *killengak* de Fabricius, n.°53, et de Muller. n.° 140, *alca arctica*, Linn., ou macareux proprement dit de Buffon. pl. enl., 275 ; cependant Muller, n.° 171, cite, d'après l'Histoire du Groenland de David Cranz, imprimée en allemand, 1770, le *kallingak*, comme se rapportant au *sterna nigra*, Linn., hirondelle de mer à tête noire, ou gachet de Buffon. (Ch. D.)

KALLSTROEMIA. (*Bot.*) Nom donné par Scopoli au *tribulus maximus* dont il fait un genre, parce que son fruit est sans épines et composé de dix capsules au lieu de cinq, ou, selon Loefling, d'une seule capsule à dix loges. (J.)

KALLU-HABERELLI. (*Bot.*) Voyez Kierinda. (J.)

KALMIE, *Kalmia*. (*Bot.*) Genre de plantes dicotylédones, à fleurs complètes. monopétalées, régulières, de la famille des *rhodoracées*, de la *décandrie monogynie*, dont le caractère essentiel consiste dans un calice à cinq divisions: une corolle en soucoupe et à tube court; le limbe à cinq divisions, creusé intérieurement de dix fossettes, avec dix petites bosses à l'extérieur; dix étamines attachées au bas de la corolle; les anthères placées dans les fossettes, d'où elles sortent pour répandre leur pollen; un ovaire supérieur; un style; un stigmate obtus. Le fruit consiste dans une capsule polysperme, à cinq loges, à cinq valves.

Ce genre est composé de jolis arbrisseaux, toujours verts, tous originaires de l'Amérique septentrionale ; la plupart cultivés aujourd'hui dans plusieurs jardins de l'Europe dont elles font l'ornement par l'élégance de leurs fleurs nombreuses, disposées en corymbes, d'une belle couleur rouge ou blanche, remarquables par leur corolle creusée en soucoupe, avec dix petites fossettes dans lesquelles se nichent les anthères, et d'où elles ne sortent que pour féconder le pistil par le jet de leur pollen. Les deux premières espèces ont été introduites dans les jardins de l'Angleterre en 1734 et 1736 par M. Collinson;

elles se sont ensuite répandues dans plusieurs autres contrées
de l'Europe, s'y sont acclimatées au point de pouvoir supporter le froid de nos hivers. Elles croissent avec facilité, et forment, au bout de quelques années, des buissons touffus, d'un
beau vert, tout couverts de fleurs vers le mois de juin, et qui
souvent refleurissent en septembre. Leurs graines lèvent assez
difficilement ; on les multiplie bien mieux de drageons et de
marcottes, qu'on tient au frais et un peu à l'ombre, dans du
terreau de bruyère. Linnæus a donné à ce genre le nom de
Kalm, son compatriote et son disciple, voyageur et botaniste
distingué.

Kalmie a feuilles larges : *Kalmia latifolia*, Linn. ; Lamk.,
*Ill. gen.*, tab. 363, fig. 1 ; Trew., tab 38, fig. 1. Cet arbrisseau, l'un des plus élégans de ce genre, se distingue par l'éclat,
la beauté et le grand nombre de ses fleurs ; il s'élève à la hauteur de deux ou trois pieds ; ses feuilles sont alternes, quelquefois presque opposées, situées vers l'extrémité des rameaux,
pétiolées, ovales-oblongues, fermes, très-glabres, entières,
longues de deux ou trois pouces, sur un de largeur ; les fleurs
sont d'un rouge vif, un peu pourprées, disposées, au sommet
des rameaux, en corymbes d'un aspect très-agréable ; leurs
pédoncules et pédicelles couverts de petits poils visqueux.
Cette plante croît dans la Caroline et la Virginie, dans des
terrains stériles, sur les côtes des montagnes, et dans les in-
terstices des rochers qui s'avancent au-dessus des ruisseaux et
autres courans d'eau.

Le bois de cet arbrisseau est dur ; celui de sa racine jaune,
comme notre buis ; aussi les Américains s'en servent pour les
mêmes usages. On prétend que les feuilles de cet arbrisseau
nuisent aux bœufs, aux brebis, aux chevaux, et particulièrement aux veaux qui les mangent ; on assure cependant que
les cerfs et les daims les broutent sans inconvénient.

Kalmie a feuilles étroites : *Kalmia angustifolia*, Linn. ; Catesb. ; *Carol.*, 3, tab. 17, fig. 1 ; Trew., tab. 38, fig. 2 ; Pluken., *Almag.*, tab. 161, fig. 3 ; *Bot. Magaz.*, tab. 331. Cet arbrisseau est plus petit que le précédent ; il s'en distingue au
premier aspect, par ses fleurs constamment latérales, par ses
feuilles ternées, étroites, oblongues, un peu obtuses. Les corymbes sont axillaires, opposés ou ternés, un peu plus courts

que les feuilles; la corolle d'un pourpre vif, très-agréable à la vue. Cette espèce croît dans le Maryland et la Pensylvanie; elle se plaît dans les terrains secs et incultes: ses fleurs se montrent dans le commencement de l'été.

KALMIE GLAUQUE : *Kalmia glauca*, Ait., *Hort. Kew.*, 2, p. 64, tab. 8; Lamk., *Ill. gen.*, tab. 365, fig. 2: Lhérit., *Stirp. nov.*, 2, tab. 9; Duham., *edit. nov.*, 1, tab. 45; *Bot. Magaz.*, tab 177; *Kalmia polyfolia*, Wang., *Act. Soc. Berol.*, 8, pag. 129, tab. 5, var. β; *Kalmia rosmarinifolia*, Dum., *Cours. Cult.*, 2, pag. 251. Cet arbrisseau est remarquable par le grand nombre de ses fleurs, par ses rameaux nombreux, étalés, opposés, à deux angles tranchans; les feuilles sont presque sessiles, opposées; glabres, alongées, obtuses, d'un vert brillant en dessus, glauques et blanchâtres en dessous: roulées à leurs bords, longues de deux pouces; les fleurs disposées en corymbes terminaux; les pédoncules plus longs que les feuilles; les découpures du calice colorées au sommet; la corolle d'un beau rouge; une capsule globuleuse, à cinq lobes. Cette plante, originaire de l'Amérique septentrionale, est cultivée au jardin du Roi. La variété β a ses feuilles plus étroites, plus courtes; les fleurs d'un rouge pâle.

KALMIE VELUE : *Kalmia hirsuta*, Walt., *Fl. Carol.*, 138; *Bot. Magaz.*, tab. 138. Petit arbrisseau de la Caroline, cultivé au Jardin du Roi, à tiges grêles, un peu ligneuses, diffuses, rameuses, hautes de huit à dix pouces; les rameaux velus, hispides; les feuilles presque sessiles, petites, alternes, ovales-lancéolées, hispides, roulées en dessous, longues de quatre lignes; les fleurs axillaires, solitaires, pédonculées; les capsules glabres, petites, globuleuses.

KALMIE A FEUILLES EN COIN ; *Kalmia cuneata*, Mich., *Amer.*, 1, pag. 257. Cette plante a le port d'un *azalea*. Ses feuilles sont éparses, sessiles, alongées, rétrécies en coin à leur base, entières, glabres en dessus, légèrement pubescentes en dessous, un peu mucronées à leur sommet; les fleurs sont peu nombreuses, disposées en corymbes latéraux; la corolle blanche en dehors, purpurine en dedans, vers sa base. Cette plante croît dans la Caroline. (POIR.)

KALO-ADULASSO. (*Bot.*) Nom brame, suivant Rhéede, du *vada-kodi* des Malabares, *justicia gendarussa* de Linnæus;

c'est le même nommé *carou-notchouli*, sur la côte de Coromandel. (J.)

KALOPHYLLODENDRUM. (*Bot.*) Ce nom générique donné par Vaillant au *calaba* de Plumier, a été réduit par Linnæus au terme de *calophyllum* qui est préférable. (J.)

KALTAN (*Mamm.*), nom de la marte zibeline, à Krasnojarsk, en Sibérie. (F. C.)

KAL-TODDA-VADDI (*Bot.*), nom malabare, cité par Rhéede, du *cæsalpinia mimosoides*; c'est le *lasari* des Brames. (J.)

KALU KERENAKA. (*Ornith.*) Voyez KARUKA. (CH. D.)

KALU KURULGOYA. (*Ornith.*) L'oiseau auquel, suivant Forster, Zool. Ind., p. 12, tab. 2, on donne, dans l'île de Ceilan, ce nom, qui est aussi écrit, dans divers ouvrages, *kulu kurulgoya* et *kara kurulgoya*, paroît être le même qu'on appelle *tchoug* au Bengale, et qui est figuré dans l'Ornithologie d'Afrique de M. Levaillant, tom. 1, pl. 32. Il a été rapporté par Latham à l'épervier à collier, *falco melanoleucus*, et par M. Vieillot, tantôt à cet épervier, qui est son *sparvius melanoleucus*, tantôt au busard tegoug, *circus melanoleucus*. (CH. D.)

KALUNGEN. (*Bot.*) Voyez GALUNCEN. (J.)

KALU-POLAPEN. (*Bot.*) Herbe de la côte malabare, à fleurs solitaires, axillaires, monopétales, irrégulières, qui paroît avoir quelque rapport avec le genre *Lobelia*. (J.)

KALUS. (*Ornith.*) Voyez KALAUS. (CH. D.)

KALUSCHKA. (*Ichthyol.*) Dans les environs du fleuve Amour, on appelle ainsi le grand esturgeon, *acipenser huso*. Voyez ESTURGEON. (H. C.)

KALUWAALA (*Bot.*), nom d'un gingembre sauvage, à Ceilan, suivant Burmann. (J.)

KALVETADAGON (*Bot.*), nom de l'*adolia rubra*, Lamk., au Malabar. (LEM.)

KAMABUTA. (*Bot.*) Voyez DARU-MAGIKE. (J.)

KAMAEH (*Bot.*), nom que les Arabes donnent à une espèce de truffe blanche (*tuber niveum*, Desf., Fl. Atlant.). M. Delile a observé cette plante en Egypte, dans le désert, près du Caire. (LEM.)

KAMAN. (*Conchyl.*) Adanson (Sénég., pag. 243, pl. 18.) donne, sous ce nom, la figure et la description de la belle coquille connue sous la dénomination de bucarde exotique, *cardium costatum*, Brug. (De B.)

KAMARANGHA. (*Bot.*) Burmann dit qu'à Ceilan on nomme ainsi le carambolier qui est l'*averrhoa carambola*. (J.)

KAMAS (*Ichthyol.*), nom japonois du brochet. Voyez Esocs. (H. C.)

KAMBANG. (*Bot.*) Terme malais signifiant fleur. Le sambac, *mogorium*, est nommé *kambang malatti* au Japon. On ne le confondra pas avec d'autres arbrisseaux décrits précédemment sous le nom de *cambang*. (J.)

KAMBE. (*Bot.*) Les Nègres de Sierra-Leona, en Afrique, donnent ce nom à un bois qui leur sert à teindre en rouge leurs bourses et leurs nattes, suivant l'éditeur du Recueil des Voyages. (J.)

KAMBEUL. (*Conchyl.*) C'est ainsi qu'Adanson appelle une belle espèce de limaçon (*helix flammea*, Gmel.), que Bruguière a rangée dans ses bulimus sous le nom de bulime kambeul. (De B.)

KAMBRAH. (*Ornith.*) Ce nom se trouve dans Gesner comme désignant l'alouette cochevis, *alauda cristata*, Linn. (Cu. D.)

KAMEACTIS (*Bot.*), nom arabe du sureau hièble, selon Daléchamps. Voyez Chamæacte. (J.)

KAMEEL (*Mamm.*), nom allemand du chameau. Buffon écrit ce nom kæmel. (F. C.)

KAMEEL PARDER (*Mamm.*), nom de la girafe, en allemand. (F. C.)

KAMENOI SKVORETZ. (*Ornith.*) Ce nom, qui signifie étourneau de rochers, est donné, en Sibérie, au merle rose, *turdus roseus*, Linn. (Cu. D.)

KAMENOUSCHKI. (*Ornith.*) On donne, en Russie, ce nom, qui signifie canard des rochers, au canard à collier de Terre-Neuve, *anas histrionica*, Linn., qui recherche les eaux vives dans les montagnes. (Cu. D.)

KAMETTI-VALLI (*Bot.*), nom malabare de l'*echites costata* de Willdenow. (J.)

KAMICHI, *Palamedea*, Linn. et Lath. (*Ornith.*) Ce grand oiseau, qui n'a encore été vu que sous la zone torride du nouveau continent, forme un genre très-distinct et très-facile à reconnoître. Il appartient à l'ordre des échassiers par sa haute stature et par ses mœurs ; mais son bec a plus de rapports avec celui des gallinacés : moins long que la tête, il est peu fendu, peu comprimé, et n'offre pas de renflement ; la mandibule supérieure est légèrement arquée, et l'inférieure, plus courte, est presque obtuse à l'extrémité. Les narines, ovales et ouvertes, sont situées au milieu du bec. Sur le haut du front s'élève une corne droite et grêle, dont la base est revêtue d'un fourreau semblable au tuyau d'une plume, et dont la pointe est aiguë et un peu courbée en avant. La partie antérieure des ailes est garnie, comme chez le jacana, de deux éperons triangulaires, robustes et pointus, qui tirent leur origine du métacarpe, et dont l'inférieur est plus court et moins gros. Les tarses sont réticulés ; le doigt du milieu excède les deux autres, et le pouce, qui est droit et le plus petit des quatre, a l'ongle le plus long de tous.

On ne connoît qu'une seule espèce de ce genre, le *palamedea cornuta*, Linn. et Lath., qui, parmi les naturels de la Guiane, porte les noms de kamichi ou kamouki, et qu'on appelle au Brésil *anhima*, sur les rives de l'Amazone *cahuitahu*, et à Cayenne *camoucle*. Barrère, dans son Histoire naturelle de la France équinoxiale, p. 124, le désigne, mais bien improprement, sous la dénomination d'*aigle d'eau cornu*.

Le kamichi, qui, par la forme de son corps, ressemble au dindon, est plus gros et plus charnu ; il a, du bout du bec à l'origine de la queue, deux pieds quatre pouces, et trois pieds jusqu'à son extrémité ; ses ailes atteignent presque le bout de la queue, qui est longue de huit à neuf pouces, et carrée ; il a cinq pieds d'envergure. Le doigt du milieu, en devant, a quatre pouces et demi, et l'extérieur n'en a que deux. Quand l'oiseau est tout-à-fait adulte, son plumage est, sur le cou, le dos, la poitrine, les ailes et la queue, d'un noir d'ardoise, avec quelques taches grisâtres : le ventre est blanc, et le dessous des ailes d'un gris roux ; la tête est couverte de petites plumes douces, mêlées de blanc et de noir. La planche enluminée, n.º 451, est d'une teinte trop verte, le haut de l'aile d'une couleur trop rousse, et l'ongle du doigt postérieur y est représenté trop long et trop pointu. La peau écailleuse qui recouvre les jambes et les pieds de cet oiseau est noire ; le bec est noirâtre, et les yeux sont gros, noirs et saillans.

22.

Le kamichi, dont l'espèce est assez rare, vit dans les lieux inondés de l'Amérique méridionale; il n'entre point dans les grands bois, se tient presque toujours à terre, et ne se perche momentanément que sur des branches mortes; il fait entendre de loin les éclats d'une voix très-forte, dont Marcgrave, *Hist. nat. Bras.*, p. 215, a exprimé le son par les syllabes *vyhu*, *vyhu*; mais on ne l'approche que difficilement. Sa nourriture ne consiste, suivant Bajon, huitième Mémoire sur Cayenne, qu'en herbes et en graines aquatiques, quoiqu'on ait dit avant lui qu'il mangeoit aussi des reptiles. Il ne se sert jamais de ses armes pour attaquer d'autres oiseaux, et la seule circonstance où les mâles en fassent usage est celle où, dans la saison des amours, ils se disputent les femelles. Une fois appariés, les deux sexes ne se quittent plus; et, quand l'un vient à mourir, celui qui survit se consume, en gémissant, près des lieux où il a perdu ce qu'il aimoit.

Les kamichis, suivant Pison, *Hist. nat. Ind.*, p. 91, construisent leur nid, en forme de four, au pied d'un arbre; mais, selon Bajon, ils le font dans des broussailles, à quelque distance de terre, et souvent dans les joncs. La femelle n'y pond ordinairement que deux œufs de la grosseur de ceux de l'oie, et il n'y a qu'une couvée, dans le mois de janvier ou février, à moins que celle-ci, ayant été détruite par quelque accident, une seconde n'ait lieu aux mois d'avril ou de mai. Bajon ne dit pas comment les petits sont nourris dans le nid, et si le père et la mère se chargent de ce soin, jusqu'à ce qu'ils soient en état de voler; mais à cette époque, ils suivent leur mère, qui les accoutume à chercher les alimens eux-mêmes, après quoi ils la quittent. Le même observateur ajoute que la chair des jeunes camoucles ou kamichis, quoique noire, est bonne à manger; mais que celle des vieux est dure et moins agréable au goût.

Les pennes les plus longues des ailes du kamichi excèdent, en grosseur, celles des oies; mais elles ont moins de consistance, et l'on ne peut s'en servir pour écrire. (Cu. D.)

KAMINE MALE. (*Min.*) On donne ce nom, dans le commerce du Levant, au sel impur, composé d'alun, d'un peu de sulfate de fer, d'un excès d'acide et d'un peu de pétrole, que l'on connoit aussi sous le nom de BEURRE DE MONTAGNE.

( Voyez ce mot. ) Il peut faire une variété dans l'espèce de l'alun, sous le nom d'*alun butiriforme.* Il paroît que c'est l'altération du mot *kamini-maslo* qui est lui-même une abréviation du *kamennoie-maslo*, mots russes qui, suivant Patrin, veulent dire *beurre de roche.* Le peuple a fait de *kamini maslo*, *kamine mâle*; comme il a fait *chou-croute* de *sauer-kraut.* (B.)

KAMLIAS. (*Ichthyol.*) En Estonie, on donne ce nom au flez, *pleuronectes flesus*, Linn. (H. C.)

KAMMOUN. (*Bot.*) Nom arabe du cumin, suivant M. Delile. Une fabagelle, *zygophyllum desertorum* de Forskal, *zygophyllum coccineum* de Linnæus, dont les graines sont aromatiques comme celles du cumin, est nommée *kammoun* (cumin) de Caramanie. (J.)

KAMMOUN ASOUAD ( *Bot.* ), nom arabe de la nigelle cultivée. ( Lem. )

KAMO-AWOI. (*Bot.*) M. Thunberg cite ce nom japonois pour l'*asarum canadense* qui croît aussi au Japon, près d'Iedo. Le potiron, *cucumis pepo*, est nommé *kamo-uri.* (J.)

KAMOUKI. (*Ornith.*) Ce nom est, à la Guiane, celui du *kamichi*, appelé camouche par les créoles. (Desm.)

KAMPAKSO ( *Bot.* ), nom japonois du *saururus cernuus*, suivant M. Thunberg. (J.)

KAMPFHAHN. (*Ornith.*) L'oiseau dont le nom allemand est ainsi écrit par Blumenbach, et que Buffon, d'après Frisch. écrit *kampfhaenlein*, est le vanneau combattant, *tringa pugnax*, Linn. (Ch D.)

KAMPMANNIA. ( *Bot.* ) Rafinesque-Smaltz propose de former un genre particulier du *zanthoxylum tricarpum*, Mich., sous ce nom. Voyez Clavalier. (Lem.)

KANÆHH ( *Bot.* ), nom arabe de l'*asclepias laniflora* de Forskal qui dit qu'on fait un onguent pour la gale avec son suc laiteux mêlé dans du beurre. Voyez Kanahia. (J.)

KANAF (*Bot.*), nom arabe du *fucus luminosus* de Forskal. (J.)

KANAF. (*Ichthyol.*) Les Arabes donnent ce nom aux grands individus de l'acanthinion orbiculaire de M. de Lacépède, poisson que nous décrirons à l'article Platax. (H. C.)

KANAGURTA. (*Ichthyol.*) Russel a parlé, sous ce nom, d'un poisson du Coromandel, qui est une espèce de maquereau. Voyez Maquereau et Scombre. (H. C.)

KANAHIA (*Bot.*) Genre de plante de la famille des *asclé-piadées* de Robert Brown, et établi par cet auteur pour placer l'*asclepias laniflora* de Forskal, qui diffère des autres espèces du même genre. Ses caractères génériques sont les suivans :

Corolle companulée : limbe à cinq divisions : couronne sta-minifère située au bout du tube formé par les filamens, et composée de cinq folioles renflées à la base, subulées et en-tières ; pollen en masses ventrues pendantes ; stigmate mu-tique ; follicule grêle, striée ; graine chevelue ?

Ce genre tient le milieu entre le *calotropis* et l'*oxystelma* du même botaniste. (Lem.)

KANARA-PULLU (*Bot.*), nom malabar de la crételle des Indes, *cynosurus indicus*, Linn. (Lem.)

KANAREK (*Ornith.*), nom polonois du serin des Canaries, *fringilla canaria*, Linn. (Ch. D.)

KANAWA. (*Bot.*) A Amboine c'est le sebestier, *cordia se-bestena*. (Lem.)

KANAWA. (*Bot.*) Voyez Cenau. (J.)

KANDAR. (*Ornith.*) Les Nègres appellent ainsi l'anhinga, *plotus anhinga*, Linn. (Ch. D.)

KANDEL. (*Bot.*) Nom malabare du palétuvier en général, *rhizophora*, qui réunit plusieurs espèces ; le *tsjerou-kandel* est le *rhizophora candel* de Linnæus ; son *rhizophora cylindrica* est le *karii-kandel* ; son *rhizophora mangle* est le *pee-kandel* ; son *rhi-zophora gymnorhiza*, nommé simplement *kandel*, est mainte-nant le *bruguiera gymnorhiza*, genre distinct, mais voisin ; le *pou-kandel*, qui paroit identique avec son *rhizophora cornicu-lata*, est le genre *Ægyceras* de Gærtner, qui doit être re-porté à une autre famille. (J.)

KANDEN-KARA: (*Bot.*) Arbrisseau du Malabar, cité par Rhèede, lequel paroit appartenir à la famille des rubiacées, et peut-être au genre *Canthium*. (J.)

KANDEQUE. (*Bot.*) Voyez Kare-kandel. (J.)

KANDIS. (*Bot.*) Le *lepidium perfoliatum* est séparé de son genre primitif, sous ce nom, par Adanson, parce que le disque placé sous l'ovaire est relevé de six glandes, et parce que les pétales sont jaunes. (J.)

KANDOLU, OEPOLI (*Bot.*), noms brames, suivant Rhèede, de l'*oepata* du Malabar, *avicennia tomentosa* des botanistes. (J.)

KANDULŒSSA (*Bot.*), nom d'un rossolis, *drosera indica*, à Ceilan, suivant Linnæus. (J.)

KANDYK (*Bot.*), nom tartare de l'*erythronium*, ou dent de chien, suivant Gmelin, auteur du *Flora Sibirica*. (J.)

KANEH (*Bot.*), nom hébreu du roseau, suivant Mentzel. (J.)

KANELDA. (*Ornith.*) On trouve dans le III.ᵉ vol. de la traduction françoise du Voyage en Islande d'Olafsen et de Povelsen, p. 248, ce nom indiqué comme étant donné, par les étrangers, à l'espèce de canard à longue queue autrement nommée *haavella*, et qui correspond à l'*anas hyemalis*, Linn. (Cn. D.)

KANELSTEIN. (*Min.*) On écrit aussi *kannelstein* et *kaneelstein*. (V. Hoffmann, *Handbuch der Miner.*) On a long-temps désigné sous ce nom allemand un minéral d'une nature indéterminée, qui venoit, en morceaux informes, de Ceilan, et qu'on a successivement rapporté au grenat, à l'idocrase et même au zircon. M. Mohs l'appelle *grenat prismatique*.

M. Haüy, qui a pu l'étudier sur des échantillons bien caractérisés, a reconnu ce minéral pour une espèce particulière, à laquelle il a donné le nom spécifique, et en rapport avec une nomenclature générale et scientifique, d'Essonite (*masc.*). C'est sous ce nom que nous allons le décrire.

L'Essonite est un peu plus dur que le quarz, et se présente sous l'aspect d'une pierre translucide, d'un rouge hyacinthe tirant sur l'orangé, avec un éclat vitreux, quelquefois un peu gras. Sa pesanteur spécifique est de 3,6.

Sa cassure est ordinairement conchoïde, mais quelques joints qu'on aperçoit sur certains grains, ont permis à M. Haüy d'en déterminer la forme primitive et de les rapporter à un prisme droit à base rhombe, dont l'incidence des pans est de 102ᵈ 40, et 77ᵈ 20. On voit, en outre, des joints qui naissent sur les arêtes longitudinales du prisme, et qui sont obliques à l'axe. Il a la réfraction simple, ce qui fait douter aux physiciens que sa forme primitive soit un prisme à base rhombe.

Exposé à l'action du chalumeau, il perd sa couleur et se fond aisément en un globule vitreux, d'un gris verdâtre, brun à l'extérieur. Il a une très-foible action sur l'aiguille aimantée.

L'essonite est composé, d'après Klaproth,

de chaux...................... 51
d'alumine..................... 21
de silice...................... 59
de fer oxidé.................. 06,5

L'essonite se montre, dans les collections, en grains de la grosseur d'un pois, ou en petites masses de quelques centimètres de diamètre. Ses couleurs varient entre le jaune orangé rougeâtre, semblable à celui de l'infusion de cannelle, et le jaune pâle et un peu rougeâtre du miel.

Cette pierre est apportée de Ceilan en grains ou isolés ou agrégés, et du Brésil en morceaux de deux à trois centimètres de diamètre. Elle est assez répandue dans le commerce de la joaillerie, mais uniquement comme pierre de curiosité, et connue sous le nom de hyacinthe. M. Jameson dit qu'elle se trouve aussi dans le gneiss près de Kincardine, dans le Rossshire en Ecosse.

On a donné le nom de kanelstein à des pierres très-différentes de celle-ci, et qu'on peut rapporter à des espèces connues. Ainsi le kanelstein de Porto-Ricco et celui du Groenland sont des zircons: les kanelsteins du Brésil en petits cristaux dodécaèdres, sont des grenats. Enfin, l'analyse publiée par M. Lampadius d'une pierre qu'il désigne sous le nom de kanelstein, ne peut pas se rapporter à l'essonite. (B.)

KANGUROO. (*Mamm.*) Ce nom, donné par les naturels de la Nouvelle-Hollande à un grand mammifère de l'ordre des marsupiaux, a été transporté, par M. Geoffroy Saint-Hilaire, à plusieurs espèces qui ne diffèrent de la première que par quelques caractères spécifiques.

Ces animaux sont remarquables par l'extrême disproportion qui existe entre leurs membres antérieurs et les postérieurs : on diroit même que toute la partie supérieure de leur corps a été en quelque sorte sacrifiée à la partie inférieure; leurs pieds de derrière sont d'une force et d'une longueur étonnantes, et leur queue, par son épaisseur et la vigueur de ses muscles, leur rend autant de services qu'une troisième jambe ; les extrémités antérieures, au contraire, sont très-petites et grêles.

ainsi que la tête et la partie antérieure du corps. Cette conformation leur permet une station totalement verticale, et leur queue forme alors, avec les pieds postérieurs, un trépied solide, dont la pesanteur des parties supérieures ne peut détruire l'équilibre : les kanguroos, dans cette position, se tiennent appuyés sur leurs longs métatarses, ce qui ajoute encore à leur stabilité.

Leurs pieds de devant ont cinq doigts armés d'ongles forts, anguleux en dessus, plats en dessous et légèrement arqués : ces doigts sont peu longs, mais libres. Le médius est le plus grand ; puis viennent l'annulaire, l'index, l'externe et le pouce : la paume est entièrement nue. Les pieds de derrière n'ont que quatre doigts; l'avant-dernier est très-fort et le plus long ; il est terminé par un ongle très-gros et en forme de sabot alongé ; l'externe, presqu'aussi fort que le précédent, est cependant beaucoup plus court, et son ongle est moins gros; ces deux doigts sont libres, tandis que les deux premiers sont unis ensemble par la peau, de manière à ne représenter qu'un seul petit doigt, qui seroit terminé par deux ongles foibles, courts et comprimés; la plante des pieds est nue; le métatarse et la jambe sont très-alongés, et celle-ci est presque du double plus longue que la cuisse : la queue est très-forte très-épaisse, et entièrement couverte d'un poil court. Les poils sont de deux sortes, les soyeux et les laineux; les premiers ne se trouvent qu'aux membres, à la tête et à la queue; tandis que les seconds couvrent tout le reste du corps, et il se trouve des soies noires assez roides, mais courtes et peu nombreuses, à la lèvre supérieure, aux sourcils, sous l'œil et sous la gorge. Les yeux ont les pupilles rondes; les oreilles sont de grandeur médiocre et d'une structure assez simple ; les narines ouvertes sont environnées d'un mufle ou tout-à-fait velues. La langue est douce et la lèvre supérieure fendue.

Les kanguroos ne possèdent que deux sortes de dents, des incisives et des molaires: les premières sont au nombre de six à la mâchoire supérieure, et de deux seulement à l'inférieure, et séparées des molaires par un grand espace vide; les supérieures sont contiguës, disposées sur une ligne courbe, courtes, plates et tranchantes: les inférieures sont grandes, droites. assez plates, pointues, intimement rapprochées l'une de l'autre.

et parallèles au plan de la mâchoire, c'est-à-dire, tout-à-fait couchées en avant.

Les molaires sont au nombre de cinq à chaque côté des deux mâchoires; la première est comprimée et à couronne tranchante et légèrement dentelée; les quatre autres ont leur couronne carrée, et formée de deux collines transverses, réunies à leur base par une saillie : ces collines sont tranchantes dans le jeune âge : mais à mesure qu'elles s'usent par la mastication, elles disparoissent, et ne laissent à leur place qu'une surface plate ou même concave; et l'émail, rentrant des deux côtés externe et interne de la dent, forme deux replis qui, se rencontrant au centre de la couronne, la divisent en deux parties. A la première dentition, ces molaires sont, de même qu'à la seconde, au nombre de cinq; mais la dernière postérieure n'est pas poussée, et la première antérieure, ou la tranchante, est remplacée par deux autres plus petites, dont la première est de la même forme, quoique plus épaisse, et la seconde est semblable aux autres molaires.

La verge n'est point fourchue chez ces animaux comme chez les didelphes, mais elle est cylindrique, pointue, et placée en arrière d'un scrotum volumineux; et les femelles possèdent, comme celles des derniers, une matrice à deux anses et une poche ventrale, dans laquelle les petits, ordinairement au nombre de deux à quatre, prennent leur accroissement et se réfugient encore, quoique assez forts, lorsque quelque danger les menace.

Ce sont des animaux herbivores, qui vont en très-petites troupes, conduites, dit-on, par de vieux mâles; ils se tiennent dans des endroits boisés, et peuvent facilement multiplier dans nos contrées. Leur chair est fort bonne à manger, et il pourroit être utile pour nous de les introduire dans nos parcs et nos forêts.

Ils ont deux modes de progression, le saut et la marche, celle-ci est rampante et gênée; les quatre pattes sur le sol, ils enlèvent leur partie postérieure en se servant de leur queue, appuyée sur la terre, comme d'un ressort; et, ramenant les jambes de derrière près de celles de devant, ils portent celles-ci en avant; continuant cet exercice, ils avancent avec assez de vitesse : mais effrayés ou poursuivis, ils font des sauts de vingt ou trente pieds d'étendue, et de six à neuf de hauteur, en se servant aussi de leur queue comme d'un ressort.

L'on peut diviser ce genre en deux groupes ou sous-genres bien distincts, d'après la considération des muffles ; les uns, en manquant totalement et n'ayant qu'une très-petite bordure nue et glanduleuse au bord supérieur de chaque narine, tandis que les autres en ont un fort développé qui entoure les narines, et est divisé, dans sa partie moyenne, par un petit sillon.

Les premiers, ou les kanguroos proprement dits, se font remarquer par une grande taille, une tête longue, pointue et effilée, et des oreilles grandes, ovales et velues ; ils ont en outre les extrémités antérieures plus longues que les espèces qui ont un muffle, et la queue plus courte, et plus forte.

Les espèces qui composent ce sous-genre viennent toutes de la Nouvelle-Hollande, et sont fort difficiles à déterminer : leurs caractères distinctifs ne reposant que sur quelques légères variations du pelage, et celles qui diffèrent entre elles le plus à cet égard, trouvant dans les autres espèces une échelle de nuances qui les lient l'une à l'autre : elles ont toutes reçu de Gmelin le nom de *didelphis gigantea*, et de Shaw celui de *macropus major*.

Les descriptions qui suivent ont été faites sur les individus du Muséum, qui ont offert le plus de différence entre eux.

Le KANGUROO GÉANT ; *macropus major*, Shaw (Kanguroo brun enfumé, Geoff. ; Kanguroo géant, F. Cuv., Histoire nat. des Mamm.)

Brun roux cannelle, plus pâle en dessous, plus foncé en dessus ; bout du museau, derrière de l'oreille, pieds et mains, derrière du coude et du talon, dessus et bout du dessous de la queue d'un brun noir très-foncé, gorge grisâtre. Il a presque la grandeur d'un mouton.

Le KANGUROO A MOUSTACHES (Kanguroo à moustaches, Geoff.).

D'un brun noir roussâtre foncé, résultant de poils brun noir, à pointe roux pâle ; le dessous du corps, l'intérieur des membres, la partie inférieure de l'avant-bras et de la jambe, et le tarse, sont d'un blanc roussâtre : le tour de la bouche est blanchâtre, les côtés inférieurs de la tête sont gris ; on trouve une petite bande noire de chaque côté du dessous du menton : les oreilles,

les doigts et le bout de la queue sont d'un brun noir, et les soies des moustaches sont longues, fournies et contournées en demi-cercle, avec leur pointe en bas. Un peu moindre que le précédent.

Le Kanguroo gris-roux (Kanguroo gris-roux, Geoff.).

D'un gris-roux blond, mêlé de grisâtre ; le dessous du corps est d'un blond très-pâle, ainsi que l'intérieur des membres ; la queue et le bout des doigts sont d'un noirâtre roux ; les oreilles sont rousses. De la taille du précédent.

Le Kanguroo vineux.

D'un gris vineux foncé, provenant d'un égal mélange de poils roux vineux et de gris ; le dessous du corps et l'intérieur des membres sont d'un gris blanc ; la lèvre supérieure est blanchâtre, ainsi que le menton : une bande roux-clair va du dessus du museau à l'œil. Le tarse est blanchâtre ; les doigts sont noirâtres ; le dessous de la queue est roussâtre ; les oreilles sont brun-pâle et noires à la pointe. Du tiers moindre que le kanguroo géant.

Le Kanguroo a cou roux (Kanguroo à cou roux, Geoff.).

D'un roux vif sur les côtés du corps, le dessus du cou, des membres et la cuisse ; d'un roux gris sur le reste du dessus du corps, résultant de poils argentés, mêlés en petit nombre avec les roux ; dessous du corps, intérieur des membres et tour de la bouche d'un blanc roux ; queue d'un gris noir en dessus, blanchâtre en dessous ; oreilles roussâtres. Moindre que le précédent.

Les kanguroos à mufle ou filandres, sont de petites espèces à tête plus courte et plus large que celle des espèces précédentes ; à membres antérieurs beaucoup plus petits, et, comme on l'a dit plus haut, à mufle bien entier, et divisé vers le milieu par un sillon.

Ils ont aussi les oreilles plus courtes et plus arrondies, et la queue plus longue et moins forte.

L'on remarque encore que le bout des os nasaux, qui, dans les kanguroos sans mufle, vient à peine à la moitié des os intermaxillaires, se continue dans ceux-ci jusqu'au bout de ces os.

Le plus anciennement connu est

Le Philander d'Aroë, ou Lapin d'Arou des Malais (Kanguroo filandre, Geoff. ; *Didelphis Brunii*, Gmel.).

D'un roux noir ; le dessous du corps et l'intérieur des membres d'un blanc roussâtre sale : la gorge est grise, et le museau, les doigts, toute la queue et le bout des oreilles sont d'un brun noir très-foncé ; la queue est un peu moins longue que le corps. Les deux incisives intermédiaires sont, dans cette espèce, plus longues et plus pointues que les autres ; et la taille est celle d'un moyen chien de chasse.

Une espèce plus nouvellement découverte

Le KANGUROO ÉLÉGANT (*Kangurus fasciatus*, Peron et Le Sueur, Atlas des Voyages aux Terres Australes ; Kanguroo élégant, Geoff.),

Est roux en dessus, légèrement ondé de grisâtre, et d'un blanc gris en dessous ; la partie antérieure de la tête est d'un roux assez vif ; les membres sont roussâtres ; la queue est d'un noir roux, et aussi longue que le corps ; et les oreilles sont brunes.

Sa taille est à peine celle d'un lapin, et il se trouve en grand nombre sur plusieurs points du continent de l'Australasie, où il vit en troupes, se frayant des sentiers dans des buissons impénétrables, formés d'une espèce de *mimosa* noueux et rabougri, qui ne s'élève pas à plus de deux ou trois pieds, et couvre une grande partie de la surface du terrain.

Un autre philandre, donné au Muséum par M. de Labillardière, et venant de la terre de Diémen,

Est d'un brun sale, avec le dessous du corps roussâtre ; le carpe et le tarse sont d'un brun pourpré, et la lèvre supérieure est rousse ; le poil est très touffu, et beaucoup plus long sur la nuque que dans les parties environnantes. Les oreilles sont courtes et en ovale arrondi. A peu près aussi grand que le précédent.

Enfin, M. Gaimard, chirurgien en second sur la corvette *l'Uranie*, de l'expédition du capitaine Freycinet, a aussi donné au Muséum, en décembre 1820, une nouvelle espèce de philandre,

D'un gris roux ; le dessous du corps plus pâle ; la queue rousse et noirâtre à l'extrémité : les oreilles sont petites, très-larges et anguleuses ; les trois ongles intermédiaires de la main sont très-longs, grêles et un peu recourbés.

Du Port-Jackson, et plus petit d'un bon tiers que le kanguroo élégant. L'individu qui a servi à cette description étoit indiqué comme étant un jeune. (F. C.)

KANGURUH. (*Mamm.*) Voyez KANGUROO. (F. C.)

KANICHI. (*Ornith.*) Voyez KAMICHI. (CH. D.)

KANIET (*Bot.*), nom arabe du ciste, suivant Mentzel. (J.)

KANIKITSOK. (*Ichthyol.*) Voyez ITEKIVDLEK. (H. C.)

KANIN, KANINCHEN (*Mamm.*), noms du lapin dans plusieurs langues d'origine germanique. (F. C.)

KANIOK. (*Ichthyol.*) Dans le Groenland, on donne ce nom au scorpion de mer. Voyez COTTE. (H. C.)

KANIOR. (*Bot.*) A Java c'est le nom du *curcuma*, et aussi celui du *kœmpferia rotunda* de Willdenow. (LFM.)

KANIUINAK. (*Ichthyol.*) Voyez KANIOK. (H. C.)

KANKAM ou KANKAN (*Mamm.*), nom de la civette en Ethiopie, suivant l'Histoire générale des Voyages. (F. C.)

KANNA. (*Bot.*) Kolbe, dans sa description du cap de Bonne-Espérance, parle avec éloge de la racine de ce nom, dont les Hottentots font un grand cas. Ils la regardent comme le meilleur des confortatifs, et sont disposés à faire de grands sacrifices pour s'en procurer. L'Européen qui leur en donne, se concilie sûrement leur affection. Elle a le volume et la forme de la racine du *ginseng* de la Chine, et Kolbe cite le témoignage d'un médecin établi au Cap, qui affirmoit que le kanna étoit le ginseng lui-même, et qu'il l'avoit trouvé vivant au Cap. Cependant il n'est point cité par les botanistes qui ont parcouru les environs du Cap où ils n'ont trouvé que deux ou trois ombellifères. (J.)

KANNAME. (*Bot.*) C'est le nom japonois d'un alizier, *cratægus glabra* de M. Thunberg, qui est maintenant un *photinia* de M. Lindley. (J.)

KANNAWA-KORAKA. (*Bot.*) C'est, à Ceilan, l'arbre duquel degoutte la gomme gutte, *gummi gutta*, *gutta gamba*, le même déjà indiqué ici sous les noms de *ghoraka* et *gœthaghoraka*. Hermann, dans son *Mus. Zeyl.*, dit que c'est le *carcapuli* d'Acosta, que son fruit, de la grosseur d'une cerise, est doux et bon à manger; Kœnig, qui l'a observé à Ceilan, le nomme *guttæfera*, et ce nom a été changé par Schreber en celui de *stalagmitis*. (J.)

KANNELI-ITTI-KANNI, KASJAN. (*Bot.*) La plante citée

par Rhèede, qui porte ces noms au Malabar, paroît appartenir au genre *Loranthus*. (J.)

KANNELSTEIN. ( *Min.*) Voyez KANELSTEIN. ( B.)

KANNUMÉ (*Ichthyol.*), nom arabe d'un MORMYRE. Voyez
ce mot. ( H. C.)

KANSI. (*Bot.*) Voyez KAADSI. (J.)

KANSJIRAM-MARAVARA (*Bot.*), nom malabare cité par
Rhèede, du *sonou* des Brames, qui est l'*epidendrum aloifolium*
de Linnæus. (J.)

KANTA. (*Bot.*) Champignons d'une substance mucide et
aqueuse, se desséchant en peu de temps à l'air sec en une substance spongieuse; formés, à l'état frais, de filets cylindriques
ramifiés au sommet, et réunis en bas, dans la plus grande partie
de leur longueur, en une masse spongieuse. Ce genre, établi
par Adanson, comprend, 1.° le *byssus* de Dillen, *Musc.*, tab. 1,
fig. 18-19, que M. Persoon rapporte à son *racodium rupestre*.
Linnæus a cru que ces figures représentoient son *byssus antiquitatis*; mais il paroît à tort, puisque, d'après des observations
modernes, le *byssus antiquitatis* de Linnæus ne seroit que le
*collema nigrum* naissant; 2.° les *byssus* de Micheli, *Nov. Gen.*,
tab. 90, fig. 1, 5, 7, qui sont le *dematium strigosum*, Pers.,
et deux plantes difficiles à déterminer.

Le genre *Kanta* n'a pas été adopté. (LEM.)

KANTCHAN (*Ornith.*), nom du cygne chez les Koriaques.
(CH. D.)

KANTUFFA (*Bot.*), nom d'un acacia très-épineux d'Abys-
sinie, mentionné par Bruce. (J.)

KAOLIN. (*Min.*) Voyez ARGILE KAOLIN et TERRE A POR-
CELAINE. (B.)

KAOUANE. (*Erpétol.*) Voyez CAOUANE et CHÉLONÉE. (H. C.)

KAOUGOULKAK (*Ornith.*), nom générique des corbeaux
chez les Kamtschadals. (CH. D.)

KAPA-MAVA, KASJAVO-MARAN (*Bot.*), noms malabares
de l'acajou, *cassuvium* de Rumph, *anacardium occidentale* de
Linnæus, qui est le *kasjo* des Brames. (J.)

KAPARAWALLI. (*Bot.*) Hermann cite, à Ceilan, sous ce
nom, une plante rampante de jardin, à odeur et saveur forte
et agréable, qu'il prend pour une menthe : Burmann et Linnæus l'indiquent sous le même nom. (J.)

KAPAS. (*Bot.*) M. Leschenault, dans son herbier de Java, cite ce nom pour le *gossypium herbaceum*, et celui de *kapas blanda* pour le *gossypium arboreum*. (J.)

KAPASSA (*Mamm.*), nom que l'on donne, à Angola en Afrique, à une espèce de ruminant, peut-être à un antilope. (F. C.)

KAPA-TSJAKKA (*Bot.*), nom malabare de l'ananas. (J.)

KAPHAN. (*Ornith.*) Ce nom, et ceux de *kapaun*, *kappun*, *kapun*, désignent le chapon, dans Gesner, Aldrovande et Schwenckfeld. (Ch. D.)

KAPHTAR. (*Ornith.*), nom du pigeon en Perse. (Ch. D.)

KAPIRA ou KAPIRAT. (*Ichthyol.*) Voyez Notoptère. (H. C.)

KAPISALIRKSOAK. (*Ichthyol.*) Dans le Groenland, on donne ce nom aux saumons. (H. C.)

KAPISELIKAN. (*Ichthyol.*) Dans le Groenland, on appelle ainsi le hareng. Voyez Clupée. (H. C.)

KAPOCK (*Bot.*), nom malais du *panja-panjala* des Malabares, *sangori* des Brames, qui est le *bombax pentandrum*, espèce de fromager. (J.)

KAPOUA (*Ornith.*), nom donné, par les naturels de la Guiane, au jacana-peca, *parra brasiliensis*, Lath. (Ch. D.)

KAPPA-KELENGU (*Bot.*), nom malabare, suivant Rhèede, de la patate, *convolvulus batatas*. (J.)

KAPPAR (*Bot.*), nom arabe, cité par Daléchamps, duquel est dérivé celui du câprier, *capparis*. Forskal et M. Delile le nomment *kabar*. (J.)

KAPRASILA. (*Bot.*) Voyez Desura. (J.)

KAPUÆPALA (*Bot.*), nom du *sida spinosa*, à Ceilan. (J.)

KAPUKANŒSSA. (*Bot.*) L'abelmosch, *hibiscus abelmoschus*, est ainsi nommé à Ceilan. (J.)

KAPUSTNIK (*Mamm.*), nom du lamantin, au Kamtschatka. (F. C.)

KARA (*Bot.*), nom égyptien de la citrouille et de quelques unes de ses variétés. Il est aussi écrit *qara*. (J.)

KARA. (*Ornith.*) Cet oiseau, nommé aussi *arou* chez les Russes, *aroun* chez les Kamtschadals, et *aara* chez les Kourils, est un guillemot, *colymbus*, de l'espèce *troile* ou *arcticus*. (Ch. D.)

KARA-ANGOLAM (*Bot.*), nom malabare de l'*alangiam* de M. de Lamarck, genre de la famille des myrtées, qu'Adanson et Scopoli nomment *angolamia*. (J.)

KARABATAK (*Ornith.*), nom donné par les Turcs au petit grèbe huppé, *colymbus auritus*, Linn. (Ch. D.)

KARABÉ. (*Min.*) Voyez Succin. (B.)

KARABÉ DE SODOME, Romé de l'Isle. (*Min.*) Voyez Bitume asphalte. (B.)

KARABILA (*Bot.*), nom du *momordica charantia*, à Ceilan. (J.)

KARABOU (*Bot.*), nom brame du *kari-bepou* du Malabar, que Rhèede regarde comme congénère de son *aria-bepou*, qui est le *melia azadirachta*. (J.)

KARABURNO. (*Ornith.*) Le voyageur Shaw dit que l'oiseau de proie qui porte ce nom en Barbarie, est un épervier de la taille de notre buse, qui a le bec noir, les yeux rouges, les pieds jaunes, le dos d'un blanc cendré, les ailes noires, le ventre et la queue blanchâtres. (Ch. D.)

KARAD (*Bot.*), un des noms arabes de l'*acacia nilotica*, suivant Forskal. Il est écrit *qarad* par M. Delile. (J.)

KARÆBU (*Bot.*), nom de la larme de Job, *coix*, à Ceilan, suivant Hermann. Le *mahakaræbu* est une variété plus grande. Le *karambu* est une autre espèce ou variété plus petite, et croissant dans les marais. Le *welkiri* appartient peut-être au même genre ou au *scleria*. (J.)

KARAGAN. (*Mamm.*), nom kirguis d'une espèce du genre Chien, voisin des renards dont parle Pallas. Voyez Chien. (F. C.)

KARAGASU, KARAGI (*Bot.*), noms japonois du ricin ordinaire, suivant Kæmpfer. (J.)

KARAGATKI. (*Ornith.*) Ce nom et celui de *krassnye utki* sont donnés, le long du Volga, à une espèce de canard roux, *anas rutila*. Suivant les auteurs des Découvertes faites en Russie, tom. I, p. 417, il paroît que c'est le même oiseau qu'on appelle *karagat* en Sibérie. (Ch. D.)

KARAIA. (*Bot.*) Voyez Hedycrea. (J.)

KARA-IMO, IMO. (*Bot.*) Noms japonois d'un liseron, *convolvulus edulis* de M. Thunberg, dont la racine tubéreuse, de la grosseur du poing, est bonne à manger comme la patate.

24.                                                23

Elle a été portée primitivement au Japon par les Portugais, et on la cultive beaucoup dans les cantons montagneux voisins de Nangasaki. (J.)

KARAKAXA (*Ornith.*), nom, en grec moderne, du geai d'Europe, *corvus glandarius*. Linn. (Ch. D.)

KARAKIN. (*Ornith.*) Un des noms qui, suivant Salerne, sont donnés à la rousserolle, *turdus arundinaceus*, Linn., qu'on appelle aussi, dit-il, *courakin*. (Ch. D.)

KARAKURULGOYA (*Ornith.*), nom que donnent les Singalois à l'épervier à collier, *falco melanoleucus*, Lath. Voyez Kalu Kurulgoya. (Ch. D.)

KARALHÆBO. (*Bot.*) Nom d'une variété du cadelari, *achyranthes aspera*, à Ceilan. Le même est donné par Linnæus à l'*achyranthes lappacea*. (J.)

KARAMBOLE. (*Bot.*) Voyez Carambolier. (J.)

KARAMBOU. (*Bot.*) Nom de la canne à sucre aux environs de Salem, dans la presqu'île de l'Inde, suivant M. Leschenault qui en distingue trois variétés, dans le récit d'un Voyage imprimé dans le sixième volume des Mémoires du Muséum d'Histoire naturelle, où il fait mention de plusieurs autres végétaux cultivés dans le même lieu. (J.)

KARAMBU. (*Bot.*) Voyez Karæbu. (J.)

KARA-MEATZ, SEOSI (*Bot.*), noms du mélèze au Japon. *Kara-nas* est une variété de coignassier. (J.)

KARANGOLAM. (*Bot.*) Voyez Kara-angolam. (J.)

KARANGUE. (*Ichthyol.*) Voyez Carangue. (H. C.)

KARAOUA. (*Erpétol.*) A Cayenne, on donne ce nom à un lézard qui me paroit être l'Améiva. (Voyez ce mot.) C'est d'ailleurs le même animal que le taraguira de Marcgrave. (H. C.)

KARAOUIH (*Bot.*), nom arabe, suivant M. Delile, du carvi, *carum carvi*, dont on vend les graines dans les marchés de l'Egypte. (J.)

KARAPAT. (*Bot.*) Voyez Carapat. (J.)

KARAPPA (*Ichthyol.*), nom donné par Nieuhoff, voyageur hollandois, à un poisson des Indes, qu'il est impossible de déterminer, faute de renseignemens. (H. C.)

KARAQ-EL-BAHR (*Bot.*). nom égyptien de la lampourde, suivant M. Delile. (J.)

KARAQUETI (*Bot.*), nom caraïbe de la belle-de-nuit, *nyctago*, cité dans l'Herbier de Surian. (J.)

KARARA. (*Ornith.*) C'est ainsi que les naturels de Cayenne appellent l'anhinga, *plotus anhinga*. Linn. (Ch. D.)

KARARA-AOUABO (*Bot.*), nom du *medicago arborea*, dans la Guiane, suivant Barrère. (J.)

KARARANGHINA. (*Bot.*) Voyez Kikirindia. (J.)

KARARAOUA. (*Ornith.*) Barrère, Fr. Equinox., dit que les Indiens de la Guiane appellent ainsi l'ara bleu et jaune, *psittacus ararauna*, Linn. (Ch. D.)

KARAROUIMA. (*Ornith.*) Les naturels de la Guiane appellent ainsi les toucans, *ramphastos*, Linn. (Ch. D.)

KARASIÆ (*Bot.*), nom arabe du cerisier, suivant Forskal. (J.)

KARAS-MUGGI. (*Bot.*) Voyez Jenbaku. (J.)

KARASS (*Ichthyol.*), un des noms allemands du Carassin, *cyprinus carassius*. Voyez ce mot. (H. C.)

KARASUNO-SENI. (*Bot.*) Voyez Kai. (J.)

KARA-TADE, TAKA-TADE. (*Bot.*) La clématite du Japon y est ainsi nommée. (J.)

KARATAS (*Bot.*), nom américain, adopté comme générique par Plumier, pour désigner la plante dénommée postérieurement *bromelia karatus* par Linnæus, et citronnier de terre par les colons des Antilles. (J.)

KARA-TSJIRA (*Bot.*), nom malabare d'un pourpier que Rhèede croit être peu différent du pourpier ordinaire. (J.)

KARAUSCHE. (*Ichthyol.*) En Saxe, on appelle ainsi le Carassin, *cyprinus carassius*. Voyez ce mot. (H. C.)

KARAUSSE. (*Ichthyol.*) En Silésie, on donne ce nom au Carassin. *cyprinus carassius*. Voyez ce mot. (H. C.)

KARAVAIKR (*Ornith.*), nom de l'ibis noir, *tantalu niger*, Lath., sur les bords de l'Iaïk. (Ch. D.)

KARAVA-PULLU (*Bot.*), nom malabare du *cynosurus indicus* de Linnæus, qui est maintenant un *eleusine*. (J.)

KARAVIA (*Bot.*), nom arabe du carvi, selon Daléchamps. (J.)

KARAYSCHE. (*Ichthyol.*) Voyez Karass. (H. C.)

KARCHOUM-EL-NAGEB. (*Bot.*) Voyez Gatba. (J.)

KARE-KANDEL, KANDEQUE. (*Bot.*) L'arbre de ce nom

existant au Malabar, a des feuilles lisses, un peu épaisses, rapprochées au sommet des rameaux; les fleurs sont en bouquets ou corymbes axillaires. Leur calice est à sept divisions. La corolle, admise par Adanson, paroît ne pas exister. La figure présente une gaîne intérieure très-courte, formée de la réunion de quatorze filets, dont la moitié porte des petites anthères: l'autre moitié est stérile. L'ovaire libre, surmonté d'un style et d'un stigmate, devient une baie monosperme. Adanson, qui admettoit des pétales et un ovaire adhérent au calice, en faisoit un genre qu'il plaçoit à côté des myrtes. L'ovaire libre et les filets stériles le rapprocheroient davantage des samydées. (J.)

KARE-KEROU (*Bot.*), nom de la vanille à gros fruits, dans la Guiane, suivant Barrère. (J.)

KARETA-TSJORI-VALLI. (*Bot.*) Nom malabare d'une plante de la famille des vinifères, que Burmann rapporte au *vitis trifolia*, mais qui, n'ayant que quatre pétales et une seule graine, doit être plutôt un *cissus*. Les Brames la nomment *dou-carberi-valli*. (J.)

KARETA-VALLI. (*Bot.*) Plante du Malabar, citée par Rhèede, qui est une espèce de *cissus* dans la famille des vinifères. (J.)

KARETELA (*Bot.*), nom brame du *corypha umbraculifera*, genre de palmier. (J.)

KARETTA. (*Erpétol.*) Russel a figuré, sous ce nom, la couleuvre galathée, de Daudin, jolie espèce de reptile ophidien, qui vit au Coromandel. (H. C.)

KARETTA-AMEL-PODI. (*Bot.*) Voyez AMELI. (J.)

KARGOS (*Mamm.*), nom persan du lièvre, suivant ce que dit Buffon. (F. C.)

KARI-BEPOU (*Bot.*) Voyez KARABOU. (J.)

KARI. (*Bot.*) Voyez KATAPA. (J.)

KARIBOU (*Mamm.*), nom que quelques peuplades du nord de l'Amérique septentrionale donnent au renne de ces contrées. (F. C.)

KARIFFER. (*Ornith.*) Voyez KNEIFER. (CH. D.)

KARII-KANDEL (*Bot.*), nom malabare d'un palétuvier, *rhizophora cylindrica*. (J.)

KARIIL. (*Bot.*) Nom malabare d'un grand arbre à feuilles

digitées, que Linnæus croyoit être son *sterculia fœtida*, en quoi il a été copié par plusieurs auteurs; mais le *sterculia* a un fruit composé de cinq capsules ordinairement coriaces, uniloculaires et polyspermes. Le fruit du kariil, au contraire, est un seul brou de la forme et grosseur d'une petite prune contenant un noyau monosperme. Dès lors cet arbre ne peut être un *sterculia*, et on ne sait à quel genre le rapporter avec certitude. (J.)

KARIM-GALLI (*Bot.*), nom donné, dans l'ile de Ceilan, à un arbre que Rottboll regardoit comme un plaqueminier, *diospyros*, mais qui, à raison de ses étamines nombreuses, doit être reporté à l'*embryopteris* de Gærtner, genre voisin. (J.)

KARIN, KARNI. (*Bot.*) Voyez HARIN. (J.)

KARINBALAPALA (*Bot.*), nom brame du *syaltia* du Malabar, qui est le *dillenia indica*. (J.)

KARINE. (*Ornith.*) Buffon cite ce nom parmi ceux que l'on donne à la corneille corbine, *corvus corone*, Linn. (CH. D.)

KARIN-NIOTA. (*Bot.*) Cette plante de la côte Malabare, citée par Rhèede, paroît être la même que le *niota* de M. Lamarck, nommée *mauduyta* dans les manuscrits de Commerson. Elle doit être réunie au genre *Samadera* de Gærtner, dans la nouvelle famille des ochnacées. Adanson la nomme *lokandi*. (J.)

KARIN-POLA (*Bot.*), nom malabare, suivant Rhèede, d'une espèce de gouet de l'Inde, *arum ovatum*. (J.)

KARIN-TAGERA. (*Bot.*) Espèce de casse du Malabar, citée seulement par Rhèede. (J.)

KARINIA-KALI. (*Bot.*) La plante, citée par Rhèede sous ce nom malabare, est le *psychotria herbacea* de Linnæus. (J.)

KARINTH (*Bot.*), nom hébreu de l'origan, suivant Mentzel. (J.)

KARI-VILLANDI. (*Bot.*) Voyez CARI-VILLANDI. (J.)

KARIVI-VALLI. (*Bot.*) Voyez GOINTI. (J.)

KARI WELI-PANNA-MARAVARA. (*Bot.*) Rhèede figure sous ce nom malabare (*Hort. Mal.*, 12, tab. 17), une fougère haute d'un pied environ, et qui croit sur les arbes. Cette plante se trouve non seulement sur la côte Malabare, mais encore à Java, à Sumatra, etc. C'est le *polypodium parasiticum*, Linn., qui est une espèce d'*aspidium* pour Swartz, Willdenow, etc. (LEM.)

KARKAN (*Bot.*), nom hébreu du safran, suivant Mentzel. (J.)

KARKOLIX. (*Ornith.*) L'oiseau auquel Gesner applique ce nom, corrompu du grec, est le coucou d'Europe, *cuculus canorus*, Linn. (CH. D.)

KARKSAUK. (*Ornith.*) L'oiseau, que les Groenlandois nomment ainsi, est le *colymbus septentrionalis*, Linn., le *colymbus lumme* de Brunnich, et le petit plongeon des mers du Nord, de Buffon. (CH. D.)

KARMEN (*Bot.*), nom arabe du chiendent, *gramen*, suivant Mentzel. (J.)

KARMOUTH (*Ichthyol.*), nom égyptien d'un poisson du Nil. Voyez MACROPTÉRONOTE. (H. C.)

KARMUTH. (*Ichthyol.*) Voyez GARAMIT. (H. C.)

KARODI. (*Bot.*) Ce nom brame est donné au *podava-kelengu* du Malabar, suivant Rhéede, qui compare cette plante au *cara* du Brésil, mentionné par Pison et Marcgrave. Elle a le port d'un *smilax* ou d'un igname, une racine tubéreuse très-grosse, une tige sarmenteuse et épineuse, des feuilles alternes grandes, marquées de plusieurs nervures dans leur longueur. Les fleurs, portées sur de longs pédoncules axillaires et uniflores, sont divisées en cinq à huit lobes longs, étroits, et extrêmement frangés à leur sommet. Il est probable que ces fleurs sont mâles; car l'auteur n'a point vu de fruit. Elles ont de la ressemblance avec celles de l'anguine, *trichosanthes*, genre de cucurbitacées; ce qui peut faire présumer que cette plante appartient à la même famille. (J.)

KAROPITLA. (*Bot.*) Ancien nom barbare du *catananche*, cité dans la table d'Adanson. (H. CASS.)

KAROREPA (*Bot.*), nom hongrois du navet, suivant Mentzel. (J.)

KAROU-BOKADAM. (*Erpétol.*) A Ganjam, au Bengale, on appelle ainsi la couleuvre cerbère, qui est l'*hydrus rhyncops* de M. Schneider. Nous avons décrit cette espèce, tom. XI, pag. 210 de ce Dictionnaire. (H. C.)

KARPATON. (*Bot.*) Genre de plantes dicotylédones, à fleurs complètes, monopétalées, de la famille des *caprifoliées*, de la *diandrie monogynie* de Linnæus, qui a des rapports avec le *Diervilla*, offrant pour caractère essentiel : Un calice adhérent, à quatre dents ; une corolle tubulée, à quatre découpures, en deux lèvres ; deux étamines, à deux lobes écartés ; un ovaire inférieur ; un style placé sous la lèvre supérieure de la corolle ; un stigmate simple ; une capsule couronnée par le calice (à une seule loge ?), à quatre semences.

KARPATON HASTÉ ; *Karpaton hastatum*, Rafin. *in* Rob. *Fl. Ludov.*, pag. 79. Arbrisseau découvert par Robin, à la Louisiane. Ses tiges sont anguleuses, hautes d'environ trois pieds ; les rameaux fastigiés, garnis de feuilles sessiles, opposées, oblongues, hastées, glabres, acuminées, inégalement dentées vers leur base ; les fleurs petites, axillaires, agglomérées, sessiles, verticillées. (POIR.)

KARPFENBRUT. (*Ichthyol.*) En Allemagne, on appelle ainsi les carpes de l'âge d'un an. Voyez CARPE. ( H. C.)

KARPFEN HERING (*Ichthyol.*), nom que les Allemands donnent à la clupée apalike de M. de Lacépède. Voyez MÉGALOPE. (H. C.)

KARPOU-OULOUNDOU (*Bot.*), nom d'un haricot, *phaseolus max*, dans la presqu'île de l'Inde, aux environs de Salem, suivant M. Leschenault. (J.)

KARRAH-KULAK. (*Mamm.*) C'est le nom turc d'une espèce de chat, dont, par contraction on a fait CARACAL. Voyez ce mot. (F. C.)

KARRAK (*Ichthyol.*), nom spécifique d'un ANARRHIQUE. Voyez ce mot. ( H. C.)

KARRATT. (*Ornith.*) On appelle ainsi, à la Nouvelle-Hollande, le kakatoès banksien, *psittacus Banksii*, Lath. (CH. D.)

KARROCK. (*Ornith.*) L'oiseau ainsi nommé dans la Nouvelle Galles du Sud, est le cassican karrock, *cassicus cyanoleucus*, Lath. (CH. D.)

KARRUWEY (*Ichthyol.*), nom spécifique d'un ophicéphale ; ce nom est tiré de la langue des Tamouls. Voyez OPHICÉPHALE. (H. C.)

KARSAUC. (*Ornith.*) Voyez KAARSAAK. (CH. D.)

**KARSCHE.** (*Ichthyol.*) Dans la Basse-Silésie, on donne ce nom au carassin. Voyez|Cyprin. (H. C.)

**KARSTENITE.** (*Min.*) Le minéral résultant de la combinaison de la chaux et de l'acide sulfurique dans la proportion de 40 à 60, sans eau, n'a réellement pas de nom, car, *chaux anhydro-sulfatée* est, comme on voit, une définition faite avec une expression négative que, certes, on n'eût pas employée si la connoissance de ce minéral eût précédé celle du gypse. (C'est lui qu'on eût appelé *chaux sulfatée*, et on auroit nommé le gypse *chaux-hydrosulfatée*.) Or, si on veut être conséquent et faire une nomenclature réellement significative, il faudra en venir à ce changement, qui probablement ne sera pas le dernier si la science continue à faire des progrès. On a voulu donner un nom simple à cette substance, et on l'a nommée *anhydrite*, *muriacite*, *spath cubique*, etc.; noms entrainant des significations encore plus vagues et plus fausses. On ne pourra se tirer de ce véritable *imbroglio* qu'en donnant à cette espèce minérale un nom simple et véritablement insignifiant. M. Freisleben nous dit dans son ouvrage sur les schistes cuivreux, tom. 2, pag. 137, que M. Haberli a proposé de donner le nom de *karstenite* à la chaux sulfatée sans eau, en cristaux dérivant du parallélipipède rectangle. Nous sommes disposés à admettre cette dénomination si aucune autre véritable espèce minérale n'a encore été dédiée au célèbre minéralogiste Karsten. (B.)

**KARSTIN ou OTRELITHE.** (*Min.*) C'est tout ce qui est dit de cette substance dans une liste de minéraux non encore déterminés par Werner et insérée dans le Recueil intitulé *Auswahl*, etc., de la Société minéralogique Wernerienne de Dresde, tom. 1, pag. 208. Peut-être en saurons-nous davantage lorsque nous en serons à la lettre O. Alors nous le dirons au mot Otrelithe. (B.)

**KARTAM** (*Bot.*), nom arabe d'où dérive celui de Carthame. Voyez ce mot. (J.)

**KARUDSE.** (*Ichthyol.*) En Danemarck, on appelle de ce nom le carassin. Voyez Carassin, *cyprinus carassius*. (H. C.)

**KARUKA.** (*Ornith.*) Cette espèce de poule sultane est le porphyrion karuka, *rallus phœnicurus* de Gmelin, et *porphyrio phœnicurus* de M. Vieillot, qui cite comme synonyme le *kalu kerenaka* de l'île de Ceilan. (Ch. D.)

**KARUMB** (*Bot.*), nom arabe du chou, selon Daléchamps. Il est nommé *krumb* par Forskal, et c'est de là probablement que dérive le nom *crambe*, donné au chou marin. (J.)

**KARUT** (*Ichthyol.*), nom d'un poisson des côtes de Tranquebar, que Bloch a fait rentrer dans son genre Johnius, et M. de Lacépède dans celui des Labres. Voyez ces mots. (H. C.)

**KARUTZ.** (*Ichthyol.*) En Westphalie, on appelle ainsi le Carassin, *cyprinus carassius.* Voyez ce mot. (H. C.)

**KARYA.** (*Bot.*) Noix ou fruit du noyer en grec. (Desm.)

**KARYOKATACTES.** (*Ornith.*) Gesner a formé cette dénomination grecque pour l'appliquer au casse-noix, *corvus caryocatactes*, Linn. (Ch. D.)

**KASAILO.** (*Bot.*) Nom brame du *ben-theca* du Malabar, dont Adanson fait son genre *Benteca* qu'il place dans la troisième section de sa famille des airelles, en lui donnant, d'après Rhèede, pour caractères: un calice à cinq dents; une corolle monopétale, à cinq divisions; cinq étamines; un ovaire surmonté d'un style et un stigmate, devenant une baie à deux loges polyspermes. Scopoli et Necker adoptent le même genre et le même caractère qui ne sont point encore admis dans les ouvrages généraux plus modernes : ces mêmes auteurs le confondent avec l'*ambelania* d'Aublet qui paroît très-différent (J.)

**KASARKA.** (*Ornith.*) Cet oiseau, qu'on nomme aussi *kassark*, et dont il est fait mention dans les découvertes faites en Russie par plusieurs voyageurs, tom. 6, pag. 377, et dans le 3.ᵉ vol. in-8° des Voyages de Pallas, p. 421, est l'*anas rutila* de cet auteur, l'*anas kasarka* de Gmelin et de Latham, et l'*anser kasarka* de M. Vieillot. (Ch. D.)

**KASBAS** (*Bot.*), un des noms arabes du pavot, suivant Avicenne cité par Mentzel. (J.)

**KASBIAKO, KONOKKO-JURI** (*Bot.*), noms japonois d'un lis, qui est le *lilium japonicum* de M. Thunberg. (J.)

**KASCHAP** (*Bot.*), nom hébreu du prunier, suivant Mentzel. (J.)

**KASCHOUÉ.** (*Ichthyol.*) Voyez Kachoué et Mormyre. (H. C.)

**KASÉOUANN.** (*Bot.*) Adanson dit que les habitans du Sénégal nomment ainsi le *sphæranthus.* (H. Cass.)

KASISTON ( *Bot.* ), nom arabe du glayeul , selon Daléchamps. (J.)

KASIWA. ( *Bot.* ) Voyez Faku. (J.)

KASJAN. ( *Bot.* ) Kanneli-itti-kanni. (J.)

KASJAVO-MARAN. ( *Bot.* ) Arbre du Malabar, *sarani* des Brames , qui, d'après la figure et la description de Rhéede, a les feuilles opposées, les fleurs en bouquets axillaires. Elles ont un calice à quatre dents; quatre pétales; huit étamines; un style; un stigmate; et l'ovaire qui paroit infère, devient une baie contenant un noyau monosperme. Si l'on suppose ce caractère exact , cet arbre devroit appartenir aux myrtoïdes et prendre place près du *mouriria* et du *memecylon.* Il ne faut pas le confondre avec un autre *kasjavo-maram* qui est l'acajou. (J.)

KASJMIRI ( *Ichthyol.* ), un des noms arabes du Kasmira. Voyez ce mot. (H. C.)

KASJO , KASJAVO-MARAM. ( *Bot.* ) Voyez Kapa - mava. (J.)

KASJUO-KADSURA ( *Bot.* ), nom japonois de l'igname cultivé, *dioscorea sativa*, suivant M. Thunberg. ( J.)

KASJUWA, KOKU ( *Bot.* ), noms du *quercus dentata* de M. Thunberg, au Japon. (J.)

KASMIRA. ( *Ichthyol.* ) Forskal a décrit sous le nom de *sciæna kasmira*, un poisson de la mer Rouge, que M. de Lacépède a nommé labre kasmira , et que nous avons décrit sous la dénomination de Diacope du Bengale , tom. XIII, pag. 155 de ce Dictionnaire. (H. C.)

KASNATIS. ( *Ornith.* ) On lit dans l'Histoire générale des Voyages, tom. 5, édit. in-4°, pag. 557, que les ambassadeurs hollandois, Van Campen et Constantin Noble, firent à l'empereur de la Chine un présent composé, entre autres objets, de quatre œufs de *kasnatis*, et, pag. 560, que cet empereur leur fit demander quels étoient les oiseaux qui produisoient ces œufs. La suite de la relation ne donne pas la réponse à cette question; mais, comme il s'agissoit sans doute d'œufs extraordinaires, et que, dans la langue hollandoise, le *casoar* se nomme *kasuaris*, on peut supposer quelque altération dans l'orthographe du mot *kasnatis*, ce qui en rendroit l'explication fort simple. (Ch. D.)

KAS-NO-KI. (*Bot.*) Un chêne, *quercus glauca* de M. Thunberg, est ainsi nommé au Japon. (J.)

KASOURI (*Bot.*), nom brame du *katou-indel* des Malabares, *elate sylvestris*, genre de palmier.(J.)

KASPER. (*Ornith.*) Voyez DERKACZ. (CH. D.)

KASSAB. (*Bot.*) Nom arabe donné, suivant Forskal, par les habitans de l'Yemen, au grand roseau, *arundo donax* (maintenant *Donax*, genre distinct), qui est nommé *buz-haggni* dans l'Egypte. C'est le *qasab* de M. Delile. (J.)

KASSARK. (*Ornith.*) Voyez KASARKA. (CH. D.)

KASSAS (*Bot.*), nom égyptien de l'euphorbe des Canaries, suivant Forskal. (J.)

KASSUDA (*Bot.*) Voyez KAI. (J.)

KASTOR. (*Mamm.*) Voyez CASTOR. (F. C.)

KASTREL. (*Ornith.*) L'oiseau dont le nom est ainsi écrit dans Gesner et dans Aldrovande, est la cresserelle, *falco tinnunculus*, Linn., que les Anglois appellent *kestrel* et *kistrel*. (CH. D.)

KATA. (*Ornith.*) Ce nom arabe, qui s'écrit aussi *kattak*, désigne le ganga, *tetrao alchata*, Linn., dont Kazwni fait mention dans ses Merveilles de la Nature, et sur lequel on trouve des particularités à la page 54 des extraits de cet ouvrage, que M. Chézy a publiés en 1805. (CH. D.)

KATABAMI. (*Bot.*) L'oxalide ordinaire, *oxalis acetosella*, est ainsi nommée au Japon, suivant M. Thunberg, de même que l'*oxalis corniculata* nommé encore *sasjo* et *sinmogusa*. (J.)

KATABELLA. (*Ornith.*) Voyez HENHARRIER. (CH. D.)

KATAF. (*Bot.*) Nom arabe d'un *amyris* qui est, pour cette raison, l'*amyris kataf* de Forskal. Il dit, d'après le récit de quelques arabes, que, dans la saison pluvieuse, cet arbre se tuméfie beaucoup, et qu'on en extrait alors une poussière rouge et très-odorante que les femmes répandent sur leur tête. Forskal parle encore d'une autre espèce, *amyris kafal*, que les gens du pays regardent comme la même que la précédente, mais dans un âge plus avancé. Il pense cependant qu'elle est différente : le bois du kataf est blanc, celui du kafal est rouge et son tronc plus élevé. Tous deux sont balsamiques et très-odorans. Le bois du kafal est l'objet d'un grand commerce; on le transporte dans l'Egypte ou l'on impreigne de sa fumée les vases de terre, destinés à conserver l'eau, pour que cette eau y contracte une saveur que cette nation aime à y trouver. On tire aussi de cet arbre une gomme purgative. (J.)

KATAM ( *Bot.* ), nom arabe d'un buis , *buxus dioica* de Forskal. (J.)

KATAPA. (*Bot.*) Cet arbre du Malabar, nommé *kari* par les Brames, suivant Rhéede, est le même dont Commerson, dans ses manuscrits, fait son genre *Tubanthera*, qui paroit devoir se confondre dans la famille des rhamnées, avec le *ceanothus asiaticus* de Linnæus, ainsi que le *ceanothus macrocarpus* de Cavanilles. Il ne faut point confondre avec cet arbre le *catappa* de Rumph, *terminalia catappa*, qui appartient aux myrobolanées. (J.)

KATAPPING. (*Bot.*) M. Marsden, dans son Voyage à Sumatra, parle d'un arbre de ce nom, dont l'écorce est employée pour teindre les étoffes en noir. Le même emploi est indiqué par Rumph, pour son *catappa* qu'on peut croire être le même végétal. Le *katoopong* de la même île est un arbrisseau qui a le port d'une ortie et le fruit d'une ronce ; c'est peut-être l'*urtica baccifera*, ou une espèce voisine. (J.)

KATARODU, KATARODUWÆL (*Bot.*), noms d'une clitore, *clitoria ternatea*, à Ceilan. (J.)

KATAS. (*Bot.*) Voyez Catas. (J.)

KATEALHENER. (*Bot.*) C'est le même que le Chete-alhamar. Voyez ce mot. (J.)

KATEPINAKE ( *Bot.* ) Voyez Kadali. (J.)

KATHAAN (*Ornith.*), nom allemand, suivant Gesner, de la huppe, *upupa epops*, Linn. (Ch. D.)

KATHARALH (*Bot.*), nom de l'*heliotropium undulatum*, au Sénégal, cité dans un herbier de ce pays. (J.)

KATHUKARAMBA. ( *Bot.* ) L'arbre désigné, sous ce nom par Hermann, sous celui d'*acacia* par Burmann, de *nilicamaram* par Rhéede, reporté au *phyllanthus* par Linnæus, est maintenant le genre *Emblica*, dont le fruit est le mirobolan emblique des pharmaciens. (J.)

KATHUKARANDA. (*Bot.*) Voyez Cohomba. (J.)

KATHUKAROHITI, TSIE-MULLI (*Bot.*), noms du *barleria prionitis* à Ceilan, suivant Hermann et Linnæus. (J.)

KATHUTAMPALA. ( *Bot.* ) Ce nom est cité par Hermann ,

pour deux plantes amarantacées de Ceilan, l'amarante épineuse et la célosie nodiflore. Celle-ci est encore nommée *kumathya*. (J.)

KATHYEH (*Ornith.*), nom arabe de l'aigle de Thèbes, *aquila heliaca*, de M. Savigny, Syst. des Oiseaux d'Egypte, p. 22. (Cн. D.)

KATIAM. (*Bot.*) Marsden, dans son Voyage à Sumatra, parle d'un arbrisseau nommé ainsi par les habitans de Moosée, et *timboo akkar* par les Malais, lequel donne une teinture noire quand on le fait bouillir dans l'eau. (J.)

KATJANG-BALY (*Bot.*), nom malais. suivant Rumph, du cajan, *cytisus cajan* de Linnæus, *cajan* d'Adanson, *cajanus* de M. Decandolle. Le *katjang-kitsjil* est le *phaseolus radiatus*; le *katsjang-lauth* est le *phaseolus marinus*; le *katjang pocti* et le *katjang djanlan* sont deux autres haricots ou dolics moins connus. (J.)

KATJE-PIRING. (*Bot.*) A Java, on nomme ainsi l'*echites trifida*, suivant Burmann. (J.)

KATLA TUTTA. (*Erpétol.*) Russel a figuré sous ce nom indien une couleuvre du Vizagapatam. C'est la couleuvre russélie de Daudin. Elle est décrite, tom. XI, pag. 196 de ce Dictionnaire. (H. C.)

KATONG-GING. (*Bot.*) Voyez Foulilacra. (J.)

KATO-O-OO. (*Ornith.*) Voyez Koato-o-oo. (Cн. D.)

KATOU-BELOEREN. (*Bot.*) Linnæus cite cette plante du Malabar, pour son *hibiscus vitifolius*. (J.)

KATOU-ADAMBOE. (*Bot.*) L'arbre ainsi nommé au Malabar, suivant Rhèede, est une espèce du genre *Munchausia*, de la famille des lythraires. (J.)

KATOU-ALOU (*Bot.*), nom malabare du *ficus indica*. (J.)

KATOU-CONNA (*Bot.*), nom malabare du *mimosa bigemina* de Linnæus. (J.)

KATOU-INDEL (*Bot.*), nom malabare de l'*elate sylvestris*, genre de la famille des palmiers. (J.)

KATOU-INSCHI-KUA (*Bot.*), nom malabare du zerumbet, *amomum zerumbet*. (J.)

KATOU-KADALI (*Bot.*), nom malabare du *melastoma aspera*. (J.)

KATOU-KARUA (*Bot.*), nom malabare du *cannellier, laurus cinnamonum.* (J.)

KATOU, KATTU, KATU. (*Bot.*) L'*Hortus Malabaricus* de Rhéede contient un assez grand nombre de plantes très-différentes les unes des autres, qui ont l'un de ces pronoms adjectifs servant à les distinguer d'autres qui portent les mêmes noms, et exprimant probablement une espèce sauvage ou presque semblable. Quelques unes sont déjà citées précédemment avec le pronom *cattu* qui signifie peut-être la même chose. Plusieurs de ces plantes, décrites imparfaitement, mais assez bien gravées, ont pu être rapportées à des genres connus; d'autres sont encore indéterminées. Pour faciliter les recherches de ceux qui veulent étudier les plantes du Malabar, nous citons dans ce recueil toutes celles qui ont été notifiées par divers auteurs, et c'est pour remplir ce but, que nous plaçons ici, de la manière la plus abrégée, la série de celles que Rhéede a désignées par ces pronoms, et dont on peut déterminer l'espèce ou le genre. (J.)

KATOU-MAIL-CLOU (*Bot.*), nom malabare du *vitex latifolia* de M. Lamarck. (J.)

KATOU-NAREGAN. (*Bot.*) Cet arbre du Malabar a été placé par Adanson dans sa famille des onagres, et paroit tenir le milieu entre cette famille et les myrtées. (J.)

KATOU-PALA. (*Bot.*) Cet arbrisseau du Malabar paroit être une espèce de goyavier. (J.)

KATOU-PATSJOTTI. (*Bot.*) C'est, suivant Burmann, une variété du *croton castaneifolium.* (J.)

KATOU-PULCOLLI. (*Bot.*) Cette plante du Malabar a le port d'une fabagelle, *zygophyllum.* (J.)

KATOUR. (*Ichthyol.*) En Yakout, on donne ce nom à l'esturgeon ordinaire, *acipenser sturio.* Voyez Esturgeon. (H. C.)

KATOU-TANDALE-COTTI (*Bot.*), nom malabare du *crotolaria juncea.* (J.)

KATOU-THEKA (*Bot.*), nom malabare cité par Rhéede, d'un arbre qui paroit avoir de l'affinité avec le *psychotria* ou avec le *rutidea* dans la famille des rubiacées. (J.)

KATOU-TSJAMSOU. (*Bot.*) Espèce de jambosier du Malabar. (J.)

**KATOU-TSJOLAM.** (*Bot.*) C'est le *zizania terrestris* de Linnæus, qui a peut-être plus d'affinité avec un *scleria*. (J.)

**KATOUVOUA.** (*Ornith.*) L'oiseau que les naturels de la Guiane appellent ainsi, est le cormoran, *pelecanus carbo*, Linn. (Cɴ. D.)

**KATRACA.** (*Ornith.*) L'oiseau auquel on applique ce nom, qui s'écrit aussi *katraka*, est le parraqua, *phasianus paraqua*, Lath., dont Merrem a formé le genre *Ortalida*. (Cɴ. D.)

**KATSIIL-KELENGU** (*Bot.*), nom malabare du *dioscorea alata*, espèce d'igname. (J.)

**KATSJOU-PANEL** (*Bot.*), petit arbre du Malabar qui paroit appartenir à la famille des anonées. (J.)

**KATSJULA-KELENGU** (*Bot.*), nom malabare, cité par Rhèede et adopté par Adanson, du *kœmpferia galanga*. (J.)

**KATTAK.** (*Ornith.*) Voyez Kata. (Cɴ. D.)

**KATTENTOT.** (*Ichthyol.*) Voyez Brassem dans le Supplément du cinquième volume de ce Dictionnaire. (H. C.)

**KATTOUCOLI.** (*Ornith.*) Le P. Paulin dit, tom. 1, p. 421 de son Voyage aux Indes orientales, que ce nom est donné, dans le Malabar, à la poule sauvage, appelée en sanscrit *kikidivi*. (Cʜ. D.)

**KATTU-KELENGU.** (*Bot.*) Suivant Rhèede, ce nom est donné, sur la côte malabare, à un liseron, *convolvulus malabaricus* (J.)

**KATTUKO-KELANG.** (*Bot.*) On lit dans le *Mantissa* de Linnæus que son *cluytia stipularis* est ainsi nommé dans l'Inde. (J.)

**KATTU-TAGERA** (*Bot.*), nom malabare de l'*indigofera hirsuta*. (J.)

**KATTU-TUMBA.** (*Bot.*) Espèce de cataire du Malabar. (J.)

**KATTU-VAELLA-ERICU.** (*Bot.*) Selon Willdenow, le *tournefortia argentea* est ainsi nommé dans la langue tamed. (J.)

**KATU-BALA** (*Bot.*), nom malabare du *canna indica*, adopté par Adanson pour désigner le genre. (J.)

**KAT-UGLE.** (*Ornith.*) Les noms de *kat-ugle-hane* et de *bierg-ugle*, sont donnés en Norwège au grand-duc, *strix bubo*, Linn. (Cʜ. D.)

KATU-KAPEL (*Bot.*), nom malabare de *l'aletris hyacinthoï-des* de Linnæus, maintenant réuni au genre *Sanseviera* qui doit être placé dans les asparaginées, près du *dracæna*. (J.)

KATU-KARA-WALLI (*Bot.*), nom malabare du *pisonia mitis*, selon Linnæus; mais il a beaucoup plus d'affinité avec le *carthium* dans les rubiacées, à cause de son port et de son fruit contenant deux graines. (J.)

KATUKA-REKULA-PODA. (*Erpétol.*) Russel a désigné, par ce nom indien, la vipère élégante de Daudin. Voyez VIPÈRE. (H. C.)

KATU-KATSIIL (*Bot.*), nom malabare du *dioscorea bulbi-fera*. (J.)

KATU-KURKA (*Bot.*), nom malabare d'une espèce de cataire, *nepeta indica*, suivant Linnæus. (J.)

KATU-MULLA. (*Bot.*) Voyez CATU-PITSJEGAM-MULLA. (J.)

KATU-MURUNGHA. (*Bot.*) A Ceilan, on nomme ainsi le *muringu* du Malabar, *moringa* des botanistes, dont les graines sont les noix de ben. (J.)

KATU-PEE-TSJAUGA-PULPAM. (*Bot.*) C'est, selon Burmann, le *ruellia antipoda* de Linnæus. (J.)

KATU-PULVALLI. (*Bot.*) Burmann croit avec doute apparemment que c'est un *periploca* qu'il nomme *periploca dubia*. (J.)

KATU-RAVEN-KALENGU. (*Bot.*) Espèce d'igname du Malabar, à tige épineuse, *dioscorea pentaphylla*. (J.)

KATU TALI. (*Bot.*) Espèce de *begonia* du Malabar. (J.)

KATU-TSIACCA. (*Bot.*) Le *nauclea orientalis* est ainsi nommé au Malabar. (J.)

KATU-TSJANDI. (*Bot.*) Voyez CATTU-TSJANDI. (J.)

KATU-TSJETTI-PU (*Bot.*), nom malabare de *l'artemisia indica*. (J.)

KATU-TSJUREL. (*Bot.*) Le rotang, *calamus*, est ainsi nommé au Malabar. (J.)

KATU-UREN (*Bot.*), nom du *sida cordifolia* au Malabar. (J.)

KAUBQUAPPE (*Ichthyol.*), nom westphalien du chabot, *cottus gobio*. Voyez COTTE. (H. C.)

KAUDAR. (*Ornith.*) Voyez ANHINGA. (CH. D.)

KAUKA (*Bot.*), nom arabe d'un arbrisseau dont Forskal a fait un genre *Caucanthus* que nous avons rapporté depuis long-temps au *malpighia*, d'après la description faite par cet auteur (J.)

KAUKI, KAUKEN. (*Bot.*) Voyez KAKI. (J.)

KAUL BARSCH. (*Ichthyol.*) En Allemagne, on appelle ainsi la perche goujonnière. Voyez GREMILLE. (H. C.)

KAULFUSSIA. (*Bot.*) Dans un Recueil de Mémoires, im-primé à Bonn, en 1820, et intitulé *Horæ Physicæ Berolinenses*, on trouve ( page 53 ) la description d'un genre de plantes appartenant à l'ordre des synanthérées, et présenté comme nouveau, par M. Nées d'Esenbeck, sous le nom de *kaul-fussia.*

M. Nées suppose que, dans notre méthode de classification des synanthérées, le genre *Kaulfussia* doit faire partie de la tribu des hélianthées, et de la section des hélianthées-millé-riées. C'est une erreur très-grave : le genre *Kaulfussia* n'a pas le moindre rapport avec notre tribu des hélianthées; mais il appartient indubitablement à celle des astérées.

M. Nées soupçonne que le *kaulfussia* est la même espèce que notre *agathæa microphylla*, décrite dans l'article ASTER D'AFRIQUE de ce Dictionnaire, tom. III, Supplément, page 63, et dans le Bulletin des Sciences de novembre 1817, page 183 : mais nous pouvons affirmer que ce sont deux espèces très-différentes, et appartenant à deux genres très-différens, mais à la même tribu.

Le *kaulfussia* n'est point un genre nouveau, car nous l'avions décrit plus anciennement sous le nom de *charieis*, comme un nouveau genre de la tribu des astérées; notre description fut publiée d'abord dans le Bulletin des Sciences d'avril et mai 1817, pages 68 et 69; et bientôt après, elle fut reproduite avec plus de détails, dans l'article CHARIEIS de ce Dictionnaire, tome VIII, page 191. Ce huitième volume a été livré au public en août 1817. M. Nées, n'ayant publié le *kaulfussia* que trois ans après, ne peut être légitimement considéré comme le véritable auteur du genre; et par conséquent le nom de *charieis* doit être préferé à celui de *kaulfussia*. Le premier, dérivé d'un mot grec qui signifie *grâce*, exprime la beauté des fleurs de ce genre de plantes. Le second est dérivé du nom de M. Kaulfuss, professeur de philosophie, ami de M. Nées.

En comparant la description du *kaulfussia amelloides* avec celle du *charieis heterophylla*, et en supposant exacte la description faite par M. Nées, nous trouvions quelques différences qui sembloient nous autoriser à considérer les deux plantes comme deux espèces distinctes appartenant au même genre *Charieis*. C'est pourquoi, dans le Bulletin des Sciences de janvier 1821, page 13, nous avons proposé de nommer la plante de M. Nées, *charieis Neesii*.

Depuis cette époque, nous avons observé au Jardin du Roi une plante vivante du genre *Charieis;* et plus récemment, M. Nées a eu la complaisance de nous envoyer quelques fragmens d'une calathide de son *kaulfussia*, dans une lettre où il avoue avec loyauté qu'il a eu tort de proposer sous ce nom, comme genre nouveau, un genre établi par nous, trois ans avant lui, sous le nom de *charieis*.

Voici la description de la plante du Jardin du Roi, qui étoit innommée, et qui fleurissoit au mois d'août.

Tige herbacée, haute de six à sept pouces, dressée, cylindrique, hispide, rameuse. Feuilles inférieures opposées, sessiles, semi-amplexicaules, étalées, longues d'environ deux pouces, larges de six lignes, oblongues, obtuses, subspatulées, entières, un peu épaisses et charnues, hispides sur les deux faces ; feuilles supérieures semblables aux inférieures, mais alternes et plus petites. Calathides solitaires au sommet de la tige et des rameaux, dont la partie supérieure est pédonculiforme, longue, grêle et nue ; chaque calathide large d'un pouce, à disque bleu; à couronne bleue, composée d'environ huit à douze languettes larges, oblongues, obtuses au sommet, un peu plus longues que le diamètre du disque. Calathide radiée : disque multiflore, régulariflore, androgyniflore; couronne unisériée, liguliflore, féminiflore. Péricline hémisphérico-cylindrique, un peu inférieur aux fleurs du disque; formé d'environ treize squames unisériées, égales, appliquées, hérissées de longs poils subulés et de petits poils capités : les unes étroites, linéaires, foliacées, sans bordure ; les autres pourvues sur chaque côté d'une bordure membraneuse ; toutes ciliées au sommet. Clinanthe planiuscule, alvéolé, à cloisons peu élevées, charnues, garnies de fimbrilles piliformes, extrêmement courtes. Ovaires du disque comprimés bilatéralement, obovoïdes-oblongs, bordés d'un bourrelet sur chaque arête extérieure et intérieure, et garnis de poils cylindriques, épais, obtus, échancrés au sommet, sillonnés longitudinalement, paroissant composés de deux poils entre-greffés; aigrette blanche, plus courte que la corolle, composée de squamellules égales, unisériées, entre-greffées à la base, filiformes, barbées, à partie inférieure inappendiculée. Ovaires de la couronne semblables à ceux du disque, mais inaigrettés. Corolles de la couronne à tube long de deux lignes, muni de poils capités, à languette bleue, elliptique-oblongue, à peine tridentée au sommet qui est très-obtus, longue de quatre lignes, large de près de deux lignes, se roulant en dehors aussitôt après la fécondation. Corolles du disque à limbe bleu, à cinq divisions à peu près égales, ainsi que les incisions qui les séparent. Styles du disque à deux stigmatophores inégaux en longueur, l'intérieur plus court.

L'individu que nous venons de décrire paroissoit avoir végété péniblement, en sorte qu'on peut supposer que, dans des circonstances favorables, l'espèce acquiert de plus grandes dimensions.

Nous avons remarqué, sur les fragmens d'échantillon de *kaulfussia* envoyés par M. Nées, que les cloisons des alvéoles du clinanthe sont comme tronquées, et point surmontées de fimbrilles.

La plante de l'herbier de M. de Jussieu, décrite dans le tome VIII de ce Dictionnaire, sous le nom de *charicis heterophylla*, celle du Jardin du Roi que nous venons de décrire, et celle que M. Nées a décrite sous le nom de *kaulfussia amelloides*, sont-elles trois espèces distinctes, ou seulement trois variétés notables d'une même espèce, ou même trois variations individuelles et accidentelles peu ou point remarquables ? Nous n'osons pas décider cette question, qui ne pourroit être résolue avec assurance qu'après l'examen comparatif de plusieurs individus des trois plantes observées vivantes et végétant dans les mêmes circonstances. Si les différences que nous avons remarquées sont constantes, la première doit conserver le nom de *charieis heterophylla*, la seconde pourra être nommée *charieis cærulea*, et la troisième *charieis Neesii*. Dans ce cas, voici quelques uns des caractères qui pourroient distinguer les trois espèces.

1. *Charieis heterophylla*. Annuel. Tige verticale, droite, simple inférieurement, divisée supérieurement en quelques rameaux dressés. Feuilles inférieures opposées. Calathides dressées. Disque jaune : couronne violette. Languettes aiguës au sommet, larges d'une ligne, presque quatre fois aussi longues que leur tube. Cloisons des fossettes du clinanthe, courtement fimbrillées. Aigrette aussi longue que la corolle.

2. *Charieis cærulea*. Annuel ? Tige dressée. Feuilles inférieures opposées. Disque et couronne, bleus. Languettes très-obtuses au sommet, larges de près de deux lignes, deux fois aussi longues que leur tube. Cloisons des alvéoles du clinanthe, courtement fimbrillées. Aigrette plus courte que la corolle.

3. *Charieis Neesii*. Bisannuel. Tige très-rameuse dès la base, à branches diffuses, tortueuses. Feuilles alternes. Calathides penchées. Disque violet : couronne bleue. Languettes obtuses au sommet. Cloisons des alvéoles du clinanthe, non fimbrillées. Aigrette longue comme le tube de la corolle.

Si les caractères que nous venons de tracer, et quelques autres que nous avons omis, ne sont point constans, les trois plantes devront être réunies sous le nom de *charieis heterophylla*, qui est le plus ancien. (H. Cass.)

KAULKOPF. (*Ichthyol.*) En Silésie, on appelle ainsi le chabot, *cottus gobio*. Voyez Cotte. (H. C.)

KAURINGU (*Bot.*), nom d'une espèce de sorgho, *holcus bicolor*, à Ceilan. (J.)

KAUROCH. (*Bot.*) Voyez Callidunion. (J.)

KAUS. (*Bot.*) Voyez Jaus. (J.)

KAUTZ. (*Ornith.*) Ce nom et celui de *käutzlein*, sont donnés, en Allemagne, à la chouette et à la chevêche, *strix ulula* et *passerina*. (Ch. D.)

KAUWAS (*Bot.*), nom du *kleinhovia*, dans l'île de Macassar, suivant Rumph. (J.)

KAVA. (*Bot.*) Forster, dans ses *Plantæ escul. insul. ocean. austr.*, cite sous ce nom son *piper methysticum*, espèce de poivre qui croît dans les îles de Sandwich. Il est nommé *ava* dans l'île d'Otaïti. (J.)

**KAVA-KANTE.** (*Ornith.*) Voyez Ka. (Ch. D.)

**KAVALAM.** (*Bot.*) Voyez Cavalam. (J.)

**KAVANDALI** (*Bot.*), nom brame du *nehoemeka* du Mala-bar, qui est, suivant Burmann, le *bryonia racemosa* de Lin-næus. Il ne faut point le confondre avec le Cavandely ou Ca-ca-palam, autre cucurbitacée. Voyez ces mots. (J.)

**KAVARA - PULLU** (*Bot.*), nom malabare du *cynosurus indicus* de Linnæus, réuni maintenant au genre *Eleusine*. (J.)

**KAVAUCHE.** (*Ichthyol.*) Les Tartares appellent ainsi une espèce de cyprin ou de carpe, qu'ils font sécher pour s'en nourrir en hiver. (H. C.)

**KAVEKIN.** (*Bot.*) Dans un ancien herbier de Coromandel, une espèce de *mimusops* est ainsi nommée par les Portugais, et *maglamaram* par les Indiens. Voyez Cavekine. (J.)

**KAVE-ORRE.** (*Ornith.*) L'oiseau ainsi nommé en Norwége, est le grisard de Buffon, *larus catarrhactes*. (Ch. D.)

**KAVIAC.** (*Ichthyol.*) Voyez Caviar. (H. C.)

**KAVILLI.** (*Bot.*) Voyez Chardel. (J.)

**KAVIO** (*Ornith.*), nom groenlandois du lagopède, *tetrao lagopus*, Linn. (Ch. D.)

**KAW.** (*Ornith.*) Voyez Ka. (Ch. D.)

**KAWALINGEKE** (*Ornith.*), nom des hirondelles chez les Koriaques, suivant Krascheninnikow. (Ch. D.)

**KAWARA-FISAGI.** (*Bot.*) Voyez Kakusju. (J.)

**KAWA-SOBU.** (*Bot.*) Nom japonois de *l'acorus calamus*, sui-vant M. Thunberg. Le nénuphar jaune est nommé *kawa bone* et *feifo*; le saule blanc est le *kawa-jamogi*. A Ceilan, on nomme *kawa-tumba*, ou *kautumba*, ou *kawa-tuwa* le *justicia echioides* de Linnæus. (J.)

**KAWUDHUKAKIN** (*Bot.*), nom du *bryonia cordata*, à Ceilan. (J.)

**KAWULA** (*Bot.*), nom de l'*anthoxanthum indicum*, plante graminée à Ceilan. (J.)

**KAYKAY.** (*Ornith.*) Les kakatoès sont ainsi nommés à Sumatra. (Ch. D.)

**KAYMAN.** (*Erpétol.*) Voyez Cayman. (H. C.)

**KAYOPOLLIN.** (*Mamm.*) Voyez Cayopollin. (F. C.)

**KAYOUROURÉ.** (*Mamm.*) Suivant Barrère, c'est le nom

d'un singe de Cayenne, qui est gris, avec la tête noire, sans doute d'une espèce de sapajou. C'est tout ce qu'on peut induire de ce qu'on rapporte du kayourouré. (F. C.)

KAY-VARAGOU (*Bot.*), nom du coracan de l'Inde, dans la langue tamoule, suivant M. Leschenault ( *Mem. Mus. Hist. nat.*, 6,318.) qui dit qu'on le prononce *kay-vous*, et qu'on en connoit trois variétés cultivées dans l'Inde. (J.)

KEBATH. (*Bot.*) Nom donné dans une partie de l'Arabie, suivant Forskal, au fruit de son *cissus arborea*, qui est, selon Vahl, le *salvadora persica* de Linnæus. Forskal dit que cette plante, nommée *ork*, est très-estimée; que son fruit, semblable à un raisin, est bon à manger; qu'on applique avec succès ses feuilles broyées, sur les tumeurs et bubons, et qu'elle est surtout regardée comme utile pour combattre les poisons. Dans d'autres cantons, elle est nommée *redif* et *rak*. Ce dernier nom est également cité, par M. Delile, pour le *salvadora*.

Forskal cite un autre *kebath* dont il a fait son genre *Cebatha* que nous avions rapporté au *menispermum*, et qui fait maintenant partie du *cocculus* de M. Decandolle. (J.)

KEBBAD (*Bot.*), nom arabe du *prenanthes spinosa* de Forskal. (J.)

KEBBELE. (*Bot.*) Nous possédons en herbier, sous ce nom, un échantillon, sans fructification, d'un arbre ou arbrisseau de l'Inde, lequel paroit être le *liriodendrum tulipifera*, ou une espèce voisine. (J.)

KEBEEB (*Bot.*), nom du *cotyledon spuria*, suivant Burmann, au cap de Bonne-Espérance, où il croît sur le bord de la mer. (J.)

KEBES. (*Mamm.*) Voyez Cebus. (F. C.)

KEB-NO-KI. (*Bot.*) C'est le sureau du Japon, *sambucus japonica* de M. Thunberg. (J.)

KEBOS, KEPHOS. (*Mamm.*) Voyez Cebus. (F. C.)

KEBUHAR (*Ornith.*), nom du jeune pigeon en Perse. (Cu. D.)

KEBUS, KEPHUS. (*Mamm.*) Voyez Cebus. (F. C.)

KECHR. (*Ichthyol.*) Voyez Keschené. (H. C.)

KEDANGU (*Bot.*), nom malabare, suivant Rhéede, du *kenanga* des Brames, *sesbania aculeata* de M. Poiret. (J.)

KEDDAD (*Bot.*), nom arabe d'un arbrisseau très-épineux du Levant, qui est le *colutea spinosa* de Forskal, l'*astragalus Rauvolfii* de Vahl, *astragalus tumidus* de Willdenow. (J.)

KEDROUKI (*Ornith.*), nom russe d'un oiseau que Krascheninnikow rapporte au *pica glandaria* de Steller. (Ch. D.)

KEELING (*Ichthyol.*), un des noms suisses de la Perche. Voyez ce mot. (H. C.)

KEEMBYA. (*Bot.*) Petit arbre de Ceilan, cité par Hermann, lequel paroît être le *toddalia*, genre de la famille des térébinthacées. (J.)

KEEP (*Ornith.*), nom hollandois du pinson d'Ardennes, *fringilla montifringilla*, Linn. (Ch. D.)

KEFAL BALUK. (*Ichthyol.*) En Turquie, on donne ce nom au mulet de mer, *mugil cephalus*. Voyez Muge. (H. C.)

KEFFEKILITE. (*Min.*) C'est, dit M. Fischer, dans les Mémoires de la Société des naturalistes de Moscow, un minéral gris de perle, bleuâtre, en grande masse, renfermant des rognons entourés d'un bord verdâtre mat, avec des particules de mica, à cassure esquilleuse, quelquefois conchoïde, mou, gras au touché, un peu happant à la langue, dont la pesanteur spécifique est de 2,4.

On l'a pris successivement pour de l'argillolite (thonstein), pour de l'argile lithomarge (marne endurcie), et pour de la magnésite plastique (écume de mer). M. Phlipps dit qu'à Constantinople le nom de keffekil qu'on donne à cette pierre, vient de celui de Keffa, ville de Crimée, d'où elle est tirée.

Il se trouve en Crimée, dans les environs de Backtschisaroï et de Sébastopole, non loin du village de Tschorgouna.

On cite comme variété de cette pierre, dont l'histoire semble consister uniquement dans le nom, une pierre argileuse, compacte, d'un rouge brun, à cassure conchoïde, et à odeur argileuse, ayant une apparence de jaspe, sans en avoir la dureté, venant de Wettin sur la Saal. (B.)

KEGGER (*Ornith.*), nom du héron commun, *ardea major* et *cinerea*, Linn., en Norwège. (Ch. D.)

KEGHÉ. (*Ornith.*) Voyez Keré. (Ch. D.)

KEGLEH (*Bot.*), nom arabe de la noix vomique, *strychnos*, suivant M. Delile. (J.)

KEGNOSSI. (*Ornith.*) La Chesnaye des Bois fait mention de cet oiseau au mot *joua*, comme passant pour sacré parmi les nègres de Sierra Leone. (Ch. D.)

KEGUL (*Ornith.*), nom que, suivant le P. Paulin, on donne au paon, dans le Malabar. (Ch. D.)

KEHELGHAHA (*Bot.*), nom du bananier, à Ceilan. (J.)

KEI, ASAMI (*Bot.*), noms japonois du *carduus eriophorus*, cité par Kæmpfer. (J.)

KEIB-GYR. (*Ornith.*) L'oiseau que Gesner désigne par ce nom, et Rzaczynski par celui de kib-geyer, est le vautour huppé de Brisson, *vultur cristatus*, id. et Gmel. (Ch. D.)

KEIKEITCH (*Ornith.*), nom kamtschadal du pic vert, *picus viridis*, Linn. (Ch. D.)

KEIPON. (*Mamm.*) C'est un nom de singe employé par Strabon, et qui, suivant Daléchamps, désigne le cephus ou le cebus d'Aristote. (F. C.)

KEIQUAM, KEITOGE. (*Bot.*) Une amarantine, *celosia cristata*, est ainsi nommée au Japon, suivant Kæmpfer et M. Thunberg. Elle est très-cultivée au Japon, et acquiert une grandeur considérable. (J.)

KEIRI. (*Bot.*) Voyez Cheiri. (J.)

KEISEMAN (*Bot.*), nom arabe du *justicia odora*, qui a une odeur douce, et dont les paysans arabes se forment des couronnes les jours de fête, au rapport de Forskal. (J.)

KEISENE, KERSENE (*Bot.*), noms arabes de l'ers, selon Daléchamps. (J.)

KEISUM-GEBELI (*Bot.*), nom arabe, cité par Forskal, de son *santolina fragrantissima*, qui est très odorant et passe pour un bon résolutif. (J.)

KEITOGE. (*Bot.*) Voyez Keiquam. (J.)

KEITSJO. (*Bot.*) L'*aster hispidus* de M. Thunberg est ainsi nommé au Japon. (J.)

KEKIRIJA (*Bot.*), nom d'un melon ou potiron de Ceilan, suivant Hermann. (J.)

KEKKO, KIKJO, KIRAKOO. (*Bot.*) Kæmpfer nomme ainsi une raiponce du Japon, *campanula glauca* de M. Thunberg, dont la racine lactescente passe pour jouir de grandes vertus qui approchent de celles attribuées à la racine de ninsin. (J.)

**KEKLIK** (*Ichthyol.*), nom spécifique d'un labre. C'est le *labrus perdica* de Forskal. Voyez Labre. (H. C.)

**KEKLIK BALUK** (*Ichthyol.*), nom turc du labre keklik. Voyez Labre. (H. C.)

**KEKROPIS** (*Ornith.*), nom grec de l'hirondelle de cheminée, *hirundo rustica*, Linn. (Ch. D.)

**KEKUAN-MOKF, KAIDE, MOMIDSI** (*Bot.*), noms japonois d'un érable, *acer palmatum*, de M. Thunberg. (J.)

**KEKUSCHKA.** (*Ornith.*) Le canard qui se nomme ainsi en langue russe, et dont on fait mention au troisième volume des Découvertes faites dans le Nord, p. 78, est l'*anas kekuschka*, Gmel. et Lath. (Ch. D.)

**KELADY** (*Bot.*), nom malais d'un *arum*, cité par Rumph, et existant dans quelques îles Moluques, lequel n'est point encore rapporté à une des espèces connues. (J.)

**KELB-EL-BAHR** et **KELB EL MOYEH.** (*Ichthyol.*) Par ces mots, qui signifient *chien de fleuve* et *chien d'eau*, les Egyptiens désignent l'*hydrocinus Forskahlii*. Voyez Hydrocyn et Hydrocyon. (H. C.)

**KELÉLÉ.** (*Bot.*) On dit que ce nom est celui d'un saule qui croît sur les bords du Niger, et que les nègres ont en grande vénération. (Lem.)

**KELI** (*Bot.*), nom brame du *basaala maravaram* du Malabar, *malaxis Rheedii* de Swartz. Le bananier est aussi nommé *kely* par les Brames. (J.)

**KELIN.** (*Bot.*) Plante de l'Inde, rampante, à tige carrée, feuilles opposées, ovales, à fleurs petites, en épis terminaux, etc. Ses racines tubéreuses sont mangées par les Indiens. (Lem.)

**KELLE** (*Bot.*), nom arabe, suivant Rauvolf, d'une carotte à graines lisses, *daucus visnaga*, nommée aussi herbe aux curedents. (J.)

**KELLOR.** (*Bot.*) A Java, on nomme ainsi le *guilandina nuga*, suivant Burmann, et le *moringa*, suivant Rumph. (J.)

**KELLU.** (*Bot.*) La plante de ce nom, citée en Egypte par Prosper Alpin, paroît être une salicorne ou une soude. Voyez Kali. (J.)

**KELTREU.** (*Ornith.*) Voyez Treguel. (Ch. D.)

**KELUK.** (*Ornith.*) Ce nom, qu'on écrit aussi *Zeluk*, est donné en Turquie, à l'avocette, *recurvirostra avocetta*, Linn. (Cꜧ. D.)

KEMA (*Bot.*), nom arabe de la truffe blanche, selon Avicenne. Voyez Kamabh. (Lem.)

KEMADRIUS (*Bot.*), un des noms arabes de la germandrée, selon Daléchamps. Voyez Chamædrys. (J.)

KEMEKETI. (*Bot.*) Dans l'Herbier de Surian, n.° 236, on trouve sous ce nom un arbrisseau qui a le port d'une sapindée, et le fruit membraneux du *kolreutera*, dont il diffère par les feuilles non pennées, mais simplement ternées. (J.)

KEMENI-CHERFA. (*Bot.*) Voyez Fay-gyongy. (J.)

KEMETRI. (*Bot.*) Voyez Cirmètre. (J.)

KEMMFISCH. (*Ichthyol.*) Les Hollandois qui habitent les Indes orientales, donnent ce nom au rémora. Voyez Echénéide. (H. C.)

KEMPERKENS (*Ornith.*), nom flamand du combattant, *tringa pugnax*, Linn., que les Hollandois appellent *kempfaan*. (Cꜧ. D.)

KEMPHANEM. (*Erpétol.*) Séba a décrit un lézard de ce nom, et qu'il est difficile de classer. (H. C.)

KEMUM (*Bot.*), nom arabe du cumin, selon Daléchamps. (J.)

KEMUNDO. (*Bot.*) Voyez Kikak-kusi. (J.)

KEN, KENPOKONAS, SICKU (*Bot.*), noms japonois, suivant Kæmpfer, d'un arbre dont M. Thunberg a fait son genre *Hovenia*, remarquable par les pédoncules de ses fleurs qui sont rameux, charnus et bons à manger. Un autre *ken* ou *quansio* est l'*hemerocallis fulva*. Un troisième *ken* ou *midsubaki* est pris par Kæmpfer pour un *nymphæa*. (J.)

KENANGA. (*Bot.*) Voyez Kedangu. (J.)

KENAR (*Ornith.*), nom arabe du canard sauvage, *anas boschas*, Linn. (Cꜧ. D.)

KENCOLOLO (*Ornith.*), nom donné par les nègres de Malimbe aux perdrix. (Cꜧ. D.)

KENGE (*Ichthyol.*), un des noms livoniens du hareng. Voyez Clupée. (H. C.)

KÉNIGE, *Kœnigia*. (*Bot.*) Genre de plantes dicotylédones, à fleurs incomplètes, de la famille des *polygonées*, de la *triandrie trigynie* de Linnæus, offrant pour caractère essentiel: Un calice à trois divisions profondes; point de corolle; trois étamines ; un ovaire supérieur; point de style; deux ou trois stigmates ; une semence nue.

Ce genre est, jusqu'à présent, borné à une seule espèce, que l'on cultive quelquefois dans les jardins de botanique, mais qui s'y conserve difficilement, surtout dans ceux des contrées méridionales. Il faut la semer au nord, dans une terre de bruyère très-humide, ou souvent arrosée.

KÉNIGE D'ISLANDE : *Kœnigia islandica*, Linn., *Mant.*, 35; Lamk., *Ill. gen.*, tab. 51; *Fl. Dan.*, tab. 418. Petite plante herbacée, annuelle, haute de deux ou trois pouces; la tige un peu succulente, à rameaux peu nombreux, très-étalés, opposés aux feuilles. Celles-ci sont alternes, renversées, ovales, légèrement pétiolées, un peu charnues, obtuses, très-entières, de la longueur des entre-nœuds; les terminales quaternées; les stipules solitaires, vaginales, comme celles des persicaires, placées entre les feuilles et persistantes. Les fleurs sont petites, nombreuses, persistantes, pédonculées, presque fasciculées, accompagnées de bractées membraneuses, dépourvues de corolle. Leur calice est composé de trois folioles concaves, ovales, persistantes; les filamens des étamines capillaires, plus courts que le calice; les anthères arrondies; l'ovaire privé de style, surmonté de deux ou trois stigmates rapprochés, colorés et velus. Le fruit est une semence nue, ovale, de la longueur du calice. Cette plante croît aux lieux inondés et argilleux, dans l'Islande, sur les montagnes et vers les bords de la mer. (POIR.)

KENKOO, SANE-KADSURA (*Bot.*), noms de l'*uvaria japonica* dans son pays natal. (J.)

KENKRAMOS (*Ornith.*), nom grec de l'ortolan, *emberiza hortulana*, Linn. (CH. D.)

KENLIE (*Mamm.*), nom du chacal, au cap de Bonne-Espérance. (F. C.)

KENNAPA (*Bot.*), nom brame du CURINIL. Voyez ce mot. (J.)

KENNÉ, KENNA (*Bot.*), noms arabes du troëne, selon Daléchamps. Il ajoute qu'on lui donne aussi celui de *henné*, appliqué plus spécialement au *lawsonia*. (J.)

KENNÉDIE, *Kennedia*. (*Bot.*) Genre de plantes dicotylédones, à fleurs complètes, papilionacées, de la famille des *légumineuses*, de la *diadelphie décandrie* de Linnæus, offrant pour

caractère essentiel : Un calice à deux lèvres, la supérieure
échancrée, l'inférieure à trois divisions égales; une corolle pa-
pilionacée ; l'étendard réfléchi, écarté de la carène; les ailes
appliquées contre la carène; un ovaire alongé ; le style court; le
stigmate obtus. Le fruit est une gousse alongée, à plusieurs loges,
séparées par des cloisons membraneuses; les semences munies
d'une caroncule autour du cordon ombilical.

Ce genre a été établi par Ventenat, pour plusieurs plantes
que Curtis avoit placées parmi les *glycine*, dont elles diffèrent
par l'étendard écarté de la carène, et principalement par les
gousses à plusieurs loges. Ventenat l'a consacré à la mémoire
de Kennedy, cultivateur distingué de Londres.

KENNÉDIE ÉCARLATE : *Kennedia coccinea*, Vent., *Malm.*, tab.
105 ; *Kennedia coccinea*, Brown, *in* Ait. *Hort. Kew.*, *edit. nov.*
De belles fleurs d'un rouge écarlate, marquées de deux taches
jaunes à la base de l'étendard, donnent à cette espèce beaucoup
d'éclat. Ses tiges sont ligneuses, couchées ou grimpantes ; ses
feuilles ternées; les folioles arrondies, velues en dessous, obtuses, ondulées à leurs bords; les pétioles velus; les stipules
en cœur, aiguës ; les fleurs axillaires, solitaires, leur pédoncule articulé dans le milieu, muni d'une bractée amplexicaule
et dentée. Cette plante croit à la Nouvelle-Hollande : on la
cultive au Jardin du Roi; elle passe l'hiver dans la serre
d'orangerie.

KENNÉDIE A FLEURS ROUGES : *Kennedia rubicunda*, Vent., *Malm.*,
pag. 104; *Glycine rubicunda*, Willd.; Curt., *Bot. Magaz.*, t. 268.
Cette espèce, très-voisine de la précédente, s'en distingue par
ses fleurs ordinairement au nombre de trois sur chaque pédoncule, de couleur rouge ou purpurine. Ses tiges sont grimpantes; ses feuilles alternes, ternées; les folioles oblongues,
obtuses, très-entières, couvertes dans leur jeunesse de poils
couchés et soyeux; la corolle longue d'un pouce. Cette espèce,
originaire de la Nouvelle-Hollande, est cultivée au Jardin du
Roi, dans la serre d'orangerie.

KENNÉDIE A FEUILLES SIMPLES : *Kennedia monophylla*, Vent.,
*Hort. Malm.*, tab. 106; *Kennedia monophylla*, Brown, *in* Ait.,
l. c.; *Glycine bimaculata*, Willd.; Curt., *Bot. Magaz.*, tab. 263.
Cette espèce, née à la Nouvelle-Hollande, et cultivée, comme
les précédentes, dans la serre d'orangerie, est bien distinguée

par ses fleurs bleues et ses feuilles simples. Ses tiges sont grimpantes et ligneuses ; ses feuilles ovales-lancéolées, arrondies
à leur base, mucronées au sommet, un peu pubescentes en
dessous, longues de trois pouces ; les pétioles longs d'un pouce,
munis à leur sommet de deux stipules courtes, subulées, qui
paroissent remplacer les deux folioles qui caractérisent les
autres espèces. Les fleurs sont disposées en grappes axillaires,
longues de deux ou trois pouces, légèrement ramifiées; la corolle bleue, marquée de deux taches verdâtres.

KENO (*Bot.*), nom égyptien du *carthamus lanatus*, Linn.,
cité dans la table d'Adanson. (H. Cass.)

KENPOKONES. (*Bot.*) Voyez Ken. (J.)

KENSIN, IBAKI-TORANOO (*Bot.*), noms japonois de la
bistorte, suivant M. Thunberg. On nomme aussi *ken-sin* son
*taxus verticillata*, espèce d'if. (J.)

KENTAN, ONI (*Bot.*), noms japonois du *lilium bulbiferum* et
du *lilium canadense*, suivant M. Thunberg. (J.)

KENTIA. (*Bot.*) Sous ce nom, Adanson fait un genre des
*trigonella spinosa* et *polyceratia*, auxquels il attribue un calice
court à cinq dents, des étamines diadelphes et des graines
aplaties, pendant qu'il trouve dans les autres espèces un calice
alongé, terminé par cinq arêtes, des étamines monodelphes
et des graines cylindriques. (J.)

KENTRANTHUS. (*Bot.*) Vaillant, voulant subdiviser le
genre de la valériane, avoit nommé *valerianoides*, les espèces
munies d'une seule étamine, et d'un long éperon au bas de la
corolle. Necker, adoptant ce genre, l'a nommé *kentranthus*,
et le même nom, écrit *centranthus* par M. Decandolle, a été
adopté, surtout depuis l'établissement de la nouvelle famille
des valérianées, composée de six genres, tous détachés de la
valériane. (J.)

KENTROPHYLLE, *Kentrophyllum*. (*Bot.*) [*Cinarocéphales*,
Juss.=*Syngénésie polygamie égale*, Linn.] Ce genre de plantes
appartient à l'ordre des synanthérées, et à la tribu naturelle
des centauriées. Voici ses caractères, que nous avons observés
sur plusieurs individus vivans et secs, sauvages et cultivés,
de *kentrophyllum luteum*.

Calathide incouronnée, équaliflore, multiflore, régulariflore, androgyniflore. Péricline ovoïde, très-inférieur aux

fleurs, si l'on fait abstraction des appendices des squames extérieures; squames régulièrement imbriquées, appliquées, coriaces : les extérieures très-courtes, surmontées d'un très-grand appendice foliiforme, étalé, lancéolé, subpinnatifide, denté, épineux; les intermédiaires ovales, surmontées d'un appendice foliiforme, moins grand; les intérieures oblongues, surmontées d'un petit appendice scarieux, roussàtre, lancéolé, denticulé, spinescent. Clinanthe épais, charnu, subhémisphérique ou conoïdal, garni de fimbrilles nombreuses, longues, inégales, libres, laminées, membraneuses, linéaires-subulées. Ovaires courts, épais, subtétragones, très-glabres, ridés; aréole apicilaire ne portant ni plateau ni anneau, mais entourée d'un rebord crénelé ou denticulé; aréole basilaire très-oblique-intérieure, large, plane, orbiculaire; aigrette nulle ou presque nulle sur les ovaires des deux rangs extérieurs; aigrette double sur les autres ovaires : l'extérieure deux fois aussi longue que l'ovaire, jaunâtre, composée de squamellules nombreuses, multisériées, régulièrement imbriquées, étagées, laminées-paléiformes, membraneuses-coriaces, subscarieuses, denticulées en scie sur les bords, les extérieures courtes, linéaires, élargies de bas en haut, tronquées ou échancrées au sommet, les intérieures longues, linéaires-lancéolées, aiguës; l'aigrette intérieure beaucoup plus courte que l'extérieure, composée de squamellules unisériées, contiguës, laminées, membraneuses, linéaires, tronquées, dentées. Corolles uniformes, régulières, à cinq divisions. Etamines à filet pourvu au milieu de sa longueur, d'une manchette de longs poils biapiculés; appendice apicilaire de l'anthère, arrondi au sommet.

Kentrophylle a fleurs jaunes : *Kentrophyllum luteum* ; *Carthamus lanatus*, Linn.; *Atractylis lanata*, Scop.; *Atractylis fusus agrestis*, Gærtn.; *Atractylis pilosa*, Mœnch; *Centaurea lanata*, Decand., *Fl. Franç.* C'est une plante herbacée, annuelle, haute de près de deux pieds, à tige dure, dressée, rameuse supérieurement, plus ou moins laineuse; ses feuilles sont alternes, sessiles, semi-amplexicaules, lancéolées, très-nerveuses, roides, pubescentes, subpinnatifides, à divisions distantes, aiguës, spinescentes; les feuilles inférieures plus découpées que les supérieures; les calathides, hautes d'environ quinze lignes , sont solitaires au sommet de la tige et des rameaux, et forment ensemble une sorte de corymbe simple; les corolles sont jaunes, à nervures noirâtres. Cette plante, connue vulgairement sous le nom de *chardon béni des Parisiens*, habite les terrains secs, les lieux incultes, le bord des chemins; on la trouve aux environs de Paris, où elle fleurit au mois de juillet; elle est un peu amère, et on la croit fébrifuge et sudorifique.

KENTROPHYLLE A FLEURS BLANCHES : *Kentrophyllum album; Carthamus creticus*, Linn.; *Actractylis leucophæa*, Gærtn., Mœnch. Cette seconde espèce, trouvée par Tournefort, dans l'ile de Crète ou de Candie, ressemble beaucoup à la précédente; mais elle est plus glabre; ses feuilles sont plus luisantes et moins découpées; les inférieures lyrées; les calathides sont composées de fleurs beaucoup moins nombreuses; les corolles sont blanches, à nervures noires; le péricline est un peu laineux.

Tournefort attribuoit les kentrophylles à son genre *Cnicus*, caractérisé par le péricline entouré de grandes feuilles, et composé de plusieurs espèces de divers genres, telles que les *atractylis* de Linnæus, la plupart des *carthamus* du même auteur, sa *centaurea benedicta*, son *carduus syriacus*. Vaillant a fait un genre *Atractylis*, bien caractérisé et comprenant les kentrophylles. Linnæus a rapporté ces plantes à son genre *Carthamus*, composé d'espèces non congénères, et caractérisé à peu près comme le *Cnicus* de Tournefort. Adanson, Scopoli, Gærtner et Mœnch ont adopté le genre *Atractylis* de Vaillant, et sous le même nom. Necker a donné au même genre le nom de *kentrophyllum*, et l'a caractérisé moins exactement que Vaillant. M. de Jussieu, croyant, sur la foi de Haller, que les fleurs marginales sont neutres, classa ces plantes dans son genre *Calcitrapa*, auprès du *centaurea benedicta* de Linnæus, qu'il attribue avec doute à ce genre. M. Decandolle, dans la Flore Française, considérant surtout que les fruits des plantes dont il s'agit ont l'ombilic latéral, c'est-à-dire , l'aréole basilaire oblique-intérieure, les a rapportées au genre *Centaurea* de Linnæus. Mais ensuite, dans son Premier Mémoire sur les Composées, il a adopté le genre *Kentrophyllum* de Necker, comme faisant partie de la division des centaurées.

Plusieurs des botanistes que nous venons de citer supposent que les kentrophylles ont les fleurs extérieures de la calathide stériles ou neutres, comme presque toutes les centauriées. Mœnch affirme, au contraire, que toutes les fleurs de la calathide sont réellement hermaphrodites, et nos observations sont parfaitement d'accord avec les siennes sur ce point. Ainsi, sous ce rapport, le genre *Kentrophyllum* semble s'éloigner un peu de la tribu des centauriées ; il s'en écarte aussi par ses ovaires qui sont parfaitement glabres, comme ceux des carduinées. Quant à l'obliquité de l'aréole basilaire, nous avons déjà eu l'occasion de dire que ce caractère n'appartient pas exclusivement à cette tribu, comme le croit M. Decandolle. (Voyez nos articles Jurinée et Crupine.) Les doutes qu'on peut avoir sur les affinités naturelles du genre *Kentrophyllum* deviennent encore plus sérieux, d'après nos observations sur la structure des étamines, qui présente une analogie frappante avec celle des étamines des *carduncellus* qui sont de la tribu des carduinées. En effet, dans les *carthamus cœruleus*, *mitissimus*, *creticus*, *lanatus*, nous avons observé une manchette située au milieu de la partie supérieure libre des filets des étamines, et analogue à celle que nous avons pareillement observée dans le *centaurea cyanus;* la manchette des quatre *carthamus* dont il s'agit est formée d'une touffe épaisse de très-longs poils droits, dirigés en tous sens, les uns vers le haut, les autres vers le bas, et qui entourent le filet, complètement dans les deux premières plantes, avec interruption sur la face intérieure, dans les deux autres. Il y a, en outre, ceci de remarquable, que les poils de chaque filet se greffent avec les poils des filets voisins, de sorte qu'il s'opère, par leur moyen, une connexion entre les cinq filets, au milieu de leur partie supérieure libre. Enfin, dans les quatre plantes citées, l'appendice apicilaire des anthères est linéaire et terminé en demi-cercle. Cependant, la structure de l'aigrette nous persuade que le genre *Kentrophyllum* est mieux placé dans la tribu des centauriées que dans celle des carduinées.

Quoi qu'il en soit, les kentrophylles doivent, sans aucun doute, constituer un genre distinct, qu'il seroit très-convenable de nommer, comme Vaillant et Gærtner, *Atractylis*, si Linnæus n'avoit pas consacré ce nom à un autre genre, et s'il n'y avoit pas de l'inconvénient à changer la nomenclature linnéenne, même lorsqu'elle est mauvaise.

Le vrai genre *Carthamus*, de Tournefort, Vaillant, Adanson, Gærtner, Mœnch, nous a offert les caractères suivans :

Calathide multiflore. Péricline ovoïde, inférieur aux fleurs; formé de squames imbriquées, appliquées, coriaces, interdilatées : les extérieures extrémement courtes, surmontées d'un très-grand appendice foliiforme, ovale, étalé; les intermédiaires ovales, surmontées d'un appendice moins grand, foliacé, suborbiculaire, étalé; les intérieures oblongues, surmontées d'un petit appendice inappliqué, subulé, scarieux, spinescent. Clinanthe épais, charnu, planiuscule, pourvu de fimbrilles longues, inégales, libres, subulées, laminées, membraneuses. Ovaires tous privés d'aigrette : les extérieurs alongés, grêles, stériles, inovulés; les autres courts, épais, tétragones, point comprimés, glabres, lisses, ovulés, ayant l'aréole basilaire très-large, suborbiculaire, très-peu oblique-intérieure. Corolles orangées, à tube long et grêle, à limbe divisé presque jusqu'à sa base en cinq lanières longues, linéaires. filets des étamines glabres, ou presque glabres, offrant parfois quelques petites papilles éparses qui sont des rudimens de poils avortés; appendices apiciaires des anthères, arrondis au sommet.

Quant au genre *Carduncellus* d'Adanson, il nous a présenté les caractères suivans, que nous avons plus particulièrement observés sur des individus vivans de *carthamus mitissimus*.

Péricline inférieur aux fleurs, ovoïde; formé de squames imbriquées, appliquées, interdilatées : les extérieures ovales, coriaces, surmontées d'un appendice inappliqué, foliacé; les intermédiaires ovales, coriaces, inappendiculées; les intérieures oblongues, surmontées d'un appendice inappliqué, scarieux, arrondi, denté. Clinanthe épais, charnu, plan, alvéolé, muni de fimbrilles courtes, inégales, subulées, charnues. Ovaires tétragones, peu comprimés, glabres, ridés : aréole apiciaire entourée d'un rebord denticulé; aréole basilaire un peu oblique-intérieure, très-large; aigrette longue, inégale, courbe, souvent chiffonnée ou flexueuse, composée de squamellules très-nombreuses, très-inégales, multisériées, imbriquées, irrégulièrement disposées, entassées, filiformes-laminées, irrégulièrement barbellulées sur les deux bords. Corolles bleues ou violettes, à limbe divisé presque jusqu'à sa base par des incisions à peu près égales. Filets des étamines munis au milieu d'une manchette de longs poils, et en quelque sorte monadelphes par les poils entre-greffés des cinq filets ; appendices apicilaires des anthères arrondis au sommet. ( Les incisions de la corolle sont moins profondes et plus inégales dans le *carthamus cæruleus.*)

Il résulte de ce qui précède, que les trois genres *Carthamus*, *Carduncellus* et *Kentrophyllum*, quoique très-analogues entre eux, sont réellement distincts, et ne doivent pas être confondus.

Il est bien probable que les *carthamus glaucus* et *oxyacantha* de Marschall appartiennent au genre *Kentrophyllum ;* mais nous ne pouvons pas l'affirmer, parce que nous n'avons point vu ces plantes.

Le même doute subsiste pour nous, à l'égard du *carthamus flavescens* de Willdenow, qu'on doit peut-être attribuer au vrai genre *Carthamus*, quoique ses fruits soient aigrettés, auquel cas il faudroit modifier le caractère du genre, comme a fait M. Decandolle, dans son Premier Mémoire sur les Composées. ( H. Cass. )

KENTROPHYLLUM. (*Bot.*) En examinant la description que Necker fait de ce genre nommé par lui, on croit y retrouver les caractères de l'*onobroma* de Gærtner, qui est le même que le *carthamoides* de Vaillant, et le *carduncellus* d'Adanson, d'Allioni et de M. Decandolle. En admettant ce genre, c'est ce dernier nom que l'on doit préférer. On y rapporte les *carthamus cæruleus*, *mitissimus*, *carduncellus*, *tiagitanus* de Linnæus; et le genre doit être placé à la suite du *carthamus*. Voyez l'article ci-dessus. (J.)

KENYSSAKOUL. (*Bot.*) Voyez Gatba. (J.)

KEOUGOLOK. (*Ornith.*) Les Tartares donnent ce nom à la grue blanche de Sibérie, *ardea gigantea*, Linn. (Ch. D.)

KEPHOS (*Ornith.*), nom grec des mouettes. (Ch. D.)

KEPLINGS (*Ichthyol.*), nom groenlandois d'un poisson rapporté, par les ichthyologistes du Nord, au genre Clupée, sous l'appellation de *clupea villosa*, Gmel., et par M. de Lacépède, au genre des saumons, sous celle de *salmo lodde*. Voyez Saumon. (H. C.)

KEPOLAK et KEPORKAK. (*Mamm.*) M. Lacépède rapporte ces noms à sa baleinoptère jubarte. Selon lui, le nom de kepor-karsoak désigne la baleinoptère gibbar au Groenland. Voyez BALEINE. (DESM.)

KERAFS (*Bot.*), nom arabe de l'ache des marais, *apium graveolens*, suivant Forskal. (J.)

KERAKA. (*Bot.*) Suivant Pococke, ce nom est donné par les Grecs au caroubier, *ceratonia*, qui est abondant dans l'ile de Chypre, où son fruit est estimé. On en transporte beaucoup en Egypte et dans la Syrie. (J.)

KERANNA, KESCH, DALI (*Bot.*), noms arabes, suivant Forskal, de son *cynanchum arboreum*, dont il dit que l'on mange le fruit cuit, dans quelques lieux de l'Arabie. (J.)

KERASELMA. (*Bot.*) Le genre *Euphorbia* est naturellement subdivisé en plusieurs sections. Necker en forme aussi qui lui sont propres, et il rapporte à son *keraselma* les espèces dont la tige est garnie de feuilles, et dont les appendices du calice commun sont lunulés ou terminés par deux pointes très-saillantes. (J.)

KERASS (*Bot.*), nom arabe, suivant M. Delile, de l'ache des marais, *apium graveolens*. (J.)

KERATE. (*Min.*) C'est un nom d'ordre dans le Nouveau Système de Minéralogie de M. Mohs, adopté par M. Jameson. Il réunit les muriates métalliques naturels, tels que l'argent, le mercure, qui ont généralement l'aspect de la corne. (B.)

KERATILITE et KEKATITE. (*Min.*) Lametherie et Pinkerton ont donné ce nom à un minéral qui paroît être notre PETROSILEX ou le SILEX CORNÉ. (Voyez ces mots.) Mais comme ils n'ont pas déterminé exactement les caractères de ce minéral, il est assez difficile de dire précisément à quelle espèce il se rapporte, et c'est d'ailleurs assez peu important. (B.)

KERATOPHYTE (*Zoophyt.*), mot que plusieurs auteurs anciens d'histoire naturelle ont employé pour désigner, d'une manière très-vague, les zoophytes dont l'axe est corné, comme les gorgones, les antipathes, de même qu'ils appeloient lithophytes, ceux dont cet axe est calcaire, comme le corail proprement dit. (DE B.)

KÉRATOPHYTE. (*Foss.*) Valérius a donné le nom générique de kératophyte à des polypiers fossiles dont la substance est cornée. L'on peut croire qu'il a voulu parler des gorgones fossiles. Voyez GORGONES FOSSILES. (D. F.)

KÉRATOPLATE ou CÉRATOPLATE, *Keratoplatus*. (*Entom.*) M. Bosc avoit désigné sous ce nom un genre d'insectes diptères, de la famille des *hydromyes*, voisin des tipules, dont les antennes sont larges et comprimées. Voyez CÉROPLATE, tom. VIII, pag. 6 de ce Dictionnaire. (C. D.)

KÉRAUDRÈNE, *Keraudrenia*. (*Bot.*) Genre de plantes dicotylédones, à fleurs incomplètes, de la famille des *buttnériacées* (R. Brown), de la tribu des *lasiopétalées* (Gay), de la *pentandrie trigynie*, Linn., offrant pour caractère essentiel : Un calice campanulé, pétaliforme, persistant; point de corolle ; cinq étamines toutes fertiles, rarement un sixième filament stérile; un ovaire supérieur, à trois côtes; trois styles connivens à leur partie supérieure ; une capsule à une seule loge, deux loges avortées; plusieurs semences réniformes.

KÉRAUDRÈNE A FEUILLES D'HERMANNIE; *Keraudrenia hermanniæfolia*, Gay, Mém., pag. 32, tab. 8. Arbrisseau qui se présente sous le port d'un *hermannia*. Ses tiges sont roides : ses rameaux courts; leur écorce pourprée, hérissée de poils étoilés et roussâtres; les feuilles courtes, alternes, pétiolées, ovales, elliptiques, sinuées ou un peu crépues à leur contour, hispides en dessus, tomenteuses et velues en dessous; les stipules petites, sétacées, subulées, persistantes, ciliées à leurs bords de dents pileuses. Les fleurs sont disposées en corymbes presque terminaux ; le pédoncule commun à peine plus long que les feuilles, tomenteux; les pédicelles articulés vers leur milieu, munis à leur base de bractées à peine sensibles; leur calice hispide et pubescent, à cinq découpures ovales, un peu aiguës; point de corolle; cinq filamens fertiles, égaux, subulés; les anthères linéaires-lancéolées, échancrées à leur base, s'ouvrant dans leur longueur; quelquefois un sixième filament stérile; un ovaire sessile, ovale, à trois loges, à trois côtes, surmonté de trois styles connivens à leur partie supérieure ; cinq ovules dans chaque loge. Le fruit est une capsule sphérique, tomenteuse, très-hérissée, à trois, plus ordinairement à une seule loge par avortement: une ou deux semences dans chaque loge. Cette plante croît sur les côtes de la Nouvelle-Hollande : elle y a été observée par M. Gaudichaud. (POIR.)

KERC'HEIZ. (*Ornith.*) En Basse-Bretagne on appelle ainsi le héron commun. *ardea major* et *cinerea*, Linn. (Ch. D.)

KERCKUNLE (*Ornith.*), nom flamand de la hulotte ou chat-huant, *strix aluco* et *stridula*, Linn. (Ch. D.)

KERÉ. (*Ornith.*) L'oiseau auquel les habitans de la Nouvelle Calédonie donnent ce nom ou celui de *keghé*, est la perruche à tête rouge, *psittacus cornutus*, Lath. (Ch. D.)

KERELLA. (*Ornith.*) L'oiseau qui est ainsi nommé à Ceilan, est le pic vert du Bengale, *picus bengalensis*, Lath. (Ch. D.)

KERERE. (*Bot.*), nom galibi d'une bignone de la Guiane, *bignonia kerere* d'Aublet, nommée aussi liane franche, suivant Barrère. (J.)

KERET (*Mamm.*), nom polonois de la musaraigne. (F. C.)

KERIB, KERATH (*Bot.*), noms arabes de l'*euphorbia aculeata* de Forskal. (J.)

KERINGS-KŒNID. (*Ichthyol.*) A Hambourg et à Heiligoland, on appelle ainsi le zée forgeron. Voyez Dorée. (H. C.)

KERIR. (*Bot.*) Nom arabe de l'héliotrope d'Europe ou herbe aux verrues, suivant Forskal. Son nom égyptien est *sackran*, c'est-à-dire ivre, parce qu'on croit dans le pays que celui qui mange ses feuilles est pris de vertiges. Un autre *kerir* ou *kurr*, cité par le même auteur, est la colocase, *arum colocasia*. (J.)

KERITI (*Bot.*), nom brame du *tsjeru-vallel* du Malabar, *hydrolea zeylanica* de Vahl. (J.)

KERKE. (*Ornith.*) Ce nom et celui de *kernell* s'appliquent, en Allemagne, à la sarcelle commune, *anas querquedula*, Linn., que les Anglois appellent *kestrel* ou *kestril*. (Ch. D.)

KERKEDON ou KERKEDAM. (*Mamm.*) D'Herbelot (*Bibl. Orient.*) donne ce nom comme étant celui d'un rhinocéros, chez les Arabes; d'autres le citent comme étant employé dans le même sens chez les Persans. (F. C.)

KERKSOVIARSUK. (*Ornith.*) Voyez Kirksoviarsuk. (Ch. D.)

KERMÈS (*Bot.*), nom spécifique du *quercus coccifer*. (L. D.)

KERMÈS ANIMAL. (*Chim.*) Voyez tom. XX, pag. 538. (Ch.)

KERMÈS MINÉRAL. (*Chim.*) Préparation d'antimoine qui est employée en médecine, et dont la nature n'est pas encore exactement connue. On la considère généralement comme un composé d'acide hydrosulfurique et d'une quantité d'oxide d'antimoine, contenant plus d'oxigène qu'il n'en faut pour transformer en eau l'hydrogène de l'acide. M. Proust pense que la base du kermès est l'oxide de la poudre d'algaroth ; M. Robiquet a la même opinion, mais il croit que la base de l'hydrosulfate d'antimoine, obtenu en faisant passer de l'acide hydrosulfurique dans l'émétique, est un oxide qui contient 12,25 d'oxigène pour 100 de métal.

Le kermès qui passe pour être le plus pur possible, est d'un rouge pourpre foncé, il est léger, velouté, et il paroit formé de très-petits cristaux. Il n'a pas de saveur au moment même où on le met dans la bouche, cependant, à la longue il en a une sensiblement métallique.

Exposé à l'air, il se décolore peu à peu. On attribue cette altération à la combustion lente de son hydrogène par l'oxigène atmosphérique.

L'acide nitrique le convertit en péroxide et en acide sulfurique. Il se dégage du gaz azote, de la vapeur nitreuse et du gaz nitreux.

Mis en contact avec l'acide hydrochlorique concentré, il produit une effervescence occasionnée par de l'acide hydrosulfurique. Lorsque l'effervescence a cessé, si on filtre la liqueur, on a une dissolution, 1° de chlorure d'antimoine ; 2° d'acide hydrosulfurique. Si, au moment où elle vient d'être filtrée, on y ajoute de l'eau, celle-ci précipite de la poudre d'algaroth, et l'acide hydrosulfurique forme un hydrosulfate avec une portion de l'oxide de ce précipité.

M. Robiquet a vu que l'acide hydrochlorique, étendu de son poids d'eau, ne dégageoit pas d'acide hydrosulfurique du kermès, mais qu'il dissolvoit une quantité notable d'oxide qu'on pouvoit en précipiter sous la forme de poudre d'algaroth. Il a vu en outre que la portion du kermès qui étoit indissoute conservoit la couleur de ce composé pendant quelques heures ; mais qu'ensuite il arrivoit un instant où elle se transformoit en eau et en sulfure d'antimoine, ainsi que M. Proust l'avoit déjà observé. Il seroit intéressant de rechercher si le kermès qui a perdu de l'oxide, et qui est encore coloré en pourpre, ne seroit pas de l'hydrosulfate neutre.

Dix grammes de kermès macérés avec de l'acide hydrochlorique foible dans un flacon à l'émeri qui en étoit rempli, ont donné, après plusieurs jours de contact, 5,8 de sulfure d'antimoine qui retenoit un peu de soufre. L'acide avoit dissous beaucoup d'oxide.

L'action de l'acide hydrochlorique foible sur l'hydrosulfate d'antimoine est toute différente de celle qu'il exerce sur le kermès. Suivant M. Robiquet, l'hydrosulfate et l'acide hydrochlorique, après une macération d'un mois, ne paroissent avoir éprouvé aucun changement; mais si les corps restent plus long-temps en contact, peu à peu l'hydrosulfate se ternit, il devient brun marron, et il arrive une époque où il prend assez promptement un volume considérable. Après que ces phénomènes ont eu lieu, on trouve que l'acide hydrochlorique n'a dissous que des atomes d'oxide.

L'eau de potasse concentrée et chaude exerce une action énergique sur le kermès : ces matières ne sont pas plus tôt en contact, que le kermès se change en une poudre jaune, en même temps qu'il cède à l'alcali une portion de ses élémens. Lorsqu'on neutralise cet alcali par un acide, *il ne se développe pas de gaz hydrosulfurique*, mais il se dépose une matière qu'on a nommée *soufre doré*. Enfin, quand on traite la poudre jaune par l'acide hydrochlorique, la plus grande partie est dissoute, et l'autre reste à l'état de soufre doré. M. Proust, à qui l'on doit ces observations, est porté à croire que la cause des changemens que le kermès reçoit du contact de la potasse, est due à la perte qu'il fait d'une partie de son acide hydrosulfurique : car il affirme que la base du kermès reste la même, et que l'acide hydrosulfurique n'éprouve point d'altération capable de mettre du soufre à nu. D'après cela il pense que le soufre doré que l'on obtient en versant un acide dans la liqueur alcaline qui a digéré sur le kermès, ne diffère de celui-ci que par une proportion plus forte d'oxide, et enfin, que la *poudre jaune* qui n'est pas dissoute par la liqueur alcaline, ne diffère du soufre doré que par une plus grande proportion de base. Nous nous permettrons d'observer que, dans cette manière de voir, on n'explique pas comment le kermès peut se transformer en deux substances dans lesquelles on admet des proportions d'acide hydrosulfurique plus foibles que la proportion qui le constitue, lorsqu'on reconnoît d'ailleurs que les acides ne dégagent pas de gaz hydrosulfurique de la potasse qui a digéré sur le kermès.

M. Robiquet, en exposant 100 parties de kermès à une chaleur légère, mais suffisante pour lui faire perdre la couleur qui lui est propre, a obtenu 19 parties d'eau et 81 parties d'un résidu qui s'est réduit à une température plus élevée en gaz acide sulfureux et en *rubine d'antimoine* : substance que M. Proust a démontré être composée en proportion indéfinie de sulfure d'antimoine, et de l'oxide de la poudre d'algaroth. M. Robiquet dit qu'il ne se produit pas d'eau lorsqu'on chauffe les 81 parties de kermès décoloré. Nous remarquerons qu'en considérant le kermès, ainsi qu'on le fait communément, comme un sous-hydrosulfate d'oxide de poudre d'algaroth, on n'explique pas la production de l'acide sulfureux, car M. Proust a prouvé que cet oxide s'unit par la chaleur au sulfure d'antimoine, sans former d'acide sulfureux; et, d'un autre côté, M. Robiquet ayant observé que le kermès décoloré par la chaleur ne contient pas d'hydrogène, on voit qu'on ne peut attribuer la formation de l'acide sulfureux à l'oxigène d'une portion d'eau qui seroit décomposée : on seroit donc conduit à admettre dans le kermès décoloré un oxide plus oxigéné que celui de la poudre d'algaroth.

Nous avons dit au commencement de cet article que M. Robiquet avoit regardé comme probable, que la base de l'hydrosulfate neutre d'antimoine étoit formée de 100 de métal, et de 12,25 d'oxigène, au lieu de 100 de métal et de 18 d'oxigène, proportion où ces élémens constituent l'oxide de la poudre d'algaroth. Ce chimiste s'est fondé principalement sur ce que 100 parties d'hydrosulfate neutre donnent à la distillation 10 parties d'eau et 90 de sulfure métallique : or, en prenant l'oxigène de 10 d'eau, et le métal de 90 de sulfure, on trouve le rapport de 12,25 (1) : 100.

On voit, d'après cet exposé de nos connoissances sur le kermès, que la composition de cette substance exige de nouveaux travaux pour être établie définitivement.

------

1. En adoptant les données qui ont servi à M. Robiquet

*Etat.* Le kermès n'existe pas dans la nature.

*Histoire.* — *Préparation.* Glauber paroît avoir découvert le kermès. Un de ses élèves en ayant donné la préparation au chirurgien La Ligérie, celui-ci la communiqua à un apothicaire des Chartreux, nommé Simon. Ce fut ce dernier qui en répandit l'usage. Jusqu'en 1720, la manière de préparer le kermès avoit été tenue secrète : mais à cette époque le gouvernement françois l'acheta, et La Ligérie la décrivit à peu près de la manière suivante : On fait bouillir pendant deux heures du sulfure d'antimoine avec le quart de son poids de liqueur de nitre fixé par les charbons, et le double de son poids d'eau pure. On verse sur un filtre de papier gris la liqueur bouillante qu'on vient de décanter. Par le refroidissement elle devient rouge de brique, et dépose du kermès. On traite deux autres fois le sulfure d'antimoine qui n'a pas été dissous. Chaque fois on ajoute la même quantité d'eau et un quart de moins de la liqueur de nitre fixé par les charbons. On recueille le kermès obtenu des trois opérations, on le lave avec de l'eau pure, et on le fait sécher doucement. En 1734, Geoffroi donna un moyen économique de faire la même préparation. Pour cela on fait fondre 2 parties de sulfure d'antimoine avec 1 partie de sous-carbonate de potasse ; on réduit la matière en poudre lorsqu'elle est encore chaude ; on la fait bouillir pendant deux heures dans l'eau, puis on filtre la liqueur, et on la reçoit dans une autre portion d'eau bouillante. Par le refroidissement le kermès se dépose.

Le procédé de Cluzel, moins économique que les précédens, leur est préférable, toutes les fois qu'on désire avoir un produit constant dans ses propriétés, et à l'état le plus pur possible. Il consiste à mettre dans une chaudière de fonte 1 partie de sulfure d'antimoine réduit en poudre fine ; 22 parties et demie de sous-carbonate de soude cristallisée, et 250 parties d'eau qu'on a préalablement privée d'air par l'ébullition ; à faire bouillir le liquide pendant une demi-heure ; à le filtrer bouillant, et à recevoir le liquide filtré dans des terrines qu'on a échauffées, et qu'on laisse ensuite refroidir lentement après les avoir couvertes. Par le refroidissement le kermès se dépose : vingt-quatre heures après la filtration, on le jette sur un filtre de papier, on le lave avec de l'eau bouillie, en évitant, autant que possible, le contact de l'air. On le fait sécher à 25 degrés, et on le renferme dans des vases opaques.

Dans l'incertitude où nous sommes de la vraie composition du kermès, nous nous garderons bien de donner une théorie de sa formation ; nous nous bornerons à dire que quand on fait bouillir une eau alcalisée par la potasse ou par la soude sur du sulfure d'antimoine, il y a une décomposition d'eau qui donne naissance à de l'oxide d'antimoine et à de l'acide hydrosulfurique ; que ces deux composés sont dissous ; que, par le refroidissement, le liquide alcalin abandonne du kermès, et qu'il retient en dissolution du sous-hydrosulfate de potasse, plus ou moins sulfuré, et de l'oxide d'antimoine qui est vraisemblablement uni à une portion d'acide hydrosulfurique. Lorsqu'on verse dans cette dissolution un acide foible, tel que le sulfurique ou l'hydrochlorique, qui n'a pas d'ailleurs la propriété de décomposer l'acide hydrosulfurique, on obtient un précipité jaune-orangé *de soufre doré* ; et il y a un dégagement de gaz hydrosulfurique. Le soufre doré doit contenir de l'oxide d'antimoine, de l'acide hydrosulfurique et du soufre. Et c'est en effet ce que l'analyse démontre ; car, en le traitant par l'acide hydrochlorique, on obtient de l'acide hydrosulfurique, de l'oxide de la poudre d'algaroth, et une quantité de soufre qui s'est élevée, d'après les expériences de M. Thénard, jusqu'à 12 pour 100 de soufre doré. D'après les circonstances de la production du soufre doré qui peuvent être très-différentes par rapport au moins à la proportion des corps qui se trouvent dans les eaux-mères du kermès, il est permis de croire que, s'il existe un composé défini différent du kermès, auquel il convient de donner le nom de soufre doré, ce composé n'a point encore été assez bien isolé des corps susceptibles de lui être mélangés pour en admettre l'existence ; car, d'après ce qu'on sait des substances auxquelles on a donné le nom de *soufre doré*, il n'est pas plus absurde de les regarder comme de simples mélanges, 1° de kermès et d'oxide d'antimoine, 2° de kermès, de soufre et d'oxide, 3° d'hydrosulfate d'antimoine neutre et d'oxide, que de les considérer comme des combinaisons, 1° de kermès avec un excès de base ; 2° de kermès avec un excès de

soufre; 3° de kermès avec un excès de soufre et de base (1).
(Ch.)

KERMÈS NATIF. (*Min.*) On a quelquefois donné ce nom
à l'antimoine mordoré, décrit sous le nom d'Antimoine hydro-
sulfuré. Voyez ce mot. (B.)

KERMÈS ou CHERMÈS. (*Entom.*) Genre d'insectes hémiptères, de la famille des *phytadelges* ou *plantisuges*, qui comprend des insectes à ailes semblables entre elles, transparentes, non croisées; dont le bec paroît naître du cou, et qui
n'ont que deux articles aux tarses.

Ce nom de chermès a été donné d'abord indifféremment à
plusieurs espèces de cochenilles et d'insectes du genre dont
nous allons parler; mais ici le nom est plus circonscrit, comme
nous allons l'indiquer en comparant ces insectes avec ceux des
genres les plus voisins, comme les cochenilles, les pucerons,
et les psylles. Dans les kermès, les antennes sont grosses à la
base et semblent faire partie du front, tandis que, dans les trois
autres genres, les antennes sont en fil; de plus, les cochenilles
et les pucerons ne sont pas doués de la faculté de sauter comme
les kermès; en outre, si les psylles, ainsi que leur nom l'indique,
sont organisés de manière à produire cette sorte de mouvement, ils offrent d'autres caractères, tels qu'un front comme
fendu, et, autour du corps, une matière floconneuse qui en
exsude et qui fournit tantôt une humeur grasse et résineuse,
tantôt un suc douceâtre et miellé.

Les mœurs des kermès sont d'ailleurs à peu près les mêmes
que celles des Cochenilles. (Voyez ce mot.) Les mâles seuls ont
des ailes; les femelles sont aptères et ressemblent à des excroissances monstrueuses fixées sur les écorces des branches et des
racines; aussi les a-t-on désignés sous le nom de gallinsectes.
Les anneaux qui forment l'abdomen, d'abord distincts avant la
fécondation, s'écartent ensuite par le développement des
œufs; ils se confondent en une seule masse arrondie, à la

---

(1) On n'a pas examiné avec assez d'attention, 1.° si le précipité obtenu,
en faisant passer de l'acide hydrosulfurique dans l'émétique, ne seroit
pas un sulfure hydraté, plutôt qu'un hydrosulfate; 2.° si le kermès ne seroit pas lui-même un sulfure d'antimoine uni à un oxide plus oxigéné que
la base de la poudre d'algaroth et à de l'eau.

surface de laquelle il est impossible de discerner même les restes des articulations.

Ces femelles ne sont agiles que dans le très-jeune âge ; elles ressemblent alors à de petits cloportes qui n'auroient que six pattes ; mais quand une fois elles sont fécondées, elles se fixent sur les végétaux, et elles périssent sans pondre, ou en déposant leurs œufs sous leur peau qui se dessèche, et qui devient ainsi un toit protecteur pour les jeunes larves qui doivent en provenir. On voit que ce sont là tout-à-fait les mœurs des cochenilles.

Malgré les belles observations de Réaumur sur les gallinsectes, l'histoire des kermès n'est pas encore parfaitement connue, et elle sollicite de nouvelles recherches.

Les principales espèces de ce genre sont les suivantes

1.º Le Kermès du pêcher ; *Kermes persica*.

Réaumur l'a décrit et figuré dans le tome IV.ᵉ de ses Mémoires, pl. 1, fig. 1 et 2.

Le mâle est rouge ; ses ailes transparentes, plus longues que le corps, sont bordées de rouge ; la femelle est oblongue, très-bombée et d'une couleur brune.

2.º Le Kermès de l'ilex : *Kermes ilicis*, coccus, n.º 7 de Fabricius, et aussi figuré par Réaumur, à la planche 5 du tom. IV.

Il est connu en Provence et dans les parties de l'Espagne où croît cette espèce de chêne. La femelle a le corps arrondi, de couleur rouge, couvert d'une espèce de glauque ou de poussière blanche. On en fait la récolte pour s'en servir en teinture ; elle donne une couleur rouge, analogue à celle de la garance ; afin d'exalter cette couleur, on fait périr l'insecte dans le vinaigre, avant de le faire sécher.

3.º Le Kermès panaché ; *Kermes variegatus*. Geoffroy l'a décrit, ou du moins la femelle qui se trouve sur notre chêne, *quercus robur*. Elle est grosse comme un pois chiche ; sa couleur est d'un jaune brun, avec des points et des lignes brunes.

La plupart des espèces ne sont indiquées que sous le nom des arbres sur lesquels on les a observées, tels que le figuier, l'érable, le frêne, le saule, l'aune, le bouleau, le hêtre, le buis, le sorbier, le sapin, le poirier, l'orme, etc. D'autres se développent sur les plantes herbacées, l'ortie, le céraste, la persicaire, les graminées, les euphorbes, etc. etc. ( C. D. )

KERNBEISSER (*Ornith.*), nom allemand du gros-bec, *loxia coccothraustes*, Linn., qu'on appelle en Hollande, *kern-byter*. (Ch. D.)

KERNBYTER. (*Ornith.*) Voyez Kernbeisser. (Ch. D.)

KERNEKUNGOJUK. (*Ornith.*) Ce nom et celui de *kernek-sarsuk* désignent, au Groenland, le petit guillemot noir, *colym-bus grylle*, Linn. (Ch. D.)

KEKNELL. (*Ornith.*) Voyez Kerke. (Ch. D.)

KERNERA. (*Bot.*) Willdenow donne ce nom au genre que M. Decandolle a nommé *caulinia*. Voyez Caulinie, vol. 7, pag. 286. (L. D.)

KERNERIA. (*Bot.*) Moench fait, sous ce nom, un genre du *bidens pilosa*, qu'il distingue par l'existence de deux ou trois demi-fleurons neutres. C'est le même genre que le *ceratoce-phalus* de M. Richard. ( Voyez ci-après). Il existe un autre *kernera* de Médicus, qui est le *myagrum saxatile* de Linnæus, et qu'il caractérise par les courtes étamines arquées et courbées sur l'ovaire. M. Persoon en fait un *camelina*, et M. Decandolle un *cochlearia*. (J.)

KERNÉRIE, *Kerneria*. (*Bot.*) [*Corymbifères*, Juss. = *Syngé-nésie polygamie frustranée*, Linn.] C'est un sous-genre, faisant partie du genre *Bidens*, qui appartient à l'ordre des synanthé-rées, à notre tribu naturelle des hélianthées, et à la section des hélianthées-coréopsidées. Voici ses caractères, tels que nous les avons observés sur des individus vivans du *bidens pi-losa* et du *bidens serrulata*, cultivés au Jardin du Roi.

Calathide radiée : disque multiflore, régulariflore, andro-gyniflore; couronne unisériée, liguliflore, neutriflore. Péri-cline double : l'extérieur involucriforme, égal ou supérieur à l'intérieur, formé de cinq à sept squames bractéiformes, unisériées, étalées, foliacées, linéaires ou oblongues-spatu-lées : l'intérieur, ou vrai péricline, à peu près égal aux fleurs du disque, formé de squames unisériées, égales, appliquées, sublancéolées, presque membraneuses. Clinanthe planiuscule pendant la fleuraison; pourvu de squamelles à peu près égales aux fleurs, oblongues ou linéaires, membraneuses. Ovaires du disque longs, étroits, subtétragones ; aigrette composée de deux, trois ou quatre squamellules triquètres, barbellées à rebours, c'est-à-dire, munies de barbelles dirigées de haut en

bas. Fleurs de la couronne composées d'un faux ovaire stérile,
demi-avorté, et d'une corolle à languette large.

KERNÉRIE DOUTEUSE : *Kerneria dubia*; *Kerneria tetragona*,
Mœnch, *Methodus*, pag. 595; *Ceratocephalus pilosus*, Richard,
Catal. du Jard. médic., pag. 91; *Bidens pilosa*, Linn., *Spec.
Plant.*, édit. 3.<sup>e</sup>, pag. 1166. Cette plante américaine est herbacée, à racine annuelle, fibreuse; sa tige, haute de trois
pieds, est rameuse, genouillée, dichotome supérieurement,
tétragone, profondément cannelée sur deux côtés opposés; les
feuilles sont opposées, pétiolées, pennées, à cinq ou trois folioles ovales-lancéolées, acuminées, dentées en scie, glabres;
les pétioles et les nœuds de la tige sont très-garnis de poils; les
calathides, composées d'un disque jaune et d'une couronne
blanchâtre, sont larges de cinq lignes, et portées par des pédoncules terminaux, un peu poilus.

Nous avons observé, pendant plusieurs années, des individus vivans de cette espèce, cultivés au Jardin du Roi, et nous
avons remarqué que leurs calathides étoient le plus souvent in-
couronnées, rarement radiées. Dans ce dernier cas, la couronne étoit composée de cinq à sept fleurs, dont la corolle
avoit le tube court, et la languette courte, large, orbiculaire,
tridentée au sommet, multinervée, à nervures jaunâtres. Le
clinanthe un peu concave pendant la fleuraison, devenoit convexe à l'époque de la maturité des fruits, et le péricline se ren-
versoit comme dans le pissenlit. Les ovaires s'alongeoient beaucoup et inégalement, après la fleuraison, les intérieurs devenant graduellement plus longs que les extérieurs, et s'étrécis-
sant un peu supérieurement en un col qui porte l'aigrette, et
dans lequel la graine ne se prolonge point. Les fruits mûrs di-
vergeoient de manière à former un ensemble globuleux.

KERNÉRIE A COURONNE BLANCHE : *Kerneria leucantha*; *Coreopsis
leucantha*, Linn.; *Bidens leucantha*, Willd.; Kunth. Plante de
l'Amérique méridionale, herbacée, annuelle, haute de trois
ou quatre pieds, à tige dressée, rameuse, tétragone, sillonnée, poilue sur les angles; feuilles opposées, longuement pétiolées, longues de six à huit pouces, pennées, à cinq ou trois
folioles pétiolées, ovales, étrécies à la base, aiguës au sommet,
dentées, ciliées, parsemées de poils, longues d'au moins deux
pouces et demi; calathides grandes comme celles de l'*anthemis*

*arvensis*, terminales, longuement pédonculées, dressées, à
disque jaune et à couronne blanchâtre ; péricline extérieur de
huit bractées vertes, spatulées, ciliées, étalées ; péricline intérieur un peu plus court ; squamelles du clinanthe deux fois
plus courtes que les fruits qui sont longs de près d'un demi-
pouce, linéaires, tétragones, un peu obcomprimés, surmontés d'une aigrette de deux ou quatre squamellules à peu près
égales, dressées, barbellées à rebours, beaucoup plus courtes
que le fruit.

KERNÉRIE A FEUILLES DE RONCE : *Kerneria rubifolia ; Bidens rubifolia*, Kunth, *Nov. Gen. et Spec. plant.*, tom. IV, pag. 237 (édit.
in-4°.), tab. 381. Plante glabre, vivace, ou peut-être même
ligneuse, de l'Amérique méridionale, à tige tétragone, sillonnée ; feuilles opposées, pétiolées, les supérieures simples,
les autres composées de trois folioles ovales, aiguës, dentées
en scie, un peu coriaces, vertes et luisantes en dessus, pâles
en dessous, la terminale pétiolée, longue de deux pouces,
acuminée, les latérales presque sessiles, longues de dix lignes ;
calathides grandes comme celles du *chrysanthemum leucanthemum*, terminales, corymbées, pédonculées, dressées, à disque et
couronne jaunes ; celle-ci composée d'environ sept fleurs, à
tube court, à languette oblongue, un peu tridentée, multinervée, plane, étalée, longue de six ou sept lignes ; péricline
extérieur de dix folioles linéaires, étalées ; l'intérieur à peine
plus court, un peu coloré ; fruits linéaires, tétragones, un peu
obcomprimés, longs de cinq lignes, à aigrettes de deux squamellules barbellées à rebours.

KERNÉRIE FAUX-HÉLIANTHE : *Kerneria helianthoides ; Bidens helianthoides*, Kunth, *Nov. Gen. et Spec. Plant.*, tom. IV, pag. 230
(édit. in-4°). C'est une plante herbacée, glabre, haute de trois
ou quatre pieds, à racine fibreuse, annuelle ; sa tige est dressée, rameuse, subcylindrique, striée ; les feuilles sont simples,
opposées, presque sessiles, un peu connées à la base, longues
de trois pouces, larges de cinq lignes, étroitement lancéolées,
acuminées, dentées en scie ; les calathides, grandes comme
celles du *chrysanthemum leucanthemum*, sont terminales et axillaires, longuement pédonculées, dressées ; leur disque est
composé de fleurs nombreuses à corolle jaune, et leur couronne d'environ huit fleurs de la même couleur, à tube court,

à languette oblongue, bi-tridentée, multinervée, plane, étalée, longue de dix lignes: l'involucre, ou le péricline extérieur, un peu plus court que l'intérieur, est composé de huit folioles oblongues, étalées: le péricline intérieur, ou vrai péricline, est composé de huit ou dix squames colorées; le clinanthe porte des squamelles membraneuses, à peu près égales aux fleurs; les ovaires sont obcomprimés, cunéiformes, bordés d'aiguillons renversés; leur aigrette consiste en deux squamellules égales, barbellées à rebours. Cette plante a été trouvée par MM. de Humboldt et Bonpland, au Mexique, près la montagne de Chapultepec, dans des lieux humides, où elle fleurissoit au mois de mai.

Mœnch a proposé, en 1794, le genre *Kerneria*, en lui attribuant une seule espèce, le *bidens pilosa* de Linnæus, qui lui a paru différer génériquement des autres *bidens* par la calathide radiée et la figure des fruits. Les caractères assignés par Mœnch à ce genre, ne permettroient guère d'y comprendre aucune autre espèce que celle qu'il a admise, et même quelques uns de ces caractères ne semblent exactement applicables qu'à certains individus de l'espèce dont il s'agit. En comparant ensemble, dans le livre de Mœnch, les caractères du *bidens* et ceux du *kerneria*, on reconnoit facilement que, pour distinguer les deux genres, ce botaniste a eu moins égard à la composition de la calathide incouronnée ou radiée, qu'à la forme des fruits. M. Richard a reproduit, après Mœnch, le même genre, sous le nom de *ceratocephalus*, et nous croyons qu'il a eu principalement égard à la forme des fruits et à leur disposition divergente et globuleuse après la fleuraison. Trois ans avant Mœnch, Necker avoit divisé le genre *Bidens* en deux genres nommés *Pluridens* et *Edwarsia*, le premier caractérisé par les feuilles simples, le second par les feuilles composées. Il est indubitable que ce botaniste n'admettoit dans ces deux genres que les espèces à calathide incouronnée, et qu'il attribuoit au *coreopsis* ou à l'*acispermum*, les espèces à calathide radiée. Presque tous les botanistes considèrent le *bidens* comme un genre à calathide ordinairement incouronnée, rarement radiée. Adanson, au contraire, considère le *bidens* comme un genre à calathide ordinairement radiée, rarement incouronnée. M. Kunth est du même avis, et il partage ce genre en deux sections: la pre-

mière caractérisée par les feuilles indivises et les fruits comprimés à aigrette de deux squamellules ; la seconde caractérisée par les feuilles divisées et les fruits subtétragones. Cette
distinction semble concorder tout à la fois, jusqu'à un certain
point, avec la distribution générique de Mœnch et avec celle
de Necker.

Deux questions sont ici à résoudre : 1.º Le genre *Bidens*
doit-il être divisé en plusieurs genres, ou en plusieurs sous-
genres, ou en plusieurs sections ? 2.º Les divisions du genre
*Bidens* doivent-elles être fondées sur la composition de la calathide, ou sur la forme des fruits, ou sur la structure des
feuilles ? Sur la première question, nous pensons que le genre
*Bidens* est assez nombreux en espèces pour qu'il soit utile de
le diviser : mais les caractères distinctifs qu'on peut employer
pour cette division, nous semblent trop peu solides pour
établir des genres proprement dits, en sorte qu'il faut, selon
nous, se borner ici à faire des sous-genres. La seconde question est plus difficile, et ce n'est pas sans hésitation que nous
donnons la préférence à la composition de la calathide. Nos
motifs sont : 1.º que l'indivision des feuilles ou leur division
en folioles ne peut jamais être considérée que comme un caractère subsidiaire pour l'établissement des genres et des sous-
genres, et qu'il nous paroit douteux que cette distinction soit
toujours exactement concordante avec la forme des fruits,
comme le croit M. Kunth ; 2.º que la forme des fruits, dans le
genre *Bidens*, est essentiellement la même pour toutes les espèces, quoique les dimensions soient diversifiées, en sorte
qu'on ne peut y trouver que des différences fort légères, et
qui se confondent par des nuances très-difficiles à déterminer
avec précision ; 3.º que la calathide, selon qu'elle est incouronnée ou radiée, établit une différence très-manifeste au
premier coup d'œil, et qui a toujours été considérée comme
propre à distinguer des genres ou au moins des sous-genres,
quoique dans plusieurs cas, comme dans celui-ci, cette distinction soit sujette à quelques variations accidentelles. Mais
nous avons déjà eu l'occasion de démontrer que tous les caractères génériques justement admis chez les synanthérées
peuvent offrir des anomalies ou variations analogues à celle
dont il s'agit, ce qui ne doit pas empêcher de continuer à les

24.

26

admettre, à moins qu'on ne veuille réduire toute la famille à un seul genre.

Déterminé par ces considérations, nous divisons le genre *Bidens* en deux sous-genres : le premier, nommé *Bidens*, comprend les espèces à calathide incouronnée ; le second, nommé *Kerneria*, comprend les espèces à calathide radiée, d'où il suit que notre *kerneria* n'est pas le même que celui de Mœnch, quoique nous ayons conservé ce nom pour ne pas multiplier sans nécessité les dénominations génériques, dont on nous accuse de surcharger la nomenclature. Quant aux espèces dont la calathide est tantôt incouronnée, tantôt radiée, on doit les rapporter à l'un ou à l'autre sous-genre, selon leur état le plus habituel dans le lieu où elles végètent spontanément, ce qui est presque toujours, quoi qu'on en dise, très-facile à connoître. Chacun des deux sous-genres peut ensuite être subdivisé en sections fondées sur la forme des fruits ou sur celle des feuilles. A cet égard, nous pensons que les fruits, selon qu'ils se prolongent ou non, au-dessus de la graine, en un col vide intérieurement, fourniroient une distinction préférable à tout autre.

Le sous-genre *Kerneria*, caractérisé comme nous le proposons, ne pourroit se confondre qu'avec le genre *Cosmos* ; mais il diffère de celui-ci par les périclines, dont toutes les pièces sont parfaitement libres jusqu'à la base, au lieu d'être entre-greffées en cette partie. Le *kerneria* peut encore moins se confondre avec le *coreopsis*, dont l'aigrette, lorsqu'elle existe, n'est jamais barbellée à rebours.

Nous attribuons au sous-genre *Kerneria*, toutes ou presque toutes les espèces de *bidens* décrites par M. Kunth, au nombre de vingt, ainsi que les *bidens serrulata*, Desf., *chrysanthemoides*, *chinensis*, *sambucifolia*, *odorata*, *heterophylla* ; mais nous doutons encore si les *bidens pilosa* et *bipinnata* ne doivent pas être préférablement attribués à l'autre sous-genre.

Kerner, à qui Mœnch a dédié son genre *Kerneria*, est auteur d'une Flore de Stuttgard, et de plusieurs autres ouvrages sur la botanique. Willdenow a nommé plus récemment *kernera* un genre que MM. Decandolle et Persoon nomment *caulinia*, et qui paroît devoir conserver ce nom. (H. Cass.)

KERMESEN. (*Bot.*) Voyez Acacalis. (J.)

KERNETOK. (*Ornith.*) Ce nom groenlandois désigne, selon Fabricius, n.° 34, un état particulier du *falco rusticolus*, Linn. (Cʜ. D.)

KÉRONE, *Kerona.* (*Entomoz.*) Genre d'animaux extrêmement petits, et ne pouvant être vus qu'au moyen de verres grossissans, établi par Muller parmi les vers infusoires, et que les zoologistes subséquens ont admis sans trop d'examen et rangé dans la dernière classe du règne animal. Il est cependant évident qu'un assez grand nombre des kérones figurées par Muller appartiennent à un ordre d'animaux beaucoup plus élevés, et très-probablement à celui qui devra renfermer les cypris et les entomostracés. On voit en effet que ce sont des animaux pairs, symétriques, pourvus d'appendices en nombre, et dans des dispositions variables, que Muller a désignés sous le nom de corne, quelquefois même assez parfaits pour que l'animal s'en serve à la marche. Ils sont donc tout-à-fait dans le cas des trichodes, dont ils ne diffèrent très-probablement que fort peu, des furcocerques et de plusieurs autres genres d'infusoires qui devront être reportés plus haut. Quand on aura revisé ce groupe avec un peu d'attention, il est même probable qu'alors plusieurs espèces, placées dans des genres différens, devront être rapportées à la même, et qu'on trouvera, au contraire, des espèces du même genre qui devront être le type de petites subdivisions génériques. Mais, avant ces innovations, il faudroit renouveler les observations de Muller, avec toutes les précautions que demande l'état actuel de la science, et surtout bien s'assurer si la plupart de ces prétendues espèces ne seroient pas des âges différens de la même ou de quelque autre espèce connue. Quoi qu'il en soit, toutes les espèces de kérones se rencontrent dans les eaux douces ou salées, mais ne naissent jamais dans les infusoires. M. de Lamarck comprend, dans ce genre, les kérones de l'auteur danois et ses himantopes, qui en effet diffèrent extrêmement peu. On peut définir ce genre ainsi : Corps symétrique, déprimé ou comprimé, extrêmement petit, transparent, pourvu de lèvres et d'appendices pairs en nombre, et dans une disposition variable. Il contient dans Muller et dans l'Encyclopédie méthodique qui s'est bornée à le copier, une douzaine d'espèces décrites et figurées.

26.

La Kérone sébile, *Kerona haustrum*. ainsi que la Kérone soucoupe, *Kerona haustellum*. qui appartiennent très-probablement à la même espèce, ont le corps ovale. très-déprimé, bordé antérieurement de cils, et postérieurement d'espèces d'appendices assez prolongés.

Les Kérones patelle, *Kerona patella*; crible, *Kerona vannus*; poule, *Kerona pullaster*; carrée, *Kerona lyncaster*; masquée, *Kerona histrio*; pustuleuse, *Kerona pustulosa*, etc., ont le corps plus ou moins comprimé, peut-être compris entre deux espèces de valves, comme il paroit que cela a lieu pour la première espèce, et les appendices partagés en deux paquets, un antérieur et l'autre postérieur. La kérone patelle peut même marcher aussi bien qu'elle nage, probablement à la manière des cypris. Ces espèces font un groupe particulier.

Les Kérones moule, *Kerona mytilus*; chauve, *Kerona calvitium*; Cypris, *Kerona cypris*, en forment un autre qui est fort rapproché du précédent, mais dans lequel le corps est plus alongé et l'extrémité postérieure pourvue d'une paire d'appendices beaucoup plus longs que les autres. Elles sont probablement plus avancées en organisation.

Quant aux Kérones lièvre, *Kerona lepus*; et Kérone rateau, *Kerona rastellum*, elles paroissent beaucoup plus simples que les autres; mais ont-elles été vues bien complètement? C'est, en général, une question que l'on peut faire pour beaucoup d'observations microscopiques, et à laquelle cependant on songe généralement assez peu, tant il est plus aisé de croire que chercher à voir. (De B.)

KEROWAN. (*Ornith.*) On appelle ainsi, en Egypte, le courlis commun, *scolopax arcuata*, Linn. (Ch. D.)

KERPA (*Bot.*), nom malabare d'une plante graminée que Burmann rapportoit au *panicum alopecuroides* de Linnæus, et qui est son *saccharum spontaneum*. (J.)

KERRI-PATTÉE. (*Erpétol.*) Russel a figuré, sous ce nom, l'hydrophis à bandes noires de Daudin. Voyez Hydrophis. (H. C.)

KERSANTON. (*Min.*) C'est le nom qu'on donne en Bretagne, et notamment aux environs de Brest, à une roche employée dans les parties des monumens gothiques les plus délicates par les moulures et les sculptures dont elles sont ornées. On en fait peu d'usage actuellement.

C'est une syénite noirâtre à petits grains, très-voisine des diabases d'une part, et des trappitès de l'autre. Elle renferme du quarz et un peu de mica.

Il y en a deux variétés : l'une, à plus gros grains, est aussi celle qui se rapproche le plus de la syénite, et l'autre, à petits grains, est susceptible de prendre un assez beau poli.

Suivant M. de Cambry, il y a une carrière de kersanton gris à Kerlissice, non loin de Saint-Pol, et dans les landes de Plondaniel. On le trouve, suivant M. Bigot de Morogues, en morceaux roulés, sur le bord de la mer. (B.)

KERSCH. (*Ichthyol.*) Suivant Forskal, c'est le nom arabe d'une des variétés du requin. Voyez Carcharias. (H. C.)

KERSEBOOM. (*Bot.*) Les habitans de Curaçao, dans l'Amérique méridionale, nomment ainsi le *trichilia trifolia*, suivant Jacquin. (J.)

KERSENDIEF (*Ornith.*), nom hollandois du loriot, *oriolus galbula*, Linn., que dans les environs de Cologne on appelle *Kersenrife*. (Ch. D.)

KERSENE. (*Bot.*) Voyez Keisene. (J.)

KERUA, ALKAROA, KIKAION (*Bot.*), noms arabes du ricin ordinaire, suivant C. Bauhin. (J.)

KERUAN (*Bot.*), nom arabe du *ceruana* de Forskal, qui est un *buphthalmum* de Vahl. (J.)

KERYLOS (*Ornith.*), nom grec du martin-pêcheur, *alcedo ispida*, Linn., que, dans la même langue, on appelle aussi *keyx*. (Ch. D.)

KES. (*Bot.*) Voyez Jeisoku. (J.)

KESCHÉE. (*Ichthyol.*) Voyez Kescheré. (H. C.)

KESCHERÉ (*Ichthyol.*), nom arabe d'un centropome que nous avons décrit, tom. VII, pag. 594 de ce Dictionnaire. (H. C.)

KESCH KUSCH (*Ichthyol.*), un des noms arabes de l'athérine joël, *atherina hepsetus*. Voyez Athérine. (H. C.)

KESCHTA (*Bot.*), nom arabe d'un corossolier, *anona glabra*, suivant Forskal. L'*anona squamosa*, est nommé *qechtah*, selon M. Delile. (J.)

KESLIC. (*Ichthyol.*) Voyez Kerlik. (H. C.)

KESMESEN. (*Bot.*) Voyez ACACALIS. (J.)

KESO. (*Bot.*) Voyez KINFOQUA. (J.)

KESSUTH. (*Bot.*) Voyez CHASUTH. (J.)

KESTCHECKE, KESTCHEGI. (*Ichthyol.*) En Hongrie, on désigne par ces noms l'esturgeon ordinaire, *acipenser sturio.* Voyez ESTURGEON. (H. C.)

KESUM. (*Bot.*) Voyez GAISSUM. (J.)

KETAT. (*Bot.*) Forskal indique ce nom arabe pour l'acacia du Sénégal. ( J.)

KETH. (*Ornith.*) Les nations sauvages de l'Amérique septentrionale désignent en général par ce mot les canards, *anas.* (CH. D.)

KETI (*Bot.*), ancien nom de la conyze, cité dans la table d'Adanson. (H. CASS.)

KETMIA. (*Bot.*) Ce nom que portoit, dans la Syrie, l'althæa des jardiniers, ou *althæa frutex* de Clusius, avoit été adopté par Tournefort pour désigner le genre auquel appartient cet arbrisseau. Linnæus lui a substitué le nom *hibiscus,* qui a prévalu. (J.)

KETMIE, *Hibiscus.* (*Bot.*) Genre de plantes dicotylédones, à fleurs complètes, polypétalées, régulières, de la famille des *malvacées,* de la *monadelphie polyandrie* de Linnæus, offrant pour caractère essentiel : Un calice double, l'extérieur à plusieurs folioles étroites, l'intérieur à cinq divisions; cinq pétales adhérens au tube des étamines; un ovaire supérieur, chargé d'un style filiforme, traversant le tube des étamines, divisé à son sommet en cinq filets terminés par des stigmates globuleux; le fruit consiste en une capsule à cinq loges, s'ouvrant en cinq valves, chaque loge renfermant une ou plusieurs semences.

Ce genre renferme un très-grand nombre d'espèces, presque toutes d'une grande beauté, dignes de figurer dans nos parterres et nos bosquets, dont plusieurs font l'ornement, les unes en forme d'arbrisseaux, d'autres comme plantes vivaces et annuelles. Il en est aussi de très-intéressantes par leur emploi dans les arts, la médecine et l'économie domestique. Quoique quelques ketmies se soient naturalisées en Europe, il est très-probable qu'elles tirent toutes leur origine des contrées étrangères à l'Europe, tant des Indes orientales que de l'Amérique : il est à regretter que ces belles fleurs soient de peu de durée; la plupart se flétrissent en moins de vingt-quatre heures. A la vérité, d'autres leur succèdent, et comme leur nombre est souvent assez considérable, elles se montrent pendant une partie de la belle saison. Le nom d'*hibiscus*, ou plutôt d'*hibiscos*, désignoit, dit-on, chez les Grecs, une espèce de mauve en arbre. Pline en a fait l'application à d'autres plantes. (Voyez HIBISCUS.) On prétend aussi que le nom *ketmie*, admis en françois pour ce genre, vient de l'arabe. Nous allons exposer les espèces les plus intéressantes de ce beau genre, d'après des subdivisions établies pour en faciliter la recherche.

* *Capsules à loges monospermes.*

KETMIE DE VIRGINIE : *Hibiscus virginicus*, Linn.; Jacq., *Icon. rar.*, 1. tab. 142; Pluken., *Phyt.*, tab. 6, fig. 4. Cette plante pousse, de ses racines blanches et fusiformes, plusieurs tiges droites, hautes d'environ cinq pieds, pubescentes, garnies de feuilles alternes, pétiolées, les inférieures en cœur, acuminées ; les supérieures lobées, presque hastées, légèrement cotonneuses, à doubles dentelures. Les fleurs sont grandes, belles, couleur de rose, en grappes terminales; les calices velus ; la corolle presque de deux pouces de diamètre; la colonne des étamines inclinée ; la capsule hispide, à cinq loges monospermes. Cette plante a été découverte dans les marais salans de la Virginie : elle fleurit vers la fin de l'été.

KETMIE HASTÉE; *Hibiscus hastatus*, Cavan., *Diss. bot.*, 3, tab. 50, fig. 2. Cette espèce a ses tiges cannelées, cotonneuses, hautes d'environ deux pieds ; ses feuilles médiocrement pétiolées, oblongues, étroites, hastées, dentelées en scie; les stipules courtes et capillaires ; les fleurs axillaires, solitaires, portées sur de longs pédoncules; la corolle rougeâtre, de plus d'un pouce de diamètre; les pétales entiers ; les capsules globuleuses, petites et tomenteuses.

** *Capsules à loges polyspermes; tige chargée d'aspérités ou de piquans.*

KETMIE A FEUILLES DE VIGNE : *Hibiscus vitifolius*, Linn., Lamk., *Ill. gen.*, tab. 584, fig. 2; Cav., *Diss.*, 3, tab. 55, fig. 2,

*Katu-beloeren*, Rhèede, *Hort. Malab.*, 6, tab. 46; Herm., *Lugdb.*, tab. 28. Ses tiges sont herbacées, hautes de trois pieds, dures, cotonneuses, munies de quelques aspérités; les feuilles en cœur, à cinq angles, d'autres à trois lobes, velues, crénelées; les stipules courtes et sétacées; les pédoncules axillaires, uniflores, d'abord inclinés; les fleurs grandes, jaunes, d'un pourpre noirâtre ou violet à leur moitié inférieure. Les capsules sont globuleuses, hispides, mucronées, garnies, du sommet à la base, de cinq ailes comprimées. Cette plante, cultivée au Jardin du Roi, est originaire des Indes orientales.

KETMIE SCABRE : *Hibiscus scaber*, Lamk., Encycl.; *Hibiscus ficulneus*, Cavan., *Diss.*, 3, tab. 51, fig. 2, non Linn.; *Hibiscus diversifolius*, Willd., *Spec.* Arbrisseau de l'Ile-de-France et de Ceilan, cultivé au Jardin du Roi. Il s'élève à la hauteur de quatre pieds et plus. Ses tiges et ses rameaux sont hérissés de piquans courts, souvent crochus, portés sur des verrues de couleur rouge. Les feuilles sont, ou en cœur à quatre ou cinq lobes, ou palmées à cinq découpures; les supérieures oblongues, lancéolées, un peu pileuses; les fleurs axillaires, presque sessiles; les calices hispides, très-velus; la corolle jaunâtre, teinte en pourpre à sa base.

KETMIE A FEUILLES DE CHANVRE : *Hibiscus cannabinus*, Linn.; Commel., *Hort.*, 1, tab. 18; Ehrh., tab. 6, fig. 1; Cavan., *Diss.*, 3, tab. 52, fig. 1. Ses tiges sont hautes de cinq à six pieds, herbacées, rameuses, parsemées de petites aspérités; les feuilles inférieures ovales, presque en cœur; les suivantes trifides, les supérieures palmées en cinq digitations lancéolées, aiguës, dentées en scie; une glande sessile sur la nervure dorsale de la digitation du milieu; les stipules subulées. Les fleurs sont grandes, presque sessiles, axillaires, d'un jaune pâle, d'un pourpre foncé à leur base; le calice extérieur glabre; l'intérieur cotonneux, verruqueux, garni de piquans; la capsule velue, ovale, aiguë. Cette espèce croît dans les Indes et au Sénégal. On la cultive au Jardin du Roi. Son écorce fournit une filasse dont on se sert, dans son lieu natal, pour faire des cordes; ses feuilles remplacent l'oseille dans les potages.

KETMIE DE SURATE : *Hibiscus suratensis*, Cavan., *Diss.*, 3, tab. 53, fig. 1; Pluk., *Almag.*, tab. 5, fig. 4; *Herba crinalium*,

Rumph, *Amboin.*, 4, tab. 16. Ses tiges sont garnies d'aiguillons crochus; ses feuilles presque en cœur, triangulaires ou à trois lobes, les supérieures digitées, chargées de poils et de piquans sur leur nervure dorsale; les fleurs jaunes, purpurines dans leur fond, axillaires, pédonculées, solitaires; leur calice intérieur hérissé de poils spinuliformes; les capsules velues. Cette espèce croit dans les Indes orientales. Ses feuilles ont une saveur acide, comme celles de l'oseille.

*** *Tige ligneuse, sans piquans; calice extérieur monophylle.*

KETMIE A FEUILLES DE TILLEUL : *Hibiscus liliaceus*, Linn.; Lamk., *Ill. gen.*, tab. 584, fig. 1 ; Cavan., *Diss.*, 3, tab. 55, fig. 1; *Pariti seu talipariti*, Rhèede, *Hort. Malab.*, 1, tab. 90; Pluk., *Almag.*, tab. 178, fig. 5; *Novella*, Rumph, 2, tab. 73 ; vulgairement MAHOT et BARU. Grand arbrisseau des Indes, de douze à quinze pieds, dont l'écorce se détache aussi facilement que celle du tilleul. On en fabrique, dans les Indes, des cordes dont on fait usage sur les vaisseaux. Ses rameaux sont légèrement cotonneux; ses feuilles en cœur, arrondies, acuminées, un peu crénelées, pubescentes en dessous; les stipules grandes, ovales, amplexicaules, caduques; les pédoncules axillaires et terminaux, simples ou divisés; les fleurs assez grandes, campanulées, jaunâtres, avec le fond d'un pourpre brun; leur calice extérieur d'une seule pièce, et à dix dents en son bord; l'intérieur plus long, à cinq divisions lancéolées; les capsules cotonneuses, à peu près de la grandeur du calice. On cultive cette plante au Jardin du Roi.

KETMIE A TROIS POINTES : *Hibiscus tricuspis*, Cavan., *Diss.*, 3, tab. 55, fig. 2; *Hibiscus hastatus*, Linn. fils, *Supp.*, 310. Cette espèce a été découverte dans l'île d'Otahiti; elle a beaucoup de rapports avec la précédente. Elle s'en distingue par ses feuilles partagées, la plupart, en trois lobes alongés, aigus, un peu crénelés; les feuilles supérieures simples ; les stipules très-grandes; les fleurs axillaires, pédonculées, disposées en grappe terminale, peu garnie; les calices comme dans l'espèce précédente.

****** *Tige ligneuse, sans aiguillons; calice extérieur polyphylle, l'intérieur hémisphérique.***

Ketmie a feuilles de peuplier: *Hibiscus populneus*, Linn.; Cavan., *Diss.*, 3, tab. 56, fig. 1; *Bupariti*, Rhèede, *Malab.*, 1, tab. 29; *Novella littorea*, Rumph, *Amb.*, 2, tab. 74; *Malvaviscus populneus*, Gærtn., *de fruct.*, tab. 155; *Thespezia*, Corréa, *Ann. Mus.*, 9, pag. 290, tab. 25, fig. 1; vulgairement Polché, Sou-moeri. Bel arbre des Indes, d'une grandeur médiocre, dont les feuilles sont toujours vertes, glabres, entières, en cœur, arrondies, acuminées; les fleurs grandes, campanulées, d'abord jaunâtres avec le fond pourpre, puis entièrement pourprées; les pétales striés, arrondis au sommet, un peu arqués; le calice extérieur à trois folioles linéaires, très-caduques; l'intérieur urcéolé, semblable à la cupule d'un gland, à cinq dents peu apparentes. Le fruit, d'après M. Corréa, est une capsule charnue, globuleuse, ombiliquée et mucronée au sommet, revêtue d'une écorce épaisse, coriace, divisée intérieurement en cinq loges, chacune d'elles partagée par une cloison mince, membraneuse; cinq autres cloisons alternes qu'on ne distingue qu'à la base du fruit. Dans chaque loge, quatre semences ovales, couvertes d'un duvet jaunâtre et soyeux; l'embryon horizontal; les cotylédons foliacés; un périsperme mince, un peu charnu, s'étendant entre les cotylédons. Ces caractères, auxquels on peut ajouter ceux des calices, ont déterminé M. Corréa à établir, pour cette plante, un genre particulier sous le nom de *thespezia*.

On pourroit peut-être ajouter à cette espèce l'*hibiscus liliflorus*, Cavan., *Diss.*, 3, tabl. 57, fig. 1; vulgairement la *Fleur de Saint-Louis*. A la vérité ses fruits n'ont point été observés, mais les mêmes caractères se retrouvent dans les calices et la corolle. C'est d'ailleurs un arbre médiocre, dont les feuilles sont ovales, lancéolées, entières; les fleurs belles et grandes, disposées presque en corymbe; le calice extérieur à cinq folioles subulées, l'intérieur en cupule, à cinq dents saillantes; la corolle comme tubulée à sa base, un peu torse, ouverte en iis, veloutée en dehors, de couleur écarlate, quelquefois jaunâtre. Cette plante a été découverte par Commerson dans l'île de Bourbon.

***** *Tige ligneuse, sans aiguillons; calice extérieur polyphylle, l'intérieur un peu tubulé.*

KETMIE A FLEURS CHANGEANTES: *Ketmia mutabilis*, Linn.; Cavan., *Diss.*, 3, tab. 62, fig. 1; *Hina-parsiti*, Rhèede, *Hort. Malab.*, 6, tab. 38-42; *Flos horarius*, Rumph, *Amb.*, 4, tab. 9; vulgairement la ROSE CHANGEANTE DE CAYENNE. Arbrisseau des Indes orientales, que la beauté de ses fleurs a fait transporter aux Antilles, à Cayenne, et que l'on cultive au Jardin du Roi. Il s'élève à la hauteur de six pieds; ses rameaux sont légèrement cotonneux à leur sommet, garnis de feuilles en cœur, presque palmées, à cinq angles aigus, inégalement dentées, pubescentes en dessous; les pétioles et les stipules cotonneux: les fleurs grandes, d'un aspect agréable, quelquefois doubles, remarquables par les changemens rapides qui surviennent dans leur couleur, dès qu'elles s'épanouissent. D'abord elles sont blanches, elles prennent ensuite une teinte de couleur rose; elles deviennent pourpres en se flétrissant. Dans les Indes et en Amérique, ces changemens ont lieu en un jour, terme de la durée de ces fleurs; mais, dans les contrées septentrionales de l'Europe, ces changemens sont plus lents et durent plusieurs jours; les calices sont cotonneux. Sa seconde écorce, au rapport d'Aublet, est employée, à Cayenne, à faire des cordes.

KETMIE ROSE-DE-CHINE: *Hibiscus rosa sinensis*, Linn.; Cavan., *Diss.*, 3, tab. 69, fig. 2; *Shen-pariti*, Rhèede, *Hort. Malab.*, 2, tab. 17; *Flos festalis*, Rumph, *Amb.*, 4, tab. 8. Ce charmant arbrisseau, indigène des Indes orientales, est cultivé comme ornement dans les jardins de la Chine, qu'il embellit par l'éclat et la beauté de ses fleurs. Il parvient jusqu'à la hauteur de douze à quinze pieds; mais, dans nos jardins d'Europe, où il ne peut vivre en pleine terre, il acquiert à peine cinq à six pieds. Ses fleurs, d'un rouge vif et brillant, ont l'aspect d'une rose couleur de feu; elles sont grandes, inodores, ordinairement doubles ou semi-doubles. Les femmes, dans les Indes, font usage de ces fleurs pour noircir leurs sourcils et leurs cheveux, et l'on assure que cette couleur ne s'efface pas, même en les lavant. Les Anglois, qui habitent le même pays, s'en servent aussi pour noircir leurs souliers. Cet arbrisseau reste vert toute l'année; ses feuilles sont glabres, ovales, aiguës, dentées en scie; les stipules linéaires et subulées; les pédoncules axillaires, solitaires, uniflores; le calice extérieur composé de six ou sept folioles linéaires; l'intérieur une fois plus long; les divisions du style velues, terminées par des stigmates en tête.

Cet arbrisseau ne peut se conserver l'hiver que dans la serre chaude, d'où il ne le faut tirer que vers la mi-juin pour l'exposer en plein air. Il ne se multiplie que par le déchirement des vieux pieds, et surtout par marcottes et par boutures, que l'on fait depuis le printemps jusqu'au mois de juillet, et qui doivent être placées dans une terre légère et sableuse, avec des arrosemens fréquens. Ce bel arbrisseau fournit des fleurs pendant tout l'été; elles offrent plusieurs variétés remarquables: telles que des fleurs simples, grandes et rouges, ce sont les plus rares; des fleurs doubles d'un rouge très-vif, d'un rouge plus pâle, d'un rouge-brun, des blanches, enfin des fleurs doubles aurore.

Ketmie des jardins: *Hibiscus syriacus*, Linn.; Cavan., *Diss.*, 3, tab. 69, fig. 1; Sabb., *Hort.*, 1, tab. 54; vulgairement la Mauve en arbre. Cette belle espèce de ketmie est une des plus anciennement connues. Elle fait depuis long-temps la décoration des jardins; elle s'y montre sous la forme d'un buisson de la hauteur de cinq à six pieds; son feuillage est agréable, glabre, d'un beau vert, composé de feuilles pétiolées, alternes ou fasciculées, ovales-cunéiformes, incisées en trois lobes, à dents ou crénelures inégales. Les fleurs sont axillaires, solitaires, ordinairement rouges, ou d'un pourpre pâle avec le fond obscur, quelquefois d'un pourpre violet avec le fond noirâtre; ou bien panachées de rouge et de blanc; quelquefois blanches avec le fond pourpre, enfin doubles ou semi-doubles, larges de trois pouces, les onglets des pétales un peu velus ou ciliés. On en a aussi d'assez jolies variétés à feuilles panachées, soit de blanc, soit de vert et de jaune.

Cet arbrisseau, originaire de la Syrie et du Levant, a été transporté en France il y a plus de deux cents ans, où il réussit assez bien en plein air, dans toutes sortes de terrains et d'expositions, mais mieux au soleil et dans un sol riche; il y devient assez fort pour qu'on en puisse faire des palissades au mois d'août et de septembre, d'un grand effet par l'abondance successive de ses grandes fleurs, semblables à celles de la rose - trémière. On le place aussi dans les plates - bandes des parterres, et on le dispose en boule plus ou moins régulière. Il devient encore une des plus belles décorations des bosquets d'été et d'automne. Il se propage de graines, de drageons et de boutures. Ses fleurs sont adoucissantes comme celles de la plupart des mauves. Son écorce est très-filandreuse et peut être employée, comme celle du tilleul, à faire des cordes. On a essayé, avec assez de succès, à en fabriquer du papier d'enveloppe.

Ketmie rouge : *Hibiscus phœniceus*, Linn.; Jacq., *Hort.*, 5. tab. 14. Cet arbuste est d'un aspect fort agréable, et répand beaucoup d'éclat, lorsque ses belles fleurs d'un rouge vif sont épanouies. Il s'élève à la hauteur d'environ deux pieds, sur une tige ligneuse à sa partie inférieure, divisée en quelques rameaux effilés, chargés de feuilles ovales, aiguës, comme tronquées à leur base, dentées en scie; les supérieures ordinairement à trois lobes et presque hastées ; les stipules subulées : les pédoncules axillaires, uniflores, articulés dans leur milieu. Cette plante croît à l'île de Ceilan ; elle est cultivée au Jardin du Roi.

Ketmie a longs pédoncules : *Hibiscus pedunculatus*, Linn. fils, *Supp.*; Cavan., *Diss.*, 3, tab. 66, fig. 2. Arbrisseau du cap de Bonne-Espérance, cultivé au Jardin du Roi, dont la tige est simple, droite, velue, haute de deux pieds; les feuilles divisées en cinq ou trois lobes, velues, longues d'un pouce; les pédoncules fort longs, solitaires, axillaires, uniflores; les fleurs grandes, campanulées, rougeâtres; les calices courts et velus.

Ketmie tubulée; *Hibiscus tubulosus*, Cavan., *Diss.*, 5, tab. 68, fig. 2. Cette espèce croît au Sénégal et dans les Indes orientales : on la cultive au Jardin du Roi. Elle s'élève à la hauteur de six pieds sur une tige ligneuse, très-velue; ses rameaux sont lâches, hérissés de poils mous, garnis de feuilles en cœur, un peu anguleuses, dentées, molles, veloutées, d'un vert blanchâtre; les pédoncules courts, velus, solitaires, axillaires, uniflores : les fleurs petites, jaunâtres, avec le fond pourpré; les semences tomenteuses.

KETMIE A FEUILLES DE MANIHOT : *Hibiscus manihot*, Linn., Cavan., *Diss.*, 3, tab. 63. fig. 2; Dillen., *Elth.*, tab. 156, fig. 189; Pluk., *Almag.*, tab. 355, fig. 2. Il ne faut pas, malgré son nom spécifique, confondre cette espèce avec la plante dont les racines fournissent le manioc, qui est le *jatropha manihot*. Celle-ci est un arbrisseau de trois ou quatre pieds de haut, dont la tige est un peu velue vers son sommet, garnie de feuilles vertes, presque entièrement glabres; les inférieures à cinq lobes aigus, dentés; les supérieures profondément digitées en cinq ou sept lanières alongées, étroites. Les fleurs sont très-grandes, d'un jaune de soufre, avec le fond d'un pourpre brun; les calices velus, un peu hispides; les capsules velues, pyramidales, pentagones; les semences brunes, réniformes. On trouve cette plante dans les deux Indes; elle est cultivée au Jardin du Roi.

****** *Tige sans aiguillons, herbacée ou annuelle.*

KETMIE MUSQUÉE : *Hibiscus abelmoschus*, Linn.; Cavan., *Diss.*, 3, tab. 62, fig. 2; *Cattugasturi*, Rhèede, *Hort. Malab.*, 2, tab. 38; *Granum moschatum*, Rumph, *Amb.*, 4, tab. 15; vulgairement AMBRETTE, GRAINE MUSQUÉE, BAMIA. Cette plante intéresse par ses semences qui exhalent une odeur de musc très-marquée, et que l'on emploie aux mêmes usages. Elles entrent dans la composition des parfums : on en fait commerce dans le Levant. Le peuple, dans l'Egypte et l'Arabie, broie ces semences, et les mêlent, dit-on, avec la poudre de leur café, pour la rendre céphalique et stomachique. On s'en sert souvent pour falsifier le véritable musc, falsification qui se reconnoit par l'usage, l'odeur des semences de cette plante ayant bien moins de durée.

Ses tiges sont herbacées, hautes de trois ou quatre pieds, hérissées de poils un peu roides, garnies de feuilles en cœur, à cinq angles aigus, verdâtres. crénelées ou dentées à leur contour, velues sur les pétioles et les nervures; les pédoncules droits, axillaires, uniflores; les fleurs assez grandes, jaunes, avec le fond pourpre; les capsules velues, ovales, pyramidales, longues de deux pouces; les semences grosses, un peu réniformes, brunes ou grisâtres. Cette plante croit dans les Indes, dans l'Egypte et l'Arabie : on la cultive au Jardin du Roi.

Ketmie gombo : *Hibiscus esculentus*, Linn.; Cavan., *Diss.*, 3, tab. 61, fig. 2; Commel., *Hort.*, 1, tab. 19. Plante intéressante par l'usage économique que l'on fait de ses jeunes fruits : elle a beaucoup de rapports avec la précédente. Sa tige est herbacée, presque simple, velue vers son sommet, haute de deux pieds; ses feuilles un peu en cœur, palmées, à cinq lobes élargis, velues dans leur jeunesse, dentées en scie; les fleurs axillaires, grandes, campanulées, d'un jaune de soufre pâle avec le fond pourpré; le calice extérieur velu, caduc, à neuf ou dix folioles; les capsules pyramidales, longues de deux pouces et demi, à dix sillons, à cinq loges, à cinq valves dont les bords se roulent en dehors; les semences globuleuses et grisâtres. Cette plante croît dans l'Amérique, aux Antilles; elle est cultivée comme plante potagère dans le Levant, dans l'Egypte, la Barbarie, etc., ainsi qu'au Jardin du Roi.

On fait dans les contrées chaudes de l'Asie, de l'Afrique et de l'Amérique, une grande consommation des fruits verts de cette plante, soit pour en tirer, en les mettant dans l'eau bouillante, un mucilage abondant, qui sert à donner de la consistance aux alimens liquides, soit pour les manger en nature, cuits et assaisonnés de diverses manières. Cet aliment, quoique très-fade, est fort nourrissant; mais il paroît altérer le goût de tous les mets auxquels on l'associe. On est généralement persuadé, en Egypte, que l'usage fréquent du gombo facilite l'écoulement des urines, et préserve de la pierre : aussi en mange-t-on tous les jours dans la plupart des maisons; il est certain que cet aliment est très-propre à adoucir l'âcreté des humeurs. « On cultive, dit Olivier, non seulement en Crète, mais dans tout le Levant, le *ketmie* ou *bamie*, connu aux Antilles sous le nom de *gombo*. Son fruit, long de trois à quatre pouces, est recueilli depuis la fin de juin jusqu'en septembre, et mangé en ragoût seul avec divers assaisonnemens, et plus souvent mêlé avec de la viande. Il est fade, visqueux, mais assez facile à digérer. Les graines sont semées vers la fin de l'hiver, dans les endroits arrosés; cette plante annuelle pourroit réussir assez bien dans le midi de la France. » J'ai vu également cette même plante cultivée dans une grande partie de la Barbarie, et employée aux mêmes usages.

KETMIE ACIDE : *Hibiscus sabdarifa*, Linn.; Cavan., *Diss.*, 6, tab. 198, fig. 1; Pluk., *Almag.*, tab. 6, fig. 2 : vulgairement OSEILLE DE GUINÉE. Autre plante également potagère, cultivée comme telle aux Antilles et dans la Caroline, originaire de la Guinée et des Indes. Ses tiges sont dures, herbacées, très-glabres, hautes de deux pieds et beaucoup plus; ses feuilles glabres, dentées, longuement pétiolées; les inférieures simples, ovales, plus petites; les supérieures à trois lobes ovales, aiguës; les fleurs axillaires, solitaires, presque sessiles; leurs calices rouges, presque glabres : la corolle campanulée, jaune avec une teinte rouge, et le fond pourpre. On en distingue deux variétés : dans l'une, les tiges sont rouges, ainsi que ses calices; c'est l'*oseille rouge de Guinée* : dans l'autre, elles sont verdâtres, ainsi que le calice; c'est l'*oseille blanche de Guinée*. On la cultive au Jardin du Roi.

Les feuilles, ainsi que l'écorce de cette plante, sont d'une acidité assez agréable, analogue à celle de notre oseille; on les mange, comme elle, soit seules, soit avec des viandes, du poisson, etc. On fait avec ses calices confits au sucre, une sorte de confitures d'une saveur très-agréable, fort saines, qui se conservent long-temps, et que l'on peut transporter au loin.

KETMIE ÉLÉGANTE : *Hibiscus speciosus*, Ait., *Hort. Kew.*; Curtis, *Bot. Magaz.*, tab. 360; Wendl., *Hort. Hann.*, tab. 11. Très-belle espèce, originaire de la Caroline, cultivée au Jardin du Roi. Ses tiges sont glabres, herbacées; ses feuilles palmées, glabres, à cinq lobes profonds, lancéolés, dentés en scie; les pédoncules simples, axillaires, uniflores; les fleurs grandes, purpurines ou d'un rouge vif écarlate; les calices glabres; les capsules ovales, glabres, pentagones; les semences un peu tomenteuses. La ketmie à grandes fleurs (*hibiscus grandiflorus*, Mich., *Amer.*) ne le cède point en beauté à cette espèce : sa corolle est très-grande, couleur de chair, avec le fond rougeâtre; les capsules légèrement tomenteuses.

KETMIE DES MARAIS : *Hibiscus palustris*, Linn.; Cavan., *Diss.*, 3, tab. 65, fig. 2; Dodon., *Pempt.*, 655. Cette espèce, remarquable par ses grandes fleurs, mais peu nombreuses et de courte durée, est connue depuis long-temps en Europe, où même elle s'est naturalisée particulièrement sur les bords de quelques rivières de l'ouest de la France, à l'embouchure de la Garonne, etc. Elle est originaire de l'Amérique septentrionale. Ses tiges sont simples, hautes de quatre à cinq pieds, velues vers leur sommet ; les feuilles ovales, presque à trois lobes, tomenteuses en dessous ; les pédoncules axillaires, uniflores, articulés près des calices ; les fleurs grandes, d'un blanc jaunâtre, avec les onglets des pétales pourpres ; les calices un peu tomenteux et grisâtres. Dans la plante d'Europe, les fleurs sont roses ou purpurines. Quelques auteurs l'ont considérée comme une espèce particulière, et l'ont nommée *hibiscus roseus*, Deslongch., Journ. Bot., 1, p. 194. L'*hibiscus moscheutos*, Cavan., *Diss.*, 3, tab. 65, fig. 1, est très-voisine de la précédente ; elle en diffère en ce que ses pédoncules sont portés sur les pétioles mêmes des feuilles supérieures, au lieu de naître dans les aisselles des feuilles.

Ketmie trifoliée : *Hibiscus trionum*, Linn. ; Lamk., *Ill. gen.*, tab. 584, fig. 3 ; Cavan., *Diss.*, 3, tab. 64, fig. 1. Cette espèce est cultivée, dans les jardins, comme plante d'ornement. Ses tiges sont hispides, herbacées, hautes d'un à deux pieds ; ses feuilles profondément divisées en trois découpures étroites, lancéolées, légèrement incisées ; celles du milieu beaucoup plus longues ; les pédoncules hispides, axillaires, solitaires, uniflores, articulés ; les fleurs d'un jaune de soufre ; les pétales teints d'un peu de pourpre à leurs bords, marqués de violet noirâtre à leur base, comme tronqués obliquement à leur sommet ; leur calice extérieur composé de dix ou douze folioles subulées ; l'intérieur ovale, vésiculeux, anguleux, transparent, rayé de pourpre ; les capsules velues, enflées, noirâtre. On croit cette plante originaire d'Afrique.

On a découvert en Italie, dans les environs de Venise et dans la Carniole, une plante très-semblable, par ses fleurs et ses fruits, à la précédente, mais qui en diffère par ses feuilles, et que quelques auteurs modernes ont nommée *hibiscus vesicarius*, Cavan., *Diss.*, 3, tab. 64, fig. 2. Ses feuilles sont presque palmées, divisées un peu au-delà de leur moitié en trois grandes découpures incisées, lobées, inégalement dentées ; les feuilles inférieures arrondies, crénelées, non divisées. Malgré cette différence dans les feuilles, il est difficile de ne pas regarder cette plante comme une variété de la précédente qui se sera, à une époque inconnue, naturalisée dans quelques contrées de l'Europe. (Poir.)

KETTE-KAHALA. (*Bot.*) Dans une Collection des fruits conservés à Leyde, celui qui est sous ce nom a été examiné par Gærtner, qui a établi sur son caractère le genre *Porocarpus*, genre incomplet, puisqu'on ne connoît qu'une partie de sa fructification. (J.)

KETTEN-NATTER. (*Erpétol.*) Merrem donne ce nom à la couleuvre bali ou plicatile, que nous avons décrite dans ce Dictionnaire, tom. XI, pag. 212. (H. C.)

KETS, (*Bot.*) nom japonois du *pteris aquilina*, Linn., suivant Kæmpfer et Thunberg. Voyez Ptéris. (Lem.)

KETULE. (*Bot.*) Voyez Kitul. (J.)

KEUCHLIN (*Ornith.*), un des noms allemands du jeune coq. (Ch. D.)

KEUKA. (*Bot.*) Suivant Loesel, les Polonois désignent ainsi une production fongueuse, qui croît sur les ruches à miel, et que ceux qui soignent les ruches conservent précieusement, et qu'ils regardent, en quelque sorte, comme leur sauve-garde. Ils prétendent qu'étant prise en poudre, elle rend fécondes les femmes stériles, remédie à l'épilepsie des enfans, soulage dans es maux de gorge, mise dans une boisson convenable ; enfin, qu'elle est un remède efficace dans la colique. Cette plante a lune odeur d'iris de Florence, et n'est autre que le *clavaria digita*, Linn., rapporté au genre *Sphæria* par les botanistes actuels, et qui rentre dans le genre *Cordylia* de Fries. (Voyez Sphæria.) C'est l'*hypoxylon des ruches* de Paulet, Traité, 2, p. 432, pl. 197, fig. 4. (Lem.)

KEULE (*Bot.*), nom péruvien du *gomortega* de la Flore du Pérou. (J.)

KEURA. (*Bot.*) Genre de Forskal, réuni au baquois, *pandanus*. (J.)

KEU-TSIE. (*Bot.*) Les Chinois donnent ce nom qui signifie *chien roux*, à la racine ou stipe d'une fougère, *polypodium baromez*, Linn., parce qu'avec des soins particuliers ils parviennent à donner à cette racine, naturellement couverte d'un duvet roux, la forme d'un chien. A cet effet ils font choix de la partie la plus grosse de la racine pour faire le corps de l'animal, ils conservent quatre branches pour faire les pattes qu'ils dépouillent de leurs frondes, et une cinquième pour former la queue. Dans cet état la racine paroît de loin ressembler à un chien ou à un agneau. C'est là le fameux *agneau de Scythie* ou *barometz* des Tartares, sur lequel on a tant publié de fables, et qui n'est pas, comme on le voit, un fruit, ainsi que le croyoit Kirker, mais bien une racine charnue, qui laisse distiller une liqueur rouge, épaisse, qu'on a comparée à du sang. Les Cochinchinois nomment *can-tich* cette racine, et ce nom a la même signification que le nom chinois, suivant Loureiro. Cette racine, dans son état naturel, est oblongue, horizontale, d'un pied et plus de longueur, épaisse, presque cylindrique, charnue, multiforme, élevée au-dessus de terre et fixée au sol par quelques radicules épaisses ; elle est entièrement revêtue de poils fins, très-serrés et roux ; elle pousse quelques frondes radicales, longues de six pieds, droites, sans épines, deux fois ailées. Les premières divisions sont lancéolées, dentées, glabres et sessiles ; les unes alternes, les autres opposées. Loureiro, n'ayant pas observé la fructification de cette fougère, ne doute pas cependant qu'elle ne soit une espèce de *polypodium*, et la donne pour le *polypodium baromez* de Linnæus. Willdenow est du même avis, et ramène avec doute cette fougère au genre *Aspidium* de Swartz.

L'agneau de Scythie se rencontre quelquefois dans les cabinets de curiosités, mais il est peu commun, et l'on n'y attache plus aucune propriété ou vertu. (Lem.)

KEUVITTS. ( *Ornith.* ) Au cap de Bonne-Espérance on donne à la bécassine de ce pays, *scolopax capensis*, Gmel. et Lath., ce nom tiré du cri qu'elle semble prononcer. (Ch. **D.**)

KEVEL (*Mamm.*), nom que l'on donne au Sénégal, suivant Adanson, à une espèce de gazelle. Voyez Antilope. (F. C.)

KEVEU. (*Ornith.*) Cet oiseau du Chili a l'extérieur d'une grive ; mais ses mœurs sont bien différentes si, comme on le prétend, il fait sur les arbres un nid pareil à ceux des hirondelles, et mange la cervelle des petits oiseaux et leurs œufs. (Ch. **D.**)

KEVRÉ-VARAGOU (*Bot.*), nom inscrit pour le coracan, *eleusine*, dans un herbier de la côte de Coromandel, communiqué à Commerson. (J.)

KEWER. (*Bot.*) Voyez Cahouar. (J.)

KEWLERIKSOK (*Ichthyol.*), nom que, dans le Groenland, on donne au Carpion. Voyez ce mot. (H. C.)

KEYX. (*Ornith.*) Voyez Kerylos. (Ch. D.)

KHAATH. (*Bot.*) Suc extrait d'un arbre de l'Inde, lequel,
en s'épaississant, devient le cachou très-connu. Jager, cité
dans l'*Apparatus medicaminum* de Murrai, dit qu'il est extrait
d'un acacia, nommé *khadira* par les Brames (voyez Kaate).
Un autre *kaat*, cité par M. Bosc, est la décoction ou l'extrait
des rameaux du *barleria hystrix*, auquel on joint de la farine
et de la sciure de bois pour le dessécher, et en former une pâte
qui passe pour astringente. (J.)

KHACHYR (*Bot.*), nom arabe de l'échinope, *echinops spino-
sus*, suivant M. Delile. (J.)

KHADIRA. (*Bot.*) Voyez Khaath. (J.)

KHALAF. (*Bot.*) Voyez Calaf. (J.)

KHANSAR-EL-AROUSEH. (*Bot.*) Voyez Chansar-el-arusi.
(J.)

KHARAQ-EL-BAHR (*Bot.*), nom arabe de la lampourde,
*xanthium strumarium*, cité par M. Delile. Forskal la nomme
*kavar-el-abd* et *charica-el-bahr*. (J.)

KHARCHOUF (*Bot.*), nom arabe, suivant M. Delile, de
l'artichaut, Cinara, qui est le Carcioffolo des Italiens, le
Carchouflier des Provençaux. Voyez ces mots. (J.)

KHARDEL. (*Bot.*) Voyez Chardel. (J.)

KHARDEL, KABAR (*Bot.*), noms arabes d'une moutarde,
*sinapis juncea*, de Linnæus. (J.)

KHARKHAFTY. (*Bot.*) Voyez Didar, Gharghafti. (J.)

KHAROUA. (*Bot.*) Suivant M. Delile, le ricin ordinaire
est ainsi nommé dans l'Arabie, et *rouagy* dans la Nubie. Les
noms de *tebscha* et *ræst* lui sont donnés dans quelques cantons
de l'Arabie, selon Forskal.

KHASR (*Ornith.*), nom arabe de la cresserelle, *falco tinnunculus*, Linn. (Ch. D.)

KHATMYEH (*Bot.*), nom arabe de la rose tremière, *alcea
ficifolia*, suivant M. Delile. (J.)

KHERCHOUM-EL-NAGEB. (*Bot.*) Voyez Gatba. (J.)

KHEYLEY. (*Bot.*) Voyez Mantour. (J.)

KHEYLEY (*Bot.*), nom arabe d'une giroflée, *cheiranthus incanus*, suivant M. Delile. (J.)

**KHOBBEYZEH-EL-CHEYTANY** (*Bot.*), nom arabe d'une mauve, *malva parviflora*, et du *malva verticillata*. (**J.**)

**KHOCHEYN.** (*Bot.*) Forskal et M. Delile citent ce nom arabe pour un hélianthème, *helianthemum lippii*. (**J.**)

**KHOSS.** (*Bot.*) Les Nègres du Sénégal appellent ainsi un bois jaune, facile à tailler, et employé en menuiserie, qui paroit se rapprocher du bois bouton. (**Lem.**)

**KHOUA-KHOUA** ou **COUAGGA.** (*Mamm.*) Voyez Cheval. (**Desm.**)

**KHOUILKAMTCHKKOUN** (*Ornith.*), nom kamtschadal d'une espèce de stariki, nommée par Steller *mergulus marinus niger, ventre albo, plumis angustis albis auritus.* C'est le même oiseau que l'*inipilagalan* des Koriaques. (**Ch. D.**)

**KHOULAN.** (*Mamm.*) Voyez Koulan. (**Desm.**)

**KHOUKH.** (*Bot.*) Voyez Choch. (**J.**)

**KHYAR-CHAMBAR** (*Bot.*), nom arabe de la casse des boutiques, suivant M. Delile. (**J.**)

**KHYSARAN** (*Bot.*), nom arabe du *centaurea lippii*, suivant M. Delile. (**J.**)

**KIÆGELRIFWARE** (*Ornith.*), nom suédois du bec-croisé, *loxia curvirostra*, Linn., qu'on appelle aussi dans le pays, *kornsuef.* (**Ch. D.**)

**KIÆLD** ou **KIELD.** (*Ornith.*) Ce nom désigne, en Norwége, suivant Pontoppidan, tome 2, p. 81, et Muller, page 27, n.° 215, l'huitrier ou pie-de-mer, *hæmatopus ostralegus*, Linn., que les habitans de l'île Feroë appellent *kielder.* (**Ch. D.**)

**KIAERRGYLTA.** (*Ornith.*) L'oiseau que les Ostrobothniens appellent ainsi, est l'engoulevent d'Europe, *caprimulgus europæus*, Linn. (**Ch. D.**)

**KIAGLEMECOU, KIAGLEMON** (*Bot.*), noms caraïbes cités par Surian, de la bignone griffe de chat. (**J.**)

**KIAM-BAN** (*Bot.*), nom malais du *pistia stratiotes*, selon Rumph, qui le nomme *plantago aquatica.* (**J.**)

**KIAMPTAL.** (*Bot.*) Dans le Sénégal, suivant Adanson, une espèce d'indigotier est ainsi nommée, et il l'assimile au *colinil* du Malabar, mentionné par Rhèede. (**J.**)

**KIANKIA** (*Ornith.*), nom donné, suivant Barrère, par les habitans de la Guiane, au perroquet violet, *psittacus violaceus*, du même auteur, ou papegai violet. (**Ch. D.**)

KIANOS. (*Ornith.*) Voyez Cyanos et Cœruleus. (Ch. **D.**)

KIARGILTA. (*Ornith.*) Voyez Kiaerrgylta. (Ch. **D.**)

KIATI. (*Bot.*) Bontius, dans son Histoire naturelle des Indes orientales publiée par Pison, cite, sous ce nom et sous celui de *quercus indica*, un arbre qu'il assimile au chêne, à cause de la dureté de son bois, qui le rend propre aux constructions durables ; c'est le seul rapport qu'il puisse avoir avec lui. Rhéede paroît croire que ce pourroit être le theka du Malabar ; et, observant que le mot *iati* signifie chêne dans l'Inde, il croit que le vrai nom doit être *kayo-iati*, c'est-à-dire, bois de chêne. Au reste, la figure de Bontius ne répond nullement à celle du *theka* donné par Rhéede ; et on peut douter de l'identité de ces deux arbres, quoiqu'adoptée par Adanson. (J.)

KIBATSISSO. (*Bot.*) Voyez Fujoo. (J.)

KIBERA. (*Bot.*) Adanson sépare du *sisymbrium*, sous ce nom, le *sisymbrium supinum*, qu'il distingue par ses fleurs axillaires, sa silique courte, et son disque à six glandes, pendant que, selon lui, le *sisymbrium* n'en a que deux. Son genre n'a pas été adopté. M. Decandolle, dans son *Syst. Reg. Veget.*, en fait le titre d'une de ses sections du *sisymbrium*. (J.)

KIBI, KIMMI, SIOKU (*Bot.*), noms japonois du sorgho, *holcus sorghum*, suivant Kæmpfer. (J.)

KIBIZ. (*Ornith.*) Il paroît que les Allemands donnent ce nom et celui de *kiebitz* au vanneau, au pluvier et à d'autres oiseaux. Voyez Kifitz. (Ch. **D.**)

KI-BUKE, BUKE. (*Bot.*) C'est le *pyrus japonica* de M. Thunberg, dont M. Lindley fait son nouveau genre *Chœnomeles*. (J.)

KICHLA BALUK. (*Ichthyol.*) A Constantinople, les Turcs nomment ainsi le lutjan scina. Voyez Lutjan. (H. C.)

KICZOT. (*Ornith.*) Rzaczynski et Brisson citent ce nom comme étant donné, en Russie, au gerfault, *falco candicans*, *cinereus* et *sacer*. (Ch. **D.**)

KIDARAM. (*Bot.*) A Ceilan, on nomme ainsi, suivant Hermann, un gouet, *arum*, à feuilles découpées et à tige chargée d'aspérités. (J.)

KIDDAW. (*Ornith.*) On nomme ainsi, dans la province de Cornouailles, en Angleterre, le guillemot, *colymbus troile*, Linn. (Ch. **D.**)

KIDHAMŒTHI. (*Bot.*) Voyez Kudælukola. (J.)

**KIEDER.** (*Ornith.*) La Chesnaye-des-Bois dit, d'après Olaüs Magnus, que c'est une espèce de faisan ou coq de bois qui se trouve en Laponie. Schæffer, dans son histoire de ce pays, page 326, l'appelle *kiedrar*, en ajoutant que les Suédois le nomment *orrar*. Il paroit être ici question d'un petit coq de bruyère, probablement le *tetrao intermedius* de Langsdorf, Mém. de l'Acad. de Pétersbourg, tome 3, pl. 14, et le *tetrao hybridus* de Sparmann, *Mus. Carlson.*, pl. 15, lequel ce dernier auteur dit être sujet à changer beaucoup de couleurs. (Cꜱ. **D.**)

KIEL. (*Bot.*) L'arbrisseau, connu sous ce nom à Amboine, est décrit imparfaitement par Rumph, qui dit que de ses diverses parties arrachées découle un suc laiteux, corrosif, qui, s'il étoit reçu dans l'œil, pourroit aveugler; et il le nomme, pour cette raison, *frutex excæcans;* et il ajoute qu'on en tire une teinture noire. On ne connoît point le genre de cet arbrisseau, qu'il ne faut pas confondre avec l'*excæcaria* de Linnæus. (**J.**)

KIELBOUL. (*Bot.*) Genre de plante graminée d'Adanson, qui est l'*aristida* de Linnæus. (**J.**)

KIELDUSVIN. (*Ornith.*) Othon Fréd. Muller, dans son *Prodromus Zoologiæ Danicæ,* pag. 25, n.° 205, désigne sous ce nom un oiseau du genre *tringa*, qui a le bec court et noir, le corps cendré, et qu'on trouve en Islande. (Cꜱ. **D.**)

KIEMENDECKEL (*Ichthyol.*), nom danois du coryphénoïde d'Houttuyn. Voyez Coryphénoïde. (**H. C.**)

KIERINDA, WÆL-KIERINDI. (*Bot.*) Dans la Collection des graines du jardin de Leyde, Gærtner a trouvé, sous ce nom cingalais, celles de son *ægiceras minus.* L'*ægiceras majus* étoit nommé *madan* et *kallu-haberelli.* (**J.**)

KIESELGURH. (*Min.*) Il n'est fait mention de ce minéral que dans le tome V des Analyses chimiques de Klaproth, il l'avoit reçu de Stütz, sous le nom de lave-cendre, *lava-asche;* il venoit de l'Ile-de-France. C'est un minéral d'un blanc grisâtre passant au gris perlé, terreux, friable, tendre au toucher, happant à la langue, et composé de

| | |
|---|---|
| Silice | 72,0 |
| Alumine | 2,5 |
| Fer oxide | 2,5 |
| Eau | 21,0 |

Il paroît avoir quelques rapports avec les silex nectique et concrétionné d'Islande, mais il en diffère par la quantité considérable d'eau qu'il renferme. (B.)

KIESELCHIEFER (*Min.*), nom allemand employé souvent dans les ouvrages françois. C'est la variété de silex noir schistoïde, à laquelle j'ai donné le nom de JASPE SCHISTEUX. Voyez ce mot. (B.)

KIESELSPATH. (*Min.*) Ce minéral, décrit par M. Haussmann, a un tissu feuilleté, semblable, dit ce minéralogiste, à celui du felspath ; mais ses parties se séparent en grains ou en écailles. Il est transparent et offre un éclat intermédiaire entre celui du verre et celui de la nacre.

M. Stromeyer l'a analysé, et y a trouvé :

| | |
|---|---|
| Soude........................ | 0,09 |
| Alumine...................... | 0,20 |
| Silice........................ | 0,70 |
| Chaux, fer et manganèse.......... | trace. |

Il a été trouvé près de Chesterfield dans le Massachussets, Etats-Unis d'Amérique. Il étoit accompagné de tourmaline et de grenats. (B.)

KIEVIT (*Ornith.*), nom hollandois du vanneau commun, *tringa vanellus*, Linn. Voyez KIFITZ. (CH. D.)

KIF. (*Bot.*) Dans le royaume de Fez, on nomme ainsi le chanvre avec lequel on compose une liqueur enivrante. (J.)

KIFITZ. (*Ornith.*) Un des noms donnés en Suisse, selon Rzaczynski, au vanneau commun, *tringa vanellus*, Linn., qu'on nomme aussi, dans le même pays, *gyfitz*, *gybitz*, et que les Allemands appellent *kyuntz*, *kuvitz*, *kiwit*. (CH. D.)

KIGGELLAIRE, *Kiggellaria*. (*Bot.*) Genre de plantes dicotylédones, à fleurs dioïques, de la famille des *euphorbiacées*, de la *dioécie décandrie* de Linnæus, offrant pour caractère essentiel : Des fleurs dioïques, dans les mâles ; un calice à cinq folioles ; une corolle à cinq pétales ; cinq écailles ou glandes trilobées ; dix étamines : dans les femelles, un calice s'ouvrant par le sommet ; une corolle et des glandes, comme dans les fleurs mâles ; un ovaire supérieur ; cinq styles ; les stigmates simples, quelquefois bifides. Le fruit est une capsule ronde, uniloculaire, à cinq valves contenant plusieurs semences arillées.

Kiggellaire d'Afrique : *Kiggellaria africana*, Linn., *Hort. Cliff.*, tab. 29; Lamk., *Ill. gen.*, tab. 821 ; Pluk., *Almag.*, tab. 176, fig. 3. Arbrisseau très-rameux, cultivé au Jardin du Roi, et originaire du cap de Bonne-Espérance. Ses rameaux sont cylindriques, cotonneux vers leur sommet; les feuilles alternes, ovales-lancéolées, dentées sur leurs bords, vertes, presque glabres en dessus, munies de glandes dans les aisselles des nervures, chargées en dessous de poils courts. Les fleurs sont petites, de couleur herbacée ou blanchâtre, latérales ou axillaires, disposées en grappes courtes, presque en corymbes; ces grappes sont plus garnies dans les mâles que dans les femelles. Leur calice est composé de cinq folioles concaves, lancéolées, velues; les pétales linéaires, d'un blanc pâle, un peu plus grands que le calice, portant à leurs onglets cinq petites écailles jaunâtres, à trois lobes; les filamens, moins longs que les pétales, portent des anthères oblongues, perforées à leur sommet. Dans les fleurs femelles, l'ovaire est arrondi, velu, chargé de cinq styles ouverts; les stigmates sont quelquefois bifides; les capsules globuleuses, coriaces, rudes et veloutées en dehors, à une seule loge, à cinq valves, contenant plusieurs semences arrondies, anguleuses.

Jacquin a fait figurer dans ses *Icones rariores*, tab. 628, sous le nom de *kiggellaria integrifolia*, une plante du cap de Bonne-Espérance, cultivée dans quelques jardins. Elle n'est probablement qu'une simple variété de l'espèce précédente à feuilles non dentelées.

Le kigellaire, dont les fleurs sont petites et sans beaucoup d'apparence, n'a d'autre mérite, comme arbrisseau d'ornement, que de pouvoir conserver ses feuilles toute l'année. L'été, on le tient dans une situation un peu ombragée, avec de fréquens arrosemens : il suffit, pendant l'hiver, de le garantir de la gelée, dans la serre d'orangerie. On le multiplie de marcottes et de boutures qu'on fait avec les jeunes pousses, et qu'on place dans des pots, sur couche et sous châssis : il lui faut une terre consistante qu'on renouvelle tous les deux ans. ( Poir. )

KIIS. (*Ichthyol.*) En Estonie, on donne ce nom à la perche goujonnière. Voyez Grémille. (H. C.)

KIK. (*Ornith.*) Ce terme désigne en hébreu le coucou, et en persan le pélican. (Ch. D.)

KIK, KIKF, KIKKU. (*Bot.*) C'est ainsi que l'on nomme au Japon, le chrysanthème des Indes, qui fait maintenant l'ornement des jardins dans l'automne, et qui varie beaucoup par la couleur. (J.)

KIKAION. (*Bot.*) Voyez Kerua. (J.)

KIKAK-KUSI (*Bot.*), nom japonois de l'asperge cultivée, suivant M. Thunberg. L'*asparagus falcatus* est nommé *kemundo*. (J.)

KIKEKUNEMALO. (*Bot.*) Murrai, dans sa Matière Médicale, parle, d'après Buchner, d'une gomme résine de ce nom, dont il ne connoit point l'origine. Il sait seulement qu'elle est apportée d'Amérique. Elle est fragile, verdâtre, plus opaque que transparente. Son odeur est agréable; sa saveur un peu âcre. Elle s'enflamme à l'approche d'une flamme. On lui attribue les vertus fortifiante, résolutive, discussive et antispasmodique. (J.)

KIKI, CICI (*Bot.*), nom grec sous lequel Dioscoride désignoit le ricin. (J.)

KIKI. (*Mamm.*) L'abbé Ray donne ce nom, d'après un voyageur qu'il ne nomme point, comme étant, au Chili, celui d'un animal très féroce dont le corps est alongé, couvert de poils fins, et qui a la queue d'un renard. Il veut sans doute parler du Quiqui de Molina. Voyez ce mot. (F. C.)

KIKIDIVI (*Ornith.*), nom, en sanscrit, de la poule sauvage appelée au Malabar *kattoucoli*, suivant le P. Paulin de Saint-Barthelemi, Voyage aux Indes orientales, tome 1, page 421. (Ch. D.)

KIKIRINDIA, KARARANGHINA (*Bot.*), noms du *ludwigia oppositifolia*, à Ceilan, suivant Linnæus. (J.)

KIKJO. (*Bot.*) Voyez Kekko. (J.)

KIKKANETTA. (*Erpétol.*) Séba, sous ce nom, a parlé d'un serpent d'Amérique qui nous est inconnu. (H. C.)

KIKKU. (*Bot.*) Kæmpfer dit que les Japonois nomment ainsi le *chrysanthemum indicum*, Linn. (H. Cass.)

KIKOKU-SO. (*Bot.*) La parisette, *paris quadrifolia*, est ainsi nommée au Japon, suivant M. Thunberg. (J.)

**KIKVORS-VANGER.** (*Ornith.*) Ce **nom**, qui signifie attrapeur de grenouilles, est donné, au cap de Bonne-Espérance, à l'espèce de busard que M. Levaillant a appelée grenouillard, *falco ranivorus*, Lath. (Ch. D.)

**KILAKIL.** (*Ornith.*) Les habitans de Luçon appellent ainsi une espèce de perroquet de leur île, *psittacus lucionensis*, Linn. (Ch. D.)

**KILCOLA-TSJETTI.** (*Bot.*) Arbrisseau de la côte Malabare, cité par Rhèede, lequel paroît appartenir à la famille des rubiacées, et avoir de l'affinité avec le *declieuxia* de M. Kunth. (J.)

**KILDEA.** (*Ornith.*) C'est ainsi que dans le Voyage de Bartram, tome 2, page 55 de la traduction françoise, est écrit le nom du Kildir. Voyez ce dernier mot. (Ch. D.)

**KILDIR.** (*Ornith.*) Ce nom a été donné, d'après son cri, à un pluvier d'Amérique, *charadrius vociferus*, Linn., que l'on appelle en anglois *kill-deer*. (Ch. D.)

**KILIGILIPPE, JACBERIA** (*Bot.*), noms d'une crotalaire, *crotalaria verrucosa*, à Ceilan, selon Burmann. (J.)

**KILKIL.** (*Bot.*) Rhazes nomme ainsi le *curcas*, mais par erreur, suivant Clusius. (J.)

**KILLA.** (*Bot.*) Voyez Cœur de Saint-Thomas. (J.)

**KILLAS.** (*Min.*) C'est un nom que les mineurs du comté de Cornouailles donnent au micaschiste à petits grains, au gneiss, au schiste luisant, au phyllade satiné, et en général à toutes les roches fissiles qui renferment les minérais d'étain et de cuivre en filon. C'est, du moins, à ces roches que je crois pouvoir rapporter les échantillons de killas des environs de Saint-Austel, en Cornouailles, qui m'ont été donnés.

Mais il paroît, suivant M. J. Carne, qu'il a une application encore plus étendue, et qu'on désigne ainsi, dans le comté de Cornouailles toutes les roches schistoïdes.

Kirwan donne pour la composition de l'échantillon qu'il a analysé :

| | |
|---|---|
| Silice | 65 |
| Alumine | 25 |
| Magnésie | 9 |
| Fer | 6 (B.) |

KILLEGREUX (*Ornith.*), nom anglois du **crave d'Europe**, *corvus graculus*, Linn. (Cн. D.)

KILLELLUAK. (*Ichthyol.*) M. de Lacépède rapporte ce nom groenlandois au narwhal vulgaire. Voyez l'article Dauphin. (Desm.)

KILLENGAK. (*Ornith.*) Voyez Killingak. (Cн. D.)

KILLER-TRASHER (*Ichthyol.*), nom du dauphin gladiateur ou espadon, sur les côtes des Etats-Unis, d'après M. de Lacépède. Voyez Dauphin. (Desm.)

KILLINGA. ( *Bot.*) Sous ce nom, Adanson avoit fait un genre des *athamantha sicula* et *cretensis*, caractérisés par des graines velues, marquées seulement de cinq lignes et non relevées de côtes. Rivin, Scopoli et Gærtner en faisoient leur genre *Libanotis*; mais ni l'un ni l'autre n'ont été adoptés. Ce *libanotis* est différent du *libanotis* de Haller et de Mœnch, qui est l'*athamantha libanotis* de Linnæus, et le *deta* d'Adanson, dont les graines, également velues, sont plus profondément sillonnées. Le nom *killingia* est admis d'ailleurs pour un genre de plantes cypéracées. (J.)

KILLINGE, *Kyllingia*. (*Bot.*) Genre de plantes monocotylédones, à fleurs glumacées, de la famille des *cypéracées*, de la *triandrie monogynie* de Linnæus, caractérisé par une balle calicinale à deux valves inégales; une balle florale bivalve; trois étamines; un ovaire supérieur, chargé d'un seul style bifide ou trifide à son sommet. Le fruit consiste en une semence trigone, enveloppée par la balle florale, sans soies à la base.

Killinge monocéphale : *Kyllingia monocephala*, Linn. fils, *Suppl.*; Rottb., *Icon.*, t. 4, f. 4; Lamk., *Ill. gen.*, tab. 38, fig. 1; *Pee mottenga*, Rhéede, *Hort. Malab.*, 12, tab. 53; *Gramen capitatum*, Rumph, *Amb.*, 6, tab. 3, fig. 2. Plante des Indes orientales et des Moluques, dont les racines sont rampantes et fibreuses; les tiges menues, triangulaires, longues de six à sept pouces; les feuilles linéaires, graminiformes, vertes, glabres, un peu carénées, rudes sur les bords, presque de la longueur des tiges. Les fleurs réunies en une seule tête terminale, sessile, blanchâtre, presque globuleuse, munie d'un involucre à trois ou quatre folioles très-longues.

Killinge a trois têtes : *Kyllingia triceps*. Linn. fils, *Suppl.*; Lamk., *Ill. gen.*, tab. 38, fig. 2; Rottb., *Icon.*, tab. 4, fig. 6;

*Mottenga*, Rhèede, *Hort. Malab.*, 12, tab. 52; *An Schœnus niveus?* Linn. Cette espèce, très-rapprochée de la précédente, s'en distingue par ses fleurs réunies en trois têtes sessiles, ovales-oblongues. Sa racine est tubéreuse, odorante; ses tiges presque filiformes, triangulaires, longues de six à sept pouces; les feuilles un peu plus courtes que les tiges; celles de l'involucre, au nombre de trois ou quatre, étroites, inégales. Cette plante croît dans les Indes orientales. On trouve, d'après Vahl, *Enum.*, pl. 2, pag. 382, dans l'Amérique méridionale, une plante rapprochée de la précédente, qu'il nomme *killingia odorata*. Elle est beaucoup plus petite dans toutes ses parties. Les tiges sont roides, ainsi que les involucres et les feuilles, hautes de cinq pouces; l'involucre à trois folioles; les fleurs disposées en trois têtes latérales, à peine plus grosses qu'un grain de poivre.

Killinge a feuilles courtes : *Kyllingia brevifolia*, Vahl, *Enum.* ; Rottb., *Icon.*, tab. 4, fig. 3. Ses racines sont rampantes; ses tiges nombreuses, filiformes, hautes de deux pieds, anguleuses, entourées de gaines purpurines, munies d'une seule feuille ; l'involucre à trois folioles alongées; les têtes de fleurs sessiles, terminales, de la grosseur d'un grain de poivre; les valves de la corolle ciliées sur leur carène. Elle croît dans les Indes orientales. Dans le *kyllingia squamulata*, Vahl, l. c., on distingue sur les valves de la corolle de petites écailles blanchâtres et comprimées; les tiges sont nombreuses, filiformes; les feuilles planes; l'involucre à quatre folioles; les têtes de fleurs solitaires, globuleuses, de la grosseur d'un pois; les valves de la corolle jaunâtres à leur bord, vertes sur leur carène; les semences noires, arrondies. Cette plante croît dans la Guinée. Le *kyllingia pumila* de Michaux, *Fl. Bor. Amer.*, 1, pag. 28, a les tiges sétacées, à peine hautes de trois ou quatre pouces; les feuilles très-étroites; la tête de fleurs globuleuse, blanchâtre, sessile, de la grosseur d'un grain de poivre.

Plusieurs autres espèces de killinge ont été réunies au genre *Mariscus* (foin), telles que le *kyllingia panicea*, Rottb ; *umbellata*, Rottb. Beauvois en cite deux espèces, des royaumes d'Oware et de Benin, le *kyllingia bullosa*, Pl. d'Ow., 1, tab. 8 ; le *kyllingia globulosa*, tab. 31. (Poir.)

KILLINITE. (*Min.*) Le docteur Taylor a donné ce nom à un minéral qu'il a découvert, dans des veines de granite, près la jonction de cette roche avec le micaschiste, à Killeney, près Dublin, en Irlande.

Il est d'un vert pâle mêlé d'un peu de brun ou de jaune, et altéré à sa surface. Il présente quelque apparence de prisme et des joints parallèles à un prisme rhomboïdal. Sa cassure en travers est finement grenue; il est translucide et facile à casser, et se laisse rayer par l'acier. Sa pesanteur spécifique est de 2,7. Le docteur Barker y a trouvé :

| | |
|---|---|
| Potasse...................... | 5 |
| Alumine..................... | 24,5 |
| Silice...................... | 52,5 |
| Fer........................ | 02,5 |
| Manganèse................... | 00,7 |
| Eau........................ | 5,0 |

Il se fond au chalumeau en un émail blanc.

Il est accompagné dans son gisement de triphane, de quarz, de felspath et de grenat.

M. Phlipps fait remarquer la grande analogie qu'il y a entre ce minéral et le triphane, et présume qu'une nouvelle analyse fera reconnoître le lithion au lieu de potasse. (B.)

KILULEM. (*Bot.*) Voyez FELZAGARAG, HADHAD. (J.)

KIMA. (*Conchyl.*) Ce nom est, aux Iles Moluques, celui de la tridacne, dont on mange l'animal. (B.)

KIMALELA (*Bot.*), nom d'une variété du *polygala thezeans*, dans l'île de Java, cité par Burmann. (J.)

KIMBUTA. (*Erpétol.*) Dans l'île de Ceilan, on nomme ainsi les crocodiles. (H. C.)

KIME. (*Ichthyol.*) Nom norwégien de l'aphye, *cyprinus aphya*, de Linnæus. Ce poisson appartient à la division des ables. Il n'a guère que dix-huit lignes de longueur, et se trouve vers l'embouchure des fleuves qui se jettent dans la mer Baltique, et dans presque tous les ruisseaux de la Norwège, de la Suède et de la Sibérie. Sa chair est blanche et d'une saveur agréable. Ses écailles se détachent aisément. Son dos est brunâtre; son ventre rouge ou blanc; ses nageoires sont verdâtres, et ses flancs blanchâtres. Voyez ABLE. dans le Supplément du premier volume de ce Dictionnaire, GORKIME et CYPRIN. (H. C.)

KIMICATIHUE (*Bot.*), nom caraïbe que porte, dans l'herbier de Surian, le *croton corylifolium*, connu aussi dans les Antilles sous celui de *bois de laurier*. (J.)

KIMKIT. (*Bot.*) A Java, suivant Burmann, on nomme ainsi le *limonia trifolia*, qui est le *triphasia* de Loureiro. (J.)

KIM-KUIT. (*Bot.*) Loureiro, dans son *Fl. Cochinch.*, cite ce nom de pays pour son *citrus madurensis*. (J.)

KIMMEVAN-APAYKUTESHISH. (*Ornith.*) Les naturels du Labrador donnent ce nom à une fauvette à tête cendrée, *sylvia maculosa*, Lath., qui est figurée planche 93, dans l'Histoire naturelle des oiseaux de l'Amérique septentrionale de M. Vieillot, à cause de l'habitude qu'elle a de faire entendre une voix perçante lorsqu'il pleut. (Ch. D.)

KIMNODSUI. (*Ornith.*) La saroelle de la Chine, *anas galericulata*, Linn., porte, suivant Kæmpfer, ce nom au Japon. (Ch. D.)

KIMPAKU. (*Bot.*) Ce nom japonois est donné aux espèces fruticuleuses de lichens, formant le genre *Cladonia* d'Acharius. (J.)

KIMPOGE, FURO-TOO (*Bot.*), noms japonois du *geranium palustre*, suivant M. Thunberg. Deux renoncules, *ranunculus auricomus* et *asiaticus*, sont aussi nommées *kimpoge*, selon le même auteur. (J.)

KIMTI (*Bot.*), nom caraïbe, cité dans l'herbier de Vaillant, d'un arbre ou arbrisseau qui paroît appartenir au genre *Robinia* ou à l'*Andira*. (J.)

KINA. (*Bot.*) Rhéede, dans son *Hort. Malab.*, dit qu'on lui a envoyé de Ceilan, sous ce nom, un jeune plant du *tsjeroupanna* du Malabar qui est rapporté au *calophyllum calaba*. Hermann le cite aussi dans le *Mus. Zeyl.*, et dit que c'est un arbre dont la racine donne une gomme (ou peut-être une résine) blanche, transparente et sans odeur. Linnæus, dans le *Fl. Zeyl.* ramène également ce *kina* au *calophyllum*. Burmann, dans son *Thes. Zeyl.*, parle d'un *kine*, qu'il rapporte à son *inophyllum* congénère du *colophyllum*. (J.)

KINAIDOX. (*Ornith.*) Des auteurs pensent que ce nom grec désigne la sittelle, *sitta europæa*, Linn. (Ch. D.)

KINAKINA. (*Bot.*) Il existe dans les collections de matière médicale, sous le nom de *kinakina urens*, une écorce encore mentionnée dans les Elémens de Thérapeutique de M. Alibert, qui dit, d'après Mutis, qu'elle appartient à une espèce du genre *Drymis*, dans la famille des magnoliacées, auquel se rapporte également l'arbre qui fournit l'écorce de Winter. Ces deux écorces comparées ensemble ont beaucoup d'affinité. Il paroît, d'après M. Alibert, que Mutis regarde le *drymis granadensis*, le *drymis Winteri* et le *kina-kina urens*, comme étant une seule et même espèce; cependant les deux premières sont regardées comme différentes par Murrai, Willdenow, et d'autres botanistes plus modernes : et des échantillons conservés dans les herbiers confirment cette distinction. Quant au *kina-kina*, on n'en connoît que l'écorce, et l'espèce peut être regardée encore comme indéterminée. Il ne faudra pas le confondre avec le *quina-quina*, espèce de myrosperme dont il sera fait mention dans un des volumes suivans. (J.)

KINAR. (*Bot.*) A Amboine, suivant Rumph, on nomme ainsi son *catti-marus*, qui est le *kleinhovia* des botanistes. (J.)

KINATES. (*Chim.*) Combinaisons salines formées par l'acide kinique.

Le kinate de chaux est la seule espèce qui ait été étudiée. Voyez KINIQUE (*Acide*). (Ch.)

KINATOU. (*Ornith.*) Les Koriaques donnent ce nom à un coq des bois, dont Krascheninnikow ne désigne pas l'espèce. (Ch. D.)

KINDEIS, KU-REN, SENDAN (*Bot.*), noms japonois de l'azedarach, suivant Kæmpfer. (J.)

KINDER (*Ornith.*), nom allemand du chat-huant. (Ch. D.)

KINFOQUA, FOOSEN (*Bot.*), noms japonois de la belle-de-nuit, *nyctago*, suivant Kæmpfer. M. Thunberg ajoute qu'on la nomme aussi *keso*. Le *rosa canina* est également cité par ces auteurs, sous les noms de *kinfokua*, *foojen* et *ibara*. (J.)

KINGALIK. (*Ornith.*) Buffon a placé à la suite des poules d'eau cet oiseau dont Linnæus et Latham ont fait leur *rallus barbaricus*. M. Vieillot, en parlant du râle kingalik, annonce qu'il ne lui paroît pas être de la même famille; et, en effet, de la nomenclature appliquée par David Crantz, dans son Histoire du Groenland, et par Othon Fabricius dans son *Fauna Groenlandica*, n.° 39, il résulte que c'est l'*anas speciabilis* de Linnæus, ou canard à tête grise de Buffon, autrement nommé *kaïortok*. (Ch. D.)

KINGFICHER (*Ornith.*), nom générique, en anglois, des martins-pêcheurs ou alcyons, *ispida*. (Ch. D.)

KINGJO (*Ichthyol.*), nom chinois de la carpe dorée. Voyez Carpe. (H. C.)

KINGO. (*Bot.*) Voyez Kos. (J.)

KININE et CINCHONINE. (*Chim.*) Noms que l'on a donnés à deux alcalis organiques qui se trouvent dans les quinquina.

Nous décrirons les propriétés de ces deux alcalis en commençant par la kinine; ensuite nous donnerons les procédés au moyen desquels on peut les isoler. Nous empruntons presque toute la matière de cet article au mémoire de MM. Pelletier et Caventou sur les quinquina.

### KININE.

*Composition.* La kinine est composée d'oxigène, de carbone et d'hydrogène, dans des proportions inconnues.

*Propriétés physiques.* La kinine ne cristallise pas; desséchée et entièrement privée d'humidité, elle est sous forme de masse poreuse d'un blanc sale.

Elle a une saveur très-amère.

*Propriétés chimiques.*

a) *Cas où la kinine n'éprouve pas d'altération.*

Exposée à l'air, elle n'en attire pas l'acide carbonique, ni l'eau, ni l'oxigène; elle ne s'unit pas au soufre ni au carbone. La kinine fait repasser au bleu le papier de tournesol qu'on a rougi par un acide.

Elle est plus soluble dans l'eau bouillante que dans l'eau froide; cependant la première n'en dissout que 0,005; les huiles fixes et volatiles peuvent en dissoudre de petites quantités.

La kinine est très-soluble dans l'alcool et dans l'éther hydratique. Lorsque cet alcali a été dissous dans l'alcool non absolu, et qu'on en fait évaporer la solution, il reste une matière transparente fusible à $90^d$, semblable à la cire fondue, qui, étant chauffée avec précaution et pendant assez long-temps, perd sa fluidité en laissant dégager l'eau qui lui étoit unie.

La kinine s'unit aux acides, et forme des sels qui sont en général solubles dans l'eau, et qui ont tous un aspect nacré.

### b) *Cas où la kinine est altérée.*

Elle donne à la distillation les produits qu'on obtient des substances organiques non azotées.

Lorsqu'on la chauffe avec du deutoxide de cuivre, on n'obtient que de l'eau et de l'acide carbonique.

### DES SELS A BASE DE KININE.

On les prépare en unissant directement la kinine aux acides.

### SULFATES DE KININE.

Suivant M. Robiquet, lorsqu'on unit la kinine à l'acide sulfurique, et que l'on fait cristalliser la combinaison, on obtient un sursulfate ou un sous-sulfate, sans jamais obtenir un sel neutre, quelque précaution que l'on prenne pour neutraliser exactement l'acide par l'alcali.

### SURSULFATE DE KININE.

D'après l'analyse faite par M. Robiquet, il est formé de

$$
\begin{array}{ll}
\text{Acide} & 19,1 \\
\text{Kinine} & 63,5 \\
\text{Eau et perte} & \underline{17,4} \\
& 100,0
\end{array}
$$

Il cristallise en prismes quadrangulaires aplatis, bien terminés, compactes, transparens.

Il est très-soluble dans l'eau, même quand elle est froide. Cette solution rougit le tournesol, sans avoir de saveur sensiblement acide. Quel que soit le nombre de cristallisations que l'on fasse subir au sel, il conserve toujours la même proportion d'acide.

On peut le préparer en traitant la kinine par l'eau acidulée d'acide sulfurique.

### SOUS-SULFATE DE KININE.

Suivant M. Robiquet, il est formé de

Acide..................... 10,0
Kinine.................... 80,9
Eau et perte.............. 09,1
          __________
          100,0

Cette détermination et la précédente ont été faites en précipitant 100 parties de sulfate par la potasse, faisant bouillir ; filtrant pour séparer la kinine, et mêlant la liqueur filtrée et sursaturée d'acide nitrique avec du nitrate de baryte.

MM. Pelletier et Caventou ont déterminé la proportion du sous-sulfate : en pesant la quantité de kinine nécessaire pour neutraliser une quantité connue d'acide sulfurique, ils ont trouvé la proportion de

Acide..................... 10,91
Kinine.................... 100,00

Le sous-sulfate de kinine cristallise en aiguilles ou en lames minces très-étroites, longues et légèrement flexibles. Il est peu soluble à froid dans l'eau ; il l'est davantage dans l'eau bouillante. Il se sépare de cette dernière par le refroidissement ; il agit sur les réactifs colorés à la manière des alcalis ; il n'a pas d'ailleurs de saveur sensiblement alcaline. M. Robiquet a trouvé que le sous-sulfate cristallisé trois fois contenoit un peu plus d'alcali que celui qui ne l'avoit été qu'une seule fois.

### HYDROCHLORATE DE KININE.

*Composition.*

Acide..................... 7,0862
Kinine.................... 100

Il est plus soluble que le sulfate de kinine.

### NITRATE DE KININE.

Lorsqu'on a neutralisé de l'acide nitrique par la kinine, et qu'on fait concentrer la solution qui en résulte, il se sépare un liquide oléagineux qui est le nitrate de kinine.

### PHOSPHATE DE KININE.

Il cristallise très-facilement en petites aiguilles incolores, translucides, solubles dans l'alcool.

### ARSÉNIATE DE KININE.

Il ressemble au phosphate ; mais il est moins nacré.

### ACÉTATE DE KININE.

La kinine forme avec l'acide acétique un sel très-légèrement acide, qui cristallise facilement en aiguilles longues , larges et nacrées, qui forment une masse amorphe quand la cristallisation est rapide , ou qui se groupent de manière à former des mamelons.

Il est peu soluble dans l'eau froide ; quand on le délaye en excès dans ce liquide, la portion indissoute se précipite en longs filamens soyeux. Il est plus soluble dans l'eau bouillante , c'est pourquoi la solution se prend en masse par le refroidissement.

### OXALATE DE KININE.

L'oxalate de kinine est peu soluble dans l'eau froide, et l'est beaucoup plus dans l'eau bouillante. Aussi, dans ce cas, la solution se prend-elle par le refroidissement en une masse nacrée qui est formée d'aiguilles.

L'oxalate de kinine est très-soluble dans l'alcool, surtout à chaud.

La kinine est susceptible de former un suroxalate cristallisable en aiguilles , qui est plus soluble dans l'eau froide que l'oxalate.

L'oxalate de kinine peut se préparer en versant de l'acide oxalique ou de l'oxalate d'ammoniaque dans les sels très-solubles de kinine.

### TARTRATE DE KININE.

Il ressemble au précédent, il est un peu plus soluble.

### GALLATE DE KININE.

L'acide gallique se combine directement avec la kinine ; le sel qui en résulte est neutre, très-peu soluble à froid , un peu plus à chaud. La solution faite à chaud devient lactescente par le refroidissement.

Il est soluble dans l'alcool et dans un excès d'acide.

L'acide gallique, les infusions et les teintures de noix de galle, précipitent les solutions de kinine suffisamment concentrées en gallate de cette base.

### CINCHONINE.

*Composition.* Elle est formée d'oxigène, de carbone et d'hydrogène, dans des proportions inconnues.

*Synonymie. Cinchonin* du docteur Gomès.

*Propriétés physiques.* Elle cristallise en petites aiguilles prismatiques. Lorsqu'elle s'est séparée rapidement de l'eau, elle est sous forme de plaques blanches, translucides, cristallines.

Elle a une saveur d'une amertume particulière, qui n'est pas très-sensible d'abord, parce que la cinchonine est peu soluble dans l'eau. Sa saveur, par la même raison, n'est jamais aussi intense que celle des sels de cette base qui sont très-solubles. Ceux-ci sont très-amères et styptiques, et la sensation qu'ils impriment à la langue est longue à s'effacer.

*Propriétés chimiques.*

a) *Cas où la cinchonine ne s'altère pas.*

Exposée à l'air, elle en attire peu à peu l'acide carbonique.

Elle ne se combine à aucun corps simple, ni aux oxides; elle fait repasser au bleu le papier de tournesol rougi par un acide; elle se dissout dans 2500 parties d'eau bouillante. La solution se trouble légèrement par le refroidissement.

Elle est très-soluble dans l'alcool, surtout lorsqu'il est bouillant. Cette solution a une saveur très-amère, elle cristallise par le refroidissement.

Elle est beaucoup moins soluble dans l'éther hydratique que dans l'alcool, surtout à la température ordinaire.

Elle se dissout en petite quantité dans les huiles fixes et volatiles. Ses solutions dans les huiles fixes faites à chaud, ne se troublent pas par le refroidissement. C'est le contraire pour sa solution dans l'huile de térébenthine.

La cinchonine, chauffée dans de l'eau avec l'iode, détermine la production des acides hydriodique et iodique, qui s'unissent à l'alcali. Tant que la liqueur est chaude, elle ne se trouble pas, mais par le refroidissement il se dépose un mélange d'hydriodate et d'iodate de cinchonine.

### b) *Cas où la cinchonine est altérée.*

L'acide nitrique concentré la convertit en matière amère et tannante. Elle se comporte à la distillation comme les substances végétales non azotées.

Brûlée par l'oxide de cuivre, elle se convertit en eau et en acide carbonique.

Lorsqu'on la brûle dans une capsule, elle ne laisse pas de cendre.

#### SELS DE CINCHONINE.

On les prépare en unissant directement la cinchonine aux acides.

#### SULFATE DE CINCHONINE.

Acide......... 100............. 13,021
Cinchonine.... 768,064......... 100

Le sulfate de cinchonine ne paroît pas susceptible de former un sursulfate.

Il cristallise en prismes à quatre pans, dont deux plus larges que les autres. Les prismes sont terminés par une face inclinée, et sont un peu luisans et flexibles.

Lorsque les prismes sont très-minces, ils se groupent en faisceaux.

Le sulfate de cinchonine a une saveur très-amère.

Il est neutre. Exposé à cent et quelques degrés, il se liquéfie et présente l'aspect de la cire fondue. Il est très-soluble dans l'eau; sa solution cristallise facilement.

Il est soluble dans l'alcool et insoluble dans l'éther hydratique.

#### HYDROCHLORATE DE CINCHONINE.

Acide........................... 8,9
Cinchonine...................... 100

Il est neutre, susceptible de cristalliser en aiguilles. Il se fond au-dessous de 100$^d$.

Il est très-soluble dans l'eau, soluble dans l'alcool, et extrêmement peu dans l'éther hydratique.

### NITRATE DE CINCHONINE.

On le prépare avec de l'acide nitrique, très-foible, afin que l'alcali ne soit pas décomposé.

Ce nitrate est neutre, lorsqu'on en fait concentrer la solution, une portion se sépare en gouttelettes oléagineuses qui, à une basse température, ressemblent à de la cire. Cette propriété qui rapproche la cinchonine de la kinine, la distingue de la strychnine, de la morphine, et de la brucine. Elle diffère encore de ces trois dernières en ce qu'elle ne passe pas au rouge par un excès d'acide nitrique.

### PHOSPHATE DE CINCHONINE.

Il est très-soluble, et on éprouve beaucoup de difficulté à le faire cristalliser.

### ARSÉNIATE DE CINCHONINE.

Ce sel est neutre; il cristallise très-difficilement. Il est très-soluble.

### ACÉTATE DE CINCHONINE.

On ne peut neutraliser l'acide acétique par la cinchonine. Lorsqu'on fait évaporer de l'acide qui en est saturé, il y a un moment où l'acétate se précipite en petits grains ou en paillettes translucides.

Cet acétate est neutre quand il a été lavé; il est peu soluble dans l'eau. Quand on le dissout dans de l'eau acidulée par l'acide acétique, et qu'on fait évaporer lentement la liqueur, il reste une masse semblable à un mucilage qui se réduit, lorsqu'on la met en contact avec l'eau, en acétate acide soluble; et en acétate neutre qui ne se dissout pas, au moins en totalité.

### OXALATE DE CINCHONINE.

Ce sel est blanc, pulvérulent, très-peu soluble dans l'eau froide, un peu plus dans l'eau bouillante : un excès d'acide lui donne de la solubilité; il est très-soluble dans l'alcool, plus à chaud qu'à froid.

### TARTRATE DE CINCHONINE.

Il est un peu plus soluble dans l'eau que le précédent.

### GALLATE DE CINCHONINE.

Ce sel, à l'état neutre, est peu soluble dans l'eau froide; il l'est un peu plus dans l'eau chaude. Par le refroidissement, l'eau devient laiteuse, ensuite elle s'éclaircit, et l'on trouve sur les parois du vase le gallate sous la forme de petits cristaux grenus, translucides.

Le précipité obtenu par l'infusion de noix de galle versée dans les infusions de quinquina, qui contiennent de la cinchonine, est produit par du gallate de cette base.

Nous présenterons, dans le tableau suivant, les propriétés qui distinguent la cinchonine de la kinine.

| | CINCHONINE. | KININE. |
|---|---|---|
| Forme | en aiguilles prismatiques; | en masse amorphe. |
| Saveur | amère, particulière; | amère, beaucoup plus désagréable. |
| Fusibilité | infusible; | fusible, au moins à l'état d'hydrate. |
| Action de l'alcool | soluble dans l'alcool; y peut cristaliser; | soluble dans l'alcool; n'y peut cristalliser. |
| Action de l'éther | très-peu soluble; y peut cristalliser; | très-soluble; n'y peut pas cristalliser. |
| Hydrochlorate | cristallisable en aiguilles; | seulement cristallisable en houpes soyeuses. |
| Composition | acide 9,035, base 100; | acide 7,086, base 100. |
| Phosphate | incristallisable, aspect gommeux; | cristallise en aiguilles nacrées. |
| Arséniate | incristallisable | cristallise en aiguilles prismatiques. |
| Acétate | très-soluble, petits cristaux grenus; | moins soluble; cristaux se groupant en étoiles, en gerbes, etc |

*Histoire : extraction de la cinchonine et de la kinine : usages.*

La cinchonine a été découverte par le docteur Gomès, de Lisbonne ; il l'a considérée comme le *principe amer* auquel le quinquina doit ses propriétés fébrifuges, et l'a nommée *cinchonin*. Le procédé au moyen duquel il a séparé le *cinchonin* de l'écorce du quinquina gris, consiste à traiter l'extrait alcoolique de cette écorce par l'eau. Celle-ci laisse un résidu rouge qu'il nomme principe *extractif*. Il fait évaporer à siccité la dissolution aqueuse, et applique au résidu l'eau de potasse ; celle-ci dissout un peu de principe extractif, et laisse le cinchonin qu'il achève de purifier en le dissolvant dans l'alcool et en mêlant la solution avec l'eau qui le précipite.

Le docteur Gomès ne reconnut pas l'alcalinité du cinchonin.

M. Thénard conjectura le premier que le principe découvert par M. Gomès étoit un alcali végétal. Bientôt cette conjecture fut vérifiée d'un côté par M. Houton-Labillardière, et d'un autre côté, par MM. Pelletier et Caventou. Ces derniers changèrent le nom de cinchonin en celui de cinchonine, et se livrèrent à un travail étendu sur les diverses espèces de quinquina employées en médecine. Ils firent connoître particulièrement les propriétés qui dérivent de l'alcaliaité de la cinchonine ; découvrirent la *kinine* dans le quinquina jaune, et l'existence simultanée de ces deux alcalis dans le quinquina rouge. Ils virent que ces alcalis étoient à l'état de kinate ou de surkinate ; enfin ils firent connoître plusieurs propriétés des substances qui accompagnent la cinchonine et la kinine.

### *Extraction de la cinchonine.*

a) On traite à chaud 2 kilogrammes de quinquina gris concassé par 6 kilogrammes d'alcool fort. On répète quatre fois ce traitement ; on distille les liqueurs alcooliques, et, à la fin de la distillation, on ajoute 2 kilogrammes d'eau au résidu. On obtient par ce moyen : 1° un *liquide aqueux* ; 2° et un précipité d'une *matière d'apparence résineuse*. On ajoute un peu de potasse à ces substances, on les jette sur un filtre, et on passe de l'eau alcaline sur la matière qui y reste, jusqu'à ce que le lavage soit incolore. Enfin on lave la *matière résinoïde* avec de l'eau pure.

b) On traite la matière résinoïde par de l'acide hydro-chlorique très-étendu d'eau. Par ce moyen on obtient une dissolution d'hydrochlorate de cinchonine, et un résidu d'une matière grasse verte. Si on employoit l'acide trop concentré, on dissoudroit une quantité très-notable de cette dernière.

c) On filtre l'hydrochlorate de cinchonine; on le fait di-gérer à une légère chaleur avec de la magnésie pure. Celle-ci s'unit à l'acide hydrochlorique, et en précipite la cinchonine. On jette sur un filtre les matières refroidies; on lave le pré-cipité, on le fait sécher au bain-marie, puis on le traite par l'alcool à 40$^d$ bouillant qui dissout la cinchonine. L'alcool filtré bouillant, puis concentré, laisse déposer la cinchonine. On purifie cette substance en la faisant redissoudre et cristalliser jusqu'à ce qu'elle soit incolore. On peut encore la purifier en la lavant à froid avec de l'éther hydratique.

Tel est le premier procédé que MM. Pelletier et Caventou ont employé pour préparer la cinchonine. Ils ont ensuite pro-posé le suivant.

a) On traite à chaud l'extrait alcoolique de quinquina par l'acide hydrochlorique très-étendu d'eau. On obtient une dis-solution d'hydrochlorate de cinchonine. Il reste un résidu rouge contenant une matière grasse.

b) On décompose l'hydrochlorate filtré par la magnésie en excès. On lave le précipité, on le fait sécher au bain-ma-rie, puis on le traite par l'alcool bouillant qui s'empare de la cinchonine. On filtre; et, en faisant évaporer la liqueur, on obtient l'alcali cristallisé.

*Extraction de la kinine.*

En appliquant le premier procédé au quinquina jaune, on obtient la kinine. La différence essentielle qu'on observe, c'est que la liqueur alcoolique bouillante, au lieu de donner des cristaux, donne un résidu jaunâtre, transparent, et nulle-ment cristallin, c'est la kinine. Si elle contient de la matière grasse, on la traite par de l'eau foiblement acidulée d'acide hydrochlorique, la kinine seule est dissoute; on décompose ensuite l'hydrochlorate par un alcali.

### *Séparation de la cinchonine d'avec la kinine.*

Quand ces deux alcalis sont dissous dans l'alcool, il y a un degré de concentration où la cinchonine cristallise en partie ; la kinine reste alors dans l'eau-mère avec un peu de cinchonine. En faisant évaporer l'eau-mère à siccité, traitant le résidu par l'éther hydratique, on dissout la kinine et très-peu de cinchonine. Enfin, en prenant la kinine, l'unissant à l'acide acétique, et faisant cristalliser le sel qui en résulte, on finit par obtenir la kinine à l'état de pureté.

La cinchonine qu'on a séparée de la kinine dans les divers traitemens, se purifie et par la cristallisation et par des lavages avec l'éther hydratique froid.

### *Action de la cinchonine et de la kinine sur l'économie animale.*

M. Magendie s'est assuré que ces deux alcalis n'avoient aucune action délétère sur les chiens, soit qu'on la leur fît avaler, soit qu'on leur en injectât dans les veines depuis 2 jusqu'à 10 grains.

M. Double a guéri plusieurs personnes attaquées de fièvres intermittentes bien caractérisées, en leur administrant le sulfate de kinine alcalin, depuis la dose de 1 grain jusqu'à celle de 9 grains inclusivement, suivant l'âge et le tempérament du malade. Il la prescrit avec le même succès, 1° dans les convalescences longues et pénibles des fièvres muqueuses, chez les enfans et chez les adultes ; 2° dans les longues débilités d'estomac ; 3° après les crises des affections rhumatismales.

M. Magendie a vu de bons effets du sulfate de kinine administré dans des cas d'affections scrofuleuses et de dyspepsies d'individus de constitution foible.

Nous croyons devoir transcrire ici le résumé des observations faites par M. Chomel sur l'emploi des sulfates de kinine et de cinchonine. « Sur treize individus, dit-il, atteints de « fièvres intermittentes, et traités par le sulfate de kinine, « dix ont été guéris, deux n'ont éprouvé qu'une simple di- « minution dans les accès ; chez un autre, ce remède n'a « produit aucun effet sensible.

« Sur les dix qui ont été guéris, cinq l'ont été par la pre- « mière dose, cinq par la seconde.

« Dans deux cas, le sulfate de kinine, employé après le

« quinquina gris, a paru agir avec plus d'énergie: dans les
« trois cas où le sulfate de kinine a été impuissant, le quinquina
« n'a pas été plus efficace.

« Le sulfate de kinine, administré une heure avant l'accès,
« n'a pas eu d'action marquée sur lui ; mais il a prévenu
« l'accès suivant.

« La même substance, continuée à dose décroissante pendant
« huit jours, à la suite des fièvres quotidiennes ; pendant
« quinze jours, à la suite des fièvres tierces, a prévenu chez
« tous les rechutes, qui sont si fréquentes à la suite de ces
« maladies.

« Cette circonstance est d'autant plus remarquable, que
« deux de ces sujets ont été saignés, que deux autres ont eu
« des indigestions, et que deux autres, ayant pris des bains,
« ont certainement été exposés à l'impression du froid en
« sortant de l'eau : toutes choses généralement considérées
« comme propres à produire des rechutes.

« Les matières résineuses et ligneuses contenues dans le
« quinquina, administrées seules, c'est-à-dire après avoir été
« séparées de la kinine, à la dose de deux onces, n'ont pas
« interrompu les accès, que le sulfate de kinine, employé
« seul ensuite, a immédiatement suspendus. Quelques uns des
« malades ont éprouvé des douleurs passagères, soit à la tête,
« soit à l'estomac, immédiatement après avoir pris le sulfate
« de kinine ; mais les mêmes sujets, ayant pris les jours suivans
« le même remède à la même dose, ou à des doses plus fortes,
« n'ont rien senti de semblable.

« Il me semble démontré, d'après tout ce qui précède,
« que la vertu fébrifuge du quinquina jaune réside, sinon
« exclusivement, du moins principalement, dans celui de ses
« principes auquel on a donné le nom de kinine.

« Je n'ai fait prendre qu'une fois le sulfate de cincho-
« nine ; il a interrompu l'accès à la dose de vingt grains,
« après les avoir seulement adoucis à la dose de six grains. »

On administre le sulfate de kinine dissous dans l'eau.
M. Robiquet pense que le sursulfate doit être préféré au
sous-sulfate à cause de sa plus grande solubilité. (Cn.)

KINIQUE. [Acide.] (Chim.) Il a été découvert par M. Van-
quelin dans un sel à base de chaux, que M. Deschamps, phar

macien de Lyon, avoit reconnu le premier dans l'extrait de quinquina. Nous décrirons le moyen d'isoler l'acide kinique de la chaux, avant de parler de ses propriétés.

*Extraction* On fait digérer du quinquina pulvérisé dans l'eau ; on filtre la liqueur, et on la fait concentrer, afin d'obtenir un extrait que l'on traite par l'alcool. La matière indissoute mise en contact avec l'eau, cède à ce liquide, 1° une matière végétale qui le rend visqueux ; 2° du kinate de chaux : on filtre la liqueur, et on l'abandonne à l'évaporation spontanée ; à la longue on obtient le kinate de chaux cristallisé en lames qui peuvent être hexaèdres, rhomboïdales, et quelquefois même carrées. Ces cristaux doivent être soumis à de nouvelles cristallisations, jusqu'à ce qu'on les ait obtenus parfaitement incolores. Lorsqu'on a le kinate de chaux pur, on le fait dissoudre dans douze fois son poids d'eau, et on y verse peu à peu de l'acide oxalique dissous dans beaucoup d'eau ; la chaux est précipitée à l'état d'oxalate, et l'acide kinique libre, est retenu par l'eau. En faisant évaporer sa dissolution , l'acide cristallise.

*Propriétés.* L'acide kinique cristallise en lames divergentes, incolores, d'une saveur très-acide qui n'est point amère (lorsque les cristaux ne contiennent pas de cinchonine), il est très-soluble dans l'eau, sa dissolution se réduit en sirop avant de cristalliser.

Il forme des sels solubles avec toutes les bases, c'est pour cette raison que sa dissolution , ainsi que celle du kinate de potasse, ne précipite aucun sel métallique, soluble, si on en excepte le sous-acétate de plomb. L'acide kinique convertit ce dernier en acétate , parce qu'il précipite l'excès de base à l'état de sous-kinate , suivant MM. Pelletier et Caventou.

L'acide kinique soumis à la distillation se boursoufle, noircit et donne, 1° un liquide aqueux piquant ; 2° une huile brune très-acide ; 3° des cristaux d'un acide que MM. Pelletier et Caventou ont nommé *pyrokinique* ; 4° des gaz ; 5° du charbon.

Les chimistes que nous venons de nommer ont obtenu l'acide pyrokinique, qui étoit dissous dans le produit liquide de la distillation précédente, en filtrant ce liquide à travers du coton mouillé ; celui-ci a retenu l'huile, et a laissé passer le liquide aqueux. En faisant concentrer ce dernier à une douce chaleur, en le laissant refroidir, l'acide a cristallisé en aiguilles réunies en *houpes*.

L'*acide pyrokinique* est incolore quand il ne contient plus d'huile; il est inodore, très-soluble dans l'eau et l'alcool. Les pyrokinates de potasse, de soude, d'ammoniaque, de baryte, de chaux, sont solubles.

Il précipite légèrement l'acétate de plomb et le nitrate, d'argent.

Son caractère distinctif est de précipiter en très-beau vert le sulfate de péroxide de fer, sans précipiter l'émétique ni la gélatine. (Ch.)

KINJU (*Ichthyol.*), nom japonois de la dorade de la Chine. Voyez Carpe. (H. C.)

KINK. (*Ornith.*) Cet oiseau de la Chine, qui est représenté pl. enlum. 617, et que Buffon a considéré comme intermédiaire entre le carouge et le merle, tient de celui-ci par un bec comprimé sur les côtés, et de l'autre par des bords sans échancrure. C'est l'*oriolus sinensis*, Gmel., dont la tête, le cou, le haut du dos et la poitrine sont d'un gris cendré, le reste du corps et les couvertures des ailes blancs, les pennes caudales étagées, moitié blanches et moitié d'une couleur d'acier poli. (Ch. D.)

KINKAJOU ou CERCOLEPTES. (*Mamm.*) Dénominations génériques imposées à un mammifère frugivore de l'Amérique méridionale; le premier de ces noms, donné par Buffon à l'animal qui fait le sujet de cet article, paroît dérivé du mot *karkajou*, employé par les voyageurs, et principalement par Denis, pour désigner un carnassier encore indéterminé de l'Amérique septentrionale, sur la voracité duquel on a fait des récits plus ou moins exagérés, qui tous ont été rapportés par erreur au kinkajou de Buffon. C'est Illiger qui a donné au genre que forme cet animal le nom de *cercoleptes*, qui désigne la faculté qu'a la queue de cet animal, de s'accrocher aux corps environnans. Ce genre avoit déjà été formé par M. G. Cuvier (tableau élémentaire), qui l'avoit placé parmi les carnassiers plantigrades, comme le fit ensuite Illiger lui-même. Long-temps auparavant Wosmaër en avoit fait une belette, Pennant un maki, et Gmelin un viverra.

Ce mammifère qui paroît devoir former un ordre particu-

lier, et lier entre eux les quadrumanes, les premiers insecti-
vores cheïroptéres, et les carnassiers, a six incisives, deux canines, et cinq màcheliéres de chaque côté aux deux mâchoires. Les deux premiéres machelières qui suivent les canines après un petit intervalle, surtout à la màchoire d'en bas,
sont petites et pointues, et ont tous les caractères des fausses
molaires; les trois suivantes sont tuberculeuses. A la màchoire
supérieure, leur couronne est à peu près arrondie, un cercle
d'émail l'entoure, mais on voit à leur bord externe deux mamelons, deux tubercules qui semblent être les restes non usés
de la dent avant que l'animal en eût fait usage. De ces trois
dents celle du milieu est la plus grande, les deux autres sont
à peu près de grandeur égale. A la màchoire inférieure, les
trois molaires tuberculeuses sont elliptiques, les bords de la
première présentent deux pointes, mais les autres n'offrent
qu'une surface unie, entourée d'émail, et ces dents sont
opposées, couronne à couronne, comme toutes les dents tri-
turantes.

Tous les pieds ont cinq doigts armés d'ongles pointus, larges
du bas en haut, mais comprimés sur les côtés. Ces doigts sont
réunis jusqu'à la deuxième phalange par une membrane peu
étendue, et leur rapport de grandeur dans l'ordre décroissant, et en commençant par le doigt externe, celui-ci est le
troisième, le second le quatrième, et le premier le cinquième.
La plante et la paume sont entièrement nues, garnies de tubercules épais, surtout à la base des ongles et revêtues d'une
peau fort douce. Aux pieds de derrière le pouce et l'index
restant rapprochés semblent se séparer habituellement des
trois autres doigts. La queue est prenante et entièrement
couverte de poils sur toute sa surface. Les yeux sont grands,
simples, à pupille ronde et susceptible de se contracter à tel
point que son diamètre est à peine d'un quart de ligne. Les
oreilles sont simples, arrondies et sans lobule; les narines
sont petites, ouvertes sur les côtés d'un mufle, et semblables
à celles des chiens. La langue est étroite, mince, très-douce
et extrêmement longue. Les organes génitaux de la femelle
sont très-simples, et les mamelles sont inguinales et au nombre
de deux.

On ne connoît encore dans ce genre qu'une seule espéce.

Le CERCOLEPTE POTTO, *cercoleptes caudivolvulus*; belette américaine nommée potto, Wosnaër. *Yellowmaucauco*, Pennant, Quad. Syn., n° 163: *kinkajou*, Buff., suppl. tom. 3, pl. 50; *poto caudivolvulus*, Geoff., Cat. des Mamm. du Muséum; *potto*, F. Cuv., Hist. nat. des Mamm. D'un gris jaunâtre, prenant une teinte dorée à la poitrine, au ventre et sur les côtés des joues; les yeux sont noirs, les oreilles et le museau violâtres; la paume et la plante couleur de chair, et les ongles blanchâtres. Sa nourriture consiste plus en fruits qu'en matières animales, quoique cependant il paroisse aimer le sang; et, d'après les observations de M. de Humboldt, il se sert de sa longue langue pour sucer le miel, et détruit beaucoup de ruches d'abeilles sauvages.

C'est un animal nocturne, d'une grande douceur, dont la marche est lente, et chez lequel, par contre, les sauts s'exécutent avec la plus grande agilité; il monte facilement aux arbres, et sa queue lui sert alors d'un cinquième membre qui, lorsqu'il est employé, permet à l'animal de se servir de ses pieds pour divers autres usages.

Il porte le plus souvent les alimens à sa bouche avec ses extrémités antérieures, boit en lappant, et dort couché sur le côté, la tête ramenée sur sa poitrine et recouverte par ses bras.

Il habite l'Amérique méridionale, où il a reçu des Indiens de la mission du Rio-Negro, le nom de *manaviri*, et des Muiscas, dans la Meza de Quendiaz, celui de *cuchumbi*, l'un desquels devroit sans doute être préféré, pour désigner cette espèce, à celui de *potto*, qui ne lui appartient pas plus que celui de *kinkajou*, et qui paroît avoir été apporté d'Afrique par les nègres esclaves, lesquels, au rapport de Bosman (Voyage en Guinée), le donnent à un animal de leur pays qui paroit être une espèce de lori. (F. C.)

KIN-KAN. (*Bot.*) L'arbrisseau ainsi nommé au Japon, que Kæmpfer et Thunberg y ont observé, est une espèce d'oranger à très-petit fruit, que Thunberg a décrit et appelé *citrus japonica*. (LEM.)

KINKI (*Ornith.*), nom donné, en Chine, au faisan tricolor, *phasianus pictus*, Lath. (CH. D.)

KINKIMANOU. (*Ornith.*) C'est le nom que porte, à Madagascar, le grand gobe-mouche cendré de Buffon, pl. 541, ou l'échenilleur cendré de Levaillant, pl. 162, *ceblepyris canus*, Cuv. (Cн. D.)

KINKIN. (*Ornith.*) Le cri aigu du jacana-péca, *parra brasiliensis*, Linn. et Lath., lui a fait donner ce nom par les naturels de la Guiane. (Cн. D.)

KINKINA. (*Bot.*) Nicolson cite, sous ce nom, des arbres de Saint-Domingue, dont il ne fait que dénommer trois espèces, sans rien ajouter qui puisse les faire reconnoître : ce sont peut-être les quinquinas des Antilles qui constituent maintenant le genre *Exostema* de M. Bonpland. Le même parle encore d'un kinkina faux, qu'il indique comme un *pseudo-acacia*, c'est-à-dire un *robinia*. Ces arbres ne doivent pas être confondus avec les vrais quinquinas. (J.)

KIN SERI. (*Bot.*) M. Thunberg dit qu'on nomme ainsi le persil ordinaire au Japon. L'*hibiscus syriacus*, ou mauve en arbre des jardiniers, est aussi nommé *kin* et *mukunge*, suivant Kæmpfer. (J.)

KINSON. (*Ornith.*) Ce nom languedocien et celui de *pinsar* sont donnés au pinson ordinaire, *fringilla cœlebs*, Linn. (Cн. D.)

KIN YU. (*Ichthyol.*) Voyez Kyn yu. (H. C.)

KIO (*Bot.*), nom japonois de la laitue. (H. Cass.)

KIO (*Ichthyol.*), nom norwégien du *salmo rivalis*, d'Otho Fabricius. Voyez Icime et Salmone. (H. C.)

KIO, TSISA (*Bot.*), noms japonois de la chicorée, *cichorium intybus*, selon M. Thunberg. Voyez Kjo. (J.)

KIOD-MEISE (*Ornith.*), un des noms norwégiens de la mésange charbonnière, *parus major*, Linn. (Cн. D.)

KIODOTE. (*Mamm.*) Les habitans de Java nomment ainsi une chauve-souris du genre Roussette, distingué comme formant une espèce particulière par M. Geoffroy Saint-Hilaire. (Desm.)

KIOH, DARA (*Bot.*), noms japonois de l'*aralia pentaphylla* de M. Thunberg. Le *kio tsisa* est la laitue cultivée. (J.)

KIOLO. (*Ornith.*) Cet oiseau, représenté dans les planches enluminées de Buffon, sous les noms de râle de Cayenne et de râle à ventre roux de Cayenne, n.ºˢ 368 et 753, est le *rallus cayennensis*, Linn. et Lath. (Cн. D.)

KION-KOM. (*Bot.*) Espèce de palmier du Sénégal, citée par Adanson, s'élevant à la hauteur de vingt-cinq à trente pieds, garnie de feuilles semblables à celles du dattier, ainsi que le régime de fleurs et la spathe qui le renferme ; mais, selon Adanson, elle diffère du dattier par ses étamines, au nombre de six, et non de trois. On tire par incision de son tronc une liqueur qui se change en un vin, appelé *sanga kion-kom*, lequel peut être bu sans enivrer. (J.)

KIORPA (*Ichthyol.*), nom tartare du grand esturgeon, *acipenser huso.* Voyez Esturgeon. (H. C.)

KIOVEN (*Ornith.*) L'oiseau qui porte, en Islande, ce nom et ceux de *kiæ* et *kior*, est le *larus parasiticus*, Linn., le labbe à longue queue de Buffon, ou *struntjager.* (Ch. D.)

KIPOR, KYPOR (*Mamm.*), nom arabe qui se trouve dans Avicenne, et que Buffon croit être le même que Kébos. Voyez Cebus. (F. C.)

KIPOU. (*Ornith.*) Voyez Cibu. (Ch. D.)

KIPPER (*Ichthyol.*), nom qu'en Ecosse on donne au saumon, après le temps du frai. (H. C.)

KIQUE. (*Ornith.*) L'oiseau auquel on donne ce nom et celui de *tique*, en Sologne, est la farlouse ou alouette de pré, *alauda pratensis*, Linn., ou *anthus pratensis*, Bechst. (Ch. D.)

KIRAKOO. (*Bot.*) Voyez Kekko. (J.)

KIRANSO, KOKERINDE (*Bot.*), noms du *gentiana aquatica*, au Japon, suivant M. Thunberg. (J.)

KIRAS. (*Bot.*) Dans l'île de Macassar, suivant Rumph, on nomme ainsi le mangoustan, *garcinia*, qui produit un des meilleurs fruits de l'Inde. (J.)

KIRCH-EULE. (*Ornith.*) L'oiseau auquel les Allemands donnent ce nom, que les Flamands écrivent *kirchul, kerckunle*, est l'orfraie, *strix flammea*, Linn. (Ch. D.)

KIRGANELIE, *Kirganelia.* (*Bot.*) Genre de plantes dicotylédones, à fleurs monoïques, très-rapproché des *phyllanthus*, de la *monoécie pentandrie* de Linnæus, dont le caractère essentiel est d'avoir : Des fleurs monoïques ; dans les fleurs mâles, un calice à cinq divisions ; cinq étamines ; les filamens réunis en colonne ; trois anthères terminales, deux latérales conniventes. Dans les fleurs femelles, un ovaire supérieur ; une petite baie presque à trois loges, renfermant six semences distinctes.

Kirganelie virginale : *Kirganelia virginea*, Juss., Gen., p. 387 ; *Phyllanthus Kirganelia*, Willd., Spec., 4, pag. 587 ; *Phyllan-*

*thus virginea*, Pers., *Synops.*, 2, pag. 591; vulgairement Bois DE DEMOISELLE. Arbrisseau recueilli à l'île Maurice par Commerson. Sa tige se divise en rameaux cylindriques, revêtus d'une écorce brune, pourvus de stipules, et garnis de feuilles alternes, ailées, sortant du même point, au nombre de deux à quatre; les folioles linéaires, lancéolées, très-entières, longues de quatre lignes, rétrécies à la base, aiguës au sommet : le pétiole commun légèrement comprimé et pubescent. Les fleurs sont au nombre de trois à sept réunies dans les aisselles des folioles, soutenues par un pédoncule capillaire. Le fruit est une petite baie assez semblable à celle de l'épine-vinette. ( POIR.)

KIRI, TOO (*Bot.*), noms japonois du *bignonia tomentosa* de M. Thunberg. (J.)

KIRIAGHUNA (*Bot.*), nom de l'*asclepias lactifera*, à Ceilan, suivant Burmann. (J.)

KIRIANGHURA, WÆLHAPU. (*Bot.*) Hermann cite sous ce nom un apocin de Ceilan à feuilles auriculées. (J.)

KIRIDIWÆL. (*Bot.*) Voyez KIRIWÆL, KALAWEL. (J.)

KIRIHÆNDA (*Bot.*), nom d'un cadelari, *achyranthes corymbosa*, à Ceilan. (J.)

KIRIKOHOMBA (*Bot.*), nom de l'azédarach ou d'une de ses variétés, à Ceilan. (J.)

KIRIMANDI (*Bot.*), nom d'un liseron, à Ceilan, dont l'espèce n'est pas déterminée. (J.)

KIRINDYA (*Bot.*), nom du *verbesina calendulacea*, dans l'île de Ceilan, suivant Burmann et Linnæus. (J.)

KIRIPIT (*Bot.*), nom malgache du *paropsia* de M. du Petit-Thouars, qu'il range dans les tiliacées. Il est aussi nommé *pavoua*. (J.)

KIRI-TIELLA. (*Bot.*) Espèce de liseron ou quamoclit de Ceilan, *ipomœa zeylanica*, suivant Gærtner. (J.)

KIRIWÆL, KIRIDIWÆL (*Bot.*), noms de l'*apocinum frutescens*, à Ceilan. *Kiri* signifie lait : toute la plante est laiteuse. (J.)

KIRIWÆNNA (*Bot.*), nom de l'*euphorbia parviflora*, à Ceilan. (J.)

KIRIWOULA (*Mamm.*), nom javanois d'un vespertilion: c'est le *vespertilio pictus* de Gmelin. (DESM.)

KIRKOS (*Ornith.*), nom grec du busard, *circus*. (Ch. D.)

KIRKSOVIARSUK. (*Ornith.*) L'oiseau que l'on nomme ainsi au Groenland, est le *falco rusticolus*, Linn. (Ch. D.)

KIRLANIDSIBALUCK. (*Ichthyol.*) On désigne par ce nom, en Turquie, la trigle gurnau. Voyez Trigle. (H. C.)

KIRM (*Ichthyol.*), nom arabe d'un poisson rapporté par M. de Lacépède au genre Caranx, et qui ne paroît être qu'une variété du Korab. Voyez ce mot et Caranx. (H. C.)

KIRMEW. (*Ornith.*) Buffon rapporte ce nom à la mouette rieuse, pl. enl. 940, *larus atricilla*, Linn., et Fabricius, n.° 69, au *sterna hirundo* du même, que les Groenlandois appellent *imerkotelak*. (Ch. D.)

KIRO, RIRJO, OMOTTO. (*Bot.*) Herbe du Japon que Kæmpfer prenoit pour un *arum*, et qui est l'*orontium japonicum* de M. Thunberg. (J.)

KIRR-MEW. (*Ornith.*) L'oiseau ainsi nommé par Klein, page 170, est la guifette, *sterna nœvia*, Linn. (Ch. D.)

KIRSCHFINK. (*Ornith.*) On donne, en Allemagne, ce nom et ceux de *kirschknapper*, *kirschleske*, *klepper*, etc., au grosbec d'Europe, *loxia coccothraustes*, Linn. (Ch. D.)

KIRSCHHOLDT (*Ornith.*), un des noms allemands du loriot commun, *oriolus galbula*, Linn. (Ch. D.)

KIRSHŒR-FUGL (*Ornith.*), nom danois du casse-noix, *loxia enucleator*, Linn. (Ch. D.)

KISET (*Conchyl.*), nom vulgaire donné par Adanson, Sénég., p. 192, pl. 13, à la petite espèce de nérite, que Gmelin a nommée depuis *nerita Magdalenœ*. (De B.)

KISINSO, SEKIKA, JUKINOSTA (*Bot.*), noms japonois du *saxifraga sarmentosa*, suivant M. Thunberg. (J.)

KISINSO. (*Bot.*) Une espèce de cerfeuil, *chœrophyllum scabrum*, Thunb., porte au Japon ce nom qui signifie *herbe du diable*. (Lem.)

KISKIS. (*Ornith.*) La mésange à laquelle M. Vieillot a imposé ce nom, par abréviation de son cri *kis-kis*, *heshis*, est celle qui se trouve figurée dans l'Ornithologie américaine de Wilson, tom. 1, pl. 8, n.° 4, *parus atricapillus*, Lath. Wilson regarde la mésange de la baie d'Hudson, *parus hudsonicus*, Lath., comme un jeune de cette espèce. (Ch. D.)

KISLEMAN. (*Ornith.*) Les naturels de la baie d'Hudson

donnent ce nom ou celui de *kislemaname*, au martin-pêcheur *juguacati*. (Cн. D.)

KISTNA-NAGOU (*Erpétol.*), nom indien d'une variété du naja, décrite par Russel. Voyez Naja. (H. C.)

KISTREL. (*Ornith.*) Voyez Kastrel. (Cн. D.)

KITAÏBÈLE, *Kitaibelia*. (*Bot.*) Genre de plantes dicotylédones, à fleurs complètes, monopétalées, de la famille des *malvacées*, de la *monodelphie polyandrie* de Linnæus, offrant pour caractère essentiel: Un calice double; l'extérieur à sept ou neuf divisions très-profondes; cinq pétales connivens à leur base; des étamines nombreuses, monadelphes; un ovaire supérieur à cinq lobes; plusieurs styles connivens. Le fruit consiste en plusieurs capsules monospermes, réunies en une tête hémisphérique à cinq lobes.

Kataïbèle a feuilles de vigne: *Kataibelia vitifolia*, Waldst., *Pl. Hung.*, 1, pag. 29, tab. 31; Willd., *in Act. Soc. Berol.*, 2, pag. 107, tab. 4, fig. 4. Plante cultivée depuis quelques années au Jardin du Roi, découverte dans la Hongrie et aux environs de Peterwaradin. Elle répand une odeur forte, nauséabonde. Sa racine est épaisse et ramifiée; ses tiges droites, hautes de trois à six et huit pieds, cannelées, chargées de poils blancs, et divisées en rameaux flexueux; les feuilles sont alternes, pétiolées, larges, échancrées en cœur à leur base, pileuses à leurs deux faces; les inférieures à sept lobes, les supérieures à cinq; les lobes aigus, à grosses dentelures aiguës; les stipules ciliées, acuminées. Les fleurs sont axillaires, solitaires ou géminées; les pédoncules simples; le calice extérieur à trois nervures sur ses divisions; l'intérieur très-velu à ses bords; la corolle blanchâtre; les pétales en cœur renversé, cunéiformes à la base, striés, barbus en dedans vers les bords; le fruit est renfermé dans les deux calices, couronné par les styles, composé de plusieurs petites capsules noirâtres, hérissées, formant une tête hémisphérique. (Poir.)

KITAISKAIA GOUS. (*Ornith.*) On dit dans le Nouveau Dictionnaire d'Histoire Naturelle, 2.ᵉ édition, au mot *oie de Guinée*, que cette espèce qui est l'*anas cygnoides* de Latham, s'est naturalisée en Sibérie, où elle porte le nom ci-dessus indiqué et celui de *soukhonos*. (Cн. D.)

KITCHOUGOUNGALLI (*Ornith.*), nom koriaque du macareux *mitchagatchi*, ou *mouichagatka* des Kamtschadals, *alca cirrata*, Lath., et *fratercula cirrata*, Vieill., que les Kourils appellent *eroubigra*, et les Russes *igilmi*. (Ch. D.)

KITE. (*Ornith.*) Les Anglois nomment ainsi le milan, *falco milvus*, Linn. (Ch. D.)

KITE-FISH (*Ichthyol.*), nom anglois du pirabèbe. Voyez DACTYLOPTÈRE. (H. C.)

KITI. (*Bot.*) Voyez KAKA-KODI. (J.)

KITJINGORANG. (*Bot.*) L'*hedysarum triquetrum* est ains nommé à Java, suivant Burmann. (J.)

KITRAN (*Bot.*), nom arabe du cèdre du Liban, selon Daléchamps. (J.)

KITSJING (*Bot.*), nom donné, dans l'île de Java, au cniquier ordinaire, *guilandina bonduc*, suivant Burmann. (J.)

KITTA (*Ornith.*), nom grec de la pie commune, *corvus pica*, Linn. (Ch. D.)

KITTAN (*Bot.*), nom arabe du lin cultivé, suivant Forskal. (J.)

KITTAVIAH. (*Ornith.*) Cet oiseau, dont parle le voyageur Shaw, est vraisemblablement le même que le *ganga*. (Ch. D.)

KITTIAWKE. (*Ornith.*) L'oiseau qu'on appelle ainsi en Ecosse, est le kutgeghef, ou mouette tachetée, *larus canus*, Linn. (Ch. D.)

KITUL, KITULÆTHA, KETULE. (*Bot.*) A Ceilan, on nomme ainsi le *caryota urens*, genre de palmier dont on retire, suivant Burmann, par incision, un suc doux, très-agréable, nommé *tellegie*, lequel n'enivre point. Un seul arbre peut en fournir chaque jour plusieurs cruches; et, en le faisant cuire, on en fabrique un sucre rouge, nommé *jaggory*, qui peut être perfectionné par diverses manipulations. Selon Hermann, les fleurs de cet arbre portent le nom de *kitulmala*, et les fruits celui de *kitulræna*. (J.)

KITZ, TATS-BANNA. (*Bot.*) L'oranger est ainsi nommé au Japon, suivant Kæmpfer. (J.)

KIUFVA (*Ornith.*), un des noms danois de l'oiseau plus connu sous celui de struntjager, *larus parasiticus*, Linn. (Ch. D.)

KIUN. (*Bot.*) C'est, en Chine, le nom d'un champignon dont

on fait usage comme aliment. Suivant Loureiro, ce seroit *l'agaricus integer*, Linn.; mais c'est certainement une espéce différente. L'espéce de Chine est d'un blanc fauve, elle est grande, s'élève sur un stipe blanc : les feuillets sont égaux et blancs. On la trouve dans les lieux incultes et souvent dans les jardins, en Chine et en Cochinchine. Dans ce dernier pays elle est désignée par *nam-moi*. (LEM.)

KIU-TZÉ (*Bot.*), nom chinois cité par Plukenet, d'un arbre dont les graines fournissent une substance semblable à du suif et pouvant être employée de la même manière, que l'on nomme *kiu-yeu*. Cet arbre, cité dans l'Histoire des Voyages sous le nom de *u kieu-mu*, est rapporté, par M. Lamarck, au *croton sebiferum* de Linnæus, qui est maintenant reconnu pour une espéce de *sapium*. (J.)

KIU-YEU. (*Bot.*) Voyez KIU-TZÉ. (J.)

KIVATE. (*Ichthyol.*) Au Groenland, on nomme ainsi les scorpions de mer mâles. Voyez COTTE. (H. C.)

KIVE (*Ornith.*), un des noms norwégiens du labbe ou stercoraire, autrement struntjager, *larus parasiticus*, Linn. (CH. D.)

KIVITE ou KIWIT (*Ornith.*), noms donnés, d'après son cri, au vanneau commun, *tringa vanellus*. (CH. D.)

KJAEDER. (*Ornith.*) L'oiseau auquel les Suédois donnent ce nom et celui de *tjaeder*, est le grand coq de Bruyère, *tetrao urogallus*, Linn. (CH. D.)

KJO, SOBA (*Bot.*), noms japonois du sarrazin, *fagopyrum*, suivant Kæmpfer. L'abricotier est nommé *kjoo*, ainsi que le gingembre et un *nymphæa*. Voyez KIO. (J.)

KJOKUSO, NANBAN-KIVI. (*Bot.*) Le coracan, *eleusine*, est cultivé sous ces noms au Japon. (J.)

KJOTJEKSTO, KJOTIKTO (*Bot.*), noms du laurose ou laurier rose, *nerium*, au Japon, suivant M. Thunberg. (J.)

KLA. (*Ichthyol.*) En Russie, dans quelques cantons, on donne ce nom au grand esturgeon et à tous les animaux qui fournissent de la colle de poisson en général. Voyez ESTURGEON et ICHTHYOCOLLE. (H. C.)

KLAAS. (*Ornith.*) M. Levaillant a donné à un coucou d'Afrique le nom de ce fidèle Hottentot. (CH. D.)

KLAEDRA. (*Ornith.*) L'oiseau que les Ostrogoths nomment

ainsi, et qui est appelé *klera* par les Smolandois, est la grive mauvis, *turdus iliacus*, Linn. (Ch. D.)

KLAESHAN. (*Ornith.*) L'espèce de canard qui porte ce nom en Danemarck, est l'*anas hyemalis*, Linn. (Ch. D.)
(Ch. D.)

KLAKE (*Ornith.*), nom écossois de l'oie, qui s'écrit aussi klakis. (Ch. D.)

KLAPER. (*Ornith.*) On donne, en Allemand, ce nom et ceux de *klepper* ou *kneper*, à la cigogne, *ardea ciconia*, Linn. (Ch. D.)

KLAP-MUTZE, KLAP-MYSSEN. (*Mamm.*) Egede, dans son Histoire du Groenland, donne ce nom au phoque à capuchon, *phoca cristata*. (F. C.)

KLAPROTHINE. (*Min.*) M. Fischer a proposé de donner ce nom au minéral bleu qu'on a nommé lazulithe, mais qui paroît en différer essentiellement. Je l'avois désigné dans ma Minéralogie sous le nom provisoire de *Lazulithe de Klaproth*. Si ce minéral est réellement une espèce, comme on peut le présumer, il sera très-convenable de lui laisser le nom que M. Fischer lui a donné, ou plutôt le suivant qui n'en diffère pas sensiblement, et qui est p us ancien. (B.)

KLAPROTHITE. (*Min.*) M. Léman, dans la description minéralogique du Muséum de M. de Drée, a désigné sous ce nom le lazulithe qui est différent du lapis lazulite, et que j'avois indiqué sous le nom de lazulite de Klaproth. M. Fischer a eu la même idée, et l'a nommé, comme on vient de le voir, klaprothine. Cette pierre, à peine connue, a déjà reçu sept noms, parce qu'il est bien plus aisé et bien plus prompt de faire un nom, surtout comme plusieurs de ceux que nous allons rapporter, que d'étudier les caractères minéralogiques, géométriques, physiques et chimiques d'un minéral, les seuls cependant sur lesquels on puisse fonder une véritable espèce, méritant une détermination particulière; on l'a donc appelé *lazulithe*, mais ici c'étoit par confusion, *azurite*, *siderite*, *tyrolilite* et *voraulite*.

La klaprothite est d'un bleu de ciel passant au bleu foncé, mais peu vif. Elle se présente cristallisée, mais je ne sache pas que la forme ait encore été déterminée d'une manière définitive. M. Haüy y a reconnu un prisme légèrement rhomboïdal avec des indices de joints naissans des arêtes longitudinales et obliques à l'axe. Elle est opaque, quelquefois translucide, assez dure pour rayer le verre, fragile et à cassure grenue ou lamellaire : elle se fond au chalumeau en un émail gris. Elle est composée, d'après Klaproth, des principes suivans :

Magnésie...................... 18
Alumine....................... 66
Chaux......................... 2
Silice......................... 10
Fer oxidé..................... 2,5

La klaprothite se présente en petits cristaux prismatiques, présentant quatre, six et même 12 pans suivant M. Léman; implantés dans les fissures des rochers qui la renferment.

On l'a trouvée principalement à Puizgau et Werfen, près de Salzbourg en Tyrol. La roche où on la rencontre est un schiste argileux, verdâtre ; à Vorau, en Styrie, dans un micaschiste, accompagné de talc écailleux, de fer oligiste et de quarz, et aux environs de Wienerisch-Neustadt, en Autriche.

Quoique ce minéral ne soit encore qu'imparfaitement connu, on voit qu'il présente néanmoins déjà assez de caractères distinctifs essentiels pour faire présumer qu'il doit constituer une espèce particulière qui devra porter le nom respectable de klaprothite. (B.)

KLAPTMUTSEN. (*Bot.*) La plante marine citée sous ce nom par C. Bauhin, laquelle nage en grandes masses sur la mer, paroît être le *fucus natans*, nommé aussi raisin des tropiques. (LEM.)

KLAVAIS. ( *Min.* ) C'est un nom technique des mineurs qui exploitent les mines de houille. Ils le donnent à ces espèces de filons, qu'on nomme aussi, mais d'une manière plus générale, failles, et qui coupent les lits de houille. Ceux-ci qu'on appelle aussi *coumaille*, sont composés de cailloux roulés, agrégés avec des fragmens de houille. (B.)

KLAVERT (*Ornith.*), nom norwégien de la pie-grièche commune, *lanius excubitor*, Linn. (CH. D.)

KLEBSCHIEFER (*Min.*), de Werner. C'est l'argile feuillettée dans laquelle on trouve à Montmartre et à Ménilmontant la variété de silex, désignée vulgairement par MÉNILITE.

Il ne faut pas la confondre avec le *polierschiefer* de Werner.
Voyez ARGILE FEUILLETTÉE, vol. 3, pag. 20. ( LEM. )

KLE. (*Ichthyol.*) Voyez KLA. (H. C.)

KLEIBER. (*Ornith.*) Voyez KLENER. (CH. D.)

KLEIN (*Ichthyol.*), nom spécifique d'un chétodon que nous avons décrit, tom. VIII, p. 445 de ce Dictionnaire. (H. C.)

KLEINER SCHWERDTFISCH (*Ichthyol.*), nom allemand du petit espadon. Voyez DEMI-BEC et GAMBARUR. (H. C.)

KLEINER KARASS (*Ichthyol.*), nom que l'on donne, en Silésie, à la GIBÈLE. Voyez ce mot. ( H. C.)

KLEINER STINT. (*Ichthyol.*) En Livonie, on appelle ainsi l'ÉPERLAN. Voyez ce mot. (H. C.)

KLEINHOVE, *Kleinhovia.* (*Bot.*) Genre de plantes dicotylédones, à fleurs complètes, polypétalées, régulières, de la famille des *malvacées*, de la *décandrie monogynie* de Linnæus, offrant pour caractère essentiel : Un calice simple, à cinq divisions profondes ; cinq pétales ; un tube particulier urcéolé, staminifère au sommet ; environ quinze étamines ; un ovaire supérieur, pédicellé, surmonté d'un style simple et d'un stigmate crénelé. Le fruit consiste en une capsule vésiculeuse, à cinq angles, à cinq valves, à cinq loges monospermes.

KLEINHOVE DES MOLUQUES : *Kleinhovia hospita*, Linn. ; Lamk., *Ill. gen.*, tab. 754 ; Cavan., *Diss.*, 5, tab. 146 ; *Cati-marus*, Rumph, *Amb.*, 3, tab. 113. Arbre des îles Philippines, des Moluques et de Java. Il est de la grandeur de nos pommiers. Son tronc est épais, tortueux, divisé en rameaux glabres, plians, redressés, garnis de feuilles pétiolées, alternes, éparses, ovales, presque en cœur, acuminées, entières, à cinq ou sept nervures, avec des veines transverses ; les stipules linéaires-lancéolées ; les fleurs purpurines, nombreuses, très-petites, disposées en grappes paniculées, axillaires et terminales ; les folioles du calice lancéolées, presque égales, caduques ; les pétales un peu plus grands que le calice, oblongs, lancéolés, dont un plus large et un plus court que les autres, concave, échancré au sommet : un tube particulier, renfermant le pédicule de l'ovaire, se terminant par un limbe urcéolé, à cinq découpures, chargées, chacune, de trois anthères presque sessiles ; l'ovaire pédicellé, turbiné, environné par le tube staminifère. Le fruit est une capsule vésiculeuse, turbinée, pentagone,

émoussée et un peu enfoncée à son sommet, à cinq loges monospermes ; les semences globuleuses. Cet arbre fleurit plusieurs
fois dans le cours de l'année ; il est presque toujours chargé de
fruits. Ses jeunes feuilles, froissées entre les doigts, ont l'odeur
de la violette. (Poir.)

KLEINIE, *Kleinia.* (*Bot.*) [*Corymbifères*, Juss. — *Syngénésie
polygamie égale*, Linn.] Ce genre de plantes, établi en 1803,
par M. de Jussieu, dans le second volume des Annales du
Muséum d'Histoire naturelle, appartient à l'ordre des synanthérées, et à notre tribu naturelle des tagétinées. Voici les caractères génériques, tels que nous les avons observés sur un
échantillon sec de l'herbier de M. de Jussieu.

Calathide subglobuleuse, incouronnée, équaliflore, multiflore, régulariflore, androgyniflore. Péricline hémisphérique,
formé de squames paucisériées, imbriquées, larges, ovales,
subcordiformes, obtuses, foliacées, veinées, munies de quelques glandes. Clinanthe inappendiculé. Ovaires un peu allongés, cylindracés, un peu épaissis de bas en haut, arrondis au
sommet, glabres, munis de plusieurs nervures longitudinales ;
aigrette courte, composée de quelques squamellules à partie
inférieure laminée, membraneuse, denticulée, à partie supérieure filiforme-épaisse, munie de grosses barbellules. Corolles jaunes, à nervures noires.

On ne connoît jusqu'à présent qu'une seule espèce de
kleinie.

Kleinie a feuilles linéaires : *Kleinia linearifolia*, Juss., Ann.
du Mus. d'Hist. nat., tom. 2, pag. 423 ; *Jaumea linearis*, Pers.,
*Syn. plant.*, pars 2, pag. 397. C'est un arbuste ou sous-arbrisseau,
à tige rameuse, garnie de feuilles opposées, connées, simples,
allongées, étroites, linéaires, très-entières, un peu épaisses ;
les calathides sont terminales, solitaires, et penchées par
l'inflexion de leur pédoncule. Cette plante a été découverte
par Commerson à l'embouchure de la Plata.

M. de Jussieu croit que son *kleinia* a de l'affinité avec l'*eupatorium* et le *cacalia*, et qu'il est intermédiaire entre ces
deux genres ; mais l'*eupatorium* est de la tribu des eupatoriées, et le *cacalia* est de la tribu des sénécionées. Nous
sommes convaincu que le *kleinia* appartient, soit à la tribu
des tagétinées, soit à celles des hélianthées, dans la section

des hélianthées héléniées, laquelle est immédiatement voisine des tagétinées.

M. Persoon a cru pouvoir substituer le nom générique de *jaumea* à celui de *kleinia*, sous le prétexte que Willdenow avoit appliqué le nom de *kleinia* à un autre genre. Ce changement nous paroit très-mal fondé, car nous allons démontrer que cet autre genre ne doit point porter le nom de *kleinia*, et qu'ainsi M. de Jussieu a pu légitimement s'emparer de ce nom resté sans emploi, et consacrer son genre à la mémoire du naturaliste Jacques-Théodore Klein.

En 1719, Vaillant publia un genre *Porophyllum*, qui est très-bon à conserver, quoique l'auteur se soit trompé dans l'énoncé des caractères génériques, en attribuant à ce genre une couronne féminiflore. En 1737, Linnæus adopta le genre *Porophyllum* de Vaillant, dans l'*Hortus Cliffortianus* et dans le *Viridarium Cliffortianum*, ainsi que dans le *corollarium* de la première édition du *Genera plantarum*. Il l'abandonna ensuite dans la seconde édition publiée en 1742. Jusques-là, Linnæus nommoit *kleinia*, le genre qu'il a nommé depuis *cacalia*, et qui doit conserver ce dernier nom, quoique le *cacalia* de Tournefort et de Vaillant soit un genre particulier, que nous avons nommé *adenostyles*, parce qu'on est convenu de maintenir la nomenclature linnéenne. Linnæus, en adoptant le genre *Porophyllum*, qu'il a depuis mal à propos abandonné, avoit reconnu l'erreur de Vaillant, et avoit décrit très-exactement les caractères de ce genre. Adanson, en 1763, a reproduit le même genre *Porophyllum*, en rectifiant, comme Linnæus, l'erreur de Vaillant. C'est dans la même année 1763, que Jacquin, dans son *selectarum Stirpium Americanarum Historia*, a imaginé de présenter comme nouveau, sous le nom de *kleinia*, l'ancien genre *Porophyllum*, dont il a décrit une espèce. Schreber, en 1791, a admis, dans son *Genera plantarum*, le *Kleinia* de Jacquin ; et douze ans après, Willdenow, dans son *Species plantarum*, a nommé aussi *kleinia* les quatre espèces de *porophyllum* dont il a présenté le tableau. M. Persoon, en 1807, dans son *Synopsis plantarum*, a copié Willdenow; et M. Kunth, en 1820, dans ses *Nova Genera et Species plantarum*, où il a enrichi de quatre espèces le genre dont il s'agit, a continué l'injustice faite à Vaillant, et que nous voulons réparer. Il faut croire que MM. Jacquin, Schreber, Willdenow, Persoon et Kunth ignoroient que leur genre *Kleinia* avoit été anciennement établi par Vaillant, sous le nom de *porophyllum*, que Linnæus l'avoit adopté sous ce nom, pendant quelque temps, et qu'Adanson l'avoit conservé sous le même nom.

Il résulte de ce qui précède que le genre de M. de Jussieu doit reprendre le nom de *kleinia*, que M. Persoon lui a ôté. C'est pourquoi nous décrirons les *kleinia* de Jacquin, Willdenow et Kunth, dans notre article Porophylle. (H. Cass.)

KLEISTAGNATHES. ( *Entom.* ) Fabricius a désigné sous ce nom l'un des ordres de la classe des insectes, d'après la conformation des mâchoires, dans son ouvrage intitulé : *Systema entomologicum.* ( C. D. )

KLENER. (*Ornith.*) On appelle ainsi, en Autriche, la sittelle ou torchepot, *sitta europæa*, dont le nom s'écrit aussi *kleiber*, Linn. (Ch. D.)

KLEONIA ou CLEONIA. (*Bot.*) Adanson cite ce nom grec, comme synonyme de son genre *Vosacan*, qui est l'*helianthus* de Linnæus. (H. Cass.)

KLESK (*Ornith.*), nom polonois du casse-noix, *corvus caryocatactes*, Linn. (Ch. D.)

KLETHRA. (*Bot.*) C'est sous ce nom grec qu'est désigné par Théophraste l'aune, *alnus*. Il a été transporté par Gronovius et par Linnæus à un genre de la famille des éricinées, nommé maintenant *clethra.* (J.)

KLETTER ( *Ornith.* ), un des noms allemands du chardonneret commun, *fringilla carduelis*, Linn. (Ch. D.)

KLEX. (*Ornith.*) Voyez Kirsoviarsurk. (Ch. D.)

KLIBADION (*Bot.*), un des noms cités par Dioscoride comme synonymes de son *helxine*, qui est notre pariétaire. Le *clibudium*, plus récent d'Allamand et de Linnæus, est un genre de la famille des corymbifères. (J.)

KLIEF (*Ichthyol.*), nom zélandois du lump ou gras-mollet. Voyez Cycloptère. (H. C.)

KLINEBERG-HAAN. (*Ornith.*) Le faucon à culotte noire porte, au cap de Bonne-Espérance, ce nom qui signifie petit coq des montagnes, et qui s'applique à d'autres rapaces. (Ch. D.)

KLINGER. ( *Ornith.* ) L'oiseau que Gesner et Aldrovande

désignent par ce nom est le canard garrot, *anas clangula*, Linn., que les Suédois appellent *knipa*. (Ch. D.)

KLINGSTEIN. (*Min.*) Ce nom, quoiqu'allemand, est souvent employé dans des ouvrages françois. Les géologues qui préfèrent une nomenclature générale, ont donné à cette roche tantôt le nom d'Eurite sonore lorsqu'elle est composée d'une base de pétrosilex avec des cristaux de felspath, tantot, et c'est M. d'Aubuisson, celui de Phonolite, lorsqu'ils n'en considèrent que sa base et la propriété de répandre un son assez clair par la percussion. Voyez ces mots. (B.)

KLINGRYS (*Bot.*), nom du bouleau dans la Westrobothnie, province de Suède, suivant Linnæus. (J.)

KLINOTROKON. (*Bot.*) Il paroît que l'arbre de ce nom, mentionné par Théophraste, est notre érable ordinaire. (J.)

KLINTING (*Bot.*), nom javanois de la clitore de Ternate, cité par Burmann. Le *klinting-birou*, qu'il nomme *usubis*, et que Linnæus reportoit au *schmidelia*, paroit congénère de l'ornitrophe dans les sapindées. (J.)

KLIP BAGRE. (*Ichthyol.*) Le poisson, ainsi appelé par Marcgrave, est le doras caréné. Voyez Doras. (H. C.)

KLIPDAS (*Mamm.*), c'est-à-dire blaireau de rocher, nom que les Hollandois ont donné au daman du cap de Bonne-Espérance. (F. C.)

KLIPPFISCH. (*Ichthyol.*) Dans le Nord, on donne ce nom, qui signifie *poisson de rocher*, aux morues qu'on a fait sécher à l'air sur des pierres. C'est en Islande et aux îles de Hittland, dit Anderson, que l'on prépare le meilleur *klippfisch*. Voyez Morue. (H. C.)

KLIPPSPRINGER (*Mamm.*), ou sauteur de rocher, nom donné par les Hollandois à une Antilope d'Afrique. Voyez ce mot. (F. C.)

KLOPODE (*Bot.*) Voyez Kolpode. (Desm.)

KLOREOS (*Ornith.*), un des noms grecs du loriot d'Europe, *oriolus galbula*, Linn. (Ch. D.)

KLORZEZ. (*Ichthyol.*) En Pologne, on donne ce nom à la brême, *cyprinus brama*, Linn. Voyez Brême et Cyprin. (H. C.)

KLOSTEKWENZEL (*Ornith.*), nom allemand de la fauvette à tête noire, *motacilla atricapilla*, Linn. (Ch. D.)

KLOSTER-FREULIN (*Ornith.*), nom allemand de la lavandière, *motacilla alba et cinerea*, Linn. (Ch. D.)

KLUMBENEFIA (*Ornith.*), nom que porte, en Irlande, le pingouin commun, *alca torda*, Linn., qu'on appelle, en Norwège, *klu-balk* et *klympe*. (Ch. D.)

KLYDE (*Ornith.*), nom danois de l'avocette, *recurvirostra avocetta*, Linn. (Ch. D.)

KLYL (*Bot.*), nom arabe du romarin, suivant M. Delile. Voyez ELKIOLGEBER. (J.)

KNAH. (*Bot.*) On lit dans les Mémoires de l'Académie des Sciences de Paris, année 1732, p. 310, que le knah des Turcs est une poudre produite par les feuilles pulvérisées de l'alkanna, arbrisseau que l'on croyoit alors être une espèce de troëne, mais qui, maintenant bien connu, est le henné, *lawsonia* des botanistes. L'eau dans laquelle on fait infuser cette poudre prend une couleur rouge, et les femmes du Levant s'en servent pour se teindre les ongles. (J.)

KNAKENTE. (*Ornith.*) C'est le nom générique des sarcelles en allemand. (Ch. D.)

KNAPPIA. (*Bot.*) Le genre de graminée que Gmelin nomme ainsi, est l'*agrostis minima* de Linnæus, qui mérite en effet de devenir un genre ; aussi a-t-il reçu plusieurs noms génériques. C'est d'abord le *mibora* d'Adanson, le *micagrostis* d'Anthoine, le *chamagrostis* de Borckausen et de Willdenow, le *sturmia* de Hoppe et de M. Persoon. Le nom *mibora* doit être préféré comme plus ancien, et il a été adopté par Beauvois dans son travail sur les graminées. (J.)

KNAUTIE, *Knautia*. (*Bot.*) Genre de plantes dicotylédones, à fleurs complètes, agrégées, de la famille des *dipsacées*, de la *tétrandrie monogynie* de Linnæus, offrant pour caractère essentiel : Des fleurs agrégées dans un involucre ou un calice commun, composé d'un seul rang de folioles ; pour chaque fleur, un calice propre supérieur, très-petit ; une corolle monopétale, irrégulière, à quatre divisions ; quatre étamines libres ; un ovaire inférieur, couronné d'un double calice ; un stigmate bifide, le réceptacle pileux, chargé de semences tétragones, couronnées par les dents d'un petit calice cilié ou plumeux. Ce genre est très-voisin des scabieuses, et pourroit y être réuni.

Knautie du Levant : *Knautia orientalis*, Linn., *Mant.*, 329; Houttuyn, *Pl. Syst.*, 5, pag. 250, tab. 39, *var.* Cette plante, par son port et ses fleurs rouges, présente l'aspect d'un lychnis. Sa tige est herbacée, haute d'un pied et demi, velue, cylindrique ; ses rameaux opposés, très-ouverts ; les feuilles opposées, presque amplexicaules ; les inférieures pinnatifides, les supérieures plus étroites, très-aiguës, dentées vers leur base ; les pédoncules simples, uniflores, soutenant des fleurs rouges, agrégées dans un calice commun, oblong, anguleux, à dix folioles un peu velues, linéaires, aiguës; huit à dix fleurs à la circonférence, dont le tube plus long que le calice ; le limbe grand, irrégulier ; le centre renferme trois ou quatre autres fleurs tubulées, à limbe fort petit, moins irrégulier ; les semences un peu comprimées, velues, dentées à leur bord terminal, et couronnées par un petit godet frangé et cilié, à dents nombreuses, sétacées, un peu plumeuses à leur base. Cette plante croît dans le Levant : elle est depuis long-temps cultivée au Jardin du Roi.

Knautie propontique : *Knautia propontica*, Linn., *Spec.; excl. Syn. Tournefortii;* Lamk., *Ill. gen.*, tab. 58. Cette espèce a de très-grands rapports avec la précédente. Ses tiges sont velues, hautes de deux pieds, de la grosseur du doigt : les feuilles opposées, rudes, lancéolées, un peu pileuses, profondément dentées en scie ; les inférieures en lyre, obtuses au sommet, rétrécies en pétioles à leur base ; les supérieures sessiles, très-aiguës ; le calice commun oblong, cylindrique, à huit ou dix folioles lancéolées, subulées au sommet; les corolles de la longueur du calice, les extérieures plus grandes, d'un rouge pourpre, ainsi que les anthères; les semences surmontées d'une couronne à quinze dents ciliées. Cette plante croît dans l'Orient. Il faut en exclure, d'après l'observation de M. Desfontaines, le synonyme de Tournefort, *scabiosa orientalis villosa*, etc. *Tourn. Coroll.*, cité par Linnæus. Il appartient à une scabieuse, qui est le *scabiosa micrantha*, Desf. *in Coroll. Tourn.*, tab. 40.

Knautie de la Palestine : *Knautia palæstina*, Linn., *Mant.*, 197; *Scabiosa brachiata*, Smith, *in* Sibthorp *Prodr. Fl. Græc.*, 1, pag. 81, et *Fl. Græc.*, tab. 109. Cette espèce, ainsi que la suivante, recueillie par Sibthorp dans l'île de Chypre, appartiennent aux scabieuses, selon M. Smith. Sa tige est velue, ra-

meuse, à peine haute d'un pied; les rameaux très-étalés; les
ceuilles opposées, lancéolées, très-entières, médiocrement pétiolées; les péconcules solitaires, très-longs; le calice commun
composé de six folioles droites, lancéolées, acuminées, très-
pileuses à leur base; les fleurs presque radiées, celles de la circonférence plus grandes, à limbe irrégulier (à cinq divisions,
Smith); celles du disque presque régulières; les semences surmontées d'une couronne membraneuse (à huit rayons velus,
Linn.).

KNAUTIE PLUMEUSE : *Knautia plumosa*, Linn. , *Mant.*, 197,
*Scabiosa plumosa*, Smith , *in* Sibth. *Prodr. Fl. Gr.*, 1, pag; 84;
et *Fl. Græc.*, t. III. Ses tiges sont droites, cylindriques, pubescentes et rameuses; ses feuilles opposées, presque lancéolées,
un peu tomenteuses, étalées; les inférieures larges, lancéolées,
profondément dentées ; les supérieures pinnatifides ou en
lyre, à découpures lancéolées, linéaires; les pédoncules droits,
solitaires, fort longs; le calice commun oblong, cylindrique,
à dix folioles linéaires-lancéolées; les intérieures un peu plus
courtes; les fleurs d'un bleu pâle; celles de la circonférence
irrégulières, à cinq découpures, les trois extérieures plus
grandes, de la longueur du calice; les semences surmontées
d'une aigrette plumeuse. Cette plante croît dans la Grèce et
dans l'île de Chypre. (POIR.)

KNAVEL ou KNAVELLE. (*Bot.*) Voyez GNAVELLE.
(L. D).

KNAWEL. (*Bot.*) Boerhaave nommoit ainsi le genre de
plantes caryophyllées qui est le *velezia* de Linnæus. Ce nom
allemand, sous lequel est aussi connu le (*scleranthus*) dans l'Allemagne, lui a été donné comme générique par Dillenius, Adanson
et Scopoli, mais le nom *scleranthus* de Linnæus a prévalu.
Voyez GNAVELLE. (J.)

KNEBELITE. (*Min.*) C'est un minéral analysé par M. Do-
bereiner, dont nous ne connoissons ni le lieu d'origine, ni les
caractères. Il est composé, suivant ce chimiste,

De fer.......................... 25
De manganèse.................... 27
De silice........................ 16

(B.)

KNEIFER (*Ornith.*), nom allemand du harle commun, *mergus merganser*, Linn. (Ch. D.)

KNEISS. (*Min.*) Voyez Gneiss. (Lem.)

KNEMA, *Knema.* (*Bot.*) Genre de plantes dicotylédones, à fleurs dioïques, de la famille des *laurinées*, de la *dioécie mona-delphie* de Linnæus, offrant pour caractère essentiel : Des fleurs dioïques; dans les mâles, une corolle trifide; point de calice; dix à douze anthères réunies à l'extrémité d'un seul filament : dans les fleurs femelles, un calice très-court, presque tronqué, persistant; une corolle trifide; un ovaire supérieur; point de style; un stigmate droit, lacinié. Le fruit est une baie monosperme, contenant une semence ovale, arillée.

Ce genre me paroit devoir être évidemment réuni aux *myristica* (muscadier), dont il présente tous les caractères, excepté le calice des fleurs femelles, difficile à concevoir, et qui fait soupçonner Loureiro, auteur de ce genre, de s'être mal expliqué. D'après cette observation, je me bornerai à faire connoître la seule espèce mentionnée par Loureiro, qu'on pourra rapporter aux muscadiers, si on le trouve convenable.

Knema a grosse écosse; *Knema corticata*, Lour., *Fl. Coch.*, 2, pag. 742. Grand arbre découvert dans les forêts, à la Cochinchine. Son tronc est revêtu d'une écorce épaisse, d'un brun rougeâtre; les rameaux sont ascendans, garnis de feuilles alternes, pétiolées, glabres, lancéolées, très-entières; les fleurs, dans les deux sexes, latérales, même terminales, réunies plusieurs ensemble à l'extrémité d'un pédoncule commun; la corolle charnue, d'une seule pièce; le tube court, épais; le limbe à trois découpures aiguës, lanugineuses en dehors; un seul filament court, portant autour de son sommet dix à douze anthères ovales, à deux loges : l'ovaire arrondi, pileux. Le fruit est une petite baie ovale, succulente, contenant une seule semence. (Poir.)

KNÉPIER, *Melicocca.* (*Bot.*) Genre de plantes dicotylédones, à fleurs complètes, polypétalées, régulières, de la famille des *sapindées*, de l'*octandrie monogynie* de Linnæus, offrant pour caractère essentiel : Un calice persistant, à quatre ou cinq divisions; autant de pétales, quelquefois nuls, insérés sur le disque qui environne l'ovaire à sa base; huit étamines avec la même insertion ; un ovaire supérieur, souvent à trois loges ; un style ; un stigmate en tête ; le fruit est un drupe recouvert d'une écorce, souvent uniloculaire et monosperme par l'avortement d'une ou de deux loges ; les semences attachées à l'angle intérieur des loges ; point de périsperme.

Ce genre renferme des arbres ou arbrisseaux à feuilles alternes, simples ou ailées, entières, quelquefois dentées. Les fleurs sont petites, axillaires ou terminales, disposées en épis, agglomérées ou paniculées, quelquefois polygames.

KNÉPIER BIJUGUÉ : *melicocca bijuga*, Linn. ; Lamk., *Ill. gen.*, tab. 306 : Commel., *Hort.*, 1, t. 94 : *Melicocca carpoodea*, Juss., *Mem. Mus.*, 3, pag. 187, tab. 4. Grand et bel arbre de la Jamaïque, toujours vert, d'un beau port, à cime rameuse et touffue. Ses feuilles sont alternes, ailées, sans impaire, composées de deux paires de folioles ovales, entières, aiguës, dont le pétiole commun est quelquefois ailé, d'autres fois simplement aplati ; les fleurs sont petites, nombreuses, blanchâtres, disposées en grappes terminales ou axillaires : elles répandent quelquefois une odeur fort agréable, et paroissent polygames ; leur calice est à quatre divisions profondes, ovales, concaves, obtuses, persistantes ; les pétales oblongs, obtus, entièrement réfléchis ; l'ovaire ovale ; le style très-court ; le stigmate large, oblique, ombiliqué. Le fruit est un drupe coriace, uniloculaire, ne renfermant qu'une seule semence, enveloppée d'une pulpe visqueuse ou gélatineuse.

Cette plante est cultivée dans plusieurs jardins en Amérique. La pulpe de ses fruits est d'une saveur douce, mêlée d'un peu d'acidité et d'une légère astriction : on la mange crue ; on en mange aussi les semences, mais après les avoir fait cuire ou rôtir comme les châtaignes. Sa culture, en Europe, exige une terre à demi consistante, et des arrosemens fréquens en été. Il faut la tenir toute l'année dans la serre chaude : on n'a pas encore pu parvenir à la multiplier par marcottes et par boutures. Il faut l'élever de graines tirées des colonies ; d'où il résulte qu'elle est peu cultivée.

KNÉPIER APÉTALE : *Melicocca apetala*, Poir., Encycl., *Suppl.* ; Pluk., *Almag.*, tab. 207, fig. 4 ; *Melicocca diversifolia*, Juss., *Mem. Mus.*, l. c. tab. 7 ; vulgairement BOIS DE GAULETTES. Arbre de grandeur médiocre, très-remarquable par l'extrême variété de ses feuilles glabres, coriaces, luisantes, très-entières : les unes grandes, simples, lancéolées, aiguës; d'autres plus petites, ovales ou en ovale renversé, rétrécies en coin à leur base : souvent ces mêmes feuilles se divisent en folioles géminées, ternées ou quinées : d'autres sont ailées, à folioles nombreuses, très-petites. Les fleurs sont petites, dépourvues de pétales, disposées en petites grappes courtes, axillaires, touffues, un peu jaunâtres : leur calice un peu pubescent, à cinq divisions concaves. Le fruit est un drupe sphérique, renfermant deux semences.

Cet arbre croit à l'Ile-de-France. Son tronc est peu considérable : ses dernières ramifications sont droites, minces, très-longues, propres à faire des gaules ou gaulettes (d'où lui est venu son nom de *bois de gaulettes*), des cannes, des toises, des lignes de pêcheur, des baguettes de fusil, des manches de cognée, des arcs, des flèches, que les Nègres nomment *sagaye*, d'où vient encore le nom de *bois de sagaye*, donné à cet arbre dans les colonies. Les charpentiers s'en servent aussi pour cheviller leurs pièces d'assemblage; on en fait encore des pieux, des échelles, parce qu'il est dur, et qu'il subsiste assez longtemps avant de se décomposer.

Knépier trijugué : *Melicocca trijuga*, Juss., *Mem. Mus.*, l. c., tab. 8; *Schleichera trijuga*, Willd., *Spec.*, 4, pag. 1096; vulgairement Conghas. Grand arbre des Indes, dont les rameaux sont cylindriques, de couleur cendrée, pubescens dans leur jeunesse; les feuilles alternes, ailées, composées de trois paires de folioles glabres, ovales, oblongues, obtuses, entières, luisantes en dessus, réticulées en dessous, assez grandes; les fleurs disposées en épis lâches, filiformes, axillaires et terminaux, souvent polygames : leur calice fort petit, à cinq découpures profondes, ovales, aiguës; point de corolle; les filamens de six à neuf, parsemés de quelques poils; l'ovaire ovale, pileux; le stigmate, pelté, à trois ou quatre lobes; le fruit est un drupe bon à manger, sphérique, revêtu d'une écorce friable, à deux ou trois loges; autant de semences.

Knépier paniculé : *Melicocca paniculata*, Juss., *Mem. Mus.*, l. c., tab. 5. Arbre ou arbrisseau recueilli à Saint-Domingue par M. Poiteau. Ses feuilles sont grandes, ailées, composées de deux paires de folioles sans impaire; les fleurs axillaires et terminales, disposées en corymbes paniculés; leur calice partagé en cinq divisions profondes; les pétales en même nombre. Le fruit est un drupe sphérique, monosperme.

KNÉPIER A FEUILLES DENTÉES; *Melicocca dentata*, Juss., *Mem. Mus.*, l. c., tab. 6. Cette espèce a ses feuilles composées de cinq ou six paires de folioles petites, dentées ou crénelées à leur sommet; les pédoncules axillaires, peu garnis de fleurs; leur calice partagé en cinq divisions profondes; la corolle composée de cinq pétales. Le fruit est un drupe sphérique, très-petit, monosperme. Cette plante a été découverte à l'île-de-France par Sonnerat.

On trouve, dans le *Nova Genera*, etc. de MM. Humboldt et Bonpland, rédigé par M. Kunth, une nouvelle espèce de knépier, sous le nom de *melicocca olivæformis*. Ses feuilles sont ailées, composées de deux paires de folioles, grandes, coriaces, elliptiques, aiguës, d'un vert glauque; les pédoncules rameux et terminaux; les fruits elliptiques, tuberculés, monospermes. Cette plante croît à la Nouvelle-Grenade. (Poir.)

KNIFA. (*Bot.*) Adanson séparoit sous ce nom, du genre Millepertuis, *hypericum*, les espèces qui n'ont que deux styles et une capsule à deux loges. (J.)

KNIGHTIE, *Knightia*. (*Bot.*) Genre de plantes dicotylédones, à fleurs incomplètes, de la famille des *protéacées*, de la *tétrandrie monogynie* de Linnæus, offrant pour caractère essentiel: Une corolle (calice, Juss.), à quatre pétales connivens et tubulés à leur base; point de calice; quatre étamines; quatre glandes sur le réceptacle: un ovaire supérieur; un style; le fruit à une seule loge, renfermant quatre semences ailées à leur sommet.

KNIGHTIE ÉLEVÉE; *Knightia excelsa*, Rob. Brown, *Trans. Linn.*, 10, pag. 105, tab. 2. Très-grand arbre de la Nouvelle-Zélande, qui s'élève à la hauteur de quatre-vingts pieds, sur un tronc très-droit, et dont les rameaux sont glabres, redressés, cylindriques: les plus jeunes légèrement comprimés et un peu velus, formant tous ensemble une cime pyramidale. Les feuilles sont éparses, nombreuses, touffues, pétiolées, lancéolées, alongées, glabres, planes, coriaces, un peu aiguës, ues de quatre à cinq pouces, à dentelures en scie pro-

fondes et distantes, lisses en dessus, traversées en dessous
par des veines nombreuses, presque réticulées, et chargées de
poils touffus, abondans, très-courts et cendrés ; les pétioles
très-courts.

Les fleurs sont disposées en grappes simples, sessiles, axillaires, une fois plus courtes que les feuilles, souvent placées à
l'extrémité de petits rameaux nus ou dépouillés de feuilles ; le
rachis rouge ; les pédicelles soyeux et biflores ; la corolle tubulée, longue d'un pouce et demi, rouge et velue, à quatre
pétales linéaires, un peu velus, adhérens à leur base ; quatre
filamens rouges, insérés sur les onglets des pétales ; les anthères
linéaires ; l'ovaire supérieur, conique, rougeâtre, un peu
velu, à quatre ovules ; le style rouge, droit, persistant, de la
longueur des filamens ; le stigmate verdâtre, anguleux, presque
cylindrique. Le fruit est dur, coriace, alongé, à une seule
loge, long d'un pouce et demi et plus, soyeux en dehors, contenant quatre semences ; leur sommet couronné par une aile
membraneuse. (*Poir.*)

KNIPHOFIA. (*Bot.*) Parmi les espèces d'*aletris* qui ont été reportées au genre *Veltheimia* de Gleditsch, et qui le plus souvent
ont les étamines plus courtes que le calice, Mœnch a remarqué
l'*aletris uvaria* de Linnæus, dans lequel il a vu des étamines
débordant le calice ; et il a cru y trouver le caractère d'un
nouveau genre qu'il a nommé *kniphofia*. (J.)

KNIPOLOGOS. (*Ornith.*) Ce nom grec, qui a été appliqué par
des commentateurs d'Aristote à la lavandière, paroît plutôt
convenir au grimpereau commun, *certhia familiaris*, Linn.
(Ch. D.)

KNIPPER. (*Ornith.*) Ce nom allemand paroît s'appliquer
tant au bruant fou, *emberiza cia*, Linn., qu'au proyer, *emberiza
miliaria*, Linn. (Ch. D.)

KNJAESCIK (*Ornith.*), nom que porte, en Sibérie, une
espèce de mésange, à laquelle il a été conservé par Gmelin,
Syst. Nat., n.° 25. (Ch. D.)

KNOCHEN HECHT. (*Ichthyol.*) Les Allemands nomment
ainsi le lépisostée gavial. Voyez Lépisostée. (H. C.)

KNOE. (*Ornith.*) L'oiseau auquel les Hollandois appliquent
ce nom, qui s'écrit aussi *knue*, est la linotte commune, *fringilla linota*, Linn. (Ch. D.)

KNOR-HAAN. (*Ornith.*) On trouve dans la Description du cap de Bonne-Espérance par Kolbe, tom. 3, pag. 193 de l'édition de 1743, ce nom, qui s'écrit aussi *knor-hahn*, donné au mâle d'un oiseau de la taille d'une poule commune, dont la femelle est appelée *knor-hen*, et qui est décrit comme ayant le bec court et noir, ainsi que les plumes qui recouvrent le sommet de la tête, et le reste du corps mélangé de rouge, de blanc et de cendré. L'auteur ajoute que cet oiseau ne vole ni fort haut ni fort loin, et qu'il fait dans les bruyères un nid où l'on ne trouve que deux œufs. Brisson a appliqué ce passage à la pintade, mais Buffon et d'autres auteurs n'ont pas adopté ce rapprochement. Dans La Chesnaye-des-Bois cet oiseau est appelé *knor-cock*. Sparrman dit, en parlant du même oiseau, tom. 1, in-8°, p. 202, de la traduction de son Voyage au Cap : « Knorrhane est le nom d'une certaine espèce d'otis (outarde) qui a l'art de se cacher parfaitement jusqu'à ce qu'on vienne tout près d'elle, et qui alors s'élève tout à coup presque perpendiculairement, en poussant un cri aigu, précipité et tremblant, ou faisant retentir au loin ses *korr, korr*, répétés, qui sont un cri d'alarme pour tous les animaux du voisinage, et leur découvrent l'approche du chasseur ou de tout autre ennemi. » L'outarde se nomme *djorz* en persan, ce qui a du rapport avec le cri de l'oiseau dont il s'agit. (Ch. D.)

KNORRHAAN. (*Ichthyol.*) En Hollande, on appelle ainsi la trigle gurnau. Voyez Trigle. (H. C.)

KNORRHEAEN. (*Ichthyol.*) Suivant Nieuhoff, ce nom, qui signifie *coq grognant*, est donné, par les Hollandois, dans les Indes, à un poisson qui nous paroît être une espèce de malarmat, et dont la chair, à ce que dit Ray, est estimée. Voyez Malarmat. (H. C.)

KNORVEPOT. (*Ichthyol.*) Nieuhoff parle, sous ce nom, d'une espèce de malarmat des Indes, qui grogne quand on le saisit, et qui est un fort bon manger. Voyez Malarmat. (H. C.)

KNOT. (*Ornith.*) On appelle ainsi, dans le comté de Lincoln, le canut, *tringa canutus*, Linn., auquel Willughby prétend que ce nom a été donné, parce que le roi Canut aimoit singulièrement la chair de ces oiseaux. (Ch. D.)

KNOULTONIA. (*Bot.*) Voyez Knowltone. (J.)

KNOWLTONE, *Knowltonia.* (*Bot.*) Genre de plantes dicotylédones, à fleurs complètes, polypétalées, régulières, de la famille des *renonculacées*, de la *polyandrie polygynie* de Linnæus, offrant pour caractère essentiel : Un calice à cinq folioles ; cinq pétales, souvent beaucoup plus, nus à leur onglet : un très-grand nombre d'étamines insérées sur le réceptacle ; des ovaires nombreux réunis sur un réceptacle globuleux ; autant de petites baies monospermes.

La plupart des espèces qui composent ce genre faisoient d'abord partie de celui des adonides ; mais le caractère de leur fruit, ainsi que leur port, les en séparent évidemment. Cette différence avoit été remarquée par Salisbury, qui avoit établi pour ces mêmes espèces un genre particulier consacré à la mémoire de Knowlton, cultivateur distingué. Depuis, Ventenat a traité le même genre sous le nom d'*anamenia*. Ces plantes ont le port des ombelles ; leurs racines sont fasciculées ; leurs feuilles assez généralement ailées ; leur tige nue, sans feuilles, terminée par des fleurs disposées en une ombelle, munie d'un involucre à sa base. Le fruit, composé de petites baies monospermes, distingue ce genre des *adonis*, dont le fruit consiste en petites capsules monospermes, indéhiscentes, semblables à celles des renoncules.

Knowltone a feuilles coriaces : *Knowltonia rigida*, Salisb., Prodr., 372 ; Dec., *Syst.*, 1. pag. 219 ; *Adonis capensis*, Linn.; *Anamenia coriacea*, Vent., *Malm.*, 1, tab. 22 ; Commel., *Hort.*, 1, tab. 1. Cette plante a des feuilles touffues, toutes radicales, amples, très-glabres, longuement pétiolées, coriaces, deux fois ternées, d'un vert foncé en dessus, pâles et cendrées en dessous : les folioles pédicellées, ovales, dentées en scie. De leur centre s'élève une tige nue, épaisse, très-simple, divisée au sommet en sept ou huit rayons en ombelle, chargés chacun d'une ombelle partielle, munis d'un involucre commun et d'involucres propres à plusieurs folioles ovales, entières ou dentées. Les fleurs sont assez grandes, d'un vert jaunâtre ; leur calice de la longueur de la corolle : les pétales oblongs, obtus ; les styles latéraux, persistans : les stigmates aigus et recourbés ; le fruit composé de petites baies nombreuses, d'un noir foncé ; les semences attachées au fond de chaque baie. Cette plante croît sur les montagnes, parmi les rochers, au cap de Bonne-Espérance.

KNOWLTONE A VÉSICATOIRE : *Knowltonia vesicatoria*, *Bot. Magaz.*, tab. 775; Decand., *Syst.*, 1, pag. 219; *Adonis vesicatoria*, Linn. fils, *Suppl.* 272; *Anamenia laserpitiifolia*, Vent., l. c.; Pluk., *Almag.*, tab. 95, fig. 2. Ses feuilles sont deux fois ternées; les folioles ovales, coriaces, dentées en scie, rudes au toucher, légèrement velues; la tige grêle, haute de huit à dix pouces, un peu pileuse, divisée au sommet en rayons ombelliformes, munis d'un involucre à plusieurs folioles linéaires-lancéolées: les fleurs verdâtres; la corolle composée de dix pétales lancéolés, linéaires, plus longs que le calice; les étamines nombreuses, très-courtes; les ovaires ramassés en tête, auxquels succèdent autant de petites baies monospermes. Cette plante croît sur les pentes humides des montagnes, au cap de Bonne-Espérance. Les naturels du pays emploient ses feuilles comme vésicatoires.

KNOWLTONE GRÊLE : *Knowltonia gracilis*, Decand., *Syst.*, 1, pag. 219; *Adonis æthiopica*, Thunb., *Prodr. Cap.*; *Anamenia gracilis*, Vent., *Malm.*, l. c. Cette espèce est, dans toutes ses parties, beaucoup plus petite que la précédente; mais elle offre le même port. Ses feuilles, toutes radicales, sont deux fois ternées: les folioles roides, ovales, pileuses, profondément dentées en scie. De leur centre s'élève une tige nue, simple, divisée au sommet en plusieurs pédoncules presque en ombelle, rabattus, et peu garnis de fleurs. Cette plante croît au cap de Bonne-Espérance. Ses feuilles sont caustiques, et employées comme celles de l'espèce précédente, en vésicatoires.

KNOWLTONE HÉRISSÉE : *Knowltonia hirsuta*, Dec., *Syst.*, l. c.; *Anamenia hirsuta*, Vent., *Malm.*, l. c., *Obs.*; Burm., *Afr.*, pag. 147, tab. 51. Ses racines fasciculées produisent plusieurs feuilles longuement pétiolées, deux fois ternées; les folioles pédicellées, ovales-lancéolées, hérissées de poils roides, à dentelures profondes, irrégulières. Les tiges sont hautes de deux pieds, nues, hérissées, rameuses dès leur base: chaque rameau terminé par des pédoncules renversés, en ombelle, munis d'un involucre composé de quelques folioles oblongues; les pédicelles alternes avec une bractée à leur base: les

fo ioles du calice oblongues , verdâtres ; la corolle d'un
jaune de soufre ; les baies glabres, oblongues, réunies sur un
réceptacle commun. Cette plante croit au cap de Bonne-
Espérance.

KNOWLTONE A FEUILLES DE CAROTTE : *Knowltonia daucifolia* ,
Dec., l. c.; *Adonis daucifolia*, Lamk., Dict. ; *Adonis filia*, Linn.,
Suppl.; *Anamenia daucifolia*, Vent., Malm., l. c., *Obs.* Cette
espèce, très-rapprochée de la précédente, a une racine horizontale ; elle produit des feuilles velues à la base de leur pétiole,
puis entièrement glabres, roides, trois fois ternées ; les segmens
pinnatifides , à lobes linéaires, divergens, aigus. La tige est
droite, nue, cylindrique , haute d'environ deux pieds, velue
à sa base, terminée par un corymbe rameux ; les pédoncules
pubescens. Cette plante croit au cap de Bonne-Espérance.
(POIR.)

KNOXIE, *Knoxia*. (*Bot.*) Genre de plantes dicotylédones, à
fleurs complètes, monopétalées, régulières, de la famille des
*rubiacées*, de la *tétrandrie monogynie* de Linnæus, offrant pour
caractère essentiel : Un calice supérieur, à quatre dents ; une
corolle monopétale, infundibuliforme ; le limbe partagé en
quatre lobes ; quatre étamines ; un ovaire inférieur, chargé
d'un style filiforme et de deux stigmates en tête. Le fruit est
une capsule presque globuleuse, à deux coques, tenant par
leur sommet à un axe filiforme ; une semence dans chaque
coque.

KNOXIE DE CEILAN : *Knoxia zeylanica* , Linn.; Lamk., *Ill.
gen.*, tab. 39, fig. 1. Ses tiges sont herbacées, glabres, très-
grêles, hautes d'environ un pied, garnies de feuilles sessiles ,
opposées, lancéolées, glabres, non veinées ; les fleurs alternes ,
disposées en un épi terminal. Leur calice est petit, à quatre
dents, dont une plus grande que les autres ; la corolle en entonnoir ; le tube grêle ; le limbe étalé, partagé en quatre lobes
arrondis, obtus ; les filamens des étamines saillans à l'orifice de la corolle, soutenant des anthères oblongues ; l'ovaire
inférieur, chargé d'un style filiforme, de la longueur des étamines, terminé par deux stigmates en tête. Le fruit consiste en
une capsule presque globuleuse, se partageant en deux coques
qui tiennent par leur sommet à un axe filiforme ; chaque coque
convexe à l'extérieur, aplatie à sa face interne, renfermant

une semence. Cette plante croît à l'île de Ceilan, sur le tronc des arbres pourris.

KNOXIE A CORYMBES : *Knoxia corymbosa*, Willd., *Spec.; Knoxia stricta?* Lamk., *Ill. gen.*, tab. 159, pag. 112 ; Gærtn., *De Fruct.*, tab. 25, fig. 8. Cette plante a le port de la précédente; elle en diffère par ses tiges pubescentes; par ses feuilles plus larges' pubescentes en dessous, longuement pétiolées, lancéolées, glabres en dessus, parsemées en dessous de poils courts et couchés. Ses fleurs sont pédonculées, disposées en un corymbe terminal, assez semblables, par leur grandeur et leur disposition, à celles du *valeriana dioica*. Le fruit consiste en deux coques adhérentes à un axe filiforme, persistant. Cette plante croit dans les Indes orientales.

KNOXIE PURPURINE : *Knoxia purpurea*, Lamk., *Ill. gen.*, vol. 1, pag. 259 ; *Houstonia purpurea*, Linn.; *Houstonia varians*, Mich., *Fl. Bor. Amer.*, 1, pag. 86; *Hedyotis umbellata*, Walt, *Carol.* Cette espèce a des racines fibreuses; des tiges droites, presque simples, ou ramifiées à leur base, grêles, tétragones, un peu pileuses, principalement aux articulations; les feuilles sessiles, très-variables dans leur forme; les unes larges, ovales, d'autres lancéolées, presque linéaires, longues de huit à dix lignes, entières, rudes et accrochantes à leurs bords, glabres à leurs deux faces; les fleurs purpurines, réunies en petits fascicules, ou en corymbes terminaux ; les divisions du calice égales , étroites, lancéolées, aiguës. Cette plante croit dans la Caroline. (POIR.)

KNURHAHN. (*Ichthyol.*) Voyez KURHAHN. (H. C.)

KNUST. (*Ornith.*) Ce nom, dans Frisch, s'applique au proyer, *emberiza miliaria*, Linn. (CH. D.)

KO. (*Bot.*) Ce nom a été donné à deux plantes différentes dans le Japon. *Ko, jungavo* et *fiotavi* sont les noms d'une courge, *cucurbita hispida* de M. Thunberg. Le riz est nommé *ko, kome, come, motsi, wasi*. Dans la Norwège, suivant Gunner, on nomme *ko. kov, qua*, la résine extraite du sapin. (J.)

KOAKOUTCHITCH. (*Ornith.*) Voyez KAIKOUK. (CH. D.)

KOALA. (*Mamm.*) Nom d'un animal de la Nouvelle-Hollande qui n'est point encore parfaitement connu, et qui paroît appartenir à la famille des marsupiaux. où il formeroit un nouveau genre. Il est bien probable que ce que mon frère dit de cet animal d'après une peinture et des notes qui lui furent envoyées d'Angleterre, et ce que dit M. de Blainville, de l'animal également appelé koala, dont il a fait son genre Phascolarctos, et dont il vit la dépouille à Londres, se rapportent à une même espèce, ou au moins à deux espèces d'un même genre; cependant les caractères donnés au genre Koala par mon frère et ceux que M. de Blainville a donnés à son phascolarctos, diffèrent par des points assez importans pour que nous ne donnions ici que ce que nous apprend le premier, et que nous renvoyions à l'article PHASCOLARCTOS, pour rapporter ce que nous apprend le second.

« Le koala a à la mâchoire inférieure deux longues incisives, sans canines; à la mâchoire supérieure deux longues incisives au milieu, quelques petites sur les côtés, et deux petites canines. Il a le corps trapu, les jambes courtes, et est privé de queue. Ses doigts de devant, au nombre de cinq, se partagent en deux groupes pour saisir; le pouce et l'index d'un côté, les trois autres du côté opposé. Le pouce manque aux pieds de derrière qui ont les deux premiers doigts réunis, comme ceux des kanguroos. La couleur de son pelage est d'un beau cendré. Il passe une partie de sa vie sur les arbres, et l'autre dans des tanières qu'il se creuse à leurs pieds. La femelle porte longtemps son petit sur son dos. »

Le dessin qu'a reçu mon frère nous fait voir en outre que le koala a des yeux dont la pupille est longitudinale, ce qui annonceroit un animal nocturne; que ses narines sont environnées d'un mufle; que ses oreilles courtes et larges sont entièrement velues; que les parties inférieures de son corps seroient blanchâtres, que la peau de la plante des pieds seroit noire, ainsi que celle du mufle; enfin que l'œil seroit châtain. (F. C.)

KOATI. (*Mamm.*) Voyez COATI. (DESM.)

KOATO-O-OO (*Ornith.*), nom par lequel on désigne, dans les îles d'Otahiti et des Amis, les martins-pêcheurs, qui sont regardés par les insulaires de la mer du Sud, comme des oiseaux sacrés. Latham cite plusieurs variétés de son *alcedo sacra*, qui est appelée, à la Nouvelle-Zélande, *poopoo, whoaro-roa.* (CH. D.)

KOB (*Mamm.*), nom donné par Buffon à une espèce de gazelle. Voyez ANTILOPE. (F. C.)

KOBA (*Mamm.*), nom d'une espèce d'ANTILOPE, au Sénégal. Voyez ce mot. (F. C.)

KOBA, GOMMA (*Bot.*), noms du *sesamum orientale*, dans le Japon. Le noyer, *juglans regia*, est aussi nommé *koba*. (J.)

KOBALT. (*Min.*) C'est sous ce nom que le cobalt est désigné dans les anciens ouvrages. Voyez COBALT. (B.)

KOBBÆ. (*Bot.*) L'arbrisseau ainsi nommé à Ceilan, suivant Hermann et Burmann, est le *rhus cobbe* de Linnæus. Willdenow croit qu'il doit être reporté au genre *Ornitrophe* dans les sapindées. (J.)

KOBBARA. (*Ornith.*) Ce nom, qui s'écrit aussi *konbora*, désigne, dans le livre des Merveilles de la Nature, par Kazwini, pag. 21 et 110 de l'extrait qu'en a donné M. Chézy, une alouette huppée, dont le gosier est très-flexible. (CH. D.)

KOBBEIZE (*Bot.*), nom arabe de la mauve, suivant M. Delile. Voyez CHOBBEIZE. (J.)

KOBBERA-GUION. (*Erpétol.*) On nomme ainsi, dans l'île de Ceilan, un grand lézard long de six pieds environ, qui vit dans l'eau, et qui paroît être ou le tupinambis indien de Daudin, ou une espèce de crocodile. (H. C.)

KOBEL. (*Ornith.*) Ce nom allemand désigne, avec l'addition de *ente*, le canard garrot, *anas clangula*, Linn.; avec celle de *regerlin*, la perdrix de mer, *glareola austriaca*, Linn., et avec celle de *lerche*, l'alouette cochevis, *alauda cristata*, Linn. (CH. D.)

KOBER. (*Ornith.*) Cet oiseau, que les Russes appellent aussi *derbnischock*, est l'espèce de faucon à laquelle Linnæus et Latham donnent l'épithète de *vespertinus*, faucon nocturne de Daudin, et faucon kobez de M. Vieillot. (CH. D.)

KOBIEC. (*Ornith.*) Suivant Rzaczynski, les Polonois donnent ce nom et celui de *kobus* à l'épervier commun, *falco nisus*, Linn. (CH. D.)

KOBOTH (*Bot.*), nom sous lequel est connue dans le Sénégal une espèce de *pterocarpus*, dont nous avons un échantillon donné par M. Geoffroy. (J.)

KOBRESIA (*Bot.*), nom donné par Willdenow à un genre

de plante cypéracée, que Schrader avoit nommé *elyna*. C'est le *cobresia* de M. Persoon, le *froelichia* de Wulfen. Voyez Co-BRÉSIE. (J.)

KOBUS. (*Bot.*) Voyez CONFUSI. (J.)

KOBUS. (*Ornith.*) Voyez KOBIEC. (Ch. D.)

KOCA. (*Ornith.*) On trouve dans le Voyage aux Indes-Orientales du P. Paulin de Saint-Barthelemy, tom. 1, p. 423, ce nom malabare appliqué à la grue. (Ch. D.)

KOCHIA. (*Bot.*) Roth désigne sous ce nom générique une soude, *salsola arenaria*, distincte par les divisions du calice qui, après la floraison, se prolongent en cinq ailes, et par l'ouverture de ce calice garnie de cinq dents. C'est le *willemetia* de Merchlinus. Voyez SOUDE. (J.)

KOCKKOCK (*Ichthyol.*), un des noms hollandois du coffre à quatre piquans. Voyez COFFRE. (H. C.)

KOCKOK. (*Ornith.*) Ce nom et ceux de *kockunt*, *kockuunt*, désignent en flamand le coucou commun, *cuculus canorus*, Linn. (Ch. D.)

KODALIMURISCHA. (*Bot.*) A Ceilan, où ce nom signifie rompant le fer, il est donné à un arbre dont le bois est si dur, qu'il est difficile à couper et à travailler avec le fer. Hermann, dans son *Mus. Zeyl.*, n'en dit pas autre chose. (J.)

KODATSJERI. (*Bot.*) Herbe du Malabar, *zenca-tsjada* des Brames, que Rhéede croit être un pourpier. Elle auroit peut-être plus d'affinité avec un *talinum* ou un *claytonia*. (J.)

KODDAMPULI. (*Bot.*) C'est sous ce nom qu'Adanson désigne le genre *Cambogia* de Linnæus, qui est le CODDAM-PULLI du Malabar. Voyez ce mot. (J.)

KODDAPAIL. (*Bot.*) Nom malabare, cité par Rhéede, du *pistia* de Linnæus, genre qui doit être placé près de l'*ambrosinia* et des aroïdes. Plumier, et après lui, Adanson, avoient adopté, pour désigner le genre, ce nom qui est plutôt employé maintenant comme nom françois, écrit *codapail*. (J.)

KODEMARIKUA, KOTEMAVARI. (*Bot.*) Selon M. Thunberg, le *spiræa chamædryfolia* porte ces noms au Japon. (J.)

KODI-PULLU. (*Bot.*) Voyez DARPU. (J.)

KOELERA. (*Bot.*) Willdenow avoit fait, sous ce nom, un genre d'une plante de Saint-Domingue, existante dans l'herbier de M. Poiteau. Celui-ci n'a pu retrouver dans sa collection une plante ayant les caractères indiqués par cet auteur. Celle qui lui a paru s'en rapprocher le plus, et dont il a fait le genre *rumea*, est, comme dans la description de Willdenow, dioïque, apétale; mais, au lieu de cinq étamines et d'un seul style, elle a plusieurs styles et beaucoup d'étamines. Ainsi, le genre de Willdenow doit être mis à l'écart.

Le *koelera* de M. Persoon, dans la famille des graminées, est celui qui paroît être adopté de préférence. (J.)

KOELÉRIE, *Koeleria*, Pers. (*Bot.*) Genre de plantes monocotylédones, de la famille des graminées, Juss., et de la *triandrie digynie*, Linn., dont les principaux caractères sont les suivans : Glume biflore, plus rarement triflore et au-delà, à deux valves comprimées et carénées; balle à deux valves comprimées; trois étamines; un ovaire supérieur, surmonté de deux styles à stigmates plumeux; une seule graine.

Les koeléries sont des plantes herbacées, à feuilles linéaires, alternes, et à fleurs disposées sur des pédoncules rameux courts, redressés, formant une panicule resserrée, ayant l'aspect d'un épi. Ce genre a été formé pour placer des espèces d'*aira*, de *phalaris*, *poa* et *festuca*, qui n'avoient pas les caractères de ces derniers genres. On en connoît une douzaine d'espèces qui, pour la plupart, croissent naturellement en Europe; les trois suivantes sont assez communes en France.

KOELÉRIE EN CRÊTE : *Koeleria cristata*, Pers., *Synops.*, 1, p. 97; *Aira cristata*, Linn., *Spec.*, 97; *Poa cristata*, Host., *Gram. Ausl.*, 2, pag. 64, tom. 75. Ses chaumes sont redressés, rassemblés en touffe, hauts de huit à quinze pouces; garnis de feuilles pubescentes. Ses fleurs sont d'un vert blanchâtre, quelquefois panachées de violet, disposées en épi plus ou moins serré, quelquefois interrompu; leurs glumes sont inégales, aiguës, glabres, quelquefois denticulées sur leur dos; la balle extérieure est terminée en pointe saillante. Cette plante est vivace; on la trouve dans les lieux secs et sablonneux.

KOELÉRIE PUBESCENTE : *Koeleria pubescens; Phalaris pubescens*, Lamk., Dict. Encycl., 1, pag. 92. Ses tiges sont redressées, naissent en touffe, s'élèvent à six ou douze pouces, et sont garnies de feuilles pubescentes. Ses fleurs, d'un vert blanchâtre, resserrées en épi cylindrique, ont leurs glumes presque égales, pubescentes, ciliées sur le dos, et leur balle extérieure est terminée par une pointe courte. Cette espèce est annuelle; elle se trouve communément dans les sables des bords de la Méditerranée.

KŒLÉRIE PHLÉOÏDE : *Koeleria phleoides*, Pers., *Synops.*, 1, p. 97; *Festuca phleoides*, Dauph., 2, pag. 95, tabl. 2, n.° 7; Desf., *Flor. Atlant.*, 1, pag. 90, tabl. 23. Ses tiges sont droites, hautes de six pouces à un pied, garnies de feuilles pubescentes; les fleurs, d'un vert blanchâtre, disposées en épi cylindrique, ont leurs glumes légèrement pubescentes, contenant trois à cinq fleurettes, dont la balle extérieure est ciliée sur le dos, prolongée en pointe à son sommet. Cette plante, qui est annuelle, se trouve sur les bords des chemins, dans les départemens du Midi, en Barbarie, etc. (L. D.)

KŒLLÉA, *Koellea*, Biria. (*Bot.*) Genre de plantes dicotylédones, de la famille des *renonculacées*, Juss., et de la *polyandrie pentandrie*, Linn., dont les principaux caractères sont les suivans : Calice de cinq à huit folioles colorées, pétaloïdes, caduques, immédiatement assises sur une collerette monophylle, découpée; corolle de six à huit pétales, beaucoup plus courts que le calice, tubuleux inférieurement, inégalement partagés en deux lèvres à leur sommet; étamines au nombre de vingt à trente, insérées au réceptacle; cinq à six ovaires ou plus; autant de capsules pédicellées, terminées par une pointe formée par le style persistant; graines globuleuses, disposées sur un seul rang. Ce genre diffère des hellébores par son calice caduc, entouré d'un involucre persistant. Il renferme deux espèces, toutes deux originaires de l'ancien Continent. En le séparant des hellébores, M. Mérat, auteur d'une nouvelle Flore des environs de Paris, l'avoit dédiée, sous le nom de *Robertia*, à M. Gaspard Robert, botaniste provençal, directeur du Jardin de la Marine à Toulon, qui a enrichi la Flore de France d'un grand nombre de plantes nouvelles; mais M. Biria, dans son Histoire des Renoncules, avoit déjà établi ce genre sous le nom de *kœllea*; et, d'un autre côté, M. Decandolle ayant depuis appelé *Robertia* un genre de composées, nous avons dû adopter le nom de *kœllea*. Des deux espèces que ce genre renferme, la suivante est la plus connue.

Kœlléa d'hiver, vulgairement Hellébore d'hiver : *Kœllea hyemalis*, Biria, Renonc., p. 21; *Helleborus hyemalis*, Linn., Spec., 783; Bull., Herb., tab. 35; *Eranthis hyemalis*, Salisb., Trans. Linn. Soc., 8, p. 303; *Robertia hyemalis*, Mérat, Fl. Par., 211. Sa racine, qui est un tubercule un peu irrégulier, produit une ou plusieurs feuilles et une ou plusieurs tiges. Les feuilles sont longuement pétiolées, partagées profondément en cinq ou sept lobes. Les tiges, hautes de trois à quatre pouces, sont nues dans toute leur longueur, excepté à leur sommet, où elles portent une seule feuille orbiculaire, lobée comme les feuilles radicales, et au milieu de laquelle repose une seule fleur de couleur jaune et assez grande. Cette plante croît dans les bois et les lieux ombragés des montagnes, en France, et dans plusieurs parties de l'Europe. Elle fleurit en février ou au commencement de mars.

Le kœlléa d'hiver est une plante très-âcre, de même que les hellébores, parmi lesquels Linnæus et plusieurs botanistes l'avoient placée. Suivant Pena, ses fleurs, si on les mâche seulement, enflamment et gonflent sur-le-champ la bouche, et causent des vertiges. C'est une des espèces auxquelles, ainsi qu'à plusieurs aconits, on a donné le nom de *tue-loup*, parce qu'en divers pays on l'a fait entrer dans les appâts destinés à détruire ces animaux. On la cultive dans les jardins, à cause de sa jolie fleur jaune qui repose sur une élégante collerette de verdure. Sa racine purge fortement, suivant Camerarius; et, employée indiscrètement, elle pourroit causer des accidens. (L. D.)

KOELLIA. (*Bot.*) sous ce nom, Mœnch sépare du genre *Thymus* le *thymus virginicus* dont l'ouverture du calice est garnie de dents et non de poils, et dont la lèvre inférieure de la corolle se prolonge en une languette linéaire. M. Biria, dans une monographie, nomme *koellea* le *helleborus hyemalis*, déjà séparé comme genre par Boerhaave, sous le nom de Helleboroïdes. Voyez Kœllea. (J.)

KOELPINIA. (*Bot.*) Ce genre de plantes chicoracées, fait par Pallas, a été réuni au *rhagadiolus*, par Schreber et M. Lamarck. D'une autre part, Scopoli observant dans l'*Hort. Ma-*

*lab.*, le caractère du *parin-panel* décrit par Rhéede, l'a cru suffisant pour confirmer son genre *koelpinia*, qui paroît avoir de l'affinité avec les borraginées à tige ligneuse. (J.)

KOELPINIE, *Koelpinia.* (*Bot.*) [*Chicoracées*, Juss. = *Syngénésie polygamie égale*, Linn.] C'est un sous-genre, faisant partie du genre *Rhagadiolus*, qui appartient à l'ordre des synanthérées, et à la tribu naturelle des lactucées. Voici ses caractères que nous avons observés sur un individu vivant, cultivé au Jardin du Roi.

Calathide incouronnée, radiatiforme, pauciflore, fissiflore, androgyniflore. Péricline cylindrique, inférieur aux fleurs, formé d'environ cinq squames unisériées, égales, appliquées, contiguës, presque linéaires, et d'environ deux squamules surnuméraires extérieures. Clinanthe petit, plan, inappendiculé, très-adhérent à la base des ovaires. Ovaires inaigrettés, cylindriques, munis de côtes longitudinales, hérissés sur la face extérieure et autour de l'aréole apicilaire, de fortes excroissances charnues, spiniformes; fruits prodigieusement allongés et très-arqués en dedans, armés d'épines longues, épaisses, dures, hameçonnées, hérissées elles-mêmes de petites aspérités, les épines du sommet simulant une aigrette par leur assemblage régulier.

On ne connoit jusqu'à présent qu'une seule espèce de ce sous-genre.

Koelpinie a feuilles linéaires : *Koelpinia linearis*, Pallas, Voyages en Russie; *Lapsana koelpinia*, Linn. fils, *Suppl. plant.*; *Rhagadiolus koelpinia*, Willd., *Sp. plant.* Cette plante herbacée, trouvée par Pallas, dans le désert d'Astrakan, où elle fleurissoit au mois de mai, a une racine annuelle, simple, grêle, perpendiculaire, produisant une tige excessivement courte, divisée en deux ou trois branches longues d'un demi-pied à un pied et demi, divergentes, presque simples ou peu rameuses, foibles, grêles, anguleuses, glabriuscules; les feuilles sont éparses, linéaires-aiguës, glabres, molles, presque trinervées; la plupart des calathides sont axillaires, l'une d'elles est presque radicale; leur péricline est tomenteux; les corolles, qui sont jaunes, s'épanouissent le matin et se ferment vers midi.

Pallas a proposé, en 1776, le genre *Koelpinia*, dédié au botaniste Koelpin, son ami. Mais le *koelpinia* a été ensuite réuni par Linnæus fils au genre *Lapsana*, et par Willdenow au genre *Rhagadiolus*. Nous pensons qu'en effet la plante dont il s'agit ne peut pas constituer un genre proprement dit, parce que nous avons observé que, dans le *rhagadiolus edulis*, les ovaires intérieurs sont hérissés de papilles cylindriques. Mais il nous semble assez convenable de considérer le *koelpinia* comme un sous-genre du *rhagadiolus*, en le distinguant par ses fruits épineux, des *rhagadiolus* proprement dits, à fruits sans épines, formant l'autre sous-genre. ( H. Cass.)

KŒLREUTERA. (*Bot.*) C'est le nom qu'Hedwig et Bridel avoient d'abord donné au genre de mousses, qui s'appelle actuellement *funaria*. (Lem.)

KOELREUTÈRE, *Koelreuteria.* (*Bot.*) Genre de plantes dicotylédones, à fleurs complètes, polypétalées, de la famille des *sapindées*, de l'*octandrie monogynie* de Linnæus, offrant pour caractère essentiel : Un calice à cinq folioles; une corolle composée de quatre pétales irréguliers; quatre écailles bifides, attachées aux onglets des pétales ; trois glandes entre le pistil et les étamines : huit étamines; un ovaire supérieur, pédonculé, surmonté d'un style trigone et de trois stigmat s. Le fruit consiste dans une capsule vésiculeuse, triangulaire, à trois valves, à trois loges, contenant chacune deux semences.

Ce genre, confondu d'abord avec le *sapindus* (savonnier), en a été séparé avec raison, en étant distingué par ses fruits, qui, dans les savonniers, consistent en trois capsules charnues, à une seule semence. On ne connoit encore que l'espèce suivante; M. Persoon en avoit présenté une seconde, sous le nom de *koelreuteria trifida*, qui forme aujourd'hui un genre particulier, sous le nom d'Urvillea (Voyez ce mot), établi par les auteurs du *Nova Genera Plantarum*, Humboldt, etc.

Koelreutère paniculée : *Koelreuteria paniculata*, Willd., *Spec.*, 2, pag. 330; Lamk., *Ill. gen.*, tab. 508 ; Laxm., *Nov. Comm. Petrop.*, 16, pag. 561, tab. 18 ; *Koelreuteria paulinioides*, Lhérit., *Sert. angl.*, pag. 18, tab. 19; Duham., *edit. nov.*, tab. 36 ; *Sapindus chinensis*, Linn. fils, *Suppl.* 226. Arbrisseau élégant qui s'élève, dans nos jardins, à la hauteur de quinze à dix-huit pieds. Ses feuilles sont alternes, pétiolées, ailées avec une impaire, composées de folioles oblongues, rétrécies en coin à leur base, presque sessiles, laciniées et dentées à leur contour, obtuses au sommet, glabres à leurs deux faces : il produit de jolies fleurs jaunes, petites, mais très-nombreuses, disposées en larges panicules aux sommités des rameaux. Il fleurit et fructifie en été dans les jardins de l'Europe. Ses fruits sont des capsules pendantes, souvent nuancées de pourpre.

Cet arbrisseau est originaire des contrées du nord de l'Asie et de l'Afrique. Il a été introduit en Angleterre en 1763, et cultivé en France depuis 1789. On lui donnoit les noms vulgaires de cururu, ou paulinie dorée. Linnæus fils l'avoit d'abord placé parmi les *sapindus;* Laxmann, en établissant pour cet arbrisseau un genre particulier, l'a dédié à Koelreuter, botaniste distingué de l'Allemagne. On le multiplie de marcottes, boutures et rejetons, ainsi que de graines. Il aime les bonnes terres substantielles, tenues fraîches. Comme il résiste aux froids de nos climats, on le place dans les bosquets ; les jeunes plants fleurissent la seconde année, si on les met dans une situation ombragée, et surtout si on les arrose convenablement. (Poir.)

KOELREUTERIA. (*Bot.*) Murrai a donné au *gisekia* de Linnæus, ce nom qui appartient maintenant à un genre de la famille des sapindées, fait par Laxmann et adopté par Lhéritier. (J.)

KOELREUTÉRIEN. (*Ichthyol.*) On a donné ce nom à un poisson, rangé par Pallas parmi les gobies; placé par M. de Lacépède dans les gobiomores, et que nous décrirons à l'article Périophthalme. (H. C.)

KOENIG. (*Ornith.*) Ce mot saxon paroit désigner génériquement les troglodytes. (Ch. D.)

KŒNIGIA. (*Bot.*) Commerson, dans ses manuscrits, rassembloit sous ce nom des plantes malvacées que Cavanilles a séparées en deux genres, *ruizia* et *assonia*, adoptés par la plupart des botanistes modernes. Un autre genre de la famille des polygonées porte maintenant le nom de *koenigia*. Voyez Kénigie. (J.)

KŒNIGLEIN. (*Ornith.*) Le roitelet, *motacilla regulus*, Linn., est ainsi nommé en Allemagne. (Ch. D.)

KOENINGKIN. (*Ornith.*) Ce nom flamand, qui est aussi écrit *koenighen*, désigne le roitelet proprement dit, autrement pou ou souci, *motacilla regulus*, Linn. (Cʜ. D )

KOEPPEL. (*Ornith.*) Dans Schwenckfeld, ce nom désigne en allemand le faucon sacré, *falco sacer*, Lath., que M. Cuvier ne distingue pas du gerfaut. Gesner et Aldrovande écrivent *kuppel*. (Cʜ. D.)

KOET-JAPE (*Bot.*), nom javanois d'un azedarach, qui est le *melia coetjape* de Burmann. (J.)

KOÉTO. (*Ichthyol.*) Aux Indes, on nomme ainsi le rémora. Voyez Ecʜéɴéɪde. (H. C.)

KOEYJUMAS. (*Bot.*) Ce nom, qui signifie arbre d'or, est donné, suivant Kolbe, à un petit arbre du cap de Bonne-Espérance, dont le feuillage est jaune, tacheté de rouge, et qui offre, par cette couleur, un aspect agréable. Ses fleurs petites, verdâtres, n'ont point d'odeur. Auroit-il quelque rapport avec l'*aucuba* du Japon? (J.)

KOFFERVISCH. (*Ichthyol.*) Ce nom hollandois est appliqué à plusieurs poissons du genre *Ostracion.* Voyez Cᴏꜰꜰre. (H. C.)

KOFRED. (*Bot.*) Les habitans de la Nubie nomment ainsi le henné ou alkanna, suivant M. Delile, qui ajoute qu'on nomme *tamrahennch* l'arbre garni de ses feuilles, et *henneh* les seules feuilles pulvérisées. (J.)

KOFUK. (*Bot.*) Voyez Jᴀʙᴜ-Nɪɴsɪɴ. (J.)

KOGANEGUSU (*Bot.*), nom japonois d'un oxalide, *oxalis acetosella*, suivant Kæmpfer. (J.)

KOGDALA (*Bot.*), nom sous lequel étoit étiqueté un fruit de Ceilan, que Gærtner a décrit sous celui de *grumilea*, et qui paroît appartenir aux rubiacées. (J.)

KOGERANGAN (*Mamm.*), nom que les Javanois donnent à une espèce de furet, et que l'on a rapporté au *mustela javanica* de Séba. (F. C.)

KOGO. (*Ornith.*) Ce guépier de la Nouvelle-Zélande, que les voyageurs anglois désignent communément sous le nom de *poë bird*, est le *merops novœ Seelandiœ* de Gmelin, et le *merops cincinnatus* de Latham, *polochion kogo* de M. Vieillot. (Cʜ. D.)

KOGOLCA. (*Ornith.*) Ce canard de Sibérie, dont le nom

s'écrit aussi *kagolca*, est l'*anas kagolca* de Gmelin et de Latham. (Ch. **D.**)

KOGOU AROURE. ( *Ornith.* ). Espèce de calandre de la Nouvelle-Zélande, *alauda novæ Seelandiæ*, Gmel. et Lath., dont le nom s'écrit *kogao*, mais se prononce *kogou*. (Ch. **D.**)

KOGUT (*Ornith.*), nom polonois du coq. (Ch. **D.**)

KOHIWILA ( *Bot.*), nom du *dracontium spinosum*, à Ceilan. (J.)

KOKLENBLENDE. ( *Min.* ) Nom allemand employé quelquefois dans les ouvrages françois, et quelquefois traduit aussi par l'expression de *blende charbonneuse*, ce qui nous paroit être une traduction incomplète, et qui donne en même temps une idée inexacte de la chose. Car, 1° elle laisse un mot allemand sans traduction associé avec un mot traduit; 2° comme le nom de *blende* nous offre toujours l'idée du zinc sulfuré, elle fait croire que c'est du *zinc sulfuré charbonné*, ce qui est absolument faux.

Ce mot composé veut dire littéralement *charbon trompeur*, parce que ce minéral qui ressemble au charbon de terre à s'y méprendre, est cependant presque incombustible ; c'est notre Anthracite. Voyez ce mot. (B.)

KOHLENHORNBLENDE. (*Min.*) Voici un nom allemand encore bien moins admissible en France; outre qu'il est d'une longueur démesurée, d'une prononciation assez difficile pour nous, il impliqueroit par la traduction un assez grand nombre d'idées assez fausses. On a donné ce nom à une matière noire, fibreuse, qui se trouve dans le retinite de Saxe, qu'on a d'abord prise pour du charbon, ensuite pour de l'anthracite, et ensuite pour de l'amphibole charbonneux. On dit que M. Vauquelin y a reconnu les principes composans suivans :

Silice.......................... 50
Carbone........................ 53
Alumine (environ).............. 11
Fer............................ 6

On ne peut pas encore dire si cette substance est une espèce minéralogique réelle, et si c'est un minéral déjà connu combiné ou mêlé avec du carbone. Nous y reviendrons en traitant des *retinites*. (B.)

KOHL-MEISE ( *Ornith.* ) , nom allemand de la mésange charbonnière, *parus major*, Linn. (Cн. D.)

KOHL TROST. ( *Ornith.* ) On nomme ainsi, en Suède, le merle commun, *turdus merula*, Linn. (Cн. D.)

KOHOMBA, KATHUKARANDA. ( *Bot.* ) La plante de Ceilan désignée sous ces noms par Hermann, paroît être un calac, *carissa carandas*, ou une espèce congénère. (J.)

KOHUKIRILLA ( *Bot.* ), nom donné dans l'île de Ceilan au microcos de Burmann, *grewia microcos* de Linnæus. (J.)

KOIEZ. ( *Ornith.* ) L'oiseau qui est désigné sous ce nom, dans Hésychius, est l'hirondelle de cheminée, *hirundo rustica*, Linn. (Cн. D.)

KOITOS. ( *Ichthyol.* ) Aristote a parlé du chabot, sous le nom de κοῖτος. Voyez COTTE. ( H. C.)

KOJAS-NO-KI. ( *Bot.* ) M. Thunberg cite ce nom japonois pour son *myrtus lævis*. (J.)

KOKADATOS. ( *Ornith.* ) Ce nom, d'après l'Histoire générale des Voyages, est donné, sur la côte de Malaguette, en Afrique, à un petit gallinacé de la taille de nos poulets. (Cн. D.)

KOKATOÈS. ( *Ornith.* ) Voyez CACATOÈS. (Cн. D.)

KOKERA. ( *Bot.* ) Adanson séparoit, sous ce nom, du genre *Cadelari* ou *Achyranthes*, l'*achyranthes altissima*, qui fait maintenant partie du *digera* de Forskal, dans la famille des amarantacées. (J.)

KOKERINDO. ( *Bot.* ) Voyez KIRANSO. (J.)

KOKIS ( *Ornith.* ), un des noms qui paroissent se donner par corruption à la corbine, *corvus corone*, Linn. (Cн. D.)

KOKKYX. ( *Ichthyol.* ) Le poisson que les anciens Grecs nommoient ainsi, c'est-à-dire κοκκυξ , paroît être notre MOR- RUDE. Voyez ce mot. ( H. C.)

KOKMATHA. ( *Bot.* ) On nomme ainsi à Ceilan l'*eriocaulon*, genre de plantes herbacées dans la famille des joncées. (J.)

KOKO. ( *Ornith.* ) Oiseau du genre *tantalus*, dont Gmelin a fait une espèce sous ce nom, que sa voix semble prononcer. (Cн. D.)

KOKOB. ( *Erpétol.* ) Le jésuite Nieremberg a parlé, sous ce nom, d'un serpent du Jucatan, dans l'Amérique méridionale, et dont la piqûre, dit-il, donne lieu à une hémorragie mortelle dans l'espace d'une heure. (H. C.)

KOKOSSKA. ( *Ornith.* ) Rzaczynski applique ce nom polonois au *gallinula melampus* de Willughby, qui est cité dans le Buffon de Sonnini, tome LVIII, page 152, au nombre des synonymes de la giarole, *glareola nævia*, Linn. (Ch. D.)

KOKOSZ (*Ornith.*), nom polonois du coq, dont la femelle s'appelle *kura* dans la même langue. (Ch. D.)

KOKOT (*Ornith.*), nom illyrien du coq, *phasianus domesticus*, Linn. et Lath. (Ch. D.)

KOKU. (*Bot.*) Voyez Kasuwa. (J.)

KOKUAN, QOKUAN, NEMU-NO-KY. (*Bot.*) Au Japon, ces noms sont donnés à l'*acacia arborea*. (J.)

KOKURA. (*Erpétol.*) Au Japon, on nomme ainsi la couleuvre à tête de vipère, *coluber monilis*, Linn. Nous l'avons décrite, tom. XI, p. 185 de ce Dictionnaire. (H. C.)

KOKWA (*Bot.*), nom japonois d'une courge, *cucurbita verrucosa*, suivant Kæmpfer. (J.)

KOLA. (*Bot.*) Voyez Cola. (J.)

KOLA. (*Ichthyol.*) En Islande, c'est le nom du flez, *pleuronectes flesus*. (H. C.)

KOLASSO. (*Bot.*) Voyez Colassa. (Lem.)

KOLBIA. (*Bot.*) Adanson nomme ainsi le *blairia* de Linnæus, genre de la famille des éricinées. (J.)

KOLBIE, *Kolbia*. (*Bot.*) Genre de plantes dicotylédones, à fleurs incomplètes, dioïques, de la famille des *cucurbitacées*, de la *dioécie pentandrie* de Linnæus, offrant pour caractère essentiel : Des fleurs dioïques? les fleurs mâles pourvues d'un calice à cinq lobes; une corolle monopétale, à cinq divisions profondes, glanduleuses; un appendice de cinq languettes ciliées; cinq étamines libres, insérées sur le bord d'une couronne; les anthères conniventes; les fleurs femelles n'ont point été observées.

Kolbie élégante; *Kolbia elegans*. Pal. Beauv., Fl. d'Oware et de Benin, vol. 2, pag. 91, tab. 120. Cette belle plante a des tiges sarmenteuses, pourvues de vrilles très-simples, les unes opposées aux feuilles, les autres plus petites, opposées aux fleurs: les feuilles sont alternes, pétiolées, très-glabres, ovales, aiguës, entières, fort grandes, profondément échancrées eu cœur à leur base; les pétioles un peu plus courts que les feuilles; un pédoncule commun axillaire, divisé ordinairement én cinq autres beaucoup plus longs, inégaux, uniflores. Les fleurs sont rouges; leur calice d'une seule pièce, à cinq lobes obtus; les cinq divisions de la corolle profondes, aiguës, bordées de glandes; un appendice composé de cinq lanières lancéolées, pétaliformes, rétrécies à leur base, de couleur bleue, légèrement dentées, bordées de longs cils plumeux, alternes avec les divisions de la corolle et plus courtes qu'elles; les filamens des étamines courts; les anthères longues, aiguës, conniventes. Cette plante a été découverte par M. Palisot de Beauvois, sur des buissons, au royaume de Benin. ( Poir. )

KOLDRIKI (*Mamm.*), nom polonois du blaireau. (F. C.)

KOLÉOPTÈRES. (*Entom.*) Quelques auteurs ont écrit ainsi le mot coléoptères. (C. D.)

KOLÈS. (*Ichthyol.*) En Hongrie, on donne ce nom au diptérodon zingel de M. de Lacépède, poisson que nous avons décrit à l'article CINGLE. (H. C.)

KOLIAS. (*Ichthyol.*) Les anciens Grecs nommoient κολιας, un poisson qui nous paroît être le cogoïl des Marseillois. Voyez COGOÏL. (H. C.)

KOLINYANE (*Bot.*), nom brame du zerumbet, espèce d'amome. (J.)

KOLIOS. (*Ornith.*) Ce nom grec désigne dans Aristote le pic vert, *picus viridis*, Linn. (CH. D.)

KOLKOL (*Bot.*), nom arabe, suivant Forskal, de son *dolichos cuneifolius*, que Vahl a reporté au *crotalaria retusa*... Un autre *kolkol* de Forskal est le *cassia tora*. (J.)

KOLLA (*Ichthyol.*), nom que l'on donne au saumon, en Estonie. (H. C.)

KOLLI-TSJEROU-MAU-MARAVARA. (*Bot.*) Cette plante du Malabar, figurée par Rhéede sans fructification, paroît être un angrec, *epidendrum*. (J.)

KOLLIVSIUTERNAK (*Ichthyol.*), nom que l'on donne, au Groenland, à un poisson qui paroit être une espèce de GAL. Voyez ce mot. (H. C.)

KOLLYRITE. (*Min.*) Voyez ARGILE COLLYRITE. (B.)

KOLMAN (*Bot.*) Le genre qu'Adanson établit sous ce nom

dans sa famille des champignons, section 2, est précisément le *collema* d'Hoffmann, d'abord adopté par Acharius, et qu'ensuite il a réuni à son *parmelia* Le genre *Kolman* appartient donc à la famille des lichens, et non pas à celle des champignons. Voyez COLLEMA. ( LEM.)

KOLOPHANITE, ou mieux COLOPHONITE. (*Min.*) Voyez GRENAT. (B.)

KOLOTES. (*Erpétol.*) Les Grecs nommoient κολοῖης le stellion des Latins, qui n'est que le gecko des murailles, et non point le galéote, comme l'a cru Linnæus, d'après Séba. Voyez GALÉOTE et GECKO. (H. C.)

KOLPIZA. (*Ornith.*) Les Kalmouks nomment ainsi la spatule, *platalea leucorodia*, Linn. (Cu. D.)

KOLPODE, *Kolpoda*. (*Amorph.*) Genre d'animaux infusoires, sans canal intestinal ni aucun organe distinct, presque sans forme déterminée, et qu'on ne peut définir autrement qu'en disant que ce sont des espèces de membranes irrégulières, transparentes et sinueuses. Il a été établi par Muller pour des corps organisés microscopiques, qu'il a trouvés dans certaines infusions végétales, dans les eaux de la mer, et qui peuvent très-bien n'être autre chose que des planaires ou même des germes d'animaux plus élevés. Leurs mouvemens paroissent être lents et oscillatoires. Muller, le seul auteur qui ait observé ces animaux, en a distingué seize espèces; mais il est constant que, quoiqu'elles aient été admises par tous les zoologistes. il faut convenir qu'elles sont fort mal établies. et qu'en général, ce groupe d'animaux que l'on désigne vaguement sous le nom d'infusoires ou de microscopiques, auroit bien besoin d'être revisé d'une extrémité jusqu'à l'autre. En quoi diffère. par exemple, le genre Kolpode des paramécies? Quoi qu'il en soit, les espèces décrites et figurées par Muller et dans l'Encyclopédie méthodique, sont les suivantes:

1.° La KOLPODE LAME. *Kolpoda lamella*. qui est oblongue et membraneuse;

2.° La KOLPODE POULETTE. *Kolpoda gallinula*, peu ou point différente de la précédente:

3.° La KOLPODE BEC, *Kolpoda rostrum*. me paroît n'être qu'un paramécie aurélie, et se trouve en effet, comme elle, dans les eaux où croît la lenticule;

4.° La Kolpode botte, *Kolpoda ocrea*, n'en diffère probablement pas davantage;

5.°, 6.° et 7.° Je crois encore que la Kolpode mucronée, *Kolpoda mucronata*, appartient à la même espèce, ainsi que la Kolpode striée, *Kolpoda striata*, et la Kolpode noyau, *Kolpoda nucleus*;

8.° Quant à la Kolpode triquètre, *Kolpoda triquetra*, qui ressemble un peu à un très-petit mollusque nu, de la famille des doris, je n'ose prononcer : elle est marine ;

9.° La Kolpode pintade, *Kolpoda meleagris*, ressemble beaucoup à une planaire; elle est d'eau douce, mince, à bords crénelés antérieurement, et très-polymorphe;

10.° La Kolpode crénelée, *Kolpoda assimilis*, semble bien n'être que la striée : elle se trouve aussi dans l'eau de mer;

11.° La Kolpode coucou, *Kolpoda cuculus*, diffère de toutes les autres, parce qu'elle est ovoïde et ventrue : on la trouve dans l'infusion du foin;

12.° La Kolpode cornemuse, *Kolpoda cucullulus*, a beaucoup de ressemblance avec la kolpode striée ;

13.° La Kolpode languette, *Kolpoda cucullio*, n'est autre chose que la kolpode lame, et elle vient dans les mêmes lieux;

14.° La Kolpode rein, *Kolpoda ren*, qui se présente dans l'infusion du foin est épaisse, ovalaire et échancrée vers le milieu ;

15.° La Kolpode poire, *Kolpoda pyrum*, n'en diffère probablement pas;

16.° Enfin, la Kolpode coin, *Kolpoda cuneus*, en est aussi fort rapprochée : elle est claviforme, et une de ses extrémités a quelques petites pointes. (De B.)

KOL-PULLU. (*Bot.*) Le *killingia umbellata* de Rottboll, dans la famille des cypéracées, est ainsi nommé au Malabar, suivant Rhéede. (J.)

KOLQUALL (*Bot.*), nom abyssin d'un euphorbe cité par Bruce, lequel est, selon Willdenow, une variété de l'*euphorbia officinarum*. (J.)

KOLYMBOS (*Ornith.*), nom grec du grèbe, *colymbus*. (Cu. D.)

KOMANA. (*Bot.*) Adanson faisoit, sous ce nom, un genre de

l'*hypericum monogynum*, à cause de l'unité de son style; mais en examinant avec attention ce style prétendu unique, on reconnoît qu'il est composé de cinq styles agglutinés ensemble, lesquels se séparent par le bas à l'époque de la maturité du fruit. (J.)

KOMA-NO-SUSU. (*Bot.*) L'*aristolochia longa* est ainsi nommé au Japon. (J.)

KOMA-SASA. (*Bot.*) Une des variétés du *sasa* du Japon, qui est le bambou. (J.)

KOMATSUTSURA (*Bot.*), **nom japonois de la verveine,** suivant M. Thunberg. (J.)

KOMBA (*Ornith.*), nom, en grec moderne, de la corbine, *corvus corone*. Linn. (Ch. D.)

KOMBERUMUKEN (*Erpétol.*), nom indien de la couleuvre à deux raies. Nous avons décrit ce reptile, tom. XI, pag. 120 de ce Dictionnaire. (H. C.)

KOME. (*Bot.*) Voyez Come, Ko. (J.)

KOME ou COME (*Bot.*), ancien nom du *tragopogon*. (H. Cass.)

KOME-GOMMI. (*Bot.*) Voyez Come-Gommi. (J.)

KOME-SAKIRA. (*Bot.*) Ce nom japonois, qui signifie petit cerisier, est donné, suivant M. Thunberg, au *cerasus pumila*. (J.)

KOMISHARK-PAPANASEW. (*Ornith.*) Ce nom est donné, par les naturels des rivages de la baie d'Hudson, à un autour de la même espèce que notre *falco palumbarius*. (Ch. D.)

KOMMA. (*Ornith.*) Ce nom est donné, sur la côte de Malaguette, à un perroquet dont le cou est vert, la queue noire, et dont les ailes sont rouges. (Ch. D.)

KOMMANIK (*Ornith.*), nom allemand de l'alouette huppée ou cochevis, *alauda cristata*, Linn. (Ch. D.)

KOMMER EEL. (*Ichthyol.*) Les Hollandois ont ainsi appelé une espèce de congre mal déterminée, qui vit dans la mer des Indes. Voyez Congre. (H. C.)

KOMMITRIH (*Bot.*), nom arabe du poirier, selon M. Delile. Forskal le nomme *kummitri*. Dans Daléchamps, on lit *kimetri*, *cirmetri*, *kumecthe*. Suivant Mentzel, c'est le *cometre* d'Avicenne; le *humechte* de Serapion. (J.)

KOMOKKO-JURI, KORAI-JURI. (*Bot.*) Voyez Juri. (J.)

KOMOR. ( *Ornith.* ) Ce nom se trouve dans l'appendix de Gesner avec la simple annonce que l'oiseau couve cinq à six fois l'an, ce qui seroit fort étrange si l'on n'étoit en droit de regarder une pareille assertion comme dénuée de fonde-ment. (Cʜ. D.)

KO-MUGGI ( *Bot.* ), nom japonois du froment, suivant M. Thunberg. (J.)

KONA-SUBBI, TENKA ( *Bot.* ), noms japonois de la morelle ordinaire, *solanum nigrum*, selon Kæmpfer. (J.)

KONDAM-PALLU ( *Bot.* ), nom malabare d'une espèce de balsamine, *impatiens oppositifolia* de Linnæus. (J.)

KONDEA ( *Ornith.* ), nom d'une espèce de couroucou. (Cʜ. D.)

KONFUSI. ( *Bot.* ) Voyez Coɴғᴜsɪ. (J.)

KONGMUTAJOK. ( *Ornith.* ) Voyez Kᴀᴇʀᴛʟᴜᴛoᴋ. (Cʜ. **D.**)

KONIG. ( *Bot.* ) Sous ce nom générique, Adanson sépare de son genre primitif le *clypeola maritima*, qu'Arduini sépare de même en le réunissant au genre *Alyssum*. (J.)

KONIGIA. ( *Bot.* ) Voyez Rᴜɪᴢᴇ. ( Poɪʀ. )

KONIINXKEN ( *Ornith.* ), nom du roitelet proprement dit, *motacilla regulus*, Linn., chez les Flamands, qui, suivant Gesner et Aldrovande, donnent ceux de *kuningseu* et *konüncxken* au troglodyte, *motacilla troglodytes*, Linn. (Cʜ. **D.**)

KONJAKU, KUSAKO ( *Bot.* ), noms japonois de deux gouets, *arum dracunculus* et *arum dracontium*, suivant M. Thunberg. Le *dracontium polyphyllum* est aussi nommé *konjaku*. (J.)

KONKIOR ( *Bot.* ), nom malais du *kæmpferia galonga*, suivant M. Leschenault. (J.)

KONKUI. ( *Ornith.* ) Voyez, pour cet oiseau, les mots *chon-kui* et *chungar*. (Cʜ. D.)

KONN. ( *Ichthyol.* ) Voyez Kᴇɴɢᴇ. ( H. C.)

KONNI ( *Bot.* ), nom malabare de la réglisse des iles, *abrus precatorius*, dont les graines sphériques rouges, marquées d'une tache noire, servent à faire des chapelets. (J.)

KONOKKO-JURI. ( *Bot.* ) Voyez Kᴀsʙɪᴀᴋo. (J.)

KONOPKA ( *Ornith.* ), nom polonois du verdier, *loxia chlo-ris*, Linn. (Cʜ. D.)

KONOPOCINAR ( *Bot.* ), nom donné dans la Guiane, suivant Barrère, à l'*amaryllis belladona*, qui est aussi nommé lis rouge dans ce pays. (J.)

KOO, JAMOGI. (*Bot.*) L'armoise du Japon y est ainsi nommée, suivant M. Thunberg. Un dolic, *dolichos unguiculatus*, a le nom de *koo* et de *sasagi*. Le *koo* ou *ke-tade*, est le *polygonum barbatum*. Le *koo-sechi* est la comméline commune. Le *koo - katz* est le houx ordinaire. (J.)

KOOKE-KRAEY ( *Ornith.* ), nom hollandois du freux, *corvus frugilegus*, Linn. (Cн. D.)

KOOKI, KUKO, NUMI-GUSSURI (*Bot.*), noms japonois, suivant Kæmpfer, d'un liciet, *lycium barbarum*, dont on prend l'infusion des feuilles en guise de thé, et que l'on emploie aussi pour border des plates-bandes. (J.)

KOOKUA, KURENAI (*Bot.*), noms japonois du carthame ou safran bâtard. (J.)

KOOLDUIF (*Ornith.*), nom hollandois du pigeon. (Cн. D.)

KOOLVEES. (*Ornith.*) C'est, suivant Sonnini, un des noms de la mésange charbonnière, *parus major*, Linn. (Cн. D.)

KOON. (*Bot.*) Gærtner décrit sous ce nom, vol. II, p. 486, tab. 180, un fruit trouvé dans la collection des fruits et graines de l'île de Ceilan, déposée au Jardin botanique de Leyde. Ces fruits sont des coques ovales comprimées, ne s'ouvrant pas et munies de deux petits tubercules près de leur point d'attache. Ils sont à une seule loge divisée à moitié en deux par un prolongement intérieur qui part de l'ombilic du fruit. Il n'y a qu'une graine dépourvue entièrement de périsperme, dont la radicale, dirigée vers cet ombilic, occupe une des demi-loges; les deux lobes repliés en forme d'hameçon occupent l'autre moitié de loge. Gærtner ajoute que plusieurs de ces fruits sont rassemblés sur un réceptacle commun; mais il avoue qu'il n'a pas vu ce réceptacle, parce que tous les fruits étoient détachés. Il croit qu'ils appartiennent au genre *Ochna*, qui a de même plusieurs fruits monospermes et non périspermes, portés sur un réceptacle commun; mais dans ce genre l'embryon est droit, et ici il est courbé et même replié : ce qui le rapproche plus des sapindées. La présence de deux tubercules placés près de l'ombilic, annonçant peut-être deux portions de fruits avortés comme dans le *sapindus*, ajoutera un degré de probabilité à cette opinion; elle ne seroit contrariée que par une réunion de fruits sur un point commun; mais cette réunion, d'après l'énoncé de l'auteur, n'est pas prouvée. (J.)

KOOP (*Ornith.*), un des noms hollandois du milan, *falco milvus*, Linn. (Сн. D.)

KOORMA AIRVICH. (*Ichthyol.*) Les Hollandois appellent ainsi l'athérine joël, *atherina hepsetus*. Voyez ATHÉRINE. (H. C.)

KOOTS-TSTA (*Bot.*), nom japonois du *bryonia japonica* de M. Thunberg. (J.)

KOPALAM. (*Bot.*) Dans l'île de Ceilan, on nomme ainsi, suivant Hermann, une bryone à feuilles découpées. (J.)

KOPANOARSUK (*Ornith.*), nom groenlandois du bruant ou ortolan de neige, *emberiza nivalis*, Linn., qui s'écrit aussi *kopanauarsuk*. (Сн. D.)

KOPERWIEKJE. (*Ornith.*) L'oiseau qui se nomme ainsi en Hollande est la grive mauvis, *turdus iliacus*, Linn. (Сн. D.)

KOPH-KOPHIN (*Mamm.*), nom hébreu qui signifie singe. (F. C.)

KOPPEN. (*Ichthyol.*) En Autriche, on donne ce nom au chabot, *cottus gobio*. Voyez COTTE. (H. C.)

KOPPIER (*Ornith.*), nom hollandois de l'alouette lulu ou cujelier, *alauda arborea et nemorosa*, Linn. (Сн. D.)

KOPPRIEGERLE. (*Ornith.*) L'oiseau que, suivant Gesner, on appelle ainsi sur le Rhin, dans les environs de Strasbourg, est la perdrix de mer, *glareola austriaca*, Gmel. et Lath. (Сн. D.)

KOP-SILD (*Ichthyol.*), nom islandois de la sardine. Voyez CLUPÉE. (H. C.)

KOPTAS. (*Erpétol.*) Les voyageurs ont parlé, sous ce nom, d'un serpent venimeux mal déterminé, et du royaume d'Angola. (H. C.)

KOQUAM (*Bot.*), nom japonois du *mimosa arborea*, suivant Kæmpfer. (J.)

KORAAT, ERRAI, MORTAH. (*Bot.*) Forskal cite ces noms arabes pour un pourpier, qui est son *portulaca linifolia*, et que M. Vahl croit être le même que le *portulaca quadrifida* de Linnæus. (J.)

KORAB. (*Ichthyol.*) M. de Lacépède a donné le nom de caranx korab à un poisson des mers d'Arabie, nommé par Linnæus et Forskal *scomber ignobilis*. Voyez CARANX. (H. C.)

KORAI-UTSUGI. (*Bot.*) L'arbrisseau qui porte ce nom au Japon, et que cite Kæmpfer, est selon M. Thunberg, son *weigela;* mais M. Banks, dans son *Kœmpferi Plantæ selectæ*, dit positivement que ce sont deux plantes différentes. (J.)

KORAKAHA. (*Bot.*) Arbre de Ceilan. que Burmann père a décrit et figuré dans le *Thes. Zeyl.*, sous le nom de *cornus.* Burmann fils, dans le *Fl. Ind.*, l'a rapporté au genre *Memecylon*, qui appartient aux myrtoïdes. Il est devenu, dans le *Mantissa* de Linnæus, son *samara læta*, caractérisé par l'ovaire supère ou dégagé du calice. Gærtner, observant le *korakaha* dans la collection des graines du Jardin de Leyde, y a reconnu un fruit infère ou adhérent au calice, comme il est indiqué par Linnæus dans le *memecylon,* près duquel il ramène le *samara læta,* en le supposant le même que le *korakaha;* mais Swartz, adoptant le genre *Samara* à ovaire supère fait par Linnæus, y a rapporté un *samara coriacea,* auquel ce nom générique peut être conservé, et qui prend place parmi les rhamnées. (J.)

KORAKIAS (*Ornith.*), nom grec du crave d'Europe, *corvus graculus*, Linn. (Cm. D.)

KORALLENERZ. (*Ornith.*) Voyez MERCURE SULFURÉ. (B.)

KORANGO. (*Ichthyol.*) Quelques voyageurs indiquent, sous ce nom, un poisson de la côte de Sierra Leona, en Afrique. Cet animal est trop peu connu pour être classé convenablement. (H. C.)

KORASTEL (*Ornith.*), nom russe du râle de genêt, *rallus crex*, Linn. (Cм. D.)

KORAX. (*Ichthyol.*) Les anciens Grecs nommoient, à ce qu'il paroit, κοραξ, la trigle hirondelle, que beaucoup d'auteurs appellent encore aujourd'hui *corbeau de mer*. Voyez TRIG. B. (H. C.)

KORAX (*Ornith.*), nom grec du corbeau. (Cm. D.)

KORDERA. (*Bot.*) Champignon d'abord sphéroïde, ensuite rampant en lame mince, couverte en dessus de nervures ramifiées et de trous anguleux, attaché par toute sa surface inférieure; d'une substance cotonneuse, se flétrissant facilement; à graines ovoïdes, couvrant la surface interne des trous. Tels sont les caractères qu'Adanson assigne à ce genre, auquel il rapporte le *corallofungus*, Vaill., Bot., tab. 8, fig. 1, qui n'a pas de rapport avec les autres *corallofungus* de Vaillant, et qui est le *mesenterica argentea*, Pers., le *byssus parietina* de Decandolle, et le *merulius argenteus* de Fries. (Lem.)

KORDRUM (*Ornith.*), nom danois du butor, *ardea stellaris*, Linn. (Ch. D.)

KORE. (*Ornith.*) L'oiseau ainsi nommé par les Hébreux est la perdrix grise, *tetrao cinereus*, Linn., qui est appelée par les Chaldéens *korea* et *koriath*. Il paroît que le mot *kore* s'applique aussi, dans la langue hébraïque, au coucou, et, selon Klein, à la bécasse. (Ch. D.)

KOREI-KIKF (*Bot.*), nom japonois de l'œillet d'Inde. Le *korai-suri* est le lis du Japon. (J.)

KORÉITE. (*Min.*) C'est un de ces minéraux dont la nature ou l'espèce n'est pas encore bien connue. Il sembleroit qu'on a pensé qu'en lui donnant un nom différent de ceux qu'elle avoit, c'étoit la faire mieux connoître, et chacun s'est empressé à l'envi de lui en assigner un. Ainsi la *koréite* de De la Métherie est la *pierre de lard* des anciens minéralogistes, le *talc glaphique* de M. Haüy, la *pagodite* de Napione, l'*agalmatholite* de Klaproth et le *lardite* de Petrini. Si on doit en faire une espèce, comme cela paroît présumable, ce sera sous le nom de Pagodite, le plus ancien de tous ceux qu'on lui a donnés, que nous le décrirons. Voyez ce mot. (B.)

KORIBAS. (*Ornith.*) La Chesnaye-des-Bois donne ce mot comme étant le nom de la femelle d'un perroquet du royaume d'Angola. (Ch. D.)

KORIE-NAGOU (*Erpétol.*), nom indien d'une variété du naja, décrite par Russel. Voyez Naja. (H. C.)

KORIN (*Mamm.*), nom d'une espèce de gazelle, au Sénégal, duquel Buffon a fait corine. Voyez Antilope. (F. C.)

KORINTI (*Bot.*), nom brame du *corinti-panel* des Malabares, qu'Adanson rapproche de son *narum*, *uvaria* de Linnæus, genre de la famille des anonées. (J.)

KORKAEN. (*Ornith.*) Barrow, Voy., tom. II, pag. 51, cite ce nom comme désignant l'outarde, *otis tarda*, Linn. (Ch. D.)

KORKIR. (*Bot.*) Les plantes qu'Adanson ramène dans ce genre, qu'il établit dans sa famille des champignons, sont les *lichenoides* de Dillen, *Musc.*, pl. 18, qui appartiennent aux genres *Opegrapha*, *Lecidea*, *Variolaria*, *Verrucaria* et *Parmelia* d'Acharius, le korkir rentreroit donc à la fois dans nos familles des hypoxylées et des lichens. Adanson le caractérise ainsi : Poussière étendue comme une lame ou croûte rampante, d'une consistance fongueuse, parsemée d'écussons portant à leur surface supérieure des graines sphériques. (Lem.)

KORKOFÉDO. (*Ichthyol.*) Nom que les voyageurs donnent à un poisson non encore classé par les naturalistes. Ce poisson habite la côte d'Afrique, et les Nègres en estiment beaucoup la chair, qui fait l'objet d'une grande branche de commerce dans leur pays. On amorce avec de la canne à sucre les hameçons destinés à le prendre. (H. C.)

KORKOR (*Bot.*), un des noms égyptiens du genre *Oncoba* de Forskal. (J.)

KORKOR (*Ichthyol.*), nom arabe d'une perche de la mer Rouge. Voyez Perche. (H. C.)

KORKY. (*Ornith.*) Suivant M. Savigny, dans ses Observations sur le Système des Oiseaux d'Egypte, page 14, ce nom est celui que la demoiselle de Numidie, *ardea virgo*, porte dans cette contrée. (Ch. D.)

KORNAHRENFISCH (*Ichthyol.*), nom allemand de l'athérine joël, *atherina hepsetus*. Voyez Athérine. (H. C.)

KORNFINK (*Ornith.*), nom allemand de l'ortolan, *emberiza hortulana*, Linn. (Ch. D.)

KORN-LAERKA. (*Ornith.*) Ce nom est donné au proyer, *emberiza miliaria*, Linn., par les Suédois, qui appellent le râle de genêt, *korn knarren*. (Ch. D.)

KORN-SKRIKA (*Ornith.*), nom suédois du geai, *corvus glandarius*, Linn. (Ch. D.)

KORONB. (*Bot.*) Voyez Krumb. (J.)

KORONSAP (*Bot.*), nom d'une espèce de greuvier, *grewia*, au Sénégal, suivant Adanson. (J.)

KOROSWEL. (*Bot.*), nom donné, dans l'île de Ceilan, suivant Hermann, au *delima sarmentosa*, genre rangé d'abord dans les rosacées, mais devant être rapproché, avec le *tigarea*, de la nouvelle famille des dilléniacées. Adanson a adopté pour ce genre le nom donné à Ceilan. (J.)

KORP (*Ornith.*), nom suédois du corbeau commun, *corvus corax*, Linn. (Ch. D.)

KORRÆJR (*Bot.*), nom arabe du *senecio squallidus* de Forskal. (J.)

KORRAH, SARAH. (*Bot.*) Forskal cite sous ces noms arabes son *cadaba farinosa*, qui est le *stroemia farinosa* de Vahl. (J.)

KORRAT (*Bot.*), nom égyptien du poireau, suivant Forskal. (J.)

KORSCHUN. (*Ornith.*) M. Virey a donné, dans le tome 38 du Buffon de Sonnini, page 276, une notice sur cette variété du milan trouvée près du fleuve Ural par Sam. G. Gmelin. Elle est décrite et figurée au 15.ᵉ volume des Nouveaux Mémoires de l'Académie des sciences de Pétersbourg. (Ch. D.)

KORS-NAB. (*Ornith.*) Ce nom et celui de *kors-fugl* sont donnés dans le *Zool. Dan. Prodromus* de Muller, comme désignant le bec-croisé, *loxia curvirostra*, Linn. (Ch. D.)

KORSNAEF (*Ornith.*), nom suédois du bec-croisé, *loxia curvirostra*, Linn. (Ch. D.)

KORTOM (*Bot.*), nom arabe de la plante carthame, dont la fleur est nommée *osfour*, suivant M. Delile, *offar*, suivant Forskal. (J.)

KORUN (*Bot.*), nom donné, dans la Sibérie, au lis rouge, *lilium bulbiforum*, suivant Gmelin. (J.)

KORYDALOS. (*Ornith.*) Ce nom et celui de *korydos* désignent, en grec, l'alouette huppée ou cochevis, *alauda cristata*, Linn. (Ch. D.)

KOS. (*Ornith.*) Ce mot qui, en hébreu, désigne le grand-duc, *strix bubo*, Linn., s'applique au merle commun, *turdus merula*, Linn., en Illyrie et en Pologne. (Ch. D.)

KOS, KUDSI. (*Bot.*) Espèce de liseron du Japon, *convolvulus japonicus* de M. Thunberg, qui fleurit vers l'heure de midi ; ce qui l'a fait nommer aussi *firagawo*, suivant Kæmpfer. Il se rapproche du grand liseron des haies, et on le cultive dans les jardins du Japon.

L'*ipomœa triloba*, ou *kingo* des Japonois, cultivé pareillement, est nommé *asagawo*, parce que la fleur s'ouvre le matin. (J.)

KOSAR, KOSARIA (*Bot.*), noms arabes du genre *Kosaria*, de Forskal, que Niebuhr a réuni avec raison au *dorstenia*, quoiqu'il soit décrit avec des fleurs monoïques, pendant que celles du *dorstenia* sont indiquées comme hermaphrodites ; mais on peut présumer que celles-ci sont également monoïques, et Linnæus lui-même le soupçonne. (J.)

KOSARIA. (*Bot.*) Voyez Kasaria. (Poir.)

KOSCHAR (*Bot.*), nom arabe du *zostera ciliata* de Forskal. (J.)

KOSCHAR EDDJIN. (*Ichthyol.*) Les Arabes nomment ainsi la coquillade et le goujon d'Arabie. Voyez Gattorugine et Gobie. (H. C.)

KOSCHARI (*Bot.*), nom arabe du *phaseolus radiatus*, suivant Forskal. (J.)

KOSKORDYLOS. (*Erpétol.*) Les Grecs modernes donnent le nom de κοσκορδυλος au stellion du Levant. Voyez Stellion. (H. C.)

KOSSÆIB, MILÆH (*Bot.*), noms arabes du millet, *panicum miliaceum*, suivant Forskal. Voyez Dochon. (J.)

KOSSEIF, KTAKTKA, GHOBBAR (*Bot.*), noms arabes cités par Forskal, de son *ruellia strepens*, espèce de crustolle que Vahl croit différente de celle de Linnæus, et nomme *ruellia pallida*. Le *justicia ecbolium* est aussi nommé *kossæif*. Voyez Chodie. (J.)

KOSSOMAKA. (*Mamm.*) Selon Pallas, c'est le nom russe du glouton. (Desm.)

KOSTERA (*Ichthyol.*), nom que les Cosaques donnent au schypa, espèce d'esturgeon que nous avons décrite dans ce Dictionnaire, tom. XV, pag. 382. (H. C.)

KOSTOHRYZ. (*Ornith.*) Les Russes nomment ainsi, selon Rzaczynski, le casse-noix, *corvus caryocatactes*, Linn. (Ch. D.)

KOSZATKA (*Mamm.*), nom polonois du lérot. (F. C.)

KOTABA. (*Bot.*) Voyez Gatba. (J.)

KOTAI, GOMI. (*Bot.*) L'*elœagnus macrophylla* de M. Thunberg est ainsi nommé au Japon. (J.)

KOTEMARI. (*Bot.*) Voyez Kodemari-Kua. (J.)

KOTE MAWARI (*Bot.*), nom japonois du *viburnum dentatum*, Linn., suivant Kæmpfer. (Lem.)

KOT-HAHN. (*Ornith.*) Un des noms allemands de la huppe, *upupa epops*, suivant Schwenckfeld. (Ch. D.)

KOTJO. (*Bot.*) Voyez Kinsai. (J.)

KOTN (*Bot.*), nom arabe d'un cotonnier, *gossypium herbaceum*. Il est aussi nommé *kotnon* et *kortnoun*. (J.)

KOTO-FIZ (*Bot.*), nom hongrois cité par Clusius, du saule employé pour faire des corbeilles. Le saule rouge, espèce d'osier, est nommé *fiz-fa*, le jaune ordinaire *saar-fiz*, et celui à larges feuilles *rekottye-fa*. (J.)

KOTSJILETTI-PULLU. (*Bot.*) La plante citée par Rhèede, sous ce nom malabare, est le *xyris indica*, selon Linnæus. (J.)

KOTTLER (*Ornith.*), nom suisse de la sittelle ou torchepot, *sitta europæa*, Linn. (Cн. D.)

KOTTLERCHE (*Ornith.*), un des noms allemands du cochevis, *alauda cristata*, Linn. (Cн. D.)

KOTTOREA. (*Ornith.*) Cette espèce de barbu a été décrite, sous le nom du genre, au tome IV de ce Dictionnaire, page 49. (Cн. D.)

KOUAGGA ou KWAGGA. (*Mamm.*) Voyez Couagga, dans l'article Cheval. (Desm.)

KOUAHH. (*Bot.*) Dans quelques lieux de l'Arabie, on nomme ainsi, suivant Forskal, son *asclepias lactiflora*, dont le suc laiteux, mélangé avec le beurre, forme sur les lieux un onguent contre la gale. (J.)

KOUCKOUK. (*Ornith.*) Voyez Cockock. (Cн. D.)

KOUDA-PULLU. (*Bot.*) Plante graminée du Malabar, citée par Rhèede, laquelle paroît appartenir au genre *Chloris*. (J.)

KOUEH. (*Bot.*) Voyez Nuggd. (J.)

KOUHYEH. (*Ornith.*) M. Savigny a établi sous ce nom, en latin *elanus*, le onzième genre de ses oiseaux de proie, famille des éperviers, et il en a formé, sous la dénomination particulière d'*elanus cæsius*, la dix-huitième espèce de son Système des Oiseaux d'Egypte et de Syrie, laquelle correspond au *blac* de M. Levaillant, Afr., tom. 1, pl. 36 et 37. (Cн. D.)

KOUIAKANA (*Ornith.*), nom générique que donnent les Kourils aux hirondelles, qui sont appelées *kawalingek* par les Koriaques, et *kaintchirch*, par les Kamtschadals. (Cн. D.)

KOUITOUP. (*Ornith.*) Ce nom kouril est appliqué, dans la description du Kamtschatka par Krascheninnikow, à une oie de l'espèce appelée *goumenniki*, et qui porte, chez les

Kamtschadals, le nom particulier de *tsoudé*, et chez les Ko·
riaques celui de *geitoait*. (Ch. D.)

KOUKA (*Bot.*), nom arabe du *caucanthus* de Forskal, qui
nous a paru devoir être reporté au genre Moureiller, *malpighia*. (J.)

KOULAN (*Mamm.*), nom que les Tartares donnent à un
solipède que Pallas a décrit, et que l'on regarde comme la
souche de l'Ane. Voyez ce mot à l'article Cheval. (F. C.)

KOULIK. (*Ornith.*) Cet aracari est le *ramphastos piperivorus*,
Linn. et Lath. (Ch. D.)

KOULIKASTEPNOI. (*Ornith.*) Le courlis commun, *scolopax
arcuata*, est ainsi nommé en Russie. (Ch. D.)

KOULOU KOULOU. (*Ornith.*) Ce nom, suivant Labillardière, est donné, dans les iles des Amis, à l'espèce de pigeon
appelée *columba sanguinolenta*. (Ch. D.)

KOUMAOUARY. (*Ornith.*) L'espèce de héron qui, suivant
Barrère, Histoire Naturelle de la France équinoxiale, p. 125,
porte ce nom à Cayenne, est son *ardea cristata leucophæa*.
(Ch. D.)

KOUMELEH. (*Bot.*) Voyez Goumeyly. (J.)

KOUPARA (*Mamm.*), nom que l'on donne, à la Guiane,
au chien crabier, suivant Barrère. (F. C.)

KOUPHOLITE. (*Min.*) Variété de Prehnite. Voyez ce mot.
(B.)

KOURI. (*Mamm.*) On trouve ce nom comme étant celui d'une
espèce de paresseux. (F. C.)

KOURONDI. (*Bot.*) Voyez Courondi. (J.)

KOUROULOU (*Bot.*), nom que porte dans la Guiane, suivant Barrère, le gombaut, *hibiscus esculentus*. L'abelmosch,
*hibiscus abelmoschus*, est nommé *kouroulou musqué*. (J.)

KOUROU-MARY (*Bot.*), nom donné dans la Guiane, suivant Barrère et Aublet, au roseau à flèches, que ce dernier
nomme *saccharum sagittatum*, et que l'un et l'autre croient
être le *vuba* des Brésiliens, cité par Marcgrave. (J.)

KOUSBARAH (*Bot.*), nom arabe de la coriandre, suivant
M. Delile. C'est le *kusbara* de Forskal. (J.)

KOUSEBAND ou SERPENT JARRETIÈRE. (*Erpétol.*) Au
cap de Bonne-Espérance, on nomme ainsi un serpent très-
venimeux, dont W. Paterson a parlé dans la Relation de ses

Voyages, mais qui n'a point été déterminé. Il est, dit cet auteur, de la taille de dix-huit pouces, et de la couleur de la terre. (H. C.)

KOUTOUNEUW. (*Ichthyol.*) Voyez Koëto. (H. C.)

KOUTTAI. (*Ichthyol.*) A Cayenne, suivant Barrère, on donne ce nom à un poisson que nous ne savons à quel genre rapporter. (H. C.)

KOUXEURY (*Ichthyol.*), nom d'un poisson des lacs de l'Amérique méridionale. On ne sait encore à quel genre le rapporter; mais les Sauvages de la Guiane, pour polir leurs ouvrages en bois, se servent de son palais, qui est rugueux et âpre comme une lime. (H. C.)

KOV. (*Bot.*) Voyez Ko. (J.)

KOWAL (*Bot.*), nom du blé de vache ou mélampyre des bois, dans la Laponie, suivant Linnæus. (J.)

KOWIPA (*Ornith.*), un des noms suédois du vanneau commun, *tringa vanellus*, Linn. (Ch. D.)

KOZAK. (*Bot.*) L'agaric poivré, *agaricus piperatus*, Linn., porte ce nom en Bavière. (Lem.)

KOZIELEK (*Ornith.*), nom polonois de la bécassine, *scolopax gallinago*, Linn. (Ch. D.)

KOZODOY. (*Ornith.*) C'est ainsi que les Polonois nomment l'engoulevent d'Europe, *caprimulgus europæus*, Linn. (Ch. D.)

KRAAK (*Ornith.*), nom norwégien de la corneille mantelée, *corvus cornix*, Linn., qu'on appelle en Hollande *kraay*, en Suède *krucka*, en Allemagne *kræhe*, *krai*, *kraie*, *krake*, *kranveill*. (Ch. D.)

KRAAK-SPIATE (*Ornith.*), nom norwégien de l'épeiche ou pic varié, *picus major*, Linn. (Ch. D.)

KRACH-ENTE. (*Ornith.*) L'oiseau que Frisch désigne par ce nom est le tadorne, *anas tadorna*, Linn. (Ch. D.)

KRACKEN. (*Malacoz.*) On trouve quelquefois cette dénomination employée dans les auteurs d'histoire naturelle du nord de l'Europe et d'Amérique, pour désigner un animal marin monstrueux, et pour la grandeur, et pour la forme. M. Denys de Montfort, dans son Histoire naturelle des Mollusques, faisant suite au Buffon de Sonnini, a rassemblé tous les faits plus ou moins apocryphes, sur lesquels l'existence de cet animal est appuyée. On trouve aussi une dissertation ayant le même but, dans les Transactions américaines. L'auteur que nous venons de citer a pensé avoir démontré cette existence, et même la forme du kracken, qu'il rapproche de celle des poulpes. En sorte que, suivant lui, ce seroit un poulpe gigantesque, qui pourroit faire sombrer un vaisseau sous voiles, en l'enlaçant de quelques uns de ses bras immenses, tandis que les autres seroient attachés à quelque rocher. Il a également rapporté à cet animal l'histoire de navigateurs ancrés ou descendus sur son dos, l'ayant pris pour une île, récit que l'on a fait des baleines ou d'autres cétacés; mais il n'a trouvé presque aucun naturaliste qui ait ajouté foi à de pareilles assertions, et il faut avouer qu'il étoit fort difficile qu'il en trouvât, quelque adresse qu'il ait mise à la construction de son histoire, et quoiqu'il semble avoir souvent pris dans son imagination ce qui manquoit à ses auteurs originaux pour la rendre plus plausible. Voyez POULPE et SÈCHE. (DE B.)

KRAGG et KRAGGSTONE (*Min.*), noms donnés, suivant Kirwan, dans les environs de Belfast, en Irlande, à une roche d'un gris rougeâtre, poreuse, avec les cavités tapissées de cristaux, fusible en masse rougeâtre, et qui paroît appartenir à la grande famille des roches trappéennes. (B.)

KRAIT. (*Erpétol.*) Les Indiens Tamouls donnent ce nom à un reptile ophidien que John Williams a seul observé, que M. Schneider a rangé parmi ses pseudoboas, et que feu Daudin a fait entrer dans les scytales. Voyez SCYTALE. (H. C.)

KRAMATSO et KARAMATSURU (*Bot.*), noms japonois d'une espèce de pigamon, *thalictum flavum*, Linn., selon Thunberg. (LEM.)

KRAMBÉ. (*Bot.*) CRAMBÉ. (L. D.)

KRAMBSCHALB. (*Ornith.*) C'est en Autriche le nom de l'avocette, *recurvirostra avocetta*, Linn. (CH. D.)

KRAMBS VOGEL (*Ornith.*), nom allemand de la grive draine, *turdus viscivorus*, Linn. (CH. D.)

KRAMER, *Krameria*. (*Bot.*) Genre de plantes dicotylédones, à fleurs complètes, polypétalées, irrégulières, qui paroît se rapprocher beaucoup des polygalées. Il appartient à la *tétrandrie monogynie* de Linnæus, offrant pour caractère essentiel : Un calice à quatre ou cinq folioles (corolle, Linn.); trois ou quatre pétales (nectaire, Linn.) attachés au réceptacle; les

deux supérieurs onguiculés; les deux inférieurs sessiles, plus
courts : quatre étamines, deux supérieures rapprochées, conniventes; deux inférieures séparées, plus longues; un ovaire
supérieur; un style; un stigmate. Le fruit est un drupe monosperme.

KRAMER D'AMÉRIQUE : *Krameria ixina*, Willd., *Spec.*, 1, p. 6g3;
Lœll., *Itin.*, 195. Arbrisseau très-rameux, à tiges diffuses, étalées, garnies de feuilles alternes, lancéolées; les fleurs alternes,
pédicellées, diposées en grappes terminales; chaque pédicelle
accompagnée d'une bractée à sa base, et de deux écailles dans
sa partie moyenne. Chaque fleur est composée d'un calice à
quatre folioles velues en dehors; d'une corolle à quatre pétales arrondis, inégaux, les étamines insérées sur le réceptacle. L'ovaire est supérieur, ovale; le style subulé, ascendant;
le stigmate simple, aigu; le fruit est une baie sèche, globuleuse,
hérissée de tous côtés de poils roides, réfléchis, à une seule
loge indéhiscente, renfermant une seule semence dure, glabre,
ovale. Cet arbrisseau croit dans l'Amérique méridionale, aux
environs de Cumana.

KRAMER LINÉAIRE : *Krameria linearis*, Poir., *Encycl. Suppl.*;
*Krameria pentapetala*, Ruiz et Pav., *Fl. Peruv.*, 1, tab. g4, fig. *a*.
Cette plante découverte sur les collines, dans le Pérou, a des
tiges presque ligneuses, couchées, très-rameuses; les rameaux
grêles. filiformes, alternes, velus dans leur jeunesse; les feuilles
sont fort petites, alternes, sessiles, velues, linéaires, subulées,
très-entières, presque glabres en dessus; les pédoncules solitaires, filiformes, tomenteux, munis, à leur partie moyenne,
de deux petites bractées opposées; le calice à cinq folioles velues en dehors, d'un pourpre très-obscur en dedans; la corolle à trois pétales, le supérieur de couleur purpurine, trifide, rétréci en onglet; les deux autres arrondis, concaves et
jaunâtres. Le fruit est un drupe sec, velu, hérissé de pointes
crochues.

KRAMER A FEUILLES DE CYTISE; *Krameria cytisoides*, Cavan.,
*Icon. rar.*, 4, tab. 3go. Sous-arbrisseau dont les tiges sont hautes
de trois pieds, divisées en rameaux alternes, nombreux, tomenteux dans leur jeunesse; les feuilles pétiolées, alternes,
composées de trois folioles sessiles, petites, ovales, entières,
tomenteuses; les fleurs disposées en grappes terminales, les

pédoncules solitaires, axillaires, munis de deux bractées opposées; le calice tomenteux, d'un rouge violet en dedans, à cinq folioles lancéolées; les filamens rougeâtres; les anthères percées de deux trous à leur sommet; l'ovaire ovale, tomenteux, accompagné de deux petites écailles ovales, d'un violet sombre; trois corpuscules filiformes, arqués, inégaux à la base des filamens. Le fruit est globuleux, velu, de la grosseur d'un pois, hérissé de poils roides et crochus. Cette plante croît à la Nouvelle-Espagne.

KRAMER A TROIS ÉTAMINES; *Krameria triandra*, Ruiz et Pav., *Fl. Peruv.*, 1, tab. 93. Cette espèce ressemble par son port, à la précédente; mais elle a une division de moins dans toutes les parties de sa fleur. Ses racines sont très-longues et rameuses; ses tiges couchées; ses rameaux diffus; ses feuilles petites, éparses; sessiles, ovales, un peu alongées, acuminées, très-entières, soyeuses et blanchâtres à leurs deux faces; les fleurs axillaires, solitaires: le calice à quatre divisions, soyeux en dehors, d'un jaune de laque en dedans; quatre pétales; les deux supérieurs connivens, spatulés; les deux autres concaves, arrondis; trois étamines; les anthères terminées par une petite touffe de poils en pinceau; le style rouge. Le fruit est un drupe sec, hérissé, armé de pointes crochues, d'un rouge obscur. Cette plante croît aux lieux arides des montagnes, dans le Pérou. (Poir.)

KRAMMETS VOGEL (*Ornith.*), nom allemand de la grive litorne, *turdus pilaris*, Linn., qu'on appelle aussi *krauwit vogel*, et que les Suédois nomment *krams vogel*. (Ch. D.)

KRAMUSI, ITJIBI. (*Bot.*) Selon Thunberg, ce sont les noms japonois d'une espèce d'ortie, *urtica japonica*, avec l'écorce de laquelle les Japonois fabriquent de grosses cordes à l'usage des petits navires. (Lem.)

KRAN (*Ornith.*), nom allemand de la grue commune, *ardea grus*, Linn. Ce nom s'écrit aussi *krane*, *kranch*, *kranich*. (Ch. D.)

KRANHIA. (*Bot.*) Genre établi par Rafinesque, et qui n'a pas été adopté, il a pour type le *glycine frutescens*, de Linnæus. (Lem.)

KRANKEUIL. (*Bot.*) Adanson, dans son herbier du Sénégal, cite sous ce nom, en langue ouolof, un arbre de trente picds de hauteur, dont nous avons un échantillon , mais trop incomplet pour qu'on puisse déterminer son genre. Il le dit dioïque, ayant douze à quatorze étamines monadelphes , un ovaire supportant un seul style et un stigmate : il n'a pas vu le fruit. (J.)

KRAOKA (*Ornith.*), nom suédois de la corneille mantelée, *corvus cornix*, Linn. (Cн. D.)

KRAPFIA. (*Bot.*) Genre établi par M. Decandolle (*Syst. veget.*), qu'il a reconnu depuis, dans un *errata* , appartenir aux renoncules. (Poir.)

KRAPP (*Ornith.*), un des noms allemands du corbeau, *corvus corax*, Linn. (Cн. D.)

KRASCHENINNIKOVIA. (*Bot.*) Voyez Diotis. (J.)

KRASKA (*Ornith.*), nom polonois du rollier commun , *coracias garrula*, Linn. (Cн. D.)

KRASNA GOUSSE. (*Ornith.*) En Russie on donne ce nom au flammant commun ou phénicoptère, *phænicopterus ruber*, Linn. (Cн. D.)

KRASNIÉ-OUTKI. (*Ornith.*) C'est un des noms que porte, en Sibérie, le canard roux, ou sarcelle rousse à longue queue de M. Vieillot. (Cн. D.)

KRASPAJA RYBA. (*Ichthyol.*) Les Russes donnent ce nom à la truite. Voyez Truite. (H. C.)

KRATOU (*Bot.*), nom du mûrier dans l'ile de Sumatra , suivant Marsden. (J.)

KRATZHOT. (*Ornith.*) Ce nom russe se rapporte au Chungar des Turcs. Voyez ce dernier mot. (Cн. D.)

KRAUT. (*Ornith.*) Ce mot allemand , avec l'addition d'*henssling*, désigne , dans Gesner, la linotte, *fringilla linota* , Linn., et avec celle de *lerche*, la spipolette, espèce de farlouse ou pipi, *anthus aquaticus*, Meyer. (Cн. D.)

KREIDEK. (*Bot.*) Adanson donne ce nom à un genre qu'il forme de la réunion du *scoparia* et du *capraria*, appartenant tous deux à la famille des personées, et il lui donne pour caractère quatre ou cinq étamines. Boerhaave, admettant la même réunion, nomme ce genre *Samoloïdes* (J.)

KREK-ŒNDER (*Ornith.*), nom norwégien de la petite sarcelle, *anas crecca*, Linn. (Cн. D.)

KREMLING (*Bot.*), nom allemand de l'*agaricus virescens* de

Schæffer (*Fungus Bav.*, tab. 94), qui n'est qu'une variété de *l'agaricus emeticus* du même auteur (tab. 15), suivant Fries. (Lem.)

KREP-KOP. (*Ornith.*) On appelle ainsi le morillon, *anas glaucion*, Linn., en Danemarck, où le souchet, *anas clypeata*, Linn., se nomme *krep-and*. (Ch. D.)

KRESLING (*Ichthyol.*), nom que l'on donne, en Suisse, au thymalle, pendant sa première année. Voyez Corégone. (H. C.)

KREI (*Mamm.*), nom polonois de la taupe. (F. C.)

KRETOGLOW (*Ornith.*), nom polonois du torcol, *yunx torquilla*, Linn. (Ch. D.)

KRETZEL (*Ornith.*), nom que porte, en Moscovie, le gerfault, *falco candicans*, *cinereus* et *sacer*, Gmel. (Ch. D.)

KREUTZ NATTER. (*Erpétol.*) Merrem appelle ainsi la couleuvre porte-croix, *coluber crucifer*, de Daudin. Voyez Couleuvre. (H. C.)

KREUTZ-SCHNABEL. (*Ornith.*) Ce nom et celui de kreutzvogel s'appliquent, en allemand, au bec croisé, *loxia curvirostra*, Linn. (Ch. D.)

KREUTZ KROETE. (*Erpét.*) Les Allemands appellent ainsi le crapaud calamite. Voyez Crapaud. (H. C.)

KRIECH-ENTE. (*Ornith.*) Ce nom et celui de *kerk-entlein* désignent, en allemand, la sarcelle commune, *anas querquedula*, Linn., et le nom particulier de la petite sarcelle, *anas crecca*, Linn., est *krieg-ente*. (Ch. D.)

KRIEG-VOGEL (*Ornith.*), nom allemand du jaseur, *ampelis garrulus*, Linn. (Ch. D.)

KRIESS-DUVE (*Ornith.*), nom allemand du ramier, *columba palumbus*, Linn. (Ch. D.)

KRIGIE, *Krigia*. (*Bot.*) [*Chicoracées*, Juss. $=$ *Syngénésie polygamie égale*, Linn.] Ce genre de plantes, établi en 1791 par Schreber, dans ses *Genera plantarum*, appartient à l'ordre des synanthérées, et à la tribu naturelle des lactucées. Voici ses caractères, tels que nous les avons observés sur un échantillon sec de *krigia virginica*.

Calathide incouronnée, radiatiforme, multiflore, fissiflore, androgyniflore. Péricline formé d'environ douze squames subunisériées, égales, appliquées, oblongues-lancéolées, foliacées, membraneuses sur les bords, entre-greffées à la base. Clinanthe plan, absolument nu. Fruits courts. obpyramidaux, subpentagones, noirâtres, épaissis de bas en haut, comme tronqués au sommet, couverts de côtes longitudinales striées en travers et hispidules, dépourvus de bourrelet apicilaire, pourvus d'un petit bourrelet basilaire cartilagineux, oblique-intérieur; aigrette double: l'extérieure courte, composée de cinq squamellules paléiformes, membraneuses-scarieuses, larges, presque arrondies, correspondantes aux cinq faces du fruit; l'intérieure longue, composée de cinq squamellules filiformes, grisâtres, très-barbellulées, correspondantes aux cinq angles du fruit.

Krigie de Virginie: *Krigia virginica*, Willd., *Sp. plantarum*, tom. III, pag. 1618; *Hyoseris virginica*, Linn., *Sp. plant.*, édit. 3, pag. 1138. C'est une petite plante herbacée, annuelle, qui ressemble extérieurement à un petit pissenlit, et qui habite la Virginie, la Pensylvanie, et d'autres contrées de l'Amérique septentrionale. Sa racine produit des feuilles ovales ou lancéolées, aiguës, glabres, glauques, ordinairement lyrées, et des hampes nues, trois fois aussi longues que les feuilles, terminées chacune par une calathide de fleurs jaunes.

Linnæus rapportoit cette plante au genre *hyoseris*, et lui attribuoit des fruits tétragones couronnés d'un rebord membraneux entier et de trois ou quatre longues soies. Schreber, qui en a fait son genre *Krigia*, adopté ensuite par Willdenow, décrit des fruits pentagones, à aigrette de cinq folioles arrondies, membraneuses, alternant avec cinq soies capillaires. Michaux dit qu'il y a deux aigrettes, l'une et l'autre membraneuses. Il sembleroit que ces trois botanistes n'ont pas observé la même espèce, mais trois plantes de genres différens. Celle que nous avons étudiée, nous a offert les caractères génériques décrits par Schreber : mais cet auteur n'avoit pas remarqué, comme nous, que les squames du péricline fussent entre-greffées à la base.

Nous présumons qu'il faut admettre dans le genre *Krigia*, sous le nom de *krigia montana*, l'*hyoseris montana* de Michaux, plante des hautes montagnes de la Caroline, couchée, très-glabre, à feuilles lancéolées, très-entières, à hampe monocalathide, et à fruits pourvus d'une aigrette double, l'extérieure composée de petites squamellules paléiformes, l'intérieure composée de quelques squamellules filiformes. ( H. Cass. )

KRING. (*Bot.*) Dans un petit herbier du Sénégal, rapporté par M. Geoffroy, médecin, on trouve sous ce nom une espèce de tithymale. (J.)

KRINIS (*Ornith.*), nom silésien du bec-croisé, *loxia curviros-tra*, qu'on écrit aussi *krinitz*. (Ch. D.)

KRIP-RING-MING (*Ichthyol.*), nom suédois du callichthe, poisson que nous avons décrit à l'article Cataphracte. (H. C.)

KRISOMETRIS. (*Ornith.*) L'oiseau qu'Aristote, liv. 8, ch. 3, désigne sous ce nom, vit, dit-il, sur les buissons, et se nourrit d'épines. Des auteurs ont appliqué ce passage au chardonneret, qui se nourrit particulièrement de chardons; mais Camus, qui a donné à l'oiseau le nom de *bonnet d'or*, expose dans ses notes sur la traduction de l'Histoire des Animaux, tome 2, p. 139, divers motifs qui le font douter de l'exactitude de cette application. (Ch. D.)

KROCKERIA. (*Bot.*) Necker faisoit, sous ce nom, un genre de l'*uvaria zeylanica* d'Aublet, qui est différent de celui de Linnæus, et qui en effet doit être séparé du genre *Uvaria* et reporté à l'*unona*, à cause de ses fruits alongés et toruleux, c'est-à-dire plusieurs fois rétrécis dans leur longueur. Mœnch a fait, dans la famille des légumineuses, un autre genre *Krockeria*, qui est le *lotus edulis*, remarquable par sa gousse courbe, comprimée, dont la suture antérieure est plus profondément sillonnée. (J.)

KROCKLE. (*Ichthyol.*) En Norwège, on appelle ainsi l'Eperlan. Voyez ce mot. (H. C.)

KROGNKELLSE (*Ichthyol.*), nom islandois du lompe ou gras-mollet. Voyez Cycloptère. (H. C.)

KROGULEK. (*Ornith.*) L'oiseau auquel ce nom est donné en Pologne, est l'épervier commun, *falco nisus*, Linn. (Ch. D.)

KROKHAL. (*Ornith.*) Ce nom est donné par Krascheninnikow à l'une des espèces de canards ou sarcelles qu'il a observées au Kamtschatka. Ce mot est aussi écrit *krohali*. (Ch. D.)

KROLIK (*Ornith.*), nom polonois du troglodyte, vulgairement roitelet, *motacilla troglodytes*, Linn. (Cʜ. D.)

KROM-RUCH ou POISSON BOSSU. (*Ichthyol.*) Nieuhoff donne ce nom à un poisson que l'on prend aux Indes, et dont la chair est très-recherchée. Il a quelquefois plus de quatre pieds de longueur, mais il est encore indéterminé. (H. C.)

KRON-HIORT (*Mamm.*), nom suédois du cerf. (F. C.)

KROON VOGEL. (*Ornith.*) Comme ce nom hollandois ne signifie autre chose qu'*oiseau couronné*, il a pu être appliqué à plusieurs espèces différentes, et il en est résulté des incertitudes, même sur le genre. Les uns l'ont pris pour l'oiseau royal ou grue couronnée, *ardea pavonina*, Linn.; mais, suivant les naturalistes modernes, il s'agit ici du *goura* ou pigeon couronné des Grandes-Indes, que l'on trouve à Java, à la Nouvelle-Guinée, et dans un grand nombre d'îles de l'Archipel des Moluques. Le capitaine Forrest l'a vu à Tomogui, où les naturels l'appellent *mututu*; il habite aussi les îles des Papous, où on le nomme *manipi*, et Labillardière l'a rencontré à l'île de Waigiou. C'est le *columba coronata*, Lath. (Cʜ. D.)

KROPGANS (*Ornith.*), nom hollandois du pélican ordinaire, *pelecanus onocrotalus*, Linn. (Cʜ. D.)

KROP-KIRRE (*Ornith.*), nom danois de la grande hirondelle de mer, ou pierre garin, *sterna hirundo*, Linn., qui est appelée *krua* en Islande. (Cʜ. D.)

KROP-LEGUAAN. (*Erpétol.*) Les Hollandois de Surinam donne ce nom à l'iguane d'Amérique. Voyez Iguane. (H. C.)

KROP-TAUBE (*Ornith.*), nom allemand du pigeon grosse-gorge, qu'on appelle aussi *krouper* ou *kropper*. (Cʜ. D.)

KROTION ou CROTION (*Bot.*), ancien nom du *cata-nanthe*, cité dans la table d'Adanson. (H. Cᴀss.)

KROUFFE. (*Min.*) C'est un de ces noms techniques que les ouvriers des mines de houille donnent aux roches qui traversent, coupent ou interrompent les lits de houille. Il paroît que celui-ci s'applique plus particulièrement aux interruptions causées par un seul morceau de roche quelquefois de quatre mètres de longueur, qui traverse ou comprime la couche de houille. (B.)

KRUA. (*Ornith.*) Voyez Kʀᴏᴘ-Kɪʀʀᴇ. (Cʜ. D.)

KRUCKE (*Ornith.*), nom du choucas, *corvus monedula*, Linn., dans la Marche de Brandebourg. (Ch. D.)

KRUEGERIA. (*Bot.*) Scopoli substitue ce nom à celui du *vouapa* d'Aublet. (J.)

KRUK. (*Ornith.*) Un des noms polonois du corbeau, *corvus corax*, Linn. Ce mot, avec l'addition de *morsky*, désigne, en Pologne, le harle vulgaire, *mergus merganser*, Linn. ; avec celle de *kocny*, le moyen duc, *strix otus*, Linn.; et avec l'addition de *wodny*, le cormoran, *pelecanus carbo*, Linn. (Ch. D.)

KRUKA (*Ornith.*), nom suédois de la fauvette babillarde, *motacilla curruca*, Linn. (Ch. D.)

KRUMB (*Bot.*), nom arabe du chou, suivant Forskal. M. Delile le nomme *koronb*. (J.)

KRUMMFUSS (*Bot.*), nom allemand du *campylopus*, genre de la famille des mousses, récemment établi par Bridel aux dépens du *dicranum* d'Hedwig. Voyez Torpied. (Lem.)

KRUTIHOLOWA (*Ornith.*), nom russe du torcol, *yunx torquilla*, Linn. (Ch. D.)

KRYE (*Ornith.*), nom sous lequel la grue commune, *ardea grus*, est connue en Suisse. (Ch. D.)

KRYKIE. (*Ornith.*) Buffon exprime, dans le tom. VIII, in-4°, de son Histoire des oiseaux, pag. 419, son opinion sur l'identité du kryk e des Norwégiens et du bourgmestre, ou goéland à manteau gris-brun, *larus nævius*, Linn. : et Muller, n° 161, rapporte le même oiseau au *larus tridactylus*, Linn., ou mouette cendrée tachetée. (Ch. D.)

KRYPARE (*Ornith.*), nom suédois du grimpereau d'Europe, *certhia familiaris*, Linn. (Ch. D.)

KRZISTELA (*Ornith.*), nom illyrien de la pie, *corvus pica*, Linn. (Ch. D.)

KRZYCZKA. (*Ornith.*) Rzaczynski se borne, en parlant de cet oiseau, à dire qu'il pond des œufs tachetés dans les joncs des marais. (Ch. D.)

KSEI, IADORIKI (*Bot.*), noms japonois du gui ordinaire, suivant Kæmpfer. (J.)

KSIK (*Ornith.*), nom polonois de la petite bécassine, *scolopax gallinula*, Linn. (Ch. D.)

KSOUDE. (*Ornith.*) Espèce d'oie du Kamtschatka. Voyez Kouitoup. (Ch. D.)

KTÉIS. (*Conchyl.*) Les Grecs, et surtout Aristote, emploient ce terme pour désigner une coquille bivalve, que quelques traducteurs, et entre autres, Gaza, croient appartenir au genre Peigne des conchyliologistes modernes ; tandis que d'autres en font un pétoncle ou même une bucarde ou *cardium*. Ce qu'en dit Aristote, que ces coquilles sont cannelées et qu'elles ont une charnière d'un côté, n'est certainement pas suffisant pour décider la question, qui, au reste, est de fort peu d'importance. (De B.)

KUA (*Bot.*), nom malabare, suivant Rhéede, de la zedoaire *amomum zedoaria*, dont le genre donne son nom à la famille des amomées. D'autres plantes de la même série portent le même nom, avec un autre additionnel et distinctif. Ainsi le *tsjana-kua* est le *costus arabicus* ; le *malan-kua* est le *kœmpferia rotunda* ; le *manja-kua* est le *curcuma rotunda* ; le *manjella-kua* est le *curcuma longa* ; le *inschi-kua* est le gingembre, *amomum zingiber* ; le *katou-inschi-kua* est le zérumbet, *amomum zerumbet* ; le *mala inschi-kua* est le *helenia allughos* : c'est le zérumbet que Rumph nomme *lampujum*, du nom malais *lampujang*, et qu'il dit être le *sua* ou *cua* des Malabares. (J.)

KUAKITZ, JABOKOSI. (*Bot.*) Les plantes qui portent ces noms au Japon, suivant M. Thunberg, forment son *bladhia*, genre nouveau dont il décrit trois espèces : Kæmpfer les nomme *jamma-tadsi quachitz* et *sankits*. (J.)

KUAKUARA, SANKIRA. (*Bot.*) La squine, *smilax china*, porte ce nom au Japon. C'est le *quaquara* de Kæmpfer. (J.)

KUANSO-ITSIGO (*Bot.*), noms japonois d'une espèce de fagarier, *fagaria sterilis*, Linn., d'après Kæmpfer. (Lem.)

KUARA. (*Bot.*) Voyez Erythrine des Indes. (J.)

KUBIZIT. (*Min.*) Voyez Chabasie. (B.)

KUBKURRA (*Ichthyol.*), nom suédois du coffre tigré. Voyez Coffre. (H. C.)

KUBULOBOLHIDA. (*Bot.*) Voyez Kudælukola. (J.)

KUBURUWÆL. (*Bot.*) Les deux arbres ou arbrisseaux de Ceilan, cités sous ce nom par Hermann, sont deux cniquiers, *guilandina bonduc* et *bonducella*. (J.)

KUCHU. (*Bot.*) Dans le Recueil des Voyages, il est fait mention d'un arbre de ce nom dans la Chine, ayant les feuilles et les branches du figuier, et produisant une sorte de lait dont les Chinois se servent comme d'une colle pour fixer sur le bois ou sur d'autres matières des feuilles d'or. On peut présumer que c'est une espèce de figuier. (J.)

KUCKEN-MUKEN (*Bot.*) C'est, en Autriche et en Stirie, le nom du champignon de couche (*agaricus edulis*, Bull.). Voyez Fonge. (Lem.)

KUCKUCK (*Ornith.*) Le coucou, *cuculus canorus*, Linn., se nomme, en danois, *kuk* et *kukmaden*; en allemand, *kuckuck*, et en polonois, *kukulka*. (Ch. D.)

KUDÆLUKOLA. (*Bot.*) Suivant Hermann et Linnæus, ce nom est donné, dans l'ile de Ceilan, au *balsamina cornuta*; ceux de *kudalukola* et *kidumœthi* au *balsamina triflora*; ceux de *kudumœthi*, *kubulobolhida* et *kurububolkinda* au *balsamina oppositifolia*. (J.)

KUDAKALUWA (*Bot.*), nom d'une espèce de *galanga*, à Ceilan, suivant Burmann. (J.)

KUDDA-MULLA (*Bot.*), nom malabare du *mogorium sambac*, ou jasmin d'Arabie. Voyez Catu-Pitsjegam-Mulla. (J.)

KUDHUMÆTHI. (*Bot.*) Voyez Kudælukola. (J.)

KUDHUMIRIS (*Bot.*), nom du *toddalia*, à Ceilan. (J.)

KUDICI-KODI. (*Bot.*) Plante apocinée, à graines aigrettées, du Malabar, dont le genre n'est pas déterminé. C'est la même que le *duda-valli*. (J.)

KUDICI-VALLI. (*Bot.*) Voyez Bajasajo. (J.)

KUDIRA-PULLU. (*Bot.*) La plante qui porte ce nom au Malabare est le *scirpus corymbosus*, selon Burmann. (J.)

KUDSI. (*Bot.*) Voyez Kos. (J.)

KUDSIN. (*Bot.*) Voyez Kusin. (J.)

KUEMA. (*Bot.*) Champignon à chapeau demi-orbiculaire, doublé en dessous de lames, qui vont du bord au centre, attaché par le côté, sans tige ou stipe, c'est-à-dire sessile; d'une substance ligneuse ou charnue; à graines sphériques, répandues à la surface des lames. Le type de ce genre, établi par Adanson, est l'*agaricum*, Mich., *Gen.*, tab. 65, fig. 4, qui paroit être l'*agaricus alneus*, Linn., ou une espèce voisine. Ce genre *Kuema* d'Adanson est donc peut-être le *schizophyllum* de Fries, et rentre dans la première division de notre genre **Agaricus**. Voyez Fonge. (Lem.)

KUEROUDEN. (*Ornith.*) Fouché d'Obsonville parle, dans les Extraits de ses Voyages, pag. 54, d'un oiseau de proie qu'il regarde comme appartenant à la famille des milans, et qui, ainsi appelé en tamoul, porte, dans les colonies indiennes, le nom d'oiseau brame, et a reçu de plusieurs naturalistes la dénomination d'aigle malabare. Cet oiseau, qui est figuré planche 416 de Buffon, est le *falco ponticerianus*, dont la description se trouve au tome 1.ᵉʳ de ce Dictionnaire, p. 368. (CH. D.)

KUEZSCHEBIRING. (*Bot.*) Voyez KUTSJINAS. (J.)

KUFFE. (*Ichthyol.*), un des noms anglois de la perche goujonnière. Voyez GRÉMILLE. (H. C.)

KUFI. (*Erpétol.*) Les Grecs modernes donnent ce nom à la vipère lébétine. Voyez VIPÈRE. (H. C.)

KUGEL-ESTER (*Ornith.*), nom allemand du rollier, *coracias garrula*, Linn. (CH. D.)

KUHLING. (*Ichthyol.*) En Westphalie, on donne ce nom à l'ide, poisson du genre des cyprins, division des ables. Voyez IDE. (H. C.)

KUHNIE, *Kuhnia*. (*Bot.*) [*Corymbifères*, Juss. = *Pentandrie monogynie*, Linn.] Ce genre de plantes, établi d'abord en 1763, par Linnæus, dans la seconde édition du *Species plantarum*, et plus amplement décrit par son fils, la même année, dans la *Decas secunda plantarum rariorum Horti Upsaliensis*, appartient à l'ordre des synanthérées, et à notre tribu naturelle des eupatoriées. Voici les caractères génériques tels que nous les avons observés sur des échantillons secs des *kuhnia eupatorioides*, *kuhnia rosmarinifolia*, et *kuhnia paniculata*.

Calathide incouronnée, équaliflore, pluriflore, régulariflore, androgyniflore, cylindracée. Péricline inférieur aux fleurs, cylindracé; formé de squames paucisériées, irrégulièrement imbriquées, foliacées, plurinervées : les extérieures courtes, lancéolées; les intérieures longues, linéaires. Clinanthe petit, plan, inappendiculé. Ovaires longs, grêles, cylindracés, multistriés, hispidules, pourvus d'un pied cartilagineux : aigrette composée de squamellules égales, unisériées, entre-greffées à la base, filiformes, barbées. Corolles à divisions chargées de glandes élégamment assemblées. Anthères presque libres ou très-foiblement entre-greffées, ayant l'appendice apicilaire arrondi, et les appendices basilaires nuls; article anthérifère un peu épaissi. Base du style épaisse, globuleuse, entourée d'une zone de poils laineux; stigmatophores d'eupatoriée.

KUHNIE FAUX-EUPATOIRE : *Kuhnia eupatorioides*, Linn., *Spec. plant.*, édit. 2.ᵉ, pag. 1662; Linn. fils, *Dec. sec. pl. rar. Hort. Ups.*; *Critonia kuhnia*, Gærtn., *De fruct. et sem.*, tom. 2, p. 411, tab. 174. C'est une plante herbacée, à racine vivace, fibreuse, produisant quelques tiges longues d'un pied et demi, dressées, droites, grêles, roides, peu rameuses, cylindriques, presque lisses, à rameaux courts, très-simples, étalés; les feuilles sont alternes, très-étalées, très-courtement pétiolées, largement lancéolées, aiguës, dentées en scie, nues, un peu rudes; les calathides, courtement pédonculées, sont disposées au sommet des tiges et des branches latérales, en petits corymbes terminaux, distincts, simples, pourvus de bractées lancéolées; chaque calathide est composée de dix à quinze fleurs, à corolle blanche. Cette plante a été trouvée en Pensylvanie par Adam Kuhn, qui en a transporté des graines en Europe, en 1762; c'est pourquoi le genre lui a été dédié par Linnæus.

KUHNIE PANICULÉE : *Kuhnia paniculata*, H. Cass.; *Critonia kuhnia*, Mich., *Fl. bor. Amer.*, tom. 2, pag. 101. Plante herbacée, glabriuscule. Tige haute d'un pied ( dans l'échantillon incomplet que nous décrivons), dressée, droite, cylindrique, striée, très-ramifiée en panicule; à rameaux grêles, étalés, chacun d'eux ramifié en corymbe. Feuilles alternes, éparses, sessiles, longues d'un pouce, très-étroites, linéaires, très-entières, uninervées, parsemées en dessous d'une multitude de petits points glanduleux. Calathides très-nombreuses, disposées en panicules très-étalées au sommet de la tige et des rameaux. Chaque calathide haute de quatre lignes, cylindracée, composée de douze fleurs. Péricline cylindrique, très-inférieur aux fleurs, formé de squames paucisériées, irrégulièrement imbriquées, appliquées, plurinervées, striées, parsemées de glandes; les extérieures lancéolées, subulées au sommet; les intérieures oblongues, acuminées au sommet. Clinanthe petit, plan, inappendiculé, fovéolé. Ovaires oblongs, cylindracés, striés, pourvus d'un bourrelet basilaire cartilagineux; aigrette composée de squamellules égales, unisériées, filiformes, barbées. Corolles jaunâtres (dans l'échantillon sec), à cinq divisions courtes, obtuses, garnies d'un assemblage de glandes sur la face extérieure de leur partie supérieure. Anthères foiblement cohérentes. Base du style épaisse et laineuse ; stigmatophores d'eupatoriée. Nous avons fait cette description sur un échantillon de l'herbier de M. de Jussieu, recueilli en Caroline par Michaux, qui a cru que cette plante étoit le *critonia kuhnia* de Gærtner, et qui l'a nommée ainsi dans sa Flore. C'est sans aucun doute une espèce de *kuhnia*, intermédiaire entre les *kuhnia eupatorioides* et *rosmarinifolia*, qui ont aussi les feuilles ponctuées en dessous, mais qui sont bien distinctes de la plante de Michaux. Nous avons vu, dans le même herbier, un autre échantillon, que nous hésitons à considérer comme une espèce différente ou comme une simple variété de celle-ci : il est pubescent, moins rameux, à feuilles plus grandes, plus larges, oblongues-lancéolées, à calathides plus grandes, moins nombreuses, irrégulièrement disposées.

Une troisième espèce de kuhnie a été décrite par Ortega, sous le nom d'*eupatorium canescens*, et par Ventenat, sous celui de *kuhnia rosmarinifolia*. Elle habite l'île de Cuba ; ses feuilles sont linéaires-lancéolées, très-entières, à bords roulés en dessous ; ses calathides sont solitaires au sommet de la tige et de rameaux pédonculiformes.

Enfin, M. Kunth a publié, en 1820, une quatrième espèce nommée *kuhnia arguta*, trouvée par MM. de Humboldt et Bonpland, près la ville de l'opayan, dans la Nouvelle-Grenade ; ses feuilles sont étroitement lancéolées, dentées en scie ; les calathides sont disposées en corymbes terminaux et composées de fleurs à corolle rose ; leur péricline est pubescent.

Linnæus a distingué le genre *Kuhnia* du genre *Eupatorium*, parce que, dans le premier, les stigmatophores sont en forme de massue, et que les anthères sont libres, cylindriques, s'ouvrant, dit-il, au sommet, par une lèvre, ce qui est, selon lui, sans exemple, dans toutes les autres synanthérées. Gærtner soutient que les anthères sont très-fortement cohérentes ; mais, l'aigrette étant plumeuse, il distingue le *kuhnia* de l'*eupatorium*, et croit devoir le réunir au genre *Critonia* de Browne.

Ventenat affirme au contraire que les anthères sont libres,
comme Linnæus l'avoit dit. M. Kunth attribue aussi à son
*kuhnia arguta* des anthères libres, mais les squames du péricline sont presque égales entre elles, et le fruit est pentagone; l'auteur suppose que ce dernier caractère est commun
à toutes les espèces du genre.

La remarque de Linnæus sur la forme des stigmatophores
est insignifiante, parce que ce caractère est plus ou moins
manifeste dans toute notre tribu des eupatoriées. La déhiscence des anthères au sommet par une lèvre, est une erreur
de ce botaniste, qui a pris sans doute pour une lèvre l'appendice apicilaire de l'anthère, qui existe chez toutes les synanthérées, excepté dans le genre *Piqueria*, ainsi que nous l'avons
établi depuis long-temps. (Voyez notre second Mémoire sur
les Synanthérées, publié dans le Journal de Physique d'avril
1814, pag. 279; et notre description d'une nouvelle espèce
de *Piqueria*, nommée *piqueria quinqueflora*, dans le Bulletin des
Sciences d'août 1819, page 127.) Quant au défaut de cohé-
rence des anthères, affirmé par les uns, nié par les autres,
nous avons trouvé les anthères presque libres ou très-foiblement entre-greffées, dans les trois espèces de *kuhnia* que nous
avons examinées. Mais ce caractère équivoque a bien peu
d'importance, et il existe chez plusieurs autres synanthérées,
que les Linnéistes n'ont jamais songé à exclure, comme le
*kuhnia*, de la syngénésie, pour les classer dans la pentandrie
monogynie; nous l'avons remarqué, par exemple, dans certaines espèces d'*eclipta*, de *zinnia*, d'*helianthus*, d'*artemisia*,
et de plusieurs genres d'anthémidées. Il est remarquable que
Linnæus, en attribuant au genre *Eupatorium* une aigrette
plumeuse, auroit dû y admettre le *kuhnia*, et en exclure tous
les vrais eupatoires. Nous avons déjà démontré, dans notre
article CRITONIA (tome XII, page 1), que le *critonia* ou *dalea* de
Patrice Browne n'a aucun rapport avec le *kuhnia*, d'où il suit
que Gærtner a eu tort d'effacer le nom générique imposé
par Linnæus. Si la plante de M. Kunth a le fruit pentagone
et les squames du péricline à peu près égales, on peut douter
que ce soit un vrai *kuhnia*. Dans tous les cas, ce botaniste
n'auroit pas dû attribuer des fruits pentagones à tout le genre
dont il s'agit.

Dès 1789, M. de Jussieu avoit semblé pressentir l'affinité qui existe entre les deux genres *Kuhnia* et *Liatris*, en disant, dans son *Genera plantarum*, que les *serratula* à clinanthe nu ressemblent extérieurement au *kuhnia*. Depuis cette époque, il a été plus loin, dans son second Mémoire sur les Composées, publié dans les Annales du Muséum, où il exprime l'opinion que le *kuhnia* et le *liatris* sont un seul et même genre. Nous nous réservons de discuter cette opinion dans notre article LIATRIS.

Le genre *Kuhnia* est très-voisin de notre genre *Coleosanthus*, dont nous avons décrit une espèce, dans ce Dictionnaire (tome X, page 37), sous le nom de *coleosanthus Cavanillesii*. Depuis ce temps nous avons décrit une seconde espèce du même genre, dans le Bulletin des Sciences d'octobre 1819, page 157, et nous l'avons nommée *Coleosanthus tiliæfolius*; c'est sans doute l'*eupatorium macrophyllum* de Linnæus et de Vahl. Ses fruits n'ont pas la même forme que dans la première espèce. Nous ajoutons ici la description de cette plante, afin de compléter et de rectifier notre article COLEOSANTHUS.

COLEOSANTHUS TILIÆFOLIUS, H. Cass. Plante herbacée. Tige haute de plus d'un pied (dans l'échantillon incomplet que nous décrivons), dressée, rameuse, cylindrique, striée, duvetée. Feuilles supérieures alternes, très-distantes, étalées, analogues aux feuilles du tilleul, à pétiole long de plus d'un pouce, à limbe ayant plus de trois pouces de longueur et autant de largeur, cordiforme, acuminé, inégalement denté-crénelé, muni de cinq nervures principales qui naissent de la base du limbe et se ramifient, à face supérieure glabriuscule et verte, à face inférieure duvetée et grisâtre. Feuilles inférieures opposées, à limbe ayant plus de six pouces de longueur et autant de largeur. Les rudimens des rameaux sont situés au-dessus de l'aisselle des feuilles. Calathides nombreuses, réunies en faisceaux au sommet des ramifications de l'inflorescence, dont l'ensemble forme une panicule corymbiforme, terminale, nue; chaque calathide est portée sur un pédoncule court, qui est pourvu à sa base d'une bractée squamiforme. Fleurs à corolle jaune. Calathide incouronnée, équaliflore, multiflore, subrégulariflore, androgyniflore. Péricline égal aux fleurs, subcylindracé, formé de squames régulièrement imbriquées, appliquées, ovales, obtuses, tri-quinquénervées, subcoriaces, à bords membraneux, les intérieures presque linéaires et caduques. Clinanthe convexe, fovéolé, hérissé de fimbrilles inégales, filiformes. Ovaires oblongs, épaissis de bas en haut, trigones ou tétragones, glabres, noirâtres, portés sur un pied; aigrette longue, composée de squamellules nombreuses, inégales, subunisériées, filiformes, à peine barbellulées, un peu entre-greffées à la base. Corolles grêles, cylindriques, à limbe non dilaté, divisé au sommet en quatre ou cinq dents très-petites, inégales, hérissées extérieurement de quelques longs poils. Anthères pourvues d'appendices apicilaires ovales, obtus, et dépourvues d'appendices basilaires.

Nous avons observé cette plante dans l'herbier de M. Desfontaines, où elle est nommée *eupatorium macrophyllum*, et où il est dit qu'elle vient de Saint-Domingue et de Cayenne. (H. Cass.)

KUHNISTERA. (*Bot.*) Voyez Dalea. (Lem.)

KUIGUNAK. (*Ornith.*) Les Baskirs donnent au faucon kobez, *falco vespertinus*, Gmel., ce nom et celui de *jagalbai*. (Ch. D.)

KUIJCKEN (*Ornith.*), nom hollandois du poulet, dans Aldrovande. (Ch. D.)

KUILKAHUILA (*Erpétol.*), nom brasilien de la couleuvre argus. Voyez Couleuvre. (H. C.)

KUILL. (*Ornith.*) L'oiseau que l'on nomme ainsi en tamoul et en malabare, s'appelle *boulboul* en persan, suivant Fouché d'Obsonville, pag. 68; mais ce voyageur applique cette dénomination à plusieurs espèces qu'il présente comme des rossignols, à cause de la beauté de leur chant. Voyez, sous le mot Coucou, tome XI.ᵉ de ce Dictionnaire, pag. 115, la description du *cuil*. (Ch. D.)

KUISCH. (*Mamm.*) C'est le nom que porte la marte zibeline en Tartarie. (F. C.)

KUI SIMIRA. (*Bot.*) Ce nom japonois est celui de l'*ornithogalum japonicum*. Il signifie *simira* comestibles, d'où l'on peut croire que l'on mange l'oignon de cette plante. (Lem.)

KUK (*Ornith.*), nom arabe du pélican, *pelecanus onocrotalus*, Linn. (Ch. D.)

KUKA. (*Bot.*) Voyez Kurka. (J.)

KUKAN. (*Bot.*) C'est une sorte d'onguent, que les habitans du Darfour, en Afrique, préparent avec les semences du mélon d'eau, ou pastèque, et qui sert pour guérir le farcin. (Lem.)

KUKEN-DIEF (*Ornith.*), nom hollandois du milan noir, *falco ater*, Gmel., et *milvus etolius*, Sav. (Ch. D.)

KUKO. (*Bot.*) Voyez Kooki. (J.)

KUKULUGHAS. (*Bot.*) A Ceilan, suivant Burmann, on nomme ainsi l'*acacia cinerea*, qu'il a figuré dans son *Thes. Zeyl.*, tab. 2. (J.)

KUKUR-LACKO (*Mamm.*), nom que l'on dit être celui d'un orang-outang, dans quelques parties des Indes orientales. (F. C.)

KULB. (*Bot.*) Voyez Calab. (J.)

KULEBARS (*Ichthyol.*), nom norwégien de la perche goujonnière. Voyez Grémille. (H. C.)

KULHAM (*Bot.*), nom arabe du *culhamia* de Forskal, que Vahl reporte au *sterculia platanifolia* de Linnæus. (J.)

KULIG (*Ornith.*), nom polonois de la mouette rieuse, *larus atricilla*, Linn. Le pierre-garin, ou grande hirondelle de mer, *sterna hirundo*, porte, dans la même langue, celui de *kulig-morsky.* (Ch. D.)

KULKAS. (*Bot.*) Voyez Culcasia. (J.)

KULLOSIKLUD (*Ichthyol.*), un des noms de la sardine, en Livonie. Voyez Clupée. (H. C.)

KULLOSTROMLING. (*Ichthyol.*), un des noms suédois de la sardine. Voyez Clupée. (H. C.)

KUMAL (*Ichthyol.*), nom spécifique d'un Aodon. Voyez ce mot. (H. C.)

KUMARANGA. (*Bot.*) Le carambolier, *averrhoa carambola*, est ainsi nommé à Ceilan. (J.)

KUMATHYA. (*Bot.*) Voyez Kathutampala. (J.)

KUMMITRI. (*Bot.*) Voyez Kommitrih. (J.)

KUMPLOSS. (*Ornith.*) Ce nom est appliqué par Charleton au tangara scarlatte, scarlet sparrow d'Edwards, *tanagra rubra*, Linn. (Ch. D.)

KUMRAH (*Mamm.*), nom que Shaw, dans son Voyage en Barbarie, donne au mulet provenant d'une vache et d'un âne;

mais, malgré l'assertion de ce savant voyageur et celle de plusieurs autres écrivains, les naturalistes n'admettent point encore comme démontrée l'existence de cet animal. (F. C.)

KUNA. (*Mamm.*) En polonois, marte. (F. C.)

KUNAN (*Bot.*), nom arabe, suivant Forskal, d'une espèce de commaline. Le même est cité par Daléchamps pour le grenadier. (J.)

KUNDMANNIA. (*Bot.*) Sous ce nom, Scopoli fait un genre du *sium siculum*, dont les pétales sont jaunes, le fruit alongé et cylindrique, les involucres composés de plusieurs feuilles, pendant que d'autres espèces ont les pétales blanchâtres, le fruit ovoïde très-petit, et les involucres à cinq ou six feuilles. Adanson avoit fait le même genre sous le nom de *arduina*; et c'est peut-être le même que Necker a nommé *mauchartia*. (J.)

KUNDSCHA (*Ichthyol.*), nom d'un poisson décrit par Pallas dans ses Voyages, et qui appartient au genre SALMONE. Voyez ce mot. (H. C.)

KUNÈLE-KUNE (*Mamm.*), mot évidemment dérivé de *cuniculus*, et que l'on donne au cochon d'Inde, dans quelques parties de l'Allemagne. Le véritable nom allemand de cet animal est Meerschweinchen. (F. C.)

KUNINGSEN (*Ornith.*), nom flamand du troglodyte, *motacilla troglodytes*, Linn. (CH. D.)

KUNISTERA. (*Bot.*) Ce genre a été réuni aux DALEA. Voyez ce mot. (POIR.)

KUNOZEMATITIS ou CYNOZEMATITIS (*Bot.*), ancien nom de la conyze, cité dans la table d'Adanson. (H. CASS.)

KUNTHIA. (*Bot.*) Genre de plantes monocotylédones, à fleurs incomplètes, polygames, de la famille des *palmiers*, de la *polygamie monoécie* de Linnæus, offrant pour caractère essentiel : Une spathe de plusieurs pièces; des fleurs hermaphrodites et femelles dans divers régimes; une corolle à six divisions inégales; six étamines; un ovaire supérieur; un style; un stigmate trifide. Le fruit est un drupe uniloculaire, monosperme.

KUNTHIA DES MONTAGNES : *Kunthia montana*, Humb. *et* Bonpl. *Pl. Æquin.*, 2, pag. 228, tab. 122: Poir., *Ill. gen.*, *Supp.*, centur. 10; vulgairement *cagna de la vibera* (canne de la vipère).

Ce palmier, par la disposition des anneaux de son tronc, par le peu d'épaisseur de celui-ci, ressemble à un roseau très-élevé, d'où lui vient, dans son pays natal, les noms de *canne de la vipère*, ou *canne de San-Pablo*, le premier faisant allusion à ses propriétés, le second à son lieu natal. Ses racines se divisent en plusieurs rameaux simples, fusiformes et fibreux. Son tronc est droit, cylindrique, haut de vingt à vingt-quatre pieds sur un pouce de diamètre, glabre, luisant, muni d'anneaux d'un brun foncé; les feuilles ciliées, pétiolées, longues de trois ou quatre pieds, composées de folioles sessiles; opposées, glabres, lancéolées, aiguës, très-entières, longues d'un demi-pied, larges d'un pouce, à cinq nervures; le pétiole à demi cylindrique, marqué, à son côté intérieur, de deux profonds sillons.

La spathe est composée de huit à dix folioles oblongues, aiguës; il en sort un régime paniculé, placé sous les feuilles, avec des fleurs hermaphrodites dans les uns, des fleurs femelles dans d'autres, toutes sessiles; le pédoncule commun glabre et cylindrique. La corolle est composée de six pièces, trois extérieures imitant un calice à trois lobes ovales, aigus; trois intérieures plus alongées, de couleur blanche; les étamines placées sur le réceptacle; les filamens très-courts, capillaires; les anthères droites, linéaires, à deux loges; l'ovaire ovale; le style de la longueur des étamines. Le fruit est une baie sphérique, verte, de la grosseur d'une prunelle, entourée à sa base par la corolle persistante; une seule loge monosperme, une semence osseuse, sphérique.

Ce palmier est très-commun dans le royaume de la Nouvelle-Grenade, sur la pente occidentale des Cordillières, et dans plusieurs autres lieux. Sa structure ressemble presque à celle de la canne à sucre, disent MM. Humboldt et Bonpland : il contient un sucre abondant, d'une saveur légèrement sucrée. Ce sucre doux, que le tronc conserve pendant des mois entiers, quoique coupé par morceaux, est un remède très-estimé, parmi les indigènes, contre la morsure des serpens vénéneux. Le malade mâche des paquets de fibres ligneuses de cette plante, qu'il mouille de salive et qu'il applique sur la plaie. Les Indiens de Barbacoas regardent ce remède comme plus actif encore que le suc du fameux *vejuco del guaco* (qui est le *mikania guaco*) dont ils connoissent les propriétés bienfaisantes. ( Poir. )

**KUNTSU.** (*Bot.*) Voyez Contsjor. (J.)

**KUNTUD** (*Bot.*), nom arabe d'un dolic, *dolichos seskan*. (J.)

**KUPAMENIA.** (*Bot.*) Plante citée dans le *Mus. Zeyl.* de Hermann, qui paroît la même que le Cupameni. Voyez ce mot. (J.)

**KUPFERLACHS.** (*Ichthyol.*) Dans quelques contrées d'Allemagne, on appelle ainsi le saumon dans le temps du frai. (H. C.)

**KUPFERNICKEL.** (*Min.*) Malgré l'impropriété de ce mot étranger, on voit encore des minéralogistes françois l'employer au lieu du terme méthodique et général de Nickel sulfuré. Voyez ce mot. (B.)

**KUPHEA.** (*Bot.*) Voyez Cuphée. (Lem.)

**KUPPEL.** (*Ornith.*) Voyez Koeppel. (Ch. D.)

**KUR** (*Ornith.*), nom du coq en Pologne, où la poule s'appelle *kura*. (Ch. D.)

**KURALHŒBO.** (*Bot.*) C'est ainsi qu'on nomme une variété de l'*achyranthes aspera*, espèce de cadelari, à Ceilan, suivant Linnæus. (J.)

**KURAT.** (*Bot.*) Voyez Curat. (J.)

**KURBALOS.** (*Ornith.*) Cet oiseau du Sénégal, dont le nom s'écrit aussi *kurbatos*, vit sur le bord des rivières, et se nourrit de petits poissons, raison pour laquelle il a également reçu la dénomination de *pêcheur*. Il résulte des détails qu'on trouve à son sujet dans le III.ᵉ vol. in-4° de l'Histoire générale des Voyages, pages 508 et 509, où ils ont été extraits de Moore, de Barbot, de Labat, de Lemaire, de Jobson, etc., que le kurbalos est de la taille du moineau, que son bec, aussi long que le corps, est fort, pointu et dentelé; que son plumage est très-varié, et qu'il se lance sur la surface de l'eau avec tant de rapidité qu'on en est ébloui. Tout ceci a beaucoup de rapports avec le martin-pêcheur; mais le nid du premier, au lieu d'être placé comme celui du second, dans les trous qui se trouvent pratiqués le long des berges par d'autres animaux, est suspendu par un ligament, à l'extrémité des branches d'arbres, où on les prendroit pour des fruits, et l'ouverture par laquelle l'oiseau s'y introduit, est disposée de manière qu'elle ne laisse point de passage à la pluie. Cet artifice a pour but de se soustraire aux tentatives des singes, leurs ennemis, qui n'osent se risquer sur des branches aussi flexibles, mais qui, suivant Jobson, ont de leur côté l'adresse de guetter le moment où la nichée commence à essayer d'en sortir, pour secouer les branches, et en faire ainsi tomber sur les rives quelques uns dont ils se saisissent. (Ch. D.)

KURBARA. (*Bot.*) Voyez Kousbarah. (J.)

KURED-EL-AMK (*Bot.*), nom arabe, suivant Forskal, d'un *epidendrum*, dont il ne désigne pas l'espèce. (J.)

KUREN. (*Bot.*) Voyez Kindbis. (J.)

KURENAI. (*Bot.*) Voyez Kookua. (J.)

KURENO-OMMO. (*Bot.*) Voyez Kuaiko. (J.)

KUREN-PULLU. (*Bot.*) Herbe du Malabar, paroissant appartenir à la famille des cypéracées, dont la fleur donne une seule graine. (J.)

KURHAHN. (*Ichthyol.*) Dans la Poméranie, on appelle ainsi le scorpion de mer. Voyez Cotte. (H. C.)

KURHARRIA. (*Erpétol.*) Au Bengale, on donne ce nom à une variété de la couleuvre chayque. Voyez Couleuvre. (H. C.)

KURI, RUTZ. (*Bot.*) Kæmpfer cite ces noms japonois pour le châtaignier cultivé. (J.)

KURKA (*Bot.*), nom malabare du *nepeta madagascariensis*, espèce de cataire, qui est le *kuka* des Brames, nommé à Madagascar *houmimes* ou *voamitsa*, suivant Flacourt. Cette espèce a beaucoup d'affinité avec le *nepeta amboinica* ou *katu-kurka*. (J.)

KURKUM (*Bot.*), nom arabe du *curcuma*, cité par Forskal. (J.)

KURO-GANNI (*Bot.*), nom japonois d'un houx, *ilex integra*, de M. Thunberg. (J.)

KUROGGI. (*Bot.*) L'arbre du Japon, cité sous ce nom par Kæmpfer, et dont Banks donne la figure dans une édition de quelques plantes de cet auteur, paroît congénère du genre *Symplocos*, qui sera le type d'une nouvelle famille. (J.)

KURO-NOSJI, KURO-MOJI. (*Bot.*) Arbrisseau du Japon, dont M. Thunberg a fait son genre *Lindera*. (J.)

KUROPATWA (*Ornith.*). nom polonois de la perdrix grise, *tetrao cinereus*, Linn. (Ch. D.)

KURO-SASAGI ( *Bot.* ), un des noms japonois d'un haricot, *phaseolus radiatus*, suivant M. Thunberg. (J.)

KURO-TSONS, KURO-TSUS-NO-KI, PROH-TSONS. (*Bot.*) Le *laurus glauca* de M. Thunberg est ainsi nommé au Japon. Cet auteur dit que l'huile tirée des fruits , par expression , est employée pour la fabrique des chandelles. (J.)

KURR. (*Bot.*) Voyez KERIR. (J.)

KURRAKAN (*Bot.*), nom du coracan, *eleusine*, à Ceilan. (J.)

KURRE ou KURRE FISCH. (*Ichthyol.*) A Heiligoland, on donne ce nom à la trigle gurnau. Voyez TRIGLE. (H. C.)

KURRES (*Bot.*), nom arabe de l'*urtica pilulifera*, selon Forskal. M. Delile la nomme *qoreys*, *zorbeh*, *fisahklab*. (J.)

KURTE, *Kurtus*. (*Ichthyol.*) Bloch, célèbre ichthyologiste de Berlin, a créé un genre de poissons dans l'ordre des holobranches et dans la famille des auchénoptères, sous ce nom, tiré du grec κυρος, qui signifie *bossu*. M. Cuvier a placé ce genre entre les archers et les anabas, dans la première tribu de sa famille des *squamipennes*. Il est facile, au reste, de le reconnoître aux caractères suivans :

*Catopes jugulaires ; corps ovale, comprimé, caréné en dessus et comme bossu ; mâchoire inférieure plus courte que la supérieure ; nageoire dorsale beaucoup moins étendue que l'anale, et placée plus en avant ; dents en velours.*

A l'aide de ces caractères, on peut, au premier abord, distinguer les kurtes des CHRYSOSTROMES, qui ont la mâchoire inférieure plus longue que la supérieure, et des OLIGOPODES, des CALLIONYMES, des BLENNIES, des VIVES, des GADES. qui ont le corps alongé. (Voyez ces différens mots et AUCHÉNOPTÈRES. )

Jusqu'à présent, ce genre ne renferme qu'un fort petit nombre d'espèces, encore sont-elles peu connues.

Le KURTE BLOCHIEN OU LE BOSSU : *Kurtus indicus*, Bl.; Gmel.; *Kurtus blochianus*, Lacép. Deux rayons seulement à la membrane des branchies; corps très-étroit et très-élevé; dos bossu; museau obtus; palais lisse; yeux gros; anus rapproché de la gorge; ligne latérale droite; nageoire caudale fourchue. Taille de dix pouces à un pied.

Ce poisson, qui a des rapports marqués avec les stromatées , vit dans la mer des Indes, où il se nourrit de crabes et de mollusques testacés. Sa parure est magnifique ; ses écailles ressemblent à des lames d'argent ; l'iris de ses yeux est en partie blanc et en partie bleu ; son dos est orné de taches dorées ; quatre taches noires sont placées auprès de sa nageoire dorsale ; ses nageoires pectorales et ses cátopes réfléchissent la couleur de l'or, et sont bordés de rouge ; les autres nageoires sont d'un bleu céleste éclatant, et lisérées d'un jaune blanchâtre.

Le KURTE œillère : *Kurtus palpebratus*, Schneid. ; *Bodianus palpebratus*, Lacép. ; *Sparus palpebratus*, Pallas. Une pièce membraneuse un peu ovale attachée au-dessus de chaque œil, par son extrémité antérieure, sur laquelle elle joue comme sur une charnière, et pouvant alternativement cacher en entier ou découvrir l'organe de la vue, à la volonté de l'animal. Taille de trois à quatre pouces.

La paupière membraneuse de ce poisson est d'un beau jaune ; sa tête est presque noire ; son corps et sa queue sont d'un brun jaunâtre ; deux aiguillons arment la dernière pièce de ses opercules ; sa ligne latérale, blanche ou argentée, commence par quatre ou cinq papilles tuberculeuses ; ses nageoires sont noirâtres.

On pêche particulièrement à Amboine cette espèce de kurte sur la place duquel les ichthyologistes ont été peu d'accord jusqu'à présent. Il est même probable que cet animal, très-singulier, formera un genre à part, quand il aura été mieux connu.

Sous la dénomination de *kurtus argenteus*, M. Schneider a encore rapporté, au genre dont nous nous occupons, un poisson indiqué sous celle de *sparus compressus*, par J. White, au n.° 267 de son *Append.* (H. C.)

KURTLIK (*Ornith.*), nom baskir de l'outarde, *otis tarda*, Linn. (Ch. D.)

KURTZER STINT. (*Ichthyol.*) Voyez KLEINER-STINT. (H. C.)

KURUBUBOLKINDA. (*Bot.*) Voyez KUDÆLUKOLA. (J.)

KURUKURU (*Ornith.*), nom que porte un pigeon des îles de l'Océan pacifique, appelé par Latham, pigeon à couronne pourpre, *columba purpurata*, et par M. Temminck, colombe kurukuru. (Ch. D.)

KURUMI, KOBA. (*Bot.*) Un noyer, *juglans regia*, porte ce

nom au Japon, suivant M. Thunberg. Le sésame d'Orient est un autre *koba*. (J.)

KURUNDOTI. (*Bot.*) Burmann rapporte au *sida retusa* la plante malvacée, ainsi nommée au Malabar. (J.)

KURUNDU, KURUDU (*Bot.*), noms du cannellier, dans l'île de Ceilan, suivant Hermann. Il présente plusieurs variétés. (J.)

KURZ-SCHWANZ (*Ichthyol.*), nom allemand donné par Bloch au gymnonote putaol. Voyez Putaol. (H. C.)

KUS (*Ornith.*), nom arabe, suivant Aldrovande et Gesner, du grand-duc, *strix bubo*, Linn. (Ch. D.)

KUSA (*Bot.*), un des noms japonois du *pœderia fœtida*, cité par M. Thunberg. (J.)

KUSAGGI, SEO KUSITZ. (*Bot.*) Arbrisseau du Japon, qui est le *clerodendrum trichotomum* de M. Thunberg. (J.)

KUSAKO (*Bot.*) Voyez Konjaku. (J.)

KUSAM, KUSAN, SURUGEN. (*Bot.*) La plante du Levant citée sous ces noms par Rauvolf, et regardée par lui comme l'hermodate, croît aux environs d'Alep. C'est celle qui est nommée *colchicum illyricum* par M. C. Bauhin, d'après Lebel et Daléchamps, et dont les modernes n'ont pas encore déterminé le genre. Il paroîtroit cependant que c'est un colchique, d'après le témoignage de l'auteur anonyme de la matière médicale extraite des meilleurs auteurs, qui dit avoir vu lui-même, dans l'Asie mineure, la plante qui fournit l'hermodate. (J.)

KUSA-SOTETS (*Bot.*), nom japonois du *pteris sinuata* de M. Thunberg, espèce de fougère. (J.)

KUSATSCHKA (*Ichthyol.*), nom russe de l'anarrhique panthérin. Voyez Anarrhique. (H. C.)

KUSIN, KUDSIN (*Bot.*), nom du *sophora heptaphylla* au Japon, suivant M. Thunberg. (J.)

KUSJET-EL-BELLAD. (*Bot.*) Voyez Lassæq. (J.)

KUSKUBE, BIWA, FIWA. (*Bot.*) Le néflier du Japon, *mespilus japonica* de M. Thunberg, est ainsi nommé au Japon. Dans une dissertation récente sur les pomacées, M. Lindley le range dans son nouveau genre *Eriobotrya*. (J.)

KUS-NO-KI, SIO (*Bot.*), noms du laurier camphrier au Japon, suivant Kæmpfer. (J.)

KUSSEKTAK. (*Ornith.*) Voyez KYSSEKTAK. (CH. D.)

KUT. (*Ornith.*) D'après ce que La Chesnaie-des-Bois dit de cet oiseau, il paroît que ce mot est un nom vulgaire de la poule d'eau commune, *fulica chloropus*, Linn., en Angleterre. (CH. D.)

KUTA. (*Ornith.*) C'est, en catalan, la hulotte, *strix aluco*, Linn. (CH. D.)

KUTGEGHEF (*Ornith.*), nom donné par les marins à la mouette tachetée, *larus tridactylus* de Linnæus, parce qu'elle semble le prononcer. (CH. D.)

KUTJINAWA-ITSIGO (*Bot.*), nom japonois du *serapias erecta* de M. Thunberg, de la famille des orchidées. (J.)

KUTJO. (*Bot.*) Voyez KINSAI. (J.)

KUTSI-KADSURA. (*Bot.*) Le *celastrus punctatus* de M. Thunberg est ainsi nommé au Japon. (J.)

KUTSJINAS, MISUKI-TJINASI, SANSISI (*Bot.*), noms japonois du *gardenia radicans*, selon M. Thunberg; on tire du fruit une teinture jaune. Le *gardenia florida* porte le premier nom. Il paroît que c'est le même arbre nommé *koezschebiring* à Madagascar, d'où il a été transporté, sous ce dernier nom, au cap de Bonne-Espérance, suivant Kolbe qui ajoute que les Japonois le nomment *kuchschines*, et que l'on tire de ses graines un teinture jaune. (J.)

KUTSNAWA-ITSIGO. (*Bot.*) Le *potentilla grandiflora*, Linn., très-commune au Japon, y porte le nom ci-dessus et les suivans, *kavara saika*, *itsigogusa* et *hebi-itsigo*. (LEM.)

KU-TSUI-PU. (*Bot.*) C'est en Chine le nom d'une fougère dont la racine est employée en médecine pour nettoyer les ulcères, opérer la consolidation des os rompus; elle est également résolutive et odontalgique. Cette racine est ovale, poilue; elle pousse un stipe droit, haut d'un pied. Elle porte des frondes ovales, pointues, entières, nerveuses, radicales et touffues; elle offre aussi des frondes caulinaires, plus grandes, lancéolées, sinuées, et qui portent en dessous la fructification consistant en grains jaunes solitaires, et disposés en ligne longitudinale. Loureiro ramène avec doute cette fougère au genre *Polypodium;* il la nomme *polypodium repandum.* (LEM.)

KUTT-VOGEL. (*Ornith.*) C'est, en flamand, le verdier, *loxia chloris*, Linn. (CH. D.)

KUTZ ( *Ornith.* ), nom allemand de la petite chouette, *strix passerina*, Linn. (Ch. D.)

KUURPAGE. (*Ichthyol.*) A Hambourg, on nomme ainsi le scorpion de mer. Voyez Cotte. (H. C.)

KUWA SOO (*Bot.*), nom du *morus nigra*, au Japon, suivant M. Thunberg. On le cite pour le mûrier blanc dans l'ouvrage de Rauvolf. Le *morus indica* est nommé *kuwa-noki*. (J.)

KUWITZ (*Ornith.*), un des noms allemands du vanneau commun, *tringa vanellus*, Linn., que l'on nomme aussi *kyvitta, kyuutz*. (Ch. D.)

KUYAMETA. (*Ornith.*) Ce grimpereau de l'île de Tanna, *certhia cardinalis*, Lath., est l'héorotaire kuyameta, *melithretpus cardinalis*, de M. Vieillot. (Ch. D.)

KUZBARET-EL-BYR. (*Bot.*) On donne ce nom, en Egypte, à l'adiante cheveux de Vénus, *adiantum capillus Veneris*, Linn., selon Forskal et Delile. Il signifie, en arabe, *coriandre des citernes*. Le feuillage de cette fougère, qui croît sur les bords des citernes, a en effet quelque ressemblance avec celui de la coriandre. (Lem.)

KUZLARISCHER HERING (*Ichthyol.*), nom allemand du *cyprinus chalcoides* de Linnæus, lequel appartient à la division des Ables. Voyez ce mot, dans le Supplément du I.er volume de ce Dictionnaire. (H. C.)

KVAIKO, KURENO-OMMO, UIKJO (*Bot.*), noms japonois de l'anis, suivant M. Thunberg. C'est le *kvaiko* de Kæmpfer. (J.)

KVANSO-ITSIGO (*Bot.*), nom japonois d'une ronce, *rubus hispidus* de M. Thunberg. (J.)

KWA. (*Bot.*) Ce nom japonois est cité par Kæmpfer et M. Thunberg pour plusieurs plantes cucurbitacées, le concombre, le melon, le potiron, etc. (J.)

KWAK. (*Ornith.*) Ce nom et celui de *kwak reiger* se donnent, en Hollande, au butor, *ardea stellaris*, Linn. (Ch. D.)

KWAKWA. (*Ornith.*) L'oiseau que le voyageur S. G. Gmelin a trouvé sur la rive orientale du Don, et dont il a donné la figure dans les Nouveaux Mémoires de l'Académie de Pétersbourg, tome XV, planche 14, est ainsi nommé d'après son cri désagréable, qui semble faire entendre le vomissement d'un homme. C'est le bihoreau , *ardea nycticorax*, Linn. (Сн. D.)

KWICKWY. (*Ichthyol.*) Les habitans du Brésil nomment ainsi le callichthe , poisson que nous avons décrit à l'article CATAPHRACTE. (H. C.)

KWICZIELA (*Ornith.*), nom illyrien de la grive litorne , *turdus pilaris*, Linn. (Сн. D.)

KWUCAI-SO (*Bot.*), un des noms japonois d'une espéce de véronique , *veronica virginica*, selon Thunberg. (LEM.)

KWUGAI-SAI. (*Bot.*) Le *senecio japonicus* de M. Thunberg porte, dans le Japon, ce nom qui signifie sanve amère. (J.)

KYANITE. (*Min.*) Synonyme de cyanite. Voyez DISTHÈNE. (B.)

KYBERIA. (*Bot.*) Linnæus a composé le genre *Bellis* de deux espéces , l'une à hampe nue , l'autre à tige pourvue de quelques feuilles. Necker a cru que cette différence suffisoit pour en faire deux genres, qu'il a nommés *bellis* et *kyberia*, et qu'aucun botaniste ne sera tenté d'adopter. (H. CASS.)

KYDIE, *Kydia*. (*Bot.*) Genre de plantes dicotylédones , à fleurs complètes, polypétalées, régulières, de la famille des *malvacées*, de la *monadelphie polyandrie* de Linnæus, offrant pour caractère essentiel : Un calice double, l'extérieur à quatre ou six divisions profondes; l'intérieur d'une seule pièce, campanulé ; à cinq dents, cinq pétales connivens à leur base , très-ouverts; les étamines nombreuses, réunies en un seul paquet; les anthères fasciculées; un ovaire supérieur : trois styles recourbés au sommet; trois stigmates élargis. Le fruit est une capsule à trois loges, à trois valves; une semence dans chaque loge.

KYDIE A GRAND CALICE; *Kydia calicina*, Roxb., *Corom..* v. 3, pag. 11, tab. 215. Ses tiges sont ligneuses, divisées en plusieurs rameaux étalés, cylindriques, tomenteux dans leur jeunesse , garnis de feuilles alternes, pétiolées, grandes, en cœur, à cinq ou trois angles aigus, plus ou moins saillans, glabres en dessus, velues en dessous. Les fleurs sont blanches, disposées en grappes presque paniculées, axillaires, terminales, presque plus courtes que les feuilles; le calice extérieur à quatre folioles oblongues , obtuses, persistantes; l'intérieur velu, campanulé, à cinq dents courtes, aiguës ; la corolle composée de cinq pétales oblongs , élargis et échancrés obliquement en cœur au sommet, plus courts que le calice extérieur; cinq filamens réunis en tube à leur partie inférieure, supportant chacun plusieurs anthères sessiles, agrégées; l'ovaire conique, auquel succède une capsule renfermée dans le calice, presque à trois lobes, à trois valves, s'ouvrant au sommet; une semence dans chaque loge. Cette plante croît sur la côte du Coromandel.

KYDIE A CALICE COURT; *Kydia fraterna*, Roxb., *Corom.*, v. 3, pag. 11, tab. 216. Cette espèce ressemble beaucoup à la précédente par ses tiges, ses feuilles; les fleurs forment une panicule terminale à ramifications opposées; leur calice extérieur est beaucoup plus court que la corolle, à six divisions lancéolées; l'intérieur plus grand; la corolle blanche, semblable à celle de l'espèce précédente, ainsi que le fruit. Cette espèce croît sur les montagnes du Coromandel. (POIR.)

KYLLINGIA. (*Bot.*) Voyez KILLINGE. (POIR.)

KYMICH (*Mamm.*), nom de la marte zibeline, au Kamstchatka. (F. C.)

KYNODON. (*Erpétol.*) J. Théod. Klein a donné ce nom à un genre de ses serpens. Voyez ERPÉTOLOGIE, tom. XV, p. 220. (H. C.)

KYN-YU (*Ichthyol.*), un des noms chinois de la dorade de la Chine. Voyez CARPE. (H. C.)

KYPHOSE, *Kyphosus.* (*Ichthyol.*) M. de Lacépède a créé sous ce nom qui, comme celui de kurte, est tiré du grec et signifie *bossu*, un genre de poissons qui nous semble appartenir à la famille des leptosomes, et qui est très-voisin des pimcleptères. Ce genre a les caractères suivans :

*Dos très-élevé; une bosse entre les yeux, et une autre sur la nuque; opercules écailleuses, non dentelées.*

Ce genre ne renferme encore qu'une espèce, c'est

Le KYPHOSE DOUBLE-BOSSE, *Kiphosus bigibbus*, que nous ne connoissons encore que par un dessin trouvé dans les papiers de Commerson, et qui paroît être le même poisson que celui qui a servi de type au genre Dorsuaire de M. de Lacépède. La bosse cervicale de ce poisson est grosse, arrondie et très-élevée; sa ligne latérale suit la courbure du dos dont elle est très-voisine; ses nageoires pectorales sont alongées et terminées en pointe; sa nageoire caudale est très-fourchue.

Le kyphose habite la mer du Sud. Il est figuré dans l'ouvrage de M. de Lacépède, à la planche VIII.^e (H. C.)

KYRSTENIA. (*Bot.*) Necker a divisé les *eupatorium* de Linnæus en trois genres, nommés *eupatorium*, *kyrstenia* et *willugbœya*. Le *kyrstenia* nous paroît correspondre au *batschia* de Mœnch, et le *willugbœya* au *mikania* de Willdenow; mais Necker attribue une aigrette plumeuse à l'*eupatorium* et au *kyrstenia*. (H. Cass.)

KYSCH (*Mamm.*), nom de la marte zibeline, en Bulgarie. (F. C.)

KYSSEKTAK (*Ornith.*), nom groenlandois de l'engoulevent d'Europe, *caprimulgus europæus*, Linn. (Ch. D.)

KYVITTA. (*Ornith.*) Voyez Kuwitz. (Ch. D.)

FIN DU VINGT-QUATRIÈME VOLUME.

IMPRIMERIE DE LE NORMANT, RUE DE SEINE, N.° 8.